干旱河谷植物微生物共生系统的抗旱性

The Drought Resistance in the Symbiosis of Plant and Microbe in the Dry-hot Valley

马焕成　伍建榕　曾小红　著

西南林业大学
西南地区生物多样性保育国家林业局重点实验室

科学出版社

北　京

内 容 简 介

本书从微生物多样性和植物生理生化等方面分析了豆科植物与根瘤菌、植物与丛枝菌根、云南松与外生菌根、苏铁与放线菌四大类干旱河谷典型植物微生物共生系统的多样性和抗旱性。揭示了植物微生物共生系统提高宿主植物抗旱性的生理生化机制，对从植物微生物共生系统的角度理解干旱河谷植物的适应性具有较高的科学意义。研究成果为国家生态恢复工程中的树种和造林技术选择提供理论和技术支持。

本书为从事生态恢复、植物生理生态研究与应用的科研人员和学生提供参考。

图书在版编目（CIP）数据

干旱河谷植物微生物共生系统的抗旱性/马焕成，伍建榕，曾小红著. 北京：科学出版社，2016.8

ISBN 978-7-03-049546-4

Ⅰ．①干… Ⅱ．①马… ②伍… ③曾… Ⅲ．①干旱区-河谷-植物-微生物-共生-研究 Ⅳ．①Q948.12

中国版本图书馆 CIP 数据核字（2016）第 190297 号

责任编辑：张会格 朱 瑾/责任校对：郑金红
责任印制：张 伟/封面设计：刘新新

科 学 出 版 社 出版
北京东黄城根北街16号
邮政编码：100717
http://www.sciencep.com

北京京华虎彩印刷有限公司 印刷

科学出版社发行 各地新华书店经销
*

2016 年 8 月第 一 版 开本：787×1092 1/16
2017 年 5 月第二次印刷 印张：26 5/8
字数：610 000

定价：168.00 元
（如有印装质量问题，我社负责调换）

资 助 项 目

国家自然科学基金项目（编号 31260175，31560207，31360198，30760199）

云南省高校干旱河谷植被恢复科技创新团队

国家公益性行业（林业）研究专项（编号 201104034）

云南省"云岭教学名师"培养项目

云南省教育厅科学研究基金产业化培育项目 V2016

著 者 名 单

主 编 马焕成 伍建榕 曾小红

著 者（按姓氏拼音排序）

曹 妍 西南林业大学

丁 娜 西南林业大学

冯泉清 西南林业大学

李 丽 西南林业大学

马焕成 西南林业大学

沙桦星 西南林业大学

苏红飞 西南林业大学

伍建榕 西南林业大学

杨建军 西南林业大学

曾小红 中国热带农业科学院科技信息研究所

赵高卷 西南林业大学

前　言

　　横断山脉是喜马拉雅造山运动后随青藏高原抬升和多次地壳运动形成的。"横断山脉"的命名人，多数学者认为是清末（1878年）江西贡生黄懋材。他当时受四川总督派遣从四川经云南到印度考察"黑水"源流，在途经澜沧江、怒江流域时，感叹于路断山横的深水高山，造成东西间交通"横断"，故名横断山脉。

　　世界上很多河流的上游河谷均呈现不同程度的干旱特征，一般情况下河流切割越深，造成的干旱特征就越明显。但横断山脉特殊的南北走向和5000m以上的高山，不仅阻拦了自西南边进入的印度洋暖湿气流，也部分拒绝了自东部太平洋带来的水分，造成河谷内降水剧减，使该地区的干旱河谷得以大面积发育。20世纪80年代中国科学院在青藏高原横断山脉开展了多次综合科学考察，确定分布在横断山脉的金沙江、怒江、澜沧江、元江等干旱河谷总长为4105km，总面积为11 230km^2；并根据温度和干燥度的不同将横断山脉的干旱河谷分为干热、干暖和干温等3种类型。但多数情况下人们将以上3种类型俗称为干热河谷。

　　横断山脉地区受高空西风环流、印度洋和太平洋季风环流的影响，气候特点是冬干夏雨，干湿季非常明显，一般5月中旬至10月中旬为湿季，降水量占全年的85%以上，且主要集中于6、7、8三个月。而3～5月为全年最干燥和炎热的时间，此时常伴有强劲的山谷风，热浪和强风使植物承受极端严重的水分胁迫，这也是多数植物难以存活的主要原因。

　　干旱河谷的气候变化是在全球气候变化模式下受局部地貌影响的结果。第四纪以来的冰期和间冰期大幅度的气候变化对木棉等树种的分布和基因多样性造成明显的影响，使得哀牢山以东地区的木棉基因多样性急剧降低。近千年来的中世纪暖期（900～1300年）及小冰期（1550～1850年）对横断山脉地区的影响有多大还不得而知。现有气象观察表明，近50年来横断山区气温呈现统计意义上的变热变干趋势。干旱河谷平均气温每10年约升高0.11℃，年平均降水量每10年约减少1.48mm。这种趋势需要引起相关科研机构和政府的足够重视。

　　干旱河谷植被与相邻地区的植被类型相差甚远，但与干旱的北非和地中海地区植被有一定的相似度。金振洲教授和欧晓昆教授将元江、怒江、金沙江和澜沧江干热河谷的植被类型定义为"河谷型萨王纳植被"（Savanna of valley type），认为它与北非的萨王纳植被相似；而将金沙江和澜沧江干暖河谷的植被类型定义为"河谷型马基植被"（Maquis of valley type），认为它与地中海马基植被相似。在生态修复工程中使用的植物很多是从干旱区引入的耐旱植物，如桉树、木豆、新银合欢和相思类树种，这些速生的先锋树种的栽培在一定程度上改善了当地的生态环境。但从长期植被演替的角度看，也存在顶级群落缺乏等隐患。根据作者的研究和观察，乡土植物最大的特点是与微生物群落通过漫长的协同进化能形成稳定的共生关系，所以能在变化的气候环境中自然演替，保持稳定的生态系统。而外来树种由于引入的时间短，与当地自然环境协同进化尚未形成，遇到阶段气候就会出现生态灾难。这对干旱河谷的生态恢复过程影响极大。

　　作者通过 20 多年对干旱河谷植被恢复的研究，分析了豆科植物与根瘤菌、植物与丛枝菌根、云南松与外生菌根、苏铁与放线菌四大类共生系统的多样性和抗旱性，发现植物微生物共生系统的形成对干旱河谷宿主植物抗旱性和稳定性关系重大。一般认为外生菌根与植物形成的共生系统，通过外生菌根扩大了共生系统的吸水面积，可以提高植物的抗旱性。松树通过接种外生菌根提高苗木的保存率和幼林的生长率的例子不胜枚举。但近年来人们发现其他类型的植物与微生物形成的共生系统也能提高宿主的抗旱性。接种抗旱性强的根瘤菌可以提高豆科植物的抗旱性，接种丛枝菌根真菌可以提高西北干旱植物的抗旱和抗盐能力。这些共生系统提高宿主抗旱性的原理与扩大吸水面积没有关系，可能是由于微生物侵入过程中植物出现防御反应，产生的生理和代谢机制的变化提高了宿主植物的抗旱性。我们的研究发现豆科植物根瘤形成过程中脱落酸含量显著升高，而脱落酸的升高能启动植物的多个抗旱机制。苏铁具有很高的抗旱性，攀枝花苏铁在干热河谷地区恶劣条件下天然更新良好，而在有些地段因为植被改善出现部分遮阴后，攀枝花苏铁反而会出现天然更新受阻的情况。苏铁这种超强的抗逆性可能与其根部与放线菌和蓝细菌同时形成两套共生系统有关。

　　植物和微生物共生系统是一个复杂的研究方向，能够开展系统研究主要得益于国家自然科学基金和其他项目的长期支持。本研究的主要资助项目为"干热河谷豆科树种结瘤及其与耐旱性的关系研究"（编号 30760199）、"干热河谷丛枝菌根对木棉水分关系的影响"（编号 31260175）、"云南热区不同基因型木棉的抗旱性比较研究"（编号 31560207）、"地生兰-菌根-松三联共生关系研究"（编号 31360198）等国家自然科学基金项目，以及云南省高校干旱河谷植被恢复科技创新团队建设经费和国家公益性行业（林业）研究专项"干热河谷木棉纤维人工林培育关键技术研究"（编号 201104034）、云南省教育厅科学研究基金产业化培育项目、V2016 云南省"云岭教学名师"培养项目。研究过程中曾小红、丁娜、沙桦星、赵高卷、杨建军、李丽、冯泉清、苏红飞、曹妍等研究生开展了菌种分离纯化和鉴定、人工共生系统建立和植物抗旱性等方面的工作。

　　由于共生系统的复杂性，研究遇到许多问题尚未解决，书中不足之处在所难免，恳请读者批评指正。

马焕成　伍建榕

于西南林业大学

2015 年 10 月 9 日

目　　录

第一篇 根瘤菌与豆科植物共生系统

第1章 干热河谷豆科树种根瘤菌多样性

第1节 研究背景

1.1 豆科植物固氮研究概况

氮素是构成所有生物机体的重要元素之一。地球生态系统中最重要的有机物生产者——植物，其生长发育所需要的营养元素第一位是氮素。氮主要存在于大气中，但在自然界所有生物中，唯一能够打开大气氮素营养库的大门，使分子态氮（N_2）作为营养成分进入生物有机体的只有微生物中的部分原核类群——固氮微生物，其直接或通过与其他生物共生的方式将分子态氮转化成植物可利用的氮素（程东升，1995）。

生物固氮中豆科植物与根瘤菌的共生固氮：根据张宪武、Burris 和 Hardy 等估计，每年固定的氮约 4000 万 t，接近全世界工业生产的氮肥（4500 万 t），这是不需要设备、投资和劳力的自然的恩赐（王书锦，1994）。

豆科植物的共生固氮作用是根瘤菌在豆科植物根瘤里建立的一种互相有利，共存共荣的关系。豆科植物共生固氮每年每公顷 75～150kg，在适宜的条件下可达到每公顷 300kg。根瘤菌在根瘤里固定的氮可满足豆科植物 1/3～1/2 的氮素需要（窦新田，1989）。

目前，欧美、日本、印度均大量生产各种根瘤菌剂广泛用于农业生产，美国自1929年就开始发展根瘤菌剂工业。澳大利亚以接种根瘤菌豆科牧草作为氮源，与禾本科牧草混播，改良了草原，草原载畜量由接种前的每公顷1头提高到每公顷5头（窦新田，1989）。而我国在豆科作物和豆科绿肥上应用根瘤菌接种的措施也已经有30多年的历史了，主要是将筛选到的优良菌种在大豆、花生和三叶草等豆科植物上接种，使其获得高产（樊庆笙等，1986）。在实现了将根瘤菌接种到花生上使花生荚果产量在一定程度上有所提高的基础上，孙彦告（1992）又研究了根瘤菌固氮与施氮肥的关系，进而提出了氮减半、磷全量、钾加倍的花生施肥方案，为花生创高产提供了科学的施肥依据。

1.2 豆科树种结瘤研究状况

多年来根瘤菌的研究大多偏重于豆科作物绿肥与牧草和根瘤菌的共生固氮体系，对木本豆科树种的研究相对较少。统计表明，豆科植物有 700 多属近 20 000 种，可分为 3 个亚科（中国植物志，1984），已进行过结瘤观察的有 3000 余种，其中结瘤的约 92%，含羞草亚科结瘤的占调查种数的 90%，蝶形花亚科为 98%，苏木亚科为 28%。可以看出，结瘤的树种大部分属于含羞草亚科和蝶形花亚科；苏木亚科中的绝大部分树种是不结瘤的（Basak and Goysl，1980；Allen O N and Allen E K，1981；韩素芬和周湘泉，1990）。苏木亚科的根系坚实，根毛稀少且细胞壁加厚，使根瘤菌难以入侵；此外还分泌许多单宁等抗菌物质使根瘤菌的生长受到抑制，使得苏木亚科内的许多木本豆科植物不能结瘤

（周湘泉和韩素芬，1989）。在含羞草亚科中能结瘤的树种大部分为金合欢属（陈文峰等，2004）。但即使是能够结瘤的豆科植物，也不是所有的瘤都是有效的。一般认为红色的根瘤为有效的根瘤，但是后来又发现一种黑色的豆科根瘤，其固氮活性也较高。

　　在豆科树种的研究中，南京林业大学韩素芬教授对豆科树种的结瘤规律进行了研究。在 1990 年，韩素芬教授编写了关于我国固氮豆科树种资源的资料，对野外的 48 属 122 种豆科树种进行了结瘤情况的调查，总结了其中结瘤的 82 种豆科树种在根瘤的数量、形状、大小和颜色等方面的特征（韩素芬和周湘泉，1989，1984）。在对豆科树种根瘤菌分类地位的研究中，韩素芬和周湘泉（1987）认为应将豆科树种根瘤菌从豇豆族中分出来，分列于两个属中（*Rhizobium*，*Bradyrhizobium*）。其后，陈景荣和韩素芬（1999）在研究华东地区豆科树种根瘤菌多样性的研究中也对豆科树种根瘤菌的分类地位进行了探讨。

1.3　根瘤菌的特征

　　根瘤是豆科植物根瘤菌和植物特异化的共生结构。它的形成是根瘤菌和植物之间对抗和协调的统一，是由双边遗传基因决定的。根瘤菌是一类存在于土壤中的能侵染豆科植物根部或茎部并与之共生，进行生物固氮的革兰氏阴性细菌。根瘤菌侵入豆科植物的根毛形成根瘤，产生共生固氮作用。某些根瘤菌，如 *Rhizobium* sp. NGR234 菌株，还可与非豆科植物——榆科（Ulmaceae）中的山黄麻（*Parasponia andersonii*）共生结瘤固氮。豆科植物与根瘤菌这一共生体系的突出特点是固氮能力强（每个生长季，根瘤菌为豆科植物提供 1/3～1/2 所需的氮素营养），固氮量大（每年固氮量占全球生物固氮量的 65％以上），抗逆能力强（抗干旱、耐贫瘠），提高土壤肥力和为人畜提供高蛋白质营养等（陶林等，2005）。

1.3.1　根瘤菌的形态特征

　　根瘤菌一般为杆状，两端钝圆。在琼脂培养基上，根瘤菌呈杆状，革兰氏染色阴性，能运动，有鞭毛，周生或端生，不形成芽孢。根瘤菌在碳水化合物酵母汁平面培养基上发育的单个菌落为圆形，直径为 0.5～1.5mm，有的可达 2.0～4.0mm；菌落边缘整齐，无色、白色或乳白色。在培养基内如果加有刚果红则菌落不吸色或早期不吸色，其他杂菌则易吸色。根瘤菌在液体培养基中时，培养液逐渐变混浊，稍有沉淀，表面无菌膜。培养时间久时，接近液面的管壁上有黏胶物质（窦新田，1989）。

1.3.2　根瘤菌的生理特征

　　根瘤菌最适培养温度为 25～30℃。0℃以下停止繁殖，但不死亡；对高温敏感，在 60～62℃的温度下就会死亡。根瘤菌的适宜 pH 为 6.5～7.5，过酸过碱都会抑制其生长。能利用肌醇、苏氨酸、谷氨酸等作为唯一的碳、氮源，但不能利用甲酸钠等。根瘤菌是好气性微生物，因此进行液体深层培养时要通气。根瘤菌的生长需要多种营养物质，对磷素的要求尤其高，当缺少二价阳离子钙、镁时生命力显著降低（窦新田，1989）。

1.3.3　根瘤的共生固氮

豆科植物-根瘤菌共生体共生固氮的发生取决于植物提供的豆血红蛋白和根瘤菌产生的固氮酶。根瘤中豆血红蛋白的出现是根瘤进行共生固氮的标志,它的含量一般与固氮作用呈正相关(窦新田,1989)。

1.4　根瘤菌的抗旱性研究

1.4.1　根瘤菌的耐旱性

土壤缺水一方面影响植物根毛的生长,从而减少根瘤菌感染的机会;另一方面根瘤菌在干燥土壤中繁殖受到限制,不易与豆科植物共生结瘤,使根瘤菌的存活受到影响(关桂兰等,1992)。李力等(2000)、黄明勇等(2000)对花生根瘤菌的抗旱性研究发现:花生根瘤菌在不同的土壤干旱条件下有不同的存活数,且在所研究的花生根瘤菌中存在抗旱性较强的菌株。Trotman 和 Weaver(1995)认为根瘤菌在土壤水势为−1.5kJ/kg 的干旱条件下,其存活的数量会显著下降。对干旱条件影响做出不同抗性能力的反应不仅表现在同种根瘤菌中,不同生长型的根瘤菌也有不同的反应。一般认为快生型根瘤菌对干旱条件的耐受性远低于慢生型根瘤菌,可相差达 2 个数量级(Bushby and Marshall,1977)。

据报道,部分在豆科植物上结瘤的根瘤菌,如大豆根瘤菌、豌豆根瘤菌和三叶草根瘤菌对高渗透环境都很敏感,而在逆境条件下分布的根瘤菌菌株却表现出与环境良好的适应性(陈文新,1984)。在高温干旱地区,根瘤菌的生长繁殖,以及对宿主植物侵染和结瘤固氮作用均不同于一般的生态地区(关桂兰等,1992)。陈文新(1984)、关桂兰等(1992)、黄玲等(1990)对新疆干旱地区根瘤菌资源的调查研究发现,新疆地区根瘤菌的生长繁殖及对宿主植物侵染结瘤和固氮作用明显不同于其他生态区,它不仅能在高温、干旱、盐碱等不利条件下很好的生长繁殖,还能侵染宿主并使之结瘤固氮,从而表现出对环境的良好适应性。贺学礼等(1996)、何一等(2003)在对陕西黄土高原豆科植物资源的调查研究中也表明:豆科植物根瘤的形成及固氮活性等方面都与宿主生长的土壤条件及宿主特性密切相关。调查发现,绝大多数的豆科植物在干旱条件下形成的根瘤少或固氮活性很低,这可能与植物长期生长于干旱胁迫条件下所产生的适应性有关。可以看出,根瘤菌的这种对干旱环境表现出来的不同反应,不仅与其本身对干旱条件的耐受力有关,与其生活的环境也有很大的相关性,是一种协同进化反应。

土壤干旱缺水及大气高温使根瘤生存在极其恶劣的环境中,从干旱地区豆科植物的结瘤情况来看,能够在干旱区生存下来的豆科植物,其所结根瘤及其根瘤菌菌株都表现出与宿主植物和生存的生态环境相适应的特性,但也表现出一定的多样性。杨亚玲等(2004)对西北地区甘草根瘤菌的研究中表明:在西北干旱、半干旱地区,不同地理来源,同一地理来源,甚至同一植株不同根瘤菌菌株间在抗逆性方面都存在着差异,表现出巨大的表型多样性。

高温干旱地区根瘤菌的生长繁殖,以及对宿主植物侵染和结瘤固氮作用不仅有别于一般的生态地区,还表现出与高温干旱地区相适应的耐高温盐碱的特性。李颖等(1996)

从特性分析及多位点酶电泳分析两方面对宁夏沙坡头地区根瘤菌的研究表明：在 20 株新分离的根瘤菌菌株中有 12 株未知菌在 80%的相似性水平上独立成群，并且有耐盐碱、耐 60℃高温等特点。这表明在高温干旱区分离出的耐高温盐碱根瘤菌菌株存在着巨大的潜力。利用聚乙二醇 6000（PEG 6000）模拟干旱条件下金沙江干热河谷区土著花生根瘤菌耐旱性时发现，干旱地区土著花生根瘤菌对干旱的耐受能力表现出多样性变化，且来自同一土壤的根瘤菌菌株其耐旱性也表现出多样性。分析这种同一地区土著根瘤菌间的多样性可能除了与当地的种植制度、土壤利用状况有关外，与当地的土壤类型及生态环境也有密切关系（黄明勇等，2000）。

同时，一般认为根瘤中的固氮酶在 25～30℃时活性强，低于 20℃固氮酶活力下降，高于 40℃固氮酶不稳定甚至失去活性。但关桂兰等（1991）的研究表明温度对于干旱地区豆科植物根瘤的形成和固氮活性不是限制性因子。这也是生长在干旱区的植物对干旱环境适应的表现之一。

1.4.2　根瘤菌抗旱的分子机制

干旱缺水不仅对豆科植物根瘤的结瘤状况等形态、生理特征造成影响，同时也对根瘤菌细胞内的渗透调节物质产生影响。高温、高盐都会影响细胞内渗透调节物质的存在，干旱或盐渍引起细胞内渗透势发生改变从而造成吸水困难（潘瑞炽，2001）。

近年来随着分子生物学和遗传工程的发展，对具有重要经济价值的根瘤菌在渗透胁迫下的生理学反应上的研究已经取得了一些进展。早在 20 世纪 80 年代末 90 年代初，Miller 等（1986）、Breedveld 和 Miller（1994）就发现，在低渗环境中，根瘤菌属（*Rhizobium*）、土壤杆菌属（*Agrobacterium*）和慢生根瘤菌属（*Bradyrhizobium*）的一些菌株在壁膜间积累高浓度的葡聚糖，为细胞提供了调节细胞质体积、渗透压和壁膜间隙离子强度的物质。在苜蓿中华根瘤菌的研究中，Dylan 等在其壁膜间隙发现了葡聚糖的合成基因 *ndvA* 和 *ndvB*，该基因分别编码与环 β-1，2-葡聚糖的合成和运输有关的蛋白质，该葡聚糖对根瘤菌在低渗条件下的适应和生长起重要作用（葛世超等，2001），根瘤菌 *ndv* 突变株的研究表明，壁膜间隙葡聚糖的合成是受到渗透调节的（Miller *et al.*，1986；Miller and Wood，1996）。

甘氨酸甜菜碱也是重要的渗透调节保护物质，当遇到高渗环境时，有些根瘤菌能积累甘氨酸甜菜碱来对抗高渗的冲击（Sauvage *et al.*，1983），如苜蓿中华根瘤菌的甘氨酸甜菜碱的合成由 *betICBA* 组成的操纵子调控（Osteras *et al.*，1998）。同时发现，在高渗胁迫下，苜蓿中华根瘤菌的细胞内可积累大量谷氨酸，且外源性的谷氨酸和甘氨酸甜菜碱具有协同作用，可减轻高盐对其生长的抑制作用（吴健等，1993）。此外，根瘤菌胞外多糖的合成也与渗透调节密切相关（Miller *et al.*，1986；Miller and Wood，1996）。Zahran 等（1993）认为胞外多糖为细胞的耐干旱和抗渗透压机制提供一种联系。Lloret 等（1995）也指出，根瘤菌耐盐菌株的脂多糖结构能被高盐浓度所改变。葛世超等（2001）、卞学琳等（2000）对费氏中华根瘤菌的研究发现，与耐盐有关的 4.4kb DNA 片段上含有的 3 个阅读框中的其中一个阅读框 ORF2，其编码的蛋白质与苜蓿中华根瘤菌的酸性胞外多糖合成有关的酶有 36%的同源性，进而说明该片段可能与胞外多糖的合成有关，并参与根瘤菌对耐盐的渗透调节。除了质粒上所含有的与根瘤菌对渗透胁迫有关的基因及调节物质外,在有的菌株中,非共生质粒也与细菌在恶劣环境条件(高温、干旱等)下的生存有关,消除了质粒的菌株与野生型相比,能在干旱条件下更好地生存,消除质粒 b、c 和 e 会影响菌株对高温的敏感性,可能与其不能表达热休克蛋白有关(郭先武,1999)。

已经发现的在根瘤菌内存在的这些合成增加植物渗透性代谢产物的基因及根瘤菌菌株在不利的渗透势环境条件下产生的葡聚糖、甘氨酸甜菜碱等渗透调节物质,为研究根瘤菌本身的抗旱能力提供了分子机制方面的理论基础,也为筛选出具有抗旱功能的根瘤菌提供直接的依据。在今后的研究中进一步筛选构建耐旱高效的根瘤菌菌株,可为在干旱地区的植树造林及农业生产提供理论参考。

1.4.3　根瘤菌的其他耐性研究

豆科树种根瘤菌除了有一定的耐旱性,也有一定的耐盐碱性,而且这种耐盐碱性在不同的菌株之间有巨大的差异,这在许多研究中都已表明。据 Vincent 报道,根瘤菌对各种盐离子最高的耐受浓度分别是:Ca^{2+} 0.14mol/L, K^+ 0.32mol/L, Na^+ 0.6mol/L, Li^+ 0.4mol/L。三叶草根瘤菌耐受 Na^+ 和 K^+ 的最高浓度是 0.3mol/L,苜蓿根瘤菌为 0.5~0.6mol/L(Hardy and Silver, 1977),相思根瘤菌普遍能耐受 0.2~0.4mol/L(李兴芳等,2003)。而有的树种的根瘤菌其耐盐性却是很高的,如三羊豆根瘤菌 540、中华根瘤菌 2048、苜蓿根瘤菌 ATCC9930、大豆根瘤菌 USDA76(崔阵等,1992),以及苜蓿中华根瘤菌 042B(陈雪松等,1999)、费氏中华根瘤菌 RT19(葛世超等,2001)。但是,同一宿主植物的根瘤菌在不同环境中表现出对各种盐离子的耐性不同。在新疆分离到的苜蓿根瘤菌对盐离子的耐受性就表现出和一般认为的苜蓿根瘤菌的耐受性(0.5~0.6mol/L)不同(关桂兰等,1992)。

在温度对根瘤菌的影响研究中,李力等(2000)将 36 株花生根瘤菌先进行 NaCl、不同 pH、低温的耐受性试验,再从中选取 8 株菌株进行干旱条件下的存活试验,结果发现菌株间的抗旱能力差异较大,大部分供试菌株在干旱条件下处理 20d 时,数量下降超过 3 个数量级,有 4 株表现出较好的干旱耐受性。这同以前学者研究认为的土壤干旱条件严重影响根瘤菌的存活结果是一致的(Trotman and Weaver, 1995)。同时与根瘤菌的最适 pH6.5~7.5 相比,有的根瘤菌生长的 pH 范围较宽,如相思根瘤菌能在 pH6~9 的环境中生长良好(李兴芳等,2003),而苜蓿根瘤菌在 pH12 的条件下也能生长(康金花等,1996)。根瘤菌对抗生素的反应也是不同的。Graham(1992)通过对试验的总结曾指出:慢生型根瘤菌对抗生素不如快生型根瘤菌敏感,慢生型根瘤菌一般较抗链霉素、金霉素和青霉素 G。

1.5　根瘤菌的遗传多样性

1.5.1　遗传多样性

遗传多样性是生物多样性的重要组成部分。一方面,任何一个物种都具有其独特的基因库和遗传组织形式,物种的多样性也就显示了基因(遗传)的多样性;另一方面,物种是构成生物群落进而组成生态系统的基本单元，生态系统多样性离不开物种的多样性，也就离不开不同物种所具有的遗传多样性。广义地讲，遗传多样性是生物所携带遗传信息的总和，但一般所说的遗传多样性是指物种内的遗传多样性，或称遗传变异。遗传变异是生物体内遗传物质发生变化而造成的一种可以遗传给后代的变异，正是这种变异导致生物在不同水平上体现出遗传多样性：居群水平、个体水平、组织水平、细胞水平及分子水平。

对遗传多样性的研究具有重要的理论和实际意义。

首先，物种或居群的遗传多样性大小是长期进化的产物，是其生存（适应）和发展（进化）的前提。一个居群（或物种）遗传多样性越高或遗传变异越丰富，对环境变化的适应能力就越强，越容易扩展其分布范围和开拓新的环境。

其次，遗传多样性是保护生物学研究的核心之一。不了解种内遗传变异的大小、时空分布及其与环境条件的关系，人们就无法采取科学有效的措施来保护人类赖以生存的遗传资源（基因），挽救濒于灭绝的物种，保护受到威胁的物种。

最后，对遗传多样性的认识是生物各分支学科重要的背景资料。对遗传多样性的研究有助于人们更清楚地认识生物多样性的起源和进化，能加深对微观进化的认识，为动植物的分类、进化研究提供有益的资料，进而为动植物育种和遗传改良奠定基础（葛颂和洪德元，1994）。

1.5.2 遗传多样性的研究方法

检测遗传多样性的方法随着生物学，尤其是遗传学和分子生物学的发展而不断提高和完善，从形态学水平、细胞学（染色体）水平、生理生化水平逐渐发展到分子水平（葛颂和洪德元，1994）。

形态学水平：从形态学或表型性状上来检测遗传变异是最古老最简便易行的方法。通常所用的表型性状主要有两类：一类是符合孟德尔遗传规律的单基因性状（如质量形态性状、稀有突变等）；另一类是多基因决定的数量性状（如大多数形态性状、生活史性状）。

染色体水平：染色体是遗传物质的载体，是基因的携带者。染色体变异必然导致遗传变异的发生，是生物遗传变异的重要来源。染色体变异主要体现为染色体组型特征的变异，包括染色体数目变异（整倍性或非整倍性）及染色体结构变异。

等位酶水平：等位酶是单位点上等位基因编码的同工酶，是借助于特定的遗传分析方法确定的一种特殊的同工酶。由于等位酶带同等位基因之间的明确关系，其成为一种十分有效的遗传标记，是近 20 年来检测遗传多样性应用最普遍的方法。

DNA 水平：DNA 是遗传信息的载体，遗传信息就是 DNA 的碱基排列顺序，所以直接对 DNA 碱基序列的分析和比较是揭示遗传多样性最理想的方法。目前，DNA 分析技术主要是针对部分 DNA 进行的，可大致分为两类：一类是直接测序，主要是分析一些特定基因或 DNA 片段的核苷酸序列，度量这些 DNA 片段的变异性；另一类是检测基因组的一批识别位点，从而估测基因组的变异性。

随着聚合酶链反应（PCR）技术的建立，通过利用一对待定的寡核苷酸片段为引物，在耐热 *Taq* DNA 聚合酶催化下，数小时甚至几十分钟内就可将目的基因扩增至上百万倍，这一技术的发明，很快带出了一系列的遗传标记技术。主要有以下几种遗传标记技术。

1）RFLP 标记技术

限制性片段长度多态性（restriction fragment length polymorphism，RFLP）是指用限制性内切酶处理不同生物个体的 DNA 所产生的大分子片段的大小差异。由于 RFLP 起源于基因组 DNA 的变异，不受显隐性关系、环境条件和发育阶段的影响，具有稳定遗传和专一性的特点，为研究植物类群间，特别是属间、种间甚至品种间的亲缘关系、系统发育关系及演化提供有力的证据。RFLP 标记虽然是一种有效的遗传标记，但其分析需要比较完善的包括多种酶切、标记、分子杂交等技术的实验室，而且工作量大、成本高及放射性标记所存在的安全问题，使其应用受到一定的限制。

2）RAPD 标记

随机扩增多态性 DNA（random amplified polymorphic DNA，RAPD）标记是随着 PCR 技术而建立起来的一种新的遗传标记技术。其原理是利用人工随机合成的寡核苷酸单链为引物（一般 10bp），以所研究的基因组 DNA 为模板进行 PCR 扩增。RAPD 已经被证明是检测一级水平基因多态性的有效分子标记方法，已成功应用于遗传多样性的分析、种间亲缘关系探讨、遗传图谱构建、品种及杂种后代鉴定、基因定位等研究领域。RAPD 标记不要求特别纯的 DNA 模板，DNA 浓度在 5～500ng 时都有很好的结果。其灵敏度高，但是重复性不好。

3）AFLP 标记

扩增片段长度多态性（amplified fragment length polymorphism, AFLP）是对基因组 DNA 限制性酶切片段进行选择性扩增，使用双链人工接头与该酶切片段相连接作为扩增反应和模板，在 DNA 聚合酶的作用下进行 PCR 反应。其鉴定的多态性是典型的按孟德尔方式遗传和选择中性的，是目前构建遗传图谱较好的分子标记，在鉴定遗传多样性和物种亲缘关系的研究中显示出巨大的优越性。AFLP 实质是 RFLP 和 PCR 相结合的一种技术，与 RAPD 相比，AFLP 技术由于使用了长的扩增引物，结果更加可靠、重复性好、多态性强。但该技术实验步骤多，流程长，操作有一定的难度，成本也较高。

4）Rep-PCR 指纹技术

细菌基因组重复序列 PCR 技术（repetitive DNA PCR-based genomic fingerprinting, Rep-PCR）是扩增细菌基因组中广泛分布的短重复序列，通过电泳条带比较分析，揭示基因的差异。在细菌基因组中，广泛存在着一类如 REP、ERIC、BOX 等短的重复序列，分散存在于细菌染色体基因组的基因间，含有多个拷贝，长度小于 200bp。在不同菌株的染色体上，重复序列的位置不一定相同，因而根据其保守序列设计引物，以总 DNA 为模板进行 PCR 扩增，通过电泳条带比较分析，能揭示菌株间染色体基因组存在的遗传差异性。Rep-PCR 对 DNA 的要求不很严格，可以是提取的细胞总 DNA，也可以是用超声波处理细胞或根瘤（Woods *et al.*, 1993；Nick and Lindstrom, 2004）后的 DNA 抽提物，具有操作简单的优点。

5）SSR 分子标记

在真核生物基因组中均存在着由 1～4 个碱基对组成的简单重复序列（simple sequence repeat, SSR），或称为微卫星。在所有检测过的真核生物中，都散布着大量的微卫星。微卫星各位点上不同等位基因的重复单位数目是高度变异的，而且重复单位的序列也可能不完全相同，因此微卫星显示了高度的多态性。SSR 标记分辨率高，遗传信息量大，通常为显性标记，呈孟德尔式遗传，具有很好的稳定性和多态性，但缺点是必须依赖每类 SSR 两端序列设计引物。

1.5.3　根瘤菌的遗传多样性研究

根瘤菌科（Rhizobiaceae）是一类土壤杆菌，革兰氏阴性，专性好氧，行化能有机营养或化能无机营养。根瘤菌从认识到应用研究经历了 19 世纪至今的长期的研究历程。但是直到 20 世纪 80 年代，随着分子生物学的发展，越来越多的分子水平的方法被广泛地用于根瘤菌的研究工作中，从而拉开了根瘤菌遗传学研究的大幕。

早期对根瘤菌多样性的研究主要以"互接种族"为依据，即基于宿主范畴而划定根瘤菌的种，而豆科植物根瘤能否互换共生体而被划分为群体，当时只涉及一些与农业上重要作物共生的根瘤菌。但 20 世纪四五十年代，以"互接种族"为基础的根瘤菌多样性研究受到很大的冲击。研究发现许多根瘤菌间存在宿主重叠现象，该事实表明，不论在宿主范畴还是生理性质方面，根瘤菌均存在遗传多样性。60 年代至今，大量的方法被引入根瘤菌多样性研究的领域。首先是数值分类法的应用，使得传统的生理、形态和血清检测得以进行相似性度量，更客观地反映细菌间的相互关系。随着分子生物学及遗传学的发展，越来越多的分子水平的方法被广泛地用于根瘤菌的研究工作中，由此拉开了根瘤菌遗传学研究的大幕。首先是 DNA 杂交和蛋白质电泳技术的广泛应用，然后是 DNA G+C mol% 的测定，PCR-RFLP、RAPD、AFLP 直至 DNA 的测序。Eardly 等（1985, 1992）利用多位点酶电泳对 232 株苜蓿根瘤菌进行了分类研究；Young、Rome 等利用 16S rDNA 的部分或全序列的测定对根瘤菌进行分类及系统发育学分析（闵爱民和陈文新，1998；韦革宏等，2001）；张小平等（1999）、冯瑞华（2000）等采用能获得高信息量的 DNA 长度多态性的选择性扩增长度多态性技术（AFLP）对花生根瘤菌的遗传多样性进行分析；Nick 和 Lindstrom（1994）、李俊等（1999）利用细菌基因组重复序列 PCR 技术——Rep-PCR 对根瘤菌进行多样性分析研究，以及用 16S rDNA PCR-RFLP 进行分析（闵爱民和陈文新，1998；彭瑞华和陈文新，2000）。这些分子标记技术的不断运用，使根瘤菌的研究工作得到了长足的发展。

第 2 节　干热河谷豆科树种结瘤规律的初步研究

2.1　引言

豆科树种具有较高的经济价值，对不良环境抗逆性强，在改良土壤、提高土壤肥力、保持水土和改善生态环境方面有重要的促进作用，而这些作用都跟豆科植物与根瘤菌共生结瘤固氮的特性密切相关（韩素芬，1996）。我国的豆科树种超过 760 种（韩素芬和周湘泉，1990），固氮的豆科树种和根瘤菌的资源十分丰富（韩素芬，1996），但并不是所有的豆科树种都能结瘤固氮（韩素芬和周湘泉，1990；周湘泉和韩素芬，1984）。

金沙江干热河谷地区由于受地理位置、山川走向及气候上的焚风效应与山谷风的局部环流作用等多种自然因素的综合影响，形成了特殊的干热气候，高温少雨、空气干燥、全年有半年以上干旱的气候特点严重影响了干热河谷地区植被的生长（张谊光等，1989）。

调查干热河谷地区豆科树种及其结瘤规律，可以为造林时选用固氮的豆科树种及人工接种根瘤菌，以及干热河谷地区的植被恢复、生态环境的改善提供理论依据。

2.2　豆科树种结瘤调查

本次调查主要集中在金沙江干热河谷的典型地段攀枝花、元谋及元江的不同地点，野外采集调查自然生长和人工林地的各种豆科树种的结瘤情况。采集调查的时间分别是2004 年的 3 月、5 月及 2005 年的 3 月。野外观察根瘤的数量、大小、形状及颜色，并采集豆科树种生长地的土壤带回实验室进行土壤的理化分析。将采集的根瘤装入存有变色硅胶的试管中干燥保存，带回实验室分离。野外豆科树种根瘤调查采集的结果见表 1.1和图 1.1。

表 1.1　干热河谷部分豆科树种结瘤情况
Tab. 1.1　The nodulation data of some leguminous trees in dry-hot valley

| 亚科属 | 树种名称 | 根瘤编号 | 结瘤情况 | | | | | 采集点 | 海拔/m |
			数量	形状	大小/mm	颜色	着生部位		
含羞草亚科 Mimosaceae 金合欢属 Acacia	台湾相思 A. confusa	YJ3-4	+++	珊瑚状椭圆		红褐色	侧根	元江	420～500
		PZ5-1	+++	多面体珊瑚状椭圆	1.0～3.9	淡黄色浅褐色	侧根	攀枝花	1100
		PZ5-6	++	珊瑚状椭圆	1.7～3.1	淡黄色黄红色	侧根	攀枝花	1700
		PZ6-11	+	珊瑚状椭圆	2.0～2.3	淡黄色	侧根	攀枝花	1700
	金合欢 A. farnesiana	YJ3-9	无					元江	420～500
		YM5-8	无					元谋	900
	圣诞树 A. dealbata	KM5-3	+++	椭圆珊瑚状		淡黄色	侧根	昆明	1000
	黑荆树 A. mearnsii	KM5-1	++	椭圆珊瑚状		淡黄色	侧根	昆明	1000

续表

亚科属	树种名称	根瘤编号	结瘤情况					采集点	海拔/m
			数量	形状	大小/mm	颜色	着生部位		
银合欢属 *Leucaena*	银合欢 *L. glauca*	YJ5-6	死瘤				侧根	元江	420～500
		YM5-3	+	椭圆	1.2～1.9	浅褐色	侧根	元谋	1100
		PZ5-3	++	圆形椭圆	1.0～2.1	淡黄色	侧根	攀枝花	1100
		YM8-12	+	椭圆	1.2～1.4	淡黄色	侧根	元谋	1100
		YM8-17	+	椭圆	1.2～1.4	淡黄色	侧根	元谋	1100
合欢属 *Albizia*	山合欢 *A. kalkora*	YM5-5	无					元谋	1000
	光叶合欢 *A. lucidior*	YJ3-5	几乎无					元江	420～500
凤凰木属 *Delonix*	凤凰木 *D. regia*	YM5-7	无					元谋	1000
酸豆属 *Tamarindus*	酸角 *T. indica*	YM5-1	无					元谋	1000
蝶形花亚科 Faboideae 黄檀属 *Dalbergia*	印度黄檀 *D. sissoo*	YJ3-2	少且多空瘤				侧根	元江	420～500
	南岭黄檀 *D. balansae*	YJ3-7	空瘤				侧根	元江	420～500
	钝叶黄檀 *D. obtusifolia*	PZ5-7	++	圆形	1.6～2.1	淡黄色	侧根	攀枝花	1700
木豆属 *Cajanus*	木豆 *C. cajan*	YM5-2	有但多空瘤				侧根	元谋	1000
		YJ3-3	空瘤				侧根	元江	420～500
		PZ6-10	+	分叉状			侧根	攀枝花	1700
		YM8-15	空瘤				侧根	元谋	1100
千斤拔属 *Flemingia*	大叶千斤拔 *F. macrophylla*	YJ3-8	无					元江	420～500
灰毛豆属 *Tephrosia*	白灰毛豆 *T. candida*	YM5-6	+++	椭圆珊瑚状	1.0～2.0	淡黄色	侧根主根	元谋	1100
		PZ5-4	+++	椭圆珊瑚状	1.0～2.2	淡黄色	侧根主根	攀枝花	1100
		YM8-14	+++	椭圆珊瑚状	1.8～2.9	淡黄色	侧根主根	元谋	1100

续表

亚科属	树种名称	根瘤编号	结瘤情况					采集点	海拔/m
			数量	形状	大小/mm	颜色	着生部位		
		YM8-13	+++	椭圆珊瑚状	1.7～3.0	淡黄色	侧根主根	元谋	1100
大翼豆属 Macroptilium	大翼豆 M. atropur-pureum	PZ5-3	+	椭圆	0.9～1.3	淡黄色	侧根	攀枝花	1000
刺槐属 Robinia	刺槐 R. pseudoacacia	KM5-2	++	椭圆珊瑚状		淡黄色	侧根	昆明	1000
苏木亚科 Caesalpinioideae 羊蹄甲属 Bauhinia	红花羊蹄甲 B. blakeana	PZ5-9	无					攀枝花	1700

+示株平均根瘤数 1～5 个；++示株平均根瘤数 5～10 个；+++示株平均根瘤数多于 10 个

　+ Express the average amounts of root nodulation were from 1 to 5; ++ Express the average amounts of root nodulation were from 5 to 10; +++ Express the average amounts of root nodulation were more than 10

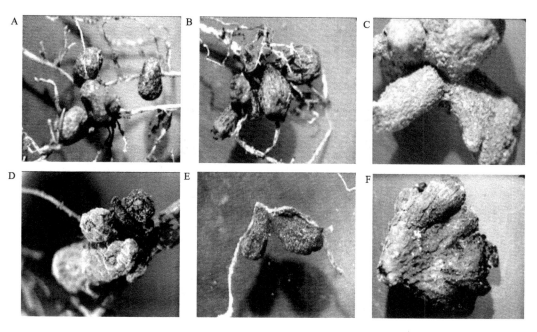

图 1.1　部分豆科树种根瘤

Fig. 1.1　Some leguminous trees' nodulation

A～F 分别为白灰毛豆、黑荆树、刺槐、台湾相思、银合欢、圣诞树

A～F: *Tephrosia candida*，*Acacia mearnsii*，*Robinia pseudoacacia*，*A. confusa*，*Leucaena glauca*，*A. dealbata*

2.3　土壤的理化分析

本次野外共采集了 15 个土壤样品。对野外采回的土样,首先进行登记编号,然后经一系列的处理:风干、磨细、过筛、保存等,再用于各项指标的分析。土壤的理化分析主要集中在土壤的酸碱度、土壤质地及土壤氮、磷、钾含量等方面。

2.3.1　样品的制备与保存

将取回的样品挂于通风的地方或在干净的木盘上摊开,压好标签进行风干,风干时经常翻动样品以加速干燥,并用手捏碎土块、土团,使其直径在 1cm 以下,一般 3～5d 即可风干。

将风干后的样品磨细,使其通过 1mm 孔筛,用四分法选取 500g 储存于广口瓶中供一般的理化分析。将其余样品再磨细,使其全部通过 0.25mm 孔筛,尽可能地剔除草根与植物残体及半分解产物,然后装入广口瓶中备用。

2.3.2　土壤的理化分析

本次实验的土壤理化分析主要集中于以下几个方面:土壤吸湿水含量的测定(烘箱法)、土壤质地的测定(比重计速测法)、土壤 pH 的测定、土壤有机质的测定及土壤水解性氮、速效钾、速效磷的测定。具体的测定方法参照《土壤理化分析》(中国科学院南京土壤研究所,1978),分析结果见表 1.2。

表 1.2　干热河谷地区部分根瘤采集地及土壤的理化性状

Tab. 1.2　The spots of collection nodulation and these soils' physics and chemistry nature in hot-dry valley

根瘤编号	采集点	采集点的土壤状况						
		pH	质地	土壤吸湿水含量/%	有机质含量/%	水解性氮含量/(mg/100g)	速效磷含量/(mg/100g)	速效钾含量/(mg/100g)
PZ5-1	攀枝花青松山	6.57,中性	砂壤土	1.525	1.178	2.115	1.047	3.165
PZ5-6	攀枝花公园	6.58,中性	轻壤土	4.835	0.674	2.037	0.710	8.511
PZ6-11	攀枝花凉风坳	7.07,中性	轻壤土	1.77	0.125	1.741	0.027	1.408
PZ5-3	攀枝花青松山	7.07,中性	轻壤土	2.735	2.384	1.518	0.302	2.141
YM8-12	元谋热经所	7.23,中性	轻黏土	2.585	0.962	2.113	1.086	15.709
YM8-17	元谋老城	8.42,碱性	轻壤土	5.03	0.789	0.940	0.226	12.320
PZ5-7	攀枝花公园	5.95,酸性	轻黏土	4.96	0.726	2.041	0.589	9.766
PZ6-10	攀枝花凉风坳	7.41,中性	轻壤土	3.09	2.519	3.801	0.117	24.275
YM8-15	元谋热经所	6.14,酸性	重壤土	2.085	0.561	1.415	1.222	12.313
PZ5-4	攀枝花青松山	7.18,中性	中壤土	4.895	2.074	3.166	0.111	3.774
YM8-14	元谋热经所	6.62,中性	轻壤土	1.45	0.925	1.232	0.322	11.135
PZ5-3	攀枝花青松山	6.67,中性	砂壤土	1.525	1.178	2.115	1.045	3.165
PZ5-9	攀枝花公园	5.95,酸性	轻黏土	4.96	0.726	2.041	0.589	9.766

2.4 土壤理化性质的分析结果

2.4.1 土壤物理性质的测定结果

2.4.1.1 土壤质地的测定

土壤质地是土壤中各种颗粒反映出来的特性,它对土壤的理化性状有直接的影响,在林业生产中常以土壤质地作为苗圃地、造林树种选择、排灌量估计、土壤肥力的判断,以及耕作、施肥措施等的重要参考资料。不同的土壤类型中,土著根瘤菌的侵染性和数量都是不同的(Dogbew *et al.*,2000;黄怀琼等,2000),而在其中接种的根瘤菌的存活和竞争能力也会产生不同,从而影响其与豆科植物的共生结瘤和固氮(慈恩和高明,2005)。从总体来看,干热河谷地区的土壤中,根瘤编号为 PZ5-3、PZ5-1 的采集地土壤是砂壤土;YM8-12、PZ5-7、PZ5-9 为轻黏土;YM8-15 为重壤土;PZ5-4 为中壤土;其余的均为轻壤土(PZ5-6、PZ6-11、PZ5-3、YM8-17、PZ6-10、YM8-14)。从以上可以看出,本次采集地的土壤质地中多为壤土,黏土少。质地为壤土的土壤中豆科树种更易于结瘤,壤土可能促进了根瘤菌对豆科植物根毛的侵染。

2.4.1.2 土壤 pH 的测定

测定结果表明,在干热河谷采集的土壤中有 1 个为碱性土,pH 大于 8.0(YM8-17);3 个为酸性土,pH 为 5.0~6.5(PZ5-7、YM8-15、PZ5-9);9 个为中性土,pH 为 6.5~7.5(PZ5-1、PZ5-6、PZ6-11、PZ5-3、YM8-12、PZ6-10、PZ5-4、YM8-14、PZ5-3)。生长银合欢的两个碱性土虽已结瘤,但根瘤既小又少,并且大部分为无效根瘤。在弱酸性或中性土壤中生长的木豆、山毛豆、台湾相思、钝叶黄檀等结瘤较多。这说明根瘤菌和其他细菌一样,最适在弱酸性或中性环境中生长繁殖,过酸过碱的环境条件对根瘤菌的生长和结瘤均有明显的抑制作用。

2.4.2 土壤化学性质的测定结果

2.4.2.1 土壤有机质的测定

土壤有机质是土壤各种营养元素特别是氮、磷的重要来源,而且含有刺激植物生长的胡敏酸类等物质,又是土壤中异养微生物必不可少的碳源和能源物质。一般来说,土壤有机质含量的多少是土壤肥力高低的一个重要指标(西南农学院,1978)。

干热河谷地区的土壤保水保肥能力相对较差,降水难以下渗而土壤水分易于蒸发。从土壤有机质的测定中可以看出,在干热河谷地区土壤有机质含量都较低。有机质含量大于1%的只有5个土样(PZ5-1、PZ5-3、PZ6-10、PZ5-4、PZ5-3),其中4个土样是在攀枝花的青松山采的,山上种植了大片的银合欢、山毛豆及台湾相思,并且基本上已成林(7~8年生)。在实地调查中发现该地的豆科树种大多已结瘤,而且其表层土有了一定的改善。由此可以看出,有机质含量较高的土壤中,豆科植物更容易结瘤。

2.4.2.2 土壤水解性氮的测定

氮是影响豆科植物共生固氮的重要因素。土壤水解性氮含量测定结果表明，在干热河谷地区的土壤中，除了在元谋老城一处生长银合欢树种的根瘤 YM8-17 的氮含量仅有 0.940mg/100g 土外，其他采集点的氮含量都在 1.232～3.116mg/100g 土，含量的差值为 1.884mg/100g 土。试验测定的土壤含氮量均不高。

2.4.2.3 土壤速效磷的测定

磷是植物生长发育的主要营养元素之一，以有机态或无机态存在于土壤中，包括大部分的迟效磷和很少的速效磷。土壤中速效磷是指能为当季作物吸收利用的磷。豆科植物和根瘤菌都需要较高的磷素营养，土壤中有效磷含量高，对根瘤菌在豆科植物根际的存活、繁殖、入侵、结瘤及根瘤菌的固氮活性都有促进作用。植物结瘤和保持固氮酶活性比正常生长需要更多的磷（李晓林和曹一平，1992）。而且磷可以刺激根瘤菌的繁殖，促进根瘤菌的鞭毛运动，致使根瘤菌易于侵入根毛内部（何庆元等，2004）。

从实验结果看，干热河谷地区土壤中速效磷的含量普遍偏低，含磷量较高的 3 个土样（根瘤编号和磷含量分别为：YM8-15 1.222mg/100g、YM8-12 1.086mg/100g、PZ5-1 1.047mg/100g），分别是生长木豆、银合欢和台湾相思的土样，经实地调查，这 3 种树种都结瘤较多，且根瘤较大，植株生长得比较好。

2.4.2.4 土壤速效钾的测定

钾是植物的重要营养元素之一，它虽然并不参加植物的组成，却对植物的代谢调节起着重要的作用。钾在土壤中以各种矿物及盐类的状态存在，大部分不能为植物所吸收利用，只有速效钾（包括水溶性和交换性钾）才能为植物所吸收利用。

从测定的结果可以看出，在干热河谷地区速效钾的含量差别比较大，含量高的可达到 24.275mg/100g 土，是攀枝花凉风坳的一处生长有木豆的土壤；而含量低的则只有 1.408mg/100g 土，为攀枝花凉风坳的一处生长有台湾相思的土壤。

2.5 豆科树种结瘤调查结果

在干热河谷的 3 个典型地段共调查了 15 种豆科树种的结瘤情况，各豆科树种除了在不同地段其结瘤状况不同外，在同一地段其根瘤的数量、形状、大小、颜色等各方面都有各自的特点，见表 1.1。

在调查中发现，有9种豆科树种虽然有结瘤，但结瘤率不高且无效、呈空壳状的根瘤占大多数。调查中还发现在结瘤的树种中，木豆、南岭黄檀、印度黄檀及大叶千斤拔的根部均有虫害出现过的痕迹，这也可能是造成其结瘤率低且无效根瘤多的原因之一。此外，在豆科植物的不同生理发育阶段，也影响了根瘤的颜色、形状及瘤的有效性。例如，台湾相思，2年生的台湾相思的根瘤多饱满，呈红褐色，瘤的一端分叉，大的呈珊瑚状；而在8年生的台湾相思林中，根瘤多为椭圆状，大的呈分叉的珊瑚状，其颜色一般为浅黄色、浅褐色，且多有空壳的根瘤。

　　调查中发现在结瘤的豆科树种中，其土壤的酸碱度多呈中性，为壤土，且测定的土壤氮、磷、钾含量都不高。土壤的这些特性都是干热河谷地区高温干旱造成的。这也是在干热河谷地区豆科树种结瘤率不高且有效性低的因素之一。

　　在不结瘤的树种中发现金合欢、山合欢曾被报道是有根瘤的（韩素芬和周湘泉，1990），而此次的调查并没有采集到根瘤，作者认为这可能和当时调查根瘤的时间有关。这两种树种都是在干热河谷地区的干旱季节 3～5 月于野外进行观察的，天气持续高温无雨，这可能影响了树种的结瘤。

2.6　分析与讨论

　　干旱、高温或高寒都是豆科植物结瘤固氮的限制因素，一般认为土壤温度低于 7℃或高于 30℃时，根瘤菌就不能侵染豆科植物，不易形成有效根瘤（尤崇杓，1987），而豆科作物最适宜结瘤固氮的温度为 20～22℃（马玉珍等，1990）。干热河谷地区气温的绝对高值在 40℃以上，地面的绝对最高温度达 78.7℃，而气温的绝对最低值均在 0℃以下，有的达-6.2℃（东川、宾川），地面绝对低温亦在 0℃以下，不少地区低达-6.9℃（攀枝花）（马焕成，2000）。这种高、低温的巨大差异不仅使植物受到伤害，还严重影响了豆科植株的结瘤固氮。温度的高低对共生体系的发育和功能都会产生影响，过低的温度导致豆科植物不结瘤、固氮能力下降和生物量减少（Anita et al.，1998）；过高的温度则会使根瘤很快退化，导致固氮期缩短（马玉珍等，1990）。作者认为高、低温度的巨大差异可能是干热河谷地区豆科植物结瘤固氮的一个限制因素。

　　土壤缺水是限制豆科植物结瘤的一个因素。金沙江干热河谷地区有半年的干旱时间，其蒸发量远大于降水量，使旱季时更加干旱，土壤严重缺失。低的土壤含水量影响了植株的结瘤及其固氮性能。土壤缺水，一方面影响了植物根毛的生长，减少了根瘤菌的侵染机会；另一方面使根瘤菌在干燥的土壤中生长受到限制，不易与豆科植物共生结瘤（刁治民，1995）。土壤干旱不仅使根瘤的数量及质量都有显著的下降（鲍思伟，2001），而且对根瘤固氮酶的活性、根瘤的呼吸活性、ATP 的产生及相关的一些酶如蔗糖合成酶（sucrose synthase）等的活性都有强烈的抑制作用（梁建生等，1998）。

　　不同的土壤质地对根瘤菌侵染豆科植物形成共生体系也是有影响的。对干热河谷地区土壤质地的测定表明：生长在壤土中的豆科植物更易于和根瘤菌形成共生体，产生有效根瘤，而生长在黏土中的不易结瘤。窦新田（1989）认为，土壤黏重、通气性差对根瘤菌的存活和宿主植物的生长产生了不利的条件。

　　土壤 pH 亦是影响豆科植物结瘤固氮的一个原因。所测定的干热河谷土壤样品中 pH 多为 6.5～7.5，呈中性土，在此 pH 条件下，豆科植株都结瘤且数量多；而在酸性或碱性的土壤中植株不结瘤或结瘤数少。由此可再次证实，不仅根瘤菌适合生长在中性的 pH 环境中，豆科植物也在中性环境中结瘤固氮效果最佳。过酸或过碱的土壤不仅会影响豆科植物与根瘤菌间的共生，影响根瘤菌的存活，也可能影响土壤中矿质元素的作用从而间接影响共生固氮体系（Ibekwe et al.，1997）。

　　除了温度、土壤含水量及土壤的酸碱度对豆科植物的结瘤固氮有显著的影响外，土壤中的有机质及氮、磷、钾等矿质营养元素也是影响豆科植物共生固氮的重要因素。土壤中的有机质及氮、磷、钾等矿质营养元素的存在形态、含量和配比的不同均影响到了植株的生长、耐性、根瘤数、根瘤的干重及固氮酶活性等（宋海星等，1997；丁洪和李生秀，1998；Ayneabeba et al.，2001）。

在干热河谷地区生长的豆科植物常年处于高温干旱、土壤瘠薄、水土流失严重等复杂的生态环境条件下（马焕成，2000），土壤及环境中的多重因素影响了豆科植株的结瘤固氮。调查在此条件下木本豆科植株的结瘤状况，为进一步检验分离出的根瘤菌是否具有在高温干旱等逆境条件中生存的能力提供间接的证据。豆科植物-根瘤菌的共生固氮体系是在长久的协同进化中共生的。高温干旱引起根瘤的脱落干瘪，在植物生长的初期发生这种状况时，若能及时解除该种环境胁迫，就可能重新生长，再形成新的根瘤。这或许是干旱地区豆科树种具有较强的抗旱性表现的原因之一。

在比较耐旱的豆科树种中采集到的根瘤，其根瘤菌是否也具有耐高温干旱的能力，这有待于进一步的高温干旱试验加以证实。刁治民（1995）从青海高寒地区的豆科植物根瘤中分离得到的根瘤菌中，就有不少具有较强的耐干旱、耐盐碱、耐低温的抗逆性能力，且固氮能力也较高的根瘤菌菌株。这为在干热河谷高温干旱地区采集的根瘤中，筛选出具有耐干旱高温的根瘤菌菌株奠定了一定的试验依据，对于在干热河谷地区植树造林来说也是具有重大意义的。

第 3 节　豆科树种根瘤菌的分离、纯化及鉴定

3.1　引言

根瘤是豆科植物根瘤菌和植物特异化的共生结构。它的形成是根瘤菌和植物之间对抗和协调的统一，是由双边遗传基因决定的。根瘤菌侵入豆科植物形成根瘤，产生共生固氮作用。根瘤菌是一类存在于土壤中的能侵染豆科植物根部或茎部并与之共生，进行生物固氮的革兰氏阴性细菌。

将采集到的豆科树种根瘤在实验室内进行分离，将分离物进行纯化、鉴定，为后续的研究工作提供材料。

3.2　根瘤的采集

在豆科树种的根部，用小铲挖土，在植物的根部（主根或侧根）用剪刀将生长着的根瘤剪下，放入装有变色硅胶的试管中，用棉花塞将管口塞住，并按采集时间对根瘤进行编号（没有着生根瘤的也进行相关的记录），记录采集时间、地点、生境、根瘤的着生点、根瘤颜色、根瘤大小等数据，将根瘤带回实验室进行分离、纯化培养。

3.3　根瘤菌的分离、纯化

3.3.1　菌株分离的培养基

固体培养根瘤菌时采用酵母汁甘露醇琼脂培养基（YMA培养基）（赵斌和何绍江，2002），而液体培养根瘤菌时则采用不加琼脂糖的酵母汁甘露醇液体培养基（YM培养基）。

酵母汁甘露醇琼脂培养基成分：

甘露醇	10g
酵母粉	1.0g
$MgSO_4$	0.2g
$CaCO_3$	3.0g
K_2HPO_4	0.5g
NaCl	0.1g
琼脂粉	18～20g
0.4%刚果红	10ml
蒸馏水	1000ml
pH	7.0～7.2

无甘露醇时，可用等量的蔗糖或甘油代替。按培养基的配方将培养基调制好，分装，高温灭菌（121℃，21min），倒培养皿，备用。

3.3.2　菌株的分离及纯化

挑取新鲜、饱满、个大的根瘤，用自来水冲洗干净其表面的泥沙。在超净工作台上，用75%乙醇浸泡1min，无菌水冲洗4或5次后，用0.1%氯化汞表面灭菌3～5min，再用无菌水洗去残留的消毒液，然后置于灭过菌的培养皿中，用无菌刀将根瘤压碎挑取内部白色液体，蘸取根瘤汁液在加有刚果红的YMA培养基表面划线培养，28℃恒温培养至菌落出现后，再挑取典型的根瘤菌菌落进行1或2次的稀释纯化培养。最后，挑取典型的根瘤菌单菌落纯移植在YMA琼脂斜面试管内恒温培养，待充分生长后于4℃冰箱保存（韩素芬，1996）。

参照《微生物学实验》（赵斌和何绍江，2002），挑取典型的单菌落进行革兰氏染色，观察结果。

3.4　根瘤菌的鉴定

采用回接法直观检测分离物是否为根瘤菌，本研究采用半封闭式试管法（周湘泉和韩素芬，1984）。首先将收集到的豆科树种的种子进行表面灭菌，挑选发育好、大小一致的种子，用70%乙醇浸泡1min，然后转入0.1% $HgCl_2$ 溶液中浸泡3min，接着用灭菌蒸馏水彻底冲洗10次，尽量减少残留汞离子对试验的影响。灭菌种子于湿润的滤纸上26℃暗处萌发2～3d，直至胚根2～3cm长。将各分离物接种到原树种或同属、同亚科树种，每个菌株重复3次，观察结瘤情况。

半封闭式试管法：采用200mm×25mm的试管，内装置滤纸筒，使滤纸紧贴管壁。管口封上薄膜纸，在薄膜纸帽上用接种针穿一小孔，孔的大小视根的粗细而定。然后用灭菌镊子夹住胚根基部，通过小孔将根插入试管，使胚根紧贴在试管内壁，每个试管内种一粒发芽的种子。之后，用灭菌针在薄膜纸帽上种苗对面再刺一小孔，注入灭菌后的无氮营养液，营养液一般加至管口10～12mm处。用YM液体培养基于28℃培养根瘤分离物至生长对数期，用灭菌的营养液稀释菌液，每个试管回接10ml。以不接种菌液作为对照。试管壁用厚纸筒包裹，使根部保持在黑暗中，这时将整个装置移至有人工光照的培养箱内（27℃，16h/8h）培养。1 个月后观察并记录回接情况。

Fahraeus 无氮营养液配方：

$Na_2HPO_4 \cdot 2H_2O$	0.15g
$CaCl_2$	0.10g
$MgSO_4 \cdot 7H_2O$	0.12g
KH_2PO_4	0.10g
Gibson 微量元素液	1.00ml
柠檬酸铁	5.00mg
H_2O	1000ml

Gibson 微量元素液配方：

H_3BO_3	2.86g
$MnSO_4 \cdot 4H_2O$	2.03g
$ZnSO_4 \cdot 7H_2O$	0.08g
$CuSO_4 \cdot 5H_2O$	0.08g
H_2O	1000ml

3.5　结果

经观察，所有的菌落均为无色或呈乳白色，表面光滑，具有光泽；在培养的早期不吸收刚果红，而培养后期则吸收微量的刚果红，为典型的根瘤菌菌株（图 1.2）；经革兰氏染色镜检，菌呈革兰氏阴性反应，细胞杆状，两端钝圆，或分叉状，为典型的类菌体形态。

经过一步的回接试验证实，所分离的根瘤菌菌株，除了钝叶黄檀没有回接外，其他的菌株都在原宿主植物或同属、同亚科的树种上产生了根瘤，从而证明所获得的菌株为根瘤菌的纯培养菌株。

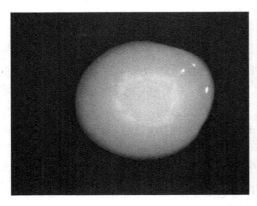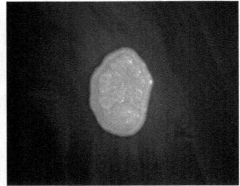

图 1.2　根瘤菌单菌落形态

Fig. 1.2　The simple mushroom colony feature of rhizobium

第 4 节 干热河谷豆科树种根瘤菌对干热胁迫的抗性研究

4.1 引言

干热河谷气候是中国西南地区横断山区一种非常特殊的气候类型,"干"和"热"是该地区的典型气候特点(马焕成,2000)。在干热河谷的植被恢复工程中,干旱和高温是树木生长存活的重要制约因素。

豆科树种具有较高的经济价值,对不良环境抗逆力强,在改良土壤、提高土壤肥力、保持水土和改善生态环境中占有重要地位。这些作用与它的结瘤固氮性能密切相关(韩素芬,1995)。与豆科植物共生固氮的根瘤菌也常遭遇此不利环境条件。

从对新疆干旱地区根瘤菌研究的情况来看,在干热河谷地区的根瘤菌的抗干热能力应该比其他一般的生态地区低,或即使是从干热河谷地区采集到的根瘤菌,也会因不同的宿主或不同的菌株使其菌株间的抗性存在着差异性。通过本次试验试图对金沙江干热河谷地区采集到的部分豆科树种根瘤菌的抗干热能力进行初步研究,并试图从中筛选出耐旱菌株,从而为干热河谷地区的植树造林服务。

4.2 材料与方法

4.2.1 供试菌株

从金沙江干热河谷区的攀枝花、元谋等不同林分中采集豆科树种的根瘤,经分离、纯化所得的菌株,再经人工液体培养回接实验确定为根瘤菌(其中钝叶黄檀未做回接实验)(表 1.3)。

表 1.3 供试菌株来源

Tab. 1.3 Tested strains and their sources

宿主植物	菌株号	采集地	土壤类型	海拔/m
台湾相思	PZ5-1	攀枝花青松山	砂壤土	1100
台湾相思	PZ5-1-2	攀枝花青松山	砂壤土	1100
台湾相思	PZ5-6	攀枝花公园	中壤土	1700
台湾相思	PZ5-6-8	攀枝花公园	轻壤土	1700
台湾相思	PZ6-11	攀枝花凉风坳	轻壤土	1700
银合欢	PZ5-3	攀枝花青松山	轻壤土	1100
银合欢	YM8-12	元谋热经所	轻黏土	1100
银合欢	YM8-17	元谋热经所	轻壤土	1100
山毛豆	PZ5-4	攀枝花青松山	中壤土	1100
山毛豆	YM8-13	元谋热经所	轻壤土	1100
山毛豆	YM8-14	元谋热经所	轻壤土	1100
钝叶黄檀	PZ5-7	攀枝花公园	轻黏土	1700

4.2.2　温度实验

以 YMA 为基本培养基。将各根瘤菌菌株接种到 YMA 培养基中，于不同温度下恒温培养。温度设定为 28℃、35℃、40℃ 3 个温度级，每个温度设 3 个重复。第 5 天和第 10 天观察菌落出现的情况。

4.2.3　高温干旱实验

4.2.3.1　高温干旱水平的设置

用聚乙二醇6000（PEG 6000）人工模拟干旱条件（黄明勇等，2000；Bushby and Marshall，1977）。在甘露醇酵母汁液体培养基中加入不同量的 PEG，使培养液的最终浓度（m/V）分别为5%、10%、20%、30%等4个水平，每个水平各设3个重复。在35℃的条件下，各水平的渗透势分别为-0.34bar[①]、-1.13bar、-4.04bar、-8.71bar（黄明勇等，2000）。同时，设不加 PEG 在28℃条件下培养的对照实验。

4.2.3.2　抗高温干旱能力的测定

取经活化好的各根瘤菌菌株 1 或 2 环接种到各不同水平 PEG 的 YM 液体培养基中（20ml，20mm×18mm 试管），于 35℃条件下振荡培养，5d 后吸取菌液用 752 型紫外分光光度计和 1cm 比色杯，在 420nm 波长比浊。测定其吸光度值（A），与对照菌株的 A_{420nm} 比较，以 A_{420nm} 表示其在各干旱条件下的生长繁殖状况。测定前用相应浓度 PEG 的 YM 营养液对仪器进行调零。

各菌株在不同 PEG 渗透势条件下的吸光度值用 SPSS 的方差分析程序（ANOVA）进行分析，用 LSD 检验进行显著性分析（$P<0.05$）。

4.3　结果与分析

4.3.1　温度对各豆科树种根瘤菌菌株生长的影响

一般情况下，根瘤菌最适生长的温度为25～30℃，只有少数苜蓿根瘤菌菌株在42.5℃生长。在本次试验研究中，在35℃的温度条件下，所有的菌株在第 5 天时都能生长，到第 10 天时，除了菌株 PZ5-1 已经出现死亡，其他的菌株都能很好地生长或弱生长。当温度升高到 40℃时，大部分菌株还是表现出生长良好或弱生长，如菌株 PZ5-1、PZ5-6、PZ5-6-8、PZ6-11、YM8-12、PZ5-4、YM6-13、PZ5-7；其中菌株 PZ5-1 在 35℃的温度下生长得并不好，但当温度达到 40℃时该菌株反而表现出良好的生长，出现了反弹现象。其他的菌株除了菌株 YM8-14 还能微弱地生长外，都不能在 40℃的温度条件下生长。与根瘤菌最适温度相比，干热河谷地区豆科树种的根瘤菌对高温的耐性相对要高得多（表 1.4）。

---

① 1bar=0.1MPa，下同。

表 1.4　各根瘤菌菌株在不同温度下的生长状况

Tab. 1.4　The growing of rhizobia strains in different temperature

菌落数　温度 菌株	28℃		35℃		40℃	
	第 5 天	第 10 天	第 5 天	第 10 天	第 5 天	第 10 天
PZ5-1	6	6	1	0	4	3
PZ5-1-2	6	6	1	1	0	0
PZ5-6	6	6	4	3	2	3
PZ5-6-8	6	5	6	5	2	1
PZ6-11	5	5	5	5	6	5
PZ5-3	6	5	6	5	0	0
YM8-12	6	6	6	5	1	1
YM8-17	6	5	6	5	0	0
PZ5-4	6	6	5	5	4	1
YM6-13	6	5	4	3	3	3
YM8-14	6	6	2	2	1	0
PZ5-7	6	6	4	4	6	4

注：0 表示死亡；1～2 表示生长；3～4 表示生长良好；5～6 表示生长很好

Note：0 Express strains had dead；1～2 Express strains had grow；3～4 Express strains had better grow；5～6 Express strains had best grow

在所测的菌株中，来自攀枝花地区的根瘤菌比其他的菌株更能耐 40℃的高温，这可能和攀枝花地区土壤的有机质及氮、磷、钾等的含量有关，从该地区采集的土壤的理化分析（具体见本章第 2 节土壤的理化分析部分）可以看出，土壤多为中性土，水解性氮的含量相比元谋地区普遍要高，而磷和钾的含量则相对要低。可以认为土壤化学性质影响了根瘤菌对温度的抗性。有学者研究认为，土壤中的有机质及氮、磷、钾等矿质营养元素的含量、配比的不同会影响植株的生长、耐性及菌株的结瘤固氮状况（宋海星等，1997；丁洪和李生秀等，1998；Ayneabeba *et al.*，2001）。

4.3.2　在 35℃高温下不同 PEG 处理对根瘤菌菌株生长的影响

从表1.5可以看出：随着PEG用量的增加，各菌株的生长逐渐减弱，除了菌株PZ5-6在处理4没有达到显著性差异外，其他的菌株在处理3和处理4与对照相比吸光度值都达到了显著水平。

从图 1.3 可以看出，各菌株在处理 1 和处理 2 条件下都能生长。在处理 1（-0.34bar，35℃）中，菌株 PZ6-11、YM8-12、PZ5-4、YM6-13、PZ5-7 的生长比对照菌株还好；在处理 2（-1.13bar，35℃）中，菌株 PZ5-1、PZ5-6 比在处理 1 的条件下繁殖得还好。这说明培养液的-0.34bar 和-1.13bar 的渗透势对根瘤菌菌株生长的影响不大，而且适量的高温干旱反而对根瘤菌菌株的生长有促进作用。这可能是由于金沙江干热河谷地区豆科树种根瘤菌与宿主植物长期生长在高温干热的生态环境中。这种菌株的生长状况在黄明勇等（2000）对土著花生的耐旱性研究，以及杨苏声和李季伦（1988）对快生大豆根瘤菌的耐盐性研究中都有相似的报道。

表 1.5　不同 PEG 处理后根瘤菌菌株的生长情况（以吸光度值 A 表示）

Tab. 1.5　The growing of rhizobia strains in different PEG concentration

菌株号	对照 （0bar, 28℃）	35℃			
		处理 1 （−0.34bar）	处理 2 （−1.13bar）	处理 3 （−4.04bar）	处理 4 （−8.71bar）
PZ5-1	2.1350	1.3230	1.4560	0.2725*	0.2460*
PZ5-1-2	1.2170	1.1430	1.1070	0.0965**	0.3565**
PZ5-6	1.4115	1.4595*	1.8170*	0.1455*	0.3810
PZ5-6-8	1.9030	1.3085*	1.3100*	0.2935**	0.1645**
PZ6-11	1.3345	1.5120	1.2590	0.4815*	0.2730*
PZ5-3	1.2370	1.1360	0.6635*	0.2745*	0.1265*
YM8-12	1.0820	1.3480	1.1015	0.3230*	0.0930*
YM8-17	1.6810	1.3015*	0.4615**	0.2985**	0.0825**
PZ5-4	0.7230	1.0585*	0.6470	0.2560*	0.1415*
YM6-13	1.0075	1.4895	1.3725	0.3085**	0.1785**
YM8-14	1.5135	1.4145	0.3345**	0.1030**	0.0800**
PZ5-7	1.3785	1.5485	1.3795	0.8445*	0.4635*

*表示对照和处理间差异显著（$P<0.05$）；**表示对照和处理间差异极显著（$P<0.01$）

* Express the remarkable difference between comparison and handled（$P<0.05$）；** Express the great remarkable difference between comparison and handled（$P<0.01$）

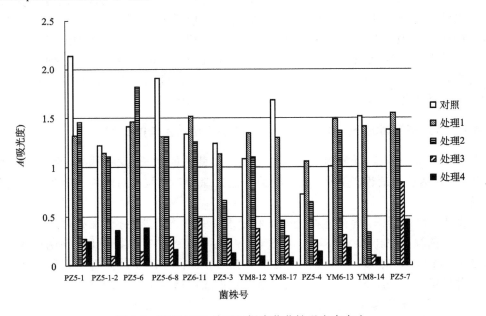

图 1.3　不同 PEG 处理下根瘤菌菌株吸光度大小

Fig. 1.3　The absorbance of rhizobia strains in different PEG concentration

而当培养液的渗透势降低到-8.71bar后各菌株的存活量呈明显下降,各菌株生长得都不好或几乎不生长;但菌株PZ5-1-2、PZ5-6 在-8.71bar的高渗透条件下其吸光度反而比-4.04bar的略有回升。这种现象在Vincent等(1962)和Furamanm等(1986)对根瘤菌的研究,以及黄明勇等(2000)对金沙江土著花生根瘤菌的耐旱性研究中都有报道。van Rensburg和Strijdom(1980)认为这是由于中间相对湿度使细胞部分失水,从而对其功能酶造成损伤,而在更低水势情况下,存活率提高是由于酶的正常功能受到保护。

从不同地区来看,攀枝花和元谋的部分豆科树种根瘤菌菌株,在不同的 PEG 处理下,即使是从同一种宿主植物的根瘤上分离得到的根瘤菌,其对高温干旱的耐受能力也是不尽相同的。例如,菌株 PZ5-1、PZ5-1-2、PZ5-6、PZ5-6-8 都是从攀枝花不同地区台湾相思的根瘤中分离得到的菌株,却表现出对干热的不同抗性;PZ5-1-2、PZ5-6 在高渗透条件下的生长明显比 PZ5-1 和 PZ5-6-8 要好。除了同一宿主植物的根瘤菌菌株在耐旱能力上存在较大的差异性外,即使是从同一土壤环境中分离的不同菌株在耐旱性上也表现出明显的不同,它们对高温干旱的适应性都不相同。

攀枝花和元谋两地的采集点从土壤类型、海拔及当地的气候条件来看,土壤多为轻壤土,除了攀枝花公园及凉风坳两地海拔为 1700m,其余均为 1100m;而两地都属于干热高温少雨的气候特点。从植物生长方面来说,高温干热的条件是不利于植物生长的。但是当植物长期在此生长并适应了当地的生态环境后,所表现出来的对不利因素的抗逆性是巨大的。从本次攀枝花和元谋两地部分豆科树种根瘤菌对干热的不同的适应能力来看,金沙江干热河谷区采集到的部分豆科树种上分离得到的根瘤菌菌株对高温干热的耐受性表现出多样性特点,且因宿主植物对当地生态的长期适应结果而表现出巨大的抗高温干旱的特点。

4.4 讨论与结论

本次的实验结果表明:金沙江干热河谷区豆科树种根瘤菌对高温干热的环境条件表现出耐受力的多样性和特异性。在供试的 12 个菌株中,表现出耐高温(40℃)的菌株有 PZ5-1、PZ5-6、PZ5-6-8、PZ6-11、YM8-12、PZ5-4、YM6-13、PZ5-7。在用 PEG 人工模拟干热条件试验中,菌株 PZ5-1、PZ5-1-2、PZ5-6、PZ6-11、PZ5-7 在-8.71bar 的渗透势水平仍能较好地生长发育。耐高温和高渗透的这些菌株的存在说明,干热河谷地区豆科树种根瘤菌有丰富的抗逆菌株。这些豆科树种根瘤菌的宿主都在干热河谷地区存在了较长的时间,对干热高温已经有了适应的能力。而这些根瘤菌菌株能在干热高温等不利条件下生存、生长并繁殖,这种特有的抗逆性的存在,从生态条件来说是金沙江干热河谷地区特有的生态环境,形成了该地区豆科树种根瘤菌特有的抗逆能力,这也是干热河谷各生态环境中抗逆性因素对根瘤菌长期自然选择的结果。对本实验中筛选出的比较耐干旱的菌株仍需要做进一步的共生结瘤实验,从而找出较耐干旱的优良的共生体系。

既能耐 40℃高温又能在-8.71bar渗透势条件下生长良好的菌株 PZ5-1、PZ6-11、PZ5-7 抗旱性和抗热性均较强,这 3 株菌株分离自攀枝花的凉风坳和攀枝花公园,从分离宿主的生长环境来看,宿主生长的土壤环境并不相同,但是在同一个海拔上(1700m)。是否可以认为海拔也是影响根瘤菌菌株对高温干旱的抗性能力的一个因素，这有待于更多的试验来论证。

从菌株的生长形式来看，本次实验所用的根瘤菌菌株存在不同的生长形式：第一种是随着温度的升高和溶液渗透势的降低，菌株（PZ5-6-8、YM8-17、YM8-14）的生长存活能力也随之而降低；第二种是在溶液渗透势降低的过程中，菌株（PZ5-1-2、PZ5-6）在经过一个致死渗透势（−4.04bar）后存活数量又增高；第三种是部分菌株（PZ6-11、YM8-12、PZ5-4、YM6-13、PZ5-7）在−0.34bar的渗透条件下的生长比对照（不加PEG、常温下培养）还要好。这种菌株生长模式的不同在黄明勇等（2000）对土著花生根瘤菌的耐旱性的研究中也有相似报道。

通过目前作者对金沙江河谷地区根瘤菌的筛选，可以得到一些比较耐高温干旱的菌株，如菌株PZ5-1、PZ6-11、PZ5-7，这3株菌株在40℃高温及在−8.71bar、35℃的条件下都能生长繁殖。而使干热河谷地区部分豆科树种根瘤菌菌株对不利的高温干旱具有强的抗逆性的原因，可以认为和宿主生长的土壤理化条件、海拔和当地特殊的干热气候密切相关。

作者从干热河谷地区生长的豆科树种上筛选出了这些耐高温干旱的菌株，对于在干热地区的农林业生产活动的提高是很有帮助的，可以直接运用于生产中，或者再通过现代分子生物学实验手段构建出实际生产需要的高效菌株，从而提高干热地区农林业生产种植的效率。

第5节　应用Rep-PCR技术分析部分根瘤菌的遗传多样性

5.1　引言

5.1.1　Rep-PCR分析技术

Rep-PCR指纹技术（Rep-PCR）是根据细菌等基因组内基因间存在一类特异性重复保守序列，设计一些特异性扩增引物进行PCR扩增（刘雅婷等，2001）。研究发现，许多细菌都存在与REP、ERIC、BOX序列同源的短重复序列，且在不同的属、种和菌株间具有高度的保守性。因此，利用REP、ERIC、BOX等引物，结合PCR技术，选择性扩增REP、ERIC、BOX因子之间不同的基因组区域，扩增产物通过琼脂糖凝胶电泳进行分离，通过电泳条带的比较分析，可揭示基因组间存在的差异（李俊等，1999；姬广海等，2002）。

对于Rep-PCR方法的可行性而言，在对花生根瘤菌基因组存在的多样性分析中，李俊等（1999）用Rep-PCR技术与van Rossum等于1995年用多相分析研究来自津巴布韦能与花生有效结瘤的慢生根瘤菌，以及Urtz和Elkan（1996）用 *nif* 基因的RFLP分析及DNA杂交得出一致的结论。而且，用Rep-PCR分析 *Rhizbium meliloti*、*R. galegae* 和 *Bradyrhi zobium japonicum* 血清型123菌株的结果与其他方法的分析结果一致（Frans and de Brujin，1992；Judd *et al.*，1993；Nick and Lindstrom，1994a）。Rep-PCR指纹图谱具有菌株专一性，Svenning等利用ERIC-PCR研究了大田条件下3株 *R. leguminosarum* biovar. *trifolii* 根瘤菌与白三叶草的竞争结瘤能力，ERIC-PCR 能够很好地将 3 个菌株区分开来。因此，Rep-PCR 是根瘤菌多样性研究、分类聚群和鉴定中有用的技术（Laguerre *et al.*，2003）。

5.1.1.1　Rep-PCR 指纹技术原理

重复序列在所有生物的基因组中都存在。与真核生物相比，原核生物的基因组较为简单，DNA 序列多以单拷贝的形式存在。真核生物基因的碱基序列中包括有单一序列（不重复序列）、中度重复序列和高度重复序列。在原核生物基因组中，少数多拷贝基因（rRNA 基因、tRNA 基因和插入因子 IS）对于原核生物维持快速而大量的基因表达和对基因表达进行精细的调节有重要的作用。此外，在原核生物基因组中还存在着一类短重复序列，它们广泛分布在原核生物特别是细菌的基因组中，一般位于基因之间的区域。在遗传多样性研究中应用较多的重复序列有 REP 序列（repetitive extragenic palindrome，REP）、ERIC 序列（enterobacteria repetitive intergenic consensus）、Ng-REP 序列、Dr-REP 序列、Mp-REP 序列和 STRR 序列（short tandemly repeated repetitive）等（杨江科，2002）。

1）REP 序列（杨江科，2002）

Gilson 和 Higgins 首先分别在 *Escherichia coli* 和 *Salmonella typhimurium* 中发现了 REP 序列，它是一段 38bp 的反向重复序列，能形成一个稳定的茎环结构，在中心区域有个 5bp 的可变环，在该序列的对称臂上，当一侧臂的某一碱基发生变化时，另一臂上也会相应地发生变化，以维持其回纹结构。REP 一般位于由多基因组成的操纵子的基因间和 3′ 端可转录的非编码区。在整个基因组中有 500～1000 个拷贝，占整个基因组的 1%，Gilson 的研究还发现，REP 序列在 *E. coli* 基因组中常串联成簇，簇中还可以包括其他类型的重复序列。其功能可能包括：转录后可以稳定上游 mRNA 结构；通过调整上游 mRNA 的稳定性来调整基因的表达；在多顺反子的操纵中，REP 序列负责不同基因表达水平的调控；影响染色体结构并与染色体的重组有关。研究表明，与 REP 序列同源的短重复序列存在于绝大部分细菌中，在不同的生物中其大小为 35～40bp，存在着细微的变化，它们在不同的菌株、种和属间都具有高度的保守性。

2）ERIC 序列

在细菌中，特别是肠杆菌群（*Enterobacteria*）中基因组普遍存在的短重复序列为 ERIC 序列，它是一段长为 126bp 的反向重复序列。其特点与 REP 相似，也定位在基因组内可转录的非编码区或与转录有关的区域。ERIC 序列的中心是一对双重反向重复序列。据推测该序列所转录的 mRNA 能形成茎环结构。已知若在该序列中心的对称臂上，当一侧臂的某一碱基发生变化，则另一臂上相对应的碱基也相应地发生改变，以维持其回纹结构（杨江科，2002）。

Hulton 等（1991）在比较研究了 7 株 *E. coli* 和 7 株 *S. typhimurium* 的 ERIC 序列后发现，ERIC 序列存在于基因组的不同位点，在种内和种间都有高度的保守性。目前已证实 ERIC 序列既能以完整序列的形式存在于基因组中，也能以部分缺失的形式存在，而且不同菌株间的 ERIC 序列在染色体上的位置并不是固定的。已知 *S. typhimurium cysB* 位点的 ERIC 序列的 3′ 端是缺失的；*Klebsiella pneumoniae fim* 位点只包含 ERIC 序列靠近 3′

端的一半；*Yersinia pseudotuberculosis pel* 位点只包含有 ERIC 序列的 5′端和 3′端，中间序列被其他序列替代，其长度正好与 ERIC 中间长度相符。

3）其他的短重复序列

近年来在原核生物基因组内，又陆续报道了一些与这两种序列完全不同的短重复序列（杨江科，2002；Versalovic *et al.*，1991）。

BOX 因子：与 REP 和 ERIC 相类似，它是存在于细菌基因组中、大小为 154bp 的短重复序列（杨江科，2002）。

Ng-REP 序列：通过杂交的方法，Correia 发现了 *Neisseria gonoorhoeae* 中存在一段长为 26bp 的短重复序列。研究发现：26bp 的序列中有 5 个碱基是可变的，21 个碱基是固定的（杨江科，2002）。

Mp-REP 序列：Wenzel 研究 *Mycoplasma peneumonis* 后发现该基因组中，至少有 5 种长度为 1.1~2.2kb、拷贝数为 8~10 的重复序列。除了上述的 5 种重复序列之外，还发现两种更短的重复序列，即 300bp 的 RepMp1 和 400bp 的 SDCI 序列，经测定该菌的基因组长度仅为 840kb，但是它的重复序列含量高达 65%（杨江科，2002）。

STRR 序列：存在于 *Cyanobacterium cacothrix* 的基因组内，长约 7 个核苷酸的短重复序列，称为 STRR 序列。通过探针杂交试验研究后发现该序列在 *Cyanobacterium* 其他种也存在（杨江科，2002）。

5.1.1.2 Rep-PCR 的优缺点

由于 REP、ERIC、BOX 序列在原核生物基因组中的保守性和随机广泛分布，因此可以细菌总 DNA 为模板，用人工合成的能与 REP、ERIC、BOX 序列配对的寡核苷酸作为引物进行 PCR 扩增，如果这些引物结合的位点在适当的位置，且位于 *Taq* 聚合酶 PCR 扩增范围内，就能得到扩增产物，产物经琼脂糖凝胶电泳后能得到一个特定的图谱，这种指纹图谱对细菌的种甚至对菌株都是特定的（Dimri *et al.*，1992）。

使用 REP 和 ERIC-PCR 标记有以下优越性（刘雅婷等，2001；Frans and de Brujin，1992）。

（1）不需要菌株、种或属专一性的 DNA 探针，只需要一套引物就能分析在遗传上紧密相关或相当分散的菌株。

（2）运用不同的引物组合得到的 REP 和 ERIC-PCR 图谱可区分同种、不同种及密切相关的菌株。可靠性强、重复性高。

（3）分析 PCR 产物指纹图谱时不需要进行 Southern 或分子杂交反应，简单的琼脂糖凝胶电泳就能将谱带区分开来，操作程序简单。

（4）Rep-PCR 扩增的结果与 RFLP 有较高的一致性，而 Rep-PCR 扩增产物琼脂糖电泳检测，避免了 RFLP 中需要同位素标记和大量 DNA 样品的局限性。

（5）在根瘤菌和大肠杆菌的研究中，不需要提取基因组 DNA，因为少量菌体就可用于 PCR 实验。

但是在应用 Rep-PCR 进行检测鉴定时，必须要有标准的模式菌株作对照，不能用来鉴定未知菌株；而且，对于用单一引物的 PCR 扩增的结果可能有其局限性，而对多个引物的 PCR 扩增结果的综合分析可能更能全面地反映菌株的遗传多样性（刘雅婷等，2001）。

5.1.2　研究的意义

对干热河谷地区采集到的部分豆科树种根瘤菌资源进行调查及遗传多样性研究，分析其地理来源、生态环境等因素对根瘤菌遗传变异可能造成的影响。一方面，可以揭示根瘤菌的生物多样性，发掘并保存新的、优良的根瘤菌种质资源；另一方面，通过遗传多样性的研究，揭示根瘤菌及其相关物种的亲缘关系和自身的系统发育地位，为木本豆科树种根瘤菌的分类提供一定的理论依据，也为更好地利用豆科树种根瘤菌接瘤固氮的特性提供遗传学依据；另外，研究干热河谷地区木本豆科树种根瘤菌的遗传多样性，可以为利用豆科树种-根瘤菌的共生固氮关系在该地区进行的退耕还林还草及可持续发展的农业、林业、牧业的应用提供遗传学基础。

5.2　材料与方法

5.2.1　菌株的培养

菌株及其培养：从前期在干热河谷地区采集到的豆科树种根瘤中分离的根瘤菌。所分离的根瘤菌都经过两次以上的纯化及原宿主的回接确认。所有菌株均用常规的 YMA 培养基培养。部分菌株由南京林业大学的韩素芬教授提供（表 1.6）。

表 1.6　供试菌株来源
Tab. 1.6　Tested strains and their sources

宿主植物	菌株号	采集地
台湾相思 *Acacia richii*	PZ5-1	攀枝花（青松山）
台湾相思 *Acacia richii*	PZ5-1-2	攀枝花（青松山）
台湾相思 *Acacia richii*	PZ5-6	攀枝花（公园）
台湾相思 *Acacia richii*	PZ5-6-8	攀枝花（公园）
台湾相思 *Acacia richii*	PZ6-11	攀枝花（凉风坳）
台湾相思 *Acacia richii*	YJ3-4	元江
银合欢 *Leucaena glauca*	PZ5-3	攀枝花（青松山）
银合欢 *Leucaena glauca*	YM8-12	元谋（热经所）
银合欢 *Leucaena glauca*	YM8-17	元谋（热经所）
银合欢 *Leucaena glauca*	YM5-3	元谋（热经所）
山毛豆 *Tephrosia candida*	PZ5-4	攀枝花（青松山）
山毛豆 *Tephrosia candida*	YM8-13	元谋（热经所）
山毛豆 *Tephrosia candida*	YM8-14	元谋（热经所）
山毛豆 *Tephrosia candida*	YM5-6	元谋（热经所）
钝叶黄檀 *Dalbergia obtusifolia*	PZ5-7	攀枝花（公园）
圣诞树 *Acacia dealbata*	KM5-3	昆明（林校）

续表

宿主植物	菌株号	采集地
白刺花 Sophora davidii	87-2	南京（林大苗圃）
刺槐 Robinia pseudoacacia	87-1-1	南京
黄檀 Dalbergia hupeana	92-46	南京（中山陵）
毛叶怀槐 Maackia amurensis	92-73	南京（林大树木园）
华东木蓝 Indigofera fortunei	95-58-1	南京（灵谷寺）
锦鸡儿 Caragana sinica	92-61	南京（林大树木园）
山蚂蝗 Desmodium racemosum	92-65	南京（灵谷寺）

5.2.2　DNA 的提取

5.2.2.1　试剂及溶液

（1）Tris·Cl 1mol/L pH 8.0。500ml：350ml ddH$_2$O 中溶解 60.55g Tris 碱，浓 HCl 调 pH 至 8.0，加水定容至 500ml，再调 pH 为 8.0。灭菌。

（2）NaCl 5mol/L：292g NaCl 加 H$_2$O 至 1L 溶解。灭菌。

（3）EDTA（乙二胺四乙酸）0.5mol/L。700ml H$_2$O 中溶解 186.1g Na$_2$EDTA·2H$_2$O，用 10mol/L NaOH 调 pH8.0（约 50ml），加水定容至 1L。灭菌。

（4）TE 缓冲液 pH8.0（100ml）。10mmol/L Tris·Cl+1mmol/L EDTA，pH8.0；1.0ml 1mol/L Tris·Cl，200μl 0.5mol/L EDTA 混合，加入 H$_2$O 定容至 100ml。灭菌。

（5）CTAB/NaCl 溶液（10% CTAB/0.7mol/L NaCl）。80ml H$_2$O 中溶解 4.1g NaCl，缓慢加入 10g CTAB，同时加热并搅拌，若需要，可加热至 65℃溶解，定容终体积至 100ml。

（6）10%（m/V）SDS。900ml H$_2$O 溶解 100g 电泳级 SDS，加热到 68℃并用磁力搅拌器，有助于溶解。若需要，加几滴浓 HCl，调节 pH 至 7.2，加水定容 1L。室温保存，无须灭菌。

（7）20mg/ml 蛋白酶 K。购来的蛋白酶 K 是冷冻干燥的粉末状物质，用灭菌的 50mmol/L Tris（pH8.0），1.5mmol/L 乙酸钙溶解，配制成浓度为 20mg/ml 的溶液，将储存液分装，−20℃保存，用前无须处理。

（8）24：1（V/V）氯仿/异戊醇。

（9）25：24：1 酚/氯仿/异戊醇。

（10）异丙醇（−20℃）。

（11）70%乙醇。

5.2.2.2　DNA 的提取

参照奥斯伯等（1998）提取细菌的方法提取根瘤菌的总 DNA，并用 1%的琼脂糖凝胶（含 EB）电泳检测所提取的 DNA。部分菌株 DNA 的提取结果见图 1.4。

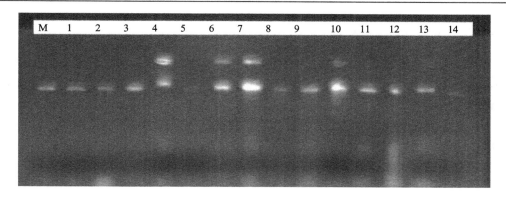

图 1.4　部分根瘤菌提取 DNA 电泳图

Fig. 1.4　DNA extracted from some rhizobia

1～14 分别为样品：YM8-17、PZ5-3、YM8-12、PZ5-1、PZ5-6-8、PZ5-1-2、PZ5-6、PZ6-11、PZ5-7、PZ5-4、YM8-14、YM86-13、
KM5-3、YJ3-4；M 为标样

（1）用 YM 液体培养基培养根瘤菌 6～7d（100ml/250ml 瓶），10 000r/min 离心 10min，用 10mmol/L Tris-HCl 洗涤 3 次，每次 10 000r/min 离心 2min。

（2）沉淀物加入 567μl TE，反复吹打使之重悬，加入 10mg/ml 溶菌酶，30μl 10% SDS 和 3μl 20mg/ml 蛋白酶 K，混匀，37℃温育 1h。

（3）加入 100μl 5mol/L NaCl，混匀，再加入 80μl CTAB/NaCl，混匀，65℃温育 1h。

（4）加入等体积的氯仿/异戊醇，混匀，10 000r/min 离心 5min，移出上清液（取上清）。

（5）加入等体积的酚/氯仿/异戊醇，混匀，10 000r/min 离心 5min，移出上清液。

（6）加入 0.6 倍体积异丙醇，轻轻混合沉淀 DNA，弃上清。

（7）70%乙醇洗涤 DNA 3 或 4 次。

（8）离心 5min，弃上清，风干，重溶于 100μl TE 中。

（9）1%琼脂糖凝胶（含 EB）电泳检测所提取的 DNA。120V，1h。

5.2.3　PCR 扩增

5.2.3.1　PCR 引物

所用的 REP 和 ERIC 引物（李俊等，1999；Frans and de Brujin，1992）由上海英骏生物技术有限公司（Invitrogen Biotechnology Co., Ltd Shang-hai）合成。引物序列如下。

REP　　　REP1R-1　　　5′-IIIICGICGICATCIGGC-3′

　　　　　REP2-1　　　　5′-ICGICTTATCIGGCCTAC-3′

ERIC　　ERIC 1R-1　　　5′-ATGTAGCTCCTGGGGATTCA-3′

　　　　　ERIC 2-1　　　 5′-AAGTAAGTGACTGGGGTGAGCG-3′

上海英骏生物有限公司提供的有关试剂：Taq 酶、dNTP、10×Buffer 缓冲液、Mg^{2+}。

5.2.3.2　反应混合液的配置

每个反应体系的体积为 25μl，其中含有 50ng 模板，50pg 引物，1.25nmol/L Mg^{2+}，2μl *Taq* 酶，配置如下。

10×Reaction Buffer	2.5μl
10×dNTP 混合物	2.5μl
MgCl$_2$	0.5μl
引物 1	1.0μl
引物 2	1.0μl
5U/μl *Taq* DNA 聚合酶	0.4μl
模板 DNA	3.0μl
补加超纯水	至 25μl

依次加入以上成分，置于 0.2ml Eppendorf 管中，瞬时离心，进入 PCR 循环。

注意：以上操作均需要戴一次性手套，最好在冰上进行，尽量保持实验台清洁或在超净工作台上进行。所有水均为灭菌的超纯水，所用大、小 Eppendorf 管，枪头等均用新的，并预先灭菌。为确保反应无污染，每批扩增都应设阴性对照（即不加模板）。

5.2.3.3　PCR 扩增循环

PCR 扩增按以下条件进行（Frans and de Brujin，1992；Laguerre *et al.*，2003）。PCR 扩增产物于 4℃储存。结束后，取 6～8μl PCR 产物在 1.5%琼脂糖凝胶（含 EB）上进行电泳检测，电压为 85V，3.5h。

PCR 扩增循环条件：

		Rep-PCR 扩增		ERIC-PCR 扩增	
		温度（℃）	时间（min）	温度（℃）	时间（min）
预变性		95	6	95	7
30 个循环	变性	94	1	94	1
	退火	40	1	50	1
	延伸	65	8	65	8
最后延伸		65	16	65	16
4℃保存					

5.2.4　PCR 扩增产物的检测

扩增完毕后，取 6～8μl PCR 产物在 1.5%琼脂糖凝胶上电泳，琼脂糖凝胶内含有一定量的溴化乙锭（EB），60V，3h。在凝胶成像系统下检测，观测产物的有无及纯度后，储存于−20℃。

注意：溴化乙啶（EB）有毒，使用时应戴一次性手套。

5.2.5　Rep-PCR 电泳结果分析

将电泳结果在紫外灯下用专用软件扫描并存入计算机，对 Rep-PCR 扩增产物凝胶图谱进行读带，有带的记为"1"，无带的记为"0"，制成 Excel 文件用于聚类分析。使用 NTSYS 计算机软件，用非加权组平均聚类法（unweighted pair group method with arithmetic mean，UPGMA）进行分子指纹聚类分析，构建系统树状图谱对菌株进行分群。

5.3　结果与分析

用 REP 和 ERIC 分别作为引物对部分豆科树种根瘤菌，共 26 个参试菌株的基因组 DNA 进行 Rep-PCR 扩增。检测结果表明，扩增产物的电泳出现多条带谱，条带的分子质量为 200~3000bp。从图 1.5 及图 1.6 上可以看出，引物 REP 扩增的条带数较多，条带之间的分离并不是很好；而 ERIC 引物扩增的条带之间的分离比较好，能够比较清晰地看出条带的有无。

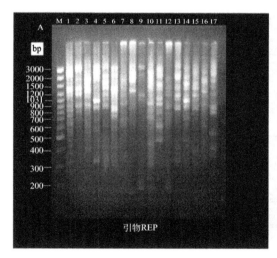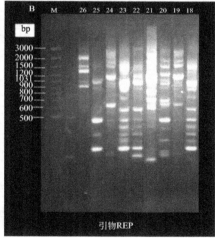

图 1.5　Rep-PCR 扩增电泳图

Fig. 1.5　The PCR results produced by REP primers

1~26 号依次为：YM8-17、PZ5-3、YM8-12、PZ5-1、PZ5-6-8、PZ5-1-2、PZ5-6、PZ6-11、PZ5-7、PZ5-4、YM8-14、YM8-13、KM5-3、YM5-6、YJ3-4、YM5-3、87-2、87-1-1、92-46、92-61、92-65、92-1-4、92-1-6、92-58-1、92-73、对照。其中，M 为 Marker

5.3.1　豆科树种根瘤菌的 Rep-PCR 结果分析

从图 1.7 树状图中看出，所用的 25 株豆科树种根瘤菌菌株在相似性 13%的水平上相聚。可以看出，这些菌株间的相似性很低，低的相似性暗示这些菌的基因组之间存在着显著的异质性（李俊等，1999）。从树状图中还可以看出，这些菌株在 20%的相似性水平上分成 3 个大的类群，即群 A、群 B、群 C。群 A 由 16 个菌株组成，在 32%的相似

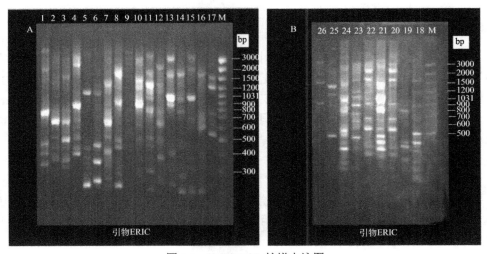

图 1.6　ERIC-PCR 扩增电泳图

Fig. 1.6　The PCR results produced by ERIC primers

1~26 号依次为：YM8-17、PZ5-3、YM8-12、PZ5-1、PZ5-6-8、PZ5-1-2、PZ5-6、PZ6-11、PZ5-7、 PZ5-4、YM8-14、YM8-13、
KM5-3、YM5-6、YJ3-4、YM5-3、87-2、87-1-1、92-46、92-61、92-65、92-1-4、92-1-6、92-58-1、92-73、对照。其中，M 为 Marker

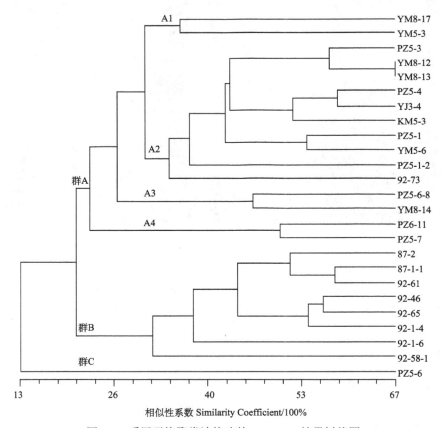

相似性系数 Similarity Coefficient/100%

图 1.7　采用平均聚类法构建的 Rep-PCR 结果树状图

Fig. 1.7　UPGMA dendrogram generated from the REP fingerprints

性水平上可分为 4 个亚群，这些菌株除了菌株 92-73 是来自南京的，其余的 15 株均是分离自干热河谷地区豆科树种根瘤；群 B 由 8 个菌株组成，这 8 个菌株均是来自南京地区的根瘤菌菌株；群 C 由单一的一个菌株（PZ5-6）构成。同时可以看出，引物 REP 对各个菌株的聚类扩增结果，各个群与亚群的菌株间基因组的遗传多样性分布与菌株的地理来源和气候条件之间有一定的联系。

5.3.2 豆科树种根瘤菌的 ERIC-PCR 结果分析

与 Rep-PCR 结果相比较，所有的菌株在 10%的相似性水平上相聚（图 1.8）。在 20%的相似性水平上分成 3 个大的类群，即群Ⅰ、群Ⅱ、群Ⅲ，与 Rep-PCR 的相似。但在分成的 3 个大类群中，菌株的组成并不一样，群Ⅰ由 3 个菌株组成；群Ⅱ由 20 个菌株组成，在 33%的相似性上又可以分为 4 个亚群Ⅱ1、Ⅱ2、Ⅱ3、Ⅱ4；而群Ⅲ由 2 个菌株组成。这种两种不同引物 REP 和 ERIC 对菌株的分群结果的差异，暗示这两种短的重复序列在根瘤菌基因组中的分布是不同的，这种情况与李俊等（1999）对花生根瘤菌多样性分析的结果相似。

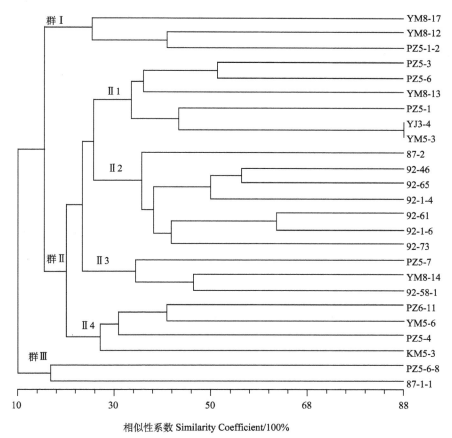

图 1.8 采用平均聚类法构建的 ERIC-PCR 结果树状图

Fig. 1.8 UPGMA dendrogram generated from the ERIC fingerprints

5.3.3　Rep-PCR 和 ERIC-PCR 两种结果的综合分析

通过计算机将 Rep-PCR 和 ERIC-PCR 电泳指纹图谱进行综合分析,能准确地反映菌株间基因组中存在的差异(李俊等,1999;Nick *et al.*,1994)。从图 1.9 可以看出,所有的菌株在 17%的相似性水平上相聚,在 20%的相似性水平上分为 3 个大的类群:群 1、群 2 及群 3。除了菌株 PZ6-11 单独分为一群(群 3)外,其他的菌株基本上按照地理的来源分为两个大的类群(群 1 和群 2)。菌株 PZ5-3、YM8-12、YM8-13、PZ5-1、YJ3-4、YM5-3、PZ5-4、YM5-6、PZ5-7、PZ5-1-2、PZ5-6-8、YM8-14、PZ5-6 来自金沙江干热河谷地区的 13 株根瘤菌菌株,在 22%的相似性水平上聚在一起为群 2(图 1.9)。来自昆明地区的 KM5-3 菌株也聚类在群 2 中。群 2 在 30%的相似性上又可以分为 2a、2b、2c 3 个亚群。来自南京地区的 9 株根瘤菌菌株即 87-1-1、92-73、87-2、92-46、92-65、92-1-4、92-61、92-1-6、92-58-1,在 28%水平上聚在群 1 中;群 1 在 30%的相似性上可分为 1a、1b、1c 3 个亚群。其中,来自元谋地区的菌株 YM8-17 聚在了群 1 中的 1a 亚群

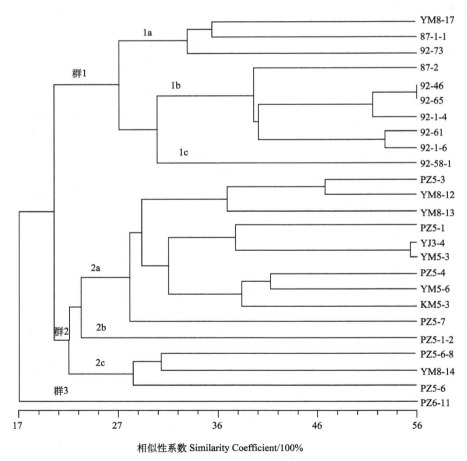

相似性系数 Similarity Coefficient/100%

图 1.9　采用平均聚类法构建的 Rep-PCR 聚类的综合结果树状图

Fig. 1.9　UPGMA dendrogram generated from the Rep fingerprints

里。将云南地区的根瘤菌菌株和南京地区的根瘤菌菌株共同聚类得到的综合聚类分析,分群结果与菌株分离的地理来源有相关性,即分离自同一个大的地域范围内的菌株趋向于聚为一群。

把从金沙江干热河谷地区采集到的根瘤菌菌株按同样的聚类方法单独进行聚类,得到图 1.10。从该聚类图看,菌株在 20% 的相似性水平上聚成 3 个类群(群 1、群 2、群 3),干热河谷地区的这些根瘤菌并没有因为宿主和分离地的相同而聚集在一起。同为从宿主银合欢上分离得到的根瘤菌菌株 YM8-17、PZ5-3、YM8-12、YM5-3 分别聚集在了群 1、群 2 中。分离自攀枝花凉风坳的台湾相思宿主上的根瘤菌菌株 PZ6-11 单独成为一个群(群 3),其他分离自台湾相思上的菌株则分别聚在群 1、群 2 中。分离自宿主山毛豆上的 4 株根瘤菌菌株(PZ5-4、YM5-6、YM8-13、YM8-14)聚在了群 2 中;但除了菌株 PZ5-4 和 YM5-6 的遗传距离较近外,其他的两株菌株 YM8-13、YM8-14 相距较远。在群 2 中,来自元江的分离自台湾相思上的根瘤菌菌株 YJ3-4 与分离自元谋银合欢上的菌株 YM5-3 从相似性上是所有测试菌株中最大的,基本上有 55% 的相似性。从宿主上来看,来自云

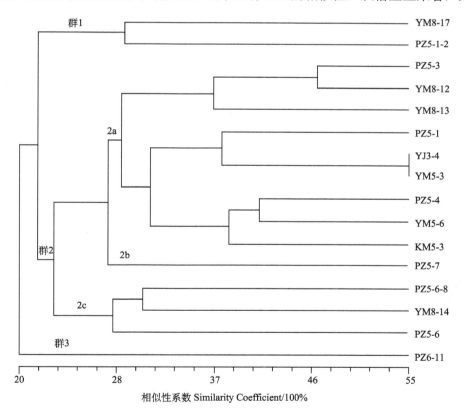

图 1.10　采用平均聚类法构建的 ERIC-Rep-PCR 聚类的综合结果树状图(仅对干热河谷地区的部分豆科树种根瘤菌进行的聚类)

Fig. 1.10　UPGMA dendrogram generated from the ERIC-Rep fingerprints (Only the strains isolated from various regions in dry-hot valley)

南地区的这 16 株根瘤菌菌株其遗传变异是很大的；从分离地来看，其菌株的聚合没有按照所分离宿主的采集地而相聚。金沙江干热河谷地区的豆科树种根瘤菌菌株的聚类结果与菌株的分离地和宿主的相关性并不明显。金沙江干热河谷地区多样的生态条件使根瘤菌的基因组存在显著的多样性。

5.4　讨论与结论

利用不同引物（REP 和 ERIC）应用 Rep-PCR 对来自干热河谷地区和南京地区的部分豆科树种根瘤菌进行遗传多样性的分析。Rep-PCR 分析时，所试菌株在 20%的相似性水平上聚为 3 个大的类群，分离自干热河谷地区的根瘤菌菌株和来自南京豆科树种上的菌株基本上各自单独成群（除了菌株 92-73 聚在群 A 中）。ERIC-PCR 聚类分析时，所测试菌株在 20%的相似性上聚为 3 个大的类群，但是，各分类群的菌株组成和引物 REP 所分聚的群的组成有差异。不管是采用 REP 引物还是 ERIC 引物，来自南京地区豆科宿主上的根瘤菌菌株都能单独成群，分离自干热河谷地区豆科宿主上的根瘤菌菌株在群的组成上有差异。这种采用两种不同的引物扩增出来的结果不一致的现象也出现在 Judd 等（1993）和李俊等（1999）的实验研究结果中；并且还发现，在用 Rep-PCR 分析 *Rhizobium meliloti* 时，ERIC-PCR 比 Rep-PCR 具有更高的分辨率。张小平（2002）、陈明周（2002）等学者认为，REP 和 ERIC 对供试菌株的分群结果不一致，可能是由于这两种重复序列，即所用引物在供试菌株基因组中同源片段数量的高低不一致。同时，Laguerre 等（1996）认为，虽然 Rep-PCR 指纹分析已经被证明可以反映出亲缘关系较近的菌株间基因组中存在差异，但不一定能反映存在于质粒 DNA 上的差异；而且，不同来源的或不同批次的引物，扩增所用的 DNA 聚合酶及不同型号的 PCR 仪对复杂多带谱的 Rep-PCR 结果都有一定的影响，难以在不同实验室内进行比较分析。

分别用 REP 和 ERIC 两种分子遗传标记方法的结果在某些菌株分类地位上得到的差异，正好说明需要将两种方法结合起来才能对菌株的系统发育有较全面的了解（奥斯伯等，1998）。对所有菌株的 Rep-PCR 指纹进行综合（ERIC-Rep-PCR）聚类分析，在 20%水平处将菌株分为 3 个群，除了菌株 PZ6-11 被单独分为一群外，分离自干热河谷地区豆科宿主上的根瘤菌菌株和南京地区的菌株分别聚类，这表明菌株的聚类结果与菌株分离的地理来源有相关性，即分离自同一个大地域范围内的菌株聚为一群。

将分离自云南地区的豆科树种的根瘤菌菌株单独进行聚类，综合（ERIC- Rep-PCR）聚类图分析，菌株在 20%的水平上分聚成 3 个类群，结果显示，菌株的分群与菌株的分离地及其宿主的相关性并不明显，表现出金沙江干热河谷地区的豆科树种根瘤菌基因组间显著的差异性。李俊等（1999）学者认为若要更进一步探明这种多样性的根源，则需要用 16S rRNA 和 23S rRNA 或两个基因间隔区域（IGS）的测序进行更深层次的研究。

一般认为决定豆科树种遗传多样性的因素有 2 个，即大的地域环境和宿主植物。本次试验测试的 25 株豆科树种根瘤菌菌株的聚类结果说明，不同的地理来源对菌株的遗传变异有巨大的影响。但从微环境（坡向、林型、土壤条件等）来看，金沙江干热河谷地区的根瘤菌菌株的遗传变异与分离地和宿主的相关性不大，即小的环境因素造成了菌株基因组间显著的多样性差异。

金沙江干热河谷地区具有干湿季分明、气温年较差小、降水量高于蒸发量、干旱严重等独特的气候特点，和四周崇山围绕、地形闭塞的特殊地理位置，以及当地土壤干燥、有机质含量低等土壤特点。这些特殊的生态环境综合影响着豆科植物和根瘤菌的生长，以及豆科植物-根瘤菌共生体的形成，也就造成了金沙江干热河谷地区豆科树种根瘤菌遗传多样性的差异。区域环境条件的多样性，既影响着宿主植物的生长，也改变了根瘤菌的生长条件，造成了根瘤菌种群变化和数量的增减。Woomer 等（1988）在研究环境条件与根瘤菌丰度间的关系时就发现，一个特殊根瘤菌群体的出现与某些适当的宿主豆科植物存在、年均降水量、豆科植物的覆盖状况及植物萌发开花时期、土壤温度、土壤酸碱度、土壤有效磷储量状况具有明显的相关性。因此，在同处于金沙江干热河谷的环境中出现的这种根瘤菌遗传多样性的巨大差异，是当地特殊的地理、土壤及气候条件下，豆科树种-根瘤菌协同进化的结果。

第 6 节　结　　论

第一，本次对干热河谷地区部分豆科树种结瘤规律的调查结果表明：在干热河谷的特殊生态环境条件下，豆科树种的结瘤固氮受到土壤及环境中多重因子的综合影响。各豆科树种除了在不同地段其结瘤状况不同外，在同一地段其根瘤的数量、形状、大小、颜色等各方面都有各自的特点。有 9 种豆科树种虽然有结瘤，但结瘤率不高且无效、呈空壳状的根瘤占大多数。

在结瘤的豆科树种中，其土壤的酸碱度多呈中性，为壤土，土壤的有机质及氮、磷、钾等营养元素的含量有明显的差异。该地区土壤的理化特性是干热河谷地区特殊的环境条件造成的。金沙江河谷地区高、低温的巨大差异，土壤的 pH，土壤中有机质和氮、磷、钾等营养元素，综合影响了该地区豆科植物的结瘤状况。

第二，在本次人工模拟高温干热试验中，研究结果表明：分离自金沙江干热河谷地区的豆科树种根瘤菌菌株中存在有抗逆性较强的菌株，筛选出的 PZ5-1、PZ6-11、PZ5-7 3 株根瘤菌菌株在 40℃高温及在-8.71bar，35℃的条件下都能生长繁殖。该地区生长的豆科植物宿主及其生长的土壤、气候条件促成了部分菌株对高温干旱的强抗逆性。

本次试验所测试的根瘤菌菌株存在 3 种不同的生长形式：第一种是随着温度的升高和溶液渗透势的降低，菌株（PZ5-6-8、YM8-17、YM8-14）的生长存活能力也随之降低；第二种是在溶液渗透势降低的过程中，菌株（PZ5-1-2、PZ5-6）在经过一个致死渗透势（-4.04bar）后存活数量又增高；第三种是部分菌株（PZ6-11、YM8-12、PZ5-4、YM6-13、PZ5-7）在-0.34bar 的渗透条件下的生长比对照（不加 PEG、常温下培养）还要好。

第三，在本次试验中，运用Rep-PCR对根瘤菌的遗传多样性进行研究，结果表明：金沙江干热河谷区的豆科树种根瘤菌存在具显著差异的遗传多样性。Rep-PCR和ERIC-PCR均在20%的相似性水平上将25株根瘤菌菌株分为3个群，而群的菌株组成却不一致，但金沙江地区和南京地区的豆科树种根瘤菌各自聚集在一起。分析认为是不同的地理分布造成了南京和云南干热河谷两地菌株的分聚。

　　将来自云南干热河谷地区的 16 株根瘤菌菌株单独聚类分析，菌株没有因为宿主和分离地的相同而聚集在一起。结果显示菌株的聚类与菌株的分离地和宿主的相关性并不明显，金沙江干热河谷地区的豆科树种根瘤菌菌株基因组间存在着显著的遗传多样性。分析其原因，认为干热河谷的微环境（坡向、林型、土壤条件等）对该地的根瘤菌菌株造成了显著的遗传变异，是该地区复杂多样的地理、土壤及气候等生态因素综合作用的结果，是豆科植物-根瘤菌在长期的协同进化中的表现。

第 2 章　豆科树种对接种根瘤菌的生理响应

第 1 节　研　究　背　景

1.1　干热河谷干旱状况及造林概况

干旱河谷是横断山区最突出的自然景观之一，主要分布在横断山区金沙江、怒江、澜沧江、元江、雅砻江、岷江及其支流河的部分地段，垂直幅度 200～1000m，干旱河谷总长 4105km，总面积 11 230km² (张荣祖，1992)。干热河谷是干旱河谷的一种亚类型，在西南横断山脉地区河谷深切形成特有的气候类型，该地区具有"干"、"热"的典型气候特点。一般包括了干旱、半干旱、热带和亚热带的河谷。滇川干热河谷主要集中在金沙江、怒江和元江等江河流域河谷两侧海拔低于 1600m 的地区，这些地区主要包括攀枝花的部分地区、元谋、东川、巧家、怒江、元江、红河、开远等 (张荣祖，1992；金振洲等，1995)。干热河谷地区的热量充足，气温较高，年平均气温 21～23℃，≥10℃ 的有效积温为 7900～8700℃甚至更高，年平均蒸发量为 2700～3800mm，年均降水量为 600～800mm，其蒸发量大于降水量，是降水量的 3～6 倍。降水时间也很集中，仅分配在 6～10 月 (90%的降水约集中在 91d 内)，剩下的时间就是旱季，这使得旱季更旱，水分亏缺更严重。该地区的辐射也较强。因此干热河谷地区的植物要遭受长达半年的干旱胁迫 (马焕成，2001)。

在干热河谷如此恶劣的气候条件下，植物的生长受到抑制，许多植物难以存活。这决定了在此地区进行植树造林的特殊性和艰巨性。再加上干热河谷地区生态环境极其脆弱、自然环境恶化、土壤荒漠化严重、植被破坏加剧、生物多样性降低、水土流失严重一系列环境问题，使得造林极为困难。具体表现在以下 5 个方面 (余丽云，1997)：①气候干旱，土壤水分缺少，温度高，光照强，这要求应选择抗旱性强、喜阳光耐高温的树种；②高温、低温会使植物受到伤害，因此在树种的选择上应该既考虑夏季耐高温，也要考虑冬季抗寒冷；③土壤贫瘠，贫瘠的土壤使植物的生长得不到足够的养分，因此在选择树种时要考虑那些能够自身固氮的树种；④生态容量小；⑤社会经济状况差，这要求所选的树种具有一定的经济价值且能速生。

综合上述 5 个方面的考虑，现在用于干热河谷造林的树种均是具有生长迅速、耐高温干旱、耐瘠薄土壤、根系发达并扎根很深、容易繁殖、具多种用途的固氮植物，主要有 (包括灌木和草本) 新银合欢、台湾相思、大叶相思、马占相思、绢毛相思、肯氏相思、滇南杭子梢、山毛豆、赤桉、柠檬桉、滇刺枣、黑荆树、车桑子、余甘子、大翼豆等 (余丽云，1997；高洁等，1997a，1997b；傅美芬和高洁，1997)。

1.2 固氮豆科树种及豆科树种根瘤菌资源研究概况

有资料表明（Denarie and Roche，1991；Subba Rao，1999；陈文新等，2004），我国已知的豆科植物有 172 属，约 1485 种。全世界已知的豆科植物有 750 属，近 2 万种，还有许多豆科植物正在不断地被记录。但只有大约 15%的种进行过结瘤的调查研究，其中 0.3%~0.5%研究过共生关系。在已经进行过结瘤观察的 3000 多种豆科植物中，能结瘤的大约有 92%，含羞草亚科结瘤的植物占调查总数的 90%，蝶形花亚科的占 98%，苏木亚科的占 28%（中国植物志编辑委员会，1984）。我国能结瘤固氮的豆科树种有 183 种（陈奋飞等，2006）。由此可以看出，能够结瘤固氮的植物大部分都属于含羞草亚科、蝶形花亚科，而苏木亚科中绝大部分树种不结瘤。在含羞草亚科中能结瘤固氮的树种大多属于金合欢属（陈文峰等，2004）。但是能够结瘤的豆科植物所结的瘤并不是都有效。一般认为红色的根瘤为有效瘤，后来发现一种黑色的豆科根瘤，其固氮活性也较高。我国应用较多的木本固氮树种有银合欢、新银合欢、山合欢、胡枝子、马桑、紫穗槐、柠条（小叶锦鸡儿）等（韩素芬和周湘泉，1990；Allen O N and Allen E K，1981；Basak and Goysl，1980）。

除豆科固氮树种外，目前，国内外已经报道的非豆科结瘤固氮植物有 8 科、21 属、192 种。我国非豆科结瘤固氮树种有 6 属、44 种，占世界这一资源的 1/5（陈奋飞等，2006）。

1.2.1 豆科植物结瘤的因素

1.2.1.1 豆科植物结瘤的分子机制

根瘤菌能侵入相应宿主结瘤，根瘤可以固定大气中的氮，但根瘤菌与豆科植物的结瘤过程是一个比较复杂的过程，它不仅涉及根瘤菌自身的遗传背景和植物的遗传背景，且涉及根瘤菌与植物两者信号物质的识别、交换等（樊妙姬等，1999）。

目前已知的影响和决定根瘤菌竞争结瘤能力的因素主要有土壤环境、宿主植物和根瘤菌本身的竞争结瘤能力等。随着分子生物学的发展，人们对结瘤基因的了解也越来越多。根瘤菌结瘤的结瘤基因分为 3 类：普通结瘤基因，宿主专一结瘤基因和调控结瘤基因。根瘤菌与豆科植物共生有宿主专一性，这种专一性发生在侵染阶段，是由根瘤菌和豆科植物具有的信号物质进行专一性分子识别控制的（靖元孝，1993）。参与分子识别的物质包括豆科植物凝集素、类黄酮和根瘤菌表面多糖。Bohlool 和 Schmidt（1974）提出，凝集素起到宿主植物专一性决定因子的特殊作用，使大豆结瘤的根瘤菌结合大豆种子凝集素（SBL），而这种凝集素并不与其他根瘤菌结合。这说明豆科植物的凝集素在豆科植物表面与适当的根瘤菌菌面的特异性多糖产生特异性的相互作用。这说明豆科植物根部分泌的凝集素是宿主植物对根瘤菌的重要识别因子。除此之外，类黄酮也是影响植物结瘤的一个因素，它属于植物次生物质，不直接参与豆科植物-根瘤菌识别反应，但是植物分泌类黄酮到根际，类黄酮与 NodD 蛋白结合，进而在转录水平调节其他结瘤基因 nod 的表达（靖元孝，1997）。由此可知，这也是影响根瘤菌结瘤的一个重要因素。除了宿主植物分泌的物质有识别作用外，根瘤菌本身也会分泌多糖对宿主进行识别，根瘤菌表面的多糖是共生结瘤不可缺少的信号物质。当然不同根瘤菌的结瘤因子通常是不一样的。一般而言，广宿主范围的根瘤菌其修饰基因的种类多（Price et al., 1992），因而产生的结瘤因子种类也多。因此在植物与根瘤菌形成共生关系中，双方产生的信号分子起了关键作用（郭先武，1998）。

有研究表明，植物根系的分泌物含有丰富的脯氨酸及其衍生物（Felix and Donald, 2002；Vilchez et al., 2000），脯氨酸代谢在根瘤菌形成类菌体之前的阶段起重要作用，并且脯氨酸代谢的调控在不同微生物中机制大不相同（黄胜等，2004）。Van Dillewijn 等（2001）的研究表明，促进脯氨酸的代谢有助于提高根瘤菌菌株的结瘤竞争性。

1.2.1.2 豆科植物结瘤的自然因素

豆科植物与根瘤菌共生固氮体系的结瘤量不仅与它们存在的互相识别机制有关，而且外界环境因子也是影响豆科植物结瘤固氮的重要因素。根瘤菌是一种异养细菌，它能够利用多种碳水化合物，无机化合态氮（NH_4^+、NO_3^-）。根瘤菌是好氧的，通常在 25～30℃，pH6～7 时生长良好（芬森特，1973）。土壤含水量、土壤中矿物质含量、土壤 pH、CO_2 浓度、抗生素、光照、温度、水分、海拔等对豆科植物的结瘤量、固氮效果都会产生影响（李云玲等，2004；慈恩和高明，2005）。

（1）土壤水分：在缺水的土壤环境中，由于植物生长受到抑制，植物缺少正常根毛，而使根瘤菌的感染受到抑制，并且在缺水的环境中根瘤菌的存活率也会受到影响。在渍水的环境中，缺氧的土壤会产生乙烯，很低浓度的乙烯就会限制结瘤。在低氧浓度下，根毛减少，因此，感染也受到限制。即使已经形成小根瘤，其发育也会受到阻滞而长不大（史蒂文森等，1999）。但是何种土壤水分最利于豆科植物与根瘤菌共生结瘤？关于这方面的报道还很少。

（2）土壤 pH 和矿物营养：过酸过碱的环境不仅不利于豆科植物生长，也会给根瘤菌的存活造成影响，从而抑制了根瘤菌对豆科植物的感染。也可能影响了土壤中矿物元素的作用而间接地影响共生固氮体系。例如，磷对于豆科植物早期结瘤和根瘤发育是有利的，氯化钠对根瘤菌的生长及固氮有很强的抑制作用。因此选择菌株和树种时，要注意考虑它们的耐酸碱性（史蒂文森等，1999）。

（3）温度：温度对豆科植物与根瘤菌共生体系多少都有影响，来自温带的豆科植物在温度低于 7℃时仍能结瘤，而来自热带的豆科植物在 20℃时，其结瘤就受到影响了（史蒂文森等，1999）。在低温下形成的根瘤菌，含类菌体组织量较低，在 7℃时形成的根瘤菌几乎不含类菌体。同样，土壤高温会延迟或限制豆科植物结瘤。有资料表明大多数根瘤菌菌株在 45℃时就不能侵染豆科植物了（Zahran，1999），虽然有些菜豆在高温下可以结瘤，但都是些无效瘤（Zahran，1999）。然而不同品系的根瘤菌，不同的豆科树种对高温的反应不同。有资料表明（Zahran，1999；尤崇杓，1987；关桂兰等，1992；Trotman and Weaver，1995；黄明勇等，2000；曾小红等，2006；贺学礼等，1996；何一等，2003），在特殊的环境中分离得到的根瘤菌，具有适应特殊环境的能力。然而并不是所有的耐高温的根瘤菌都能和它的宿主形成较好的共生效果（Zahran，1999）。

（4）光：光是植物生长必不可少的环境因子，同时也是影响豆科植物结瘤的一个重要环境因素。光合作用可以使植物产生足够的糖类和碳等，这是豆科植物共生结瘤的关键因素，一般而言，豆科植物正常结瘤最低需要 50%的光照强度（史蒂文森等，1999）。

（5）二氧化碳浓度：有资料显示当把空气中的二氧化碳浓度提高时，豆科植物共生体系的固氮量也随着相应增加，这是由于形成了更多的根瘤，当降低了植物周围大气中氧的浓度后，其豆科植物共生固氮体系的固氮量与增加二氧化碳浓度的效应相同。这可能是因为增加二氧化碳浓度提高了植物的光合作用（史蒂文森等，1999）。

在选择菌株进行接种时应该综合考虑各个方面的因素，从而获得较好的结瘤固氮效果。

1.2.2　人工接种根瘤菌对豆科植物结瘤的影响

长期以来，人们一直期望非结瘤固氮植物与豆科植物和禾谷类植物有固氮自肥的能力，但目前向高等植物转移固氮基因还面临着技术上的重重障碍。通过在豆科植物上人工接种根瘤菌促使其结瘤也是提高豆科植物结瘤率及固氮效率的一种方式。王作明等（1996）对 8 种豆科树种的根瘤菌回接进行了研究，发现没有回接根瘤菌的植株不结瘤或者结瘤少且小，根瘤的剖面中心多呈白色，为无效瘤；而接种过根瘤菌的植株的根瘤菌数量多而且个体大，剖面中心多呈浅红色，为有效瘤。

除此之外，在接种根瘤菌的情况下，通过诱导的方式使植物结瘤也是人们研究的一个方向，1983 年聂元富首次报道一定浓度的植物外源激素 2,4-二氯苯氧乙酸（2，4-D）可诱导根瘤菌在小麦上结瘤。韩素芬等（1999）用不同浓度的 6 种植物激素处理杨树无性系组培苗，取得了较好的诱瘤效果。并且通过施加诱瘤剂和将根瘤菌接种到杨树组培苗上，对苗木的生长具有较好的促进作用。潘建菁等（1998）利用植物生长激素 2，4-D 处理非豆科植物稻苗并接种固氮菌，诱导固氮菌与幼苗结瘤共生，结果表明这种处理可提高植物的结瘤率，促进稻苗的生长，延缓衰老。

有资料表明（Zahran，1999），在干旱缺水的地区，通过接种竞争力强、耐干旱的根瘤菌菌株可以提高宿主植物的结瘤率、生长量和固氮量。另外，从野生的豆科植物分离有效的根瘤菌菌株，并接种到其他豆科植物上也可以提高豆科植物-根瘤菌共生体系的结瘤效果。Zahran（1999）将分离自盐碱地的根瘤菌接种到豆科植物后可以得到较好的根瘤菌-豆科植物共生体系，但是这种情况并不是对任何根瘤菌都有效，有些根瘤菌虽然分离自盐碱地，但是在豆科宿主上并不结瘤。

1.3　接种根瘤菌对豆科植物生物量、抗逆性的影响

豆科植物与根瘤菌共生的固氮量约占整个生物固氮量的 1/2，因此豆科植物和根瘤菌的共生体系在生物固氮中占有重要地位，除此之外，豆科植物具有较好的经济价值，促进豆科植物的生长、提高豆科植物的抗逆性是获得较多经济价值的基础。

目前世界上很多国家利用根瘤菌剂来促进植物的生长以期获得较高的产量。我国关于这方面的研究报道也较多。王作明等（1996）对 8 种豆科树种的根瘤菌回接进行了研究，发现接种过根瘤菌的植株的株高、干重及总氮量分布比不接菌的对照植株高出几倍甚至是十几倍，且接菌植株叶片多而叶色深绿，不接菌植株的叶片少而黄，甚至落叶。

固氮作用促进了植物幼苗的生长，从而相应地增加了幼苗对磷、钾的吸收和积累。赵秀云和韩素芬（2001）将分离自杨树的具有较高固氮酶活性的 5 个菌株分别接种到杨树组培苗根际，结果表明接种过菌株的组培苗株高、干重、叶片含氮量、苗的固氮酶活性均好于没有接种菌株的组培苗。苏凤岩等（1995）将经过筛选的、分离自刺槐的优良根瘤菌菌株接种到刺槐上后，提高了刺槐的株高、地径、根瘤和生物量等。康丽华和李素翠（1998）、吕成群等（2003）、黄宝灵等（2004）等将分离自不同宿主的根瘤菌接种到豆科植物上，接种过根瘤菌的豆科植物生物量、株高、地径、植物体内营养元素的含量等较其各自的对照均有明显提高。这些说明将根瘤菌接种到豆科植物上可以促进豆科植物生长，提高豆科植物的产量。但是将不同生态条件及不同相思树种中分离获得的根瘤菌菌株接种到苗木上后，其结瘤能力、固氮酶活性、植株高、地径、生物量的积累等具有差异。因此在实际生产过程中，应筛选那些固氮酶活性高、侵染能力强并且有较强抗逆性的根瘤菌菌株，将其接种到豆科植物上，可以明显使植物增产，提高宿主植物的结瘤率、生长率和固氮率（Zahran，1999；关桂兰等，1992）。关于将根瘤菌接种到豆科植物上的研究，多集中在对植物生物量、生长量及氮含量方面，而关于接种根瘤菌是否能够提高植物的抗逆性方面的研究报道却很少。

1.4　研究水分胁迫对豆科植物结瘤规律的影响

干旱是世界所面临的一大问题，世界已经处在水资源紧缺的环境之中，研究不同水分对植物生长的影响，对实际生产具有重要的指导意义。干旱地区土壤贫瘠，水分含量低，因此在这些地区进行植被恢复是相当困难的，造林成活率很低，几乎为零。如何提高植物的抗旱性，提高造林成活率，这是当前科学界研究的重点和难点。

豆科树种对恶劣的自然环境有较好的适应能力，并且具有高的经济价值，在土壤改良、提高土壤肥力、保持水土、发展能源及提高生态环境质量方面具有重要作用。我国具有丰富的固氮豆科树种和根瘤菌资源，豆科树种与根瘤菌共生固氮除了能够提高植物的固氮量外，也能提高植物的抗逆性（周湘泉和韩素芬，1989）。在造林时选用抗逆性强、适宜干热地区且具有固氮能力的豆科树种，可以提高造林的成活率。也可以选择一些本身抗逆性强的根瘤菌接种到那些固氮能力弱的豆科树种上，这样可以使豆科树种安全地度过营养元素贫乏期且在一定程度上也可提高植物的抗逆性。

关于干旱缺水或水分过多、土壤肥力低的环境不利于豆科植物结瘤的报道很多，但关于水分胁迫下豆科植物的结瘤规律，人为将根瘤菌接种到豆科植物上对豆科植物的影响的研究很少。那么在水分胁迫的条件下，接种抗旱性强的根瘤菌到豆科植物上，能否提高植物的结瘤量，增加植物的生长量，提高植物的抗旱性？何种水分可以使豆科植物与根瘤菌都生长良好？本研究分别对两种豆科树种，即台湾相思和新银合欢接种经过筛选的来自干热河谷地区的根瘤菌菌株，并以不接菌为对照，探讨其在水分胁迫下，两种豆科树种的生长、结瘤情况及对干旱的忍耐性，为通过大面积人工接种根瘤菌提高植物的生长率或增加植物的抗逆性提供科学依据，也可为以后在立地条件差、气候恶劣的地区进行植树造林提供参考。

第 2 节　　水分胁迫下接种根瘤菌对两种豆科植物生物量的影响

豆科植物具有较高的经济价值，不少豆科树种生物量大、热值高、萌生能力强、耐平茬，是优良的薪材树种。干旱是限制植物生长的一个重要因素，当植物遇到干旱胁迫时，由于植物体内的代谢发生变化，其生长状况也必然发生相应的变化。有很多资料表明，当植物受到干旱胁迫时，植物的生长会受到不同程度的抑制（芬森特，1973；李云玲等，2004），其生物量的积累必然受到影响。本试验是在人工控制土壤水分条件下，通过向台湾相思、新银合欢两种豆科植物接种 3 种分离自不同树种的根瘤菌，研究其对两种豆科植物株高、地径生长及生物量积累的影响，以揭示在水分胁迫下接种根瘤菌对豆科植物生长率的影响。

2.1　材料与方法

2.1.1　根瘤菌的来源与培养

试验所用的根瘤菌菌株 YM8-17、PZ6-11、PZ5-4 来自西南林学院（现西南林业大学）生态工程研究所。它们均是分离自干热河谷的豆科树种，其宿主分别是银合欢、台湾相思、山毛豆。根瘤菌采用斜面保存法保存，接种用的根瘤菌采用振荡液体培养基进行培养，在温度为 26～28℃、转速为 100r/min 条件下振荡培养 7d，即可用于接种（康丽华和李素翠，1998）。

2.1.2　苗木的培育及根瘤菌的接种

本次试验选用的两种豆科树种，台湾相思（*Acacia confusa*）和新银合欢（*Leucaena leucocephala*）都属于含羞草亚科，两种树种皆具有根瘤、萌发力强、对立地条件要求不严的特性，且其适应性非常广泛，是荒山造林的先锋树种，也是水土保持的优良树种（张宏伟等，1995；吴修仁，1994；胡琼梅，2002）。新银合欢种子由云南元谋县林业局提供，台湾相思种子由云南昆明市种苗站提供。这些种子都为当年采收的新种子。

将种子进行消毒、催芽后，选取发芽一致的无菌芽播种于经过灭菌的塑料花盆中（盆的标准是 26cm×18cm），每盆中保留 4 株生长良好、长势一致的幼苗，整个育苗期不施肥。所选用的培养基质为红壤与有机质按照 10∶1 的比例混合，并经过灭菌。

根瘤菌的接种：将培养好的根瘤菌液体接种到苗木根系周围，每个菌株重复接种 40株，以不接菌 K 为对照。苗木的接种时间为：苗木长出第一片真叶，即 2005 年 11 月 29日接种，12 月 7 日第二次接菌，第三次接菌的时间为 2006 年 3 月 7 日，以保证菌株能侵染植物。将苗木培育到 8 月后，测定台湾相思的地上干重、地下干重。同时测定苗木结瘤量的情况。本实验的 3 个水分处理分别为 30%的田间持水量，50%的田间持水量，70%的田间持水量。

2.1.3 测定方法及数据分析方法

苗木的高生长：采用刻度尺准确测量，从出土到苗木的顶芽的距离为苗木的高。苗木地径：采用游标卡尺测定植物紧挨着地面的部分。相对生长率的计算：株高（地径）的相对生长率＝［第 t 天的株高（地径）－原始株高（地径）］/原始株高（地径）/t 天。

生物量的测定包括植物的地上干重和地下干重。将获取的植物从根茎处截断，分成地上部分和地下部分，而后分别放在烘箱中烘至恒重，用分析天平称量。

图表的形成、数据的统计及简单的计算分析采用 Excel 软件进行，显著性分析采用 SPSS 分析软件进行。

2.2 结果与分析

2.2.1 水分胁迫下接种根瘤菌对两种豆科树种苗木高、地径生长的影响

2.2.1.1 对两种豆科树种株高的影响

在水分胁迫下，将来自干热河谷的根瘤菌YM8-17、PZ6-11、PZ5-4接种到台湾相思及新银合欢上，其高生长的情况见图2.1和图2.2。由两图可看出，同对照相比，接种过根瘤菌的两种豆科树种的高相对生长率均比对照高，台湾相思在30%及50%的田间持水量条件下均以接种PZ5-4菌株最能提高其高生长，其高相对生长率较对照分别提高了211.76%、105.06%，其次为接种YM8-17菌株的台湾相思幼株高相对生长率分别比对照提高了70.59%、25.32%。接种PZ6-11菌株对台湾相思高相对生长率的提高幅度最小，分别为58.82%、7.59%。在70%的田间持水量条件下生长的台湾相思，以接种PZ6-11菌株的台湾相思高相对生长率好，与对照相比提高了65.94%，接种PZ5-4菌株的台湾相思高相对生长率比对照提高了66.67%，增加幅度较小的是接种YM8-17菌株的台湾相思，只比对照提高了10.61%。将根瘤菌接种到新银合欢上也能增加其高生长，且以在30%的田间持水量下增加幅度最大，效果最明显。在这个水分下，接种过根瘤菌菌株的新银合欢高相对生长率比对照提高了125%～350%，接种PZ6-11菌株的新银合欢幼苗比对照提高了350%，接种PZ5-4菌株的植株比对照提高了175%，接种YM8-17菌株的植株比对照提高了125%。在50%的田间持水量下，接种根瘤菌的新银合欢高相对生长率较对照提高了5.41%～54.05%，在此水分条件下，以接种PZ5-4菌株最利于提高新银合欢的高相对生长率，其次是接种PZ6-11、YM8-17两菌株的植物，各个植株的高相对生长率较对照分别提高了54.05%、16.22%、5.41%。在70%的田间持水量下，接种根瘤菌的新银合欢比对照提高了5.71%～60.00%，接种PZ6-11菌株的新银合欢幼苗较对照提高了61.13%，接种YM8-17菌株的较对照提高了17.14%，接种PZ5-4菌株的较对照提高了5.71%。这说明接种根瘤菌可促进豆科植物的高生长，且以在30%的田间持水量下接种根瘤菌对提高两种豆科植物的高相对生长率影响最明显。

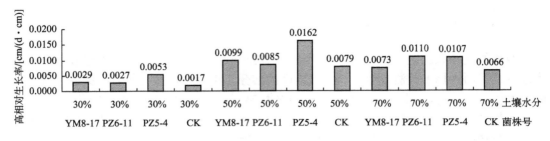

图 2.1　台湾相思幼株高相对生长率

Fig. 2.1　High relative growth rate of *Acacia confusa* seedings

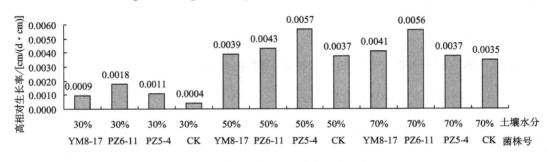

图 2.2　新银合欢幼株高相对生长率

Fig. 2.2　High relative growth rate of *Leucaena leucocephala* seedings

经方差分析可知,根瘤菌对台湾相思的相对高生长影响极显著($F=93.909$, Sig.$=0.000$ $\leqslant 0.05$),水分对台湾相思的高生长影响极显著($F=580.812$, Sig.$=0.000 \leqslant 0.05$),菌株与土壤水分的交互效应对台湾相思的高生长影响极显著($F=25.530$, Sig.$=0.000 \leqslant 0.05$)。根瘤菌菌株对新银合欢的高生长影响极显著($F=20.702$, Sig.$=0.000 \leqslant 0.05$),水分对新银合欢的高生长影响极显著($F=257.162$, Sig.$=0.000 \leqslant 0.05$),菌株与水分的交互效应对新银合欢的高生长也有极显著的影响($F=27.095$, Sig.$=0.000 \leqslant 0.05$)(Sig.是 F 分布的显著性概率)。

2.2.1.2　对两种豆科树种地径生长的影响

接种不同根瘤菌到两种豆科树种上后,两种树种的地径生长均有不同程度的提高(图 2.3,图 2.4),在水分胁迫下,接种过根瘤菌的台湾相思、新银合欢,其地径均比对照植株有不同程度的提高,且都以在 30%的田间持水量条件下接种根瘤菌菌株,对植物地径的提高率最明显。在 30%的田间持水量下,台湾相思的地径相对生长率较对照提高了 19.05%~52.38%,而新银合欢的则比对照的增加了 20%~180%。台湾相思以接种 PZ5-4 菌株的增加幅度最大,比对照增加了 52.38%,其次接种 PZ6-11 菌株、YM8-17 菌株的台湾相思,其地径相对生长率分别比对照增加 38.10%、19.05%。新银合欢以接种 PZ6-11 菌株的增加幅度最大,比对照增加了 180%,其次是菌株 PZ5-4、YM8-17,其地径相对生长率分别比对照提高了 80%、20%。在 50%的田间持水量下,台湾相思地径相对生长率较对照提高了 5.80%~33.33%,在这个水分条件下,接种 PZ5-4 菌株对植株地径的增加最大，比对照提高了 33.33%，而接种 PZ6-11 菌株、YM8-17 菌株的台湾相思地径相对生长率分别比对照提高了 5.80%、10.14%。新银合欢在这个水分条件下，其地径的相对生长率较对照而言虽有所提高，但是增加幅度也不大，比对照提高了 23.53%～97.06%，其中以接种 PZ5-4 菌株的提高幅度最大，其次是接种 YM8-17 菌株的，比对照提高了 58.82%，增加幅度最小的是接种 PZ6-11 菌株的，比对照增加了 23.53%。在 70%的田间持水量下，台湾相思以接种 PZ6-11 菌株的植物地径增加幅度最大，比对照植株增加了 59.57%，其次是接种 YM8-17 菌株的，比对照增加了 17.02%，增加幅度最小的是接种 PZ5-4 菌株的，比对照增加了 6.38%。新银合欢在这个水分下，接种过根瘤菌的植株比对照增加了 29.73%～75.68%，其中以接种 YM8-17 菌株最利于新银合欢地径的增长，比对照提高了 75.68%，其次是接种 PZ5-4 菌株的，比对照增加了 35.14%，接种 PZ6-11 菌株的比对照增加了 29.73%。

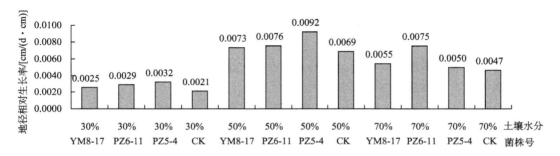

图 2.3　台湾相思地径相对生长率

Fig. 2.3　Diameter relative growth rate of *Acacia confusa* seedings

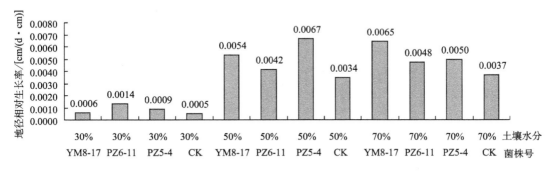

图 2.4　新银合欢地径相对生长率

Fig. 2.4　Diameter relative growth rate of *Leucaena leucocephala* seedings

接菌植株与不接菌植株地径生长情况经方差分析可知，水分处理对台湾相思的地径生长有极显著的差异性（F=71.032，Sig.=0.000＜0.05），根瘤菌对台湾相思地径生长有显著差异性（F=3.218，Sig.=0.034＜0.05），但是水分与菌株的交互效应对台湾相思的地径生长无显著差异（F=1.288，Sig.=0.300＞0.05）。同样，经方差分析可知，水分处理对新银合欢地径生长有极显著的差异（F=54.219，Sig.=0.000＜0.05），根瘤菌对新银合欢地径生长有显著差异（*F*=3.650，Sig.=0.027＜0.05），但是水分与根瘤菌菌株的交互效应对新银合欢的地径生长无显著差异（*F*=1.496，Sig.=0.222＞0.05）（Sig.为 *F* 分布的显著性概率）。

2.2.2 水分胁迫下接种根瘤菌对两种豆科树种生物量的影响

植物地上部分和地下部分由于功能和所处环境不同，因此在营养物质的供求关系上既相互联系又相互影响（Passioura，1983；Luha *et al.*，2001）。植物根系是活跃的吸收器官和合成器官，是植物最先感受土壤逆境胁迫因子的信号器官，当作物生长受到胁迫时，根系往往表现出过分增长，出现生物学上所谓的冗余现象（张大勇等，1995），但是为了适应环境胁迫，增强抵抗力，适当增加根系量有利于提高植物的抗旱能力。水分胁迫对苗木地上部分的影响大于地下部分（韦莉莉等，2005），植物的地上干重是反映植物生物量积累的一个指标。因此在观察某种处理对植物的干物质积累的影响时，不能只看地上或者地下部分，应进行总体观察。

由图 2.5 可看出，台湾相思在 50% 的田间持水量下，地上、地下干重及总干重均比另外两种土壤水分环境中生长的台湾相思高。在 30% 的田间持水量下台湾相思以接种 PZ6-11 菌株对其生物量的增加幅度最大，地上干重比对照增加了 118.71%，地下干重比对照增加了 145.60%，其次 PZ5-4 菌株也能较好地提高植物的地上和地下干重。在 50% 的田间持水量下，台湾相思以接种 PZ5-4 菌株最有利，地上干重、地下干重分别比对照增加了 415.22%、43.96%，其次接种 PZ6-11 菌株也能较好地促进台湾相思干物质积累。在 70% 的田间持水量下，台湾相思以接种 PZ5-4 菌株较好，地上干重、地下干重分别比对照增加了 16.24%、1.17%。由图 2.5 可知在各个土壤水分条件下，接种根瘤菌均有利于台湾相思地上、地下干物质的积累。

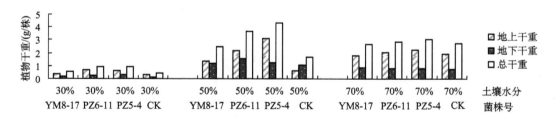

图 2.5　台湾相思干重

Fig. 2.5　Dry weight of *Acacia confusa* seedings

图 2.6 是关于新银合欢在各种处理条件下生物量积累的情况。由图可看出，新银合欢在 30% 的田间持水量下以接种 PZ6-11 菌株最利于其生物量积累，在这个水分条件下其地上、地下干物质的积累量较对照分别提高了 161.97%、201.68%。其次 YM8-17 菌株也较利于其干物质积累。在 50% 的田间持水量下，新银合欢以接种 PZ5-4 菌株最利于其干物质积累，在这个水分条件下其地上、地下干物质的积累量较对照分别提高了 10.56%、53.04%，其次为接种 PZ6-11、YM8-17 菌株。在 70% 的田间持水量下新银合欢以接种 PZ6-11 菌株较好，其地上、地下干物质的积累较对照分别提高了 70.58%、25.79%，其

次接种 PZ5-4 菌株也较好。由图 2.6 可知在各个土壤水分条件下，接种根瘤菌均有利于新银合欢地上、地下干物质的积累。

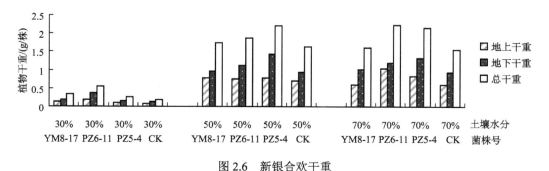

图 2.6　新银合欢干重

Fig. 2.6　Dry weight of *Leucaena leucocephala* seedings

2.3　讨论

　　影响植物生长的因素很多，很难用一种指标去衡量某种处理对植物生长的影响是积极的还是消极的。刘洲鸿等（2002）通过对植物增施不同量的氮肥发现，施加氮肥可明显提高植物的高生长、植物干重，但是对植物地径生长没有明显的促进作用。本试验在水分胁迫下通过对两种豆科植物接种根瘤菌而达到施加氮肥的目的，试验结果表明在水分胁迫下对台湾相思及新银合欢接种根瘤菌有利于其生长，同对照相比差异显著。可推测接种根瘤菌有利于豆科植物与根瘤菌形成良好的共生关系，通过共生固氮为植物的生长提供必要的氮素。

　　当台湾相思和新银合欢在 30% 的田间持水量条件下生长时，通过接种根瘤菌可极显著地提高两种植物高生长、地径生长及植物的干物质积累量。在 50% 及 70% 的田间持水量下接种根瘤菌也能显著提高两种豆科植物的高生长、地径生长及植物的干物质积累量。通过对比 3 个土壤水分条件下植物的生长情况可知，30% 的田间持水量对两种植物的生长造成了抑制，但是通过对其接种根瘤菌后，其高生长、地径生长均比对照有显著提高，可推测接种根瘤菌菌株不仅能促进台湾相思的地径生长而且能提高植物的抗旱性（王清泉等，2004；韩素芬和周湘泉，1990）。

　　强大的根系是植物抵御干旱的一种主要方式（李秧秧和邵明安，2000），根重是衡量根系大小的一个重要度量。李秧秧和邵明安（2000）利用土柱试验方法，研究水分、氮素对植物根系的影响。结果表明，无论是正常水分还是水分胁迫，施氮肥均使根的干重增加，且高氮量可明显增加植物根的质量（邓世媛和陈建军，2005）。这与本试验的试验结果相吻合，这说明在 3 个土壤水分条件下，接种根瘤菌可以起到施用氮肥的作用，使台湾相思及新银合欢的地下干重增加。有资料表明，施氮能促进作物的根系发育，增加根系长度、密度和质量，使根系的吸水深度增加，从而提高对土壤水分的利用效率（徐萌和山仑，1991；张立新等，1996）。梁银丽和陈培元（1995）认为，随着水分胁迫的加重，少量增施氮肥对小麦幼苗的根系生长具有促进作用，过量反而表现为负效应。同时土壤中氮含量的增加也提高了植物的生长速率、植物的高及植物的产量。植物的地上生长与地下生长是相辅相成的，良好的根系可为植物的高生长、地上部分生物量的积累提供物质基础，良好的地上生长为根系生长提供光合产物从而促使根系更好地生长，吸收更多的物质。本试验通过接种根瘤菌不同程度地提高了两种豆科植物的地下干重、地上干重及总干重。但是两种豆科植物在生物量积累的分配上很不一样，台湾相思的干重主要分布在地上，而新银合欢的干重主要分布在地下，这种情况的出现可能与它们各自的生理特性有关。

通过试验可发现，在相同的土壤水分条件下接种不同的根瘤菌对植物生长量的提高程度是不一样的，如台湾相思在 30%的田间持水量下以接种 PZ5-4 菌株最利于其生长，但是在 70%的田间持水量下以接种 PZ6-11 菌株最利于其生长。相同的菌株在不同的水分条件下，对植物生长的促进作用也不一样，如接种 PZ5-4 菌株到台湾相思上在 30%、50%的田间持水量下均是最利于其生长的，但是到了 70%的田间持水量条件下，这种菌株则不能促进台湾相思生长，这可能与菌株本身的生理特性有关，也可能与植物有关。但可看出，土壤水分含量对植物生长有显著影响。

本次试验所选用的根瘤菌菌株均分离自干热河谷的豆科树种，其中以 PZ6-11 菌株的抗逆性最好，不仅能耐 40℃的高温并且其抗旱性也比其他两个菌株强，PZ5-4 菌株只是耐高温，但是其抗旱性比前者差，YM8-17 菌株是 3 个菌株中抗逆性相对较差的（曾小红等，2006）。所选用的两种豆科植物均是干热河谷地区造林的先锋树种，因此，二者均有较好的抗逆性（余丽云，1997；高洁等，1997a，1997b；傅美芬和高洁，1997）。有资料表明把抗逆性好的菌株接种到植物上后可提高宿主植物的生长率（Zahran，1999；关桂兰等，1992），但本试验通过对比两种植物的生长状况后发现，并不是把抗逆性强的菌株接种到抗逆性强的植物上后，就一定能促进植物的生长。例如，在 30%的田间持水量下，台湾相思接种了抗逆性相对较弱的 PZ5-4 菌株后，其生长量比接种了 PZ6-11 菌株的台湾相思高。由此可推断，在任何条件下，将抗逆性好的菌株接种到抗逆性强的植物的"强强联合"并不一定最能促进植物生长。换句话说"强强联合"并不是豆科植物与根瘤菌组合的最佳方式。

由于水分条件的改善，接种过根瘤菌与没有接种过根瘤菌的两种豆科植物高生长差异及地径生长差异减小，这可能是因为在这次试验中，土壤水分是对两种豆科植物生长影响最大的因素。

2.4　结论

（1）土壤水分对两种豆科植物的高生长、地径生长及干物质的积累有极显著的影响。随着土壤水分的增加，植物的生长率得到改善。接种根瘤菌有助于提高两种豆科植物的高生长、地径生长及干物质积累。

（2）在不同的土壤水分条件下与豆科植物形成最佳组合的根瘤菌菌株不同。在 30%的田间持水量下，最利于台湾相思生长的菌株是 PZ5-4，最利于新银合欢生长的菌株是PZ6-11。在 50%的田间持水量下，最利于台湾相思生长的菌株是 PZ5-4，最利于新银合欢生长的菌株是 PZ5-4。在 70%的田间持水量下，最利于台湾相思生长的菌株是 PZ6-11，最利于新银合欢生长的菌株是 PZ6-11。

（3）在这个 3 个土壤水分设置中，50%的田间持水量最有利于台湾相思生长，70%的田间持水量最利于新银合欢生长，30%的田间持水量对两种豆科植物的生长有抑制作用。

（4）在 30%的田间持水量条件下将根瘤菌接种到两种豆科植物上，与对照相比两种豆科植物的高生长量、地径生长量及干物质的积累量，都比其他两种土壤水分环境中，接种过根瘤菌的植株比对照的增加幅度小。可推测在水分胁迫较严重的环境中，接种根瘤菌对提高两种豆科植物生长的影响最明显。

第 3 节　两种豆科植物在水分胁迫下接种根瘤菌后的生化响应

植物抗旱机制主要遵循的原则是高水势下延迟脱水，低水势下忍耐脱水的规律（Bohnert and Jensen，1996；王艳青等，2001）。关于这方面的研究报告较多，在干旱胁迫下，植物会大量合成某些蛋白质、氨基酸及可溶性糖以此来适应干旱胁迫。有关研究发现，在相同的水分胁迫下，植物累积的脯氨酸越多、速度越快，其抗旱性就相应越强。郝林华等（2006）通过对黄瓜喷洒牛蒡寡糖提高了黄瓜的抗逆性。那么接种根瘤菌能否提高豆科植物的抗逆性？本试验通过人为控制土壤水分含量并向两种豆科植物接种经过筛选的根瘤菌，通过测试两种豆科植物脯氨酸含量及可溶性糖含量的变化来分析接种根瘤菌能否提高两种豆科植物的抗逆性。

3.1　材料与方法

3.1.1　实验材料

实验材料均是在 30%、50%、70%的土壤田间持水量下培育的，接种过 PZ5-4、PZ6-11、YM8-17 菌株的台湾相思及新银合欢，且以各个土壤水分条件下不接种根瘤菌的植株为对照。

随机选取植物叶片作为实验材料，用干净纱布抹去叶片上的杂质后用剪刀剪碎等待实验，本实验中所用的实验材料均是新鲜材料。

3.1.2　测试方法

（1）脯氨酸含量的测定采用茚三酮法（李合生，2007），台湾相思、新银合欢不同处理的各个样品各取 0.50g，剪碎后放入大试管中并向各试管中加入 5ml 3%的磺基水杨酸溶液，在沸水浴中抽提，吸取 2ml 抽提液于一干净试管中并加入 2ml 冰醋酸和 2ml 酸性茚三酮，在沸水浴中加热 30min，溶液呈红色，待溶液冷却后加入 4ml 甲苯萃取，于 520nm 下比色，其 OD 值通过标准曲线换算成脯氨酸含量并折成每克鲜台湾相思、新银合欢含有的脯氨酸毫克（mg）数。

（2）可溶性糖含量的测定采用蒽酮比色法（李合生，2007），不同处理的台湾相思各取样 0.2g，不同处理的新银合欢各取样 0.3g，将新鲜的植物叶片剪碎混匀后放入干净试管中，并向各试管中加入 8ml 蒸馏水，用塑料膜封口，于沸水中提取 30min（提取两次），提取液过滤入 25ml 容量瓶中，取 0.5ml 提取液并加入 1.5ml 蒸馏水、0.5ml 蒽酮乙酸乙酯和 5ml 浓硫酸，充分振荡后立即放入沸水浴中，逐管准确保温 1min，自然冷却至室温后以空白作参比，在 630nm 波长比色，其 OD 值通过标准曲线换算成糖含量并折成每克台湾相思、新银合欢含有的可溶性糖含量毫克（mg）数。

数据分析及图表的形成采用 Excel 软件进行。

3.2　结果与分析

3.2.1　水分胁迫下接种根瘤菌对脯氨酸含量的影响

脯氨酸是水溶性最大的氨基酸，具有较强的与水结合的能力。在正常的生长条件下，植物体内的脯氨酸含量较低，在植物受到干旱、盐、低温胁迫时，其含量明显增加（周宜君等，2006）。因此植物体内脯氨酸的含量在一定程度上反映了植物的抗逆性。抗逆性强的植物往往积累了较多的脯氨酸，因此脯氨酸含量可以作为抗旱育种的生理指标。本实验通过比较各个处理植物叶片的脯氨酸含量，对植物抗逆性进行初步了解。

从表 2.1 中可看出，接种过根瘤菌的台湾相思在 3 个土壤水分条件下，植物叶片内的脯氨酸含量均比对照有不同程度的提高。在 30%的田间持水量下，接种 PZ6-11 菌株提高植物叶片脯氨酸含量的幅度最大，比对照提高了 263.75%，YM8-17 菌株也能较好地促进台湾相思脯氨酸含量的积累，这个处理下台湾相思脯氨酸含量比对照提高了263.52%。这说明这两个菌株与台湾相思在 30%的田间持水量下共生可提高台湾相思脯氨酸的积累，从而提高植株的抗旱性。在 50%的田间持水量下，各种处理的台湾相思脯氨酸含量均没有 30%的田间持水量及 70%的田间持水量下高，这说明在所设置的 3 个土壤水分环境中 50%的田间持水量是最利于台湾相思生长的。但是在这个土壤水分环境中，接种过根瘤菌的植株其叶片的脯氨酸含量均比对照有显著的提高，再次说明了接种根瘤菌有利于植物脯氨酸含量的积累，从而提高植物的抗逆性。在这个土壤水分下以菌株PZ5-4 积累的脯氨酸最多，其次依次是菌株 YM8-17、PZ6-11。

表 2.1　水分胁迫下接种根瘤菌对台湾相思脯氨酸含量的影响

Tab. 2.1　Effects of water stress on concentration of proline in *Acacia confusa* seedings which inoculate three kinds of rhizobia

菌株	土壤水分含量					
	30%的田间持水量		50%的田间持水量		70%的田间持水量	
	脯氨酸含量/(mg/g)	比对照高/%	脯氨酸含量/(mg/g)	比对照高/%	脯氨酸含量/(mg/g)	比对照高/%
CK（对照）	1.302		0.235		0.439	
PZ5-4	1.308	0.46	1.217	417.87	0.632	43.96
PZ6-11	4.736	263.75	0.499	112.34	0.946	115.48
YM8-17	4.733	263.52	0.669	184.68	0.977	122.55

　　表 2.2 是水分胁迫下各个处理的新银合欢脯氨酸变化情况，从表中可看出，接种过根瘤菌的新银合欢的脯氨酸含量均比对照植株的高。由于 30% 的田间持水量对新银合欢的生长造成了严重的抑制，新银合欢通过减少叶片来减少自身的蒸腾作用从而适应干旱环境，而使植物没有足够的叶片供本次实验，因此没有测定这个土壤水分下新银合欢的脯氨酸含量。在 50% 的田间持水量下，将 YM8-17 菌株接种到新银合欢上最有利于新银合欢积累脯氨酸，其次分别是 PZ6-11、PZ5-4 菌株。在 70% 的田间持水量下，也是接种菌株 YM8-17 最利于新银合欢积累脯氨酸，其次也分别是接种 PZ6-11、PZ5-4 菌株。

表 2.2　水分胁迫下接种根瘤菌对新银合欢脯氨酸含量的影响

Tab. 2.2　Effects of water stress on concentration of proline in *Leucaena leucocephala* seedings which inoculate three kinds of rhizobia

菌株	土壤水分含量			
	50%的田间持水量		70%的田间持水量	
	脯氨酸含量/（mg/g）	比对照高/%	脯氨酸含量/（mg/g）	比对照高/%
CK（对照）	0.075		0.054	
PZ5-4	0.076	1.33	0.0597	10. 56
PZ6-11	0.093	24.00	0.067	24.07
YM8-17	0.142	89.33	0.071	31.48

　　由表中数据可看出，50% 的田间持水量下，新银合欢的脯氨酸含量总体水平均高于 70% 的田间持水量下新银合欢的脯氨酸含量。根据植物在逆境中通过积累脯氨酸来提高植物的抗逆能力的特点可推断，在本试验所设置的 3 个土壤水分条件下，70% 的田间持水量是最利于新银合欢生长的土壤水分环境。

3.2.2　水分胁迫下接种根瘤菌对可溶性糖含量的影响

　　可溶性糖是植物体内的渗透调节物质，与植物的抗逆性密切相关，植物积极主动积累可溶性糖参与调节渗透势，以利于维持正常生长所需的水分，减轻渗透胁迫，而且也有利于提高抗氧化酶的活性（陈毓荃，2002）。

　　由表 2.3 和表 2.4 可看出，接种根瘤菌的台湾相思和新银合欢的可溶性糖含量均比各自的对照高。在 3 个土壤水分条件下台湾相思的可溶性糖含量总体水平较高的情况出现在 30% 的田间持水量处理下，其次在 70% 的田间持水量下的台湾相思的可溶性糖含量总体水平也较高。而生活在 50% 的田间持水量下的台湾相思其可溶性糖含量是这 3 个土壤水分下最小的。可推测 30% 及 70% 的田间持水量给台湾相思的生长造成了胁迫。在 30% 的田间持水量下，接种根瘤菌提高台湾相思可溶性糖的含量从大到小的菌株排序是：PZ6-11>YM8-17>PZ5-4。在 50% 的田间持水量下，接种根瘤菌提高台湾相思可溶性糖的含量从大到小的菌株排序是：PZ6-11>YM8-17>PZ5-4。在 70% 的田间持水量下，接种根瘤菌提高台湾相思可溶性糖的含量从大到小的菌株排序是：YM8-17>PZ6-11>PZ5-4。

表 2.3　水分胁迫下接种根瘤菌对台湾相思可溶性糖含量的影响

Tab. 2.3　Effects of water stress on concentration of sugar in *Acacia confusa* seedings which inoculate three kinds of rhizobia

菌株	土壤水分含量					
	30%的田间持水量		50%的田间持水量		70%的田间持水量	
	可溶性糖含量/(mg/g)	比对照高/%	可溶性糖含量/(mg/g)	比对照高/%	可溶性糖含量/(mg/g)	比对照高/%
CK（对照）	23.389		28.329		17.397	
PZ5-4	29.579	26.47	28.885	1.96	32.972	89.53
PZ6-11	42.238	80.59	31.861	12.47	37.178	113.70
YM8-17	36.008	53.95	30.73	8.48	39.321	25.97

表 2.4　水分胁迫下接种根瘤菌对新银合欢可溶性糖含量的影响

Tab. 2.4　Effects of water stress on concentration of sugar in *Leucaena leucocephala* seedings which inoculate three kinds of rhizobia

菌株	土壤水分含量			
	50%的田间持水量		70%的田间持水量	
	可溶性糖含量/(mg/g)	比对照高/%	可溶性糖含量/(mg/g)	比对照高/%
CK（对照）	8.886		9.614	
PZ5-4	11.545	29.92	18.622	93.70
PZ6-11	16.823	89.31	16.28	69.35
YM8-17	24.918	180.41	15.646	62.74

　　由表 2.4 可看出,新银合欢在 50%及 70%的田间持水量下的可溶性糖含量差异不大。在不同的土壤水分环境下接种相同的根瘤菌菌株对植物的可溶性糖含量较各自的对照提高程度不一样。新银合欢在 50%的田间持水量下以接种 YM8-17 菌株最利于其积累可溶性糖, 按照积累可溶性糖的含量从大到小的菌株排序是：YM8-17>PZ6-11>PZ5-4。而在 70%的田间持水量下以接种 PZ5-4 菌株最利于其积累可溶性糖, 按照积累可溶性糖的含量从大到小的菌株排序是：PZ5-4>PZ6-11>YM8-17。

3.3　讨论

　　抗逆是植物对不良特殊环境的适应性和抵抗力, 即植物的抗旱性、抗涝性、抗寒性、抗盐碱性、抗病虫性等, 本试验主要研究 3 个土壤水分对两种接种过根瘤菌的豆科植物的影响。很多关于水分胁迫下植物生长研究的资料显示, 植物在土壤水分亏缺的情况下, 植物体内形成脯氨酸和甜菜碱等有机物, 提高细胞液浓度, 降低其渗透势, 使植物适应水分胁迫的环境。不同强度或者不同类型的水分胁迫可能导致不同程度或者不同方式的适应性反应（张林刚和邓西平, 2000）。

　　本试验中各个土壤水分环境下, 接种过根瘤菌的豆科植物的脯氨酸含量均比没有接种过根瘤菌的植株高，可推测通过将根瘤菌接种到豆科植物上，提高豆科植物对外界环境的敏感度，当其受到一点刺激时就会诱导植物形成脯氨酸来适应这个环境。周宜君等（2006）认为植物的抗逆性是由多种基因控制的，当其受到逆境胁迫时这个基因就会诱导一些物质使植物适应这个环境。在根瘤菌与豆科植物共生关系中，也许根瘤菌就是那个会诱导植物形成一些物质而使植物适应环境的"基因"。本试验中相同的土壤水分处理下植物的脯氨酸含量相差甚多，造成这种情况的原因可能与所接种的根瘤菌菌株有关，由于菌株的差别造成了植物脯氨酸积累量的差异。在植物受到干旱胁迫时脯氨酸的积累与植物的抗旱性呈正相关，由此可推测通过接种根瘤菌可提高两种豆科植物的抗旱性。

植物在遭受到严重水分胁迫时，可产生脱水保护剂，如可溶性糖对细胞起保护作用，使细胞处于一种稳定的静止状态（郭卫东等，1999）。在本试验中，同种土壤水分处理下，接种过根瘤菌的植物的可溶性糖含量均比对照的高，但是相同处理下两种豆科植物的可溶性糖含量较对照的提高程度同其脯氨酸较对照的提高程度并不一致，可以认为在这个水分胁迫处理中，脯氨酸与可溶性糖含量的积累程度不同，很可能两者之间具有互相补偿的作用（王霞等，1999；张美云等，2001），至于为何会出现这种现象还有待于进一步研究。

3.4　结论

（1）接种根瘤菌有利于两种豆科植物提高植株体内脯氨酸含量及可溶性糖含量，从而提高植物的抗旱性。在相同的土壤水分条件下，不同的菌株促进豆科植物体内脯氨酸含量及可溶性糖含量的积累能力不一样。

在 30%的田间持水量下，接种 PZ6-11 菌株最利于台湾相思积累脯氨酸及可溶性糖；在 50%的田间持水量下，接种 PZ5-1 菌株最利于台湾相思积累脯氨酸，接种 PZ6-11 菌株最利于台湾相思积累可溶性糖。在这个水分条件下，对新银合欢而言，接种 YM8-17 菌株最利于其积累脯氨酸及可溶性糖；在 70%的田间持水量下，台湾相思以接种 YM8-17 菌株最利于其积累脯氨酸及可溶性糖，对新银合欢而言，接种 YM8-17 菌株最利于其积累脯氨酸，接种 PZ5-4 菌株最利于其积累可溶性糖。

（2）接种过根瘤菌的两种豆科植物在水分胁迫下，其脯氨酸含量及可溶性糖含量的积累程度不一致，很可能两者之间具有相互补偿的作用。为何会出现这种现象还有待于进一步研究。

第 4 节　水分胁迫下接种根瘤菌对全氮含量的影响

氮素是植物生长所必需的营养元素，也是蛋白质的重要组成部分。因此氮素是保证作物高产的基本条件。众所周知，豆科植物-根瘤菌共生体系具有固氮功能，其固定的氮不仅能满足自身生长的需要而且可以改良土壤中氮素含量，从而达到改良土壤的目的。通过观察比较植物组织全氮含量及土壤全氮含量，从而筛选出豆科植物与根瘤菌的最佳共生体系。

4.1 材料与方法

（1）实验材料同 3.11。

（2）植物组织中总氮含量的测定采用凯氏定氮法（李合生，2007），两种豆科树种不同处理的各个样品各取 0.2g，将磨碎的植物叶片放入消化管中，向各个消化管中放入 5ml 浓硫酸，混合催化剂 0.3～0.5g，将样品浸泡过夜，在消化炉上进行消化。待消化液体冷却后转入 100ml 容量瓶中，冷却后用无氨水定容至刻度，混匀备用。取待测液体于凯氏定氮仪中进行蒸馏，然后用标准硫酸滴定，并计算出每克样品中氮的毫克（mg）数。

（3）土壤中总氮含量的测定采用凯氏定氮法（中国科学院南京土壤研究所，1978），取两种豆科植物不同处理下的土壤各 1.0g，将样品放入凯氏定氮仪中进行蒸馏，然后用标准硫酸滴定，并计算出每克土壤中的含氮量。

采用 Excel 软件进行数据统计及分析计算，采用 SPSS 软件进行显著性分析。

4.2 结果与分析

4.2.1 水分胁迫下接种根瘤菌对两种豆科树种全氮含量的影响

氮素是植物生长发育所必需的一种营养元素。丰富的氮素可以使植物合成大量的蛋白质从而促进植物的生长及生物量的积累。据有关资料显示，豆科植物与根瘤菌共生固氮的固氮量可以满足豆科植物 1/3～1/2 的氮素营养（陈文新等，2004）。

张殿忠和汪沛洪（1988）指出，提高氮素营养可以减缓由水分胁迫引起的作物氮代谢紊乱，并认为氮素对作物代谢的调节方式是：氮素提高了蛋白质含量，改善了水分状况从而增强了酶活性，减缓了氮代谢紊乱。氮素营养的增加使缺水植株的蛋白酶、肽酶及核糖核酸酶活性降低，从而维持较高的蛋白质水平（张殿忠和汪沛洪，1988；孙群等，1998）和硝酸还原酶（NR）活性（李英等，1991；康玲玲等，1998），增加吸收氮量和叶绿素含量（张殿忠和汪沛洪，1988；樊小林等，1998），促使游离脯氨酸的积累（张殿忠和汪沛洪，1988；陈建军等，1996；陈培元等，1987），并使游离氨基酸大量积累的土壤水分临界值降低，从而使作物能够经受更严重的水分胁迫（张殿忠和汪沛洪，1988）。

由图 2.7 可看出，在 3 个土壤水分下台湾相思的全氮含量有明显差别，总体而言以在 50%的田间持水量下生长的台湾相思的全氮含量最高，生活在 70%的田间持水量下的台湾相思的全氮含量次之。

由图2.7可看出，接种过根瘤菌菌株的台湾相思的全氮含量比对照都有提高。在30%的土壤田间持水量下，接种PZ5-4、PZ6-11、YM8-17菌株的台湾相思的全氮含量分别比对照提高了62.44%、62.13%、53.37%，在这个水分条件下接种根瘤菌的台湾相思的全氮含量相比对照的提高量达到了极显著水平（$F=33.546$，Sig.$=0.000\leqslant0.05$，Sig.为F分布的显著性概率）；在50%的土壤田间持水量下，接种PZ5-4、PZ6-11、YM8-17菌株的台湾相思的全氮含量比对照分别提高了52.48%、17.45%、4.00%，在这个水分条件下接种根瘤菌的台湾相思的全氮含量相比对照的提高量达到了显著水平（$F=5.464$，Sig.$=0.024<0.05$）；在70%的土壤田间持水量下，接种PZ5-4、PZ6-11、YM8-17菌株的台湾相思的全氮含量

较对照分别提高了37.65%、11.07%、45.99%，这个水分下接种根瘤菌对台湾相思全氮含量的影响也达到了显著水平（F=5.236，Sig.=0.027<0.05）。由此可认为接种根瘤菌对台湾相思全氮含量的提高极其有利。

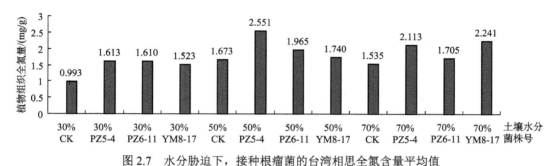

图 2.7　水分胁迫下，接种根瘤菌的台湾相思全氮含量平均值

Fig. 2.7　Effect of water stress on the total N concentration of *Acacia confusa* seedings which inoculate three kinds of rhizobia

在 30%及 50%的田间持水量下，接种根瘤菌提高台湾相思植物组织全氮量幅度从大到小的菌株排序：PZ5-4＞PZ6-11＞YM8-17。在 70%的田间持水量下，接种根瘤菌提高台湾相思植物组织全氮量幅度从大到小的菌株排序：YM8-17＞PZ5-4＞PZ6-11。

由表 2.5 可看出，从水分胁迫下将根瘤菌接种到台湾相思苗木上对台湾相思全氮含量提高幅度的方差分析可知，土壤含水量、菌株及土壤含水量与菌株的交互效应对台湾相思的全氮量有显著影响。

表 2.5　台湾相思植株全氮含量主效应方差分析表

Tab. 2.5　Test of between-subject effects of the total N concentration of *Acacia confusa* seedings

来源	平方和	自由度	均方	F	Sig.
修正模型	5.318	11	0.483	9.135	0.000
截距平方和	113.016	1	113.016	2135.507	0.000
水分处理	2.090	2	0.734	13.876	0.000
菌株	2.203	3	1.045	19.747	0.000
水分处理×菌株	1.025	6	0.171	3.228	0.018
误差平方和	1.270	24	0.053		
总平方和	119.604	36			
修正模型的总平方和	6.588	35			

由图 2.8 可看出，新银合欢在 70%的田间持水量下，植株全氮含量的平均值总体水平较 50%田间持水量下的新银合欢的高。

在 50%的田间持水量下，接种过根瘤菌菌株的新银合欢的全氮含量比对照有不同程度的提高，其中以接种 PZ5-4 菌株的植株提高幅度最大，比对照提高了 22.18%，其次接种 PZ6-11、YM8-17 菌株的新银合欢的全氮含量分别比对照提高了 8.73%、5.67%。在这

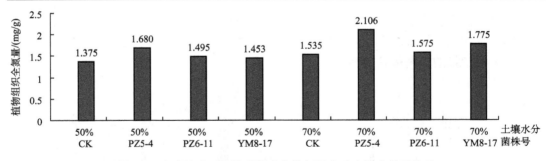

图 2.8　水分胁迫下，接种根瘤菌的新银合欢全氮含量平均值

Fig. 2.8　Effect of water stress on total N concentration of *Leucaena leucocephala* seedings which inoculate three kinds of rhizobia

个水分下接种根瘤菌对新银合欢全氮量的影响达到了显著水平（F=4.746，Sig.=0.035<0.05）。在 70%的田间持水量下，接种过根瘤菌的新银合欢的全氮含量比对照提高了 2.61%～37.20%。其中以接种 PZ5-4 菌株的植株增加量最大，达到了 37.20%，其次是接种 YM8-17 菌株的新银合欢，其全氮量比对照提高了 15.64%，增加幅度最小的是接种 PZ6-11 菌株的新银合欢，其全氮量仅比对照提高了 2.61%。通过方差分析可知，在这个水分条件下接种根瘤菌对新银合欢全氮量的影响达到了显著水平（F=4.557，Sig.=0.038<0.05）。

在 50%的田间持水量下，接种根瘤菌提高新银合欢植物组织全氮量幅度从大到小的菌株排序：PZ5-4＞PZ6-11＞YM8-17；在 70%的田间持水量下，接种根瘤菌提高新银合欢植物组织全氮量幅度从大到小的菌株排序：PZ5-4＞YM8-17＞PZ6-11。

表 2.6 是对新银合欢在 50%、70%两个田间持水量下接种根瘤菌菌株与不接菌植株的显著性分析，由表中数据可看出，根瘤菌菌株、土壤含水量对新银合欢全氮量有显著影响，但是土壤含水量与菌株之间的交互效应对新银合欢的全氮量无显著影响。

表 2.6　新银合欢植株全氮含量主效应方差分析表

Tab. 2.6　Test of between-subject effects of the total N concentration of *Leucaena leucocephala* seedlings

来源	平方和	自由度	均方	F	Sig.
修正模型	1.128	11	0.161	2.512	0.060
截距平方和	63.313	1	63.313	986.871	0.000
水分处理	0.652	2	0.217	3.390	0.044
菌株	0.366	3	0.366	5.710	0.030
水分处理×菌株	0.109	6	0.036	0.568	0.644
误差平方和	1.026	24	0.064		
总平方和	65.468	36			
修正模型的总平方和	2.155	35			

4.2.2　水分胁迫下接种根瘤菌对两种豆科树种所在土壤全氮的影响

豆科植物有高的经济价值，对恶劣的自然环境也有较好的适应能力，豆科植物与根瘤菌的共生固氮不仅可以满足植物生长所需的氮素营养，而且可以补充土壤中全氮和有机质，具有较好的改良土壤性质的特点（孙辉等，1999）。

由表 2.7 可以看出，在 30% 的田间持水量及 50% 的田间持水量下，台湾相思与不同根瘤菌的共生体对土壤全氮含量的增加程度不同。在这两个土壤水分环境下，均是以接种 YM8-17 对土壤全氮含量的质量分数提高幅度最大，分别比对照提高了 12.29%、19.40%。其次接种 PZ5-4 菌株对土壤全氮量也有明显提高，分别比对照提高了 11.66%、17.70%。接种 PZ6-11 的提高幅度相对最低，分别比对照提高了 8.32%、4.88%。但是在 70% 的田间持水量下，将根瘤菌接种到台湾相思苗木上并不是所有的根瘤菌都能提高土壤的全氮量，在这个水分环境下除了接种 YM8-17 菌株到台湾相思上其土壤的全氮量比对照提高了 8.61% 外，其他两个菌株与台湾相思共生均不能提高其土壤含氮量，接种 PZ5-4、PZ6-11 菌株同对照相比，土壤全氮量分别下降了 0.48%、0.24%。

表 2.7　水分胁迫下接种根瘤菌对台湾相思土壤全氮含量的影响

Tab. 2.7　Effect of water stress on total N concentration of soil which inoculated three kinds of rhizobia to *Acacia confusa* seedings　　　（单位：mg/g）

菌株	土壤水分含量					
	30%的田间持水量		50%的田间持水量		70%的田间持水量	
	全氮含量/（mg/g）	比对照的高/%	全氮含量/（mg/g）	比对照的高/%	全氮含量/（mg/g）	比对照的高/%
CK	0.037		0.044		0.049 00	
PZ5-4	0.041	11.66	0.052	17.70	0.048 56	−0.48
PZ6-11	0.040	8.32	0.046	4.88	0.048 67	−0.24
YM8-17	0.042	12.29	0.053	19.40	0.052 99	8.61

由表 2.8 可看出，在 3 个土壤水分环境下，接种根瘤菌到新银合欢苗木上，除了 30% 的田间持水量下接种 PZ5-4 菌株对土壤全氮含量的增加为负值外，其余处理的土壤全氮含量均比对照有不同程度的提高。在 30% 的田间持水量下以接种 PZ6-11 最利于土壤全氮量的提高，在 50% 的田间持水量下以接种 YM8-17 对提高土壤全氮量的增加幅度最大，在 70% 的田间持水量下接种 YM8-17、PZ5-4 菌株对促进土壤全氮量的效果最明显。总体而言，新银合欢与根瘤菌共生固氮对提高土壤全氮量的增加幅度随着土壤水分含量的增加而增加。这可能与新银合欢的生长特性有关，虽然这个树种耐干旱，但是最利于其生长的土壤水分环境是 70% 的田间持水量。这可能是因为在本次试验所设置的 3 个土壤水分中，70% 的田间持水量是最利于新银合欢生长的土壤水分环境，在这个环境中根瘤菌可以较容易地与新银合欢发生共固氮关系，从而提高了这个水分环境下土壤中的全氮含量。

表 2.8 水分胁迫下接种根瘤菌对新银合欢土壤全氮含量的影响

Tab. 2.8 Effect water stress on total N concentration of soil which inoculated three kinds of rhizobia to *Leucaena leucocephala* seedings   （单位：mg/g）

菌株	土壤水分含量					
	30%的田间持水量		50%的田间持水量		70%的田间持水量	
	全氮含量/（mg/g）	比对照的高/%	全氮含量/（mg/g）	比对照的高/%	全氮含量/（mg/g）	比对照的高/%
CK	0.05166		0.04442		0.05155	
PZ5-4	0.05152	−0.27	0.04751	6.93	0.10038	94.75
PZ6-11	0.05187	0.41	0.04979	12.08	0.06833	32.56
YM8-17	0.05168	0.05	0.05224	17.59	0.10195	97.79

在30%的田间持水量下将根瘤菌接种到新银合欢上后，其土壤的全氮量并不都比对照高，只有接种 PZ6-11、YM8-17菌株可提高新银合欢土壤全氮含量，且以 PZ6-11菌株最好。在50%的田间持水量下，按照根瘤菌菌株增加土壤全氮含量能力的排序：YM8-17>PZ6-11>PZ5-4。在70%的田间持水量下，按照根瘤菌菌株增加土壤全氮含量能力的排序：YM8-17>PZ5-4>PZ6-11。

4.3 讨论

不同的土壤水分条件下，接种不同的根瘤菌菌株对提高台湾相思及新银合欢植物组织全氮量的幅度是不一样的，但是接种过根瘤菌的两种豆科植物的全氮含量较对照而言都有显著提高。由此可推断接种根瘤菌有利于根瘤菌与豆科植物尽快形成共生固氮的关系，从而提高了两种豆科植物的全氮量。但不同的豆科植物由于自身生理特点的差异及对所需的最适应的土壤水分环境不一致，在相同的土壤水分条件下，将相同的根瘤菌接种到不同的豆科植物上其植物组织的全氮含量不一致。同样，由于所选用的根瘤菌菌株分别分离自不同的豆科植物，因此其生理特性、抗性特点是有差异的。这就解释了在相同的土壤水分环境下，将不同的根瘤菌接种到同一种豆科植物上对其植物组织中的全氮量的提高程度不一样。但是总体而言，无论在何种土壤水分条件下，接种根瘤菌都有利于提高豆科植物的植物组织全氮量。

有资料显示（孙辉等，1999；黄宝灵等，2004），根瘤菌与豆科植物共生固氮体系不仅能固定植物所需要的氮，而且能改善土壤的养分环境，补充土壤中的全氮量及有机质的含量。在本试验中，不同的土壤水分环境下，豆科植物接种根瘤菌后对土壤全氮量的补充程度不一致。造成这种不一致的原因可能不仅与植物本身有关而且与所选接的菌株有关。樊利勤等（2004）在植物生长不受抑制的环境下，通过接种不同根瘤菌到厚荚相思上，观察其对土壤全氮量的影响，发现不同的菌株对土壤全氮量的提高程度是不同的。在所选的 9 个菌株中只有 2 个菌株与厚荚相思共生能提高土壤的全氮含量。这种情况与本试验中台湾相思在 70%的田间持水量下接种根瘤菌及新银合欢在 30%的田间持水量下接种根瘤菌不能提高土壤全氮量的结果具有相同点。但本试验中这种结果的出现又有其自身的原因。30%的田间持水量对新银合欢的生长造成了抑制，在其无法正常生长的情况下根本无法进行正常的生理代谢，所以接种到这个土壤水分环境下的根瘤菌菌株无法侵染新银合欢的根系而形成共生固氮体系，因此，这个土壤水分下的土壤全氮含量无增加。而有些处理条件下土壤的全氮含量比对照不仅无增加还减少了，造成这个结果的原因除了土壤水分环境、树种及根瘤菌外，可能是因为接种根瘤菌后根瘤菌与植株的共生固氮体系促进了植株的生长，但是在根瘤菌与植株的共生关系不能满足植株生长对氮素需求的情况下，植株只能从土壤中吸收大量的氮素，这就造成了土壤中全氮量的降低。

4.4 结论

（1）接种根瘤菌有利于提高两种豆科植物组织的全氮量，植株组织全氮量的增加幅度与所处的水分环境有关。当植物受到水分胁迫时，植物组织的全氮量减少并随着水分胁迫的减缓而增加。在本次试验中50%的田间持水量最有利于台湾相思与根瘤菌共生固氮。对新银合欢而言有利于新银合欢与根瘤菌共生固氮的水分环境是70%的田间持水量。对台湾相思而言，在30%及50%的田间持水量下，接种PZ5-4菌株最利于提高其植物组织全氮量，在70%的田间持水量下，接种YM8-17菌株最利于提高其植物组织的全氮量。对新银合欢而言，在50%及70%的田间持水量下均以接种PZ5-4菌株最利于提高其植物组织全氮量。

（2）水分胁迫下接种根瘤菌对土壤全氮含量的影响不仅与豆科植物本身有关而且与所接的菌株有关。在适宜的土壤水分条件下接种根瘤菌可以促进土壤全氮含量的积累。对台湾相思而言，在所设置的3个土壤水分中均以接种YM8-17菌株最利于其土壤全氮量的积累。对新银合欢而言，在30%的田间持水量下以接种PZ6-11菌株最利于其土壤全氮量的积累，在50%及70%的田间持水量下均以接种YM8-17菌株最利于其土壤全氮量的积累。

第5节 水分胁迫下接种根瘤菌对两种豆科植物光合作用的影响

关于植物在水分胁迫下光合作用和生物量分配变化的研究较多，水分胁迫导致植物体内叶绿体光合器官的破坏，净光合速率下降，生长受到抑制。随着水分胁迫的改善，植物的净光合速率会随之增加。

有关豆科植物与根瘤菌共生体系的净光合速率日变化及蒸腾速率日变化的研究报道较少，本试验通过对接种根瘤菌的两种豆科植物的光合作用进行系统研究，以便对豆科植物根瘤菌共生体系的开发利用提供参考。

5.1 材料与方法

采用美国生产的LI-6400型光合测定系统测定不同水分条件下各试验处理植物叶片的净光合速率变化，每组数据取样的时间大约1min，自动储存结果。从8:30开始到18:30结束，间隔2h测定一次，每次测定时间大约为1.5h。每次对同一处理选取3盆，每盆选取一株植物并选取最顶端两片成熟叶片进行测定。

光合数据的分析采用 Excel 软件进行。

由于新银合欢在 30%的田间持水量下长势不好，叶片很少甚至没有，因此无法进行光合作用的测定。

5.2　结果与分析

光合作用是植物进行物质积累的一个重要过程，光合速率的高低是植物自身与环境综合作用的结果。土壤水分含量、土壤养分含量及空气湿度、空气温度等对植物的光合速率均有直接的影响（李卫民和周凌云，2003）。

由图 2.9～图 2.11 可看出，台湾相思无论在何种水分条件下，接过根瘤菌的植株光合速率均比没有接过根瘤菌的对照 CK 高。在 30%的田间持水量下，对照 CK，接种菌株 PZ6-11、YM8-17 菌株的植株，光合曲线成"单峰"曲线，从早上 8：30 分开始随着太阳高度的变化及温度的增加，光合速率也随之增加，当到中午 14：30 左右时，其光合速率逐渐降低而无升高的趋势。接种 PZ5-4 菌株的植株的光合速率呈现"双峰"曲线，从早上 8：30 到中午 12：30 这段时间里，其光合速率一直在增加，当到中午 14：30 左右时，其光合速率降低出现"光合午休"现象，到下午 16：30 时光合速率迅速上升，达到一天之中光合速率的最高点，随后随着太阳光的减弱及温度的降低，光合速率降低。在这个水分下，接种 PZ5-4、PZ6-11、YM8-17 菌株的植株，其一天光合速率平均值较对照分别提高了 9.12%、2.10%、16.30%。在 50%的田间持水量下，接过根瘤菌及没有接过根瘤菌的台湾相思，其光合曲线都呈现"单峰"曲线的趋势。光合速率均随太阳光度加强而增高，在中午 14：30 时达到一天中的最高峰，14：30 以后其光合速率缓慢下降。在光合速率下降的这个过程中，接菌植株呈缓慢下降的趋势而对照植物则呈现迅速下降的状态。这可能是由于早上到中午这段过程中消耗了过多的水分而对照本身的耐旱性差。在这个水分条件下接种 PZ5-4、PZ6-11、YM8-17 菌株的植株，其光合速率分别比对照提高了 4.99%、16.12%、10.05%。70%的田间持水量下，台湾相思各个处理的光合曲线均

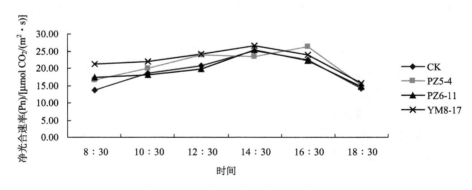

图 2.9　30%的田间持水量下台湾相思净光合速率日变化情况

Fig. 2.9　Variation of the net photosynthetic rate in *Acacia confusa* seedings which inoculate three kinds of rhizobia in 30% field capacity

呈"单峰"趋势，光合速率的最高值除了接种 YM8-17 菌株的出现在中午 12：30 以外，其余植株的最高值均出现在中午 14：30，随后光合速率均缓慢下降。在这个水分条件下，接种 PZ5-4、YM8-17 菌株的台湾相思的光合速率较对照分别提高了 2.35%、4.92%，而接种 PZ6-11 菌株的台湾相思的光合速率较对照而言没有提高。

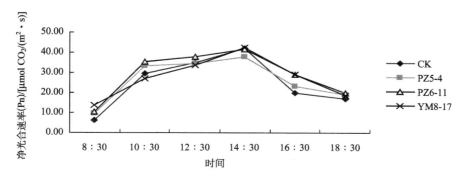

图 2.10　50%的田间持水量下台湾相思净光合速率日变化情况

Fig. 2.10　Variation of the net photosynthetic rate in *Acacia confusa* seedings which inoculate three kinds of rhizobia in 50% field capacity

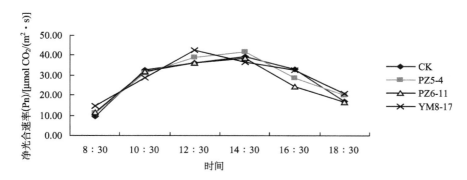

图 2.11　70%的田间持水量下台湾相思净光合速率日变化情况

Fig. 2.11　Variation of the net photosynthetic rate in *Acacia confusa* seedings which inoculate three kinds of rhizobia in 70% field capacity

　　因此，无论在何种水分条件下，接种根瘤菌可提高台湾相思的光合速率，在 30%及 50%的田间持水量下，这种效果较为明显，在 70%的田间持水量下接种的 3 个菌株中只有两个平均光合速率比对照的高。

　　图 2.12 和图 2.13 是新银合欢的光合速率日变化曲线图，由两图可看出，无论是 50% 还是 70%的田间持水量，接过根瘤菌的新银合欢的光合速率都要高于对照的。在 50%的 田间持水量下，不论是何种处理的新银合欢的光合曲线都是"单峰"曲线，在 12：30～ 14：30 这段时间其光合速率达到一天之中的最高点，随后，光合速率逐渐降低。由图 2.12 可看出，接过根瘤菌的新银合欢从 8：30～16：30 这段时间里，光合速率的增加速度比对照植株快，且增加量也比对照的多。在这个水分条件下，接种 PZ5-4、PZ6-11、YM8-17

菌株的新银合欢的光合速率分别比对照提高了 0.19%、3.69%、8.74%。在 70%的田间持水量下，新银合欢的光合曲线也呈"单峰"曲线，由图 2.13 可看出，无论何种处理的新银合欢的光合速率都比对照的高。在这个水分条件下，接种 PZ5-4、PZ6-11、YM8-17 菌株的新银合欢的光合速率较对照分别提高了 8.66%、10.12%、9.49%。

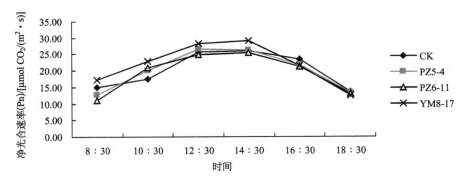

图 2.12　50%的田间持水量下新银合欢净光合速率日变化情况

Fig. 2.12　Variation of the net photosynthetic rate in *Leucaena leucocephala* seedings which inoculate three kinds of rhizobia in 50% field capacity

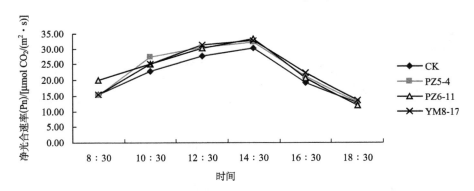

图 2.13　70%的田间持水量下新银合欢净光合速率日变化情况

Fig. 2.13　Variation of the net photosynthetic rate in *Leucaena leucocephala* seedings which inoculate three kinds of rhizobia in 70% field capacity

　　由此可看出，新银合欢无论在 50%还是 70%的田间持水量下，其光合速率的平均值都比对照高。

5.3　讨论

　　光合作用是非常复杂的生理过程，受树木内部生理状况及外界环境因子的共同限制，并随着环境条件的变化而呈现一定的规律（肖文发等，2002）。关于不同土壤水分条件下植物光合特性和水分利用效率的研究已有少量报道（Kumar *et al.*，2001；李吉跃和Terence，1992；喻方圆等，2004；Chaitanya *et al.*，2003），但是关于不同水分条件下，接种根瘤菌对豆科植物的光合特性的报道很少，本试验对不同水分条件下接种根瘤菌的两种豆科植物光合特性日变化的特点进行研究，探讨在水分胁迫下接种根瘤菌对豆科植物光合特性的影响。

光照强度是影响光合作用和蒸腾作用的主要外界条件之一。对光合效率而言，在一定范围内随着光照强度的增强而提高。除了光照外，温度也是影响植物光合作用的重要环境因素。

本试验通过对台湾相思及新银合欢进行光合测定后发现，在相同的气候条件下，台湾相思在 3 个土壤田间持水量条件下，其光合速率日平均值比对照有不同程度的提高，这可能是由于将根瘤菌接种到台湾相思树种上，引起植物与根瘤菌共生固氮，提高了土壤中氮含量，有资料表明，干旱条件下氮素营养对植株净光合速率（Pn）的影响与干旱程度和施氮水平有关。在水分缺乏的情况下，施加氮肥可提高叶片的光合作用，且随着氮肥施加量的增加而增大（李英等，1991；杜建军等，1999；薛青武和陈元培，1990a，1990b；张岁岐和山仑，1995；陈建军等，1996），在水分胁迫较轻时，高氮对光合作用的促进明显，这与本试验中关于不同水分条件下，将根瘤菌接种到台湾相思树种上的光合试验一致。

就新银合欢而言，将根瘤菌接种到新银合欢上并促进其光合速率的现象在 70%田间持水量下是全部发生的，与施加氮肥可提高植物的光合速率是一致的，但是在 50%的田间持水量下，接种 PZ5-4、PZ6-11 菌株的新银合欢其光合速率没有对照的高，这可能是由于这个水分条件下接种这两种根瘤菌对植物共生固氮效果不明显，也可能是因为在这个水分条件下，氮肥对其光合速率的影响不显著，还有可能是因为在这个水分条件下，新银合欢本身不需要接种根瘤菌也能结瘤固氮，从而提高其自身的光合效率。至于究竟是何种原因引起的还需要进一步的试验研究才能得出。

台湾相思及新银合欢在各个水分条件下，其光合速率均呈"单峰"曲线的原因是，测定光合的时间在 8 月 30 日，当时的天气虽然晴朗但由于是雨季，偶尔会有多云的天气，且当天的气温在 18～28℃。有研究资料表明，植物在多云天气下的光合速率呈现"单峰"曲线。这与本试验的结果是一致的。

5.4　结论

（1）接种根瘤菌可以提高两种豆科植物的光合速率。根据豆科植物的不同、所处的水分不同及所接种的根瘤菌不同，其光合速率的增加幅度也不同，就台湾相思而言，在 30%及 50%的田间持水量下，接种过根瘤菌的植株光合速率较对照的增加量，比在 70%的田间持水量条件下接种过根瘤菌的植株较其对照的增加量的增加幅度大。在 3 个土壤水分条件下，台湾相思总体是以接种 YM8-17 菌株较有利于其进行光合作用和蒸腾作用。就新银合欢而言，在 70%的田间持水量下，接种过根瘤菌的植株的光合速率比对照的增加量的增加幅度比在 50%的田间持水量下，接种根瘤菌的植株的光合速率较其对照的增加量大，在这两个土壤水分环境中，新银合欢均以接种 YM8-17 较有利于其进行光合作用。

（2）两种豆科植物的光合速率的大小除受自身生物学特点（气孔构造、叶面内部的面积大小等）的影响及各种生态因子（光合有效辐射、大气温度等）的影响外（王仁忠，1990），可推测生物固氮也是提高植物净光合速率的重要方面。

第 6 节　水分胁迫对两种豆科植物结瘤量的影响

影响豆科植物结瘤的因素很多，如土壤水分含量、土壤肥力、土壤 pH 等不利环境都会使豆科植物的结瘤量受到影响。关于这方面的研究报告较多，但是关于水分胁迫下豆科植物的结瘤规律，通过人为将根瘤菌接种到豆科植物上对豆科植物结瘤情况方面的研究报道很少。本试验通过在水分胁迫下向两种豆科植物接种分离自不同豆科树种的根瘤菌，观察其结瘤量及结瘤效率，探讨在水分胁迫下豆科植物接种根瘤菌对豆科植物结瘤量的影响。

6.1　材料与方法

实验材料同 3.11。

结瘤量的测定包括根瘤的数量及质量。试验结束后，将植物从盆中小心拔起，并用清水将其根系清洗干净。先将植物的根瘤逐个采摘下来，数其颗数，而后在分析天平中称其质量。

单株结瘤数＝每个处理总结瘤数/该处理结瘤株数

单株瘤重＝每个处理总瘤重/该处理结瘤株数

结瘤率＝结瘤植株数/该处理总植株数

6.2　结果与分析

由表 2.9 中的数据可推测，台湾相思具有较好的结瘤能力，即使在 30%的田间持水量下，没有接种过根瘤菌的植株的结瘤率也达到 58.33%。而接种根瘤菌后其结瘤率可达到 100%。在没有为其接种根瘤菌的情况下，只要给台湾相思适宜的土壤水分环境，它的占瘤率可达到 100%。但是接种过根瘤菌菌株的台湾相思的结瘤量均要比对照（没有接种过根瘤菌菌株的植株）的高，在 30%的田间持水量下，接种过根瘤菌的台湾相思根瘤数量比对照高 35.71%～101.14%，单株根瘤重比对照高 13.79%～379.31%，在这个水分条件下以接种 PZ5-4 最利于台湾相思结瘤，其次接种 PZ6-11、YM8-17 菌株也能有效提高台湾相思的结瘤量。在 50%的田间持水量下，接种过根瘤菌的植株的根瘤数量及单株根瘤重分别比对照高 5.71%～117.13%、66.02%～139.38%，在这个水分条件下以接种 PZ5-4 的台湾相思结瘤效果最好，其次接种 PZ6-11、YM8-17 菌株也利于植株结瘤。在 70%的田间持水量下，接种 PZ5-4 菌株的台湾相思的结瘤量最多，其次接种 PZ6-11、YM8-17 菌株也能较好地促进植株结瘤，而这个水分条件下，接种 PZ5-4 的植株的单株根瘤重比对照提高的幅度最大，为 342.33%，在这个水分下接种过根瘤菌的台湾相思的单株根瘤重比对照提高了 55.38%～342.33%。

表 2.9　水分胁迫下接种过根瘤菌的苗木与对照苗木的结瘤状况比较（台湾相思）
Tab. 2.9　Comparing the nodulation of the inoculated seedings and the control in water stress（*Acacia confusa*）

土壤含水量	菌株	结瘤量/（颗/株）	瘤重/（g/株）	结瘤率/%
30%田间持水量	CK（对照）	7.00	0.029	58.33
30%田间持水量	PZ5-4	14.08	0.139	100
30%田间持水量	PZ6-11	9.50	0.103	100
30%田间持水量	YM8-17	7.17	0.033	100
50%田间持水量	CK（对照）	18.04	0.259	100
50%田间持水量	PZ5-4	39.17	0.620	100
50%田间持水量	PZ6-11	24.37	0.479	100
50%田间持水量	YM8-17	19.07	0.430	100
70%田间持水量	CK（对照）	12.77	0.372	100
70%田间持水量	PZ5-4	34.37	0.578	100
70%田间持水量	PZ6-11	33.88	1.644	100
70%田间持水量	YM8-17	17.82	0.704	100

由表 2.10 可看出，30%的田间持水量下没有接种根瘤菌的新银合欢的结瘤量为零，而接种过根瘤菌的新银合欢结瘤量为 11.792 颗/株，且以接种 PZ6-11 菌株的新银合欢结瘤量最大，其次是接种 PZ5-4、YM8-17 的菌株。在 50%的田间持水量下，接种过根瘤菌的新银合欢的结瘤量及单株根瘤重分别比对照高 28.05%～129.09%、18.37%～109.60%。在 70%的田间持水量下，接种过根瘤菌的新银合欢的结瘤量及单株根瘤重分别比对照高 4.52%～15.93%、8.22%～40.58%。

表 2.10　水分胁迫接种与对照苗木的结瘤状况比较（新银合欢）
Tab. 2.10　Comparing the nodulation of the inoculated seedings and the control in water stress（*Leucaena leucocephala*）

土壤含水量	菌株	结瘤量/（颗/株）	瘤重/（g/株）	结瘤率/%
30%田间持水量	CK（对照）	0	0	0
30%田间持水量	PZ5-4	3.650	0.044	75
30%田间持水量	PZ6-11	11.792	0.152	66.67
30%田间持水量	YM8-17	3.008	0.070	100
50%田间持水量	CK（对照）	25.056	0.479	100
50%田间持水量	PZ5-4	32.083	1.004	100
50%田间持水量	PZ6-11	57.400	0.567	100
50%田间持水量	YM8-17	40.842	0.709	100
70%田间持水量	CK（对照）	27.800	0.754	100
70%田间持水量	PZ5-4	29.056	0.816	100
70%田间持水量	PZ6-11	32.122	1.060	100
70%田间持水量	YM8-17	32.228	0.982	100

通过观察得知，接种过根瘤菌的两种豆科植物在 50%及 70%的水分条件下根瘤菌数量多，个体大并且在根系上分布很广，而在 30%的田间持水量下生长的两种豆科植物的根瘤不仅数量少而且单颗根瘤的质量也很小，常有干瘪状的根瘤出现，并且主要生长在粗大的根系上。长在台湾相思上的根瘤主要是圆形、椭圆形、双球形或者圆滑的多边形，颜色多为淡黄色，偶尔有白色。而长在新银合欢上的根瘤菌主要是姜状、珊瑚状、扇形，颜色多为淡黄色，偶尔有白色和青褐色。对台湾相思及新银合欢接种的均是相同的根瘤菌，长出来的根瘤却不一样。有资料显示（关桂兰等，1991；何一等，2003），植物根瘤的形状与宿主植物的遗传基因有关。

6.3　讨论

豆科植物具有高的经济价值，对恶劣的自然环境也有较好的适应能力，在改良土壤、提高土壤肥力、保持水土及提高生态环境质量等方面都有重要的作用。豆科植物之所以具有这么多的优点和它具有结根瘤的性能是密不可分的。豆科植物与根瘤菌之间是一种有益的共生关系，豆科植物为根瘤菌结瘤提供必要的营养元素和能量，根瘤为豆科植物的生长提供必要的物质。然而豆科植物与根瘤菌的共生固氮体系的结瘤量不仅与它们存在的互相识别机制有关而且与外界环境有关，如土壤类型、土壤中矿物质的含量、温度、光照、水分等都会对豆科植物的结瘤量造成影响（慈恩和高明，2005）。

通过表 2.9 和表 2.10 可看出，在各个土壤水分条件下，接种根瘤菌均可提高台湾相思及新银合欢的结瘤量，但在相同的水分条件下接种不同的根瘤菌，对两种豆科植物的结瘤情况造成差异，这种差异与所选用的根瘤菌菌株分别分离自不同的生态条件下的不同豆科植物有关，不同根瘤菌菌株对温度和湿度的敏感性不同（陈因等，1985）。两种豆科植物的占瘤率不仅与是否接种根瘤菌有关，更大程度上是与植物所处的土壤水分环境有关。在土壤水分含量适宜的条件下，豆科植物的根瘤数量显著多于生长在含水量较低或过高的土壤上的（陈因等，1985）。随着土壤干旱程度的加剧，根瘤的数量和质量都显著降低，这可能是由于干旱土壤中，植物缺少正常的根毛，从而导致感染受到抑制（鲍思伟，2001）。

6.4　结论

（1）在 3 个土壤水分条件下接种根瘤菌可提高两种豆科植物的结瘤量、植株的单株根瘤重。豆科植物的结瘤量与土壤水分含量密切相关，适宜的土壤水分有利于豆科植物结瘤，过高或过低的土壤含水量均不利于豆科植物结瘤。

（2）台湾相思在 30%及 50%的田间持水量下均以接种 PZ5-4 菌株最利于植物结瘤，其次是 PZ6-11、YM8-17 菌株。在 70%的田间持水量下，以接种 PZ5-4、PZ6-11 菌株最好，其次是 YM8-17 菌株。新银合欢在 30%的田间持水量下以接种 PZ6-11 菌株最利于结瘤，其次是 PZ5-4、YM8-17 菌株，在 50%的田间持水量下以接种 PZ6-11 菌株最利于新银合欢结瘤，其次是 YM8-17、PZ5-4 菌株。在 70%的田间持水量下以接种 YM8-17 菌株最利于结瘤，其次是 PZ6-11、PZ5-4 菌株。

（3）就台湾相思与新银合欢结瘤的总体情况而言，50%及 70%的田间持水量是较有利于两种豆科植物结瘤的土壤水分。在这两个土壤水分下，台湾相思以接种 PZ5-4、PZ6-11 菌株最好，新银合欢以接种 PZ6-11、YM8-17 菌株最好。

第 7 节　结　论

在相同土壤水分条件下，不同根瘤菌对植物某方面的生长促进能力不一样。例如，台湾相思在 30%的田间持水量下以接种 PZ5-4 菌株最利于其高生长、地径生长和植物组织氮含量的积累，但在这个水分条件下最利于其脯氨酸及可溶性糖含量积累的是 PZ6-11。在其他土壤水分条件下这种现象也是存在的。新银合欢也存在这种情况，因此对于菌株与豆科植物的最佳共生关系需要多方面的考虑。通过在 3 个田间持水量下台湾相思及新银合欢接种根瘤菌对其植物各个方面的促进作用可得出：在 30%的田间持水量下，台湾相思以接种 PZ5-4 菌株最好，新银合欢以接种 PZ6-11 菌株最好。在 50%的田间持水量下台湾相思以接种 PZ5-4 菌株最好，新银合欢以接种 PZ5-4、PZ6-11 菌株较好。在 70%的田间持水量下台湾相思以接种 PZ6-11 菌株较好，新银合欢以接种 YM8-17 菌株较好。

通过本次试验研究发现，土壤水分含量是影响豆科植物生长的最大因素，在本次试验所设置的 3 个土壤水分中，30%的田间持水量最不利于台湾相思、新银合欢生长。对台湾相思而言 50%的田间持水量最利于其生长。对新银合欢而言，70%的田间持水量较利于其生长。

在30%的田间持水量下对两种豆科植物接种根瘤菌，可以有效地提高两种植物在干旱胁迫下的生长量，其效果比在50%及70%的田间持水量下接种根瘤菌要显著。通过接种根瘤菌可以提高两种豆科植物的脯氨酸含量及可溶性糖含量，由此可推断，通过接种根瘤菌可以提高两种豆科植物的抗旱性。接种过根瘤菌的两种豆科植物的植物组织全氮含量及土壤全氮含量均比对照高。根瘤菌、土壤含水量及根瘤菌与土壤含水量的交互效应对台湾相思植物组织全氮量的积累有显著影响。根瘤菌及土壤含水量对新银合欢植物组织全氮量有显著影响，但根瘤菌与土壤含水量的交互效应对其影响不显著。

接种过根瘤菌的两种豆科植物的光合速率均比对照高。通过提高植物的光合速率可促进两种豆科植物的生长率和生物量的积累，两种植物的光合速率均随土壤含水量的增加而增大。

通过对本试验中各个处理的两种豆科植物的结瘤观察可知，豆科植物的结瘤率与土壤水分含量有关，过高或者过低的土壤水分均不利于其结瘤。30%的田间持水量不利于两种豆科植物结瘤，在这个水分条件下，只有通过接种根瘤菌才能使其结瘤率得到改善。总体而言，50%、70%的田间持水量均利于两种豆科植物结瘤，结瘤率均为100%。对比接种过根瘤菌菌株的苗木与没有接种过根瘤菌的苗木可知，通过接种根瘤菌可以提高苗木的结瘤数量及单株结瘤质量。台湾相思以接种 PZ5-4、PZ6-11 菌株较有利于提高其结瘤量，新银合欢以接种 PZ6-11、YM8-17 菌株较有利于提高其结瘤量。

对比台湾相思与新银合欢的结瘤量可知，新银合欢总体的结瘤量比台湾相思多，这与新银合欢拥有庞大的根系有关。通过本试验中所接种的根瘤菌的结瘤情况可知，不同的菌株在相同的土壤水分环境下结瘤量不一样，相同的根瘤菌在不同的土壤水分环境中的结瘤量也不一样。

本次试验通过在 30%、50%及 70%的田间持水量下对两种豆科植物台湾相思、新银合欢分别接种分离自干热河谷的根瘤菌菌株后，经过半年培育观察两种豆科植物的生长、生物量积累、抗旱性及光合的情况后发现，在 3 种土壤水分条件下接种过根瘤菌的植物的生长量、生物量的积累、抗旱性及光合特性均比同种土壤水分条件下没有接种根瘤菌的对照植株强。

第3章 干热河谷台湾相思根瘤菌的多样性及耐旱性研究

第1节 引 言

台湾相思 *Acacia confusa*，别名相思子、洋桂花，因其枝条如柳枝般柔韧，又名台湾柳，为豆科（Leguminosae）含羞草亚科（Mimosoideae）金合欢属植物。该属在全世界一共有 700 多种，广布于全球热带和亚热带地区，尤以大洋洲和非洲的种类最多，原产于中国的只有台湾相思树一种。

台湾相思为多年生常绿木本植物，高达 15m，胸径为 40～60cm，树干为灰色有横纹，枝灰色无刺。叶退化，叶柄呈叶状，镰状披针形，二回羽状复叶，羽片 6～18 对；小叶20～40 对，长 6～8mm，宽约 2mm，狭矩圆形，先端急尖，基部近截形，背面粉绿而疏生毛；托叶膜质，半心形，长可达 2.5cm，早落。其花序为头状，呈圆锥状排列，顶生或腋生，总花梗密生绒毛；花黄绿色，连雄蕊长 12～25mm；雄蕊绿白色，荚果条形，扁平，长 7～15cm，宽约 2cm，嫩荚疏生毛，后变无毛；花瓣淡绿色，具香气。荚果条形，扁平。种子椭圆形，褐色。花期 4～8 月，果期 8～10 月。台湾相思树喜光，萌芽力强，生长快，根系发达，根深材韧，抗风力强，对土壤要求不严，耐干旱瘠薄，病虫害少，具根瘤，具有固氮作用，可改良土壤，木材用途广，是荒山荒地造林的先锋树种，已逐渐成为云南干热河谷地区的主要造林树种（马焕成等，2001；黄宝灵等，2004）。

干热河谷的主要特征是气温高、蒸发量大而少雨、温度变化剧烈。气温高和缺水是根瘤菌-豆科植物共生结瘤固氮的限制性因素。土壤缺水一方面会影响植物根毛的生长，从而减少根瘤菌感染的机会；另一方面在干燥的生长环境会限制根瘤菌的繁殖，难以与豆科植物共生结瘤，使根瘤菌的存活受到影响（关桂兰等，1992）。根瘤菌在高热缺水条件下的分裂生长、对宿主植物的侵染、在与宿主共生条件下的固氮作用均显著区别于其他生态地区（关桂兰等，1992）。但不良的生长环境极可能产生出一些与众不同的根瘤菌菌种资源。陈文新（1984）、关桂兰等（1992）、黄玲等（1990）对新疆干旱地区根瘤菌资源的调查研究发现，新疆地区根瘤菌的生长繁殖及对宿主植物的侵染结瘤和固氮作用明显不同于其他生态区，它不仅能在高温、干旱、盐碱等不利条件下很好地生长繁殖，还能侵染宿主并使之结瘤固氮，从而表现出对环境的良好适应性。调查发现（贺学礼等，1996），绝大多数的豆科植物在干旱条件下形成的根瘤少或固氮活性很低，这可能是与植物长期生长于干旱胁迫条件下所产生的适应性有关。杨亚玲等（2004）对西北地区甘草根瘤菌的研究中表明，在西北干旱、半干旱地区，不同地理来源、同一地理来源甚至同一植株的不同根瘤菌菌株间在抗逆性方面都表现出巨大的表型多样性。同样的，不仅在同种根瘤菌中对干旱条件影响表现出不同的抗性反应，不同生长型的根瘤菌也表现出不同的反应。一般认为慢生型根瘤菌对干旱条件的耐受性远高于快生型根瘤菌，相差达 2 个数量级（Bushby and Marshall，1977）。

　　土壤高温度是热带和亚热带地区的豆科作物生物固氮作用的一个主要瓶颈（Michiels et al.，1994）。一般认为，根瘤菌的最适生长温度为 25～30℃，极少数根瘤菌可以在 4℃ 条件下生长，只有少数苜蓿根瘤菌（Medicago meliloti）菌株可以在 42.5℃生长，根瘤菌在 60℃条件下处理 5min 即全部被杀死。通常认为，许多根瘤菌不能在 37℃时生长（Graham，1992），在 39℃时无法存活（林德球，1989）。张慧（2005）分离到的相思树种根瘤菌菌株中，能耐高温（39℃）的菌株有 3 个，说明耐高温的菌株在相思树种的根瘤菌中普遍存在，也表明了根瘤菌的分布存在地域差异性。黄宝灵等（2004）研究了从不同生态环境中分离到的 15 个相思树种根瘤菌菌株对酸碱度、温度、Na^+的耐受性及抗药性，其结果表明，在相思树种的根瘤菌中包含了较多的抗逆性菌株，还有能在 39℃ 高温下生长较好的菌株。在 8℃的低温下，有 62%分离自新疆的根瘤菌可以缓慢生长。在 39℃的高温情况下，据文献记载，只有分离自苜蓿的根瘤菌可以生长，而分离自新疆地区的菌株，能在 43℃高温中生长的除分离自苜蓿的根瘤菌外，还有分离自岩黄芪（Astragalus sp.）、铃铛刺（Halimodendron halodendron）、白花三叶草（Trifolium repens）、准噶尔无叶豆（Eremosparton songoricu）、黑荚豆（Turukhania platycarpos）、锦鸡儿（Caragana sinica）、骆驼刺（Alhagi pseudalhagi）等 16 属豆科宿主的根瘤菌，可见，温度对新疆地区根瘤菌生长发育的限制作用不是很明显（王卫卫等，1989）。关桂兰等（1991）的研究也表明温度不是干旱地区根瘤菌与豆科植物结瘤和固氮活性的限制性因子。

　　因此，在高温干旱环境下不同根瘤菌表现的反应的差异性，不仅与根瘤菌本身对高温干旱条件的耐受力有关，还与其生长的环境有很大的相关性，是一种协同进化的反应。

第 2 节　根瘤菌的分离、纯化及保存

2.1　材料与方法

2.1.1　实验材料

2011 年 7 月，在元江、元谋、元阳、东川及攀枝花等干热河谷地区采集台湾相思树种的根瘤。

2.1.2　根瘤的采集及保存

　　选取干热河谷地区台湾相思树种的适当生育期，用小铲挖去根部的土壤，从植物的根部（主根或侧根）用剪刀将生长着的根瘤剪下，用纯净水洗净后放入装有 50%的甘油液的离心管（20ml）中，封口，按采集时间对根瘤编号。采集时注意根瘤的完整性，带回实验室后放入 4℃冰箱里保存，以备分离时使用（伯杰森，1987；Vincent，1970）。

　　本研究采用医学上保存病理材料的方法来保存根瘤，即用 50%甘油液（表 3.1）保存根瘤。将配好的 50%甘油液分装入 20ml 离心管中盖好，高温高压灭菌，即在 121℃、0.1～0.14MPa 压力下灭菌 30min，冷却备用。

表 3.1　50%的甘油液配制方法

Tab. 3.1　Preparation method of 50% glycerin liquid

药品	称量
甘油	500ml
NaCl	4.5g
蒸馏水	500ml

注：NaCl 先溶入蒸馏水再与甘油混合

2.1.3　菌株分离、纯化及保存

2.1.3.1　分离根瘤菌用的培养基

本试验采用常用的根瘤菌培养基来培养根瘤菌。固体培养基采用酵母汁甘露醇琼脂培养基（YMA 培养基）（赵斌和何绍江，2002），而液体培养基则采用不加琼脂糖的酵母汁甘露醇液体培养基（YMB），YMB 配制配方见表 3.2。

表 3.2　酵母汁甘露醇培养液（YMB）

Tab. 3.2　Yeast Mannitol Broth（YMB）

药品	称量
甘露醇	10.0g
K_2HPO_4	0.25g
KH_2PO_4	0.25g
$MgSO_4 \cdot 7H_2O$	0.2g
NaCl	0.1g
酵母粉	0.8g
蒸馏水	1000ml
pH	6.8～7.2

注：无甘露醇时，可用等量的蔗糖或甘油代替

配置 YMB 培养基时加入蒸馏水后需要加热溶解，再用 HCl 或 NaOH 调节 pH 至 6.8～7.2。而后将其盛于适当的容器（作为根瘤菌发酵液使用）中，充分摇匀，高温高压灭菌，即在 121℃、0.1～0.14MPa 压力下灭菌 30min，冷却备用。

配置 YMA 时，在 YMB 培养液中加入 15g 琼脂。加热待琼脂融解，用 HCl 或 NaOH 调节 pH，摇匀后高温高压灭菌。灭菌后待温度降至约 50℃时将 YMA 倒入已灭菌好的培养皿中（100mm×20mm）中，每皿中倒入 20ml 左右，待其冷却后将培养皿倒置，备用。

YMA-CR（Congo Red，刚果红）培养基配制：YMA 1000ml，刚果红水溶液（0.4%）10ml。每 1000ml YMA 加入配制好的刚果红水溶液 10ml，摇匀，高温高压灭菌后制成 YMA-CR 平板培养基（方法同 YMA）备用。培养基呈红色。

2.1.3.2　菌株的分离

在室温条件下，将采集的根瘤取出，仔细清洗其表面附着的泥土，用吸水纸将根瘤表面的水分吸干。在无菌条件下，在 70%～75%的乙醇中表面消毒 30～50s，无菌水冲洗 4 或 5 次后，再用 0.1%的氯化汞溶液浸泡 5min，之后用无菌水冲洗 5 或 6 次。取灭菌的培养皿 3 或 4 个，每皿加灭菌水 0.5ml，将以上根瘤放入第一皿中，用灭菌玻棒捣碎，静置 30min，使组织内细菌流入水中配成悬浮液，用接种环从第一皿内移植 2 或 3 环到第二皿内，充分混合后再移植到第三皿，依次稀释到最后一皿。分别取 0.2ml 上述菌悬液用涂布法接种于 YMA 平板培养基表面。28℃黑暗条件下恒温培养至单菌落出现（刘芬和赵韶星，2002）。

2.1.3.3　菌株的纯化

根瘤菌纯化采用平板划线法。分离培养 2d 后，平板上即出现单个菌落，挑选符合根瘤菌特征的单菌落，采用平板划线法（用接种环以无菌操作取单菌落一环，在平板培养基的一边，做第一次平行划线 2 或 3 条。转动培养皿约 70°角，用烧过冷却的接种环，通过第一次划线部分，做第二次平行划线。用同法通过第二次平行划线，做第三次划线）进行纯化（杨文博，2004）。

2.1.3.4　菌株的保存

采用斜面传代保藏法保存根瘤菌，即将分离纯化得到的菌种在 YMA 培养基上划线，等其长好后，直接放入 4℃冰箱保藏，保存时间不超过 2 个月。管口的棉塞应用报纸包扎或换上无菌胶塞以防止棉塞受潮而长杂菌，也可用融解的固体石蜡熔封棉塞或胶塞（黄秀梨，1999）。还可以采用甘油培养基液体保存方法，将甘油和 YMB 液体培养基按 3∶7 的比例混合配置成保存液，再接入适量的培养好的根瘤菌菌液（将纯化的菌种接入 YMB 中在 28℃条件下放入摇床上摇 3～5d），可放置在 4℃或–70℃冰箱内长期保存。

2.2　结果与分析

根瘤菌是一类广泛存在于土壤中的能够侵染豆科植物根部或茎部形成根瘤或茎瘤的革兰氏阴性菌，将空气中的氮气转化成氨，为植物提供氮素营养。根瘤的形成是根瘤菌和植物之间对抗与协调的统一，是由植物和根瘤菌的遗传基因决定的。

2.2.1　根瘤的采集

台湾相思树种根瘤的野外采集情况见表3.3，野外采集到的台湾相思根瘤主要着生于侧根上，数量均较多（5～10个），颜色多为淡黄色、淡红色、淡褐色、红褐色及肉红色，根瘤的形状和大小相差较大，根瘤形状有珊瑚状、三分枝、二分枝和杆状等4类。其大小与分枝数呈正相关，可能与根瘤形成的时间有关系，时间越长，分枝越多，质量越大。

表 3.3 干热河谷台湾相思树种根瘤的采集情况

Tab. 3.3 The collection of the *Acacia confusa* root nodules from the dry-hot valley

根瘤编号	数量	形状	大小/mm	颜色	着生点	采集地
1	+++	珊瑚状、椭圆	1~4	红褐色	侧根	元江
2	+++	珊瑚状、椭圆	2~3	淡黄色	侧根	元江
3	+++	珊瑚状、椭圆	1~4	淡红色	侧根	元江
4	+++	珊瑚状、椭圆	1~3	肉红色	侧根	元江
5	+++	珊瑚状、椭圆	2~4	红褐色	侧根	元江
6	+++	珊瑚状、椭圆	3~4	红褐色	侧根	元江
7	+++	珊瑚状、椭圆	1~2	红褐色	侧根	元阳
8	+++	珊瑚状、椭圆	3~4	淡黄色	侧根	元阳
9	+++	珊瑚状、椭圆	2~3	红褐色	侧根	元阳
10	+++	珊瑚状、椭圆	3~4	淡褐色	侧根	元阳
11	+++	珊瑚状、椭圆	2~3	淡褐色	侧根	元阳
12	+++	珊瑚状、椭圆	2~3	红褐色	侧根	元阳
13	+++	珊瑚状、椭圆	1~3	淡黄色	侧根	元阳
14	+++	珊瑚状、椭圆	3~4	红褐色	侧根	东川
15	+++	珊瑚状、椭圆	2~3	淡褐色	侧根	东川
16	+++	珊瑚状、椭圆	1~4	红褐色	侧根	东川
17	+++	珊瑚状、椭圆	2~3	淡黄色	侧根	东川
18	+++	珊瑚状、椭圆	1~4	淡红色	侧根	东川
19	+++	珊瑚状、椭圆	1~3	肉红色	侧根	东川
20	+++	珊瑚状、椭圆	2~4	红褐色	侧根	元谋
21	+++	珊瑚状、椭圆	3~4	红褐色	侧根	元谋
22	+++	珊瑚状、椭圆	1~2	红褐色	侧根	元谋
23	+++	珊瑚状、椭圆	3~4	淡黄色	侧根	元谋
24	+++	珊瑚状、椭圆	2~3	红褐色	侧根	元谋
25	+++	珊瑚状、椭圆	3~4	红褐色	侧根	元谋
26	+++	珊瑚状、椭圆	2~3	淡黄色	侧根	元谋
27	+++	珊瑚状、椭圆	2~3	淡红色	侧根	攀枝花
28	+++	珊瑚状、椭圆	1~3	肉红色	侧根	攀枝花
29	+++	珊瑚状、椭圆	3~4	红褐色	侧根	攀枝花
30	+++	珊瑚状、椭圆	2~3	红褐色	侧根	攀枝花
31	+++	珊瑚状、椭圆	1~4	红褐色	侧根	攀枝花
32	+++	珊瑚状、椭圆	2~3	淡黄色	侧根	攀枝花

注：+少量；++中等；+++较多

2.2.2 菌株的分离、纯化及初步鉴定

从野外采集到的台湾相思根瘤中分离并培养所得的微生物在 YMA 平板上都呈圆形、乳白色、半透明或是淡黄色，黏稠，边缘整齐，表面稍凸起，富有光泽；在黑暗条件下不吸收 YMA-CR 的红色，如图 3.1 所示。革兰氏染色反应呈红色，表明此微生物菌落是阴性细菌（刘国生，2008）；微生物具有典型的类菌体形态，即短杆状，两端钝圆。可初步鉴定为根瘤菌。

本次试验经分离、纯化、鉴定后获得试验根瘤菌菌株 32 株。

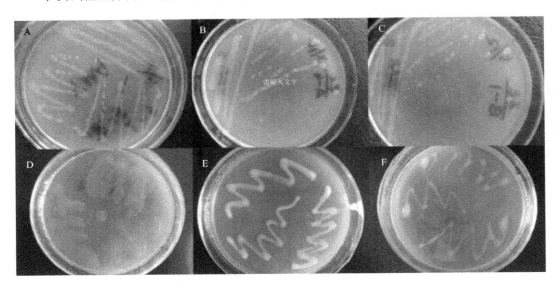

图 3.1　根瘤菌在 YMA 平板（A～C）和 YMA-CR 平板（D～F）纯化后的菌落形态

Fig. 3.1　The colony morphology of *Rhizobium* after purification in the YMA medium　（A～C）and

YMA-CR medium（D～F）

第 3 节　根瘤菌与台湾相思共生结瘤形态及显微结构观察

3.1　材料与方法

3.1.1　实验材料

2011 年 8 月，采集云南干热河谷地区元江、元阳、元谋、东川等地自然生长的台湾相思树种种子，带回实验室保存于–4℃备用。

3.1.2　根瘤菌的回接

（1）根瘤菌回接营养液：选取低氮植物营养液（王卫卫等，1996），调节 pH 至 6.8～7.0，而后在 121℃、0.1～0.14MPa 压力条件下灭菌 25min（表 3.4，表 3.5）。

表 3.4 低氮植物营养液

Tab. 3.4　Low nitrogen plant nutrient solution

药品	称量
$Ca(NO_3)_2$	0.03g
$CaSO_4$	0.46g
KCl	0.075g
$MgSO_4·7H_2O$	0.06g
K_2HPO_4	0.136g
柠檬酸铁	0.075g
微量元素液	1.00ml
H_2O	1000ml

表 3.5　微量元素液

Tab. 3.5　Microelement solution

药品	称量
H_3BO_3	2.86g
$MnSO_4·4H_2O$	1.81g
$ZnSO_4·7H_2O$	0.22g
$CuSO_4·5H_2O$	0.8g
H_2MoO_4	0.02g
H_2O	1000ml

（2）种子处理与萌发：挑选当年结实、饱满的台湾相思种子（种子来源于干热河谷地区台湾相思树种），将种子用 75%乙醇浸泡 30s，无菌水清洗 3～5 次，再用 5%高锰酸钾浸泡 1min，用 40～60℃的温水浸种 24h，使种子充分吸水膨胀，然后在发芽皿上点种，置 28℃恒温人工气候箱中催芽。

（3）回接菌株的培养：根据植物种子萌发的时间和条件，将待回接的菌株在 YMA 平板上活化。将活化好的菌株接种到 YMB 液体培养基中培养（170r/min，28℃）至 OD_{600}= 0.5～0.8。

（4）接种及培养：采用全封闭式试管法，全封闭式试管法是采用 200mm×25mm 的试管，内装置滤纸筒，使滤纸紧贴管壁。当幼苗的胚根长至 0.5～1.0cm 时，先将种子置于相应的根瘤菌悬浮液中浸泡 3～4h，然后用灭菌镊子夹住胚根基部，将胚根置于滤纸和试管内壁中间，迫使胚根一直向下生长，便于以后观察接瘤情况。每个试管内种一粒发芽的种子。然后，注入灭菌后的无氮营养液，无氮培养液浸没试管的 1/3。同时将根瘤菌菌液一起加入试管内，每个试管加入菌液 5ml，每个根瘤菌菌株接种台湾相思树种幼苗 3 株，设对照植株，且以后不再接种根瘤菌。根瘤菌的分离、培养、回接，以及种子的催芽、播种生长都是在无菌条件下进行的。放置于光照培养箱中培养，培养条件按光照 16h、25℃/黑暗 8h、20℃设定。60d 后观察结瘤和固氮情况。

3.1.3　台湾相思共生结瘤形态及显微结构观察

本研究采用石蜡切片法对材料进行处理，具体步骤如下。

（1）固定：将共生培养后形成的根瘤切成约 0.5cm 的小块，投入装有约为材料体积 20 倍的 FAA 固定液的安瓿中（规格为 10ml），在室温条件下抽真空 12～24h。

（2）脱水：材料自固定液中取出后水洗 2 或 3 次，然后依次入 35%叔丁醇→50%叔丁醇→75%叔丁醇中脱水各 0.5h，然后再经 100%叔丁醇中脱水各 15min。

（3）浸蜡：将材料连同最后一级脱水剂一同倒入蜡盒中，按叔丁醇：新蜡为 1∶1 的体积比添加新蜡屑，并置于 65℃的恒温箱中过夜。

（4）包埋：将牛皮纸裁剪成适当大小，并折成 1cm×1cm×6cm 的小盒若干。将溶解的石蜡倒入纸盒中，并在酒精灯上用加热的镊子迅速将材料放入纸盒的蜡液中，同时用热的解剖针或镊子在材料周围轻轻搅动以消除气泡，当蜡盒底部稍有凝固时将材料定位，注意材料纵、横切的不同放置要求及同一蜡盒中材料之间的距离，位置放正。

（5）切片：切片前把纸盒拆去，将蜡块修成上下两边平行的长方形或正方形，粘在事先准备好的小木块上，并将其装在 Leica RM2165 切片机上，把蜡块切成 10μm 厚的薄片，切下来的薄片会连成蜡带，轻轻用镊子或毛笔取下蜡带，放入蜡带盒内，备用。

（6）粘片及展片：在载玻片上先滴小半滴明胶粘贴剂，用手尽量擦干，然后再在玻片中央滴两滴 4%甲醛溶液，按要求将蜡带切成适当长度的蜡片，然后用小镊子将蜡片（反面）轻放在载玻片中央的甲醛溶液上，以使蜡片浮起。将制好的玻片放在温度为 35～45℃的展片台上，待蜡片完全展平后将其放在 30℃的温箱中 24h。

（7）脱蜡、复水、染色、脱水、透明、封片：将玻片依次放入二甲苯I（10min）→二甲苯II（10min）→50%二甲苯+50%乙醇（5min）→纯乙醇（5min）→95% 乙醇（5min）→85%乙醇（5min）→70%乙醇（5min）→番红（过夜）→70%乙醇（5min）→85%乙醇（5min）→95%乙醇（5min）→纯乙醇（5min）→固绿（5min）→50%二甲苯+50%纯乙醇（5min）→二甲苯I（5min）→二甲苯II（5min）→中性树胶封片→20d后→清片，贴标签。

将制好的永久玻片于光学显微镜下镜检，用尼康 Eclipse E800 直立显微镜拍照并保存。

3.2　结果与分析

3.2.1　根瘤菌的回接

分离到的 32 株菌经回接试验证实，接种 60d 后陆续见到根瘤，植株粗壮茂盛；对照植株无结瘤，叶呈黄色，植株矮小柔软，呈现生长不良状态。台湾相思接种处理的 32 株菌株共生培养 300d 后，全部能够正常形成根瘤（图 3.2），但根瘤的形状和大小相差较大。根瘤形状有珊瑚状、三分枝、二分枝和杆状等 4 类。其大小与分枝数呈正相关，可能与根瘤形成的时间有关，时间越长，分枝越多，质量越大。

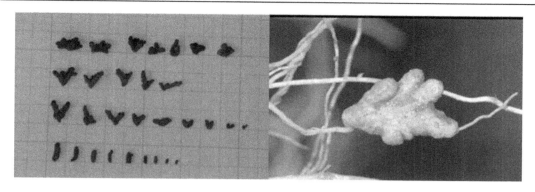

图 3.2　不同菌株共生培养后根瘤形态及大小比较

Fig. 3.2　The nodule morphology and size which formed between different strains and seedlings

3.3.2　台湾相思共生结瘤形态及显微结构观察

为了进一步了解根瘤的形态结构，对台湾相思共生结瘤形成的根瘤进行石蜡切片，以观察其根瘤的组织结构。

对连续石蜡切片进行显微镜观察发现，台湾相思树种根瘤的基本结构与豆科树种根瘤的基本结构类似，从外向内依次为皮层、维管束和含菌细胞区（图 3.3 中 1、2）。在根瘤的皮层外围，通常还有一层至数层薄壁细胞组成的保护层，其细胞排列紧密，外围细胞扁平且细胞壁木质化，在制片过程中往往会脱落。皮层多数是未特化的薄壁细胞，由多层不含菌细胞组成，其形状不规则，排列较疏松。在皮层的内侧有发达的维管束组织（图 3.3 中 3），中央有典型的环纹导管（图 3.3 中 4）、筛管及纤维细胞，有的外有一层薄壁细胞围绕（李东等，2009）。从成熟的根瘤横切面上可以看到根瘤皮层内存在多个根瘤维管束（图 3.4）。根瘤的中央为含菌细胞区，其范围较大，约占整个根瘤的2/3，着色较深的细胞为含菌细胞，这些细胞体积较大，已被根瘤菌侵染，内含大量的类菌体；在含菌细胞之间不着色的细胞为非含菌细胞，非含菌细胞体积较小。含菌细胞和非含菌细胞都是根瘤最重要的部分，均直接参与根瘤的共生固氮。在含菌细胞区及非含菌细胞周围的几层皮层细胞中有大量的淀粉粒，说明这些细胞代谢活跃，营养丰富。

3.3　结论与讨论

供试菌株与台湾相思树种共生结瘤后形成的根瘤的基本结构与豆科树种根瘤的基本结构类似，从外向内依次为皮层、维管束和含菌细胞区。在含菌细胞区及非含菌细胞周围的几层皮层细胞中有大量的淀粉粒，说明这些细胞代谢活跃，营养丰富。根瘤中央的含菌细胞较多，着色较深，说明共生结瘤后形成的根瘤生长旺盛，生命力强，共生固氮能力强。根瘤的皮层内侧存在一至多个维管束，说明根瘤内部具有较好的输导组织，这可能与宿主植物生长的高温干旱环境条件有关。

图 3.3　台湾相思接种根瘤菌形成的根瘤的形态和结构

C. 皮层；V. 维管束；IC. 含菌细胞；UC. 不含菌细胞

Fig. 3.3　The morphology and structure of the *Acacia confusa* nodules

C. Cortex; V. Vascular bundles; IC. Bacteriocyte area; UC. Un-bacteriocyte area

（1）根瘤的横切面（×200），示根瘤的基本结构：皮层、维管束、含菌细胞。（2）根瘤的纵切面（×400），示根瘤的基本结构：皮层、维管束、含菌细胞。（3）根瘤的横切面（×400），示根瘤的维管束。（4）根瘤的纵切面（×400），示根瘤的环纹导管

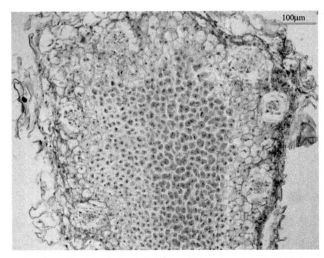

图 3.4　台湾相思接种根瘤菌形成根瘤的横切面，示多个维管束（×200）

Fig. 3.4　The cross-section of the *Acacia confusa*-nodules, shows multiple vascular bundles（×200）

第 4 节　根瘤菌的系统发育研究

4.1　材料与方法

4.1.1　根瘤菌总 DNA 的提取

将菌株在 YMB 液体培养基中培养至对数生长期后用细菌基因组 DNA 提取试剂盒提取根瘤菌的基因组 DNA。

菌株DNA提取的具体步骤如下：①取菌体培养液1～5ml，10 000r/min离心1min，尽量吸净上清；②向菌体沉淀中加入200μl缓冲液RB重悬洗涤细胞，10 000r/min离心1min，弃上清后将细胞振荡或吹打重悬于200μl 缓冲液RB中；③加入5μl 溶菌酶lysozyme（10mg/ml in 10mmol/L Tris-HCl, pH 8.0），颠倒混匀，37℃温育15min；④加入200μl结合液CB，立刻剧烈颠倒轻摇充分混匀，再加入20μl蛋白酶K（20mg/ml），充分混匀，70℃放置10min；⑤冷却后加入100μl异丙醇，剧烈颠倒轻摇充分混匀，此时可能会出现絮状沉淀；⑥将上一步所得溶液和絮状沉淀都加入一个吸附柱AC中（吸附柱放入收集管中），10 000r/min离心1min，倒掉收集管中的废液；⑦加入500μl抑制物去除液IR，12 000r/min离心30s，弃废液；⑧加入700μl漂洗液WB（请先检查是否已加入无水乙醇），12 000r/min离心30s，弃掉废液；⑨加入500μl漂洗液WB，12 000r/min离心30s，弃掉废液；⑩将吸附柱AC放回空收集管中，13 000r/min离心2min，尽量除去漂洗液，以免漂洗液中残留乙醇抑制下游反应；⑪取出吸附柱AC，放入一个干净的离心管中，在吸附膜的中间部位加入100μl洗脱缓冲液EB（洗脱缓冲液事先在65～70℃水浴中预热），室温放置3～5min，12 000r/min离心1min。将得到的溶液重新加入离心吸附柱中，室温放置2min，12 000r/min离心1min。所得液体即DNA溶液。

在含有荧光染色剂的 0.8%琼脂糖凝胶上水平电泳检测。每个 DNA 样品 1μl 与 1μl 6×Loading Buffer 混合后点样，100V 电泳 30min，UV 下观察。DNA 溶液于−20℃保存。

4.1.2　16S rRNA PCR 基因扩增和系统发育学分析

（1）引物根据 *E. coli* 的 16S rRNA 基因序列保守区域设计（Tan *et al.*，1999）。

正向引物 P1：5′-AGA GTT TGA TCC TGG CTC AGA ACG AAC GCT-3′（对应于 *E. coli* 16S rRNA 基因序列的第 8～37 碱基位置）。

反向引物 P6：5′-TAC GGC TAC CTT GTT ACG ACT TCA CCC C-3′（对应于 *E. coli* 16S rRNA 基因序列的第 1479～1506 碱基位置）。

（2）PCR 扩增采用 50μl 体系，并设立阴性对照（即反应体系中不加模板 DNA），反应体系如下。

Reaction Buffer（10×）	5.0μl
dNTPs（10mmol/L）	4.0μl
正向引物（10μmol/L）	1.0μl
反向引物（10μmol/L）	1.0μl

Taq 酶（2.5U/μl）	0.5μl
模板 DNA（20～50ng）	1.0μl
补加超纯水至	50μl

（3）PCR 反应条件：95℃预变性 5min；94℃变性 1min，58℃退火 1min，72℃延伸 90s，30 个循环；72℃终延伸 6min；4℃最终延伸 5min。

（4）PCR产物的检测：在含有荧光染色剂的 1.0%琼脂糖凝胶上电泳检测。每个PCR产物 1μl与 0.5μl 6×Loading Buffer混合后点样，100V电泳 20min。在凝胶成像系统中用 245nm UV扫描照相，检测扩增片段长度和浓度。PCR产物于–20℃保存。

（5）16S rRNA 序列测定：将 PCR 产物送上海生工生物工程有限公司（上海生工）进行双向测序，测得的序列通过 DNAMAN 软件进行拼接，将拼接好的序列在 http://www.ezbiocloud.net 中用 Eztaxon Server 2.1 进行序列比对，在 GenBank 上找到同源序列，再用 Mega 4.0 软件中的 Neighbor-Joining 法进行系统发育分析。

4.1.3　16S rRNA PCR-RFLP 分析

（1）16S rRNA 基因扩增见 4.1.2。

（2）PCR 产物分别用下列 3 种限制性内切酶进行酶切：*Msp*Ⅰ、*Hinf*Ⅰ、*Hae*Ⅲ。

（3）酶切体系（10μl 5U）：5μl PCR 产物、1μl 内切酶缓冲液、0.5μl 内切酶，用 ddH₂O 补至 10μl。

（4）酶切条件：37℃保温 4～6h。

（5）电泳：将全部酶切产物（10μl）与 3μl 6×Loading Buffer 混合后点样，在含荧光染色剂的 2.0%琼脂糖凝胶上，80V 水平电泳 4h，在凝胶成像系统中用 245nm UV 扫描照相，检测扩增片段长度和浓度，并以 tif 格式保存。

（6）电泳图谱分析：电泳图谱用 Total Lab TL100 进行处理，将各类型的酶切图谱转换为"1"和"0"的二元数据，用 MVSP 软件采用平均连锁聚类法（UPGMA）进行聚类分析，得到供试菌株的 UPGMA 树状图。

4.1.4　BOX-PCR 指纹图谱

（1）引物 BOX-AIR 5′-CTA CGG CAA GGC GAC GCT GAC G-3′（Versalovic *et al.*，1994）。

（2）PCR 反应体系。

10×Reaction Buffer	2.5μl
DMSO（100%）	2.5μl
dNTPs（10mmol/L）	2.0μl
MgCl₂（25mmol/L）	3.0μl
BSA（10mg/ml）	2.0μl
BOXAIR（30pmol）	0.3μl
Taq 聚合酶（2.5U/μl）	1.0μl
模板 DNA（50ng/μl）	1.0μl

补加超纯水至　　　　　　　　　　　　　　25μl

最后加入少许矿物油覆盖体系表面。

（3）BOX-PCR 扩增程序：95℃预变性 2min；94℃变性 1min，52℃退火 1min，65℃延伸 8min，30 个循环；65℃终延伸 18min；4℃最终延伸 5min。

（4）电泳：取 BOX-PCR 产物 10μl，混合 3μl 6×Loading Buffer，用 1.5%琼脂糖凝胶电泳分离扩增产物片段，在凝胶成像系统中用 245nm UV 扫描照相，检测扩增片段长度和浓度，并以 tif 的格式保存。

（5）结果处理：电泳图谱用 Total Lab TL100 进行处理，将各类型的 BOX-PCR 图谱转换为"1"和"0"的二元数据，用 MVSP 软件采用平均连锁聚类法（UPGMA）进行聚类分析，得到供试菌株的 UPGMA 树状图。

4.1.5　共生基因（*nodC* 和 *nifH*）系统发育分析

（1）引物：本研究中所用的基因为 *nodC* 和 *nifH*。

nodC 的引物序列如下。

　　　　正向引物：　　　　5′-TGA TYG AYA TGG ART AYT GGC T-3′
　　　　反向引物：　　　　5′-CGY GAC ARC CAR TCG CTR TTG-3′

nifH 的引物序列如下。

　　　　正向引物：　　　　5′-TAC GGN AAR GGS GGN ATC GGC AA-3′
　　　　反向引物：　　　　5′-AGC ATG TCY TCS AGY TCN TCC A-3′

（2）PCR 反应体系。

10×Reaction Buffer	5.0μl
正向引物（10mmol/L）	1.0μl
反向引物（10mmol/L）	1.0μl
dNTPs（10mmol/L）	1.0μl
Taq 聚合酶（2.5U/μl）	1.0μl
模板 DNA	1.0μl
补加超纯水至	50μl

（3）　PCR 反应条件。

nod C：95℃预变性 5min；94℃变性 1min，56℃退火 10s，72℃延伸 75s，33 个循环；72℃终延伸 6min；10℃最终延伸 6min。

nif H：95℃预变性 5min；94℃变性 1min，57℃退火 45s，72℃延伸 1min，30 个循环；72℃终延伸 6min；4℃最终延伸 5min。

（4）*nodC* 和 *nifH* 基因序列分析。

将测序得到的 *nodC* 和 *nifH* 的 DNA 序列提交到 GenBank 数据库中，使用 NCBI 中的 Blast 软件在线比对，从 GenBank 数据库中下载相近的已知种的 *nodC* 和 *nifH* 参比序列（尽量选用已知种模式菌株的序列）。序列的比对和系统发育树的构建方法同 16S rRNA 基因。两个共生基因合并分析（MLSA），进化树采用 MEGA 4.0 软件（Tamura *et al*., 2007）。

4.2　结果与分析

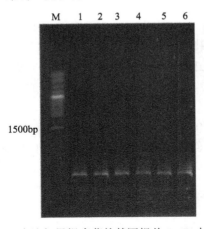

图 3.5　台湾相思根瘤菌的基因组总 DNA 电泳图

M 为 100bp DNA Marker，1～6 分别为引物 P₁～P₆

Fig. 3.5　The electrophoresis of total genomic DNA of the *Rhizobium* strains isolated from *Acacia confusa*

4.2.1　根瘤菌总 DNA 的提取

经0.8%琼脂糖凝胶电泳检测，采用细菌基因组 DNA 提取试剂盒提取到的总 DNA 质量较好，大小在19kb 以上，而且完整性好、条带亮度较高（图3.5）。

4.2.2　16S rRNA PCR 扩增结果

本研究用细菌基因组 DNA 试剂盒提取了32株供试菌株的总 DNA，对提取的 DNA 进行纯化后，用 P1 和 P6 引物对其进行 PCR 扩增后，均能得到重复性好且稳定、清晰的条带，扩增出的片段大小约为 1500bp。图3.6为部分根瘤菌的16S rRNA 基因扩增图谱。

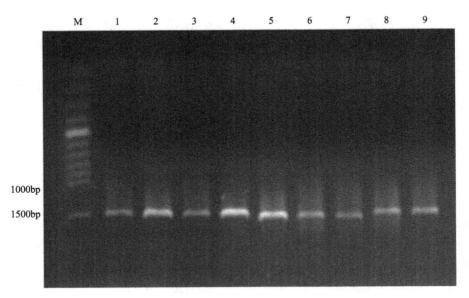

图 3.6　部分菌株 16S rRNA 扩增电泳检测图谱

M 为 100bp DNA Marker，1～9 分别为菌株 SWF-01～SWF-09

Fig. 3.6　The agarose electrophoresis patterns of 16S rRNA PCR products

4.2.3　16S rRNA PCR 系统发育学分析

将上述所得供试菌株的 PCR 产物送上海生工测序。所得序列用 DNAMAN 软件拼接后，于 Eztaxon Server 2.1 进行序列比对，并在 GenBank 上下载其同源序列，各菌株与近源菌株的相似性见表 3.6。利用 Mega 4.0 软件中的 Neighbor-Joining 法对供试菌株及近源菌株进行系统发育学分析（图 3.7）。

表 3.6　供试根瘤菌菌株 16S rRNA 序列分析结果

Tab. 3.6　The results of the tested *Rhizobium* strains' 16S rRNA sequence analysis

菌株编号	近源菌	相似性/%
SWF-01	*Mesorhizobium albiziae* CCBAU 61158^T（DQ100066）	98.558
SWF-02	*Mesorhizobium albiziae* CCBAU 61158^T（DQ100066）	98.558
SWF-03	*Mesorhizobium huakuii* IAM 14158^T（D12797）	98.737
SWF-04	*Mesorhizobium gobiense* CCBAU 83330^T（EF035064）	99.260
SWF-05	*Rhizobium radiobacter* ATCC 19358^T（AJ389904）	97.442
SWF-06	*Rhizobium massiliae* 90A（AF531767）	98.538
SWF-07	*Mesorhizobium amorphae* ACCC 19665^T（AF041442）	98.498
SWF-08	*Rhizobium radiobacter* ATCC 19358^T（AJ389904）	99.050
SWF-09	*Mesorhizobium huakuii* IAM 14158^T（D12797）	98.796
SWF-10	*Mesorhizobium gobiense* CCBAU 83330^T（EF035064）	98.817
SWF-11	*Mesorhizobium huakuii* IAM 14158^T（D12797）	99.400
SWF-12	*Mesorhizobium huakuii* IAM 14158^T（D12797）	98.868
SWF-13	*Mesorhizobium huakuii* IAM 14158^T（D12797）	98.197
SWF-14	*Mesorhizobium gobiense* CCBAU 83330^T（EF035064）	98.743
SWF-15	*Rhizobium leguminosarum* USDA 2370^T（U29386）	98.832
SWF-16	*Rhizobium radiobacter* ATCC 19358^T（AJ389904）	99.634
SWF-17	*Mesorhizobium plurifarium* LMG 11892^T（Y14158）	98.830
SWF-18	*Rhizobium leguminosarum* USDA 2370^T（U29386）	99.120
SWF-19	*Rhizobium massiliae* 90A（AF531767）	99.084
SWF-20	*Rhizobium leguminosarum* USDA 2370^T（U29386）	96.796
SWF-21	*Rhizobium fabae* CCBAU 33202^T（DQ835306）	98.964
SWF-22	*Rhizobium nepotum* 39/7^T（FR870231）	95.040
SWF-23	*Mesorhizobium gobiense* CCBAU 83330^T（EF035064）	99.039
SWF-24	*Mesorhizobium albiziae* CCBAU 61158^T（DQ100066）	98.407
SWF-25	*Mesorhizobium huakuii* IAM 14158^T（D12797）	96.372
SWF-26	*Rhizobium radiobacter* ATCC 19358^T（AJ389904）	99.481
SWF-27	*Rhizobium radiobacter* ATCC 19358^T（AJ389904）	96.779
SWF-28	*Rhizobium radiobacter* ATCC 19358^T（AJ389904）	99.635
SWF-29	*Rhizobium radiobacter* ATCC 19358^T（AJ389904）	98.906
SWF-30	*Rhizobium leguminosarum* USDA 2370^T（U29386）	95.899
SWF-31	*Rhizobium radiobacter* ATCC 19358^T（AJ389904）	98.755
SWF-32	*Rhizobium fabae* CCBAU 33202^T（DQ835306）	99.112

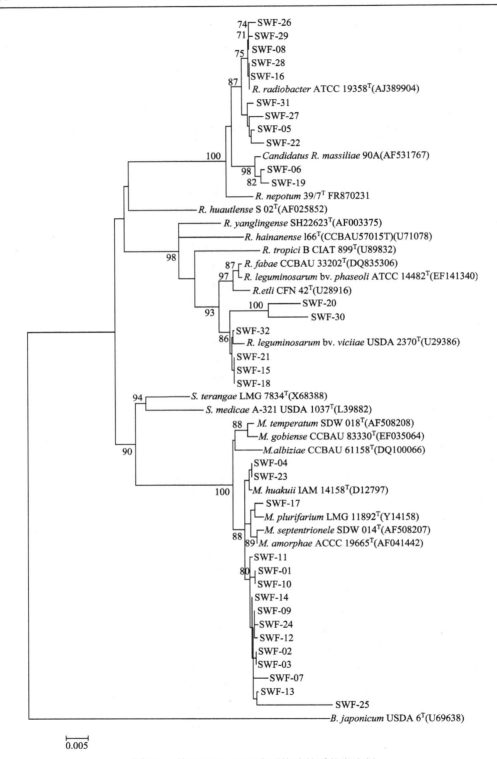

图 3.7　基于 16S rRNA 序列构建的系统发育树

Fig. 3.7　Phylogeny tree of representative strains based on the 16S rRNA sequence

　　根据 16S rRNA 序列相似性达到 97%以上则认为是同一个属（Devereu *et al.*, 1990），若序列相似性小于 97%的可以认为不是同一个种，小于 95% 的可以认为不是同一个属（Vaishampayan *et al.*, 2009）的划分原则，确定其种属及是否有新种或新属的发现。由 16S rRNA 序列分析结果可得，32 株供试菌株分别属于快生根瘤菌属（*Rhizobium*）和中慢生根瘤菌属（*Mesorhizobium*）。

　　综上所述，分离自干热河谷地区的 32 株供试台湾相思根瘤菌包括如下 10 个基因种（图 3.8）：*Mesorhizobium albiziae*-related、*M. huakuii*-related、*M. gobiense*-related、*M. amorphae*-related、*M. plurifarium*-related、*Rhizobium radiobacter*-related、*R. massiliae*-related、*R. leguminosarum*-related、*R. fabae*-related 和 *R. nepotum*-related。其中 *M. huakuii*-related 和 *R. radiobacter*-related 是干热河谷地区台湾相思根瘤菌的优势种群，*M. albiziae*-related、*M. gobiense*-related 和 *R. leguminosarum*-related 次之，*R. massiliae*-related、*R. fabae*-related、*M. amorphae*-related、*M. plurifarium*-related 和 *R. nepotum*-related 占少数。

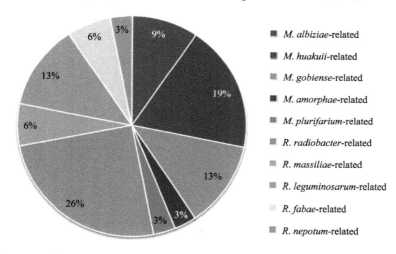

图 3.8　干热河谷地区台湾相思树种根瘤菌的种群分布（彩图请扫封底二维码）

Fig. 3.8　Distribution of Rhizobia strains of *Acacia confusa* in dry-hot valley

4.2.4　16S rRNA PCR-RFLP 分析

　　基于 16S rRNA 的保守性，本研究对分离自台湾相思的 32 株根瘤菌菌株及参比菌株的 16S rRNA 基因分别用 3 种限制性内切酶消化后，经 2.0%琼脂糖凝胶电泳拍照成像。对应每一个酶切电泳图谱照片，凡是电泳图谱上不同菌株间迁移率相同的带被认为是同一个性状，随机标记为 a→g（赵美玲等，2008）。供试的 32 株根瘤菌的 *Hae*Ⅲ酶切图谱有 4 种类型，*Hinf*Ⅰ有 4 种类型，*Msp*Ⅰ酶切有 7 种图谱类型。3 种限制性内切酶酶切图谱类型组合列于表 3.7，综合分析可以得出：32 株供试根瘤菌菌株共有 15 种 16S rRNA 酶切图谱类型，即 15 种基因型，其中 aab 类型有 8 株菌，bcd 类型有 4 株菌，bab 类型、bbe 类型有 3 株菌，cbc 类型、dbe 类型、bbc 类型有 2 株菌，aaa 类型、cab 类型、dbc 类型、adb 类型、bdb 类型、cbf 类型、cbg 类型和 abg 类型仅 1 株菌。结果表明：分离

自干热河谷地区台湾相思根瘤菌的 16S rRNA 扩增片段的 RFLP 电泳图谱存在较大差异，
具有丰富的遗传多样性。

表 3.7　各菌株 16S rRNA PCR-RFLP 酶切图谱类型
Tab. 3.7　The 16S rRNA PCR-RFLP patterns of strains in this study

菌株编号	*Hae*III	*Hinf* I	*Msp* I	16S rRNA type
SWF-01	a	a	a	aaa
SWF-02	c	a	b	cab
SWF-03	a	a	b	aab
SWF-04	b	a	b	bab
SWF-05	d	b	c	dbc
SWF-06	c	b	c	cbc
SWF-07	a	d	b	adb
SWF-08	c	b	c	cbc
SWF-09	a	a	b	aab
SWF-10	a	a	b	aab
SWF-11	a	a	b	aab
SWF-12	a	a	b	aab
SWF-13	b	a	b	bab
SWF-14	a	a	b	aab
SWF-15	b	c	d	bcd
SWF-16	b	b	e	bbe
SWF-17	b	d	b	bdb
SWF-18	b	c	d	bcd
SWF-19	b	b	e	bbe
SWF-20	b	c	d	bcd
SWF-21	b	c	d	bcd
SWF-22	d	b	e	dbe
SWF-23	b	a	b	bab
SWF-24	a	a	b	aab
SWF-25	a	a	b	aab
SWF-26	c	b	f	cbf
SWF-27	b	b	c	bbc
SWF-28	d	b	e	dbe
SWF-29	b	b	e	bbe
SWF-30	c	b	g	cbg
SWF-31	b	b	c	bbc
SWF-32	a	b	g	abg

续表

菌株编号	HaeⅢ	HinfⅠ	MspⅠ	16S rRNA type
USDA2370[T]	b	b	d	bbd
CCBAU3306[T]	b	d	b	bdb
CFN42[T]	b	b	d	bbd
CFN299[T]	b	b	d	bbd
CIAT899[T]	b	b	h	bbh
HAMBI540[T]	b	b	h	bbh
NZP2213[T]	a	d	d	add
SDW018[T]	e	e	d	eed
CCBAU10071[T]	f	f	d	ffd
USDA3622[T]	f	h	d	fhd
USDA6[T]	f	h	d	fhd
USDA76[T]	f	g	d	fgd

　　32 株供试根瘤菌菌株的 16S rRNA 扩增产物经 HaeⅢ、HinfⅠ和 MspⅠ酶切后得到的酶切图谱经过分析转换得到"1"和"0"的二元数据,用 MVSP 软件采用 UPGMA 法聚类得到所有供试菌株的聚类树状图(图 3.9)。

　　从图 3.9 中可以看出,在 70%的相似水平上聚为三大类,分别为中慢生根瘤菌属、慢生根瘤菌属和快生根瘤菌属。在 75%的相似水平,中慢生根瘤菌属分为两大类群,包括第一和第二大类群,第一大类群包含 15 株供试菌株、1 株参比菌株(*Mesorhizobium tianshanense* CCBAU3306[T]),第二大类群包含 2 株参比菌株(*Mesorhizobium temperatum* SDW018[T]、*M. loti* NZP2213[T]);快生根瘤菌属被分为三大类群,包含第四、第五和第六大类群,第四类群包含 3 株供试菌株,第五类群包含 4 株供试菌株和 3 株参比菌株,第六大类群包含了 10 株供试菌株和 2 株参比菌株。在 95%的相似水平上,中慢生根瘤菌属被区分为 8 个类群,其中 SWF-07、SWF-03、SWF-02 均独立成群,说明这 3 株菌与其他菌株的亲缘关系较远;SWF-17 与 *M. tianshanense* CCBAU3306[T] 聚在一起,说明该菌株与 *M. tianshanense* CCBAU3306[T] 的亲缘关系较近;SWF-04、SWF-13 和 SWF-23 聚在一起,SWF-01、SWF-09、SWF-10、SWF-11、SWF-12、SWF-14、SWF-24 和 SWF-25 聚在一起,这些菌株分别分离自元江、元阳、元谋和东川,说明不同地理位置共生的根瘤菌可能具有同一基因型。

　　从采集地点来看,分离自元江的 6 株菌主要分布在中慢生根瘤菌属,快生根瘤菌属中的菌株较少,且各菌株的 16S rRNA type 均不相同,说明该地区的根瘤菌菌株的遗传多样性极为丰富;分离自元阳的 7 株菌有 6 株聚在中慢生根瘤菌属,仅 SWF-08 聚在快生根瘤菌属,具有 4 种 16S rRNA type,其中有 4 株菌具有同一 16S rRNA type;采集自东川的 6 株菌主要分布在快生根瘤菌属,中慢生根瘤菌属中的菌株较少,且具有 4 种 16S rRNA type,其中有 2 种 type 各包含 2 株菌,说明分离自该地区的根瘤菌菌株的遗传多样性丰富;分离自元谋的 7 株菌平均分布在中慢生根瘤菌属和快生根瘤菌属,具有 5 种

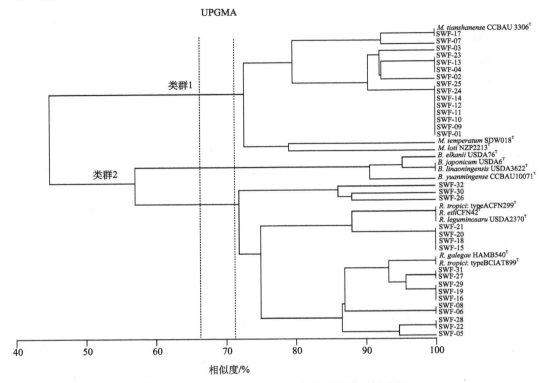

图 3.9　16S rRNA PCR-RFLP 分析聚类结果树状图

Fig. 3.9　The clustering dendrogram of 16S rRNA PCR-RFLP patterns

16S rRNA type，其中有 2 种 type 各包含 2 株菌，说明分离自该地区的根瘤菌菌株的遗传多样性一般；分离自攀枝花的 6 株菌均聚在快生根瘤菌属的不同类群，但具有 5 种 16S rRNA type，说明分离自该地区的根瘤菌菌株的遗传型较为丰富。综上所述，同一地理位置同一宿主上存在不同类型的根瘤菌，体现了根瘤菌与宿主共生体系的复杂性，同时也表明了台湾相思树种根瘤菌存在丰富的遗传多样性。所有供试菌株共有 15 个遗传型（表 3.7），说明供试根瘤菌菌株的遗传多样性较为丰富。

4.2.5　BOX-PCR 指纹图谱分析

BOX 是广泛存在于细菌基因组中的一类短重复序列，它们分布在细菌染色体基因组的基因间，含有多个拷贝，通过设计引物扩增重复序列间的大小不同的片段，电泳后得到指纹图谱,对图谱的分析结果能揭示菌株水平的遗传差异（Nick and Lindstrom，1994a，1994b；Healy et al.，2005；Wang et al.，2007），在细菌基因组中具有保守性和随机分布的特点。BOX-PCR 技术则根据其保守性设计引物来扩增位于重复序列之间的不同片段，在不同的菌株间易产生清晰的特异性条带，是一项可靠的、相对稳定的基于基因组水平的指纹图谱分析手段（Jia et al.，2008）。

各供试菌株经过 BOX-PCR 后，条带数均在 4～10 条，各菌株之间的指纹图谱均不相同，说明所有菌株没有相同的拷贝。所有供试菌株共具有 32 种 BOX-PCR 图谱。

将各类型的 BOX-PCR 图谱转换为"1"和"0"的二元数据,用 MVSP 软件采用 UPGMA 法聚类得到所有供试菌株的聚类树状图(图 3.10)。

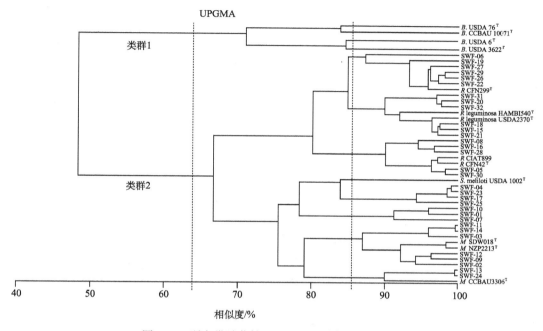

图 3.10 所有供试菌株 BOX-PCR 图谱聚类树状图

Fig. 3.10 The clustering dendrogram of BOX-PCR patterns of all strains

聚类树状图 3.10 显示,在 70%的相似水平上,供试菌株分为三大类群,其中除了参比菌株 *Sinorhizobium meliloti* USDA1002[T] 交叉聚在了中慢生根瘤菌属类群里外,其他菌株均与相应的参比菌株聚在了同一类群里。类群 1 的菌株全部为慢生根瘤菌属的参比菌株;类群 2 的 17 株供试菌株与 5 株快生根瘤菌属的参比菌株聚为一群;类群 3 内除了参比菌株 *Sinorhizobium* meliloti USDA1002[T] 外,其他 15 株供试菌株与 3 株中慢生根瘤菌属的参比菌株聚为一群。在 90%的相似水平上,快生根瘤菌属可分为 4 群,SWF-06 单独聚为群 1,群 2 为 SWF-19、SWF-27、SWF-29、SWF-26、SWF-22 与 *Rhizobium tropici*: typeA CFN299[T],群 3 为 SWF-31、SWF-20、SWF-32、SWF-18、SWF-15、SWF-21 与参比菌株 *R. galegae* HAMBI 540[T]、*R. leguminosa* USDA2370[T],群 4 为 SWF-08、SWF-16、SWF-28、SWF-06、SWF-30 与参比菌株 *R. tropici*: typeB CIAT 899[T]、*R. etli* CFN42[T];慢生根瘤菌属可分为 5 群,群 1 为 SWF-04、SWF-23、SWF-17 和 SWF-25,群 2 为 SWF-10、SWF-01、SWF-07,群 3 为 SWF-11、SWF-14、SWF-03,群 4 为 SWF-12、SWF-09、SWF-02 与参比菌株 *Mesorhizobium temperatum* SDW018[T]、*M. loti* NZP2213[T],群 5 为 SWF-13、SWF-24 与参比菌株 *M. tianshanense* CCBAU3306[T]。由图 3.10 中可以看出,各菌株的指纹图谱均不一致,说明供试的 32 株根瘤菌菌株具有丰富的遗传多样性。

4.2.6 共生基因分析

与豆科植物共生是根瘤菌的一个重要特征，对根瘤菌共生多样性的研究具有非常重要的理论和应用价值。根瘤菌的共生基因包括结瘤基因（*nod*、*nol*、*noe*）和固氮基因（*nif*、*fix*），它们控制着结瘤固氮等共生过程。共生基因通过纵向传递和横向转移两种方式在根瘤菌和某些非共生细菌间传播，对于塑造根瘤菌的种群结构发挥着重要的作用。

本研究通过共生基因 *nodC*（负责合成结瘤因子的骨架部分）和 *nifH*（编码固氮酶的铁蛋白组分）的系统发育分析来揭示大豆根瘤菌的共生多样性。在本研究中，*nodC* 基因克隆后的琼脂糖凝胶电泳图谱始终没有条带（图 3.11），可能是由于所选的扩增引物不合适；32 株供试菌株的共生基因 *nifH* 经基因克隆后的琼脂糖凝胶电泳图谱均有清晰条带（图 3.12）。

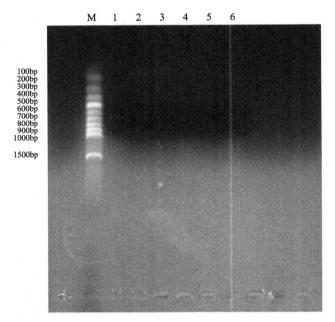

图 3.11　部分菌株 *nodC* 克隆后电泳检测图谱

M 为 100bp DNA Marker，1～6 为引物 P_1～P_6

Fig. 3.11　The electrophoresis of *nodC* cloned patterns

由于 *nodC* 基因克隆后的琼脂糖凝胶电泳图谱没有可见条带，仅 *nifH* 基因克隆后的琼脂糖凝胶电泳图谱有可见条带，因此没有将克隆产物进行测序，该部分试验终止。

4.3　结论与讨论

从干热河谷地区分离到的 32 株台湾相思根瘤菌，分布在 *Rhizobium* 和 *Mesorhizobium* 两个属内，主要分布在 10 个基因种内，包括 *M. albiziae*-related、*M. huakuii*-related、*M.*

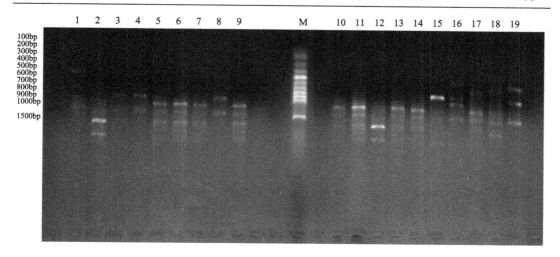

图 3.12　部分菌株 *nif* H 克隆后电泳检测图谱

M 为 100bp DNA Marker，1～19 为菌株 SWF-01～SWF-019

Fig. 3.12　The electrophoresis of *nif* H cloned patterns

gobiense-related、*M. amorphae*-related、*M. plurifarium*-related、*Rhizobium radiobacter*-related、*R. massiliae*-related、 *R. leguminosarum*-related、 *R. fabae*-related 和 *R. nepotum*-related。其中 *M. huakuii*-related（19%）和 *R. radiobacter*-related（26%）是干热河谷地区台湾相思根瘤菌的优势种群，*M. albiziae*-related、*M. gobiense*-related 和 *R. leguminosarum*-related 次之，*R. massiliae*-related、*R. fabae*-related、*M. amorphae*-related、*M. plurifarium*-related 和 *R. nepotum*-related 占少数。所有供试菌株中没有分布于慢生根瘤菌属、中华根瘤菌属、土壤杆菌属的菌株，这可能由于采集的标本量较小，因此在今后的研究中需要扩大菌株数量，从而更全面地探索干热河谷地区台湾相思树种根瘤菌的种属分布和系统分类。

供试的 32 株根瘤菌经 *Hae*Ⅲ、*Hin*fⅠ和 *Msp*Ⅰ酶切后分别获得 4 种、4 种和 7 种指纹图谱类型，15 种 16S rRNA 遗传图谱类型。其中 aab 类型有 8 株菌，bcd 类型有 4 株菌，bab 类型、bbe 类型有 3 株菌，cbc 类型、dbe 类型、bbc 类型有 2 株菌，aaa 类型、cab 类型、dbc 类型、adb 类型、bdb 类型、cbf 类型、cbg 类型和 abg 类型仅 1 株菌。结果表明：干热河谷地区台湾相思根瘤菌 16S rRNA-RFLP 指纹图谱存在较大差异，说明供试菌株具有较为丰富的遗传多样性。

通过 BOX-PCR 分析聚类后，在 70% 的相似水平上，供试菌株分为三大类群，群 1 的菌株全是慢生根瘤菌属的参比菌株；群 2 的 17 株供试菌株与 5 株快生根瘤菌属的参比菌株聚为一群；群 3 内除了 *Sinorhizobium* USDA1002[T] 外，其他 15 株供试菌株均与中慢生根瘤菌属的参比菌株聚为一群。这与 16S rRNA 系统发育分析结果及 16S rRNA RFLP-PCR 指纹图谱聚类结果一致。

台湾相思树种植物分布范围广，物种分化活跃，以及由于自身的生物学特性造成的不同个体之间的变异，必然会影响到与其共生的根瘤菌的遗传特性，这为台湾相思树种根瘤菌的生物多样性形成提供了客观条件。另外，由于采样地区土壤等环境因子诸方面的不同，根瘤菌在遗传特性和系统分类上都存在明显的差异。本研究中同一宿主植物中分离到的根瘤菌生长速度有快慢之分，归属于不同的属或种，这与 Wang 等（1993）、Sun 等（1993）和 Tan 等（1998）的研究结果一致；分布于不同地区的根瘤菌可以具有相同的基因型，如聚在中慢生根瘤菌属的 SWF-04、SWF-13 和 SWF-23 三株根瘤菌菌株，它们分离自元江、元阳和元谋；在同一地区相同宿主上也可以存在不同类型的根瘤菌，如分离自元江的 6 株菌主要分布在中慢生根瘤菌属、快生根瘤菌属，且各菌株均具有不同的 16S rRNA 基因型，体现了根瘤菌与宿主共生体系的复杂性，同时也表明了台湾相思树种根瘤菌存在丰富的遗传多样性。上述现象表明，根瘤菌与豆科植物之间的共生结瘤关系非常复杂，受多种因素影响。植物的区域地理环境的差异会影响到根瘤菌的种类及分布，根瘤菌与豆科植物的共生关系是细菌、植物及环境三方面相互作用的结果，而不只是细菌与植物之间的简单组合，这一结果与陈文新等（2004）的观点相吻合。

第 5 节　　根瘤菌的耐旱性研究

5.1　材料与方法

5.1.1　台湾相思共生结瘤后干旱模式试验

根瘤菌共生接种结瘤后，用聚乙二醇 6000（PEG 6000）人工模拟干旱条件（黄明勇等，2000；Bushby and Marshall，1977），采用不同浓度的 PEG，即 0%、5%、10%、20%、30%（m/V）等 5 个水平，每个水平设 4 个重复，使各个水平的渗透势分别为 0bar、−0.342bar、−1.137bar、−4.066bar、−8.767bar，进行模拟抗旱试验，并设不接根瘤菌为对照（CK）。培养第 4 天和第 8 天时，观察幼苗的生长情况，统计苗木枯死的株数。

5.1.2　根瘤菌的耐旱试验

用聚乙二醇 6000（PEG 6000）人工模拟干旱条件（黄明勇等，2000；Bushby and Marshall，1977）。在酵母汁甘露醇（YMB）液体培养基中加入不同量的 PEG，使培养液的最终浓度（m/V）分别为 0%、5%、10%、20%、30% 等 5 个水平，各水平的渗透势分别为 0bar、−0.342bar、−1.137bar、−4.066bar、−8.767bar，每个水平设 3 个重复。取 50ml 采样管若干，每管内分别装入 20ml 不同 PEG 水平的 YMB 液体培养基，并分别接种 2 环活化的各根瘤菌菌株，于 28℃ 条件下进行振荡培养，振荡频率为 180r/min，分别培养 48h、96h。取一管菌悬液，用 Thermo NANODROP2000 在 600nm 下测定其 OD 值（张琴和李艳宾，2007；师尚礼等，2007），以 OD 值的大小表示其在各水平下的生长繁殖情况，并作出相应的曲线。测定前用蒸馏水对仪器进行调零，并用相应浓度 PEG 的 YMB 培养液作为对照（CK）。

采用 SPSS 20.0 对所测得的数据进行方差分析，然后再对实验数据进行 LSD 多重比较分析，再按 PEG 浓度大小依次对该浓度下各菌株菌液 48h、96h 下的 OD 值进行 S-N-K 分析，最后对各菌株平均排序值进行聚类分析，得到菌株相应的耐旱类型。

5.2　结果与分析

5.2.1　台湾相思共生结瘤后对渗透胁迫的响应

用 PEG 溶液模拟渗透胁迫，在不同质量浓度 PEG 溶液中，台湾相思幼苗在 2d 内，其叶片多数保持新鲜状态，部分出现萎蔫。第 4 天时，PEG 处理浓度为 0%的苗木均生长正常，PEG 处理浓度为 5%～30%的各浓度梯度下，CK 组的相思树幼苗均有 70%的苗木出现枯死，而与根瘤菌共生结瘤组的相思树幼苗仅有 40%的苗木开始枯死；到了第 8 天，PEG 处理浓度为 0%的苗木均生长正常，与根瘤菌共生结瘤组的台湾相思树种幼苗在 PEG 处理浓度为 5%、10%、20%和 30%时分别有 40%、30%、20%和 10%的苗木依然生长正常，而 CK 组的相思树幼苗全部枯死（表 3.8）。

表 3.8　台湾相思共生结瘤后 PEG 胁迫苗木生长情况
Tab. 3.8　Seedling growth under PEG stress after rhizobia nodulated with *Acacia confusa*

时间	PEG 处理水平/%									
	0		5		10		20		30	
	结瘤	CK	结瘤	CK	结瘤	CK	结瘤	CK	结瘤	CK
第 4 天	正常	正常	40%枯死	70%枯死	40%枯死	70%枯死	40%枯死	70%枯死	40%枯死	70%枯死
第 8 天	正常	正常	60%以上枯死	全部枯死	70%以上枯死	全部枯死	80%以上枯死	全部枯死	90%以上枯死	全部枯死

5.2.2　根瘤菌的耐旱试验

在 28℃时，5 种不同 PEG 浓度处理下振荡培养供试根瘤菌菌株，每个菌株设 4 个重复，分别测定并统计 5 种不同 PEG 浓度处理下根瘤菌菌液在 48h、96h 的 OD 值，结果如表 3.9 所示。

表 3.9　不同 PEG 浓度处理下根瘤菌菌液 OD 值统计结果
Tab. 3.9　Statistical results of OD values of *Rhizobium* suspension under different PEG concentrations

菌株	PEG 浓度/%									
	0		5		10		20		30	
	48h	96h	48h	96h	48h	96h	48h	96h	48h	96h
CK	0.0263d	0.0450b	0.0227c	0.0423bc	0.0203c	0.0187c	0.0193c	0.0153b	0.0133c	0.0093d
SWF-01	0.2120bc	0.1590b	0.1567ab	0.0817bc	0.1260bc	0.0713bc	0.0850ab	0.0563ab	0.0320bc	0.0437bc
SWF-02	0.1843bc	0.5940a	0.1647ab	0.0820bc	0.1310bc	0.0630bc	0.0740b	0.0557ab	0.0347bc	0.0280c
SWF-03	0.1233cd	0.0870b	0.1120bc	0.0483bc	0.1107bc	0.1500a	0.1083a	0.0557ab	0.1630a	0.0380bc
SWF-04	0.1917bc	0.0930b	0.1273b	0.0757bc	0.1067bc	0.0700bc	0.0623bc	0.0360b	0.0393bc	0.0470b
SWF-05	0.1920bc	0.2800b	0.1707ab	0.1673a	0.1190bc	0.0667bc	0.0597bc	0.0673ab	0.0327bc	0.0590ab

续表

菌株	PEG 浓度/%									
	0		5		10		20		30	
	48h	96h	48h	96h	48h	96h	48h	96h	48h	96h
SWF-06	0.1903bc	0.2583b	0.1967a	0.1363ab	0.1053bc	0.1017ab	0.0463bc	0.0380b	0.0170c	0.0437bc
SWF-07	0.0753cd	0.1373b	0.0563c	0.0700bc	0.0110c	0.0337c	0.0263c	0.0513ab	0.0310bc	0.0287c
SWF-08	0.1170cd	0.1233b	0.0997bc	0.0680bc	0.0630c	0.0750bc	0.0413c	0.0467b	0.0290bc	0.0263c
SWF-09	0.0873cd	0.2067b	0.1160bc	0.0590bc	0.0873bc	0.0397bc	0.0570bc	0.0230b	0.0590bc	0.0327bc
SWF-10	0.1337cd	0.1067b	0.1173bc	0.1000b	0.0733c	0.0633bc	0.0497bc	0.0763ab	0.0390bc	0.0277c
SWF-11	0.0950cd	0.1557b	0.1017bc	0.0520bc	0.0647c	0.0500bc	0.0817ab	0.0220b	0.0660b	0.0243c
SWF-12	0.2083bc	0.2483b	0.1753ab	0.0950bc	0.0857bc	0.0770bc	0.0800ab	0.0397b	0.0213bc	0.0143c
SWF-13	0.3567a	0.1960b	0.0597c	0.0887bc	0.2973a	0.1077ab	0.0670bc	0.0657ab	0.0627bc	0.0350bc
SWF-14	0.1543bc	0.1917b	0.1200bc	0.0877bc	0.0993bc	0.0853bc	0.0423bc	0.0380b	0.0300bc	0.0207c
SWF-15	0.1353c	0.1463b	0.1218bc	0.0507bc	0.0853bc	0.0477bc	0.0510bc	0.0333b	0.0410bc	0.0317bc
SWF-16	0.0870cd	0.2487b	0.0897bc	0.1280ab	0.0707bc	0.0837bc	0.0343bc	0.0387b	0.0310bc	0.0473bc
SWF-17	0.0443cd	0.1733b	0.0323c	0.0427bc	0.0343c	0.0583bc	0.0353c	0.0243b	0.0263bc	0.0223c
SWF-18	0.0837cd	0.1090b	0.0603c	0.0420bc	0.0380c	0.0467bc	0.0513bc	0.0343b	0.0417bc	0.0280c
SWF-19	0.2480b	0.2007b	0.1918a	0.0917bc	0.1757b	0.0763bc	0.0773ab	0.0633ab	0.0507bc	0.0593ab
SWF-20	0.1307cd	0.1587b	0.1003bc	0.0693bc	0.0647c	0.0530bc	0.0540bc	0.0383b	0.0450bc	0.0210c
SWF-21	0.1427bc	0.7113a	0.0300c	0.0397c	0.0697c	0.0403bc	0.0827ab	0.0463bc	0.0447bc	0.0357bc
SWF-22	0.2173bc	0.2370b	0.1093bc	0.0953bc	0.0623c	0.0727bc	0.0353c	0.0503ab	0.0250bc	0.0477b
SWF-23	0.1543bc	0.1950b	0.1273b	0.0733bc	0.0733bc	0.0583bc	0.0623bc	0.0293b	0.0300bc	0.0330bc
SWF-24	0.1157cd	0.1780b	0.1627ab	0.0987bc	0.0840bc	0.0700bc	0.0450bc	0.0410b	0.0200bc	0.0383bc
SWF-25	0.0990cd	0.1937b	0.0727c	0.0757bc	0.0573c	0.0550bc	0.0260c	0.0320b	0.0270bc	0.0190c
SWF-26	0.0907cd	0.1533b	0.0720c	0.0803bc	0.0827bc	0.1513a	0.0467bc	0.0783a	0.0383bc	0.0473b
SWF-27	0.0663cd	0.2050b	0.0787bc	0.0683bc	0.0533c	0.0693bc	0.0327c	0.0800a	0.0200bc	0.0440bc
SWF-28	0.1910bc	0.1917b	0.1847a	0.1093ab	0.1273bc	0.0937bc	0.0660bc	0.0613ab	0.0660b	0.0697a
SWF-29	0.1287cd	0.0930b	0.1107bc	0.0877bc	0.0917bc	0.0720bc	0.0317c	0.0423b	0.0273bc	0.0307bc
SWF-30	0.0280d	0.1443b	0.0300c	0.0383c	0.0337c	0.0527bc	0.0413c	0.0597ab	0.0270bc	0.0367bc
SWF-31	0.1553bc	0.2493b	0.1737ab	0.0623bc	0.0987bc	0.0547bc	0.0577bc	0.0563ab	0.0363bc	0.0287c
SWF-32	0.0387cd	0.2040b	0.0417c	0.0820bc	0.0290c	0.0643bc	0.0160c	0.0387b	0.0080c	0.0330bc

　　从表3.9中可以看出，不同PEG浓度下根瘤菌菌液48h和96h的OD值有一定的变化规律，揭示出各根瘤菌菌株对于不同干旱胁迫表现出的适应性及生长规律。PEG 0%、5%、10%、20%、30%菌液48h的OD值分别为0.0263~0.3567、0.0227~0.1967、0.0110~0.2973、0.0160~0.1083、0.0080~0.1630；96h的OD值分别为0.0450~0.7113、0.0383~0.1673、0.0187~0.1513、0.0153~0.0800、0.0093~0.0697。通过比较可知，除0% PEG处理96h的OD值范围外，均比相应的48h的OD值范围小，说明接种的根瘤菌在各浓度处理下均有

生长，尤其是0% PEG处理下，但随培养时间的延长其生长减弱。同时，菌液的OD值也会随着PEG浓度的增大而减小。

对不同 PEG 浓度处理下的根瘤菌菌液在 48h 和 96h 的 OD 值进行差异显著性检验，其结果如表 3.10 所示。

表 3.10　不同 PEG 浓度处理下菌液 OD 值差异显著性检验结果

Tab. 3.10　ANOVA of OD values of *Rhizobium* suspension under different PEG concentrations

PEG 浓度	分析因素	变异来源	离均差平方和	自由度	均方	F 值	P 值
0%	48h	组间差异	0.475	32	0.015	3.574	0.000
		组内差异	0.274	66	0.004		
		总差异	0.749	98			
	96h	组间差异	1.609	32	0.050	1.464	0.096
		组内差异	2.266	66	0.034		
		总差异	3.875	98			
5%	48h	组间差异	0.253	32	0.008	7.976	0.000
		组内差异	0.065	66	0.001		
		总差异	0.318	98			
	96h	组间差异	0.081	32	0.003	1.908	0.014
		组内差异	0.088	66	0.001		
		总差异	0.169	98			
10%	48h	组间差异	0.260	32	0.008	2.201	0.003
		组内差异	0.243	66	0.004		
		总差异	0.503	98			
	96h	组间差异	0.076	32	0.002	2.014	0.008
		组内差异	0.077	66	0.001		
		总差异	0.153	98			
20%	48h	组间差异	0.044	32	0.001	3.575	0.000
		组内差异	0.025	66	0.000		
		总差异	0.069	98			
	96h	组间差异	0.027	32	0.001	2.221	0.003
		组内差异	0.025	66	0.000		
		总差异	0.051	98			
30%	48h	组间差异	0.067	32	0.002	2.446	0.001
		组内差异	0.057	66	0.001		
		总差异	0.124	98			
	96h	组间差异	0.017	32	0.001	4.282	0.000
		组内差异	0.008	66	0.000		
		总差异	0.025	98			

从分析结果可以看出，0% PEG 处理 96h 根瘤菌菌液 OD 值的差异不显著（$P>0.05$），5% PEG 处理 96h 根瘤菌菌液 OD 值达到显著差异（$0.01<P\leqslant0.05$），其他不同 PEG 浓度处理对根瘤菌菌液 OD 值的影响均达到极显著差异水平（$P<0.01$）。从 F 值的比较来看，0%、5% PEG 处理 96h 菌液的 OD 值分别是 1.464、1.908，是所有 F 值中最小的，表明其差异性最小。10% PEG 浓度处理 48h、96h 菌液 OD 值间的差值很小（2.201、2.014），说明在这个浓度处理下 48h、96h 菌液间差异性不大，略减小。30% PEG 浓度处理 48h 菌液的 OD 值小于 96h 菌液的 OD 值，说明在这个浓度处理下 48h、96h 菌液间的差异性显著，且接种的根瘤菌还是有在其中生长的。0%、5%、20% PEG 浓度处理菌液的 OD 值均为 48h 培养的明显大于 96h，说明在这 3 个不同 PEG 浓度处理下菌液的 OD 值差异性降低幅度大，可能是因为菌液经过 96h 培养基本处于稳定状态。

对上述数据按不同浓度的 OD 值在 SPSS 中采用 S-N-K 法（$\alpha=0.05$）进行比较分析。OD 值将按从小到大的顺序依次排列，凭借差异性显著临界值分组，各组内的差异性不显著，不同组间的差异性显著，并且分组从左到右逐渐增大。

当 PEG 浓度为 0% 时，根瘤菌菌液 OD 值采用 S-N-K 法分析出来的结果见表 3.11。

表 3.11　0% PEG 处理根瘤菌菌液 OD 值 S-N-K 分析结果

Tab. 3.11　S-N-K analysis of OD values of *Rhizobium* suspension under 0% PEG concentrations

样本数	菌株号	48h			菌株号	96h	
		1	2	3		1	2
3	CK	0.0263			CK	0.0450	
3	SWF-30	0.0280			SWF-03	0.0870	
3	SWF-32	0.0387			SWF-04	0.0930	
3	SWF-17	0.0443	0.0443		SWF-29	0.0930	
3	SWF-27	0.0663	0.0663		SWF-10	0.1067	
3	SWF-07	0.0753	0.0753		SWF-18	0.1090	
3	SWF-18	0.0837	0.0837		SWF-08	0.1233	
3	SWF-16	0.0870	0.0870		SWF-07	0.1373	0.1373
3	SWF-09	0.0873	0.0873		SWF-30	0.1443	0.1443
3	SWF-26	0.0907	0.0907		SWF-15	0.1463	0.1463
3	SWF-11	0.0950	0.0950		SWF-26	0.1533	0.1533
3	SWF-25	0.0990	0.0990		SWF-11	0.1557	0.1557
3	SWF-24	0.1157	0.1157		SWF-20	0.1587	0.1587
3	SWF-08	0.1170	0.1170		SWF-01	0.1590	0.1590
3	SWF-03	0.1233	0.1233		SWF-17	0.1733	0.1733
3	SWF-29	0.1287	0.1287		SWF-24	0.1780	0.1780
3	SWF-20	0.1307	0.1307		SWF-14	0.1917	0.1917
3	SWF-10	0.1337	0.1337		SWF-28	0.1917	0.1917
3	SWF-15	0.1353	0.1353		SWF-25	0.1937	0.1937

续表

样本数	菌株号	48h			菌株号	96h	
		1	2	3		1	2
3	SWF-21	0.1427	0.1427		SWF-23	0.1950	0.1950
3	SWF-14	0.1543	0.1543		SWF-13	0.1960	0.1960
3	SWF-23	0.1543	0.1543		SWF-19	0.2007	0.2007
3	SWF-31	0.1553	0.1553		SWF-32	0.2040	0.2040
3	SWF-02	0.1843	0.1843		SWF-27	0.2050	0.2050
3	SWF-06	0.1903	0.1903	0.1903	SWF-09	0.2067	0.2067
3	SWF-28	0.1910	0.1910	0.1910	SWF-22	0.2370	0.2370
3	SWF-04	0.1917	0.1917	0.1917	SWF-12	0.2483	0.2483
3	SWF-05	0.1920	0.1920	0.1920	SWF-16	0.2487	0.2487
3	SWF-12	0.2083	0.2083	0.2083	SWF-31	0.2493	0.2493
3	SWF-01	0.2120	0.2120	0.2120	SWF-06	0.2583	0.2583
3	SWF-22	0.2173	0.2173	0.2173	SWF-05	0.2800	0.2800
3	SWF-19		0.2480	0.2480	SWF-02	0.5940	0.5940
3	SWF-13			0.3567	SWF-21		0.7113
	P 值	0.113	0.054	0.056	P 值	0.119	0.057

从表 3.11 中可以看出，S-N-K 将 48h、96h 菌液的 OD 值分别划分为 3 个、2 个组合。对 48h、96h 菌液的 OD 值分组大小顺序进行对比分析可知，SWF-05、SWF-22 菌株均排在靠前的位置，CK 排在靠后的位置，且排在组合 1 内；48h 时 SWF-13 菌株仅排在组合 3 内，而 96h 时 SWF-21 菌株仅排在组合 2 内。说明在 0% PEG 浓度条件下，SWF-05、SWF-22 菌株生长良好，对照 CK 最弱，而在 48h 时 SWF-13 菌株生长最好，96h 时 SWF-21 菌株生长最好，可能是因为 SWF-13 菌株在培养 48h 后生长达到稳定状态，SWF-21 菌株则可能是因为生长缓慢，当培养至 96h 时其生长达到最好。

当 PEG 浓度为 5% 时，根瘤菌菌液 OD 值采用 S-N-K 法分析结果见表 3.12。

表 3.12　5% PEG 处理根瘤菌菌液 OD 值 S-N-K 分析结果

Tab. 3.12　S-N-K analysis of OD values of *Rhizobium* suspension under 5% PEG concentrations

样本数	菌株号	48h								菌株号	96h	
		1	2	3	4	5	6	7	8		1	2
3	CK	0.0227								SWF-30	0.0383	
3	SWF-21	0.0300	0.0300							SWF-21	0.0397	
3	SWF-30	0.0300	0.0300							SWF-18	0.0420	
3	SWF-17	0.0323	0.0323	0.0323						CK	0.0423	
3	SWF-32	0.0417	0.0417	0.0417						SWF-17	0.0427	

续表

样本数	菌株号	48h								菌株号	96h	
		1	2	3	4	5	6	7	8		1	2
3	SWF-07	0.0563	0.0563	0.0563						SWF-03	0.0483	
3	SWF-13	0.0597	0.0597	0.0597						SWF-15	0.0507	
3	SWF-18	0.0603	0.0603	0.0603						SWF-11	0.0520	
3	SWF-26	0.0720	0.0720	0.0720	0.0720					SWF-09	0.0590	0.0590
3	SWF-25	0.0727	0.0727	0.0727	0.0727					SWF-31	0.0623	0.0623
3	SWF-27	0.0787	0.0787	0.0787	0.0787	0.0787				SWF-08	0.0680	0.0680
3	SWF-16	0.0897	0.0897	0.0897	0.0897	0.0897	0.0897			SWF-27	0.0683	0.0683
3	SWF-08	0.0997	0.0997	0.0997	0.0997	0.0997	0.0997	0.0997		SWF-20	0.0693	0.0693
3	SWF-20	0.1003	0.1003	0.1003	0.1003	0.1003	0.1003	0.1003		SWF-07	0.0700	0.0700
3	SWF-11	0.1017	0.1017	0.1017	0.1017	0.1017	0.1017	0.1017		SWF-23	0.0733	0.0733
3	SWF-22	0.1093	0.1093	0.1093	0.1093	0.1093	0.1093	0.1093	0.1093	SWF-04	0.0757	0.0757
3	SWF-29	0.1107	0.1107	0.1107	0.1107	0.1107	0.1107	0.1107	0.1107	SWF-25	0.0757	0.0757
3	SWF-03	0.1120	0.1120	0.1120	0.1120	0.1120	0.1120	0.1120	0.1120	SWF-26	0.0803	0.0803
3	SWF-09	0.1160	0.1160	0.1160	0.1160	0.1160	0.1160	0.1160	0.1160	SWF-01	0.0817	0.0817
3	SWF-10	0.1173	0.1173	0.1173	0.1173	0.1173	0.1173	0.1173	0.1173	SWF-02	0.0820	0.0820
3	SWF-14		0.1200	0.1200	0.1200	0.1200	0.1200	0.1200	0.1200	SWF-32	0.0820	0.0820
3	SWF-15		0.1220	0.1220	0.1220	0.1220	0.1220	0.1220	0.1220	SWF-14	0.0877	0.0877
3	SWF-04			0.1273	0.1273	0.1273	0.1273	0.1273	0.1273	SWF-29	0.0877	0.0877
3	SWF-23			0.1273	0.1273	0.1273	0.1273	0.1273	0.1273	SWF-13	0.0887	0.0887
3	SWF-01				0.1567	0.1567	0.1567	0.1567	0.1567	SWF-19	0.0917	0.0917
3	SWF-24				0.1627	0.1627	0.1627	0.1627	0.1627	SWF-12	0.0950	0.0950
3	SWF-02				0.1647	0.1647	0.1647	0.1647	0.1647	SWF-22	0.0953	0.0953
3	SWF-05					0.1707	0.1707	0.1707	0.1707	SWF-24	0.0987	0.0987
3	SWF-31						0.1740	0.1740	0.1740	SWF-10	0.1000	0.1000
3	SWF-12						0.1753	0.1753	0.1753	SWF-28	0.1093	0.1093
3	SWF-28							0.1847	0.1847	SWF-16	0.1280	0.1280
3	SWF-19							0.1920	0.1920	SWF-06	0.1363	0.1363
3	SWF-06								0.1967	SWF-05		0.1673
	P 值	0.051	0.073	0.053	0.058	0.057	0.117	0.065	0.092	P 值	0.255	0.081

从表 3.12 中可以看出，S-N-K 将 48h、96h 菌液 OD 值分别划分为 8 个、2 个组合。对 48h、96h 菌液 OD 值分组大小顺序进行对比分析可知，SWF-05、SWF-06、SWF-28 菌株均排在靠前的位置，48h 时菌株 SWF-06 排在组合 8 内，菌株 SWF-28 排在组合 7、8 内，菌株 SWF-05 排在组合 5、6、7、8 内，96h 时菌株 SWF-05 排在组合 2 内，SWF-06、SWF-28 菌株均排在组合 1、2 内。菌株 SWF-21、SWF-30、CK 均排在靠后的位置，48h

时 CK 排在组合 1 内，菌株 SWF-21、SWF-30 排在组合 1、2 内；96h 时菌株 SWF-21、SWF-30、CK 均排在组合 1 内。说明在 5% PEG 浓度条件下，SWF-05、SWF-06、SWF-28 菌株生长良好，菌株 SWF-21、SWF-30、CK 生长较弱。

当 PEG 浓度为 10% 时，根瘤菌菌液 OD 值采用 S-N-K 法分析结果见表 3.13。

表 3.13   10% PEG 处理根瘤菌菌液 OD 值 S-N-K 分析结果

Tab. 3.13   S-N-K analysis of OD values of *Rhizobium* suspension under 10% PEG concentrations

样本数	菌株号	48h		菌株号	96h	
		1	2		1	2
3	SWF-07	0.0110		CK	0.0187	
3	CK	0.0203		SWF-07	0.0337	
3	SWF-32	0.0290		SWF-09	0.0397	
3	SWF-30	0.0337		SWF-21	0.0403	
3	SWF-17	0.0343		SWF-18	0.0467	0.0467
3	SWF-18	0.0380		SWF-15	0.0477	0.0477
3	SWF-27	0.0533		SWF-11	0.0500	0.0500
3	SWF-25	0.0573		SWF-30	0.0527	0.0527
3	SWF-22	0.0623		SWF-20	0.0530	0.0530
3	SWF-08	0.0630		SWF-31	0.0547	0.0547
3	SWF-11	0.0647		SWF-25	0.0550	0.0550
3	SWF-20	0.0647		SWF-17	0.0583	0.0583
3	SWF-21	0.0697		SWF-23	0.0583	0.0583
3	SWF-16	0.0707		SWF-02	0.0630	0.0630
3	SWF-10	0.0733		SWF-10	0.0633	0.0633
3	SWF-23	0.0733		SWF-32	0.0643	0.0643
3	SWF-26	0.0827		SWF-05	0.0667	0.0667
3	SWF-24	0.0840		SWF-27	0.0693	0.0693
3	SWF-15	0.0853		SWF-04	0.0700	0.0700
3	SWF-12	0.0857		SWF-24	0.0700	0.0700
3	SWF-09	0.0873		SWF-01	0.0713	0.0713
3	SWF-29	0.0917		SWF-29	0.0720	0.0720
3	SWF-31	0.0987		SWF-22	0.0727	0.0727
3	SWF-14	0.0993		SWF-08	0.0750	0.0750
3	SWF-06	0.1053		SWF-19	0.0763	0.0763
3	SWF-04	0.1067		SWF-12	0.0770	0.0770
3	SWF-03	0.1107		SWF-16	0.0837	0.0837
3	SWF-05	0.1190		SWF-14	0.0853	0.0853

续表

样本数	菌株号	48h		菌株号	96h	
		1	2		1	2
3	SWF-01	0.1260		SWF-28	0.0937	0.0937
3	SWF-28	0.1273		SWF-06	0.1017	0.1017
3	SWF-02	0.1310		SWF-13	0.1077	0.1077
3	SWF-19	0.1757		SWF-03		0.1500
3	SWF-13		0.2973	SWF-26		0.1513
	P 值	0.241	1.000	P 值	0.306	0.077

从表 3.13 中可以看出，S-N-K 将 48h、96h 菌液 OD 值都划分为 2 个组合。对 48h、96h 菌液 OD 值分组大小顺序进行对比分析可知，SWF-13、SWF-28 菌株均排在靠前的位置，尤其是 SWF-13，在 48h 时排在组合 2 内，在 96h 排在组合 1、2 内；菌株 SWF-07、CK 排在靠后的位置，且均在最小的组合 1 内。可以说明在 10% PEG 浓度条件下，菌株 SWF-13、SWF-28 生长良好，菌株 SWF-07、CK 生长较弱。

当 PEG 浓度为 20%时，根瘤菌菌液 OD 值采用 S-N-K 法分析结果见表 3.14。结果分析表明，S-N-K 将 48h、96h 菌液 OD 值分别划分为 4 个、2 个组合，且不同组合间均差异明显。对 48h、96h 菌液 OD 值分组大小顺序进行对比分析可知，菌株 SWF-01、SWF-03 均排在靠前的位置，在 48h 时，SWF-03 排在组合 4 内，SWF-01 排在组合 3、4 内，在 96h 时 SWF-01、SWF-03 菌株均排在组合 1、2 内，CK 排在靠后的位置。说明在 20% PEG 浓度条件下，SWF-01、SWF-03 菌株生长良好，CK 生长较弱。

表 3.14 20% PEG 处理根瘤菌菌液 OD 值 S-N-K 分析结果

Tab. 3.14 S-N-K analysis of OD values of *Rhizobium* suspension under 20% PEG concentrations

样本数	菌株号	48h				菌株号	96h	
		1	2	3	4		1	2
3	SWF-32	0.0160				CK	0.0153	
3	CK	0.0193	0.0193			SWF-11	0.0220	0.0220
3	SWF-25	0.0260	0.0260	0.0260		SWF-09	0.0230	0.0230
3	SWF-07	0.0263	0.0263	0.0263		SWF-17	0.0243	0.0243
3	SWF-29	0.0317	0.0317	0.0317		SWF-23	0.0293	0.0293
3	SWF-27	0.0327	0.0327	0.0327		SWF-25	0.0320	0.0320
3	SWF-16	0.0343	0.0343	0.0343		SWF-15	0.0333	0.0333
3	SWF-17	0.0353	0.0353	0.0353		SWF-18	0.0343	0.0343
3	SWF-22	0.0353	0.0353	0.0353		SWF-04	0.0360	0.0360
3	SWF-08	0.0413	0.0413	0.0413		SWF-6	0.0380	0.0380
3	SWF-30	0.0413	0.0413	0.0413		SWF-14	0.0380	0.0380

续表

样本数	菌株号	48h				菌株号	96h	
		1	2	3	4		1	2
3	SWF-14	0.0423	0.0423	0.0423		SWF-20	0.0383	0.0383
3	SWF-24	0.0450	0.0450	0.0450		SWF-16	0.0387	0.0387
3	SWF-06	0.0463	0.0463	0.0463		SWF-32	0.0387	0.0387
3	SWF-26	0.0467	0.0467	0.0467		SWF-12	0.0397	0.0397
3	SWF-10	0.0497	0.0497	0.0497		SWF-24	0.0410	0.0410
3	SWF-15	0.0510	0.0510	0.0510		SWF-29	0.0423	0.0423
3	SWF-18	0.0513	0.0513	0.0513		SWF-21	0.0463	0.0463
3	SWF-20	0.0540	0.0540	0.0540	0.0540	SWF-08	0.0467	0.0467
3	SWF-09	0.0570	0.0570	0.0570	0.0570	SWF-22	0.0503	0.0503
3	SWF-31	0.0577	0.0577	0.0577	0.0577	SWF-07	0.0513	0.0513
3	SWF-05	0.0597	0.0597	0.0597	0.0597	SWF-03	0.0557	0.0557
3	SWF-04	0.0623	0.0623	0.0623	0.0623	SWF-02	0.0557	0.0557
3	SWF-23	0.0623	0.0623	0.0623	0.0623	SWF-31	0.0563	0.0563
3	SWF-28	0.0660	0.0660	0.0660	0.0660	SWF-01	0.0563	0.0563
3	SWF-13	0.0670	0.0670	0.0670	0.0670	SWF-30	0.0597	0.0597
3	SWF-02	0.0740	0.0740	0.0740	0.0740	SWF-28	0.0613	0.0613
3	SWF-19	0.0773	0.0773	0.0773	0.0773	SWF-19	0.0633	0.0633
3	SWF-12		0.0800	0.0800	0.0800	SWF-13	0.0657	0.0657
3	SWF-11			0.0817	0.0817	SWF-05	0.0673	0.0673
3	SWF-21			0.0827	0.0827	SWF-10	0.0763	0.0763
3	SWF-01			0.0850	0.0850	SWF-26		0.0783
3	SWF-03				0.1083	SWF-27		0.0800
	P 值	0.054	0.061	0.089	0.067	P 值	0.062	0.108

当 PEG 浓度为 30% 时，根瘤菌菌液 OD 值采用 S-N-K 法分析结果见表 3.15。结果表明，S-N-K 将 48h、96h 菌液 OD 值分别划分为 2 个、4 个组合，且不同组合间差异性均达到显著水平。对 48h、96h 菌液 OD 值分组大小顺序进行对比分析可知，菌株 SWF-28、SWF-19 排在靠前的位置，在 96h 时 SWF-28 排在组合 4 内，SWF-19 排在组合 3、4 内，CK 排在靠后的位置。说明在 30% PEG 浓度条件下，菌株 SWF-28、SWF-19 生长良好，CK 生长较弱。

从不同 PEG 浓度梯度逐渐增大的角度分析根瘤菌菌液 OD 值，各根瘤菌菌株 48h、96h 的 OD 值排列的顺序见表 3.16。从表中可以发现，不同的根瘤菌菌株随着干旱程度的加剧，其生长也会有不同的适应表现。

表 3.15　30% PEG 处理根瘤菌菌液 OD 值 S-N-K 分析结果

Tab. 3.15　S-N-K analysis of OD values of *Rhizobium* suspension under 30% PEG concentrations

样本数	菌株号	48h		菌株号	96h			
		1	2		1	2	3	4
3	SWF-32	0.0080		CK	0.0093			
3	CK	0.0133		SWF-12	0.0143	0.0143		
3	SWF-06	0.0170		SWF-25	0.0190	0.0190		
3	SWF-24	0.0200		SWF-14	0.0207	0.0207		
3	SWF-27	0.0200		SWF-20	0.0210	0.0210		
3	SWF-12	0.0213		SWF-17	0.0223	0.0223		
3	SWF-22	0.0250		SWF-11	0.0243	0.0243		
3	SWF-17	0.0263		SWF-08	0.0263	0.0263	0.0263	
3	SWF-25	0.0270		SWF-10	0.0277	0.0277	0.0277	
3	SWF-30	0.0270		SWF-02	0.0280	0.0280	0.0280	
3	SWF-29	0.0273		SWF-18	0.0280	0.0280	0.0280	
3	SWF-08	0.0290		SWF-31	0.0287	0.0287	0.0287	
3	SWF-14	0.0300		SWF-07	0.0287	0.0287	0.0287	
3	SWF-23	0.0300		SWF-29	0.0307	0.0307	0.0307	
3	SWF-07	0.0310		SWF-15	0.0317	0.0317	0.0317	
3	SWF-16	0.0310		SWF-09	0.0327	0.0327	0.0327	
3	SWF-01	0.0320		SWF-23	0.0330	0.0330	0.0330	
3	SWF-05	0.0327		SWF-32	0.0330	0.0330	0.0330	
3	SWF-02	0.0347		SWF-13	0.0350	0.0350	0.0350	
3	SWF-31	0.0363		SWF-21	0.0357	0.0357	0.0357	
3	SWF-26	0.0383		SWF-30	0.0367	0.0367	0.0367	
3	SWF-10	0.0390		SWF-03	0.0380	0.0380	0.0380	
3	SWF-04	0.0393		SWF-24	0.0383	0.0383	0.0383	
3	SWF-15	0.0410		SWF-01	0.0437	0.0437	0.0437	0.0437
3	SWF-18	0.0417		SWF-06	0.0437	0.0437	0.0437	0.0437
3	SWF-21	0.0447		SWF-27	0.0440	0.0440	0.0440	0.0440
3	SWF-20	0.0450		SWF-04		0.0470	0.0470	0.0470
3	SWF-19	0.0507		SWF-16		0.0473	0.0473	0.0473
3	SWF-09	0.0590		SWF-26		0.0473	0.0473	0.0473
3	SWF-13	0.0627		SWF-22		0.0477	0.0477	0.0477
3	SWF-11	0.0660		SWF-05			0.0590	0.0590
3	SWF-28	0.0660		SWF-19			0.0593	0.0593
3	SWF-03		0.1630	SWF-28				0.0697
	P 值	0.836	1.000	*P* 值	0.051	0.089	0.079	0.134

表 3.16　不同 PEG 浓度处理下各根瘤菌菌株在 48h、96h 菌液 OD 值从大到小排序结果

Tab. 3.16　Descending order of strain numbers of OD values of *Rhizobium* suspension at 48h, 96h under different PEG concentrations

菌株号	0%		5%		10%		20%		30%		平均排序值
	48h	96h	48h	96h	48h	96h	48h	96h	48h	96h	
CK	33	33	33	30	32	33	32	33	32	33	32.4
SWF-01	4	20	9	15	5	13	2	9	17	9	10.3
SWF-02	10	2	7	14	3	20	7	11	15	23	11.2
SWF-03	19	32	16	28	7	2	1	12	1	12	13
SWF-04	7	30	10	18	8	14	10	25	11	7	14
SWF-05	6	3	6	1	6	17	12	4	16	3	7.4
SWF-06	9	4	1	2	9	4	20	23	31	10	11.3
SWF-07	28	26	28	20	33	32	30	13	19	21	25
SWF-08	20	27	21	23	24	10	24	15	22	26	21.2
SWF-09	25	9	15	25	13	31	14	31	5	18	18.6
SWF-10	16	29	14	5	18	19	18	3	12	25	15.9
SWF-11	23	22	19	26	22	27	4	32	2	27	20.4
SWF-12	5	7	4	8	14	8	5	19	28	32	13
SWF-13	1	13	27	10	1	3	8	5	4	15	8.7
SWF-14	12	16	13	11	10	6	22	24	20	30	16.4
SWF-15	15	24	12	27	15	28	17	27	10	19	19.4
SWF-16	26	6	22	3	20	7	27	20	18	5	15.4
SWF-17	30	19	30	29	29	21	25	30	26	28	26.7
SWF-18	27	28	26	31	28	29	16	26	9	24	24.4
SWF-19	2	12	2	9	2	9	6	6	6	2	5.6
SWF-20	17	21	20	21	23	25	15	22	7	29	20
SWF-21	14	1	32	32	21	30	3	16	8	14	17.1
SWF-22	3	8	18	7	25	11	26	14	27	4	14.3
SWF-23	13	14	11	19	19	22	11	29	21	16	17.5
SWF-24	21	18	8	6	16	15	21	18	29	11	16.3
SWF-25	22	15	24	17	26	23	31	28	24	31	24.1
SWF-26	24	23	25	16	17	1	19	2	13	6	14.6
SWF-27	29	10	23	22	27	16	28	1	30	8	19.4
SWF-28	8	17	3	4	4	5	9	7	3	1	6.1
SWF-29	18	31	17	12	12	12	29	17	23	20	19.1
SWF-30	32	25	31	33	30	26	23	8	25	13	24.6
SWF-31	11	5	5	24	11	24	13	10	14	22	13.9
SWF-32	31	11	29	13	31	18	33	21	33	17	23.7

　　菌株 SWF-05、SWF-13、SWF-19、SWF-28在各 PEG 浓度处理下均排在次序靠前的位置,生长良好,说明这4株根瘤菌菌株能较好地适应干旱条件;SWF-03、SWF-26菌株在0%、5% PEG 浓度排在次序靠后的位置,生长较弱,而后随着 PEG 浓度的增大也能保持在次序中间靠前的位置,说明这两株菌在干旱条件下适应性还是比较强的;除30% PEG 浓度48h 的 OD 值外,SWF-15、SWF-18菌株在各 PEG 浓度处理下均排在次序中间靠后的位置,生长较弱,说明 SWF-15、SWF-18菌株生长缓慢且耐旱能力较弱,当干旱条件达到一定程度(30% PEG)后,这两株菌的耐旱能力会短暂地被激发而提高,而后随着培养时间的延长其生长又快速减弱;SWF-21菌株在0% PEG 浓度排在次序靠前的位置,生长良好,但在5%、10% PEG 浓度排在次序靠后的位置,且比较平稳,说明其生长稳定,而后在20%、30% PEG 浓度又排在次序靠前的位置,生长较好,说明当干旱达到一定程度后,SWF-21菌株的耐旱能力会被激发而提高,该菌株表现出对干旱条件的适应性;SWF-08菌株随着 PEG 浓度的增大,其排列次序基本都处于中间的位置,说明其生长随着干旱程度的加重也能保持基本平稳状态,但总体生长较弱;SWF-07、SWF-17、SWF-25、SWF-32菌株在各 PEG 浓度下排在次序靠后的位置,且比较平稳,说明这4株菌生长平稳但耐旱能力较弱;SWF-06菌株在0%、5%、10% PEG 浓度均排在次序靠前的位置,且比较平稳,说明其生长稳定,后随着 PEG 浓度的增大,次序位置也随着逐渐降低,排在靠后的位置,生长减弱。

　　进一步可以说明,SWF-05、SWF-13、SWF-19、SWF-28 菌株具有较强的耐旱能力,SWF-03、SWF-26 菌株在干旱条件下表现出一定的适应性,SWF-15、SWF-18 菌株生长缓慢且耐旱能力较弱,当干旱条件达到一定程度(渗透式为−8.767bar)后,这两株菌的耐旱能力会短暂地被激发而提高,而后随着培养时间的延长其生长又快速减弱。SWF-21 菌株在干旱达到一定程度(渗透式为−4.066bar)时,才能刺激其较强的生活能力;SWF-08 菌株随着干旱程度的加重也能保持基本平稳状态;SWF-07、SWF-17、SWF-25、SWF-32 菌株在各 PEG 浓度下生长稳定但耐旱能力较弱。

　　对供试菌株的平均排序值进行聚类分析(图 3.13),该选标尺值为 2。供试菌株因其平均排序大小被划分为 4 类(郝黎仁等,2002)。第一类属于干旱适应较强类型,包括 7 株菌,分别为 SWF-01、SWF-02、SWF-05、SWF-06、SWF-13、SWF-19、SWF-28;第二类属于干旱适应中等类型,包括 19 株菌,分别为 SWF-03、SWF-04、SWF-08、SWF-09、SWF-10、SWF-11、SWF-12、SWF-14、SWF-15、SWF-16、SWF-20、SWF-21、SWF-22、SWF-23、SWF-24、SWF-26、SWF-27、SWF-29、SWF-31;第三类属于干旱适应较弱类型,包括 6 株菌,分别为 SWF-07、SWF-17、SWF-18、SWF-25、SWF-30、SWF-32;第四类为未接菌的对照 CK。

5.3　结论与讨论

　　在不同质量浓度 PEG 胁迫试验中,共生结瘤后的台湾相思幼苗对干旱胁迫表现出明显的适应性。培养至第 8 天,与根瘤菌共生结瘤的台湾相思树种幼苗在 PEG 处理浓度为5%、10%、20%和30%时分别有 40%、30%、20%和 10%的苗木依然生长正常,而未接种过根瘤菌没有结瘤的台湾相思幼苗则全部枯死,由此说明与根瘤菌共生结瘤的台湾相

Dendrogram using Average Linkage(Between Groups)

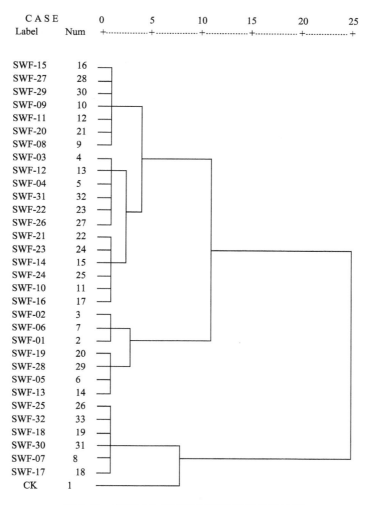

图 3.13　菌液 OD 值平均排序值聚类分析结果

Fig. 3.13　Clustering analysis of average rank values of OD of *Rhizobium* suspension

思幼苗比未接种过根瘤菌没有结瘤的台湾相思幼苗表现出更强的耐旱能力，根瘤菌与植株形成共生系统后，不仅能提高植株的固氮能力，也能适当提高植株的耐旱性。

　　Trotman 等认为根瘤菌在土壤水势为 –1.5kJ/kg 的干旱条件下，其存活的数量就会显著下降（Trotman and Weaver，1995）。同种根瘤菌对干旱条件影响会作出不同的反应，生长型不同的根瘤菌也会有不同的反应。YMA-PEG 溶液的 OD 值随浓度的增大而减小，菌株的生长情况很难与其对应的空白对照进行直观的比较，可采用 S-N-K 法对其 OD 值大小顺序排序，从相对应的排序位置来表示其相对生长情况。

　　对试验菌株的平均排序值进行聚类分析，该选标尺值为 2 较适宜。试验菌株因其平均排序大小被划分为 3 类，第一类为干旱适应较强类型，包含 7 株菌，分别为 SWF-01、

SWF-02、SWF-05、SWF-06、SWF-13、SWF-19、SWF-28；第二类为干旱适应中等类型，包含 19 株菌，分别为 SWF-03、SWF-04、SWF-08、SWF-09、SWF-10、SWF-11、SWF-12、SWF-14、SWF-15、SWF-16、SWF-20、SWF-21、SWF-22、SWF-23、SWF-24、SWF-26、SWF-27、SWF-29、SWF-31；第三类为干旱适应较弱类型，包含 6 株菌，分别为 SWF-07、SWF-17、SWF-18、SWF-25、SWF-30、SWF-32。

现多数研究是采用不同浓度的 PEG 溶液作为渗透胁迫剂，如李娜等（2010）、张余洋等（2009）对种子萌发进行的抗旱性研究，夏鹏云等（2010）对叶片进行的抗旱性研究及陈郡雯等（2010）对苗木进行的抗旱性研究，本研究在前人工作的基础上，仅对接种根瘤菌后共生结瘤的台湾相思幼苗进行了抗旱性研究，对其中根瘤菌生长的具体情况还需要作进一步的研究。

第 6 节　根瘤菌的耐高温试验

干热河谷地区不仅"干"，而且气温持续偏高，还比较"热"，多年日平均气温 18～20℃，≥10℃积温一般为 6000～6500℃，元江、元谋等地达 8000℃以上，达到南亚热带至北热带条件（何永彬等，2000），年平均气温高于 17.5℃，最冷月的日平均温度均在10℃以上，全年积温高于 6000℃，温度大于 10℃超过 30d，月平均最低温均大于 0℃，全年平均气候干燥度均高于 1.5（王宇，1990）。因此，对供试菌株进行耐高温研究是很有必要的。

6.1　材料与方法

根瘤菌的耐高温试验以酵母汁甘露醇琼脂培养基（YMA）为基本培养基。将各根瘤菌菌株接种到 YMB 培养基中于 28℃振荡培养至 OD_{600}=0.5～0.8，采用点接种方法将已长好的根瘤菌菌株点接在 YMA 平板上，每皿点接 6 个菌落，设 4 个温度级，分别为 28℃、37℃、45℃及 45℃热激（即将根瘤菌菌悬液置于 45℃水浴 20min 后，再点接至 YMA 培养基上，于 28℃培养），每个菌株设 3 个重复。第 2 天、第 4 天、第 6 天、第 8 天、第10 天观察菌落出现的情况，生长记为"＋"，不生长记为"－"。

6.2　结果与分析

在试验温度 28℃、37℃、45℃和 45℃热激下，各个菌株设 3 个重复，分别在第 2天、第 4 天、第 6 天、第 8 天、第 10 天对各菌株的生长情况进行观察记录，统计结果见表 3.17 和表 3.18。

结果发现，28℃时，在生长第 2 天除 SWF-12，其他各菌株均处于良好的存活状态，在第 4 天、第 6 天观察时 SWF-12 仅有少量菌落生长，而 SWF-11 和 SWF-07 生长较缓慢，与第 2 天观察到的生长情况相比没有增长，说明 SWF-07、SWF-11 和 SWF-12 极有可能属于慢生型根瘤菌；在第 8 天、第 10 天观察时，所有菌株均生长良好，说明各菌株在 28℃时适宜生长。

表 3.17　32 株根瘤菌对不同温度的适应反应（1）

Tab. 3.17　Response of the 32 rhizobia strains adapt to different temperature（1）

菌株编号	28℃					37℃				
	第2天	第4天	第6天	第8天	第10天	第2天	第4天	第6天	第8天	第10天
SWF-01	+	++	++	+++	+++	+	+	++	++	++
SWF-02	+	++	++	+++	+++	+	+	++	++	++
SWF-03	+	++	++	+++	+++	+	+	++	++	++
SWF-04	+	++	++	+++	+++	+	+	++	++	++
SWF-05	+	++	++	+++	+++	+	+	++	++	++
SWF-06	+	++	++	+++	+++	+	+	++	++	++
SWF-07	+	+	+	++	+++	+-	+	+	++	++
SWF-08	+	++	++	+++	+++	+	+	++	++	++
SWF-09	+	++	++	+++	+++	+	+	++	++	++
SWF-10	+	++	++	+++	+++	+	+	++	++	++
SWF-11	+	+	+	++	+++	+-	+	++	++	++
SWF-12	+-	+	+	++	+++	+-	+	++	++	++
SWF-13	+	++	++	+++	+++	+	+	++	++	++
SWF-14	+	++	++	+++	+++	+-	+-	+	+	+
SWF-15	+	++	++	+++	+++	+	+	++	++	++
SWF-16	+	++	++	+++	+++	+-	+-	+	+	++
SWF-17	+	++	++	+++	+++	+	+	++	++	++
SWF-18	+	++	++	+++	+++	−	−	−	−	−
SWF-19	+	++	++	+++	+++	−	+	++	++	++
SWF-20	+	++	++	+++	+++	+	+	++	++	++
SWF-21	+	++	++	+++	+++	+-	+	++	++	++
SWF-22	+	++	++	+++	+++	−	+-	+	+	++
SWF-23	+	++	++	+++	+++	+	+	++	++	++
SWF-24	+	++	++	+++	+++	+	+	++	++	++
SWF-25	+	++	++	+++	+++	+-	+-	+	+	+
SWF-26	+	++	++	+++	+++	+	+	++	++	++
SWF-27	+	++	++	+++	+++	+	+	++	++	++
SWF-28	+	++	++	+++	+++	+-	+	++	++	++
SWF-29	+	++	++	+++	+++	+	+	++	++	++
SWF-30	+	++	++	+++	+++	+	+	++	++	++
SWF-31	+	++	++	+++	+++	+-	+	++	++	++
SWF-32	+	++	++	+++	+++	+	+	++	++	++

注："+++"表示生长良好，"++"表示生长较好，"+"表示生长一般，"+-"表示生长差，"−"表示不生长。

表 3.18 32 株根瘤菌对温度的适应反应（2）

Tab. 3.18 Response of the 32 rhizobia strains adapt to different temperature（2）

菌株编号	45℃					45℃热激				
	第2天	第4天	第6天	第8天	第10天	第2天	第4天	第6天	第8天	第10天
SWF-01	−	−	−	−	−	+	+	++	+++	+++
SWF-02	−	−	−	−	−	+	+	++	+++	+++
SWF-03	+−	+	++	++	+++	+−	+−	+	++	+++
SWF-04	−	−	−	−	−	+−	+	+	++	+++
SWF-05	−	−	−	−	−	+	+	++	+++	+++
SWF-06	−	−	−	−	−	+	+	++	+++	+++
SWF-07	+−	+	++	++	+++	+−	+	++	+++	+++
SWF-08	−	−	−	−	−	+	+	++	+++	+++
SWF-09	+	+	++	++	+++	+	+	++	+++	+++
SWF-10	+−	+	++	++	+++	+	+	++	+++	+++
SWF-11	−	−	−	−	−	+−	+−	+	+	++
SWF-12	+−	+−	+−	+−	+	+−	+−	+	++	++
SWF-13	+−	+	++	++	+++	+	+	++	+++	+++
SWF-14	−	−	−	−	−	+−	+−	+−	+	++
SWF-15	+−	+	++	++	+++	+	+	++	++	++
SWF-16	−	−	−	−	−	+	+	++	+++	+++
SWF-17	−	−	−	−	−	+	+	++	+++	+++
SWF-18	−	−	−	−	−	+	+	+	++	++
SWF-19	−	−	−	−	−	+	+	+	++	++
SWF-20	−	−	−	−	−	+	+	++	+++	+++
SWF-21	−	−	−	−	−	+	+	++	+++	+++
SWF-22	−	−	−	−	−	+	+	++	+++	+++
SWF-23	+	+	++	++	+++	+−	+	+	++	+++
SWF-24	−	−	−	−	−	+	+	++	+++	+++
SWF-25	−	−	−	−	−	+	+	++	+++	+++
SWF-26	+−	+	++	++	+++	+	+	++	+++	+++
SWF-27	−	−	−	−	−	+	+	++	+++	+++
SWF-28	−	−	−	−	−	+	+	+	+	++
SWF-29	−	−	−	−	−	+	+	++	+++	+++
SWF-30	+−	+	++	++	+++	+	+	++	+++	+++
SWF-31	−	−	−	−	−	+	+	+	++	+++
SWF-32	+−	+	++	++	+++	+	+	++	+++	+++

注："+++"表示生长良好，"++"表示生长较好，"+"表示生长一般，"+−"表示生长差，"−"表示不生长。

在 37℃时，各根瘤菌菌株的生长情况变化差异性加大，表现出各菌株对 37℃高温的适应性。SWF-07、SWF-11、SWF-12、SWF-14、SWF-16、SWF-19、SWF-21、SWF-22、SWF-25、SWF-28 和 SWF-31 菌株在第 2 天、第 4 天观察时生长较差甚至没有生长，第 6 天时各菌株均有少量生长，随着培养时间的延续而呈现增加的趋势，说明温度对菌株活性的筛选也有时间限制；而 SWF-18 在观察时间内，始终没有生长迹象，说明该菌株不能适应 37℃高温；其他 20 株菌株在观察时间内均能保持良好的生长态势，占供试菌株的 2/3，说明它们可以良好地适应 37℃高温。

45℃高温下，各根瘤菌菌株生长情况变化差异性明显，表明各菌株对 45℃高温的适应性，以及高温对其中耐高温菌株的筛选过程。在观察时间内仅有 SWF-23 和 SWF-09 菌株保持良好的生长态势，SWF-03、SWF-07、SWF-10、SWF-13、SWF-15、SWF-26、SWF-30 和 SWF-32 菌株的生长态势比 SWF-23 和 SWF-09 稍弱一些，但总体还是生长良好，说明这 10 株菌可以适应 45℃高温；SWF-12 菌株在观察时间内始终保持极弱的生长态势，未有增长的趋势也未有因高温而消亡的趋势，说明该菌株勉强能在 45℃高温下生长，但生长态势极弱；另外的 21 株菌在 45℃高温下则始终没有生长迹象，约占供试菌株的 2/3，说明它们不适应 45℃高温。

45℃热激 20min 后置于 28℃条件下培养的供试菌株中，SWF-03、SWF-04、SWF-07、SWF-11、SWF-12、SWF-14 和 SWF-23 菌株在观察第 2 天、第 4 天时生长较差，到观察第 6 天、第 8 天时生长态势明显增强，生长较好，在观察时间内，其他多数菌株均保持良好的生长态势，说明短时间的高温对菌株的生长没有明显的抑制作用。

经 28℃、37℃、45℃及 45℃热激处理后，各根瘤菌菌株对高温表现出不同的适应性，高温处理能起到筛选菌株活性的作用。

6.3　结论与讨论

温度是影响根瘤菌生长的重要生态因子之一。多数根瘤菌生长的最适温度为 25～30℃（Jordan，1984）。在适宜的温度条件下根瘤菌菌株的生长随着时间的延长差异性会逐渐减小，高温条件下各菌株间的生长存在最小差异。

高温能明显抑制根瘤菌的生长。经 28℃、37℃、45℃及 45℃热激处理后，不同根瘤菌菌株对高温表现出不同的适应性，高温处理能起到筛选菌株的作用。SWF-23 和 SWF-09 菌株在所有温度处理条件下，一直保持良好的生长态势，SWF-03、SWF-07、SWF-10、SWF-13、SWF-15、SWF-26、SWF-30 和 SWF-32 菌株随着温度的升高保持平缓的生长，其余 22 株菌的生长随着温度的升高会逐渐减弱甚至消失，其中 SWF-18 对高温的耐受能力最差，甚至不能在 37℃条件下生长。

第 7 节　结论与讨论

7.1　结论

本研究首先对野外采集的台湾相思根瘤中分离、纯化与之共生的根瘤菌，用革兰氏染色法对其进行初步鉴定，剔除不符合根瘤菌基本特征的杂菌。将所分离到的根瘤菌回接到台湾相思无菌苗上，建立共生关系，通过对台湾相思共生结瘤形态及显微结构的观察，了解和掌握其基本结构，观察所形成的根瘤是否为根瘤菌侵入所致。然后运用 16S rRNA 引物扩增、16S rRNA PCR-RFLP 多位点限制性内切酶分析、BOX-PCR 指纹图谱分析对台湾相思根瘤菌的多样性进行了研究。最后在人工模拟条件下，对根瘤菌的耐干旱、耐高温及耐盐性进行了研究，筛选出相应的耐性较强的菌株及对高温、干旱、盐离子浓度均较强的菌株。

总结本研究，主要的发现如下。

（1）供试菌株与台湾相思树种共生结瘤后形成的根瘤的基本结构与豆科树种根瘤的基本结构类似，从外向内依次为皮层、维管束和含菌细胞区。在含菌细胞区及非含菌细胞周围的几层皮层细胞中有大量的淀粉粒，说明这些细胞代谢活跃，营养丰富。根瘤中央的含菌细胞较多，着色较深，说明共生结瘤后形成的根瘤生长旺盛，生命力强，共生固氮能力强。根瘤的皮层内侧存在一至多个维管束，说明根瘤内部具有较好的输导组织，这可能与宿主植物生长在高温干旱的环境条件有关。

（2）16S rRNA PCR 分析结果表示，32 株供试根瘤菌菌株分别归属于快生根瘤菌属（*Rhizobium*）和中慢生根瘤菌属（*Mesorhizobium*），主要分布在 10 个基因种内，包括 *M. albiziae*、*M. huakuii*、*M. gobiense*、*M. amorphae*、*M. plurifarium*、*R. radiobacter*、*R. massiliae*、*R. leguminosarum*、*R. fabae* 和 *R. nepotum*。其中 *M. huakuii*（19%）和 *R. radiobacter*（26%）是干热河谷地区台湾相思根瘤菌的优势种群，*M. albiziae*、*M. gobiense* 和 *R. leguminosarum* 次之，*R. massiliae*、*R. fabae*、*M. amorphae*、*M. plurifarium* 和 *R. nepotum* 占少数。

（3）供试的 32 株根瘤菌经 *Hae*III、*Hinf*I 和 *Msp*I 酶切后分别获得 4 种、4 种和 7 种图谱类型，15 种 16S rRNA 遗传图谱类型。其中 aab 类型有 8 株菌，bcd 类型有 4 株菌，bab 类型、bbe 类型有 3 株菌，cbc 类型、dbe 类型、bbc 类型有 2 株菌，aaa 类型、cab 类型、dbc 类型、adb 类型、bdb 类型、cbf 类型、cbg 类型和 abg 类型仅 1 株菌。结果表明：干热河谷地区台湾相思根瘤菌 16S rRNA 扩增片段的 RFLP 电泳图谱存在较大差异，16S rRNA 具有较为丰富的遗传多样性。

（4）通过 BOX-PCR 分析聚类后，在 70% 的相似水平上，供试菌株分为三大类群，群 1 的菌株全是慢生根瘤菌属（*Bradyrhizobium*）的参比菌株；群 2 的 17 株供试菌株与 5 株快生根瘤菌属（*Rhizobium*）的参比菌株聚为一群；群 3 内除了 *Sinorhizobium* USDA1002[T] 外，其他 15 株供试菌株均与 3 株中慢生根瘤菌属（*Mesorhizobium*）的参比菌株聚为一群。与 16S rRNA 测序结果及 16S rRNA RFLP-PCR 的结果一致。

（5）同种根瘤菌对干旱条件影响会作出不同的反应，生长型不同的根瘤菌也会有不同的反应。32 株供试根瘤菌菌株中，有 7 株（SWF-01、SWF-02、SWF-05、SWF-06、SWF-13、SWF-19、SWF-28）属于干旱适应较强类型；有 19 株属于干旱适应中等类型，分别为 SWF-03、SWF-04、SWF-08、SWF-09、SWF-10、SWF-11、SWF-12、SWF-14、SWF-15、SWF-16、SWF-20、SWF-21、SWF-22、SWF-23、SWF-24、SWF-26、SWF-27、SWF-29、SWF-31；有 6 株（SWF-07、SWF-17、SWF-18、SWF-25、SWF-30、SWF-32）属于干旱适应较弱类型。

（6）在适宜的温度条件下根瘤菌菌株的生长随着时间的延长差异性会逐渐减小，高温条件下各菌株间的生长存在最小差异。高温能明显抑制根瘤菌的生长。经 28℃、37℃、45℃及 45℃热激处理后，各根瘤菌菌株对高温表现出不同的适应性，高温处理能起到筛选菌株活性的作用。SWF-23 和 SWF-09 菌株总能保持良好的生长，SWF-03、SWF-07、SWF-10、SWF-13、SWF-15、SWF-26、SWF-30 和 SWF-32 菌株随着温度的升高保持平缓的生长，生长状况弱于 SWF-23 和 SWF-09，而其余 22 株菌的生长随着温度的升高会逐渐减弱甚至消失，其中 SWF-18 对高温的耐受能力最差，甚至不能在 37℃条件下生长。

（7）通过对耐干旱、耐高温菌株的筛选比较，可以得出，在供试的 32 株根瘤菌中，有 7 株耐高温、耐干旱的菌株，即 SWF-03、SWF-09、SWF-10、SWF-13、SWF-15、SWF-23、SWF-26。

7.2　讨论

（1）在根瘤菌对温度抗性试验和对盐离子浓度抗性试验中，本研究参照多数相关研究（南宏伟等，2009；徐开未等，2009a；黄宝灵等，2004；高丽锋等，2004）采用"+""−"来代表菌株的生长情况。该方法能大致客观地表现菌株在不同温度下的生长状况，但不能具体体现根瘤菌间的生长差异，具体差异间的比较没有标准，可能有些菌株间开始的时候有些差异，但以后一直保持良好生长，且个人对于菌株生长状况的判定存在一定的误差，因此用"+""−"无法详细表现出各菌株间的差别。该研究方法有待进一步的完善，以便更为准确地记录各菌株的生长状况，更准确直观地表现菌株生长的差别。

（2）在相关根瘤菌干旱试验中，人工模拟条件下多数采用聚乙二醇 6000（PEG 6000），但在分光光度计测定吸光度时的波段选取上存在一些差异，一般选取 420nm（黄明勇等，2000；曾小红等，2006）或 600nm（迟玉成等，2008；李兴芳等，2003；祁娟和师尚礼，2007），也有 625nm（南宏伟等，2009），继而通过 OD 值的大小来表示菌株在各水平上的生长繁殖状况，显示一定的耐旱性。然而无论在哪种波长下测定的吸光值，将各 PEG 6000 不同浓度水平上 OD 值进行比较，会发现 PEG 6000 的 OD 值会随着其浓度的增大而变小，所以进行测定前必须用 YMB 营养液进行调零，各浓度间的比较也需经过转换才能进行。

（3）nifH 和 nodC 基因是根瘤菌共生固氮直接相联系的基因，其中 nifH 基因主要编码根瘤菌固氮酶的组分 II 中的铁蛋白，nodC 基因则编码 N-乙酰氨基葡萄糖转移酶，参与根瘤菌结瘤因子的合成（谷峻等，2011）。在根瘤菌的共生基因 nodC 和 nifH 的系统发育分析试验中，几乎所有供试菌株的 nodC 基因克隆后的琼脂糖凝胶电泳图谱都未见清晰条带，可能是由于干热河谷地区台湾相思根瘤菌菌株没有 nodC 基因位点，说明引物的选择不恰当，可以尝试其他 nod 基因对其进行扩增；通常 nifH 基因克隆后会出现 1~3 条带，而在该试验中，多数菌株的 nifH 扩增后均有 3 条以上的可见条带，说明该引物对供试 32 株菌的特异性不高，引物选择不当，可以尝试其他 nifH 基因对其扩增。但由于时间关系，并没有去尝试其他 nod 和 nif 基因。

第二篇 丛枝菌根与树木共生系统

第 4 章　几种典型生态系统的丛枝菌根真菌

第 1 节　丛枝菌根概述

1.1.1　丛枝菌根真菌的概念

菌根（mycorrhiza）是指土壤微生物里面一类由真菌与宿主植物的根系形成的紧密结合的互惠互利的联合体——共生体。这种互惠互利的现象主要表现在：菌根可以通过位于根系外的菌丝、位于根系内的丛枝及根系内具有的特殊水分运输通道，从周围的土壤里吸收矿质营养和水分供宿主植物生长；同时，宿主植物也会将其光合作用产生的碳水化合物经过物质流转运给菌根用来维持丛枝菌根真菌（arbuscular mycorrhizal fungi，AMF）的生长发育（Quilambo，2003）。由于菌根外部形态的不同，菌根可以分为 3 类：外生菌根（ectomycorrhiza）、内生菌根（endomycorrhiza）和内外生菌根（ectendomycorrhiza）（刘润进和陈应龙，2007）。外生菌根是指菌根真菌侵入植物根系的皮层，在皮层的间隙里将会形成哈蒂氏网，大量的菌丝又会在根系的外面形成一个菌套，外生菌根主要是与森林植物共生；丛枝菌根是指菌根菌丝不仅可以侵入根系的外皮层，还进入了宿主植物根系细胞的内部，进而形成丛枝（arbuscules）结构，有的丛枝菌根还会在细胞间或者细胞内部形成泡囊（vesicle）。内外生菌根则同时具备外生菌根和丛枝菌根两者的特性，不仅形成哈蒂氏网和菌套，而且菌丝在细胞内部也将会形成菌丝团，这主要存在于一些松科和杜鹃花科植物中（吴强盛和夏仁学，2003）。

AMF 在自然界的分布极为广泛，可以与 90% 以上的植物构成菌根。菌根的形成可以改善贫瘠土壤中宿主植物的营养水平；在各种生物和非生物逆境下，菌根可以提高宿主植物的抗性（Smith and Reed，1997）。研究表明，AMF 可以减轻由镰刀菌属（*Fusarium*）（Dehne and Schonbeck，1979）、立枯丝核菌属（*Rhizoctonia*）（黄京华等，2006）、疫霉属（*Phytophthora*）（Vigo *et al*.，2000）、轮枝菌属（*Verticillium*）（Garmendia *et al*.，2004）等土传病原真菌，以及根结线虫（Castillo *et al*.，2006）、土传细菌（宋福强等，2005）引起的病害。当然，AMF 的防治效果还与宿主植物的基因型、AMF 种类及环境条件等诸多因素有关。

1.1.2　丛枝菌根真菌的结构与功能

植物的根系被丛枝菌根真菌侵染进而形成菌根后，根系的形态在外观上基本没有什么变化，肉眼很难区分是否有丛枝菌根的形成。丛枝菌根的形成不会影响植物根系的生长，植物的根系仍然可以继续横向生长和纵向生长。丛枝菌根真菌可以在植物的根系表面形成侵入点、根上菌丝、根外菌丝，发育成熟的丛枝菌根真菌的菌丝经常是无隔菌丝。在根系四周的根际土壤里可以筛选到根外孢子和孢子果等结构。

从丛枝菌根组织的内部结构看，主要分布在根皮层细胞、细胞间隙和根的表面，在适当的温度季节菌丝将会发育成泡囊、丛枝、根内菌丝和根内孢子等。其中，丛枝是 AMF 最重要的结构，是丛枝菌根真菌进入宿主植物根细胞组织内部进行延伸的端点（Mukerji et al.，2000；Gianinazzi-pearson et al.，1995），也是宿主植物与真菌进行物质交换的场所。有研究认为，泡囊则具有繁殖和储藏养分的功能。

1.1.3　丛枝菌根真菌对宿主植物的作用

菌根共生体的形成常会有以下作用：①增加了植物根的吸收面积，根系可以更多地从土壤里吸收 N、P 等营养元素；②使宿主植物对水分的利用效率有所提高；③植物个体的生长和发育可以提高；④提高植物抗/耐旱、抗/耐寒、抗/耐重金属污染、抗/耐盐和抗/耐病的能力（Newsham et al.，1995）。在种群和群落水平上，由于丛枝菌根真菌对不同植物个体的营养效益是有差异的，因此会影响相邻植物之间的竞争和共存，进而调节植物群落结构，影响物种多样性（Heijden et al.，1998）。

1.1.4　宿主植物对丛枝菌根真菌的影响

近年来，植物物种的多样性会直接影响 AMF 物种的多样性这一种现象备受关注。而 AMF 物种多样性在一定程度上受到了宿主植物物种多样性的影响（Shi et al.，2005；Liu and Wang，2003）。McGuire 等（2008）研究发现，圭亚那地区的热带雨林 142 种植物中，从 133 种木本植物和 6 种蔓藤植物上都发现了 AMF 的存在，该调查研究进一步证实该地区植物物种的多样性是影响 AMF 物种多样性的关键因子。根系 18S r DNA 和 ITS 序列研究中亦证实，AMF 种属构成受到宿主植物多样性的强烈影响（Sykorova et al.，2007）。然而，也有研究认为，AMF 物种多样性决定了植物多样性（Heijden et al.，1998）。其实，AMF 物种多样性与植物物种多样性之间是相辅相成的，不是孤立的（Shi et al.，2005）。

1.1.5　AMF 分类系统的研究

Gerdemann 和 Trappe（1974）描述了 2 个新属，无梗囊霉属（*Acaulospora*）和巨孢囊霉属（*Gigaspora*）。Schneider 和 Ames（1979）描述了内养囊霉属（*Entrophospora*）。由于丛枝菌根真菌的孢子萌发方式的不同，孢壁结构的不同，有人提出应把盾孢囊霉属（*Scutellospora*）从巨孢囊霉属中分离出来了。此外，有研究认为，AMF 与 *Entrophospora* 在形态特征、繁殖方式和营养方式上都存在较大差异，于是，提出了以下分类系统（图 4.1）。

20 世纪 90 年代以后，由于分子技术在科研中的广泛使用，丛枝菌根真菌的分类有了新的进展。Redecker（2000）通过研究 18S rDNA 序列，结合丛枝菌根真菌的外部形态特征，提出了将硬囊霉属（*Sclerocystis*）归入球囊霉属（*Glomus*）中。但有学者在对 AMF 的 rRNA 基因序列进行系统分析后，把 AMF 从接合菌门中移出来，建立了球囊菌门（Glomeromycota），并将和平囊霉属（*Pacispora*）归入和平囊霉科（Pacisporaceae），再次将其命名为地囊霉科（Geosiphonaceae）。因此，AMF 最新分类系统如下（图 4.2）。

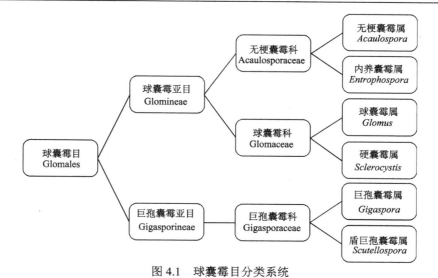

图 4.1　球囊霉目分类系统

Fig. 4.1　Glomales classification system

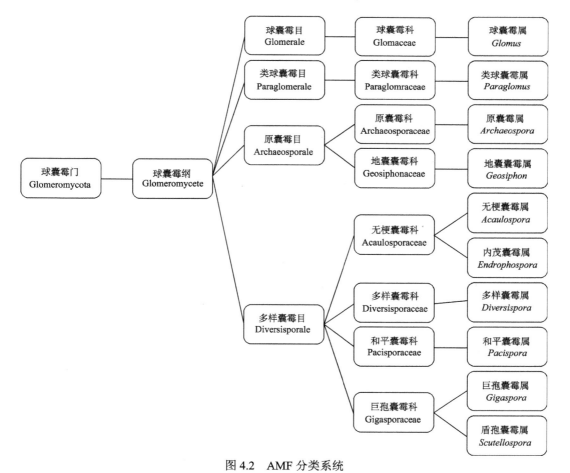

图 4.2　AMF 分类系统

Fig. 4.2　AM fungi new classification system

1.1.6　AMF 的鉴定方法

1.1.6.1　形态特征法

形态特征分类法就是根据孢子的形态和菌丝的形态特征进行常规分类的方法，也是目前最常用的方法。形态特征主要包括孢子果的形态、孢子的聚集方式、孢子的形态（孢子的形状、大小、颜色、表面纹饰、孢壁的层次结构）、孢子内含物、连孢菌丝的形态、产孢子囊等（刘润进和李晓林，2000）。由于对大多数丛枝菌根真菌的生活史不清楚，加之孢子的形态特征因年龄、孢子的发育阶段、宿主植物、季节与地区间的差异而有所变化等，给鉴定工作带来困难（Morton and Benny，1990）。张姜庆等（1994）描述了球囊霉属各种的主要形态特征，建立了球囊霉属的分类检索表，为该属提供了很好的分种鉴定借鉴依据。但是由于环境条件常造成孢子形态的差异，加上人为观察的不同，形态学方法有很大的局限性，至今，丛枝菌根真菌的分类工作在很大程度上依然是依赖于试验者的经验和鉴定者所掌握的资料（Ames and Schüβlder，1979），所以很有必要改进并研究更新更科学的分类方法。

1.1.6.2　组织化学分类法

丛枝菌根真菌的某些种、属能与一些染色试剂发生特异性反应，利用这种特异性的反应来进行菌种的鉴定，即组织化学分类法。利用这种方法可以对形态特征分类法进行重要的补充。

1.1.6.3　分子生物学分类方法

AMF 分类鉴定从传统的鉴定方法走向现代生物技术的鉴定方法，主要是由于现代的生物技术发展迅猛。在 AMF 的分类研究中广泛应用了现代分子生物学鉴定方法。通常是提取 AMF 的 DNA，进行 PCR 扩增，然后经凝胶电泳检测其扩增产物，建立信息文库（library），最后利用文库中不同的菌种 DNA 信息，达到鉴定分类的目的。通过比较 AMF 中的一些菌株，证实 AMF 的检测、分类、鉴定和定量分析可以利用 18S rDNA 中高度保守区域的核苷酸序列。van Tuinen 等（1998）通过 25S rDNA 序列设计出 AMF 种特异性引物 4.24、5.21、8.22、23.22，分别用于扩增 AMF *Glomus mosseae*、*G. intraradices*、*Scutellospora castanea*、*Gigaspora rosea*。由于 *Glomus coronatum* 和 *Glomus mosseae* 形态学特征非常相似，利用两者的苹果酸脱氢酶和脂酶的基因进行了同工酶分析，证实了对这两类 AMF 的划分。并通过比较不同地理来源、不同种类 AMF 的同工酶，也证明了同工酶可以作为 AMF 鉴定的依据之一，但它在种间和种内水平上的比较还没有得到证实。

1.1.7　AMF 多样性的研究

1.1.7.1　AMF 的物种多样性

AMF 对各种生态环境的适应性强，导致了 AMF 的物种多样性非常丰富。在所有生

态系统中均有 *Glomus* 分布,至今已分离出 *Glomus* 105 种,约占球囊菌门物种总数的 50%,且分布最广。在 AMF 19 属中,*Gigaspora*、*Scutellospora* 和 *Acaulospora* 的分布也比较广泛, 是部分生态系统中的优势属。撒哈拉以南的贝宁大草原分布着 *Scutellospora*、*Gigaspora*、*Acaulospora* 和 *Glomus*。地中海及热带和亚热带大草原以 *Scutellospora* 丰富度最高,为优势属 (Singh *et al.*, 2008)。*Scutellospora* 和 *Acaulospora* 是肯尼亚大草原和津巴布韦大草原的优势属 (Muleta *et al.*, 2008)。在我国的渤海湾,在海岛林地的各个采样点采集土壤并进行筛选,发现巨大孢囊霉属 (*Gigaspora*) 出现的频度和相对多度最高,其次是无梗囊霉属 (*Acaulospora*),二者均为该地的优势属 (Wang *et al.*, 2003)。

更为有意义的是,在独特的植物种类与特殊生态条件的长期影响下,AMF 会演化成各自不同的优势种群,如中国海南岛棟科根围优势种为 *Glomus claroideum* (Shi *et al.*, 2006);洛阳与菏泽牡丹主栽园区的优势种则为 *Glomus geosporum* 与 *Glomus constrictum* (Guo *et al.*, 2007);珠江三角洲一废弃采石场分离出的 *Glomus brohultii* 为优势种 (Chen *et al.*, 2008)。这些优势种的确定,能够筛选出高效的 AMF 种类来更好地适应不同的生境。在这些优势种群中,*Glomus mosseae* 以其独特的生理特性和强大的生态适应能力,成为大多数生态系统中的优势种。所以,从 *Glomus mosseae* 种群中选择具有特殊功能(如抗盐)的菌株是可行的、必要的。

1.1.7.2　AMF 的遗传多样性

AMF 所携带的遗传信息的总和为 AMF 的遗传多样性。AMF 的遗传多样性包括 DNA 水平上的遗传多样性和性状特征的遗传多样性。Lloyd-Macgilp 等 (1996) 对不同地理起源的 5 种摩西球囊霉菌株之间的 ITS 基因序列进行分析后发现,各菌株之间 rDNA 也存在序列多态性。Pawlowska 和 Taylor (2004) 研究幼套球囊霉 (*Glomus etunicatum*) 的单个孢子之后,发现每个孢核内,在 3 种 ITS 区域都含有变异。因此认为性状特征的不同则是由遗传物质的改变引起的。研究表明,菌丝分裂时引起的核的迁移及菌丝融合导致了核重组,进而使透明盾巨孢囊霉 (*Scutellospora pellucida*) 在单孢培养物上存在许多差异。遗传多样性提供了对 AMF 种的鉴定更科学、更有效的方法,不仅可以从形态学方面鉴定,也可以把该技术应用于 AMF 分类鉴定。

1.1.7.3　AMF 的功能多样性

AMF 的功能研究非常广泛,国内外的很多研究都有涉及。宿主植物根系所不能到达的地方,菌根却能够通过其发达的根外菌丝延伸从而吸收土壤水分和矿质营养元素来供给宿主植物的生长和发育 (Harley and Smith, 1983)。罗园 (2009) 的研究发现,把摩西球囊霉接种到枳实生苗后,无论是在正常水分条件下还是在干旱胁迫条件下,枳实生苗的株高、茎粗、叶片数和叶面积都显著提高了,而且促进了枳实生苗生物量的积累。Barea 等 (2002) 的研究得出磷酸酶也能够由丛枝菌根真菌分泌,而磷酸酶被证实可以改变土壤中难溶态的不太能够被植物所利用的磷的形态,可以把难溶性的磷转化为植物可以有效利用的磷形态,促进宿主植物对磷元素的有效吸收,供植物更好地生长。另外,丛枝菌根的外生菌丝分泌的一些物质还能够刺激一些土壤微生物分泌有机酸。在干旱胁迫下，接种丛枝菌根真菌后，连翘幼苗的叶绿素含量显著高于对照，表明丛枝菌根真菌可以在干旱胁迫的条件下维持连翘的正常光合能力。Wright 和 Upadhyaya（1996，1998）的研究发现 AMF 的菌丝能够产球囊霉素。Jastow 和 Miller（1998）发现球囊霉素可以改良土壤的排水性、通气性，提高微生物在土壤中的活性和增加土壤生态系统中的生物量。研究发现菌根的形成受到了施用农药的抑制，地上植物的表现为：植物的群落结构和多样性发生了很大的变化，从而得出 AMF 可以影响植物的群落结构和多样性。AMF 还可以降低水分、干旱、低温、盐碱、重金属胁迫和病虫害等逆境条件对植物造成的伤害，提高植物在逆境中的抗性。

1.1.7.4　AMF 的宿主多样性

AMF 种的资源丰富，在各种生态环境中，都可以找到 AMF。AMF 的宿主范围也十分广泛，除 20 余科植物不能或不易形成 AM 以外，绝大多数植物包括苔藓、蕨类、裸子植物、被子植物等都不同程度地被 AMF 侵染。在被子植物中，有 90% 的植物能形成 AM。现已知道大部分的农作物、药用植物和树木等都可以与 AMF 形成丛枝菌根，豆科植物和禾本科植物是形成 AM 最普遍、最广泛的两类植物。研究发现，在野生宿主植物根区，AMF 各属出现频率均高于栽培植物（弓明钦等，1997；刘润进和李晓林，2000；李晓林和冯固，2001）。

1.1.7.5　AMF 的生态分布多样性

很多生态因子，如宿主植物、土壤的理化性状、气候条件等，都会严重影响 AMF 的侵染率、繁殖能力、生长和发育状况，这就使得各生态系统中 AMF 种、属分布存在较大差异（王发园等，2003）。例如，中国东南部的沿海地区，具有丰富的 AMF 多样性，其中球囊霉属（Glomus）占优势；而对黄河三角洲盐碱地 AMF 资源调查发现，巨孢囊霉属（Gigaspora）占优势。对 AMF 的生态分布规律研究表明：AMF 的属和种的分布具有一定的地域性，它们的种和属的分布与土壤的 pH、土壤中有机质含量及各地的海拔均密切相关。根据不同种所处环境、宿主植物的适应性和地域的分布状况等生态性因素的差异，将 AMF 分为"广谱生态型"和"窄谱生态型"两类。"广谱生态型"被认为具有广阔的应用前景（张美庆等，1994）。吴铁航等（1995）按照 AMF 在红壤中出现的频率，将 AMF 划分成了 4 类，分别是优势种、常见种、少见种和偶见种。

第 2 节　干热河谷地区木棉的丛枝菌根真菌的多样性

2.1　研究背景及意义

木棉科植物有多个属，全世界已报道 20 多属，180 多种。我国木棉科植物原产和引进的共 6 属 11 种。研究发现，木棉不仅具有很好的观赏价值，还具有很重要的经济价值，近年来对木棉的需求量急剧增加。木棉科植物的纤维是木本纤维林发展的优先树种，木棉蒴果内的棉毛可取代化纤成为制作枕头、褥子、救生圈等的填充材料，进而减少对石油的依赖，也可为我国石油能源的储量和粮食安全提供很大的支持。同时，木棉因具有发达的菌根系统，在立地条件较差的荒山坡地栽种，也可以很好地生长，可用来保持荒山坡地的水土。

木棉纤维是一种天然纤维，在天然纤维中是最细、最轻、最温暖的材料，具有光滑、柔软、抗菌等优良特性。随着纺织技术的突破，已经能够进行 2～40S 气流纺、40～80S 混纺纱线，满足中高端纺织产品需求。同时也是对棉纺原材料的有益补充，有效促进当地林农增收。

由于人为活动的增加和对自然的肆意索取，自然植被的破坏日益严重，产生了严重的水土流失和沙尘等环境问题，目前科技工作者和政府已广泛重视探索植被恢复和保持土壤肥力的有效途径。丛枝菌根真菌可以与 90% 以上的植物形成菌根体系，建立共生关系。AMF 可以通过与宿主植物形成菌根系统，提高植物在逆境中的生存和生长竞争的能力，在生态系统修复过程中扮演着重要的角色，因而一直是研究的热点之一。丛枝菌根真菌侵染植物以后，一方面能够改变植物根系的生理特征，另一方面根外菌丝可以在土壤中形成庞大的菌丝网络。

丛枝菌根真菌（AMF）资源丰富，对生态环境的适应性强，可存在于各种生态环境中。除了在农业和森林的土壤中有大量的分布外，在一些生态条件比较恶劣的环境中都发现有 AMF 存在（盖京苹和刘润进，2003）。例如，盐碱土壤（王发园等，2003）、干热河谷（李建平等，2004）及河流湿地等环境中都蕴藏着丰富的 AMF 资源。我国干热河谷地区是木棉生长的适宜地区，寻找和筛选耐（抗）干热环境条件的 AMF 组合，并将其应用于干热河谷地区的植被恢复有重要的实践意义。

目前，菌根真菌物种多样性研究已取得了较大进展。但是对干热河谷地区木棉上的丛枝菌根真菌的多样性的研究还很少，还不够深入。研究木棉的丛枝菌根的多样性可以借鉴其他植物的多样性研究来开展。开展 AMF 的物种多样性研究具有独特的优势，尤其是分子生物学技术的应用给 AMF 的物种多样性研究带来了新的发展机遇。

2.2　材料与方法

2.2.1　研究区域概况

在地理学上，干热河谷地区是一种常见的自然景观，是具备干和热两个基本属性的河谷地带状区域的总称。在我国，干热河谷地区在滇、川、黔均有分布，大部分分布在云南境内，主要在元江、怒江、金沙江、澜沧江的下部河谷。大江或大河像切割一样穿过两侧的高山，形成了高山峡谷的地貌，这是干热河谷最典型的特点。干热河谷具有谷深山高、盆地交错的分布特点。在西南的高原地区，大江河的急速流动造成的切割和地壳运动，形成了下陷的河谷，进而形成了这种特殊的地貌。干热河谷地区的气候特征总结为：缺乏水分、热量充足、干湿分明、太阳辐射强、气温全年较高等。

2.2.2　材料的采集

于 2013 年 4 月分别从个旧、元阳、欧乐的野外和冷墩村木棉基地 4 个采样点（表 4.1）采集木棉根际土样和根样。在各个采样点采取植物根际 5~30cm 土层的土壤 1kg 左右装入自封袋中（各土样均为 4 次重复，东西南北面各取一个样），记录采集土样时间、采样人、地点、坡向及周围环境等，风干备用。在采集根际土样的同时，采集与土样相应木棉树的须根。取样时注意确保所取根样与所选植物的主根相连，并尽量采取带根尖的根段，鲜根样剪成 2cm 的小段装入青霉素小瓶，加入 1/2 FAA 固定液[70%乙醇 90ml，甲醛 5ml，冰醋酸 5ml，用时稀释一倍（黄逢龙等，2011）]固定，将其带回实验室在 4℃冰箱中保存备用。

表 4.1　样地基本情况
Tab. 4.1　The basic information of site

样地	植被	坡度/（°）	树龄/a	朝向	土壤类型	种植形式
冷墩	木棉 *Bombax* sp.	8	6	南坡	红壤	片植
个旧	木棉 *Bombax* sp.	20	25~30	北坡	红壤	孤植、野生
元阳	木棉 *Bombax* sp.	20	25~30	南坡	红壤、砂土	孤植、野生
欧乐	木棉 *Bombax* sp	80	25~30	南坡	砂土	孤植

2.2.3　菌根侵染率的测定

2.2.3.1　根系的染色镜检

将根样从青霉素小瓶中取出来，用自来水清洗 4 或 5 次，放入 15mm×15mm 的试管中，加入 15% KOH，在 90℃水浴中解离 2h，从水浴锅中取出待其自然冷却，再次用自来水清洗 4 或 5 次，加入 2%乳酸进行酸化 20min，清洗 4 或 5 次，加入 0.05%苯胺蓝溶液（乳酸 333ml，甘油 333ml，蒸馏水 333ml，苯胺蓝 0.5g）在水浴锅中染色 1h。染色后用乳酸进行脱色（唐明，2010）。

2.2.3.2　菌根侵染率的计算

AMF 侵染率是指被侵染的根段（包括菌丝、丛枝、泡囊及根内孢子的根段）占总根段的比率。

2.2.4　土壤中孢子密度测定

2.2.4.1　用湿筛沉淀法分离孢子

用湿筛沉淀法来处理采集的根际土样。首先将土样在实验室自然风干、碾碎，装入自封袋内备用。分别称取风干的根际土样 20g 置于 250ml 烧杯中，加水 200ml，用玻棒充分搅拌，浸泡过夜，使土壤充分分散，制成土壤悬液。悬液过 20 目、100 目、140 目、

200 目和 300 目的筛子，反复冲洗，使孢子尽量从土壤团中释放出来。用梨形分液漏斗沉降除沙后，再用布氏漏斗，分别将 100 目、140 目、200 目和 300 目筛面上的筛取物抽滤于 9cm 的滤纸上，将滤纸置于培养皿中，在体视显微镜下分别计数 4 个筛面上的孢子，统计每个土样中 AMF 孢子的密度。

2.2.4.2　孢子密度的计算

孢子密度是指每克自然风干的土样中孢子的数目。将 4 个筛面上的孢子数相加，然后再除以 20，即可得到每个土样的孢子密度。分别把每个样地的 50 个土样的孢子密度全部统计出来，最后算其平均值，记为每个样地的孢子密度。

2.2.5　AMF 孢子的鉴定

2.2.5.1　形态鉴定法

在体视显微镜下观察记录孢子的颜色、大小、连孢菌丝的特征，利用解剖针挑取孢子置于载玻片上，加浮载剂如水、乳酸、甘油、PVLG、Melzer's 试剂等在显微镜下观察孢子的颜色，测定孢子的大小；然后把孢子压破，观察孢壁的层数，测量孢壁的厚度等特征和内含物；对具代表性的孢子及时进行拍照，并根据 Schenck 和 Perez 1988 年的《VA 菌根真菌鉴定手册》和在 INVAM 网站上（http://invam.caf.wvu.edu）提供的 AMF 各科、属的图片和描述，参阅近年来他人发表的新种的描述，对筛选出来的种、属进行检索、鉴定。

2.2.5.2　分子鉴定法

1）　单孢子 DNA 的提取

DNA 的提取采用的是 OMEGA 真菌 DNA 提取试剂盒。

（1）近无菌条件下用镊子夹取单个 AMF 孢子，分别编号为 AL1、AL2、AL3、AL4、AL5、AL6、AL7，用无菌水漂洗 5 次，放入灭过菌的 1.5ml 的离心管，加 200μl 的 Buffer STL 试剂，用灭菌的研磨棒进行研磨。研磨后，60℃水浴 15min，摇匀 2min，离心机 3800r/min 短暂离心 20s。

（2）加入 25μl 的 Proteinase K OB 试剂混匀，60℃水浴 45min，摇匀，离心机 3800r/min 短暂离心 20s。

（3）加入 225μl 的 Buffer BL 试剂，充分混匀，离心机 3800r/min 短暂离心 20s。

（4）加入 100μl 无水乙醇，彻底混匀，离心机 3800r/min 短暂离心 20s（离心机预冷 5min）。

（5）将第 4 步的混合液加到硅胶柱里，下面套上 2ml 收集管，离心机 12 000r/min 离心 1min，离心后弃掉收集管。

（6）将硅胶柱放入新的 2ml 收集管中，加 500μl 的 Buffer HB 试剂至硅胶柱内，离心机 12 000r/min 离心 1min，弃液体留收集管。

（7）将硅胶柱放在步骤 6 的收集管中，加 700μl 的 Wash Buffer，离心机 12 000r/min

离心 1min，弃收集管，重复一次。

（8）取新的收集管，硅胶柱放在其上，空管离心，离心机 14 000r/min 离心 2min。

（9）把硅胶柱放入 1.5ml 的离心管中，加 100μl 的 Elution Buffer（70℃提前水浴预热），室温下放置 3min，离心机 12 000r/min 离心 1min。

（10）直接加 100μl 的 Elution Buffer（70℃提前水浴预热），室温下放置 3min，离心机 12 000r 离心 1min。

离心管中的液体即所要提取的 DNA。

2）Nested-PCR

上述所提取的孢子 DNA 样品直接作扩增模板进行 PCR 扩增。

第一次 PCR：所用引物为真菌 18S rDNA 通用引物 GeoA2 和 Geo11（表 4.2）。反应体系为 50μl，ddH$_2$O 16μl，Mix 25μl，模板 DNA 4μl，GeoA2 2.5μl，Geo11 2.5μl。反应程序为 94℃ 4min 预变性，94℃ 30s，58℃ 1min，72℃ 1min，30 个循环，72℃ 10min。

第二次 PCR：以第一次 PCR 产物 1∶100 稀释后（如电泳不见条带则不稀释）作模板，所用引物为 NS31 和 AM1（表 4.2），反应体系和反应程序同上。

电泳 72V，500mA，50min（制胶：1×TAE 溶液 50ml，琼脂糖 0.5g，微波炉加热至沸腾，中间取出摇匀 3min，加热颜色变为透明，冷却至 50℃左右）。

用凝胶成像系统拍照记录电泳结果。

表 4.2　Nested PCR 引物

Tab. 4.2　Primers of nested PCR

引物	序列
GeoA2	5′-CCA GTA GTC ATA TGC TTG TCT C-3′
Geo11	5′-ACC TTG TTA CGA CTT TTA CTT CC-3′
AM1	5′-GTT TCC CGT AAG GCG CCG AA-3′
NS31	5′-TTG GAG GGC AAG TCT GGT GCC-3′

3）序列分析

通过 NCBI 的 Blast 检索系统进行序列同源性比对。登陆 GenBank，对目的序列进行 Blast 比对。将目的序列与 GenBank 中相关孢子的序列用 BioEdit 进行比对，用 Clustal X 软件对所测得的序列进行比较分析后，再用 MEGA 软件对序列进行编辑，去掉序列头部的不准确碱基，采用邻接法构建系统发育树。

2.2.6　AMF 多样性的测定

参照张姜庆等的方法来计算并统计AMF种的丰度、孢子密度、相对多度、多样性指数、频度等，具体方法如下。

2.2.6.1　种的丰度

种的丰度是指一个生境中物种数目的多少，本研究是指宿主植物根际 100g 土壤中含有的 AMF 的种数。

2.2.6.2　物种多样性

物种多样性是群落组织水平的生态学特征之一，是生境中物种丰富度和均匀度的综合指标。

本研究采用 Shannon-Wiener 多样性指数[$H'=-\sum P_i \ln P_i$（$P_i=N_i/N$）]和 Margalef 丰富度指数[$D=(S-1)/\ln N$]来描述 AMF 的物种多样性，式中，N_i 为第 i 种物种的数量；N 为种群数量；S 为种数；P_i 为种 i 的个体数。

2.3　结果与分析

2.3.1　AMF 种类及鉴定

2.3.1.1　形态鉴定

从所采集的 48 个样品中，共分离出 7 种 AMF，分别为幼套球囊霉（*Glaroideoglomus etunicatum*）、摩西球囊霉（*Glomus mosseae*）、苏格兰球囊霉（*Glomus caledonium*）、缩球囊霉（*Glomus constrictum*）、多梗球囊霉 （*Glomus multicaule*）、巨大巨孢囊霉（*Gigaspora gigantean*）和细凹无梗囊霉（*Acaulespora scrobiculata*）。

（1）幼套球囊霉。厚垣孢子，在土壤中单生，黄色或棕黄色，圆形或近圆形，直径 90～155μm。有 2 层孢壁，外层孢壁无色透明，厚 2～8μm，内层孢壁黄色或黄棕色，厚 4～8μm。还没有成熟的厚垣孢子的外壁有完整的连孢菌丝，成熟后便脱落，但常可见残留物存在。

（2）摩西球囊霉。厚垣孢子，在土壤中单生，大部分是黄棕色，少部分呈暗黄棕色，圆形至近圆形，还有一些是不规则形；直径 100～260μm，平均直径为 195μm。3 层孢壁，外层孢壁无色透明，厚度为 1.4～2.5μm，平均厚度为 2.1μm，成熟后常脱落；第二层孢壁淡黄或浅黄棕色，厚 0.8～1.6μm,平均厚度为 1.2μm；第三层孢壁黄棕色至浅橘黄棕色，厚 3.2～6.4μm，平均厚度为 4.7μm；连点呈现漏斗状，连点宽 16～32μm。

（3）苏格兰球囊霉。孢子在土壤中单生，成熟的孢子呈现淡黄色，圆形至近圆形，直径 120～250μm，平均值为 145μm。孢壁 2 层，外层无色透明，厚 1～2μm，外壁在连点处略有增厚，较易和内壁分离；内壁淡黄色，厚 2～8μm，连点宽 10～35μm，直或小喇叭形，连孢菌丝宽 9～12μm，色浅。

（4）缩球囊霉。厚垣孢子，在土壤中单生，深红棕色至黑色，表面光滑发亮，圆形至近椭圆形，很少有不规则形；直径 120～190μm。孢子一般在根际土壤中形成，但在植物的根内也可看到有孢子形成；孢壁 2 层，一层透明，厚 2～4μm；与 Melzer's 试剂不反应，在成熟的孢子中，通常消失，但在连孢菌丝的基部区域可见；第二层壁在压片时呈现黄褐色至暗红黑色，厚度 5～9μm。

（5）多梗球囊霉。厚垣孢子，在土壤中单生；孢子呈椭圆形、宽椭圆形、近球形，偶尔呈三角形；直径（149～249）μm×（124～162）μm；孢壁为单层，厚 8.6～34μm；孢子外面通常附着 1～4 条菌丝，至少有两条菌丝会联结在一起。

（6）巨大巨孢囊霉。孢子浅青黄色到黄绿色，球形或近球形，很少呈不规则形。直径 240～400μm，平均值为 324μm。孢壁 3 层，外面的两层非常薄，附着在孢子上不太明显；第三层会随着孢子的萌发而消失。有附着胞。

（7）细凹无梗囊霉。孢子大部分为浅黄色，但有一些深色的孢子为黄色。球形、近球形，偶然呈不规则形，直径 80～160μm，平均为 120.3μm。具有 3 层壁。外面的两层壁随着孢子的生长会脱落。压破孢子可以看到里面的两层壁。

2.3.1.2 分子鉴定

1）单孢子 DNA 提取与 nested PCR（巢式 PCR）

以 AL1、AL2、AL3、AL4、AL5、AL6、AL7 的单孢子 DNA 为模板，GeoA2 和 Geo11 为引物进行扩增，由于模板量太少，凝胶电泳检测扩增产物未出现目标条带。以 NS31 和 AM1 为引物再次 PCR，则能很好地扩增出目标条带，目标条带大小约为 700bp，见图 4.3。

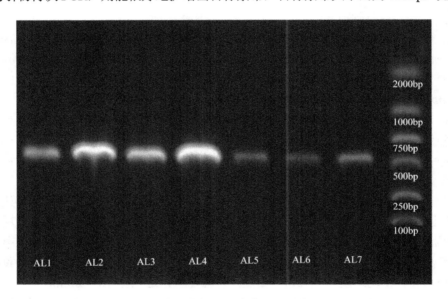

图 4.3　7 种 AMF 真菌电泳图谱

Fig. 4.3　The gel-eletrophoresis profiles of 7 species AMF

2）测序与系统进化分析

以 AL1、AL2、AL3、AL4、AL5、AL6、AL7 孢子的 NS31-AM1 区域 DNA 序列在 GenBank 上进行 Blast 比对，并与相关的菌种构建了系统进化树（图 4.4）。从图 4.4 中可以看出，除 AL6 和 AL7 外，其他都聚成一支，具有较高的支持率（ML-BS=82, BP=0.70）。其中，AL1 与 *Gigaspora gigantean*（AJ852601）聚成一支，支持率为 ML-BS=95, BP=0.99，初步确定 AL1 为 *Gigaspora gigantean*。AL2 与 *Glomus caledonium*（Y17653）聚成一支，支持率为 ML-BS=100, BP=1.00，初步确定 AL2 为 *Glomus caledonium*。AL3 与 *Glomus etunicatum*（Z14008）聚成一支，支持率为 ML-BS=100, BP=0.96, 初步确定 AL3 为 *Glomus etunicatum*。AL4 与 *Glomus mosseae*（Z14007）和 *Glomus* sp.（AJ309428）聚成一支，支

持率为 ML-BS=99，BP=1.00，初步确定 AL4 为 *Glomus* 这个属的一个种。AL5 与 *Acaulospora scrobiculata*（KP144305）聚成一支，支持率为 ML-BS=100，BP=0.98，初步确定 AL5 为 *Acaulospora scrobiculata*。AL6 与 uncultured fungus（FJ905187）聚成一支，支持率为 ML-BS=100，BP=0.98，不能确定 AL6 到底是哪一个种。AL7 与 uncultured glomeraceous（DQ264056、DQ264061）聚成一支，支持率为 ML-BS=100，BP=1.00，只能确定 AL7 属于 Glomeraceae 这个科，并不能确定属和种。

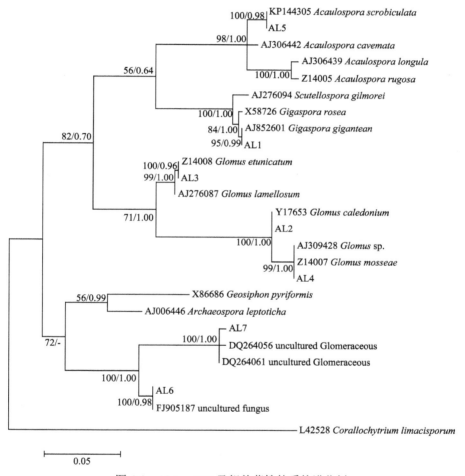

图 4.4　AL1～AL7 及相关菌株的系统进化树

Fig. 4.4　Phylogenetic tree of AL1-AL7 and relative strains

2.3.2　木棉的 AMF 的分离频度

如表 4.3 所示，在冷墩木棉基地 AMF 分离频度为缩球囊霉>幼套球囊霉>苏格兰球囊霉>摩西球囊霉>细凹无梗囊霉>多梗球囊霉=巨大巨孢囊霉；在元阳地区 AMF 分离频度为缩球囊霉>幼套球囊霉>苏格兰球囊霉>摩西球囊霉=细凹无梗囊霉=多梗球囊霉>巨大巨孢囊霉；在个旧地区 AMF 分离频度为缩球囊霉>幼套球囊霉>细凹无梗囊霉=巨大巨孢

囊霉>摩西球囊霉>苏格兰球囊霉＝多梗球囊霉；在欧乐地区 AMF 分离频度为缩球囊霉>
幼套球囊霉>苏格兰球囊霉=巨大巨孢囊霉>摩西球囊霉>细凹无梗囊霉=多梗球囊霉。在 4
个点，缩球囊霉的分离频度最低为 35%，最高为 43.7%，平均值为 39.9%；幼套球囊霉
的分离频度最低为 16.3%，最高为 27.8%，平均值为 21.7%。这两个种的分离频度之和在
4 个点最高为 64.5%，最低为 58.35%，平均值为 61.6%。

表 4.3　干热河谷地区木棉丛枝菌根真菌的种类及出现频率

Tab. 4.3　AMF species and their frequencies on the *Bombax* in the hot-dry valley

种	分离频度/%				平均值
	冷墩	元阳	个旧	欧乐	
幼套球囊霉（幼套近明产霉）*Glaroideoglomus etunicatum*	27.8	22.2	16.3	20.8	21.7
摩西球囊霉 *Glomus mosseae*	8	6	8.3	6.3	7.15
多梗球囊霉 *Glomus multicaule*	5	6	4.2	2.1	4.33
缩球囊霉 *Glomus constrictum*	35	38.9	42	43.7	39.9
苏格兰球囊霉 *Glomus caledonium*	12.5	16.7	4.2	12.5	11.47
细凹无梗囊霉 *Acaulespora scrobiculata*	7	6	12.5	2.1	6.9
巨大巨孢囊霉 *Gigaspora gigantean*	5	4.2	12.5	12.5	8.55

2.3.3　AMF 在木棉根中的侵染率及孢子密度分布特征

采集的木棉科植物的丛枝菌根中，通过染色镜检可以观察到根内的菌丝、泡囊及丛枝。
对干热河谷不同地区及野生和人工种植区木棉AMF侵染率和孢子密度进行调查，结果见表
4.4。从表中可以看出，木棉的菌根侵染率为80%~88%，冷墩村人工种植木棉基地最高，
为88%。各个样地的孢子密度为欧乐>元阳>个旧>冷墩村，欧乐的孢子密度为（14.4±0.42）
个/g，SPSS单因素方差分析得出：欧乐样地的孢子密度要显著高于其他3个样地（P=0.00，
P=0.00，P=0.00）。冷墩村人工种植木棉基地孢子密度最少，低于其他3个样地，仅为
（4.0±0.28）个/g。4个样地筛选到的AMF的种的丰度都为7。Shannon-Wiener指数和
Margalef指数：冷墩>个旧>元阳>欧乐。

表 4.4　4 个样地中种的丰度、孢子密度、菌根侵染率和多样性指数

Tab. 4.4　Species richness, spore density, infection rate and diversity index of AMF in four sites

样地	孢子密度（平均值±标准误）/（个/g）	种的丰度	Shannon-Wiener 指数	Margalef 指数	菌根侵染率/%
冷墩	4.0±0.28abc	7	10.2	4.35	88
个旧	6.7±0.70abc	7	9.98	3.16	84
元阳	7.2±0.81c	7	8.61	3.04	84
欧乐	14.4±0.42d	7	5.81	2.24	80

2.4　讨论与结论

本试验中在干热河谷地区木棉的根际土壤里，共分离出 7 种 AMF，分别为幼套球囊霉、摩西球囊霉、苏格兰球囊霉、缩球囊霉、多梗球囊霉、巨大巨孢囊霉和细凹无梗囊霉。

其中，分离所得的 6 种 AMF 都在李建平等（2004）研究的干热河谷地区的丛枝菌根种类中出现过。本研究发现了李建平研究中未曾发现的多梗球囊霉，也许是由于他们研究的植物不包括木棉科的植物；还有一种可能是由于所研究的地区不同，李建平的研究是在金沙江干热河谷，本研究是在元江干热河谷地区附近。所以，在元江木棉的根际土壤中发现了与金沙江干热河谷植物中不同的 AMF 也是正常的。

通过对 AMF 种类分离频度的统计得知：初步认为缩球囊霉和幼套球囊霉是云南干热河谷地区（元江段）木棉科植物 AMF 的优势种。李建平等（2004）研究金沙江干热河谷地区的丛枝菌根多样性发现，无梗囊霉属和球囊霉属是金沙江干热河谷（元谋段）AMF 的优势属。本试验发现的缩球囊霉和幼套球囊霉是元江干热河谷地区的优势种，同属于球囊霉属。

本试验得出各个样地的孢子密度为欧乐>元阳>个旧>冷墩村，欧乐的孢子密度为（14.4±0.42）个/g。SPSS 单因素方差分析得出：欧乐的孢子密度要显著高于其他 3 个样地（$P=0.00$，$P=0.00$，$P=0.00$）。AMF 是一种好氧性的土壤真菌，透气良好的土壤有利于 AMF 的生长和发育（刘润进等，2000），欧乐的采样地是砂土，正好能满足这一个条件。在冷墩村人工种植木棉基地，孢子密度最少，低于其他 3 个样地，仅为（4.0±0.28）个/g。由于是人工种植，种植密度较大，个体间对水分和养分竞争，也会造成 AMF 的生长和发育的滞后，从而造成孢子密度最低。

一般情况下，植物根际土壤中的孢子密度与丛枝菌根真菌的多样性是一致的，本次试验得出了与之相反的结论，多样性指数和丰富度指数随着孢子密度的增加而逐渐降低。这是由于在干热河谷几个地区木棉周围的根际土壤中物种的丰度是一致的，都是 7 种，所以在计算多样性指数时就出现了相反的结果。

第 3 节　干旱胁迫下接种 AMF 对木棉实生苗的影响

3.1　材料与方法

3.1.1　试验材料

培养基质是红色壤土，取自干热河谷地区冷墩村的木棉基地，试验用土在 121℃连续灭菌 2h 备用。

木棉种子采自冷墩村木棉基地。在 2014 年 3 月 8 日，取籽粒饱满的木棉种子，用 10% H_2O_2 进行表面消毒 20min，无菌水冲洗 5 次，然后播种于无菌土中，木棉幼苗长出 3 对真叶后，选取长势相近的木棉实生苗移栽入营养钵（规格是上口径 28cm，盆底内径 25cm）。每盆装灭菌土 3kg。另外，为了防止土壤养分的亏缺对试验结果造成影响，在每盆土壤中施加 3.0g 尿素。

供试丛枝菌根真菌为幼套球囊霉。

3.1.2 试验方法

在接种 *Glaroideoglomus etunicatum* 10d 后才开始进行干旱胁迫。依据 Hsiao 的方法设置 3 个水分胁迫等级，以土壤含水量控制在田间持水量的 65%～70% 作为对照，即正常浇水（well watered）、轻度水分胁迫（mild drought treatment，土壤含水量控制在田间持水量的 45%～50%）、重度水分胁迫（serious drought treatment，土壤含水量控制在田间持水量的 30%～35%）。每个水分梯度设置不接种和接种共 6 个处理。每盆栽植木棉实生苗 3 株。接种处理的木棉苗按照 20g 菌土/盆的剂量，移栽时将菌土均匀地撒在实生苗的根系周围。通过称重法来控制土壤含水量，每天计算失水量并补充失去的水分，让土壤含水量控制在试验设定的条件下。试验在西南林业大学大棚完成。

3.1.3 木棉生长参数的测定

在 2014 年 10 月 28 日，采集木棉苗进行地上部和地下部生物量的测定，同时测定地上部含水量与地下部含水量。

3.1.4 菌根侵染率的测定

方法同本章 2.2.3。

3.1.5 数据处理

所有试验数据的处理和分析均在 SPSS 11.5 和 Excel 2007 的基础上完成。

3.2 结果与分析

3.2.1 丛枝菌根真菌的侵染率

木棉苗根系侵染率统计结果表明，接种 AMF 的植株侵染率为 60%～80%。没有接种 AMF 的木棉苗 AMF 侵染率低于 3.0%，因此本试验过程中可以忽略杂菌的感染。

3.2.2 干旱胁迫下接种 AMF 对木棉生长量的影响

测定结果如表 4.5 所示，接种 AMF 与不接种 AMF 相比较，在各个水分梯度处理下，木棉株高和地径均有提高。其中，SPSS 独立样本 t 检验结果表明：在正常浇水条件下，接种 AMF 与不接种 AMF 相比，木棉的株高差异不显著（$P=0.77$）；轻度水分胁迫和重度水分胁迫条件下，接种 AMF 与不接种 AMF 相比，木棉的株高生长量差异显著（$P=0.00$，$P=0.00$）。SPSS 独立样本 t 检验结果表明：在各个水分处理水平下，接种 AMF 与不接种的相比，木棉的地径差异均显著（$P=0.00$，$P=0.00$，$P=0.03$）。

测定结果表明：随着水分胁迫强度的加大，不接种和接种 AMF 相比，木棉株高生长量和地径均有下降的趋势。轻度胁迫和重度胁迫的株高和地径均低于正常浇水。SPSS

单因素方差分析得出：不接种 AMF 的木棉株高在各个水平间差异显著（$P=0.00$，$P=0.02$，$P=0.00$），但是，接种 AMF 的木棉苗的株高在各个水平间差异不显著（$P=0.77$，$P=0.18$，$P=0.34$），SPSS 分析表明地径在各个水分梯度差异不显著。

表 4.5　干旱胁迫下接种 AMF 对木棉苗株高和地径的影响

Tab. 4.5　The effects of inoculation with Glomus mosseae on plant height and stem diameter of Bombax at different water level

干旱程度	不接种		接种	
	株高/cm	地径/mm	株高/cm	地径/mm
正常浇水	14.63±0.28aC	1.76±0.02aA	15.60±0.05aC	3.43±0.34aB
轻度胁迫	11.5±0.27bC	1.56±0.03aA	14.93±0.05aD	2.91±0.24aB
重度胁迫	6.66±0.14cC	1.18±0.31aA	13.23±0.63aD	2.92±0.00aB

注：小写字母代表在 0.05 水平上纵向差异，大写字母代表在 0.05 水平上横向差异

Note：Lower case letters denotes respectively significant differences at the $P=0.05$;upper case letters denotes respectively significant differences at the $P=0.05$

3.2.3　干旱胁迫下接种 AMF 对木棉生物量的影响

如表 4.6 所示，测定结果表明，接种 AMF 与不接种 AMF 相比，在各个水分梯度处理下，地上部的生物量均有提高。其中，SPSS 独立样本 t 检验结果表明：在正常浇水和重度水分胁迫条件下，接种 AMF 与不接种的相比，地上部生物量差异不显著（$P=0.06$，$P=0.13$）；但是在轻度水分胁迫条件下，接种 AMF 的地上部生物量要显著高于不接种的地上部的生物量（$P=0.02$）。接种 AMF 与不接种 AMF 相比，根系的生物量在各个水分处理下均有提高。并且，SPSS 独立样本 t 检验结果表明，在各个水分处理水平下，接种 AMF 木棉根系的生物量要显著高于不接种的根系生物量（$P=0.02$，$P=0.02$，$P=0.00$）。

表 4.6　干旱胁迫下接种 AMF 对木棉苗生物量的影响

Tab. 4.6　The effects of inoculation with Glomus mosseae on biomass of Bombax at different water level

干旱程度	不接种		接种	
	地上部/（g/株）	根系/（g/株）	地上部/（g/株）	根系/（g/株）
正常浇水	0.26±0.03aC	1.14±0.02aA	0.44±0.05aC	3.43±0.34aB
轻度胁迫	0.16±0.04aC	0.43±0.03bA	0.48±0.07aD	2.63±0.29aB
重度胁迫	0.17±0.14aC	0.41±0.13bA	0.34±0.06aD	1.44±0.08aB

注：小写字母代表在 0.05 水平上纵向差异，大写字母代表在 0.05 水平上横向差异

Note：Lower case letters denotes respectively significant differences at the $P=0.05$;upper case letters denotes respectively significant differences at the $P=0.05$

随着水分胁迫强度的加大，不接种 AMF 的木棉苗与接种 AMF 相比，地上部生物量均有下降的趋势，SPSS 分析得出各个水平间差异不显著；不接种 AMF 的根系生物量，

也有下降的趋势，SPSS 分析表明正常浇水与轻度水分胁迫和重度水分胁迫差异显著；接种 AMF 的根系生物量在各个水分处理水平间差异不显著。

3.2.4　干旱胁迫下接种 AMF 对木棉苗含水量的影响

测定结果表明，接种 AMF 与不接种 AMF 相比，地上部的含水量在各个水分梯度条件下均减少。其中，SPSS 独立样本 t 检验结果表明，在正常浇水和重度水分胁迫条件下差异不显著，轻度水分胁迫条件下差异显著。接种 AMF 与不接种 AMF 相比较，根系的含水量在各个水分处理下均有提高。并且，SPSS 独立样本 t 检验结果表明，在正常浇水条件下差异显著，其他两个处理差异均不显著（表 4.7）。

表 4.7　干旱胁迫下接种 AMF 对木棉苗含水量的影响

Tab. 4.7　The effects of inoculation with *Glomus mosseae* on *Bombax* at different water level

干旱程度	不接种		接种	
	地上部含水量/(g/株)	根系含水量/(g/株)	地上部含水量/(g/株)	根系含水量/(g/株)
正常浇水	3.50±0.13aC	1.14±0.02aA	1.60±0.28aC	11.27±0.73aB
轻度胁迫	0.67±0.14abC	0.43±0.03bA	0.48±0.07aD	5.91±1.26abA
重度胁迫	1.09±0.18bC	0.41±0.13bA	0.34±0.06aC	3.69±0.71abA

注：小写字母代表在 0.05 水平上纵向差异，大写字母代表在 0.05 水平上横向差异

Note: Lower case letters denotes respectively significant differences at the P=0.05;upper case letters denotes respectively significant differences at the P =0.05

随着水分胁迫强度的加大，地上部含水量在不接种 AMF 和接种 AMF 条件下均有下降的趋势，SPSS 分析得出：在正常浇水与重度胁迫条件下，不接种的在各个水分处理间的差异显著；接种 AMF 后各个水分梯度下的地上部含水量差异均不显著；不接种 AMF 的根系含水量，随着水分胁迫强度的加大，也有下降的趋势。SPSS 单因素方差分析表明正常浇水与轻度水分胁迫和重度水分胁迫差异都显著；接种 AMF 的根系含水量仅在正常浇水与重度胁迫条件下差异显著。

3.3　讨论与结论

在恢复生态学中关于菌根真菌的研究已经渗透到了各个方面，例如，可以改善植物对养分的吸收（陈梅梅等，2009；宋会兴等，2007；何跃军等，2007a；赵昕和阎秀峰，2006）、提高植物的抗性（赵平娟等，2007；任安芝等，2005；弓明钦等，2004）等的生理功能；还可以影响养分循环（Read and Perez-Moreno，2003）、群落结构（Casper and Castelli，2007，Scheublin *et al.*，2007，Heijden *et al.*，1998）、介导植物竞争（Ayres *et al.*，2006；Facelli E and Facelli JM，2002）、生物入侵防治（阎秀峰和王琴，2002）等的生态功能。

本研究结果表明，接种丛枝菌根真菌可以促进木棉幼苗各部分组织的分化，具体表现在可以促进幼苗地上部和地下部生物量的积累。接种 AMF 与不接种 AMF 相比，在各个

水分梯度处理下，木棉株高、地径、地上部生物量和地下部生物量均有提高。这与许多研究结论（陈梅梅等，2009；何跃军等，2008，2007a，2007b；赵昕和阎秀峰，2006）是一致的。例如，阎秀峰和王琴（2002）的研究发现，外生菌根能促进辽东栎幼苗的生长，丛枝菌根真菌可以促进喜树幼苗生物量的积累（赵昕和阎秀峰，2006）；何跃军等（2008）研究得出，透光球囊霉和摩西球囊霉等能促进构树幼苗的株高、地径的生长；吴强盛等（2004）的研究表明，在不同的水分梯度条件下丛枝菌根能促进枳实生苗的生长。

接种 AMF 与不接种相比，在各个水分梯度下地上部的含水量均减少。但是根系的含水量在各个水分处理下均有提高；表明接种 AMF 可以增加根系的含水量，却减少了地上部的含水量。AM 的形成首先是在地下，增加了根部吸收水分的能力，但是水分从根部运送到地上部时就会由其他机制来进行调控，AM 对其作用就不会太明显。

研究还表明，接种丛枝菌根真菌可以增强木棉幼苗的抗水分胁迫的能力。接种 AMF 可以有效缓解木棉生长受到的抑制作用（Yanomelo et al.，2003）。这与柳洁等（2013）的研究结果相一致。具体表现为，在不接菌情况下，随着水分胁迫强度的增加，植物的株高、地径、生物量和含水量呈现显著减少的趋势；但是在接菌之后，这些显著特征都被缓解了。

第 4 节　高黎贡山丛枝菌根真菌多样性研究

4.1　研究目的及意义

高黎贡山由于具有多种多样的森林类型和生物资源，早已成为世界性生物多样性的热点关注地区。高黎贡山北段海拔相对高差在 3000m 左右，形成了鲜明的气候垂直带，依次为南亚热带、中亚热带、北亚热带、暖温带、中温带和寒温带。在垂直气候带的影响下形成了垂直的生物带，在高黎贡山的不同海拔地区，分布着多种植被类型。1880m 以上，因人为活动较少，牲畜放养也较少，植被保存较好，生物资源十分丰富；但是 1500m 以下的干热河谷地区，村庄分布较为密集，人口密度较大，人口的激增加大了森林的负担，由于人们的不断索取、不断砍伐、伐山造田，造成了森林资源大幅度减少。就连人工纯林、次生林也片断化了，山底部的植被基本已经被砍光（徐正会等，2001）。现在最需要解决的问题是加强管理高黎贡山的森林资源和高黎贡山生物多样性保护。

作为生态系统的重要组成部分的丛枝菌根真菌，由于对宿主个体生理过程的影响，能对植物生态系统产生显著的影响。Heijden 等（1988）研究认为，菌根共生体是决定生态系统多样性的潜在因素，菌根对植物群落的结构和功能有一定的调节作用。在对环境保护和植物的可持续发展中，丛枝菌根真菌多样性也起到了至关重要的作用。

高黎贡山的生物多样性及其与海拔关系的相关研究已经有很多，但多集中于植被的多样性（石翠玉等，2007；徐成东等，2008）和可培养微生物的多样性（张萍等，1999a）。关于高黎贡山地区丛枝菌根真菌的分布及多样性研究尚未见报道。本研究主要对高黎贡山 AMF 的种类组成、孢子密度、种的丰度等与垂直气候带及生物带的关系进行了初步研究。

4.2　材料与方法

4.2.1　材料的采集

在高黎贡山海拔600~3200m,于其北部沿海拔依次确定了以木棉为建群种的河谷稀树灌木草丛(VS)、以云南松为建群种的暖性针叶林(VCF)、以旱冬瓜为主的落叶阔叶林(BDF)、以贡山栲为主的中山湿性常绿阔叶林(MBF)、寒温性竹林(CBF)、寒温性灌丛(CS)6种代表性的典型植被带(薛纪如,1995)。在每个植被带按等高线设置5个样地,于2014年4月进行样地调查,样地基本情况见表4.8。采集这些植物5~30cm土层根样及贴近根系的根际土壤(每个土样1kg左右),每一个样地采集30个重复样本。所采根样应注意与宿主植物的主根相连,并尽量采取带根尖的根段,鲜根剪成2cm的小段装入采样小瓶,加入1/2 FAA[70%乙醇90ml,甲醛5ml,冰醋酸5ml,用时稀释一倍(黄逢龙等,2011)]固定。采集的土样装在自封袋中带回实验室,自然风干后存于4℃的冰箱备用。

表 4.8　样地基本情况

Tab. 4.8　Basic condition of plots

植被带	海拔/m	土壤类型	坡向	植被
河谷稀树灌木草丛(VS)	<1100	燥红土	东坡阳坡	木棉,坡柳
暖性针叶林(VCF)	1100~1800	褐红壤和红壤	东坡阳坡	云南松、米饭花、马缨花、大白杜鹃、锦叶杜鹃、小檗、绣线菊、四脉金茅、地瓜榕、香青、兔儿风、杏叶防风、沙参等
落叶阔叶林(BDF)	1800~2200	黄红壤	东坡阳坡	旱冬瓜、悬钩子、梨叶悬钩子、五叶悬钩子等;草本:薹草、千里光、苦蒿等
中山湿性常绿阔叶林(MBF)	2200~2800	黄棕壤	东坡阳坡	贡山栲、石栎、杜鹃、箭竹、珍珠皇、虎刺等;草本:蕨类、薹草、斑叶兰等
寒温性竹林(CBF)	2800~3000	暗棕壤	东坡阴坡	箭竹、卫矛、小檗等;草本:委陵菜
寒温性灌丛(CS)	>3000	黑壤	东坡阴坡	小叶栒子、早熟禾

4.2.2　土壤理化性质的测定

土壤基本理化性质的测定用常规的分析方法,其中 pH 的测定采用酸度计法,土壤的全氮采用半微量凯氏定氮法,水解性氮含量测定采用碱解扩散法,磷含量采用比色法,速效钾含量采用火焰光度法等(中国科学院土壤研究所,1978)。

4.2.3　根样的处理与观察

参考 Berch 和 Kendrick（1982）的方法对所采植物根样进行制片处理。处理好的玻片在光学显微镜下观察并记录丛枝菌根真菌在每种宿主植物根部的定殖情况，即被定殖的根段（包括菌丝、丛枝、泡囊及根内孢子）占总根段的比率。记录各种宿主植物根被菌丝定殖的程度。分级标准：75%以上的根段被定殖，为重度侵入，记为"+++"；25%～75%的根段被定殖，为中度侵入，记为"++"；25%以下的根段被定殖，为轻度侵入，记为"+"。每种宿主植物，取其 50 个 1.0cm 左右长的小根段，只要是在其中的一个小根段的皮层细胞内发现有丛枝或泡囊，就认为这种植物的根具有 AM，记为"+"；假如只观察到菌丝而无丛枝和泡囊就认为这种植物可能具有 AM，记为"±"；假如既没有菌丝，也没有丛枝和泡囊，就认为是无 AM 的，记为"–"（赵之伟等，2003）。

4.2.4　土样的处理与观察

在根际土样自然风干后，每份土样分别称取 20g，采用湿筛沉淀法分离丛枝菌根真菌的孢子，并在解剖镜下分别计数 100 目、140 目、200 目和 300 目筛面上所筛取的孢子数，将其累加后，计算出每克根际土壤中的 AMF 孢子密度。

4.2.5　孢子的鉴定

方法同 2.2.5。

4.2.6　不同植被带植被多样性及土壤中 AMF 多样性的测定

不同植被带的植被多样性由 Patrick 丰富度指数（马克平等，1995）来表示：$R_0=S$，式中，S 为每个植被带物种的总数。

不同植被带土壤中 AMF 孢子的多样性由 Margalef 丰富度（刘延鹏等，2008）指数来计算：$D=（S–1）/\ln N$，式中，S 为所在群落的物种数目；N 为群落的所有物种的个体数之和。

4.2.7　数据处理

采用 Excel 2007 和 SPSS 11.5 软件对数据进行统计分析。

4.3　结果与分析

4.3.1　不同海拔植被带土壤特征

6 种植被带的土壤理化性质，在不同的海拔表现出了不同的变化趋势（表 4.9）。其中，土壤的 pH 在各个植被带变化不明显，测定得出高黎贡山的土壤呈现酸性（pH<7）。随着海拔的升高，有机质含量有上升的趋势，在暖性针叶林有机质含量最少，为 24.55g/kg；在寒温性竹林达到最大值，为 236.39g/kg；两者相差近 10 倍。全磷、有效磷、全氮和水解性氮随着海拔的升高，呈上升趋势，在海拔 1100～1800m（暖性针叶林）却显示最小

值，在海拔 3000m 以上（寒温性灌丛）呈现最大值。随着海拔的升高，全钾先升高后趋于平缓。速效钾随着海拔的升高，呈现先降低后升高的变化。

表 4.9　高黎贡山不同海拔植被带土壤的理化性质

Tab. 4.9　**Chemical and physical properties of soils in different vegetation zones of Gaoligong Mountains**

植被带	pH	有机质/（g/kg）	全氮/%	全磷/%	全钾/%	水解性氮/（mg/kg）	有效磷/（mg/kg）	速效钾/（mg/kg）
VS	5.90±0.12	46.81±4.38	0.20±0..01	0.07±0.01	0.96±0.37	142.15±26.56	21.38±16.03	427.65±94.57
VCF	5.97±0.14	24.55±4.54	0.11±0.01	0.05±0.01	2.57±0.54	101.74±29.08	5.73±3.26	213.32±64.61
BDF	5.81±0.24	190.47±64.56	0.57±0.17	0.10±0.01	1.56±0.10	489.30±103.11	20.29±4.17	112.65±38.18
MBF	5.75±0.17	145.64±16.19	0.45±0.07	0.05±0.01	1.83±0.14	438.74±50.09	28.28±8.18	95.42±10.49
CBF	5.84±0.15	263.39±141.16	0.78±0.37	0.07±0.02	1.26±0.70	565.61±209.28	29.01±4.35	125.88±20.66
CS	5.84±0.44	186.35±116.36	0.83±0.42	0.11±0.01	1.79±0.39	812.16±238.00	36.51±10.31	306.35±182.76

4.3.2　植物根系感染 AMF 的状况

宿主植物根样染色后，在光学显微镜下观察，植物根细胞不着色，而丛枝菌根真菌的菌丝、泡囊和丛枝均被染成蓝色。在被调查的不同海拔的 6 种植被带中，各个植被带的宿主植物根部都不同程度地受到菌丝感染。其中 4 个植被带的宿主植物在根系中形成泡囊或丛枝，即形成 AM，占 67%；CBF 和 CS 两个植被带不能确定，占 33%。菌丝的感染率在各个海拔均不相同，随着海拔的升高，菌丝感染率呈现先上升后下降的趋势，在暖性针叶林，菌丝的侵染率为 100%，但是在寒温性灌丛菌丝的侵染率仅为 10%。单因素方差分析得出，6 个植被带的植物根部菌丝感染率差异不显著（表 4.10）。

表 4.10　高黎贡山不同海拔植被带的 AMF 感染状况及其孢子密度

Tab. 4.10　**Infection rate and spore density of AM fungi in different vegetation zones of Gaoligong Mountains**

植被带	菌丝	泡囊	丛枝	AMS	AMF 菌丝感染率/%	孢子密度/（个/g）	植被丰富度	AMF 的丰富度指数
VS	++	−	+	+	80	10.60	7	0.57
VCF	+++	+	−	+	100	23.26	24	1.04
BDF	++	−	−	+	60	2.95	18	0.52
MBF	+++	+	++	+	50	2.85	14	0.33
CBF	+	−	−	±	20	0.31	4	0.66
CS	+	−	−	±	10	1.86	2	0.18

调查统计发现，高黎贡山不同海拔段的植物均有 AM 形成，这与 90% 以上的植物均可形成 AM，AM 可以增强高山植物的抗逆性相一致。随着植物样本的增加，AM 植物占有的比例还可能会有所增加，那些可能具有 AM 的植物，在加大样本的调查后就有可能发现其具有丛枝或泡囊，将可能有 AM 变为一定有。

4.3.3 植物根际土壤中 AMF 的孢子密度

从图 4.5 可以看出，随着海拔的升高，AMF 的孢子密度呈现下降的趋势，与线性趋势线显示一致。在暖性针叶林孢子密度高达 23.26 个/g，寒温性竹林孢子密度仅为 0.31 个/g，暖性针叶林的孢子密度几乎是寒温性竹林孢子密度的 80 倍。用 SPSS 单因素方差分析得出，暖性针叶林的 AMF 孢子密度与落叶阔叶林、中山湿性常绿阔叶林、寒温性竹林、寒温性灌丛 AMF 孢子密度呈现显著差异性（图 4.5）。

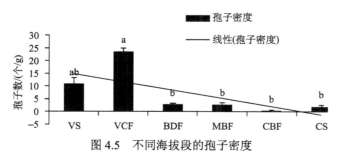

图 4.5 不同海拔段的孢子密度

Fig. 4.5 The spore density in different elevations

不同字母表示差异显著（$P<0.05$）

4.3.4 高黎贡山宿主植物根围土壤 AMF 组成

在高黎贡山宿主植物根围土壤 AMF 多样性的调查中，共分离鉴定得到 5 属 14 种 AMF。其中球囊霉属 *Glomus* 7 种，占 50%；无梗囊霉属 *Acaulospora* 4 种，占 28.57%；这两属 AMF 已占鉴定种数的 78.57%，在高黎贡山中有明显的优势，是优势属种。还分离鉴定出硬囊霉属 *Sclerocystis*、内养囊霉属 *Entrophospora* 和巨孢囊霉属 *Gigaspora* 各一种（未定种名）。其中，在 VS 分离出 5 种，VCF 分离出 9 种，BDF 分离出 4 种，MBF 分离出 3 种，CBF 分离出 3 种，CS 分离出 2 种。已分离鉴定的 AMF 见表 4.11。

表 4.11 高黎贡山丛枝菌根真菌的种类

Tab. 4.11 AMF species in Gaoligong Mountains

序号	AMF 种类	拉丁名	植被带
	无梗囊霉属	*Acaulospora*	VCF/MBF/BDF
1	疣状无梗囊霉	*A. tuberculata*	MBF
2	光壁无梗囊霉	*A. laevis*	MBF
3	密色无梗囊霉	*A. mellea*	VCF
4	刺状无梗囊霉	*A. spinosa*	VCF/BDF
	球囊霉属	*Glomus*	VCF/VS/CS/CBF/BDF
5	摩西球囊霉	*G. mosseae*	VCF/VS/CS
6	聚生球囊霉	*G. fasciculatum*	VCF/ BDF
7	缩球囊霉	*G. constrictum*	VCF/VS/CS

序号	AMF 种类	拉丁名	植被带
8	幼套球囊霉	*G. etunicatum*	VCF/VS
9	近明球囊霉	*G. claroideum*	BDF
10	多梗球囊霉	*G. multicaule*	VCF/VS/CBF
11	棒孢球囊霉	*G. clavispora*	VS
	巨孢囊霉属	*Gigaspora*	VCF/CBF/BDF/MBF
12	巨大巨孢囊霉	*Gi. gigantea*	VCF/CBF/BDF/MBF
	硬囊霉属	*Sclerocystis*	CBF
	内养囊霉属	*Entrophospora*	VCF

4.3.5　AMF 丰富度与土壤因子间的关系

SPSS 相关性分析显示，AMF 丰富度指数与土壤中有机质含量、全氮含量、水解性氮含量、速效磷呈极显著负相关，AMF 丰富度指数与土壤中全磷含量呈显著负相关（表4.12）。AMF 丰富度指数与土壤中全钾和速效钾含量无相关性。回归线性多变量线性分析得回归方程为 $Y = 2.888X_1 - 0.025X_2 - 30.877X_3 - 0.026X_4 - 0.039X_5 + 2.999$ （式中，Y 为 AMF 丰富度指数，X_1 为全氮含量，X_2 为有机质含量，X_3 为全磷含量，X_4 为水解性氮含量，X_5 为速效磷含量）。从回归方程可得出，土壤因子对 AMF 丰富度指数的影响依次为：全磷含量>全氮含量>速效磷含量>水解性氮含量>有机质含量。

表 4.12　AMF 丰富度指数与土壤因子的相关性

Tab. 4.12　The correlations between diversity index of AMF and soil factors

参数	植被丰富度	有机质 /(g/kg)	水解性氮 /(mg/kg)	速效钾 /(mg/kg)	全氮/%	全磷/%	全钾/%	速效磷 /(mg/kg)
相关系数	0.641[**]	−0.718[**]	−0.717[**]	0.092	−0.543[**]	−0.551[*]	0.271	−0.707[**]
P 值	0.004	0.001	0.001	0.716	0.002	0.020	0.277	0.001

**表示在 0.01 水平（双侧）上极显著相关，　*表示在 0.05 水平（双侧）上显著相关

**denotes correlation is very significant at the 0.01 level （2-tailed），*denotes correlation is significant at the 0.05 level （2-tailed）

4.3.6　孢子密度与土壤因子间的关系

SPSS 相关性分析显示，孢子密度与土壤中有机质含量、水解性氮含量、全氮含量、全磷含量、速效磷含量呈极显著或显著负相关（表 4.13）。孢子密度与土壤中全钾含量呈显著正相关。孢子密度与土壤中速效钾含量无相关性。回归线性多变量线性分析得回归方程为 $Y = 11.583X_1 + 4.916X_2 - 0.024X_3 - 12.007X_4 - 0.021X_5 - 0.142X_6 + 9.542$ （式中，Y 为孢子密度，X_1 为全氮含量，X_2 为全钾含量，X_3 为有机质含量，X_4 为全磷含量，X_5 为水解性氮含量，X_6 为速效磷含量）。从回归方程可得出，土壤因子对 AMF 孢子密度

的影响依次为: 全磷含量>全氮含量>全钾含量>速效磷含量>有机质含量>水解性氮含量。

表 4.13　孢子密度与土壤因子的相关性
Tab. 4.13　The correlations between spore density and soil factors

参数	有机质/（g/kg）	水解性氮/（mg/kg）	速效钾/（mg/kg）	全氮/%	全磷/%	全钾/%	速效磷/（mg/kg）
相关系数	−0.674**	−0.728**	0.305	−0.678**	−0.403	0.48*	−0.681**
P 值	0.001	0.001	0.219	0.002	0.097	0.044	0.002

**表示在 0.01 水平（双侧）上极显著相关，*表示在 0.05 水平（双侧）上显著相关

**denotes correlation is very significant at the 0.01 level（2-tailed），* denotes correlation is significant at the 0.05 level（2-tailed）

4.3.7　植被丰富度与 AMF 丰富度指数的关系

SPSS 相关性分析，AMF 丰富度指数与植被丰富度呈极显著正相关（P<0.01）（表 4.12）。

4.3.8　AMF 孢子密度和根系侵染率的关系

本研究分析结果表明,植物根围土壤 AMF 孢子密度和根系侵染率之间没有相关性,在其他研究中也得到相同的结论,这可能是因为: 一方面与 AMF 共生的植物根系随着植物地上部分的枯萎而逐渐消失,但是与之共生的 AMF 厚垣孢子能在土壤中存活较长的时间；另一方面 AMF 的根外菌丝在土壤中可以衍生到很远的地方,所以在其他地方也产生了孢子；另外,土壤中的部分孢子已经失去活力或是正处于休眠的状态,因而也不能侵染植物根系。

4.4　讨论与结论

4.4.1　AMF 物种多样性的垂直地带性规律及其影响因子

AMF 具有丰富的物种多样性和遗传多样性（Sykorová et al.，2007），宿主植物在一定条件下影响着 AMF 的群落结构。Sykorová 等（2007）利用分子生物学技术证明了 AMF 群落组成受到宿主植物种类的影响。AMF 的多样性在一定程度上也是由地上植物多样性决定的（刘润进等，2002），AMF 物种多样性随着植物种类的增加而变得更加丰富。暖性针叶林植物种类丰富，覆盖度高，在此植被带 AMF 丰富度最高。随着海拔的升高，植被丰富度逐渐减少，AMF 丰富度指数也逐渐降低。SPSS 相关性分析得知，植被的丰富度与 AMF 丰富度指数呈极显著正相关（P<0.01）。

吴丽莎等（2009）研究发现,AMF 群落组成与土壤中有效磷的含量呈最大负相关性。郭延军（2009）研究证实 AMF 的丰富度与土壤有机质、速效磷含量呈显著负相关。本次试验研究 AMF 丰富度与土壤因子之间的关系,发现 AMF 丰富度与土壤中有机质含量、速效磷含量、全氮含量和水解性氮含量呈极显著负相关，与土壤中全磷含量呈显著负相

关。回归线性分析表明，全磷回归系数最高，表示 AMF 丰富度受全磷含量的影响最大。总之，AMF 丰富度与土壤中磷含量有很大关系。本次试验还发现 AMF 丰富度与土壤中氮含量有很大关系，呈极显著负相关。与郭延军（2009）的结果相反。

4.4.2　孢子密度的垂直地带性规律及其影响因子

大量研究表明，AMF 的孢子数量受海拔相关因子影响，在这些因子中温度是主导因子，它对 AMF 在自然条件下的分布有决定性的影响（石兆勇等，2005）。有研究表明，高温能促进 AMF 产孢（Koske，1987；Haugen and Smith，1992）。随着海拔的升高，温度会降低，所以孢子密度会减少。从本试验的研究结果得知，随着海拔的升高，孢子密度有减少的趋势。

AMF 发育与土壤中有机质含量密切相关：在一定范围内（1.0%～2.0%），有机质含量的升高会引起 AMF 数量的增多（Wang et al.，2008）；但是当有机质含量超过 4%时，AMF 的孢子数量就会下降（盖京苹和刘润进，2003）。本试验中，孢子密度与土壤中有机质含量呈极显著负相关（$P<0.01$），即孢子密度随着有机质含量的升高而减少。这与在本试验中，有机质含量最低的暖性针叶林也达到 2.5%，超出了之前所说的一定范围有关。

有研究表明，在较高磷含量的土壤中 AMF 孢子密度较低。例如，香蒲根部的孢子密度与磷的含量呈反比（Ipsilantisa，2007）。杨秀丽等于 2007 年研究发现孢子密度与速效磷含量呈显著负相关。本试验结果表明孢子密度与磷含量未达到显著负相关。氮含量过高时，会显著减少 AMF 在土壤中的孢子数量。本试验测得土壤中的孢子密度与土壤中的氮含量呈极显著负相关，与前人研究一致。也有试验结果表明，土壤中孢子密度与土壤中氮含量呈正相关性。这也许是与所测土壤中的氮含量普遍较低有关。

第 5 节　丛枝菌根真菌对盈江县西南桦干腐病的抗性调查研究

5.1　研究目的及意义

西南桦（*Betula alnoides*）是桦木科桦木属分布最南的一个种，为云南省热带和南亚热带地区一种速生丰产优质的乡土阔叶树种、用材树种和生态公益林树种，具有较高的生态价值和经济价值。在云南西南部的西南桦人工林，一般 20～30 年即可生产胸径 20～30cm 的中径材，40 年即可生产胸径超过 40cm 的大径材（云南省林业科学研究所，1985）。西南桦的木材密度适中，纹理别致优美，不易翘也不易裂，同时还便于加工。常常被制成木地板、高档家具，也是室内装潢和单板贴面的理想材料（Zeng et al.，1999）。近年来，人们逐渐认识到了西南桦的生态价值。西南桦人工林具有维持生物多样性、涵养水源、保持地力及固定碳元素等生态特性（陈宏伟等，2002；孟梦等，2002；蒋云东等，1999），因此西南桦被广泛应用于荒山绿化、低产低效林分改造、生态公益林营建及优良速生用材林基地建设。2002～2012 年的 10 年间仅云南省德宏傣族景颇族自治州（德宏州）就人工种植西南桦 120 万亩[①]。但是，由于大规模人工纯林的种植，西南桦病害也日趋严重，特别是西南桦干部干腐病对人工林的威胁最严重。西南桦干腐病是由半知菌类的金黄壳囊孢菌（*Cytospora chrysosperma*）引起的，病害特别严重时会导致人工林停止生长甚至死亡。

化学农药的广泛使用，使病原体产生了抗药性，之后再施用农药就会出现预防和防治效果不好或者是低效的现象。同时，病原体（真菌、细菌、线虫等）的天敌被大量误杀，导致了病虫害的日益猖獗。再者，化学农药具有污染大气、水体和土壤的特性，可以残留在动植物体内，并通过食物链进入人体，进而会危害人类的健康（Huang *et al.*，2011）。随着人们生活水平的不断提高，人们对于由农药、化肥引起的食品安全问题更加关注。因此，寻找一种环境友好型的治理技术用来防治和预防植物病虫害，是当前人们所期待的，是病理学家和环境学家正火热研究的项目。其中，生物防治便是备受关注的一项技术与方法。病原体想侵染植物根系，就必须要通过植物根系的细胞壁进入植物根系细胞内。AMF 与植物根系的共生体还可以加速细胞壁的木质化，使根尖表皮加厚、细胞层数增多；改变根系形态结构，从而有效减缓病原体侵染根系的进程。AMF 的根外菌丝分泌的球囊霉素，能促进土壤团聚体的形成（He，2008），保持土壤根际的水分，供植物生长利用。

盈江县西南桦人工林多位于水源林区，对病虫害不能采取化学防治的措施，因此，从生物防治的角度来探讨西南桦的病虫害防治，对保证该地区的人工林的森林健康和生态安全将起到积极的作用。基于此，本实验以西南桦人工林栽培最集中的盈江县为研究地区，调查西南桦根际周围丛枝菌根真菌孢子的密度及根系侵染率与西南桦干腐病发病率及发病程度的关系，为开展西南桦病虫害的生物防治提供初步的研究基础。

5.2　材料与方法

5.2.1　样地概况

分别于 2013 年和 2014 年的 4 月对盈江县西南桦干腐病发病程度不同的 3 个样地进行发病率、病情指数调查，以及根际土壤及须根的样品的采集，带回实验室进行筛选孢子及菌根侵染程度检测。调查的 3 块样地分别位于盈江县的太平镇山地人工林、平原镇山地人工林和平原镇公路旁人工林。

盈江县（E 97°42′29″～97°54′12″，N 24°36′16″～24°46′3″）位于喜马拉雅山延伸横断山脉的西南端，是高黎贡山的余脉构成的山地山势。太平镇位于盈江县的西南部，距县城 12km，该地地势平坦，雨量充沛，光照充足，森林覆盖率较高，属于典型的亚热带气候。平原镇山地人工林土壤肥沃，处于阴坡。平原镇公路旁人工林土壤贫瘠，处于阳面，全天太阳直射时间长达 8h，3 种西南桦人工林的树林均属 25～30 年生。3 块样地基本情况见表 4.14。

---

① 1 亩≈666.7m²

表 4.14　3 块样地基本情况

Tab. 4.14　Site conditions of three plots

样地	地表植被	山地坡度/(°)	种植时间/a	朝向	土壤类型
1	无	0	25	东	红壤
2	灌草	30	25	西	红壤
3	灌草	30	28	南	红壤

5.2.2　发病率及病情指数调查

采用随机抽样法对每块样地的 50 株西南桦干腐病不同发病程度的植株进行地上部分调查和地下部分根际土壤采集，按照赵仕光等（Zhao and Jing，1997）的病害分级标准进行分级（表 4.15）。病斑调查为西南桦树干胸高的上下各 0.5m（0.8～1.8m）范围内（黄逢龙等，2011）。计算病情指数和发病率。

病情指数=100×∑（各级病株数×该病级值）/（调查总株数×最高级值）

发病率=发病株数/调查总株数×100%

表 4.15　干腐病的分级标准

Tab. 4.15　Standard of stem rot classification

级别	分级标准（发病植株占总植株的百分比）/%	代表值
I	0	0
II	0.01～2	1
III	2.01～8	2
IV	8.01～32	3
V	32.01 至死亡	4

5.2.3　材料的采集

采用随机抽样法对每块样地的 50 株不同发病程度的西南桦植株进行根际土壤采集，同时采集 5～30cm 土层的根样，取样时注意确保所取根样与所选植物的主根相连，并尽量采取带根尖的根段，鲜根样剪成 2cm 的小段装入青霉素小瓶，加入 1/2 FAA（70%乙醇 90ml，甲醛 5ml，冰醋酸 5ml，用时稀释一倍）固定，将其带回实验室在 4℃冰箱中保存备用。在采集西南桦根样的同时，用小铲挖取并采集根际土壤 1.5～2kg，装入自封袋内并注明标签。每个样地分别采集与地上部分相对应的 50 个土样，带回实验室备用。

5.2.4　菌根侵染率检测

方法同本章 2.2.3。

5.2.5　孢子密度测定

方法同本章 2.2.4。

5.2.6　孢子的鉴定

方法同本章 2.2.5。

5.2.7　分析方法

5.2.7.1　特征指数分析

丛枝菌根真菌孢子采用 Shannon-Wiener 多样性指数 $[H'=\sum P_i\ln P_i（P_i=N_i/N）]$ 和 Margalef 丰富度指数 $[D=（S-1）/\ln N]$ 计算。式中，N_i 为第 i 种物种的数量；N 为种群数量；P_i 为种 i 的个体数；S 为种数（Koske and Walker, 1984）。

5.2.7.2　数据分析

采用 SPSS 11.5 软件对数据进行统计分析和主成分相关性分析及线性回归分析。

5.3　结果与分析

5.3.1　根的侵染率与西南桦干腐病发病率和病情指数的关系

经过观察和计算（表 4.16），1 号样地中根的菌根侵染率为 13%，但没有发现泡囊和丛枝的存在；2 号样地根的菌丝侵染率为 90%，在每个根段中存在大量的泡囊和丛枝，泡囊侵染率（采用网格线交叉法）高达 40%；3 号样地的菌根侵染率为 77.5%，泡囊侵染率为 10%（图 4.6）。3 块样地的西南桦都不同程度地形成了菌根共生体，2 号样地和3 号样地的菌根侵染率明显高于 1 号样地，其中 2 号样地最高。用 SPSS 17.0 进行相关性分析，菌根侵染率与发病率和病情指数存在极显著负相关性（$P<0.01$）（表 4.16）。即菌根侵染率越高，发病率越低，病情指数越小。

表 4.16　西南桦根际 AMF 孢子密度和菌根侵染率与西南桦干腐病发病率及发病程度关系调查研究

Tab. 4.16　The investigation and study of the relationship between the AMF spore density and the AM colonization rate and *Betula alnoides* stem rot disease rate and disease degree

样地	菌根侵染率/%	孢子密度/（个/g）	发病率/%	病情指数
1（50 个样）	13a	1.05b	100	80
2（50 个样）	90b	19.00ab	46	16.5
3（50 个样）	77.5ab	40.08a	12	3

注：表中 a、b 分别表示在 0.05 水平上的差异显著性

Note：a，b denotes respectively significant differences at the $P=0.05$

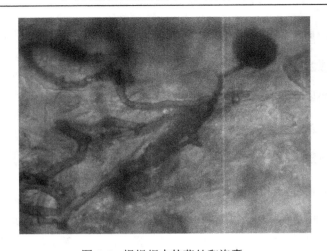

图 4.6　根组织中的菌丝和泡囊

Fig. 4.6　Hyphae and vesicle of root tissue

5.3.2　孢子密度与西南桦干腐病发病率和病情指数的关系

经过调查统计，如表 4.16 所示，3 号样地的孢子密度明显高于 1 号样地（$P<0.05$），2 号样地的孢子密度与 1 号样地和 3 号样地相比没有明显差别。2 号样地的孢子密度比 1 号样地高 18 倍，2 号样地较 1 号样地发病率降低了 54%，病情指数少 63.5；3 号样地孢子密度比 1 号样地高 38 倍，3 号样地与 1 号样地相比发病率降低了 88%，病情指数降低了 77。经过 SPSS 17.0 的相关性分析，孢子密度与发病率和病情指数之间在 0.01 水平（双侧）上都显著相关（$P<0.05$）（表 4.16）。SPSS 17.0 线性回归分析显示，孢子密度与发病率之间的线性关系为 $Y=-1533.520X+963.5279$（其中 Y 代表发病率，X 代表孢子密度）。孢子密度与病情指数之间的线性关系为 $Y=-7.387X+963.527$（其中 Y 代表病情指数，X 代表孢子密度）。从线性方程可以看出发病率和病情指数随着孢子密度的增加而减少。

5.3.3　孢子种类

在 1 号样地的 50 个样品中，共分离出 1 属 2 种的 AMF，分别为幼套球囊霉和摩西球囊霉。2 号样地的 50 个样品中共分离出 2 属 4 种 AMF，分别为幼套球囊霉、摩西球囊霉、缩球囊霉和盾巨孢囊霉。3 号样地的 50 个样品中共分离出 2 属 4 种 AMF，分别为幼套球囊霉、摩西球囊霉、缩球囊霉和盾巨孢囊霉（图 4.7）。

5.3.4　丰富度和多样性与西南桦干腐病发病率及病情指数的关系

经过调查与分析，如表 4.17 所示，2 号样地 AMF 种的丰富度是 1 号样地的 4.87 倍，多样性指标是 1 号样地的 2.43 倍，2 号样地发病率是 1 号样地的 46%，病情指数是 1 号样地的 21%。3 号样地种的丰富度是 1 号样地的 5.35 倍，多样性指标是 1 号样地的 2.61 倍，其发病率是 1 号样地的 12%，病情指数是 1 号样地的 4%。3 号样地种的丰富度是 2 号样地的 1.10 倍，多样性指标是 2 号样地的 1.08 倍，其发病率是 2 号样地的 26%，病

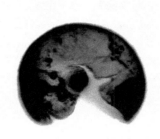

多梗球囊霉 *Glomus multicaule*　　　　　　　　缩球囊霉 *Glomus constrictum*

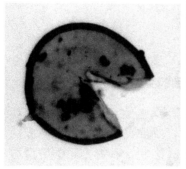
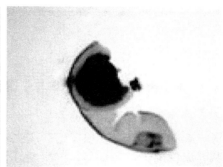

幼套球囊霉 *Claroideoglomus etunicatum*　　　盾巨孢囊霉 *Scutellospora dipurpurascens*

图 4.7　孢子形态

Fig. 4.7　The spore morphology

情指数是 2 号样地的 18%。经 SPSS 17.0 相关性分析，结果表明，种的丰富度和多样性指数都与干腐病的发病率和病情指数显著负相关（$P<0.01$）（表 4.17）。

表 4.17　西南桦根围丛枝菌根真菌种的丰富度及多样性指标与西南桦干腐病发病率及病情指数

Tab. 4.17　The relationship between the AMF species richness and diversity index in *Betula alnoides* stem rot disease rate and disease rate

样地	种的丰富度	多样性指标	发病率/%	病情指数
1（50 个样）	4.65	0.98	100	80
2（50 个样）	22.65	2.38	46	16.5
3（50 个样）	24.90	2.56	12	3

5.3.5　相关性分析结果

采用 SPSS 17.0 分析得出，AMF 的菌根侵染率、孢子密度、物种的丰富度和多样性指数均与西南桦干腐病的发病率和病情指数呈现显著的负相关，P 值均小于 0.01。结果见表 4.18。

表 4.18　菌根侵染率、孢子密度、种的丰富度和多样性指数与病情指数和发病率的相关性

Tab. 4.18　The correlation between the AM colonization rate, spore density, species richness, diversity index and disease index and disease rate

样地	菌根侵染率/%	孢子密度/（个/100g）	发病率/%	病情指数
1（50 个样）	13a	105b（平均孢子密度）	100	80
2（50 个样）	90b	1900ab（平均孢子密度）	46	16.5
3（50 个样）	77.5ab	4008a（平均孢子密度）	12	3

注：表中 a、b 分别表示在 0.05 和 0.01 水平上的差异显著性

Note：a，b denotes respectively significant differences at the P=0.05 and 0.01

5.4　讨论与结论

5.4.1　AMF 孢子密度和菌根侵染率与干腐病的关系

　　西南桦干腐病通常被认为是兼性寄生性病害，病害的发生与宿主生长势密切相关，一旦土壤瘠薄、树势衰弱，并有很多伤口产生时，干腐病的病原菌便能成功侵入；而菌根真菌能增强西南桦的树势和提高其抗病性。本试验中，AMF 孢子的数量与病害的发生率达显著性差异，说明 AM 菌根与西南桦干腐病抗病性负相关，前人研究发现，形成菌根的植株能够对病原菌的侵染产生快速防御反应（Liu *et al.*，2007），使得与防御相关的物质含量升高，增加植株对病原菌侵染的抵抗能力，从而减轻致病菌的侵入带来的伤害。本试验中，菌根真菌的孢子密度与植物的发病率和病情指数具有极显著的负相关性（P<0.01），菌根真菌的孢子密度越大，西南桦干腐病的发病率越低，病情指数越小。

　　从表 4.16 中可以看出，2 号样地菌根侵染率最高，并且在根系中还存在大量的泡囊和丛枝，但是 2 号样地的孢子密度低于 3 号样地，而且用 SPSS 相关性分析，孢子密度和菌根侵染率未见显著相关性，这个结果与方燕等（2010）的研究相一致。对菌根侵染率与孢子密度进行的相关性分析也表明，两者之间未见显著相关性。但是也有研究表明，在以色列的荒漠地区，灌木植物根际的 AMF 菌根侵染率与孢子密度呈正相关性（He *et al.*，2008）。另外，孢子密度与土壤的肥沃程度也有一定的关系，同一树种的孢子数量在土壤肥沃的林地上要比土壤相对贫瘠的林地上少（林清洪等，2003）。还有研究表明，植物根系的 AMF 侵染还受到土壤紧实度的影响（压紧和干扰）（Entry *et al.*，2002）。2 号样地较 3 号样地土壤肥沃，孢子数明显低于 3 号样地，菌根侵染率相对较高，与前人研究一致。

5.4.2　AMF 多样性与干腐病的关系

　　丛枝菌根真菌种的丰富度及多样性指数也与西南桦干腐病的发病率与病情指数具有一定的关系。从表 4.17 可以看出，种的丰富度及多样性指数与发病率和病情指数具有负相关性（P<0.01），种的丰富度与多样性指数越高的样地，其发病率和病情指数越低。由此可知，丛枝菌根的多样性可以提高植物的抗病性，可以降低西南桦干腐病的发病率

和病情指数。土壤中 AMF 孢子密度高时，西南桦干腐病发病率低。研究者可以通过接种 AMF 来提高土壤的 AMF 孢子密度，从而预防治理西南桦的干腐病。

第6节　结　论

本研究首次探究了干热河谷地区木棉的丛枝菌根的多样性，分析了高黎贡山不同海拔的丛枝菌根多样性，发现了丛枝菌根真菌对西南桦干腐病发病率与病情指数的相关性。主要结论如下。

（1）在干热河谷地区的木棉中，共分离出 6 属 7 种 AMF，分别为幼套球囊霉（*Glaroideoglomus etunicatum*）、摩西球囊霉（*Glomus mosseae*）、苏格兰球囊霉（*Glomus caledonium*）、缩球囊霉（*Glomus constrictum*）、多梗球囊霉（*Glomus multicaule*）、巨大巨孢囊霉（*Gigaspora gigantean*）和细凹无梗囊霉（*Acaulospora scrobiculata*）。7 种 AMF 中，幼套球囊霉和缩球囊霉较其他种类出现频率更高，孢子数量较多，初步认为这 2 种是云南干热河谷地区木棉科植物 AMF 的优势种。

（2）在干旱胁迫下，接种 AMF 可以显著提高木棉苗的株高和地径的生长量、地上部分及根系的生物量和含水量。接种 AMF 还可以缓解干旱胁迫对木棉苗的影响。

（3）在高黎贡山的不同海拔共分离鉴定得到 5 属 14 种 AMF。其中球囊霉属（*Glomus*）7 种，占 50%；无梗囊霉属（*Acaulospora*）4 种，占 28.57%；这两属 AMF 已占鉴定种数的 78.57%，在高黎贡山中有明显的优势，是优势属级。还分离鉴定出硬囊霉属（*Sclerocystis*）1 种，内养囊霉属（*Entrophospora*）1 种，巨孢囊霉属（*Gigaspora*）1 种。

（4）在高黎贡山不同海拔的研究得知：AMF 丰富度指数与土壤中有机质含量、全氮含量、水解性氮、速效磷含量呈极显著负相关。AMF 丰富度指数与土壤中全磷含量呈显著负相关。AMF 丰富度指数与土壤中全钾和速效钾含量无相关性。孢子密度与土壤中有机质含量、水解性氮含量、全氮含量、速效磷含量呈极显著负相关；随着海拔的升高，AMF 的孢子密度呈现下降的趋势；AMF 丰富度指数与植被的丰富度呈显著正相关。

（5）在盈江县西南桦根际土壤中共分离出 2 属 4 种 AMF，分别为幼套球囊霉、摩西球囊霉、缩球囊霉和盾巨孢囊霉。

（6）盈江县西南桦丛枝菌根真菌的孢子密度与西南桦干腐病的发病率和病情指数具有显著的负相关性（$P<0.01$），菌根真菌的孢子密度越大，发病率越低，病情指数越小。AMF 种的丰富度与多样性指数与西南桦干腐病的发病率和病情指数具有负相关性（$P<0.01$），AMF 种的丰富度与多样性指数越高的样地，其干腐病发病率和病情指数越低。由此可知，丛枝菌根的多样性可以提高植物的抗病性，可以降低西南桦干腐病的发病率和病情指数。

第5章 高黎贡山北段土壤微生物群落的垂直分布规律

第1节 引 言

1.1 高黎贡山的自然概况

高黎贡山位于云南省西部，与青海西藏高原和中南半岛南部相连接，东部是横断山脉——怒山山脉，西毗印度缅甸山，从南到北，绵延600km以上。且有南北宽、中间窄的地理特点。最高点位于贡山独龙族怒族自治县（海拔5128m），最低点在盈江县和缅甸边境交界处（海拔210m），南北山体相对高差达4918m（熊清华和艾怀森，2006）。

高黎贡山所处地理位置，地形繁杂曲折的高山峡谷，笔直的高度落差形成的主体气候、类型多样的气候带，加上西南季风的影响带来的丰富的水源，为各类型植物的生长提供了良好的环境。因此，热带、温带、寒带的动物和植物交汇聚集，生物种类、数量都非常丰富（张长芹等，1998）。形成了热带季风雨林、亚热带常绿阔叶林、针叶林、灌木、草丛、草甸等山地垂直植被类型。从河谷到山顶，分布着河谷稀树灌木草丛[海拔1100m以下的怒江河谷地带，优势种为虾子花（*Woodfordia fruticosa*）、坡柳（*Salix myrtillacea*）]、暖性针叶林[海拔1000~1800m，以云南松（*Pinus yunnanensis*）林为主]、半湿润常绿阔叶林[生长着旱冬瓜（*Alnus nepalensis*）及云南松等，海拔1800~2100m]、中山湿润性常绿阔叶林（海拔2200~2800m）、山顶苔藓矮林（海拔700~3100m）、寒温性针叶林(苍山冷杉林，海拔3100~3500m)、寒温性竹林[优势种为云龙剑竹（*Fargesia pagyrifera*）、空心箭竹（*Fargesia edulis*）等]、寒温性灌丛、草甸，海拔3500m以上几乎为岩石地区。已记载植物1700余种，鸟类247种，兽类117种，昆虫844种，其中的58种植物、81种动物已被列入国家级保护目录。国内外专家将高黎贡山称为"世界物种基因库"，是我国乃至世界生物多样性保护的主要自然保护区。

1.2 高黎贡山植被和微生物相关研究

高黎贡山山体宏大的上半部分是国家级自然保护区，下半部分从海拔1500m以下开始有村庄分布。近些年来，由于人口的激增，森林被大量砍伐，放牧、农田开垦或种植人工纯林使得山底的林地基本上已被清除，一些土地退化为荒草坡，对山上自然保护区里的森林和生物资源已造成极大的威胁（张萍等，1999a，1999b，1999c，1999d）。目前对于高黎贡山的研究包括地理学（胡建军，1996；罗君烈，1996；柏万灵，1994；王金亮，1993，1994）、植物学、动物学（韩联宪等，1996；罗旭等，2004；Ma *et al.*，1995；刘万兆和杨大同，1998）和微生物学研究。

在高黎贡山植物学研究方面（李恒等，1999，2003；刀志灵和郭辉军，1999；李嵘和龙春林，1999；杜小红等，1999），作为一个生物气候垂直分带的自然景观和丰富的生物多样性宝库，高黎贡山植物的多样性很受关注（孔德昌，2010）。徐成东等（2008）

对高黎贡山北部的植物群落垂直结构进行了调查，结果显示随着海拔的增加：①林地类型的变化依次为常绿阔叶林（2000～2300m）过渡为以阔叶树为主的针阔混交林（2300～2600m）、以针叶树为主的针阔混交林（2600～3000m）和针叶林（3000～3100m）；②木本植物的物种丰富度 β 多样性指数显著降低；草本植物的物种丰富度随着海拔的变化会有一个先减小继而上升的过程，特别是在林线以上有着明显的上升，草本植物的 β 多样性指数只是在山腰附近较低；③对植物的研究还包括采集植物种类及分离植被土壤中土壤微生物，记录气温、土壤有机质和有效氮含量、土壤含水量分析多因子多样性垂直分布的相互关系等。

在山的东坡，由于天气酷热，高山海拔落差大，地形险峻，人为活动干扰比较小，植被的保存较好，形成了一个显著的生物、气候垂直分带，分布着各种各样的植被类型，植物物种丰富多样。在山的下半部分有零散分布的村落，人类活动对于山地附近的林地及土壤有不同的影响（张萍等，1998），此地也是学者研究的热点。

对于高黎贡山的微生物学研究（李晋等，2012；余丽和晏爱芬，2011；张萍等，1999a，1999b，1999c，1999d），研究者对不同海拔地段下的不同植被土壤中微生物的数量和多样性进行了研究，采集土壤样本，进行了微生物数目、真菌的分离和鉴定，以及样品养分含量的测定，结果得出微生物中各种类及数量随海拔变化的规律不明显，但是在海拔 2000m 左右土壤微生物的种类及数量是最高的，在此海拔条件下往山的顶部或者山的底部微生物多样性指数均较低（张萍等，1998）。

张萍等（1998）对高黎贡山保护区内真菌进行的研究得到土壤真菌 28 属，比哀牢山分离到的种类丰富，其中以丛梗科占绝对优势，暗梗孢科为次生类群。

张萍等（1999a，1999b，1999c，1999d）对高黎贡山东坡林地的土壤微生物的数量与活性进行的研究发现：在山的上半部分微生物的数量和活性均随海拔的升高而降低；而下半部分因为人类活动和海拔降低等因素的共同影响，微生物数量和活性随海拔的下降而降低；在高黎贡山中部地区丰富的自然植被可以产出大量的落叶、植物枝干等物质，这些凋落物回归土壤，成为各种微生物营养物质的丰富来源，土壤微生物数量和活性高；另外，森林植被的过分砍伐和利用也使土壤微生物数量和活性降至较低水平。而下部（1500m 以下）有村庄分布，原生林受到破坏，对土壤微生物和土壤养分产生了很大影响，使微生物大量减少。山底部（1210m 以下）的次生林基本已被砍光，由于森林过度砍伐和利用，土壤微生物的生长繁殖及物质变化都受到影响，导致土壤变得干旱而贫瘠，同时也威胁着保护区的森林和生物资源（张萍等，1999a，1999b，1999c，1999d）。旱冬瓜在高黎贡山不同海拔普遍分布，代玉梅等（2004）也对高黎贡山旱冬瓜根瘤样品采用 PCR-RFLP 的方法进行了分析。

余丽和晏爱芬（2011）对高黎贡山海拔 1000～3500m 不同土壤类型中的土壤微生物进行了研究。发现高黎贡山微生物中细菌总数占的比例最大（80%～99%），其次是放线菌，真菌是最少的，在海拔 3000m 以上的地区土壤微生物分布数量和种类相对较少，主要是由细菌组成的；在海拔 2000m 左右，土壤微生物的生长代谢十分旺盛，其微生物数量呈现出最高值；海拔 1500m 以下（高黎贡山下部），土壤微生物数量和多样性减少。张萍等（1999a，1999b，1999c，1999d）对 1000～3000m 的土壤真菌做过分离鉴定，发现在海拔 2000m 左右的原始森林中土壤真菌的种类最多，其次为海拔较高的原始森林，再次为海拔低的次生林。真菌的数量与种类分布都是在山的中部居多而山顶部与山底部分布较少。以上 4 个方面，对于高黎贡山土壤微生物多样性的研究明显不足，如何加强高黎贡山森林资源管理和生物多样性保护已经成为一个亟待解决的问题。

1.3　微生物的多样性

微生物因其多样性而被人们所熟知。微生物多样性是指在某一特定的地理范围内，不同微生物种群、数量、功能和结构等方面表现出来的丰富多样的差异。微生物的多样性包括以下 6 个方面的内容（范丙全，2003）。

种类的多样性（morphological diversity），包括细菌、放线菌、真菌、藻类微生物群落，以及一些原生动物等。

结构的多样性（structural diversity），各类微生物具有的外部结构，包括鞭毛和菌毛、荚膜、外鞘等。

代谢的多样性（metabolic diversity），微生物有的是化能自养型，所需要的碳源来自于大气中的 CO_2，它们不需要有机物作为碳源和能源。氧化硫细菌就是这类微生物的代表。但有些是异养微生物类（Chemoheterotrophs），能源和碳源都来自于有机化合物，病原微生物就是这类微生物的代表。光能异养类（Photoheterotrophs）碳源从有机物获得，能源来自于光合作用，一些古细菌（嗜盐古细菌）就是这类微生物的代表。光能自养类（Photoautotrophs）碳源来自大气中的 CO_2，能源来自自身的光合作用，蓝藻就是这类微生物的代表。

生态多样性（ecological diversity），有生活在高热、高压、pH0～11 等各类极端环境下的微生物。

行为方式的多样性（behavioral diversity），包括微生物的趋光性、趋化性等。

遗传方式的多样性（genetic diversity），该模式下的演变是微观的而不是宏观的。

1.4　土壤微生物多样性的研究方法

由于土壤微生物种类繁多，数量庞大，加之体积小、土壤环境条件复杂，给其研究带来了很大的困难（胡亚林等，2006）。土壤微生物多样性的研究方法有多种，有传统的微生物平板培养稀释法、分子生物学方法、磷脂脂肪酸（phospholipid fatty acid，PLFA）图谱分析法、Biolog 微平板分析法等。研究微生物多样性可以从 3 个方面来展开，即遗传的多样性、种类的多样性及生态功能的多样性，微生物遗传物质的多样性主要是通过分子的方法来研究；微生物种类的多样性主要是通过各种方法对土壤微生物的物种进行鉴定；微生物生态功能的多样性主要是通过分析土壤中的各种转化过程，如硝化作用、氨化作用等（冯健等，2005）。从研究方法上看可以分为两类：一类是用培养的方法，基于土壤中可以培养的微生物可以直接培养，包括传统的微生物平板培养稀释法对微生物进行形态鉴别、微生物在 Biolog 平板中的反应和微生物的磷脂脂肪酸分析图谱等；另一类是不需要培养微生物，包括群落水平的生理特性分析（CLPP）、磷脂脂肪酸法和分子生物学方法等（张于光，2005）。

1.4.1　传统的微生物平板培养法

传统的培养方法是根据目标微生物而选特定的培养基，然后通过培养微生物的生长状况、菌落形态的大小、菌落的数量对分离菌进行鉴定进而得出分离菌的情况。平板稀释法是土壤微生物进行分离培养经常使用的方法，主要步骤是将样品进行稀释—用接种针进行接种—将已经接种的平板进行培养—对平板生长的微生物进行计数—对单一种群进行分离等（章家恩等，2004）。微生物平板法方法简单，很容易掌握，在培养微生物的同时可以分离纯化出相应的微生物群落，可以观察到微生物的菌落形态进而可以鉴定出微生物的种类。该方法局限于在固体培养基上筛选出微生物，一般用于微生物的计数，培养基的组成成分能够影响到微生物的生长，培养基的选择可以影响到所得菌落群体的多样性（章家恩等，2004）。只能够培养出土壤微生物总量的 0.1%～10%（Kirk *et al.*，2004）。不可能全面地了解土壤中所有或者大部分微生物的信息（吴金水等，2006），所得到的结果误差很大。这对于研究土壤微生物多样性而言是不利的。需要使用其他方法，包括分子生物学方法，才可以实现对微生物物种的鉴定，工作量巨大，再加上新的微生物多样性研究方法的出现，传统培养基培养法逐渐成为一种辅助的方法（钟文辉和蔡祖聪，2004）。

1.4.2　Biolog 微生物平板法

Biolog 技术是通过以分散在 96 个孔中的碳源作为底物来分析评估土壤微生物生理代谢的特点，也就是土壤微生物的功能多样性（金剑等，2007）。微生物在微平板中各种碳源的代谢可以通过仪器测定和记录下来，通过 Biolog 系统的微平板读数器（Emax 自动读盘机），在 590nm 波长下测定 ECO 板的光密度值（OD 值），实现数据的收集与保存（凌琪等，2012）。有 96 个微孔的 Biolog ECO 微平板，每 32 个孔为 1 个重复，每板共 3 个重复；将相同量的四唑紫染料分别装入 32 个微孔中，每个孔都有不相同的有机碳源，除了对照孔以外；对照孔里面不加任何碳源而加入等量的水作为对照，将土壤悬浮液接种到 Biolog ECO 微平板上的微孔中，一般在 25℃进行培养，微孔的有机碳源作为能量来源，接种于微孔板，在贫营养状态的微生物，其生长的碳源受到限制，如果能够使用微孔中的碳源，土壤微生物在微板的代谢、生物氧化过程中会产生电子转移，四唑紫将优先捕获电子然后变成紫色，每一个孔颜色转变的深浅水平能够反映出土壤微生物对 31 种不同碳源代谢能力的高低（孔滨和杨秀娟，2011）。

利用主成分分析（PCA）和多元统计分析方法或类似的方法，可分析不同的微生物群落代谢指纹（metabolic fingerprint）（章家恩和刘文高，2001）。该理论是基于 Biolog ECO 微孔板通过微生物对单一碳源的利用程度和微生物的代谢与生物类型变化的相关性，来了解群落组成的动态变化。Biolog 微平板用相似性反应原理来研究土壤微生物群落功能多样性，即单一物种的理论和鉴定，根据所得的代谢图谱查找相应的计算机分析软件和已经鉴定好的菌株，对于一般的细菌可以鉴定到种（滕应等，2004；杨元根等，2002；龙健等，2004；Christine and Bryan，1997）。

Biolog 方法最早是运用于微生物，用于微生物的分类和识别，是根据碳源利用的图谱即所测得的 OD 值来反映微生物属于哪一种类型；随着后来的发展将生物界的统计学方法加入 Biolog 中，进而才引入土壤真菌关于多样性的研究中（范丙全，2003）。该方法用于环境微生物的检测灵敏度高，分析全面；不需要分离、纯化、培养单一的微生物群落；测量方便，可以通过微生物对单一碳源的代谢指纹来分辨不同地区微生物群落的细微变化，这样也保证了微生物在原环境下代谢的多样性。

目前，Biolog 方法已经比较成熟。Biolog ECO 平板中的分布格局见表 5.1。

表 5.1　Biolog ECO 平板中各孔碳源的分布

Tab. 5.1　Distribution of the pore of carbon source in Biolog ECO

A0	A1	A2	A3			
B1	B2	B3	B4			
C1	C2	C3	C4			
D1	D2	D3	D4			
E1	E2	E3	E4			
F1	F2	F3	F4			
G1	G2	G3	G4			
H1	H2	H3	H4			

Biolog 所使用有机物的种类：①羧酸类化合物；②胺类化合物；③多聚化合物；④芳香化合物；⑤氨基酸；⑥碳水化合物。各有机物种类所含有机物见表 5.2。

表 5.2　ECO 平板上各碳源

Tab. 5.2　ECO plate on the carbon source

碳源类型	具体碳源						
羧酸类化合物	丙酮酸甲酯（B1）	D-半乳糖醛酸（B3）	γ-羟基丁酸（E3）	D-葡糖胺酸（F2）	衣康酸（F3）	α-丁酮酸（G3）	D-苹果酸（H3）
胺类化合物	苯基乙胺（G4）	腐胺（H4）					
多聚化合物	吐温-40（C1）	吐温-80（D1）	α-环糊精（E1）				
芳香化合物	2-羟基苯甲酸（C3）	4-羟基苯甲酸（D3）					
氨基酸	L-精氨酸（A3）	L-天冬酰胺（B4）	L-苯基丙氨酸（C4）	L-丝氨酸（D4）	L-苏氨酸（E4）	葡萄糖-L-谷氨酸（F4）	
碳水化合物	β-甲基-D-葡萄糖苷（A1）　D-纤维二糖（G1）	D-半乳糖酸-γ-内酯（A2）　葡萄糖-1-磷酸（G2）	D-木糖（B2）　α-D-乳糖（H1）	L-赤藓糖醇（C2）　D,L-α-磷酸甘油（H2）	D-甘露醇（D2）	N-乙酰基-D-葡萄糖胺（E2）	糖原（F1）

土壤中微生物群落功能的多样性通常可以用 Biolog 微平板法表示，而微生物的多样性又可以反映出土壤的重要信息（叶飞等，2010）。目前采用该方法研究微生物功能的多样性已经越来越多，杜萍等（2012）用 Biolog 微平板法对椒江口沉积物的微生物进行了研究，发现各个取样地的颜色平均变化率是不同的且再培养的最后时间测得的数据差异明显。邱权和陈雯莉（2013）等用 Biolog 方法对三峡库区的小江流域的土壤微生物多样也做过研究，土壤微生物的数量与时间的相关性是正相关的，进而导致了微生物对单一碳源的使用能力越来越强。

1.4.3　磷脂脂肪酸图谱分析法

磷脂脂肪酸是所有微生物细胞膜磷脂的组成部分，具有很强的生物学特异性，特定的微生物拥有特定的脂肪酸且该成分是相对稳定的成分（章家恩和刘文高，2001）。利用磷脂脂肪酸分析微生物群落的结构是最近几年发展起来的（窦琦，2013）。该方法主要步骤有磷脂脂肪酸的提取、纯化、甲脂化等。由于磷脂脂肪酸是微生物活体的组成部分，细胞的死亡意味着磷脂的快速分解，因而可以用磷脂脂肪酸代表土壤微生物的组成。磷脂脂肪酸分析法与其他方法相比有以下几个优点：不用考虑培养基的构成对微生物产生特异性的影响，能够直接有效地反映微生物群落的完整信息；对于样品中微生物生理活性没有要求，所获得的信息基本上是由样品中所有微生物提供；不会受样品中有机体的变化而影响，实验结果可靠（李冬梅等，2012），因此，磷脂脂肪酸分析方法在微生物生态学方面的研究应用越来越广泛。磷脂脂肪酸分析方法已经被用于研究土壤受到各种因素的影响，如耕作条件的变化、环境的污染、熏蒸等微生物群落和结构所发生的变化、土壤质量的改变及在不同植被条件下土壤微生物群落结构所发生的变化（胡婵娟等，2011）。但也有不足之处，虽然是提取样品中的磷脂，但现有的方法只能够提取土壤样品中的一部分磷脂脂肪酸，这不能代表样品中所有微生物的含量。该方法只能测定出微生物群落的整体变化而不能对其中某一类群的微生物作单独的比较分析，且该方法对实验条件的要求高，时间长，花费的成本也比其他方法高（张秀珍，2012）。

1.4.4　其他分子生物学方法

过去二三十年来，随着分子生物学技术的快速发展，促进了生物学的发展，它提供了微生物研究的新方法，该方法可以评价微生物的丰富度，从基因角度更均匀、更真实地反映原环境微生物群落多样性的信息（马万里，2004；Ogram，2000）。目前主要的分析方法有：核酸杂交、PCR-RFLP 分析方法、技术分析方法、PCR-SSCP 分析方法、PCR-DGGE 分析方法、基因芯片技术、宏基因组学技术等。

核酸分子杂交技术作为一个全新的分子生物学技术发展起来，它基于 DNA 分子碱基互补配对的原理，DNA 双链在某一特定的情况下可以解开，在条件允许的情况下可以按照碱基互补配对的原则再次合并（钟鸣和周启星，2002）。该方法是使用被标记的核苷酸探针通过原位杂交、斑点印记等不同的方法直接探测溶液、组织、固定在膜上的同源核苷酸序列；由于高度灵敏的核酸分子杂交方法，以及该方法有很高的特异性，广泛运用于环境中生物的检测、定性、定量分析（Hosein et al.，1997）。该技术是根据已知微生物不同分类的种群特征的 DNA 序列,用荧光标记的特异寡聚核苷酸片段作为探针,与环境基因组中的 DNA 进行分子杂交,检测该特异微生物种群的存在与丰度(张海龙和石竹,2007)。FISH 技术使直接检测土壤中栖息的微生物成为可能,可以用来对土壤样品中微生物进行原位检测(钟文辉和蔡祖聪,2004)。

PCR-RFLP 分析方法是一种常见的微生物分子生态学分析方法,是利用限制性内切酶及凝胶电泳的方法对特定 DNA 片段进行限制性内切酶产物反应分析,根据所得到的片段大小及数量来反映微生物的群落结构特点(张洪勋等,2003;李振高等,2006;赵光和王宏燕,2006;Borneman et al.,1996)。在菌种鉴定、微生物群落的对比分析及微生物群落遗传多样性研究等方面广泛应用。RFLP 反映了 DNA 水平上的变异,任何 DNA 序列的改变(如插入、重排、缺失等)都会改变原有酶切位点所在的位置,从而使两酶切位点间的 DNA 片段长度发生变化。

PCR-RAPD 分析方法也称为随机扩增多态性 DNA(random amplification polymorphism DNA)法,是 Willamis 与 Welsh 于 1990 年分别同时创立的一种相同的 DNA 分子标记技术,它应用短的序列引物在宽松的条件下用任意短的序列进行 PCR 扩增,结果使基因组的许多位点的基因可以放大增多,PCR 产物通过凝胶电泳分析(焦晓丹和吴凤芝,2004)。一般应用凝胶分析 PCR 产物,并检测基因多个位点的多态性。目前,RAPD 技术已被广泛应用于物种多样性分类、基因鉴别和系统发育分析。

PCR-SSCP 分析方法是根据单链 DNA 片段显示出复杂的折叠构象和维持这种稳定三维结构的碱基配对规律,进而快速、灵敏、有效地检测基因点突变的方法。PCR-SSCP 分析方法可以用来替代传统方法,对于研究微生物群落而言是不错的方法(Head et al.,1998;Merilly et al.,1998;Frank and Christoph,1998;Sabine et al.,2000),SSCP 方法已经被成功地用于研究根系微生物和高温堆肥的微生物群体组成,以及污染条件下微生物的生态多样性。

宏基因组学也称为环境基因组学(environmental genomics)或群落基因组学(community genomics),是由 Handelsman 等在 1998 年提出的,定义为"利用现代基因组技术研究自然状态环境中的微生物有机体群落,而不需要经过分离、培养单一种类的微生物",其最初是用来定义土壤细菌混合基因组(李翔等,2007)。目前,宏基因组主要是指环境样品中全部微小生物遗传物质的总和(强慧妮等,2009)。宏基因组文库既包含了可培养的又包含了未能培养的微生物基因,避开了微生物中分类培养的难题,极大地扩展了微生物资源的利用空间。宏基因组文库沿用了分子克隆的基本方法和原理,可以根据具体环境样品特点和建库的目的采用不同的步骤和对策,一般包含了样品 DNA 的提取、与载体连接和建库、克隆到受体细胞。宏基因组学技术在土壤方面的研究最引人注意的是新生物催化剂的发现,包括腈水解酶和淀粉酶、蛋白酶、氧化还原酶、脂肪酶、酯酶(Rondon et al.,2000)等,并且在此基础上获得新酶的许多特征信息。

PCR-DGGE 分析方法是应用最早也是最常用的单碱基突变筛查的方法之一,其原理是由于微生物的基因编码区有一部分不易突变的保守序列和易变的非保守序列,将保守序列与非保守序列分别进行扩增和鉴定,进而评估微生物的遗传物质的多样性(Sabine et al.,2000;Muyzer,1999),现在多数的分析是用"GC 夹板"技术进行,它是将一段长度为 30～35 的碱基，其富含 GC 的 DNA 附加到双链引物的一端以形成一个人工高温的解链区。这样，片段的其他部分就处在低温解链区从而可以对其进行分析，现在这一技术使该方法可以检测的突变比例大大增加。DGGE 使用异源双链"GC 夹板"技术、PCR 及专门的计算机判读分析程序等使该方法简便了许多。

扩增核糖体 DNA 限制性分析法（ARDAR）。ARDAR 是基于 PCR 反应选择性扩增 rDNA 片段（如 16S rDNA、23S rDNA、16～23S rDNA 片段），再对扩增的 rDNA 片段进行限制性酶切处理，进而对微生物的多样性进行分析，该技术是从环境中获取高质量的微生物总 DNA，以总 DNA 为模版，根据微生物 rDNA 序列的保守性设计引物，采用 PCR 技术将目的 rDNA 片段扩增出来，选择不同的限制性内切酶，对扩增的产物进行限制性酶切；选用合适的琼脂糖凝胶溶液，进行酶切的 16S rDNA 片段的电泳，从电泳图谱得出条带，应用计算机软件进行聚类分析，可以得到反映菌株间系统发育关系的聚类分析树状图谱，此方法不受菌株是否纯培养的限制，不受宿主的感染，具有特异性强、效率高的特点，被广泛地应用于微生物，尤其是共生菌、寄生菌的多样性研究（赵光和王宏燕，2006）。

与传统的多孔膜的核酸杂交基因芯片技术相比，以滑动的载体作为基因可以提供高灵敏度的快速检测等。对于研究复杂的自然环境下微生物群落变化而言，基因芯片是一个更好的选择（Shalon *et al.*，1996；Zhou and Thompson，2002a，2002b；Wu *et al.*，2001；Guschin *et al.*，1997；Zhou *et al.*，1997）。

1.5　研究的科学意义

高黎贡山因其生物资源异常丰富，在中国的保护区中是为数不多的被世界野生基金会评为具有重要意义的地区（熊清华和艾怀森，2006）。高黎贡山自然保护区对微生物资源的调查研究极少，且主要是对真菌进行研究，对细菌、放线菌等微生物类群的研究未见报道（余丽和晏爱芬，2011）。本研究以云南高黎贡山垂直林地为样点，以土壤微生物为切入点，对土壤微生物功能群的结构变化进行研究；从高黎贡山不同海拔下选取 6 种典型植被，对不同的植被带下的土壤进行土壤理化性质的测定和 Biolog 微平板系统分析，揭示该地区土坡微生物群落与生境之间的关系，从而为土壤质量的检测和植被恢复提供一定的依据。研究成果不仅对生态环境保护、可持续发展及高黎贡山地区生态环境评价有着重要的理论意义，而且研究筛选的微生物资源将为经济建设提供实践价值，也将为高黎贡山森林生态系统养分循环调控、退化生态系统的恢复和重建、保护区的管理提供理论依据。

第 2 节　研　究　方　法

2.1　采样方法

2.1.1　样地的布设

在高黎贡山北段，沿海拔梯度依次确定了木棉孤立木、河谷稀树灌木草丛、云南松林（北）、季风常绿阔叶林、湿性常绿阔叶林、寒温性竹林 6 种具有代表性的典型植被带。在每个植被带按照等高线设置 5 个样方以采集土样。样地的基本情况见表 5.3。

表 5.3　样地基本情况

Tab. 5.3　Basic conditions of plots

植被带	海拔 /m	坡度 /(°)	坡向 /坡位	枯落物 厚度/cm	主要树种
木棉孤立木	600	6	东坡半阳坡/上	1	木棉（*Bombax ceiba*）
河谷稀树灌木草丛	800	10	东坡半阳坡/中	2	虾子花（*Woodfordia fruticosa*）、坡柳（*Salix myrtillacea*）
云南松林（北）	1200	13	东坡半阳坡/下	3～4	云南松（*Pinus yunnanensis*）、旱冬瓜（*Alnus nepalensis*）
季风常绿阔叶林	1600	12	南坡阳坡/中	2	刺栲（*Castanopsis hystrix*）、香叶树（*Lindera communis*）
湿性常绿阔叶林	2500	23	南坡阴坡/下	3	旱冬瓜（*Alnus nepalensis*）、高山栲（*Castanopsis delavayi*）、石栎（*Lithocarpus glaber*）
寒温性竹林	3000	22	西坡阴坡/下	—	云龙剑竹（*Fargesia pagyrifera*）、空心箭竹（*Fargesia edulis*）

2.1.2　样品的采集

样地取样土壤深度为 0～10cm。先将土表的植物凋落物清理干净，并测量其厚度，之后用土壤取样器钻取土壤，将同一样方 5 个样点所采集的土壤混合均匀，剔除土壤中的石块及植物的断根。样品过筛后分为两部分：其中一部分用于测定土壤生物的指标，取样后装入已经消毒的塑料袋并放入 4℃ 的冰盒中，另一部分进行土壤养分和土壤理化性质的基本测定。

2.2　分析方法

2.2.1　土壤理化性质的测定

对土壤理化性质的测定包括：土壤水分、pH、总氮、全磷、全钾、水解氮、速效磷、速效钾和土壤有机质。具体的测定方法如下。

2.2.1.1　土壤有机质的测定

测定原理：在加热的条件下，利用重铬酸钾氧化还原土壤中的有机质，再通过标准溶液滴定剩余的重铬酸钾，计算出土壤的有机质。

其反应式为

$$2K_2Cr_2O_7+3C+8H_2SO_4=2K_2SO_4+2Cr_2(SO_4)_3+3CO_2\uparrow+8H_2 \tag{5.1}$$

$$K_2Cr_2O_7+6FeSO_4+7H_2SO_4=K_2SO_4+Cr_2(SO_4)_3+3Fe_2(SO_4)_3+7H_2O \tag{5.2}$$

测定方法：用分析天平准确称量 0.2g 土壤样品，通过 60 目筛（孔径 0.25mm），将样品倒入干燥的试管，加入混有硫酸的重铬酸钾，并使之混匀，在油浴锅中加热 6min，再加入指示剂用标准的硫酸亚铁滴定，溶液由开始的橙黄色变为绿色再突然变为棕红色时为滴定终点。同时做空白对照用来消除药品不纯而产生的影响。

计算公式如下：

$$有机质（g/kg）=[（V_0-V）N×0.003×1.724×1.1]/样品重×1000 \qquad (5.3)$$

式中，V_0 为滴定空白液时所用去的硫酸亚铁毫升数；V 为滴定样品液时所用去的硫酸亚铁毫升数；N 为标准硫酸亚铁的浓度（mol/L）。

主要仪器：分析天平、油浴锅、温度计、吸管、三角瓶、量筒、小漏斗、角匙、滴定台、滴瓶、试管夹、温度计、试剂瓶等。

2.2.1.2　土壤水分的测定

先在电子天平上称出培养皿的质量并在培养皿的侧面写上各个样品的序号，再将每个样品的一小部分土样放于培养皿中称重，每个样品重复 3 次，称重的土样要注意避免有石块、须根等杂质。

采用烘干法测定土壤的含水量，将装有土样的培养皿置于（105±2）℃的烘箱中烘干 24h，移入干燥器内冷却至室温后测定总质量。土壤含水量的计算公式如下：

$$土壤含水量=（M_2-M_1）/（M_1-M_0）×100\% \qquad (5.4)$$

式中，M_0 为培养皿的质量；M_1 为烘干前土壤样品与培养皿的总质量；M_2 为烘干后土壤样品与培养皿的总质量。

2.2.1.3　土壤 pH 的测定

用 pHS-3C 酸度计测量（水土比例大约为 2.5∶1），一般测量 3 次，然后取其平均值即该号样品土壤的 pH。

仪器：pHS-3C 酸度计、标准缓冲液等。

2.2.1.4　土壤中全氮的测定

采用半微量凯氏定氮法测定。

测定原理：土壤与浓硫酸及还原性催化剂共同加热，使有机氮转化成氨态氮，并与硫酸结合成硫酸铵；无机的铵态氮转化成硫酸铵；极微量的硝态氮在加热过程中逸出损失；有机质氧化成 CO_2。样品消化后，再用浓碱蒸馏，使硫酸铵转化成氨逸出，并被硼酸所吸收，最后用标准酸滴定。

主要反应可用下列方程式表示：

$$NH_2CH_2CONHCH_2COOH+H_2SO_4=2NH_2CH_2COOH+SO_2+[O] \qquad (5.5)$$

$$NH_2CH_2COOH+3H_2SO_4=NH_3+2CO_2\uparrow+3SO_2\uparrow+4H_2O \qquad (5.6)$$

$$2NH_2CH_2COOH+2K_2Cr_2O_7+9H_2SO_4=（NH_4）_2SO_4+2K_2SO_4+2Cr_2（SO_4）_3+4CO_2\uparrow+10H_2O$$
$$(5.7)$$

$$（NH_4）_2SO_4+2NaOH=Na_2SO_4+2H_2O+2NH_3\uparrow \qquad (5.8)$$

$$NH_3+H_3BO_3=H_3BO_3NH_3 \qquad (5.9)$$

$$H_3BO_3NH_3 + HCl = H_3BO_3 + NH_4Cl \qquad (5.10)$$

测定方法：用分析天平准确称取 0.5g 土壤样品，通过 60 目筛（孔径 0.25mm），将样品倒入 150ml 的开氏瓶（消化管）中，加入浓硫酸，然后放入消化炉上高温消煮 15min，使浓硫酸大量冒烟，此时应看不到黑色碳粒。待冷却后加入饱和的重铬酸钾溶液，在电炉上加热 5min。消化结束后，在开氏瓶中加入不含氮的蒸馏水 70ml 并振荡均匀，再加入氢氧化钠溶液。将准备好的三角瓶接在冷凝管下端，三角瓶内盛有硼酸吸收液和定氮混合指示剂。然后开始蒸馏，在冷凝管下端取出的溶液用加纳氏试剂检测，无黄色时表示蒸馏完全。最后用标准的盐酸溶液滴定，溶液由蓝色变为酒红色时为滴定终点。

计算公式如下：

$$N\% = [(V - V_0) \times N \times 0.014] / 样品重 \times 100 \qquad (5.11)$$

式中，V 为滴定时消耗标准盐酸的毫升数；V_0 为滴定空白时消耗标准盐酸的毫升数；N 为标准盐酸的物质的量浓度。

主要仪器：开氏瓶、弯颈小漏斗、分析天平、电炉等。

2.2.1.5　土壤中水解性氮的测定

土壤水解性氮，包括无机氮和有机氮中分解部分，这种形态的氮素相对容易与植物吸氮量有良好的相关性。土壤水解氮是土壤肥力指标。

测定原理：用封闭的扩散皿，用浓碱将土壤中氨态氮转化为气态氮，再进行测定。

测定方法（克氏定氮法）：用分析天平准确称取 2g 土壤样品和 1g 硫酸亚铁试剂，通过 18 目筛（孔径 1mm），均匀铺在扩散皿外室。用吸管吸取硼酸加入扩散皿内室，并加入定氮混合指示剂，然后在培养皿的外室边缘涂上特制的胶水，盖上毛玻璃，让毛玻璃与皿边完全黏合，转开毛玻璃的一边，用移液管加入氢氧化钠于培养皿的外室，之后盖严玻璃。将碱溶液与土壤充分混合均匀，固定好后贴上标签放入 40℃恒温箱中，24h 后用标准的盐酸溶液滴定，溶液由蓝色滴至微红色时为滴定终点。

计算公式如下：

$$水解性氮（mg/100g 土）= N \times (V - V_0) \times 14 / 样品重 \times 100 \qquad (5.12)$$

式中，N 为标准盐酸的物质的量浓度；V 为滴定样品时所用去的盐酸的毫升数；V_0 为空白试验所消耗的标准盐酸的毫升数。

主要仪器：扩散皿、微量滴定管、分析天平、恒温箱、瓷盘、毛玻璃等。

2.2.1.6　土壤中全磷的测定

测定原理：在高温条件下，土壤中含磷矿物及有机磷化合物与高沸点的硫酸和强氧化剂高氯酸作用后完全分解，全部转化为正磷酸盐而进入溶液，然后用钼锑抗比色法测定。

测定方法（硫酸-高氯酸消煮法）：用分析天平准确称取 1g 土壤样品，通过 100 目筛（孔径 0.25mm），置于消化管中，再加入浓硫酸，摇动后加入高氯酸摇均匀，在瓶口上放一小漏斗置于消化炉上加热消煮。将冷却的消煮液用水冲洗到容量瓶中，用干燥漏斗和无磷滤纸将溶液过滤至三角瓶中，并做空白对照。吸取适量滤液加入容量瓶中，加入二硝基酚指示剂，用稀氢氧化钠溶液调节 pH 至溶液刚呈微黄色，加入钼锑抗显色剂摇均匀定容。在室温（15℃）放置 30min 后，用分光光度计在波长 700nm 下进行测定，以空白试验溶液为参比液调零点，然后绘制工作曲线。

计算公式如下：

$$全磷（P）（\%）=显色液（mg/L）×显色液体积×分取倍数 /（W×10^6）×100 \quad （5.13）$$

式中，显色液（mg/L）为从工作曲线上查得的 P（mg/L）；分取倍数为消煮溶液定容体积/吸取消煮溶液体积；10^6 为将 μg 换算成 g；W 为土样重（g）。

仪器：分光光度计、容量瓶、电炉、三角瓶、小漏斗、大漏斗、移液管等。

2.2.1.7　土壤中速效磷的测定

测定原理：石灰性土壤由于大量游离碳酸钙的存在，不能用酸溶液来提取速效磷，可用碳酸盐的碱溶液。由于碳酸根的同离子效应，碳酸盐的碱溶液降低碳酸钙的溶解度，也就降低了溶液中钙的浓度，这样就有利于磷酸钙盐的提取。同时由于碳酸盐的碱溶液也降低了铝离子和铁离子的活性，有利于磷酸铝和磷酸铁的提取。此外，碳酸氢钠碱溶液中存在着 OH^-、HCO_3^-、CO_3^{2-} 等阴离子，有利于吸附态磷的交换。待测液用钼锑抗混合显色剂在常温下进行还原，使黄色的锑磷钼杂多酸还原成为磷钼蓝进行比色。

测定方法（碳酸氢钠法）：用分析天平准确称取 5g 风干的土壤样品，通过 18 目筛（孔径 1mm），放置于三角瓶中，加入碳酸氢钠及无磷活性炭，塞紧瓶塞，在振荡机上振荡 30min，振荡完毕后立即用无磷滤纸过滤，滤液放置于三角瓶中。吸取适量滤液放置于容量瓶中，加入硝基苯酚指示剂，加硫酸钼锑抗混合显色剂充分摇匀，排除二氧化碳后加水后定容，再充分摇匀。30min 后，用分光光度计在波长为 660nm 下进行测定，并做空白对照，然后绘制工作曲线。

计算公式如下：

$$土壤速效磷（P）（mg/kg）=比色液（mg/L）×定容体积/W×分取倍数 \quad （5.14）$$

式中，比色液（mg/L）为从工作曲线上查得的比色液磷的每升毫克数；W 为称取土样质量（g）。

仪器：振荡机、容量瓶、电炉、三角瓶、分光光度计、电子天平、烧杯、移液管等。

2.2.1.8　土壤中速效钾的测定

测定原理：以中性 1mol/L NH_4OAc 溶液为浸提剂，NH_4^+ 与土壤胶体表面的 K^+ 进行交换，连同水溶性的 K^+ 一起进入溶液，浸出液中的钾可用火焰光度计法直接测定。

测定方法（乙酸铵-火焰光度计法）：用分析天平准确称取 5g 风干的土壤样品，通过 18 目筛（孔径 1mm），放置于三角瓶中，加 NH_4OAc 溶液（土液比为 1∶10），用橡皮塞塞紧，在 20～25℃ 条件下振动 30min 后用干滤纸过滤，滤液与钾标准系列溶液一起在火焰光度计上进行测定，在方格纸上绘制成曲线，根据待测液的读数值查出相对应的每升毫克数，并计算出土壤中速效钾的含量。

计算公式如下：

　　土壤速效钾（K）（mg/kg）＝待测液（mg/L）×加入浸提剂毫升数/风干土重　（5.15）

仪器：振荡机、天平、火焰光度计、移液管、漏斗、三角瓶、坐标纸、滤纸、角匙等。

2.2.1.9　土壤中全钾的测定

测定原理：样品经碱熔后，使难溶的硅酸盐分解成可溶性化合物，用酸溶解后可不经脱硅和去铁、铝等步骤，稀释后即可直接用火焰光度计法测定。

测定方法（氢氧化钠熔融-火焰光度计法）：用分析天平准确称取 0.25g 土壤样品，通过 100 目筛（孔径 0.25mm），置于银坩埚底部，加几滴无水乙醇湿润，然后加 0.2g 固体 NaOH，平铺于土样表面，放置于干燥器中。将坩埚放在高温电炉内，由低温升至 720℃，保持此温度 15min。当炉温升至 400℃时关闭电源 15min 后继续升温。稍冷后，加水加热至 80℃左右，待熔块溶解后，再煮沸 5min，转入容量瓶中，用少量的硫酸溶液清洗数次，一起倒入容量瓶中，再加入适量的盐酸溶液和硫酸溶液定容，过滤后吸取适量的滤液置于容量瓶中，直接用火焰光度计法测定，同时测定钾标准系列溶液的读取值，在方格纸上绘制成曲线，然后从工作曲线上查得待测液的钾浓度（mg/L）。

计算公式如下：

$$全钾（K）（\%）＝比色液（mg/L）×测读液定容体积×分取倍数/（W×10^6）×100 \tag{5.16}$$

式中，比色液（mg/L）为从工作曲线上查得的钾的每升毫克数；测读液定容体积为 50ml；分取倍数为（待测液体积/吸取待测液体积）50/5；W 为烘干样品重（g）。

仪器：坩埚、电炉、火焰光度计、坐标纸、滤纸等。

2.2.2　土壤微生物功能多样性测定（Biolog 法）

土壤含水量的测定（Biolog 分析需要折算干土重）：先在电子天平上称出培养皿的质量并在培养皿的侧面写上各个样品的序号，再将每个样品的一小部分土样放于培养皿中称重，每个样品重复 3 次，称重的土样要注意避免有石块、须根等杂质。

材料前期处理：配置 0.85% 生理盐水，将足够多的玻璃珠铺满锥形瓶瓶底，在锥形瓶内加入 0.85% 生理盐水，溶液的体积分别为 90ml、45ml，密封好后灭菌。

土壤悬浮液的配置如下。

（1）称 10g 新鲜土样，在超净工作台上将土样添加到含有玻璃珠的存在 90ml 无菌 0.145mol/L 氯化钠的三角瓶中，加盖密封后置于摇床上振荡 15min（约 150r/min，25℃）。

（2）振荡后移入超净工作台内静止 5min，使土壤颗粒均匀分散，用移液枪吸取 5ml 溶液，加入装有 45ml 无菌水的三角瓶中，这样溶液已经稀释了 100 倍，静置 10～15min。

（3）将稀释的悬浮液用加样器接种到 Biolog ECO 微平板（150μl/孔）上，每个土样重复 3 次，然后放入 25℃恒温培养箱中培养 10d。

（4）每隔 24h 用 Biolog 微平板读取仪读取 590nm 下的数值，每个平板读取 3 遍，总共测量 10 次，时间为 240h。

微板孔中溶液的吸光值平均颜色变化率 AWCD、Shannon-Wiener 物种丰富指数 S、均匀度指数 E、Simpson 优势度指数 Ds 的计算如下。

Biolog ECO 微平板是反映土壤微生物对 31 种单一碳源的反应程度，采用每孔的平均颜色变化率（average well color development, AWCD）来表示，其计算公式为

$$AWCD = \sum (C - R)/n \qquad (5.17)$$

式中，C 为所测 31 个反应孔的吸光值；R 是对比孔的吸光值；n 为碳源的种类数即 31。

Shannon 多样性指数为

$$H = -\sum P_i \ln P_i , \; P_i = (C_i - R_i)/\sum (C_i - R_i) \qquad (5.18)$$

式中，P_i 为每个孔的相对吸光值（$C-R$）与所有 31 种碳源吸光值总和的比值。

碳源利用丰富度指数（S）：为每个碳源孔（$C-R$）的值大于 0.25 的孔数目。

均匀度指数：

$$E = H/\ln S \qquad (5.19)$$

Simpson 优势度指数：

$$Ds = 1 - \sum P_i^2 \qquad (5.20)$$

2.3 数据的处理

通过 Excel 2007、SPSS 19.0 软件等进行单孔平均颜色变化率（AWCD）、主成分分析、差异显著性分析、多样性指数分析等，所有数据测定结果均以平均值表示，结果表示为平均值±标准误。

第 3 节 结果与分析

3.1 不同海拔植被带土壤理化性质的变化

高黎贡山不同海拔植被带下的土壤理化性质表现出的趋势见表 5.4。从表中可见，高黎贡山不同植被类型下土壤 pH 均为 5.89～6.13，偏酸性且土壤酸碱度随着海拔的增高 pH 逐渐减小，在不同的植被下只显示出细微的差别，不同海拔下植被 pH 差异性不显著。所测土壤理化性质中有机质的含量、全钾的含量及有效磷的含量在不同海拔梯度段中具显著性差异，而其他几项显著性差异不明显。

表 5.4 高黎贡山不同植被带的土壤理化性质

Tab. 5.4 Chemical and physical properties of soils in different vegetation zones of Gaoligong Mountains

植被	海拔/m	pH	有机质/（g/kg）	全氮/%	全磷/%	全钾/%	水解性氮/（mg/kg）	有效磷/（mg/kg）	速效钾/（mg/kg）
木棉孤立木	600	6.1283±0.000	13.2885±3.740b	7.4999±7.430	0.0677±0.020	1.8595±0.610b	56.6339±22.220c	42.1215±30.780ab	238.9136±77.820ab

续表

植被	海拔/m	pH	有机质/（g/kg）	全氮/%	全磷/%	全钾/%	水解性氮/（mg/kg）	有效磷/（mg/kg）	速效钾/（mg/kg）
河谷稀树灌木草丛	800	6.0283±0.040	26.4376±11.590b	0.1301±0.050	0.0830±0.010	2.1227±0.090b	131.697±57.330c	21.9540±14.080ab	344.95±100.290ab
云南松林	1000	5.9500±0.070	48.2743±19.625b	0.2042±0.077	0.0459±0.002	3.0546±0.125ab	215.201±83.353bc	10.2682±4.789b	132.15±106.6b
季风常绿阔叶林	1600	5.9033±0.068	140.0457±13.147a	0.5566±0.105	0.1063±0.009	1.4988±0.107ab	431.1598±58.964ab	16.5262±2.692b	114.2167±23.383b
湿性常绿阔叶林	2500	5.888±0.068	115.3496±20.089a	0.5166±0.117	0.0813±0.018	1.5704±0.178ab	457.3931±97.360bs	22.7395±6.754b	154.36±30.508b
寒温性竹林	3000	5.925±0.135	145.3968±23.125a	0.5257±0.098	0.0560±0.001	2.0282±0.094a	610.5192±136.168a	28.7548±1.054a	159.25±91.300b

注：不同字母表示差异显著（$P<0.05$）

土壤有机质是土壤中各种营养元素，特别是氮和磷的主要来源（胡婵娟等，2011），土壤有机质是土壤的重要组成部分，影响土壤的物理、化学和生物学活性，它在土壤中的含量很少，但它是土壤最活跃的成分，对水、肥、气、热等肥力因子的影响很大，是土壤肥力的重要标志。由表中可见，有机质随海拔的变化植被类型顺序依次是寒温性竹林＞季风常绿阔叶林＞湿性常绿阔叶林＞云南松林＞河谷稀树灌木草丛＞木棉孤立木。土壤有机质的含量随着海拔的升高迅速上升，在海拔达到1600m以后的土壤有机质的含量与海拔600～1000m的土壤有机质有显著的差异性（$P<0.05$），按照国家对土壤有机质含量的划分，高黎贡山海拔1000m以上的土壤有机质的含量超过48.27g/kg，达到了一级水平，这与海拔地段下丰富的植被有着密切的联系；在有机质的变化中出现两个峰值，一个是海拔1600m的季风常绿阔叶林，另一个是海拔3000m的寒温性竹林；在高海拔地区土壤有机质含量变高可能与高寒地区土壤中各种微生物活动量变小有关（胡霞等，2014）。

在所测的6个海拔梯度段中，土壤的全磷、全钾及水解性氮的含量均有增大继而减小的趋势，且都在海拔1600m的季风常绿阔叶林含量达到最大值。而土壤中所含全氮、有效磷及速效钾均以海拔600m的木棉孤立木为最大值，随着海拔的升高而降低之后再增加，在海拔1600m的季风常绿阔叶林全氮达到最大值，而有效磷及速效钾随海拔升高继续升高。地形、气候及生物因素之间的相互作用将直接影响土壤中有机质和矿物质含量，表5.4显示季风常绿阔叶林地带土壤各营养元素几乎都达到最大值，说明该植被带营养物质最为丰富。

3.2　土壤微生物多样性分析

3.2.1　土壤微生物功能多样性分析

AWCD（平均颜色变化率）是土壤微生物群落功能多样性的重要指标，在一定程度上能表现出微生物的结构特性、群落生理功能的多样性等，数值越大说明微生物群落的密度、活性等指标越高（Zabinski and Gannon，1997；Choi and Dobbs，1999；Garland and

Mills，1991）。

　　研究结果显示：在 240h 的培养时间内，总体上随着培养时间的延长 AWCD 值也随着增大，即微生物群落的活性随着培养时间的延长而增强，在初始阶段 AWCD 值变化不是很明显，说明开始的一段时间微生物对碳源的利用率较低。在培养 72h 后 AWCD 值快速增加，培养时间越长 AWCD 值越高，在 144h 时增长速度最快，在 192h 时 AWCD 值增加的速度慢慢减缓，随之 AWCD 值趋于稳定的状态，平均值分别是 0.626 828、0.747 659、1.002 889、1.054 543、1.190 91、1.502 062。不同植被地带的土壤微生物对单一碳源的使用能力（AWCD）的次序为：海拔 600m 的木棉孤立木＞海拔 1600m 的季风常绿阔叶林＞海拔 2500m 的湿性常绿阔叶林＞海拔 1000m 的云南松林＞海拔 3000m 的寒温性竹林＞海拔 800m 的河谷稀树灌木草丛（图 5.1）。

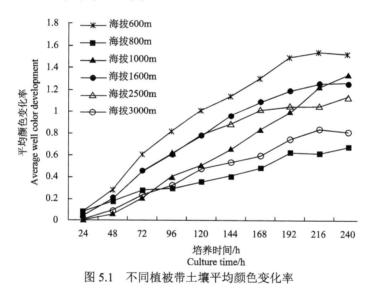

图 5.1　不同植被带土壤平均颜色变化率

Fig. 5.1　Average rate of change color development of soil indifferent vegetation zones of Gaoligong Mountains

3.2.2　土壤微生物群落物种多样性指数的分析

　　Shannon 指数、Shannon 均匀度指数、Simpson 指数和碳源利用丰富度指数是常用来说明群落多样性的指数，是研究群落物种数及其个体数和分布均匀程度的综合指标（陈宏灏等，2001）。本次研究用多样性指数来研究高黎贡山不同海拔地段土壤微生物群落对不同碳源利用能力的多样性，结果表明随着海拔的上升，土壤微生物群落的均匀度指数 E、物种丰富度指数 H、碳源利用丰富度指数 S 和优势度 Ds 总体上均表现为先增大后减小，继而增大再减小的趋势，呈现出两个波峰。从表 5.5 中可以看出，海拔 1600m 左右的季风常绿阔叶林的 E、S、H 和 Ds 均为最大值，分别是 0.962、29.029、3.232、0.956。Ds 和 H 的垂直分布呈现中部膨胀的趋势，以 1600m 的季风常绿阔叶林为最高。从 Ds 与 H 看，海拔 1600m 的季风常绿阔叶林均与其他区段（除了海拔 600m 的木棉孤立木）有着显著性的差异（$P<0.05$）。

表 5.5 不同海拔土壤微生物功能多样性分析

Tab. 5.5 Diversity indices for soil microbial communities in different vegetation zones

植被带	海拔/m	均匀度指数（E）	碳源利用丰富度指数（S）	优势度指数（Ds）	物种丰富度指数（H）
木棉孤立木	600	0.903±0.014b	34.414±1.925a	0.955±0.0004a	3.188±0.013ab
河谷稀树灌木草丛	800	0.978±0.10a	19.170±0.994c	0.937±0.002d	2.887±0.049c
云南松林	1000	0.947±0.012ab	23.311±4.456bc	0.948±0.001ab	2.961±0.147c
季风常绿阔叶林	1600	0.962±0.015a	29.029±2.436ab	0.956±0.002a	3.232±0.025a
湿性常绿阔叶林	2500	0.923±0.014ab	26.820±1.960bc	0.946±0.002bc	3.052±0.035bc
寒温性竹林	3000	0.931±0.003ab	22.972±1.259bc	0.939±0.006cd	2.916±0.060c

3.2.3 土壤微生物群落碳源利用的多样性

进行不同海拔梯度下的土壤微生物群落对碳源利用的主成分分析，将多个变量通过线性变化可以转化出少数几个重要变量（岳冰冰等，2013）。表 5.6 显示主成分个数的提取是相对应的特征值大于 1 的主成分，其累积方差贡献率达到 85%（Hao *et al.*, 2003）。表 5.6 提取 8 个主成分的累积贡献率达到 88.297%，第一主成分的方差贡献率为 39.019%，第二主成分的方差贡献率为 13.687%。

表 5.6 方差分解与主成分提取分析

Tab. 5.6 Total variance explained variance component and principal component analysis

主成分	初始特征值			提取平方和载入		
	特征值	方差贡献率/%	累积贡献率/%	特征值	方差贡献率/%	累积贡献率/%
1	12.096	39.019	39.019	12.096	39.019	39.019
2	4.243	13.687	52.706	4.243	13.687	52.706
3	2.836	9.148	61.854	2.836	9.148	61.854
4	2.469	7.966	69.820	2.469	7.966	69.820
5	1.811	5.843	75.663	1.811	5.843	75.663
6	1.529	4.932	80.595	1.529	4.932	80.595
7	1.339	4.321	84.916	1.339	4.321	84.916
8	1.048	3.381	88.297	1.048	3.381	88.297

用 PC1 和 PC2 作图可以区分不同海拔不同植被条件下土壤微生物的代谢特征。图 5.2 可以反映不同海拔梯度下微生物对碳源利用的相对分布情况，在主成分 1、2 上所得到的系数差异很明显，表明高黎贡山不同海拔地段不同植被下土壤微生物对碳源的利用方面存在显著差异。海拔 600m 的木棉孤立木与海拔 1600m 的季风常绿阔叶林土壤微生物在 PC1 与 PC2 上均为正值，海拔 800m 的河谷稀树灌木草丛在 PC2 上为正值，海拔 2500m 的湿性常绿阔叶林在 PC1 上为正值，海拔 1000m 的云南松林与海拔 3000m 的寒温性竹林土壤微生物在 PC1 与 PC2 上均为负值。这表明不同海拔下土壤微生物群落代谢结构具有明显的差异。

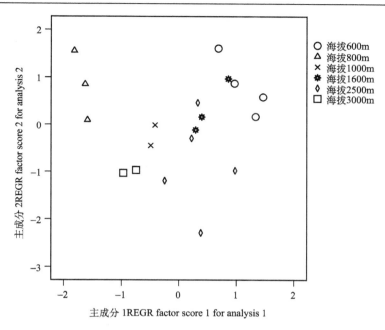

图 5.2 不同海拔下土壤微生物碳源利用主成分分析

Fig. 5.2 Microbial carbon utilization under different altitudes principal component analysis

Biolog 平板中的碳源有 31 种，将其分为 5 类，分别是羧酸类化合物、胺类化合物、多聚化合物、氨基酸、碳水化合物（刘秉儒等，2013），不同海拔梯度下的土壤微生物群落对这 5 类碳源的利用能力有一定的差异性，氨基酸、多聚化合物和羧酸类化合物是其主要利用的碳源。由图 5.3 中可以得出，土壤微生物利用的碳源类型最主要的是氨基酸、多聚化合物和羧酸类化合物。

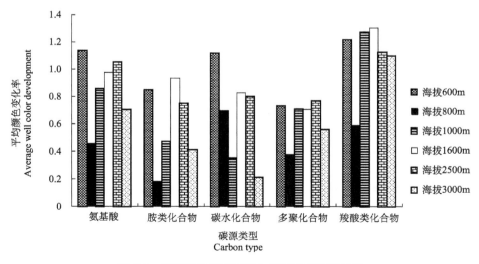

图 5.3 不同海拔梯度下微生物利用的碳源类型

Fig. 5.3 Microorganisms under different altitudes using carbon type

　　在 8 个主成分上计算出 31 种碳源的载荷值。初始载荷因子反应主成分与碳源利用的相关性，载荷因子越高表明该碳源对该成分的影响越大（严昶升，1988）。表 5.7 说明与第一主成分具有较高相关性的碳源有 23 种。其中碳水化合物占 8 种，羧酸类化合物占 5 种，氨基酸类化合物占 4 种。说明 6 个海拔地区土壤微生物群落碳源代谢功能的差异主要体现在主成分 1 载荷因子高的基质上，故对主成分 PC1 产生较高影响的主要是碳水化合物。

表 5.7　31 种碳源的主成分载荷因子
Tab. 5.7　Loading factors of principle components of 31 sole-carbon sources

碳源对应微孔	碳源类型	1	2	3	4	5	6	7	8
A1	空白	—	—	—	—	—	—	—	—
A2	β-甲基-D-葡萄糖苷（碳水化合物）	0.607	0.554	−0.081	0.154	−0.208	0.194	0.077	0.331
A3	D-半乳糖酸-γ-内酯（碳水化合物）	0.587	−0.037	−0.087	0.521	−0.154	−0.164	−0.443	−0.147
A4	L-精氨酸（氨基酸）	0.871	−0.112	0.013	0.087	0.300	0.141	−0.094	−0.012
B1	丙酮酸甲酯（羧酸类化合物）	0.416	−0.492	0.592	−0.105	−0.085	−0.124	−0.248	0.266
B2	D-木糖（碳水化合物）	0.119	0.417	0.237	0.673	0.339	−0.288	−0.016	−0.023
B3	D-半乳糖醛酸（羧酸类化合物）	0.657	0.053	0.496	0.162	−0.415	−0.059	−0.102	−0.022
B4	L-天冬酰胺（氨基酸）	0.819	−0.241	0.240	0.203	−0.091	0.079	−0.002	−0.152
C1	吐温-40（多聚化合物）	0.623	−0.286	0.043	0.093	−0.020	−0.128	0.577	−0.308
C2	L-赤藓糖醇（碳水化合物）	0.140	−0.339	0.275	0.053	0.288	0.762	0.135	−0.100
C3	2-羟基苯甲酸（芳香化合物）	−0.468	0.381	0.369	0.516	0.281	−0.005	−0.010	0.040
C4	L-苯基丙氨酸（氨基酸）	0.241	0.531	0.573	0.162	−0.446	0.176	−0.010	−0.190
D1	吐温-80（多聚化合物）	0.764	−0.147	−0.210	−0.132	−0.073	−0.277	0.307	−0.275
D2	D-甘露醇（碳水化合物）	0.796	−0.164	−0.281	−0.090	0.079	0.231	0.059	0.274
D3	4-羟基苯甲酸（芳香化合物）	0.909	−0.205	0.042	0.127	0.169	0.043	−0.170	−0.014
D4	L-丝氨酸（氨基酸）	0.826	−0.242	−0.230	−0.098	−0.029	0.123	−0.180	−0.260
E1	α-环糊精（多聚化合物）	0.509	0.406	0.298	−0.371	0.479	−0.001	0.001	−0.117
E2	N-乙酰基-D-葡萄糖胺（碳水化合物）	0.846	0.102	−0.290	0.084	−0.097	0.167	0.254	−0.063
E3	γ-羟基丁酸（羧酸类化合物）	0.587	−0.087	−0.342	−0.256	0.289	−0.090	−0.071	0.007
E4	L-苏氨酸（氨基酸）	0.498	−0.245	0.433	−0.324	−0.169	−0.230	0.216	0.401
F1	糖原（碳水化合物）	0.249	0.290	0.471	−0.510	0.221	−0.257	0.162	−0.064
F2	D-葡糖胺酸（羧酸类化合物）	0.533	−0.284	0.189	0.444	0.382	−0.353	0.213	0.096
F3	衣康酸（羧酸类化合物）	0.711	−0.378	0.180	0.046	0.258	0.188	−0.009	0.267
F4	葡萄糖-L-谷氨酸（氨基酸）	0.504	−0.578	0.089	−0.243	−0.171	−0.052	−0.415	−0.035
G1	D-纤维二糖（碳水化合物）	0.684	0.486	−0.383	−0.001	0.072	−0.243	−0.014	0.203
G2	葡萄糖-1-磷酸（碳水化合物）	0.617	0.628	−0.211	0.098	−0.036	0.111	0.053	0.312
G3	α-丁酮酸（羧酸类化合物）	0.254	0.487	0.562	−0.470	0.015	0.112	0.017	−0.079

碳源对应微孔	碳源类型	1	2	3	4	5	6	7	8
G4	苯基乙胺（胺类化合物）	0.769	0.458	0.079	0.143	0.110	0.235	−0.096	−0.152
H1	α-D-乳糖（碳水化合物）	0.510	0.568	−0.284	−0.263	0.052	0.091	−0.169	−0.032
H2	D,L-α-磷酸甘油（碳水化合物）	0.610	−0.037	−0.069	0.205	−0.524	0.075	0.326	0.083
H3	D-苹果酸（羧酸类化合物）	0.614	0.537	−0.076	−0.287	−0.111	−0.247	−0.182	−0.142
H4	腐胺（胺类化合物）	0.860	−0.311	−0.109	0.042	0.015	−0.173	−0.073	−0.025

第 4 节　结　　论

4.1　不同海拔不同植被带土壤的理化性质

从 pH 上看，高黎贡山土壤整体偏酸性，这可能是生长在不同地区植物的凋落物及土壤动物、微生物共同影响造成的，适合的酸碱度可以为微生物的活动提供有利的条件，加速养分的循环利用（秦燕燕，2009）。从土壤中全氮、速效钾来看，低海拔地区的木棉孤立木都是很高的，这可能与该区人为活动有着密切的关联，森林大量被砍伐、开垦成农田，部分地区放牧使原生林受到破坏，对土壤微生物和土壤养分产生很大影响，使微生物大量减少（张萍等，1999a，1999b，1999c，1999d）。土壤中全磷、全钾和水解性氮的含量以海拔 1600m 的季风常绿阔叶林普遍较高。土壤有机质的含量随着海拔的升高迅速上升，在海拔达到 1600m 以后，土壤有机质的含量与海拔 600～1000m 的土壤有机质有显著的差异性（$P<0.05$）。

4.2　根系分泌物是微生物利用的主要碳源

研究微生物群落对不同碳源利用能力的差异，能够深入地了解微生物群落的变化趋势。本研究 Biolog 数据表明各植物带土壤微生物群落对单一碳源的能力是不同的，在海拔 1600m 的季风常绿阔叶林对单一碳源的能力是最强的，密集于土壤表层根系的分泌物和死亡的根是微生物丰富的能源物质，使得土壤微生物群落活性较高。如图 5.3 所示，Biolog 平板中碳源有 5 类 31 种，不同海拔梯度下的土壤微生物群落对 6 类碳源的利用能力有一定的差异性，氨基酸、多聚化合物和羧酸类化合物是其主要利用的碳源。而表 5.7 已说明与第一主成分具有较高相关性的碳源有 23 种。其中碳水化合物占 8 种，羧酸类化合物占 5 种，氨基酸类化合物占 4 种，综合分析认为不同微生物群落利用的碳源主要是羧酸类化合物，其次是氨基酸类化合物，而这两类化合物主要来自根系分泌物（郑华等，2007）。

4.3　土壤微生物群落多样性分布符合"中部膨胀"规律

目前丰富度、Shannon 指数和均匀度的应用越来越广泛，基本上能够代表土壤微生物多样性的特征（Qin et al.，2009）。高黎贡山不同海拔梯度段土壤微生物群落多样性指数随着海拔梯度的变化表现出一定的差异性，随着海拔的升高微生物的均匀度指数 E、物种丰富度指数 H、碳源利用丰富度指数 S 和优势度 Ds 呈现先增大再减小的过程。其中，在海拔最低 600m 的木棉孤立木和海拔 1600m 的季风常绿阔叶林所得到的物种丰富度指数 H、碳源利用丰富度指数 S 和优势度 Ds 值最大，这可能是在海拔 600m 主要生长的作物是木棉，还有一些低海拔的植被物种，地上植被类型对土壤微生物碳源利用类型多样性的影响较大，再加上在该海拔人为活动也对其产生一定的影响（Zheng，2005）。在海拔 1600m 的季风常绿阔叶林各项指数均较大，可能是由于这一植物群落类型初步决定了土壤微生物群落的组成，植物种的构成和群落结构可以显著地改变植物根际土壤微生物的多样性，从而使微生物群落功能多样性产生相应的变化（Kowalchuk *et al.*，2002）。地上植被类型对于土壤微生物群落对碳源的利用影响是较大的，土壤微生物群落功能多样性也反映该土壤系统的稳定性较高。Biolog 数据表明了不同海拔下土壤微生物对不同碳源的利用能力是不同的，海拔 1600m 的土壤微生物群落对单一碳源的利用能力最强，说明该海拔下土壤微生物的代谢活性最强，微生物的多样性也是最丰富的，而处于海拔 800m 的河谷稀树灌木草丛对单一碳源利用能力最小，说明该地区土壤微生物的代谢能力很弱。这与土壤养分含量的海拔变化规律一致。因此可以认为高黎贡山不同海拔下土壤微生物多样性和碳源利用在中部海拔 1600m 的季风常绿阔叶林带最高，与物种生产力与多样性分布的"中部膨胀"理论（Zheng，2005）一致，与刘秉儒等（2013）研究的贺兰山海拔梯度的微生物多样性分布规律不同于植物多样性"中部膨胀"理论有所不同。

　　森林生态系统碳、氮耦合循环过程及其生物调控机制是全球变化生态学研究的前沿性科学问题，目前对其认识的不足是预测分析全球变化对森林生产力和固碳功能影响的瓶颈性问题，高黎贡山地处中国西南部，是生物多样性极为丰富的地区。本研究利用传统的土壤理化性质测定与 Biolog ECO 微平板分析法对高黎贡山不同海拔区不同植被带类型的土壤微生物进行了功能多样性的分析、碳源类型的分析、物种多样性的分析和土壤养分的分析等，从多个角度了解了微生物在海拔地段下的分布规律。综合分析认为高黎贡山北段不同微生物群落主要利用的碳源为根系分泌物相关的羧酸类化合物和氨基酸类化合物，微生物群落功能多样性、物种多样性与碳源利用多样性在中部海拔 1600m 的季风常绿阔叶林带最高，这与土壤养分变化规律一致，符合物种生产力与多样性分布的"中部膨胀"理论。为探讨不同森林类型土壤有效碳、氮库及相关的微生物过程，了解森林土壤碳、氮储量及其微生物区系特征变化趋势，研究高黎贡山森林土壤养分循环和森林可持续管理提供理论依据。

第6章　木棉不同种源对干旱胁迫的生理响应

第1节　引　　言

1.1　研究背景

1.1.1　植物的抗旱生理机制

干旱是影响植物生长和干旱、半干旱地区环境恶化的最主要因素之一，它出现在植物的种子萌发、营养生长和生殖生长等不同阶段。在干旱、半干旱地区，水分是植物重要组成部分和植物赖以生存和生长的限制因子。据统计，世界干旱、半干旱区占陆地面积的33%，我国的干旱、半干旱地区占国土面积的45%，而其他非干旱地区植物在生长季节也常发生不同程度的干旱（黎祜琛和邱治军，2003）。水分亏缺造成的损失在所有非生物胁迫中占首位，它是影响树木成活与生长的重要限制因子（李燕等，2007），也是影响植物分布、产量及果实品质的主要限制因素。干旱胁迫对植物造成的影响是非常广泛而深刻的，它不仅表现在形态生长阶段，同时也表现在具体的生理生化过程中，是根茎叶形态解剖构造、水分生理、光合特性、渗透调节及酶活性等因素共同作用的结果（Larcher，1983）。植物抗旱性机制问题首先由 Levitt（1980）提出，后经不断完善，目前形成了较为系统的看法。植物的抗旱机制大致可分为 3 类：避旱性、高水势下的耐旱性（延迟脱水）和低水势下的耐旱性（忍耐脱水）。避旱型主要是一年生草本植物，它们通过在干旱胁迫来临之前完成其生命过程。后两类主要是多年生木本植物，一类是通过增加渗透调节能力和细胞壁弹性保持水分吸收和限制水分的损失来延迟脱水的发生；另一类是在持续干旱的条件下使组织忍耐一定程度的脱水，即在低水势下保持一定的膨压和代谢以维持细胞原生质不被伤害（Schulte and Marshall，1983）。

早期对植物抗旱性的研究主要集中在形态结构、解剖构造和植物生理生化等方面（尹春英和李春阳，2003）。近年来在林木地下根系生长与水分的关系、木质部空穴和栓塞、树木的抗旱基因与遗传基因工程等方面也取得一定进展（赵垦田，2000；David *et al.*，2004；Yin *et al.*，2005）。植物的形态和生理生化研究是明确干旱胁迫机制的基础，而植物分子水平上的基因表达则有助于研究者通过分子抗性育种来解决干旱胁迫问题。

1.1.1.1　立地条件与抗旱性的关系

适地适树是造林的基本原则，立地条件直接影响树木的生长发育和代谢。立地在生态学上也称为"生境"，指林地环境和由该环境所决定的林地上的植被类型及质量（Bella，1971）。也就是森林或其他植被类型生存的空间及与之相关的自然因子的总和（马建路，1993）。构成立地的各个因子称为立地条件，林业生产也主要根据立地条件制订相应的造林营林技术措施。影响植物形态特性、生长、发育和分布的立地条件主要有气候条件和土壤条件。气候条件包括光、热、大气、降水等；土壤条件包括物理性状、化学性状和生物学性状（魏宇昆等，2002）。刘鸿洲等（2002）研究表明，土壤中适当高氮水平能够增加幼苗体内的叶绿素、可溶性糖和矿物质含量，改善幼苗的渗透调节和气孔调节作用，提高水分利用效率。而干旱条件下高氮会降低植物根茎水力学导度调节能力，影响植物根茎叶对水分的吸收、传输和保存（Radin and Eidenbock，1982）。干旱条件下，磷素营养一方面通过降低棉花叶片的 ABA 含量，增大植物的气孔导度，导致单位叶面积水分散失增多，降低水分利用效率，另一方面又能提高植物水势及其相对含水量，形成较高的水势环境（Ackerson，1985）。陈培元等（1987）研究表明，在缺钾的土壤中，无论是充分供水还是干旱，施钾均能促进植株对氮、磷的吸收和转运，降低叶水势，提高叶片保水能力。Jones 和 Lund（1970）研究发现钙可以改变细胞质膜的水合度，增加细胞的内聚力，从而增加了原生质黏度和细胞抗脱水能力。

1.1.1.2　种子特性与抗旱性的关系

种子质量是与植物适应能力有关的一个很重要的性状（Hendrix *et al.*，1991；Turnbull *et al.*，999；Geritz，1995），它被认为是在大量小种子和少量大种子之间进化演变的结果。在一定的能量限度内，种子质量和数量具有一种反向关系（于顺利等，2007）。尤其在逆境或有高度竞争压力的环境中，大种子将会有更高的幼苗建植机会，因为它们能为幼苗的早期生长提供更多的储藏物质（Moles and Westoby，2004；Westoby *et al.*，1996）。然而，在相同条件下，小种子有更大的传播、散布和拓殖优势，因此能够占据更多的生态位（武高林和杜国祯，2008）。林木种子发芽期是植物生活史的一个关键环节，尤其在干旱地区，种子萌发出土过程不仅是种子库输出的重要环节，也是从潜在种群到现实种群的过渡，种子萌发出土过程一方面要与环境竞争水肥等资源，另一方面环境变化又在调节幼苗萌发出土过程（于顺利和蒋高明，2003）。土壤含水量是影响种子发芽率的重要因素，过高或过低都不利于种子发芽。土壤含水量过高，则会引起土壤中氧气缺乏造成无氧呼吸；土壤含水量过低，则不能满足种子萌发所需的水分条件，干热河谷较低的土壤含水量和连续性高温抑制木棉种子萌发进而影响其天然更新（赵高卷等，2015）。郑艳玲等（2013）研究也发现木棉种子成熟后在适当的水分和温度条件下能正常出苗，但对高温和干旱敏感。朱教君等（2005）研究表明不同浓度 PEG 处理胁迫对种子的萌发均有一定的延缓作用。韩广等（1999）研究表明极端低温和高温影响樟子松种子萌发进而导致其天然更新不良。因此，鉴于不同种子萌发需水量的差异，选择需水较低的种子有利于提高干旱区和半干旱区造林树种的萌发率和存活率。

1.1.1.3　植物生长与抗旱性的关系

植物生长是植物代谢活动和环境在形态上的综合体现，在水分胁迫下，植物根、茎、叶的生长均会受到不同程度的影响。生物量是植物获取能量和物质的重要体现，对植物组织的发育和结构的形成具有十分重要的影响（朱维琴等，2002）。在生长发育过程中，植物总是不断调整其生长和生物量的分配策略来适应变化的环境。在干旱胁迫下，植物通过调整生物量分配将逆境伤害降低到最小来适应环境胁迫（宇万太和于永强，2001）。

Myers（1989）研究表明，水分胁迫下限制水分供应会使桉树叶片数、单叶面积、幼苗总叶面积和高生长受到抑制。植物也会通过降低叶片的生长速率和脱落老叶等途径来减少叶片面积和蒸腾失水。Khalil 和 Grace（1992）的研究表明，干旱胁迫改变槭树幼苗根系分布剖面，增加根系生物量和根冠比。肖冬梅等（2004）研究表明，在中度水分胁迫下，红松和水曲柳的地下生物量明显高于对照，而胡桃楸和椴树则低于对照。在严重胁迫下，各树种的地下生物量均呈下降趋势。根系生物量的增加主要是由于同化产物向根部大量转移，是植物对水分胁迫的一种适应策略，而发育强大的根系，通过增大根与土壤接触的表面积，充分吸收水分和营养物质，从而保证植物在干旱贫瘠的土地上生存。而朱美云等（1996）研究表明油松、云杉和青杨是耐旱性可变树种，可通过干旱锻炼提高其耐旱性。

1.1.1.4　解剖结构与抗旱性的关系

形态解剖特征主要是对植物根、茎及叶结构与抗旱性关系的研究。长期生活在干旱环境中的植物，其植株根系发达、根冠比增加（王淼等，2001）。根的解剖结构不仅直接体现根的发育水平，而且与水分的吸收有密切联系，其木质化程度、导管直径、木质部/根面积和导管个数等都会影响植物适应干旱的能力（李正理和李荣敏，1981；赵祥等，2011）。但根系观测和定量分析困难使地下部分的研究相对滞后和缓慢，近年，赵垦田（2000）对根系生态学、根系化学、根系力学和根系生理学等方面做出巨大贡献。茎的解剖结构体现出植物输送和保水能力，发达的维管组织、髓厚度、韧皮部厚度、木质部厚度等指标都具有很强的输导作用，可以高效地运输水分（韩刚等，2006；胡云等，2006）。叶片是植物进行同化与蒸腾作用的主要器官，也是植物对干旱胁迫最敏感的器官，叶片尤其是其解剖结构，是评价林木抗旱的重要指标。一般来说，抗旱性较强的品种，其叶片较厚，栅栏组织发达，栅栏组织与海绵组织比值高，角质层及上皮层厚，气孔下陷和皮毛发达（王勋陵和马骥，1999；蔡志全等，2004）。也有研究表明，在干旱情况下，植物会产生较粗的叶脉、较小的表皮细胞、较多的叶毛及较厚的角质层以增强其保水能力（张海娜等，2013；苏建红等，2012）。因此，在分析植物的旱生结构时，应综合考虑和分析，方能得到比较合理的结果。

1.1.1.5　植物水分生理

水分生理主要表现在叶水势、水分利用效率和蒸腾耗水 3 个方面。植物细胞水势的高低表明植物从土壤或相邻细胞中吸收水分还是失水。在相同水分条件下，植物水势越高，忍耐和抵抗干旱的能力越强，而水势差越大，吸收土壤有效水的能力越强。李吉跃和张建国（1993）研究表明，对于高水势延迟脱水耐旱机制的树种来说，气孔完全关闭时高的叶水势是其保持体内水分平衡能力强的一个主要特点；而对低水势忍耐脱水耐旱机制树种来说，低的叶水势值是其忍耐干旱胁迫能力强的一个重要标志。

植物水分利用效率是指植物消耗单位水分所生产的同化物质的量，它实质上反映了植物耗水与其干物质生产之间的关系（Richards *et al.*，2002a）。了解植物的水分利用效率不仅可以掌握植物的生存适应对策，同时还可以人为调控有限的水资源以获得最高经济效益。近年来，植物水分利用效率（WUE）已经成为国内外干旱、半干旱和半湿润地区农业和生物学研究的热点问题（曹生奎等，2009）。但都涉及不同的尺度（叶片、单株、林分和群落）问题，综合国内外近来的研究发现，有较多涉及叶片水平的 WUE，因为叶片水平的研究可以揭示植物内在的耗水机制，为植被的合理供水提供科学依据，这对极度干旱区的植被恢复和保育有重要作用。而植物全株水平的 WUE 不仅与总的耗水量和总生物量的变化有关（张岁岐和山仑，2002），而且与光合作用速率有关（李吉跃和 Terebce，1992）。最近稳定性碳同位素在植物生物学研究中得到了广泛应用，叶片的稳定性碳同位素比率可以有效地反映植物长期的光合特性和新陈代谢（Farquhar et al.，1989），它综合了植物内在生理和外界环境特征（Smedley et al.，1991）。该方法无须控制水分，可现采现测，材料也可无限期存放，并且可在植株个体发育的任何一个阶段取样，是目前水分利用效率研究中较为准确可靠的指标。

蒸腾耗水的研究尺度也主要集中在叶片水平、单株（个体）水平、林分（群落）水平和区域（景观）水平 4 个层次（孙鹏森等，2000）。由于受林分结构、组成和立地条件的影响，目前单株水平蒸腾耗水的研究方法最多，手段也较成熟（Fritschen et al.，1973）。对幼苗而言，蒸腾耗水量的测定主要采用盆栽称重法，该方法可灵活控制灌水量及外界影响因素（李吉跃等，2002）。因此，通过盆栽法来测定不同树种的水分生理特性对抗旱性筛选具有重要意义。

1.1.1.6　植物光合生理

太阳能是生物界的能量来源，光合作用是树木重要的生命过程，是所有生物赖以生存的物质代谢和能量代谢基础（Zapata et al.，2007）。水分胁迫不仅会降低植物的光合速率，还会抑制光反应中的原初光能转换、叶绿素吸收、电子传递和光合磷酸化等过程，尤其在半干旱、干旱地区，水分亏缺对树木光合作用的影响最大（鲁从明等，1994）。干旱胁迫下，叶表面气孔关闭，阻止 CO_2 进入，导致光合作用下降，叶片发生光抑制，导致叶绿体超微结构的不可逆破坏（Mehdy，1994）。因此，通过研究水分胁迫下光合机制，以期为揭示植物对干旱胁迫的适应机制提供科学依据。

叶绿素荧光技术是以光合作用为基础，利用植物体内叶绿素为天然探针，研究植物光合生理状况及各种外界因子对其细微影响的诊断技术，可以准确、快速地反映植物对环境胁迫的变化。在测定光系统对光能的吸收、传递、耗散和分配等方面具有独特的作用（Schreiber and Bilger，1987）。目前，强光、高温、低温、干旱等逆境在植物体内叶绿素荧光动力学中得到广泛应用（Kooten and Smelt，1990）。研究表明，逆境对光合作用产生的影响都可通过叶绿素荧光参数的变化反映出来（冯永军等，2003），植物在干旱胁迫下也会出现光合速率下降、叶绿体光合系统受到破坏的现象（郭春芳等，2009；付秋实等，2009）。

1.1.1.7　渗透调节物质代谢、激素及酶活响应与植物抗性的关系

植物细胞在逆境胁迫下会主动形成一些渗透调节物质以提高细胞溶质浓度，降低水势，吸水维持自身正常生长代谢。目前对林木渗透调节物质的研究主要集中在脯氨酸、

无机离子、可溶性糖和甜菜碱等。植物体内脯氨酸含量在一定程度上反映了植物的抗逆性，干旱胁迫下植物脯氨酸剧增（Chen，1990）。研究表明，在水分胁迫下，可溶性糖含量的增加可以降低植物体内的渗透势，以利于植物体在干旱胁迫逆境中能维持体内正常所需水分，提高植物的抗逆适应能力（陈立松和刘星辉，1999）。

水分胁迫下植物还会通过分泌脱落酸（ABA）、生长素（CK）、乙烯（ETH）和赤霉素（GA）等内源激素来调节适应机制，其中 ABA 在林木抗旱生理中研究最多。逆境下植物启动脱落酸合成系统，合成大量的脱落酸，促进气孔关闭、促进水分吸收、减少水分运输的途径、降低叶片伸展率、诱导抗旱特异性蛋白质合成等来增强植株抗逆能力（Morillon and Chrispeels，2001）。

许多酶与植物的抗旱性密切相关，通过研究干旱条件下植物体内这些抗氧化酶活性可以推断植物的抗旱性。目前研究最为广泛的是抗氧化保护酶系统中的超氧化物歧化酶（SOD）、过氧化氢酶（CAT）、过氧化物酶（POD）及膜脂过氧化产物丙二醛（MDA），前三者为酶的清除系统，它们可以消除细胞内的活性氧对细胞膜的伤害，减少膜脂过氧化，稳定膜的透性，而 MDA 的积累能导致生物膜结构的破坏和功能的丧失（曹锡清，1986）。

1.1.2　树木抗旱性评价方法

1）抗旱性隶属函数法

抗旱性隶属函数法是目前应用最普遍的抗旱性综合评价法，这种方法通过对树种各个抗旱指标值进行累加，求取平均数以综合评定树木的抗旱性。方法如下。

如某一指标与抗旱性呈正相关，公式为

$$X(\mu) = (X - X_{min}) / (X_{max} - X_{min}) \tag{6.1}$$

如某一指标与抗旱性呈负相关，公式为

$$X(\mu) = 1 - (X - X_{min}) / (X_{max} - X_{min}) \tag{6.2}$$

式中，$X(\mu)$ 为抗旱性隶属函数值；X 为某一指标的平均值；X_{max} 为某一指标的最大值，X_{min} 为某一指标的最小值。

2）抗旱性分级评价法

为了得到某一物种的抗旱总级别值，一般把所测指标值分为几个等级，计算时把同一物种的几个级别值相加，相比单指标评价法，这种多指标分级评价抗旱性的方法可靠性更高（赵秀莲等，2004）。

1.1.3　木棉研究现状

目前，木棉研究主要开展了种质资源调查、引种和繁育、传粉、植化和药理、纤维性能及特点等方面。在资源调查方面，高柱（2012）采用种子或枝条保存法对西南地区木棉分布区种质资源进行系统收集，表明木棉在西南地区分布较吉贝纬度往北宽近 2°、经度往西宽近 1°，且西双版纳地区果实成熟最早，楚雄彝族自治州（楚雄州）、大理白族自治州（大理州）、丽江市成熟最晚，纤维产量西南方高于东北方；在引种和繁育方面，程广有等（2004）以木棉种子为材料，在不同发育时期运用4种培养基进行组织培养，3周后小苗成活率达到了82%；Vyas和Bansal（2004）对木棉的胚胎进行组织培养，得出在诱导木棉胚胎发生时，细胞分裂素BA比植物激素2,4-D效果要好；在传粉方面，Bhattacharya和Mandal（2000）对木棉花的多态性、花期、花粉产生、传粉者、试管花粉发育和柱头接受率等方面进行了研究，得出木棉的花大，含有大量雄蕊，在半夜开放到凌晨，白天有不同的鸟对木棉进行传粉，体外花粉发育最好条件为2940μm试管长度，20%蔗糖混合500μg/ml硼酸（H_3BO_3）。柱头最高接受率（61%）出现在花期后的第一天，套袋的花没有结果，说明木棉成功传粉需要外来传粉者。赵高卷等（2014a）研究木棉果实形成及纤维发育过程发现木棉蒴果形成过程分为4个阶段：花后0~5d为形成期，5~35d为质量增加期，35~50d为缓慢生长或脱水期，50d以后为成熟爆裂期。与木棉蒴果形成过程相对应的纤维发育过程为：果皮内壁细胞分化（花后0~2d）、膨大（花后2~5d）、突起（花后5~10d）、纤维伸长（花后10~40d）、纤维脱离内壁及脱水成熟（花后40~50d）；在植化和药理方面，齐一萍等（1993，1996）分别对木棉根部进行硅胶柱层析法分离，共得到豆甾醇、胡萝卜苷等10种化合物；李明等（2006）在木棉的叶片中分离得到木棉素等化合物，且其结构和中药知母宁一样，是极强的抗氧化剂。此外，随着木棉纤维的广泛应用，其纤维的性能及特点等方面的研究也受到重视（张艳华等，2009；王锦涛等，2012；Zhang et al.，2007；肖红等，2005a）。

由此可见，木棉的基础研究还较为薄弱。其在生态适应性、抗性生理、光合生理、水分生理等方面都需要开展深入研究。本研究拟通过立地调查和幼苗盆栽试验可望找出适宜栽培木棉的立地条件（选地适树）和适宜在干旱、半干旱地区栽培的木棉优良种源（选树适地），为大面积营建木棉人工生态和经济林提供理论依据。

1.2　研究的科学意义

木棉（*Bombax ceiba*）为木棉科落叶大乔木，是典型的热带、南亚热带指示性植物（张志翔等，2010）。喜光，喜暖热气候，耐热不耐寒，对土壤要求不严。木棉原产于中国、越南、缅甸至大洋洲等地，在我国主要分布在云南、广西、广东及西南各干热河谷流域，分布范围广（Ou，1994）。值得注意的是：无论在湿润的热带雨林气候还是在极端干旱的干热河谷气候，木棉均能长成高达30m以上的大乔木。因此，研究干旱胁迫对木棉不同种源的形态和生理响应，既有重要的理论价值，又有重要的实践意义。

干热河谷是我国西南地区的特殊生态类型，气候表现为温度高、空气干燥、热量充沛，雨季集中且时间短，旱季时间长，植被覆盖率低，水土流失严重，已经成为我国典型生态脆弱区和环境建设的重点地区。因此，干热河谷地区生态恢复势在必行。在以干、热为显著特点的干热河谷，木棉是当地群落的优势种或常见种，生长开花结实良好，对该地区水土保持具有重要作用。同时木棉也是纤维生产的优良树种，其纤维属于天然野生纤维素果实纤维，具有绿色生态、中空超轻、保暖性好、天然抗菌和吸湿导湿等天然特性。因此，在当前水资源缺乏和季节性干旱的地区，选择抗旱性强且具有良好经济效益的木棉树种不但可以解决缺水问题，治理和利用石漠化土地，而且可置换出大量棉田用于粮食生产，有利于保障我国的生态安全和棉粮安全。

本研究通过研究木棉不同种源幼苗在不同水分胁迫下的生长、生理和耗水特性，探索木棉不同种源的形态和生理差异，以及木棉幼苗在干旱胁迫过程中的生理响应、蒸腾耗水规律。结合研究了不同立地条件下木棉的生长规律，根、茎、叶解剖结构和生理生态特性，全面了解木棉不同种源的生长表现、营养和水分的吸收、运输和保存特点，筛选出适宜栽培的木棉优良种源，为水分条件较差和季节干旱地区的生态恢复和木棉人工经济林的营造提供理论依据。

第 2 节 不同种源根区土壤营养及其根、叶解剖结构

地理变异主要受气候和土壤营养条件的影响，植物受气候因子、经度和纬度差异的影响呈三相带分布。林木变异主要有林木间的遗传变异、树木基因型与环境的相互作用，以及林木生长的环境变异（毛爱华，2009）。种内遗传变异层次有地理种群变异，同一种源不同林分变异，同一林分不同个体变异及个体内变异（王秋玉，2003）。居群受地理阻隔和自然条件的长期作用，种子特征存在较大变异（Greipsson and Davy，1995）。地理种源变异是研究林木育种的基础，生态因子变异是林木表型地理变异的基础。生活在特定环境中的植物，为了与其生活环境相适应，植物会形成一些特殊结构和功能（王宏等，2008）。因此，通过对木棉不同种源立地条件营养和根、茎、叶解剖结构进行研究，可为木棉不同种源抗旱性研究提供理论基础。

2.1 材料与方法

2.1.1 材料

本研究所用材料来自元江干热河谷（元阳县、红河县和元江县）、西双版纳湿热地区（景洪市、勐腊县和勐海县）和临沧半湿热地区（临翔区、耿马县和孟定镇）3 个地区，各地区分别采集 3 个种源，以每个县/市/区为一个种源，共 9 个种源，每个种源采 4~6 个个体。试验材料包括各种源根区土壤[上层（0~20cm）和下层（20~40cm）]，根、叶解剖结构材料和种子，所有材料均采自树高和树龄相似的优势母树。

2.1.2 试验调查与设计

调查路线为：从西双版纳湿热地区→临沧半湿热地区→元江干热河谷地区。调查内容：经度、纬度、海拔等，同期沿路对各地区各种源树高和胸径进行测量，共调查了 9 个种源，各种源调查 300~500 棵树。各种源立地概况如表 6.1 所示。

2.1.2.1 不同立地土壤营养

土壤被带回试验室后将各种源内土样混合均匀，阴干、研磨、过 40 目孔筛后用于土壤营养分析。

全氮测定采用元素分析仪进行；全磷用酸溶-钼锑抗比色法测定；全钾用酸溶-火焰光度法测定；铵态氮和硝态氮采用紫外分光光度矫正因素法（双波长紫外比色法）测定；

表 6.1　不同种源立地基本情况

Tab. 6.1　The site condition difference of different provenances

地区	种源	纬度	经度	海拔/m	降水量/mm	年均温/℃	树高/m	胸径/cm
西双	勐腊县	21°06′490″	101°52′450″	870	1740	21.00	33.31±2.0	46.46±5.4
版纳	景洪市	22°00′340″	100°44′408″	655	1750	20.25	38.00±1.8	45.67±6.3
湿热	勐海县	21°37′141″	100°09′819″	1100	1341	18.70	36.00±2.5	44.40±2.6
临沧	临翔区	23°56′712″	100°16′324″	899	1080	18.68	28.33±1.4	65.00±8.3
半湿热	耿马县	23°45′072″	99°12′709″	1094	900	21.70	28.83±2.0	64.00±4.2
	孟定镇	23°39′685″	98°07′091″	1260	1400	20.50	33.67±1.2	64.67±3.2
元江	元江县	23°29′985″	101°19′210″	385	1250	23.80	23.00±3.3	70.25±6.5
干热	红河县	23°05′541″	102°59′123″	422	800	23.40	22.67±2.4	63.33±7.1
河谷	元阳县	22°53′215″	103°45′556″	370	600	24.50	24.67±1.7	63.67±4.5

有效氮用碱解蒸馏法测定；有效磷用钼锑抗比色法测定；速效钾用原子吸收分光光度计测定。

2.1.2.2　不同立地木棉根、叶解剖结构

叶片形态指标采用叶面积测定仪（CI-203）测定。选取植株向阳面树冠中下部掌状复叶，将各叶片从仪器的手柄下匀速拉出，仪器自动记录叶片的面积、长度、宽度和长宽比等信息，每个种源重复 50 次。

选取植株向阳面树冠中下部叶片，沿主脉处切取 0.5cm×1cm 的小片。截取离根尖处 5~6cm 根，洗干净后截成 5mm 的小段，采样后立即放入置有冰袋的 FAA 固定液中，带回实验室置于−20℃低温冰箱中保存，用于解剖试验。

解剖结构观察采用常规石蜡切片法，将样品制成永久性制片，观察其根、叶结构特征。具体过程：取样→固定→脱水→透明→浸蜡→包埋→切片（8μm）→贴片→烘干→染色(采用番红-固绿双重染色)→封片后制成永久性制片,烘干后在电子显微镜下观察，选择有代表性的切片，使用 NIS-Elements F 3.0 软件进行拍照。

根直径、茎横切面积、叶片厚度、角质层厚度、栅栏组织厚度和海绵组织厚度等指标采用 Micro Images Advanced 3.2 软件测量，每个指标重复 30 次。计算叶片组织结构的紧密度和疏松度，最后采用隶属函数法分别计算根、茎、叶解剖结构指标的隶属函数值，公式如下：

$$叶片组织结构紧密度（CTR）=（栅栏组织厚度/叶片厚度）×100\% \tag{6.3}$$

$$叶片组织结构疏松度（SR）=（海绵组织厚度/叶片厚度）×100\% \tag{6.4}$$

$$M(X_i)=(X_i-X_{\min})/(X_{\max}-X_{\min}) \tag{6.5}$$

式中，$M(X_i)$ 代表隶属函数值；X_i 代表某一植物中某项指标的测定值；$X_{\max}$ 和 $X_{\min}$ 分别代表这项指标中的最大值和最小值。

2.1.3　数据分析

试验数据均采用软件 SPSS 12.0 处理，用 One-way ANOVA 进行单因子方差分析，采用 LSD-Test 法进行多重比较。

2.2　结果与分析

2.2.1　不同种源基本情况

如表 6.1 所示，3 个地区的纬度大小整体表现为临沧半湿热地区>元江干热河谷地区>西双版纳湿热地区，其中临翔纬度最大为 23°56′712″N，最小为勐腊县 21°06′490″N。经度为元江干热河谷地区>西双版纳湿热地区>临沧半湿热地区，经度最大为元阳县 103°45′556″E，最小为孟定镇 98°07′091″E，3 个地区近似形成等边三角形。临沧半湿热地区平均海拔最大，为 1127m，孟定镇最大为 1260m，元江干热河谷地区海拔最小，平均为 392m，其中元阳县最小为 370m。降水量西双版纳湿热地区显著大于临沧半湿热地区和元江干热河谷地区，年均降水量高达 1610mm，其中景洪市最大为 1750mm，元阳县最小为 600mm。各地区年均温大小表现为元江干热河谷地区>临沧半湿热地区>西双版纳湿热地区，其中元阳县年均温最高达 24.5℃，分别是临翔区（18.68℃）和勐海县（18.70℃）的 1.47 倍和 1.47 倍。平均树高表现为西双版纳湿热地区>临沧半湿热地区>元江干热河谷地区，其中景洪市平均树高最大达 38.0m，元江干热河谷平均树高仅为 23.4m，红河县最小仅为 22.67m，仅为景洪市的 59.66%，树高与年均降水量呈正相关。而胸径大小则表现为元江干热河谷地区>临沧半湿热地区>西双版纳湿热地区，胸径与树高呈负相关，与年均温呈正相关，3 个地区平均胸径分别为 65.75cm、64.56cm 和 45.51cm，其中胸径最大为元江县 70.25cm，最小为勐海县 44.40cm，较元江县下降了 36.80%。

2.2.2　不同种源土壤营养差异

表 6.2 为不同种源土壤营养情况，上层土壤全氮（TN）大小表现为西双版纳湿热地区>元江干热河谷地区>临沧半湿热地区，而最大为元江县 24.88mg/kg，最小为红河县和临翔区，分别为 13.75mg/kg、10.32mg/kg。西双版纳湿热地区各种源 TN 差异不显著，元江干热河谷地区的元江县和元阳县显著大于红河县，而临沧半湿热地区不同种源 TN 差异显著，大小表现为孟定镇（19.36mg/kg）>耿马县（17.27mg/kg）>临翔区（10.32mg/kg）；下层土壤 TN 小于上层（除临翔区外），各地区大小趋势与上层相似。下层土壤 TN 含量最大为勐腊县 20.46mg/kg，与上层土壤（20.54mg/kg）相近，最小孟定镇，为 9.61mg/kg，仅为勐腊县的 46.97%。上层土壤全磷（TP）大小表现为临沧半湿热地区>元江干热河谷地区>西双版纳湿热地区，与 TN 含量呈负相关，其中 TP 含量最大为临翔区 14.30mg/kg，最小为元阳县 5.21mg/kg；下层 TP 含量临沧半湿热地区最大，元江干热河谷地区最小，最大为临翔区 12.52mg/kg，是元阳县（3.85mg/kg）的 3.25 倍。上层土壤全钾（TK）含量大小表现为临沧半湿热地区>元江干热河谷地区>西双版纳湿热地区，不同区域差异显著，与上层土壤 TP 呈正相关，最大为耿马县 25.67mg/kg，最小为勐海县 12.10mg/kg；

下层与上层呈相似变化趋势,除景洪市、耿马县、孟定镇和勐腊县下层 TK 含量高于上层土壤外,其他种源上层大于下层,但差异不显著。

铵态氮（NH_4^+-N）含量上层土壤大小表现为西双版纳湿热地区>临沧半湿热地区>元江干热河谷地区,差异不显著。元江干热河谷地区各种源差异显著[元阳县（1.59mg/kg）>红河县（0.96mg/kg）>元江县（0.58mg/kg）]。最大为孟定镇 1.66mg/kg,最小为元江县 0.58mg/kg。而下层则表现为临沧半湿热地区>西双版纳湿热地区>元江干热河谷地区,差异也不显著,最大为孟定镇 1.47mg/kg,最小为耿马县 0.41mg/kg,除临翔区下层 NH_4^+-N 含量高于上层外,其他种源均表现为上层高于下层。上层土壤硝态氮（NO_3^--N）含量大小表现为西双版纳湿热地区>临沧半湿热地区>元江干热河谷地区,差异显著,其中最大为勐腊县 4.21mg/kg,最小为元阳县 0.60mg/kg,与上层土壤 NH_4^+-N 含量呈正相关;下层 NO_3^--N 含量与上层呈相似趋势,但差异不显著,除红河县下层 NO_3^--N 高于上层外,其他种源上层均高于下层。

上层土壤速效磷（AP）含量大小表现为临沧半湿热地区>元江干热河谷地区>西双版纳湿热地区,差异显著,且各地区内各种源间差异也显著。其中最大为元江县,为 6.57mg/kg,最小为红河县,为 0.37mg/kg,元江县是红河县的 17.76 倍;而下层则表现为临沧半湿热地区>西双版纳湿热地区>元江干热河谷地区。其中最大为孟定镇 3.36mg/kg,显著大于上层,是红河县的 8.4 倍。上层速效钾（AK）含量大小表现为元江干热河谷地区>西双版纳湿热地区>临沧半湿热地区,差异显著,其中以元阳县为最大,为 1146.04mg/kg,最小为景洪市 285.33mg/kg;下层土壤 AK 含量元江干热河谷地区也呈最大,平均为 581.45mg/kg,其中元江县和元阳县分别达 671.12mg/kg 和 668.76mg/kg。西双版纳湿热地区内各种源间存在差异且最小,平均为 369.56mg/kg,仅为元江干热河谷地区的 63.56%,差异显著,其中勐腊县和景洪市分别为 290.52mg/kg 和 217.65mg/kg。

表 6.2　不同种源土壤营养

Tab. 6.2　The soil nutrition condition of different provenances

指标		全氮 TN/（mg/kg）		全磷 TP/（mg/kg）		全钾 TK/（mg/kg）		铵态氮 NH_4^+-N /（mg/kg）		硝态氮 NO_3^--N /（mg/kg）		速效磷 AP/（mg/kg）		速效钾 AK/（mg/kg）	
地区	种源	上层	下层	上层	下层	上层	下层	上层	下层	上层	下层	上层	下层	上层	下层
西双版纳湿热	勐腊县	20.54	20.46	6.19	6.66	14.08	14.91	1.40	1.36	4.21	2.89	1.65	1.28	384.04	290.52
	景洪市	20.39	14.37	6.58	6.46	15.04	15.77	1.43	0.71	3.30	0.90	0.99	0.49	285.33	217.65
	勐海县	21.62	15.71	10.91	10.67	12.10	11.12	0.98	0.85	2.87	2.27	4.55	2.89	745.28	600.52
临沧半湿热	临翔区	10.32	15.61	14.30	12.52	16.13	12.22	0.71	1.08	2.32	2.07	6.17	2.27	467.13	329.02
	耿马县	17.27	13.01	8.33	6.94	25.67	26.74	0.73	0.41	1.93	1.53	3.05	3.28	354.61	328.47
	孟定镇	19.36	9.61	6.43	5.19	12.62	16.41	1.66	1.47	2.25	2.16	0.55	3.36	320.62	557.16
元江干热河谷	元江县	24.88	18.77	9.38	8.87	16.33	15.42	0.58	0.47	2.29	2.09	6.57	2.94	962.14	671.12
	红河县	13.75	10.83	9.63	9.86	13.56	13.02	0.96	0.91	1.58	1.69	0.37	0.40	731.94	668.76
	元阳县	22.31	13.96	5.21	3.85	13.16	12.85	1.59	1.01	0.60	0.38	1.81	0.25	1146.04	404.46

2.2.3 不同种源叶片形态及根、叶解剖结构

2.2.3.1 叶片形态及解剖指标

表 6.3 为各种源叶片形态情况，单叶面积平均大小为西双版纳湿热地区>元江干热河谷地区>临沧半湿热地区，差异显著，且各地区内各种源间也存在显著差异。此时各种源叶面积大小顺序为景洪市（85.02cm²）>红河县（69.69cm²）>孟定镇（61.58cm²）>元江县（60.96cm²）>勐腊县（59.72cm²）>耿马县（54.80cm²）>勐海县（54.29cm²）>临翔区（49.78cm²）>元阳县（49.16cm²），其中景洪市叶面积是元阳县的 1.73 倍；各地区叶片长与叶面积呈相似趋势，西双版纳湿热地区和元江干热河谷地区显著大于临沧半湿热地区，但各种源的叶片长变化趋势与叶面积变化趋势存在差异。且西双版纳湿热地区各种源（景洪市>勐腊县>勐海县）叶片长差异显著，临沧半湿热和元江干热河谷地区各种源叶片长差异不显著。叶片最长为景洪市 16.86cm，最短为临翔区 12.62cm；叶片宽表现为西双版纳湿热地区>临沧半湿热地区>元江干热河谷地区，差异不显著。而孟定镇叶片最宽达 7.00cm，元阳县最窄为 5.40cm；叶片周长与叶面积和叶片长呈正相关，其中西双版纳湿热地区和临沧半湿热地区内各种源间差异显著，而元江干热河谷地区内各种源间差异不显著。周长最大为景洪市 39.04cm，临翔区最小为 29.95cm；长宽比大小表现为元江干热河谷地区>西双版纳湿热地区>临沧半湿热地区，差异不显著。其中长宽比最大为元阳县 2.56，最小为孟定镇 1.83，仅为元阳县的 71.48%。

表 6.3　不同种源叶片形态指标
Tab. 6.3　The size of different provenance leaves

地区	种源	叶面积/cm²	长/cm	宽/cm	周长/cm	长宽比
西双	勐腊县	59.72±4.21	14.47±2.54	6.04±0.45	31.98±2.54	2.42±0.28
版纳	景洪市	85.02±5.45	16.86±1.78	7.42±0.62	39.04±2.46	2.26±0.21
湿热	勐海县	54.29±4.21	12.77±2.02	6.26±0.57	30.87±2.65	2.04±0.13
临沧	临翔区	49.78±3.68	12.62±1.95	5.68±0.60	29.95±3.02	2.22±0.20
半湿热	耿马县	54.80±4.32	12.72±1.06	6.34±0.41	31.03±2.64	2.02±0.13
	孟定镇	61.58±4.45	12.79±1.68	7.00±0.23	32.10±2.35	1.83±0.21
元江	元江县	60.96±4.54	14.40±2.32	6.02±0.16	34.87±2.46	2.40±0.25
干热	红河县	69.69±4.69	14.07±2.04	7.03±0.45	34.05±4.10	2.01±0.3
河谷	元阳县	49.16±3.96	13.77±2.23	5.40±0.65	32.32±3.23	2.56±0.23

如表 6.4 所示，临沧半湿热地区和西双版纳湿热地区的平均叶片厚度显著大于元江干热河谷地区，差异显著。其中叶片厚度最大的是元阳县 386.72μm，最小为元江县（206.66μm）和红河县（240.71μm），分别仅为元阳县的 53.44%和 62.24%。元江干热河谷地区各种源（元阳县 386.72μm、红河县 240.71μm 和元江县 206.66μm）叶片厚度差异极显著，临沧地区各种源叶片厚度一直保持在较高状态。角质层厚度大小表现为临沧

半湿热地区>元江干热河谷地区>西双版纳湿热地区，差异显著。临沧半湿热地区角质层厚度分别是元江干热河谷地区和西双版纳湿热地区的 1.10 倍和 1.18 倍，其中角质层最厚的为临翔区 4.58μm，最小为耿马县 1.78μm，差异极显著。上表皮和下表皮厚度均表现为临沧半湿热地区>西双版纳湿热地区>元江干热河谷地区，与叶片厚度呈正相关，临沧半湿热地区和西双版纳湿热地区的上表皮和下表皮厚度均显著大于元江干热河谷，临沧上表皮和下表皮分别是元江干热河谷的 1.80 倍和 1.34 倍，此时各种源上皮层厚度顺序为孟定镇（37.94μm）>耿马县（36.75μm）>景洪市（35.55μm）>勐腊县（31.88μm）>勐海县（25.47μm）>元江县（22.91μm）>临翔区（22.24μm）>元阳县（15.90μm）>红河县（14.91μm），其中红河县仅为孟定镇的 39.30%。栅栏组织厚度表现为临沧半湿热地区>元江干热河谷地区>西双版纳湿热地区，差异不显著，元阳县栅栏组织和海绵组织均为最大，分别为 108.54μm 和 177.53μm，栅栏组织最小为红河县 61.48μm。海绵组织为元江干热河谷地区>临沧半湿热地区>西双版纳湿热地区，差异不显著，海绵组织最小为耿马县 93.26μm。叶片组织结构紧密度（CTR）和疏松度（SR）大小均表现为元江干热河谷地区>临沧半湿热地区>西双版纳湿热地区，差异不显著，其中临沧半湿热地区内各种源间差异显著。CTR 和 SR 与海绵组织厚度呈正相关，其中 CTR 最大为元江县 30.01%，最小为景洪市 22.30%，而 SR 最大为孟定镇 47.36%，最小为耿马县 33.92%。

表 6.4　不同种源叶片解剖指标

Tab. 6.4　Results of leaves structure indicators of different provenance

地区	种源	叶片厚度/μm	角质层厚度/μm	上表皮厚度/μm	下表皮厚度/μm	栅栏组织厚度/μm	海绵组织厚度/μm	CTR/%	SR/%
西双版纳湿热	勐腊县	260.40±3.66	3.19±0.48	31.88±3.69	28.55±3.36	72.33±4.25	101.48±9.02	27.77±2.10	38.99±4.01
	景洪市	309.82±7.07	2.34±0.25	35.55±5.43	32.02±5.18	69.01±6.08	113.48±10.16	22.30±2.31	36.66±4.21
	勐海县	334.20±4.79	2.23±0.48	25.47±3.70	23.16±2.04	86.36±5.74	130.27±11.86	25.85±2.12	39.00±4.03
临沧半湿热	临翔区	305.28±6.60	4.58±0.70	22.24±3.77	30.80±2.92	73.20±6.84	121.90±9.36	23.99±3.45	39.95±3.12
	耿马县	275.08±7.32	1.78±0.30	36.75±5.10	24.43±2.41	78.83±3.53	93.26±8.69	28.68±2.32	33.92±3.21
	孟定镇	332.69±7.64	3.89±0.61	37.94±5.44	28.59±3.94	89.75±7.89	157.60±11.32	26.97±2.65	47.36±3.45
元江干热河谷	元江县	206.66±4.27	2.80±0.49	22.91±2.12	25.10±2.69	61.99±4.39	97.81±12.14	30.01±2.43	47.28±5.02
	红河县	240.71±6.34	3.23±0.38	14.91±2.77	25.17±3.02	61.48±4.29	104.52±9.13	25.56±2.13	43.43±4.12
	元阳县	386.72±3.18	3.35±0.52	15.90±1.91	12.45±1.31	108.54±7.60	177.53±16.09	28.07±2.53	45.92±4.30

2.2.3.2　不同种源根解剖指标

如表 6.5 所示，不同地区根直径大小表现为临沧半湿热地区>西双版纳湿热地区>元江干热河谷地区，差异显著，且各地区内各种源间差异也显著。维管柱直径、木质部厚度、韧皮部厚度和皮层厚度均与根直径呈现正相关。其中临沧半湿热地区维管柱直径和木质部厚度均显著大于西双版纳湿热地区和元江干热河谷地区，临沧半湿热地区和西双版纳湿热地区的木质部、韧皮部和皮层厚度显著大于元江干热河谷地区。但是，维管柱

表 6.5　不同种源根解剖指标

Tab. 6.5　Results of roots structure indicators of different provenance

地区	种源	根直径/μm	维管柱直径/μm	木质部厚度/μm	韧皮部厚度/μm	皮层厚度/μm	维管柱直径/根直径/%	木质部/根面积/%	皮层/根面积/%	导管直径/μm	导管数(N)
西双版纳湿热	勐腊县	4306.35±164.33	3037.44±153.85	1447.92±203.43	478.86±71.57	375.60±29.85	70.63±4.36	46.78±5.04	27.77±3.40	121.65±22.21	116
	景洪市	2677.45±118.60	1719.52±92.91	590.63±70.60	323.82±31.05	224.20±14.63	32.17±2.24	19.92±5.46	24.45±3.30	110.93±24.45	45
	勐海县	4228.29±188.37	3342.5±194.77	1100.17±70.64	567.00±28.28	325.28±27.08	79.17±5.37	27.37±4.37	26.75±2.62	116.48±29.22	113
临沧半湿热	临翔区	3984.5±122.10	3066.21±147.19	2329.58±202.55	453.98±54.35	292.54±35.50	77.00±4.00	34.49±5.49	24.80±3.35	128.89±26.49	96
	耿马县	4426.41±286.39	3351.6±203.89	1454.13±86.86	494.53±26.64	348.38±45.74	75.87±4.71	44.04±8.67	26.40±3.53	85.18±28.34	185
	孟定镇	5061.66±147.19	3424.05±92.88	1258.32±112.31	569.37±31.81	312.81±19.05	67.71±2.80	25.01±4.72	18.32±1.86	156.05±41.70	126
元江干热河谷	元江县	3348.28±117.31	2515.86±181.39	1008.13±77.15	273.97±32.57	185.90±40.64	75.14±4.99	36.71±6.59	18.09±4.80	96.63±19058	118
	红河县	3548.77±193.37	2441.96±48.48	788.37±48.41	469.22±51.77	314.63±28.24	69.01±3.93	19.98±3.22	27.67±2.84	108.25±21.66	121
	元阳县	2820.46±146.50	2588.07±130.14	1198.65±67.12	150.53±6.22	130.98±17.00	92.08±7.53	73.18±9.63	17.91±2.25	96.39±30.35	172

直径/根直径、木质部面积/根面积大小均表现为元江干热河谷地区>临沧半湿热地区>西双版纳湿热地区，差异显著，其中各地区内各种源维管柱/根直径差异也显著，各种源维管柱/根直径大小为元阳县（92.08%）>勐海县（79.17%）>临翔区（77.00%）>耿马县（75.87%）>元江县（75.14%）>勐腊县（70.63%）>红河县（69.01%）>孟定镇（67.71%）>景洪市（32.17%），景洪市维管柱/根直径仅为元阳县的 34.94%。维管柱直径/根直径、木质部面积/根面积最大均为元阳县，分别为 92.08%和 73.18%，维管柱直径/根直径和木质部面积/根面积最低均为景洪市，分别为 32.17%和 19.92%，元阳县维管柱直径/根直径和木质部面积/根面积分别是景洪市的 2.86 倍和 3.67 倍。元江干热河谷地区平均维管柱直径/根直径、木质部面积/根面积分别达到 78.74%和 43.29%，分别是西双版纳湿热地区的 1.30 倍和 1.38 倍。而皮层面积/根面积则表现为西双版纳湿热地区>临沧半湿热地区>元江干热河谷地区，差异不显著。皮层面积/根面积最大为勐腊县 27.77%，最小为元阳县 17.91%，差异显著。导管直径大小表现为临沧半湿热地区>西双版纳湿热地区>元江干热河谷地区，平均导管直径分别为 127.37μm、116.35μm 和 100.42μm，差异显著，且临沧半湿热地区内各种源（临翔区 128.89μm、耿马县 85.18μm 和孟定镇 156.05μm）也存在显著差异。其中导管直径最大为孟定镇 156.05μm，最小是耿马县 85.18μm，仅为孟定镇的 54.59%。且导管直径与根直径、维管柱直径、木质部厚度、韧皮部厚度和皮层厚度均呈正相关。但是，单位面积导管个数与导管直径呈负相关，元江干热河谷地区和临沧半湿热地区的导管个数显著多于西双版纳湿热地区，差异显著。且各地区内各种源间差异也显著。各种源导管个数大小表现为耿马县（185）>元阳县（172）>孟定镇（126）>红河县（121）>元江县（118）>勐腊县（116）>勐海县（113）>临翔区（96）>景洪市（45）。其中耿马县和元阳县单位面积导管个数分别是景洪市的 4.11 倍和 3.82 倍。

2.2.3.3 不同种源根、叶解剖结构

木棉叶为异面叶，叶片纵切面由角质层、表皮、叶肉组织和中脉四部分组成。角质层能反映叶片对环境中水分和温湿条件的适应状况，其中元阳县、临翔区和孟定镇角质层排列较紧密，分 2~4 层。各种源上表皮近矩形或者椭圆状，排列整齐紧密。其中以耿马县、元阳县和元江县上表皮细胞较大，分 3~5 层，排列较紧密。孟定镇、耿马县、元阳县和元江县栅栏组织细胞较大较厚，分 2~3 层，排列紧密，红河县细胞较小。下表皮呈扁平近椭圆形或圆形，排列结构不一，除元阳县、元江县、勐海县和临翔区下表皮细胞排列较紧密外，其他种源下表皮细胞排列较疏松，其中景洪市、勐腊县和红河县下表皮细胞部分肉质化。叶肉中栅栏组织细胞均呈长柱状，其中孟定镇、耿马县和元阳县栅栏组织细胞分 2~3 层，排列较紧密，元江县和临翔区种源栅栏组织细胞最长最大，而红河县较小和疏松。海绵组织形状不规则，排列疏松，其中孟定镇、临翔区、勐腊县、元阳县和元江县较疏松，形成空腔。而元阳县和耿马县海绵组织部分发育成发达的储水组织，且海绵组织中具有较大、发育良好的胞间隙和孔下室，扩大了叶片的内表面积，促进气体交换和提高光合效率。各种源间叶脉存在差异，以红河县、勐腊县、景洪市和耿马县较大，元江县和元阳县较小。除孟定镇、元江县和元阳县主叶脉与叶片形成半圆形外，其他种源均形成"V"字形。孟定镇、耿马县、景洪市和勐腊县叶脉木质部和韧皮

部较发达，而元江县和元阳县不发达。

木棉成熟主根由表皮、皮层、中柱鞘和维管束四部分组成。表皮和皮层位于最外层，起保护和吸收功能，其中景洪市、勐腊县和勐海县皮层厚度最大，且分 2~4 层，排列紧密。元江县、元阳县和红河县的皮层有部分脱落现象。维管柱是植物运输水分和光合产物的主要输导组织，主要由中柱鞘和维管组织组成，其中以临翔区维管组织排列最紧密，具有较为明显的维管组织。其他种源维管组织较疏松，其中红河县、元阳县和元江县形成部分空腔，同时部分组织也形成储水组织。除元江县和元阳县木质部不发达外，其他各种源均具有发达的木质部。

2.3　讨论

2.3.1　不同种源立地差异

植物受纬度梯度影响，通过光照和温度差异引起植物水平分布的差异，受海拔和经度影响形成降雨及光照差异，形成植物的垂直分布差异。木棉在元江干热河谷、西双版纳湿热和临沧半湿热地区均能形成高大乔木。但整体树体大小仍存在一定差异。本研究得出树高与降水量呈正相关，李吉跃和翟洪波（2000）研究表明水分影响植物地上和地下生物量分配，水分充足促进地上生长，抑制地下生长。景洪市平均树高达 38m，这可能与其较高的降水量有关，土壤含水量高形成较大的根压，促进植物垂直方向水分长距离输送，促进高生长。这与韩蕊莲和侯庆春（1996）研究黄土高原小矮树的结果相似。侯庆春等（1991）研究黄土高原小矮树形成时发现"小老树"多生长在峁顶、峁坡及沟坡中上部，但在沟谷平缓地上的树木生长相对良好，主要与土壤水分不足有关，水分亏缺是导致黄土高原"小老树"形成的主导因素。本研究表明胸径与树高呈负相关关系，一方面可能与本身适应干旱的能力有关，不同环境下植物会形成不同形态结构和水分运输策略；另一方面可能与根压有关，树高影响其导水阻力和水分需求。这促使植物形成在水分充足时促进高生长，而水分亏缺时促进地下和植物横向生长的适应策略。

2.3.2　土壤营养与抗旱

研究表明，土壤氮、磷、钾含量与植物对抗旱性有密切关系。适度氮素可以提高植物的抗旱性，但过多氮素会形成徒长，反而影响其抗旱性；磷素是植物体内重要有机化合物的组成部分，同时以多种方式参与植物体内的生理过程，对植物的生长发育、生理代谢等起着重要的作用；钾素可以通过渗透调节作用调节植物细胞的水势、气孔运动、光合作用，而且在植物的抗逆性方面有显著的增强作用（王小兰，2007）。

本研究对不同种源土壤营养分析得出 TP 和 TK 含量临沧半湿热地区大于元江干热河谷地区和西双版纳湿热地区，AK 含量元江干热河谷地区显著大于临沧半湿热地区和西双版纳湿热地区。而 TN、NH_4^+-N 和 NO_3^--N 大小整体表现为西双版纳湿热地区显著高于临沧半湿热地区和元江干热河谷地区（上层西双版纳湿热地区>临沧半湿热地区>元江干热河谷地区，下层元江干热河谷地区>临沧半湿热地区）。王小兰（2007）研究发现正常水分条件或者中度胁迫条件下，施高氮反而降低了树种叶片的净光合速率，降低其抗旱性。

薛青武和陈培元（1990a）研究也表明施氮明显降低叶片水势，增加了细胞膜透性，降低了自由水和束缚水含量，本研究表明西双版纳湿热地区水分优于元江干热河谷地区和临沧半湿热地区，TN、NH_4^+-N 和 NO_3^--N 也较高，从这点来看西双版纳湿热地区的木棉生长较好，而抗旱性却不如元江干热河谷地区和临沧半湿热地区，这与本研究实地调查结果相吻合。Huber 和 Schmidt（1978）研究表明在水分严重胁迫的条件下，施高氮能提高叶片的光合速率，增加蔗糖和脯氨酸含量，降低叶片渗透势，增大膨压，增强其渗透调节能力。从这点看，在水分亏缺的元江干热河谷地区和临沧半湿热地区，氮素水平增强了木棉的抗旱性。特别是本研究得出元江县和元阳县 TN 含量分别为 24.88mg/kg 和 22.31mg/kg，分别较其他种源高，表现出元江县和元阳县种源具有较强的抗旱性，同时元阳县、景洪市和孟定镇也具有较高的 NH_4^+-N。研究表明磷素营养对干旱胁迫下植物的水分调控有着重要的作用，通过对植物生理形态的调控使植物具有较强的保水能力，因而磷肥显著增强了组织耐脱水能力和保水能力（古谢夫，1962）。本研究表明干热河谷地区具有较高的 AK，临沧半湿热地区具有较高的 TP 和 TK。特别是元江县（6.57mg/kg）和临翔区（6.17mg/kg）具有最大的 AP，而元阳县（1146.04mg/kg）和元江县（962.14mg/kg）具有最高的 AK 和 TK，表现为较高的抗旱性。这也解释说明了元江干热河谷地区和临沧半湿热地区抗旱性较西双版纳湿热地区强。

2.3.3　不同种源叶片形态及根、叶解剖结构与抗旱

从各种源解剖结构来看，虽然木棉不同种源均形成良好的旱生结构，但不同种源间也存在一定的差异，这可能与各种源基因及立地气候条件有关。

有研究表明，在干旱条件下，叶片结构对干旱的适应策略主要是向着增强储水性、降低蒸腾和提高光合效率等 3 个方面发展（张香凝等，2011）。也有研究表明植物叶片厚，表皮细胞大，具有较强的储水能力；叶片具有较厚的表皮细胞外壁与角质层都能有效地防止水分散失；同时栅栏组织和海绵组织发达，能有效利用光能，避免高温和光照对植物的伤害（张海娜等，2013），本研究表明各地区叶厚和上、下表皮厚度均表现为临沧半湿热地区>西双版纳湿热地区>元江干热河谷，其中元阳县和临翔区叶片较厚，孟定镇上、下表皮最厚，分别为 37.94μm 和 28.59μm。而角质层和栅栏组织厚度临沧半湿热地区>元江干热河谷地区>西双版纳湿热地区，其中孟定镇和元阳县栅栏组织厚度最大分别为 89.75μm 和 108.54μm，这无疑使得临沧半湿热地区的临翔区、孟定镇和元江干热河谷地区的元阳县均具有较强的储水能力和有效防止水分散失的能力，抗旱性较强。而 CTR 和 SR 大小表现为元江干热河谷地区>临沧半湿热地区>西双版纳湿热地区，表明元江干热河谷种源和临沧半湿热地区种源能更好地利用光能，避免高温和光照对植物的伤害。同时本研究也表明西双版纳湿热地区叶片较元江干热河谷地区和临沧半湿热地区大，张香凝等（2011）研究表明旱生植物的叶片通常较小，可防止水分散失，从这方面讲元江干热河谷地区和临沧半湿热地区种源有利于减少蒸腾失水，这可能也是木棉能在元江干热河谷地区生长良好的原因。但也有研究表明旱生植物的叶肉通常向着提高光合效能的方向发展（Chart et al.，2002），这将导致西双版纳湿热地区种源光合作用增强，特别是景洪市种源叶面积最大，有机物积累多，这可能也是木棉能在湿热地区生长较好的主

要原因。

　　根是植物吸收水分的重要部位,也是最直接、最早感知土壤和大气干旱的器官,其木质化程度、输导组织发育情况等都会影响植物适应干旱的能力(马旭凤等,2010)。本研究表明临沧半湿热地区木质部和维管柱较西双版纳湿热地区和元江干热河谷地区发达,以孟定镇维管柱最大 3424.05μm,临翔区木质部最厚 2329.58μm,孟定镇韧皮部最大 569.37μm,这表明临沧半湿热地区能更有效地输送水分。在水分充足的条件下,较大的导管直径便于水分向上长距离输送,提高输送效率。但在土壤水分缺乏的环境下植物导管一般较长和管腔相对较窄,较大的导管直径容易造成导管空腔和栓塞,不利于形成根压向上长距离输送(朱俊义,2002;李红芳等,2005)。而根压与植物的最终生长高度直接相关,在相同水分条件下较小的导管直径有利于根压的形成,保证将水分输送到较高的树顶(Cao et al.,2012)。本研究发现平均导管直径大小表现为西双版纳湿热地区>临沧半湿热地区>元江干热河谷地区,其中以孟定镇(156.05μm)和临翔区(128.89μm)为最大。而导管数量元江干热河谷地区>临沧半湿热地区>西双版纳湿热地区,表明在水分充足的西双版纳湿热地区,较大的导管直径便于水分向上长距离输送,提高输送效率。同时也表明元江干热河谷地区(特别是元阳县种源)一方面通过发育较小的导管直径来保证将水分输送,同时通过较多的导管数量来提高输送水分的效率。这也许是木棉在元江干热河谷地区和西双版纳湿热地区能形成同样树体大小的原因之一。这种导管直径与导管数量的比例关系及其与抗旱性的关系,值得深入研究。

第 3 节　干旱对木棉不同种源种子萌发的影响

　　林木种子发芽期是林木生长的一个关键时期,尤其对干旱地区来说,此时水分对林木种子萌发和生长具有较大的作用,掌握林木种子萌发时期的水分生理特性,对于选择抗旱节水造林树种具有重要的理论意义。目前使用聚乙二醇(PEG)模拟水分亏缺环境和不同土壤含水量模拟自然条件研究林木种子发芽问题的研究报道很多(刘藜和喻理飞,2007;曾彦军等,2002;朱教君等,2005)。因此,在探索木棉人工种植的方法、途径及其引种过程中,研究不同种源种子萌发的抗逆性就显得尤为重要。

3.1　材料与方法

3.1.1　材料

　　选取本章第 2 节采集的 9 个种源饱满种子,部分种子用于本章的干旱胁迫萌发试验,用培养皿滤纸法进行萌发。另选各种源种子进行播种用于第 4~7 章盆栽试验。播种容器为 30cm×45cm 的塑料盆,盆栽土壤成分为 7 土:3 有机肥,土壤 pH7.03,有机质 14.58mg/kg,全氮、全磷和全钾含量分别为 18.40mg/kg、12.65mg/kg 和 26.32mg/kg。田间持水量(64.25±0.7)%,每个种源播种 300 盆,每盆装 9kg 土,幼苗培养阶段进行正常浇水管理。

3.1.2　试验设计

3.1.2.1　不同浓度PEG 6000溶液模拟干旱条件

挑选不同种源饱满种子,置于有1层纱布和1层滤纸的培养皿做苗床,每皿25粒,设5个重复。PEG 6000溶液浓度分别设0.05g/L、0.10g/L、0.15g/L、0.20g/L、0.25g/L和0.30g/L,对应的渗透势分别为−0.1 MPa、−0.2 MPa、−0.4 MPa、−0.6 MPa、−0.86 MPa和−0.93MPa,每个培养皿加20ml相应浓度的PEG 6000溶液,加等量蒸馏水作为对照(CK)。置于人工气候箱(12h光照)内培养,每2d换1次滤纸,每天记录萌发数,培养10d后称鲜重。

3.1.2.2　不同土壤含水量模拟干旱条件

试验用土取自木棉树下0~10cm深土层,于105℃烘箱中烘干消毒,过孔径为1.5mm、2.5mm和3.5mm筛孔,将不同粒径的土壤按1∶1∶1比例配成均匀的土壤。每个培养皿装干土100g,土壤含水量设5%、10%、15%、20%、30%、40%、50%和60%共8个处理,每个处理重复5皿,每皿25粒。置于室内窗台培养,用称重法每天补充蒸馏水保持相应土壤含水量。每天记录萌发数,培养10d后称鲜重。

3.1.3　数据分析

试验数据均采用软件SPSS 12.0处理,用One-way ANOVA进行单因子方差分析,采用LSD-Test法进行多重比较。

3.2　结果与分析

3.2.1　PEG 6000溶液对木棉不同种源种子萌发的影响

如表6.6所示,随PEG浓度增加,各种源萌发率均呈逐渐下降趋势。其中,在PEG浓度为0~0.2g/L时,临沧半湿热地区平均萌发率高于西双版纳湿热地区和元江干热河谷地区。对照条件下,各种源萌发率均达到60%以上,受到0.05g/L PEG浓度处理时,各种源萌发率显著下降,此时临翔区和孟定镇萌发率最大,分别为43.00%和42.25%,而最小为勐腊县(24.50%)和勐海县(28.00%)。当PEG浓度为0.10g/L时,勐腊县、勐海县和元江县萌发率显著下降,分别为对照条件的36.55%、35.68%和38.74%,临翔区萌发率最大为39.75%。当浓度大于0.10g/L时,元江干热河谷地区各种源萌发率急剧下降,而临沧半湿热地区各种源均保持在较高水平。当浓度大于0.2g/L时,西双版纳湿热地区种子萌发率急剧减小。当浓度为0.25g/L时,元江干热河谷地区种源萌发率最高,其中元阳县(14.50%)和红河县(12.25%)为最大,分别是勐海县(2.50%)的5.8倍和4.9倍。当浓度为0.3g/L时,各地区萌发率大小表现为元江干热河谷地区>临沧半湿热地区>西双版纳湿热地区,此时元阳县萌发率仍保持在12.50%水平,孟定镇仅有2.25%的萌发率,而西双版纳湿热地区各种源均不能萌发。

表 6.6　PEG 对不同种源萌发率的影响

Tab. 6.6　The effect of PEG on the germination rate of different provenances

（%）

区域	种源	PEG 浓度						
		CK（0）	0.05g/L	0.1g/L	0.15g/L	0.2g/L	0.25g/L	0.3g/L
西双版纳湿热	勐腊县	62.25±7.5	24.50±2.6	22.75±2.3	20.50±2.0	16.50±1.4	3.25±0.2	0.0±0.0
	景洪市	63.00±6.8	29.50±3.2	28.00±2.8	24.75±2.2	18.00±1.5	4.75±0.5	0.0±0.0
	勐海县	60.25±7.2	28.00±4.1	21.50±3.0	20.00±1.8	15.75±2.1	2.50±0.1	0.0±0.0
临沧半湿热	临翔区	68.00±7.4	43.00±2.3	39.75±3.5	36.25±3.2	24.75±2.0	9.50±1.2	8.00±0.4
	耿马县	63.45±6.8	41.50±2.6	38.00±4.2	32.50±3.0	20.25±2.2	8.50±1.3	4.50±1.2
	孟定镇	64.50±5.4	42.25±1.9	32.25±2.4	30.50±2.8	22.50±1.8	8.25±1.2	2.25±1.4
元江干热河谷	元江县	63.25±6.4	29.75±2.4	24.50±2.6	19.75±2.6	13.00±1.6	8.25±0.4	8.00±1.3
	红河县	62.75±8.2	28.25±3.0	26.50±2.4	18.50±1.9	15.50±1.6	12.25±0.5	6.25±1.0
	元阳县	65.50±6.5	32.45±2.3	28.50±2.4	20.75±1.6	17.25±1.5	14.50±0.8	12.50±0.3

如表 6.7 所示，各种源萌发指数变化情况与萌发率相似。各浓度下，以临沧半湿热地区的临翔区种源、耿马县种源和元江干热河谷地区的元阳县种源的萌发指数较大。除元江干热河谷地区种源外，各种源萌发指数在 PEG 浓度 0.05g/L 和 0.2g/L 时分别出现两次急剧下降。元江干热河谷地区种源在 0.05g/L 时急剧下降，当浓度大于 0.2g/L 时，其萌发指数变化幅度较小。

表 6.7　PEG 对不同种源萌发指数的影响

Tab. 6.7　The effect of PEG on the germination index of different provenances

区域	种源	PEG 浓度						
		CK（0）	0.05g/L	0.1g/L	0.15g/L	0.2g/L	0.25g/L	0.3g/L
西双版纳湿热	勐腊县	9.38±0.8	4.16±1.0	3.50±0.3	3.25±0.4	1.70±0.1	1.44±0.1	0.0±0.0
	景洪市	10.25±2.0	4.44±0.6	4.00±0.5	3.76±0.3	2.46±0.1	1.79±0.1	0.0±0.0
	勐海县	11.06±1.8	4.64±0.2	3.75±0.2	3.45±0.2	2.51±0.2	1.48±0.2	0.0±0.0
临沧半湿热	临翔区	13.24±2.4	6.48±1.1	6.14±0.9	5.16±0.6	4.25±0.2	2.75±0.2	2.25±0.3
	耿马县	12.26±1.2	6.24±1.0	5.54±0.7	5.44±0.6	3.51±0.4	2.49±0.2	1.85±0.2
	孟定镇	10.75±1.1	6.35±0.8	5.42±0.6	4.48±0.6	3.50±0.3	2.92±0.2	1.25±0.1
元江干热河谷	元江县	10.45±1.2	4.00±0.3	3.45±0.4	2.00±0.3	1.85±0.3	1.75±0.3	1.20±0.2
	红河县	9.15±0.4	4.65±0.5	4.25±0.2	2.25±0.2	2.14±0.3	1.85±0.3	1.65±0.2
	元阳县	11.75±0.6	5.30±0.6	5.25±0.3	3.25±0.3	2.45±0.3	2.20±0.2	1.90±0.3

3.2.2　不同土壤含水量对木棉不同种源种子萌发的影响

如表 6.8 所示，不同种源种子萌发率随土壤含水量的升高均呈先增后降的趋势。当土壤含水量为 10%时,除元阳县有 6.0%的萌发率外,其他各种源均不能萌发。当含水量为 15%时,临沧半湿热地区和元江干热河谷地区各种源均能萌发,而西双版纳湿热地区除勐海县有 2.50%的萌发率外,其他种源均不能萌发,此时最大萌发率为元阳县 12.50%。当土壤含水量大于 20%时,各种源萌发率急剧升高,以元阳县上升速率最大,勐腊县最小。含水量为 30%时,临沧半湿热地区和干热河谷地区各种源萌发率均达到最大,此时各种源萌发率大小顺序为元阳县(68.25%)>临翔区(65.00%)>元江县(64.50%)>耿马县(63.25%)>红河县(62.75%)>孟定镇(60.50%)>勐海县(53.25%)>景洪市(51.50%)>勐腊县(50.25%)。而西双版纳湿热地区各种源在 40%的含水量时萌发率达到最大,40%含水量时勐腊县、景洪市和勐海县萌发率分别为 66.25%、64.50%和 62.75%。当含水量为 50%时,勐腊县和元阳县萌发率最大,分别为 46.25%和 45.25%,各地区内各种源间差异不显著。当含水量为 60%时,各种源萌发率极显著下降,各种源萌发率大小表现为景洪市(8.50%)>勐腊县(6.50%)>元阳县(4.50%)>孟定镇(2.00%)>勐海县(1.00%)>0(其他种源),分别较各种源最大萌发率下降了 86.82%、90.19%、93.41%、96.69%和98.41%。可见,元江干热河谷地区和临沧半湿热地区种子抗旱性较强,而西双版纳湿热地区种子抗涝性较强,且 30%~40%的土壤含水量最有利于木棉种子萌发。

表 6.8　土壤含水量对不同种源萌发率的影响

Tab. 6.8　The effect of soil content on germination rate of different provenances

(%)

区域	种源	土壤含水量							
		5	10	15	20	30	40	50	60
西双版纳湿热	勐腊县	0.0±0.0	0.0±0.0	0.0±0.0	28.50±1.8	50.25±3.1	66.25±2.2	46.25±1.8	6.50±0.3
	景洪市	0.0±0.0	0.0±0.0	0.0±0.0	30.25±2.3	51.50±2.4	64.50±1.5	44.75±2.6	8.50±0.2
	勐海县	0.0±0.0	0.0±0.0	2.50±0.1	35.75±1.2	53.25±1.9	62.75±1.7	37.75±3.4	1.00±0.1
临沧半湿热	临翔区	0.0±0.0	0.0±0.0	6.50±0.4	44.50±1.3	65.00±1.7	42.50±2.3	37.75±4.5	0.0±0.0
	耿马县	0.0±0.0	0.0±0.0	5.75±0.5	38.25±2.6	63.25±2.0	44.25±3.2	39.25±1.6	0.0±0.0
	孟定镇	0.0±0.0	0.0±0.0	4.50±0.1	40.50±1.5	60.50±1.4	38.75±4.2	35.75±2.6	2.00±0.1
元江干热河谷	元江县	0.0±0.0	0.0±0.0	6.50±0.1	42.25±1.3	64.50±3.5	54.50±5.3	40.25±2.3	0.0±0.0
	红河县	0.0±0.0	0.0±0.0	5.25±0.4	40.50±2.1	62.75±5.2	48.75±3.5	37.50±1.4	0.0±0.0
	元阳县	0.0±0.0	6.0±0.2	12.50±0.2	50.50±1.1	68.25±1.1	56.50±2.6	45.25±2.4	4.50±0.5

如表 6.9 所示,随土壤含水量变化,各种源萌发指数的变化趋势和萌发率相似。当土壤含水量为 15%~30%时,临沧半湿热地区和元江干热河谷地区的萌发指数均高于西双版纳湿热地区,而当土壤含水量为 40%时各种源种子萌发指数均达到最大,大小表现为勐海县(4.85)>景洪市(4.75)>元阳县(4.52)>勐腊县(4.27)>临翔区(4.25)>耿马县(4.02)>孟定镇(3.85)>元江县(3.74)>红河县(3.60)。随后各种源萌发指数急剧下降,以临沧半湿热地区各种源下降幅度大,其中临翔区为最大,较含水量为 40%时下降了 59.29%。而西双版纳湿热地区萌发指数下降缓慢。当含水量为 60%时,各种源急剧下降,各种源萌发指数为 0~0.85。

表 6.9　土壤含水量对不同种源萌发指数的影响

Tab. 6.9　The effect of soil content on germination index of different provenances

区域	种源	土壤含水量							
		5%	10%	15%	20%	30%	40%	50%	60%
西双版纳湿热	勐腊县	0.0±0.0	0.0±0.0	0.0±0.0	1.36±0.3	2.24±0.5	4.27±0.6	3.25±0.3	0.60±0.1
	景洪市	0.0±0.0	0.0±0.0	0.0±0.0	1.45±0.2	2.85±0.2	4.75±0.3	3.64±0.4	0.85±0.1
	勐海县	0.0±0.0	0.0±0.0	0.23±0.0	1.64±0.2	2.80±0.2	4.85±0.2	3.36±0.3	0.25±0.1
临沧半湿热	临翔区	0.0±0.0	0.0±0.0	0.45±0.1	1.75±0.4	3.65±0.3	4.25±0.4	1.73±0.3	0.0±0.0
	耿马县	0.0±0.0	0.0±0.0	0.38±0.1	1.72±0.1	3.43±0.7	4.02±0.2	2.05±0.2	0.0±0.0
	孟定镇	0.0±0.0	0.0±0.0	0.27±0.2	1.58±0.2	3.38±0.5	3.85±0.5	1.63±0.2	0.42±0.1
元江干热河谷	元江县	0.0±0.0	0.0±0.0	0.43±0.1	1.72±0.5	3.50±0.6	3.74±0.6	1.80±0.4	0.0±0.0
	红河县	0.0±0.0	0.0±0.0	0.39±0.1	1.53±0.2	3.08±0.4	3.60±0.1	1.90±0.3	0.0±0.0
	元阳县	0.0±0.0	0.23±0.1	0.62±0.1	2.01±0.1	3.75±0.2	4.52±0.2	2.04±0.1	0.32±0.1

3.2.3　干旱胁迫对不同种源种子萌芽鲜重的影响

表 6.10 为不同浓度 PEG 处理萌发 10d 后的鲜重变化情况。随 PEG 浓度升高，鲜重呈缓慢下降和急剧下降两个阶段，各浓度下平均鲜重大小均表现为临沧半湿热地区>元江干热河谷地区>西双版纳湿热地区。对照条件下，各种源鲜重差异不显著，以临翔区（4.65g）和元阳县（4.53g）最高。浓度低于 0.15g/L 时，各种源萌芽鲜重减少缓慢。浓度为 0.15g/L 时，鲜重最大的为临翔区（2.54g）和孟定镇（2.51g），最小为勐腊县（1.85g）。当浓度大于 0.15g/L 时，鲜重急剧下降，西双版纳湿热地区各种源下降极显著，以勐腊县和景洪市下降幅度最大。截至 0.25g/L 时，各种源鲜重大小表现为临翔区>耿马县>孟定镇>

表 6.10　PEG 浓度对木棉萌芽鲜重的影响

Tab. 6.10　The effect of PEG concentration on seedling fresh mass of kapok

（单位：g）

区域	种源	PEG 浓度						
		CK（0）	0.05g/L	0.1g/L	0.15g/L	0.2g/L	0.25g/L	0.3g/L
西双版纳湿热	勐腊县	4.25±0.5	2.38±0.2	2.19±0.2	1.85±0.2	1.43±0.1	1.23±0.2	0.00±0.0
	景洪市	4.19±0.4	2.45±0.2	2.31±0.2	2.05±0.1	1.56±0.1	1.21±0.3	0.00±0.0
	勐海县	4.42±0.3	2.51±0.2	2.28±0.3	2.13±0.1	1.82±0.2	1.46±0.1	0.00±0.0
临沧半湿热	临翔区	4.65±0.2	3.02±0.3	2.57±0.3	2.54±0.2	2.10±0.1	1.95±0.2	1.25±0.2
	耿马县	4.41±0.4	3.16±0.3	2.66±0.1	2.46±0.2	2.08±0.2	1.86±0.1	1.25±0.1
	孟定镇	4.44±0.2	3.27±0.4	2.67±0.5	2.51±0.4	2.17±0.1	1.84±0.1	1.25±0.1
元江干热河谷	元江县	4.34±0.3	2.86±0.4	2.45±0.1	2.20±0.1	1.94±0.2	1.65±0.2	0.32±0.1
	红河县	4.23±0.2	2.90±0.4	2.54±0.2	2.19±0.4	2.04±0.4	1.74±0.2	0.45±0.1
	元阳县	4.53±0.2	2.99±0.3	2.67±0.1	2.31±0.3	2.13±0.2	1.82±0.3	0.61±0.1

元阳县>红河县>元江县>勐海县>勐腊县>景洪市。当浓度为 0.3g/L 时，西双版纳湿热地区各种源由于不能萌发导致鲜重为 0g，而临沧半湿热地区和元江干热河谷地区鲜重仍保持在 0.32~1.25g，且临沧地区各种源均为 1.25g。而元江干热河谷地区内各种源存在差异。

如表 6.11 所示，萌发 10d 后的鲜重随土壤含水量的升高呈先升后降趋势，40%的土壤含水量下各种源的鲜重达最大，各地区鲜重分别为元江干热河谷地区 10.7g、临沧半湿热地区 13.8g 和西双版纳湿热地区 12.5g，其中以耿马县最大为 14.0g，元江县最小为 10.2g。当土壤含水量为 50%时，各种源鲜重急剧下降。当含水量为 60%时，元江干热河谷地区和临沧半湿热地区除孟定镇（2.4g）和元阳县（2.8g）外其他种源均不能萌发。

表 6.11　土壤含水量对木棉不同种源萌芽鲜重的影响

Tab. 6.11　The effect of soil moisture content on seedling fresh mass of different

kapok provenance　　　　　　　　　　　（单位：g）

区域	种源	土壤含水量							
		5%	10%	15%	20%	30%	40%	50%	60%
西双版纳湿热	勐腊县	0.0±0.0	0.0±0.0	0.0±0.0	5.2±0.3	7.4±0.6	12.5±2.1	5.1±0.2	2.1±0.2
	景洪市	0.0±0.0	0.0±0.0	0.0±0.0	5.2±0.1	7.2±0.8	12.5±0.5	5.0±0.4	1.4±0.1
	勐海县	0.0±0.0	0.0±0.0	0.1±0.1	5.3±0.1	7.3±1.0	12.5±1.2	5.0±0.4	1.3±0.1
临沧半湿热	临翔区	0.0±0.0	0.0±0.0	1.3±0.2	6.7±0.2	12.4±1.2	13.6±1.8	4.6±0.6	0.0±0.0
	耿马县	0.0±0.0	0.0±0.0	1.2±0.1	6.6±0.3	12.5±1.1	14.0±2.0	5.7±0.7	0.0±0.0
	孟定镇	0.0±0.0	0.0±0.0	1.1±0.1	6.4±0.4	11.8±1.2	13.7±1.3	3.5±0.4	2.4±0.3
元江干热河谷	元江县	0.0±0.0	0.0±0.0	1.1±0.1	4.3±0.3	8.5±0.3	10.2±1.6	4.3±0.3	0.0±0.0
	红河县	0.0±0.0	0.0±0.0	1.1±0.1	4.3±0.2	8.8±0.6	11.1±1.1	4.6±0.8	0.0±0.0
	元阳县	0.0±0.0	0.23±0.1	1.3±0.1	4.3±0.1	8.9±0.7	10.8±0.7	4.2±0.7	2.8±0.2

3.3　讨论

种子萌发作为更新的关键过程在水分胁迫下是否能够顺利进行并不十分清楚，种子萌发对干旱胁迫的响应反映了其适应环境的生态机制。对生长于不同生境中的植物萌发特性的研究可揭示其生活史特征，为该地区植物种的开发利用和物种天然更新提供依据（赵晓英等，2005）。

3.3.1　不同土壤含水量对木棉种子萌发的影响

元江干热河谷地区和临沧半湿热地区种子萌发要求的最低土壤水分低于西双版纳湿热地区种子，在 15%土壤含水量时能萌发。但除元阳县萌发率为 6.0%外，当土壤含水量为 10%时其他种源均不能萌发，从这方面可发现元江干热河谷地区和临沧半湿热地区种源抗旱性稍强。元江干热河谷地区极端干旱条件下，土壤含水量几乎不能一段时间保持在 20%~40%，且元江干热河谷地区经常出现季节性干旱。在很低的土壤含水量下木棉种子不能萌发这一机制也许是其在元江干热河谷地区更新困难的主要原因，这与赵高卷等（2015）的研究结论相一致。但西双版纳湿热地区种子在含水量为40%时萌发率达最大，且在60%土壤含水量时仍有1.0%~8.5%的萌发率，而此时元江干热河谷地区（除元阳县4.5%）和临沧半湿热地区（除孟定镇2.0%）种子均不能萌发，体现出西双版纳湿热地区种子具有较强的抗涝能力，适合在长期湿润的环境下生存，这与第2章的立地调查结果相似。赵晓英等（2005）在研究3种锦鸡儿种子萌发对土壤含水量的响应时发现，当土壤水分为1.25%~10.0%时，萌发率表现出随水分含量增加而增加，从10%~20%表现出随土壤水分含量增大，萌发率越低。从该研究看，木棉种子的抗旱性远远低于锦鸡儿，这可能与树种和环境条件差异有关。同时与种子大小也存在一定关系，一般较大的种子萌发需要吸收更多的水分，木棉种子较锦鸡儿大，需要连续几天保持较高含水量才能萌发。

3.3.2　PEG 6000 溶液对木棉种子萌发的影响

本研究表明，随 PEG 浓度增加，不同种源萌发率和萌发指数均下降，整体表现为PEG 对临沧地区种源抑制作用较小。浓度为 0.05g/L 和 0.15g/L 是各种源萌发率急剧下降的分界点，表明木棉种子对低浓度和中浓度的 PEG 较敏感。当浓度大于 0.15g/L（−0.4MPa）时，萌发率和萌发指数显著下降。这与孙景宽等（2006）研究 4 种植物对干旱胁迫响应的萌发规律一致。同时元江干热河谷地区和临沧半湿热地区种子在 0.30g/L 时仍有2.25%~12.5%的种子萌发，体现出其在极端干旱环境下较西双版纳湿热地区种源具有较强的抗旱性。这种评估方法与尚国亮和李吉跃（2008）研究水分胁迫对 3 个不同种源柔枝松种子萌发的影响差异相似。

第 4 节　干旱胁迫下木棉不同种源的水分生理特征

水分不足影响植物的代谢和生产力，郭连生和田有亮（1989）研究表明树木生长过程中 95％的水分由蒸腾作用消耗。蒸腾耗水作为树木水分散失的主要途径，也是土壤-植物-大气系统（SPAC）中水分运转的关键环节或枢纽（张建国，1993）。在干旱胁迫下，水势是反映植物缺水最敏感的指标之一（郑元润，1985），在相同土壤含水量下，植物的水势越低，吸水能力越强，抗旱性越强。另外，抗旱性越强的树种，叶水势下降幅度越小（聂华堂和陈竹生，1991）。目前，有关水势与树种的耗水规律的研究很多，但是对木棉不同种源的耗水规律尚不清楚。

本研究对木棉幼苗在干旱胁迫下的水分生理进行系统研究，研究内容包括干旱胁迫下叶水势、耗水量和耗水速率，探索木棉不同种源对干旱胁迫的生理响应，为干热河谷水分条件较差和季节性干旱较严重区域的生态恢复提供一定的理论依据。

4.1　材料与方法

4.1.1　试验材料

供试幼苗选自第 3 章播种一年生实生苗，于 2014 年 5~6 月进行人工模拟干旱胁迫下幼苗耗水试验。干旱胁迫前幼苗生长情况见表 6.12。

表 6.12　木棉幼苗生长情况
Tab. 6.12　The seedling growth condition of kapok

区域	种源	株高/cm	地径/mm	总叶面积/cm²	叶片数
西双版纳湿热	勐腊县	82.5±1.0	15.8±0.2	920.4±40.2	42.5±2.4
	景洪市	80.4±3.2	16.8±1.4	858.3±22.4	37.6±1.8
	勐海县	76.4±1.6	16.4±1.5	834.1±21.3	45.6±1.9
临沧半湿热	临翔区	79.8±2.1	15.4±2.2	865.3±15.5	39.3±2.5
	耿马县	78.5±1.2	15.7±2.6	815.5±18.5	45.6±3.2
	孟定镇	81.3±0.8	16.2±1.7	806.9±16.5	43.6±3.1
元江干热河谷	元江县	75.3±2.0	16.7±1.8	885.4±20.2	43.3±1.4
	红河县	76.8±1.1	17.1±0.5	846.4±10.4	43.3±2.1
	元阳县	82.6±4.2	16.3±1.1	890.5±11.1	38.5±1.6

4.1.2　研究方法

试验前对幼苗进行连续浇水，选择晴朗天气用塑料薄膜对塑料盆表面和底部进行封盆处理，以免水分散失。水分只能通过幼苗蒸腾作用散失。选择典型晴天于不同干旱胁迫时期对幼苗生理相关指标、土壤水分状况及环境因子进行测定，直至幼苗光合接近零。具体指标如下。

1）幼苗耗水特性

每个种源选 4 盆，每天上午 8：00 和晚上 20：00 用 SP-30 电子天平（美国，精度 1/10 000，量程 1~30kg）分别称重一次，分别计算整株幼苗白天和晚上的耗水量。耗水量除以叶面积和时间得到耗水速率，叶面积采用叶面积仪（CI-203）进行测定（表 6.12）。

2）土壤和叶片含水量

另选各种源 3 盆测土壤和叶片含水量，采用烘干法，每天上午 8：00 在土深 5~6cm 处取一定量的土壤进行测定，叶片选倒数第 5~7 片进行测定。每个处理设 3 个重复。

3) 叶水势

另分别取 3 盆，在幼苗浇透水之后采用水势仪测定 1 次水势作为正常水分时期的值，其余在不同干旱胁迫时期分别测定 1 次，与幼苗耗水特性和土壤含水量同期进行，于黎明前进行测定。

4.1.3　试验地概况

所有盆栽试验于 2013~2015 年在云南省红河州个旧市冷墩村（云南攀大木棉科技应用有限公司冷墩良种育苗基地）进行。经纬度为 22°49′~23°19′N，102°27′~103°13′E，试验地海拔 319~425m，年均温 24.1℃，极端最高气温 49.5℃，最低气温 0℃，无霜期 363d，年均日照时数 1870h，年均降水量 700mm，蒸发量远大于降水量，属典型元江干热河谷气候。

4.1.4　数据处理

采用 Excel 对数据进行常规分析，采用 SPSS 12 对数据进行 ANOVA 方差分析和 DMNCAN 多重比较。

4.2　结果与分析

4.2.1　不同干旱胁迫下叶水势变化

如图 6.1 所示，随干旱胁迫时间增加，不同种源的叶水势呈缓慢下降-急剧下降-缓慢下降趋势，当恢复浇水 3d 后，各种源叶水势又急剧增加，恢复浇水 6d 后，不同种源叶水势已恢复到干旱处理 3~5d 的水平。对照条件下，各种源水势存在一定差异，元江干热河谷地区（元江县-0.543MPa、红河县-0.530MPa 和元阳县-0.65MPa）叶水势大于临沧半湿热地区（临翔-0.74MPa、耿马县-0.699MPa 和孟定镇-0.725MPa）和西双版纳湿热地区（景洪市-0.75Mpa、勐腊县-0.852Mpa 和勐海县-0.725MPa），其中水势最大的为红河县，最小的为勐腊县。干旱胁迫 4d，除元阳县水势较对照变化不大外，其他各种源均呈缓慢下降。从干旱胁迫第 5 天开始，各种源下降幅度存在差异。干旱胁迫第 6 天，各地区平均水势表现为元江干热河谷地区（元江县-2.04MPa、红河县-1.765MPa 和元阳县-1.458MPa）>临沧半湿热地区（临翔区-2.25MPa、耿马县-1.98MPa 和孟定镇-1.854MPa）>西双版纳湿热地区（景洪市-2.55MPa、勐腊县-1.953MPa 和勐海县-1.895MPa），此时水势最大的为元阳县，最小的为景洪市。从第 7~12 天，各种源水势急剧下降，各种源水势值也存在显著差异，元阳县水势一直处于最大状态。截至第 12 天，各地区平均水势大小为元江干热河谷地区（元江县-3.95MPa、红河县-4.02MPa 和元阳县-3.85MPa）>临沧半湿热地区（临翔区-4.15MPa、耿马县-4.27MPa 和孟定镇-4.06MPa）>西双版纳湿热地区（景洪市-4.2MPa、勐腊县-4.32MPa 和勐海县-4.26MPa），此时最大的为元阳县，最小的为勐腊县。干旱胁迫 13~16d，元阳县、元江县和临翔区等种源水势变化幅度不大，而勐腊县、勐海县和耿马县等种源仍存在下降趋势。截至干旱胁迫第 16 天，各种源叶水势均下降到最低水平，此时各地区水势大小仍表现为元江干热河谷（元江县-4.12MPa、红河县-4.25MPa 和元阳县-4.05MPa）>临沧半湿热地区（临翔区-4.18MPa、耿马县-4.43MPa 和孟定镇-4.25MPa）>西双版纳湿热地区（景洪市-4.34MPa、勐腊县-4.65MPa 和勐海县-4.65MPa）。此时各种源水势值分别较对照下降了，元江县 86.83%、红河县 87.53%、元阳县 83.95%、临翔区 82.28%、耿马县 84.23%、孟定镇 82.94%、景洪市 82.72%、勐腊县 81.68% 和勐海县 84.41%。恢复浇水 3d 后，各种源水势急剧升高，但上升幅度存在差异，此时元江干热河谷地区水势>临沧半湿热地区>西双版纳湿热地区，差异显著。恢复浇水 6d 后，各种源水势均得到进一步恢复，此时各地区叶水势值与恢复浇水 3~5d 时相似。

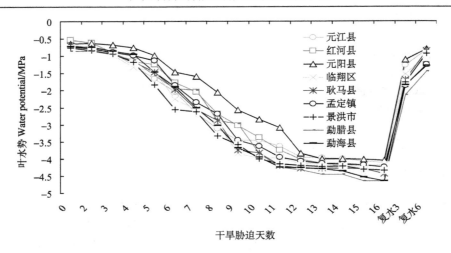

图 6.1 干旱胁迫和复水条件下木棉水势变化(彩图请扫封底二维码)

Fig. 6.1 The effect of drought stress and rewater on leaf water potential of kapok

4.2.2 不同干旱胁迫下土壤含水量变化

图 6.2 为不同种源幼苗土壤含水量随干旱胁迫的变化情况。由图可知，随干旱胁迫的增加，各种源幼苗土壤含水量均呈不同程度的下降趋势。其中对照组各种源土壤含水量达 50%左右，差异不显著，随后含水量急剧下降。干旱胁迫第 2 天，各种源土壤含水量下降幅度相似，随后各种源间下降幅度差异显著。其中，西双版纳湿热地区种源下降最大，元江干热河谷和临沧半湿热地区种源变化相似。干旱胁迫第 4 天，临沧半湿热地区和元江干热河谷地区各种源土壤含水量显著大于西双版纳湿热地区。干旱胁迫第 5~6 天，

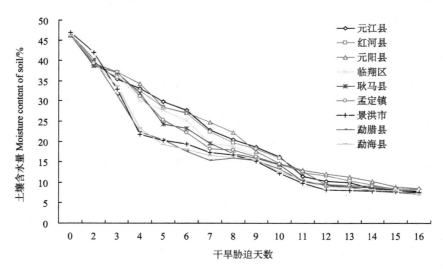

图 6.2 木棉幼苗土壤含水量随干旱胁迫的变化(彩图请扫封底二维码)

Fig. 6.2 The effect of drought stress on seedling soil moisture content of kapok

各地区土壤含水量差异显著，含水量大小表现为元江干热河谷地区（元江县 27.70%、红河县 26.98%和元阳县 27.12%）>临沧半湿热地区（临翔区 25.18%、耿马县 23.25%和孟定镇 22.12%）>西双版纳湿热地区（景洪市 19.33%、勐腊县 17.56%和勐海县 18.00%），此时元阳县含水量最大，勐腊县最小。干旱胁迫第 8~12 天，各种源土壤含水量差异又趋于减小，截至干旱胁迫 12d，各种源土壤含水量顺序为元阳县（12.10%）>红河县（11.45%）>元江县（10.25%）>勐腊县（9.58%）>孟定镇（9.45%）>耿马县（9.30%）>勐海县（9.05%）>临翔区（8.35%）>景洪市（8.25%）。干旱胁迫第 13~16 天，各种源土壤含水量趋于平缓，截至 15~16d，各种源近似相等，此时土壤含水量大小表现为元阳县（8.45%）>孟定镇（8.32%）>临翔区（8.00%）>耿马县（7.85%）>元江县（7.80%）>景洪市（7.55%）>红河县（7.19%）>勐腊县（7.21%）>勐海县（7.12%）。

4.2.3　干旱胁迫时期的划分

如表 6.13 所示，根据不同种源不同干旱时期土壤质量含水量、质量含水量占田间含水量的百分比及叶水势，将干旱划分为 4 个梯度：分别为对照 0d（CK），平均质量含水量 46.30%，占田间含水量百分比 72.06%，平均叶水势–0.690MPa；轻度干旱 2~6d（LD），

表 6.13　不同干旱胁迫时期的划分

Tab. 6.13　The division of drought stress period

类别	地区	种源	干旱胁迫天数								
			0	2	4	6	8	10	12	14	16
质量含水量/%	西双版纳湿热	勐腊县	46.25	40.35	26.85	19.01	15.65	14.28	9.92	8.42	7.43
		景洪市	46.89	42.04	27.33	19.80	16.95	13.75	9.00	7.96	7.60
		勐海县	46.15	39.63	28.41	18.62	16.23	14.11	9.92	8.46	7.51
	临沧半湿热	临翔区	46.43	40.41	33.46	26.44	19.09	14.99	8.80	8.10	8.00
		耿马县	46.17	38.75	34.44	23.75	18.24	15.15	9.75	8.81	8.05
		孟定镇	46.13	39.26	34.20	23.73	18.03	15.34	11.07	9.11	8.39
	元江干热河谷	元江县	46.17	39.68	34.23	28.72	21.57	17.41	10.88	9.24	8.02
		红河县	46.24	38.95	34.15	27.69	21.00	17.05	11.95	9.93	7.73
		元阳县	46.25	39.24	35.76	27.77	23.41	16.07	12.54	10.80	8.72
占田间含水量百分比/%	西双版纳湿热	勐腊县	71.98	62.80	41.79	29.59	24.36	22.23	15.44	11.56	11.56
		景洪市	72.98	65.43	42.54	30.82	26.38	21.40	14.01	11.83	11.83
		勐海县	71.83	61.68	44.22	28.98	25.26	21.96	15.44	11.69	11.69
	临沧半湿热	临翔区	72.26	62.90	52.08	41.15	29.71	23.33	13.70	12.45	12.45
		耿马县	71.86	60.31	53.60	36.96	28.39	23.58	15.18	12.53	12.53
		孟定镇	71.80	61.11	53.23	36.93	28.06	23.88	17.23	13.06	13.06
	元江干热河谷	元江县	71.86	61.76	53.28	44.70	33.57	27.10	16.93	12.48	12.48
		红河县	71.97	60.62	53.15	43.10	32.68	26.54	18.60	12.03	12.03
		元阳县	71.98	61.07	55.66	43.22	36.44	25.01	19.52	13.57	13.57

续表

类别	地区	种源	干旱胁迫天数								
			0	2	4	6	8	10	12	14	16
叶水势 /MPa	西双版纳湿热	勐腊县	−0.852	−0.856	−1.026	−1.755	−2.434	−3.415	−4.280	−4.450	−4.650
		景洪市	−0.750	−0.830	−1.053	−2.190	−2.973	−3.795	−4.175	−4.220	−4.325
		勐海县	−0.725	−0.746	−0.901	−1.676	−2.765	−3.815	−4.255	−4.320	−4.590
	临沧半湿热	临翔区	−0.740	−0.783	−1.140	−1.850	−2.771	−3.920	−4.058	−4.185	−4.200
		耿马县	−0.699	−0.756	−1.037	−1.719	−2.718	−3.785	−4.230	−4.275	−4.365
		孟定镇	−0.725	−0.785	−0.926	−1.490	−2.515	−3.545	−4.005	−4.150	−4.215
	元江干热河谷	元江县	−0.543	−0.625	−1.080	−1.845	−2.897	−3.455	−3.795	−3.985	−4.090
		红河县	−0.530	−0.604	−1.029	−1.505	−2.357	−3.200	−3.885	−4.130	−4.215
		元阳县	−0.650	−0.623	−0.713	−1.217	−1.818	−2.715	−3.465	−4.010	−4.035
干旱划分			CK	轻度干旱（LD）		中度干旱（MD）			重度干旱（SD）		

平均质量含水量 31.95%，占田间含水量百分比 49.73%，平均叶水势−1.139MPa；中度干旱 7~12d（MD），平均质量含水量 14.89%，占田间含水量百分比 23.18%，平均叶水势−3.372MPa；重度干旱 13~16d(SD)，平均质量含水量 8.46%，占田间含水量百分比 12.36%，平均叶水势−4.245MPa。

4.2.4　不同干旱胁迫下幼苗蒸腾耗水日变化

如表 6.14 所示，随干旱胁迫增加，各种源白天和夜晚耗水量均呈急剧下降-缓慢下降-急剧下降趋势，且白天耗水量下降幅度显著高于夜晚。对照条件下，白天和夜晚平均耗水量分别达 343.17g/d 和 50.09g/d，截至重度干旱分别下降到 31.87g/d 和 3.04g/d，分别较对照下降了 90.71% 和 93.93%。对照条件下，白天耗水量最大的为景洪市（354.3g）和元阳县（350.8g），最小的为临翔区（335.2g）和勐海县（336.8g），各地区平均耗水量表现为元江干热河谷地区>西双版纳湿热地区>临沧半湿热地区。而夜晚耗水量最大的为元江县（56.2g），最小的为孟定镇（42.3g），各地区平均耗水量表现为元江干热河谷>临沧半湿热地区>西双版纳湿热地区。轻度胁迫下，白天耗水量最大的为勐海县（215.8g），最小的为红河县（200.4g）。各地区白天和夜晚耗水量大小均表现为西双版纳湿热地区>临沧半湿热地区>元江干热河谷地区。中度干旱胁迫下，白天耗水量最大的为景洪市（145.5g）和勐海县（140.3g），最小的为红河县（121.6g）和元阳县（125.3g），而夜晚耗水量最大的为景洪市（28.5g），最小的为元阳县（19.4g），且各地区白天和夜晚耗水量大小均表现为西双版纳湿热地区>临沧半湿热地区>元江干热河谷地区。重度胁迫下，各种源白天和夜晚耗水量均极显著下降，此时各种源全天耗水量大小表现为景洪市（38.7g）>勐海县（36.8g）=元江县（36.8g）>临翔区（36.3g）>勐腊县（34.4g）>耿马县（33.3g）>孟定镇（33.2g）>红河县（32.8g）>元阳县（31.9g），各种源分别较对照下降了，勐腊县 91.16%、景洪市 90.43%、勐海县 90.42%、临翔区 90.63%、耿马县 91.43%、孟定镇 91.43%、元江县 90.42%、红河县 91.76% 和元阳县 92.07%。

表 6.14　不同干旱胁迫下蒸腾耗水日变化

Tab. 6.14　The transpiration water consumption change of different drought stress period

（单位：g/d）

地区	种源	CK		LD		MD		SD	
		白天	夜晚	白天	夜晚	白天	夜晚	白天	夜晚
西双版纳湿热	勐腊县	342.4±30.2	46.7±4.6	205.8±14.2	34.2±2.8	139.5±2.2	25.8±1.6	30.1±2.1	4.3±0.3
	景洪市	354.3±21.3	50.3±2.3	212.3±12.5	35.1±3.3	145.5±4.5	28.5±1.0	35.4±2.2	3.3±1.0
	勐海县	336.8±15.3	47.5±3.2	215.8±11.2	36.3±3.0	140.3±6.0	23.5±1.0	33.3±3.5	3.5±0.3
临沧半湿热	临翔区	335.2±18.2	52.4±4.5	208.5±11.4	28.0±2.6	135.5±5.3	23.4±1.4	32.5±1.8	3.8±0.6
	耿马县	337.5±16.4	51.2±2.0	202.4±10.9	26.5±3.1	128.5±4.5	20.1±1.4	30.2±0.9	3.1±0.2
	孟定镇	345.2±20.5	42.3±4.1	201.1±10.3	25.3±2.1	134.8±2.7	22.4±0.9	30.4±1.4	2.8±0.1
元江干热河谷	元江县	340.6±24.1	56.2±6.2	211.4±15.5	30.8±1.2	127.4±3.4	24.1±1.2	34.3±1.9	2.5±0.5
	红河县	345.7±22.3	52.5±3.7	200.4±12.5	27.2±2.0	121.6±3.4	21.3±2.3	30.5±1.2	2.3±0.2
	元阳县	350.8±12.4	51.7±2.7	201.1±11.8	21.4±1.8	125.3±2.5	19.4±1.4	30.1±2.3	1.8±0.1
平均值		343.17	50.09	206.53	29.42	133.16	23.17	31.87	3.04

4.2.5　不同干旱胁迫下幼苗蒸腾耗水速率

如图 6.3 所示，随干旱胁迫增加，白天耗水速率呈显著下降趋势，但各种源间存在一定差异。对照条件下，勐腊县[310.01g/（m²·h）]、临翔区[322.82g/（m²·h）]和元江县[320.57g/（m²·h）]低于其他种源，最大为孟定镇[356.51g/（m²·h）]。轻度胁迫下，勐腊县[186.33g/（m²·h）]和元阳县[188.19g/（m²·h）]较其他种源低，最大为勐海县[215.61g/（m²·h）]。中度胁迫下，元江干热河谷地区各种源显著低于其他种源，临沧半湿热地区

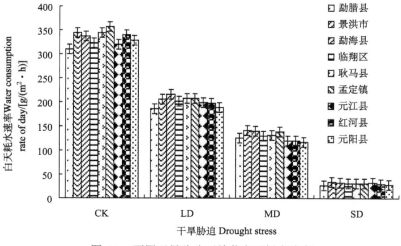

图 6.3　不同干旱胁迫下幼苗白天耗水速率

Fig. 6.3　The effect of different drought stress on seedling water consumption rate of kapok during the day

与西双版纳湿热地区差异不显著。截至重度胁迫，勐腊县[27.25g/（m²·h）]、红河县[30.03g/（m²·h）]和元阳县[28.17g/（m²·h）]稍低于其他种源，其他种源间差异不显著。对照和轻度胁迫下，各地区平均耗水速率大小表现为临沧半湿热地区>西双版纳湿热地区>元江干热河谷地区，而中度和重度胁迫则表现为西双版纳湿热地区>临沧半湿热地区>元江干热河谷地区，总体上讲，西双版纳湿热地区勐腊县和元江干热河谷地区元阳县耗水速率较小。

如图 6.4 所示，随胁迫增加，各种源夜晚耗水速率均呈显著下降趋势，但各种源下降幅度存在显著差异，其中以元江干热河谷地区下降幅度最为显著。对照条件下，除勐腊县[42.22g/（m²·h）]和孟定镇[43.69g/（m²·h）]耗水速率较低外，其他种源均保持在较高水平，且各地区内各种源间存在显著差异。西双版纳湿热地区表现为景洪市>勐海县>勐腊县，临沧半湿热地区表现为耿马县>临翔区>孟定镇，干热河谷地区表现为元江县>红河县>元阳县。轻度胁迫下，各种源耗水速率极显著下降，此时耗水速率最大的为勐海县[36.27g/（m²·h）]，最小的为元阳县[20.03g/（m²·h）]，分别较对照下降了 23.53%和 58.60%。中度胁迫下，各种源较轻度胁迫下降减慢，但各种源间存在差异，其中最大和最小耗水率分别为景洪市[27.67g/（m²·h）]和元阳县[18.15g/（m²·h）]。截至重度胁迫，各种源均下降到较低水平，元江干热河谷地区显著低于西双版纳湿热地区和临沧半湿热地区，西双版纳湿热地区和临沧半湿热地区内各种源间差异不显著。各地区平均夜晚耗水速率除在对照条件下表现为元江干热河谷地区[50.99g/（m²·h）]>临沧半湿热地区[48.82g/（m²·h）]>西双版纳湿热地区[45.19g/（m²·h）]外，其他胁迫阶段均表现为西双版纳湿热地区>临沧半湿热地区>元江干热河谷地区。

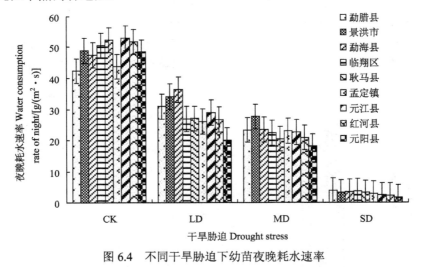

图 6.4　不同干旱胁迫下幼苗夜晚耗水速率

Fig. 6.4　The effect of different drought stress on seedling night water consumption rate of kapok

4.2.6　不同干旱胁迫下幼苗叶片含水量变化

如图 6.5 所示，随干旱胁迫增加，各种源叶片含水量呈不同程度的下降趋势。对照情况下，除勐腊县（74.63%）较高而耿马县（72.42%）和孟定镇（71.65%）较低外，其他各种源差异不显著。轻度胁迫较对照变化不大，各地区叶片含水量大小表现为元江干热河谷地区（73.05%）>西双版纳湿热地区（73.03%）>临沧半湿热地区（71.54%），且临沧半湿热地区各种源在对照和轻度胁迫下均存在显著性差异。中度胁迫下，以勐海县和元江县下降幅度最大，分别较轻度胁迫下降了 4.95%和 4.49%。截至重度胁迫，各地区叶片含水量均呈显著下降趋势，以西双版纳湿热地区下降幅度最大，且各地区内 3 种源间均存在显著差异。此时各地区平均含水量大小表现为元江干热河谷地区（66.36%）>临沧半湿热地区（66.03%）>西双版纳湿热地区（64.45%），分别较对照下降了 9.80%、8.94%和 12.85%，表明元江干热河谷地区和临沧半湿热地区种源受干旱胁迫影响较小。

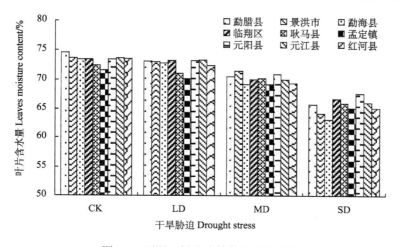

图 6.5　不同干旱胁迫幼苗叶片含水量

Fig. 6.5　The effect of different drought stress on leaves moisture content of kapok

4.3　讨论

4.3.1　叶水势与土壤含水量对木棉抗旱性的影响

土壤含水量与植物叶水势和蒸腾速率形成了土壤-植物-空气系统，三者相互联系和相互制约。本研究表明当土壤水分充足时，植物的蒸腾强度日变化和叶水势均较大，当土壤含水量下降以致植物凋萎时，蒸腾强度日变化和水势则相当微弱。这与闫玉春（2005）研究科尔沁沙地 9 种灌木苗期水分生理与抗旱性研究结论一致。本研究表明元江干热河谷地区叶水势在各胁迫条件下均有大于临沧半湿热地区和西双版纳湿热地区的趋势，处于高水势下的元江干热河谷地区种源一直处于失水状态，且临沧半湿热地区和西双版纳湿热地区种源通过降低叶水势来调节自身生长于外界环境的适应性。这与王海珍（2003）的研究结果相似。土壤水分条件对 9 个种源水分状况的影响不同，元江干热河谷地区种源在干旱胁迫下主要通过增加根系吸水维持较高的叶水势，维持叶片含水量不至于下降过多，具有御旱植物的特点。而临沧半湿热地区和西双版纳湿热地区则通过一些生理调节方式增加叶片的保水力，降低细胞水势以增强吸水力，具有一定抵御干旱的特点。本研究还发现在轻度胁迫条件下，元江干热河谷地区和临沧半湿热地区土壤含水量大于西双版纳湿热地区，表明正常浇水条件下西双版纳湿热地区各种源水分利用效率增大，光合速率增强，但在其他胁迫条件下，元江干热河谷种源土壤含水量较临沧半湿热地区和西双版纳湿热地区种源高，表明元江干热河谷地区种源提前感受到干旱胁迫，通过降低植物蒸腾来适应环境，而此时临沧半湿热地区和西双版纳湿热地区各种源还在不停地散失水分，水分利用效率下降。表明元江干热河谷种源具有较强的保水能力，而临沧半湿热和西双版纳湿热种源具有较高的水分利用效率，各种源通过不同策略适应不同的环境条件。这与刘国亮（2007）研究 11 种沙生植物在科尔沁沙区的水分生理与抗旱性结论有相似的规律。

4.3.2 幼苗蒸腾耗水对木棉抗旱性的影响

目前利用盆栽试验测定幼苗耗水量的研究很多，表 6.15 为段爱国等（2009a）对金沙江干热河谷植被恢复树种盆栽苗蒸腾耗水特性的研究结果。从中可以看出，木棉幼苗耗水量较楸树、黑荆、赤桉、蓝桉、尾叶桉、墨西哥柏和大叶相思低，木棉和尾叶桉近似，大于毛白杨、圆柏和马占相思。其中，木棉耗水量是毛白杨的 1.94 倍，而耗水量最大的为楸树（1500.7g/d）和黑荆（631.7g/d），极显著高于其他树种，分别是木棉的 4.37 倍和 1.84 倍。从该表来看，木棉属于低耗水树种。但从 9 个木棉种源来看，对照条件下，景洪市和元阳县白天耗水量最大，分别为 354.3g/d 和 350.8g/d，而临翔区最小为 335.2g/d，而夜晚最大为元江县（56.2g/d），最小为孟定镇（42.3g/d），表明景洪市和元阳县种源具有较大的蒸腾速率和光合速率。其他胁迫下，各地区白天平均耗水量均表现为西双版纳湿热地区>临沧半湿热地区>元江干热河谷地区，夜晚呈相似趋势。表明西双版纳湿热地区种源在干旱胁迫下防止水分散失的能力较低，没有形成防御水分散失的机制。虽然

表 6.15　不同树种盆栽幼苗日耗水量

Tab. 6.15　**Water consumption of potted seedlings of different tree species**

种名	拉丁学名	白天耗水量/(g/d)
大叶相思	*Acacia auriculiformis*	498.5
马占相思	*Acacia mangium*	232.1
圆柏	*Sabina chinensis*	306.5
墨西哥柏	*Cupressus lusianica*	373.0
尾叶桉	*Eucalyptus urophylla*	345.9
蓝桉	*Eucalyptus globulus*	566.0
赤桉	*Eucalyptus camaldulensis*	424.8
黑荆	*Acacia mearnsii*	631.7
毛白杨	*Populus tomentosa*	177.3
楸树	*Catalpa bungei*	1500.7
木棉	*Bombax ceiba*	343.2

木棉耗水量较其他树种低,但其耗水速率很大,对照条件下,各种源耗水速率均大于 300g/(m²·h),重度胁迫下,各种源耗水速率也保持在 40g/(m²·h)左右。从这方面来讲,木棉通过较高的耗水速率适应干热河谷的特殊气候。这可能与试验用苗大小及元江干热河谷极端高温条件有关,这也可能是木棉能在元江干热河谷等极端条件下长成高大乔木的主要原因。

叶片含水量大小反映植物、土壤含水量和外界环境的适应趋势,叶片含水量越低,表明植物具有较低的吸水能力或者是蒸腾速率增大。本研究表明对照和轻度胁迫下,除临沧半湿热种源叶片含水量较低外,其他各种源均含有较高的含水量,这可能与临沧半湿热种源较高耗水速率有关(图 6.4,图 6.5),同时与较低土壤含水量有关(表 6.13)。而中度胁迫下,各种源急剧下降,其中以勐海县、孟定镇和元阳县较低,这与它们较低的耗水量和耗水速率相关。

第 5 节　干旱胁迫下木棉不同种源生物量及根系差异

干旱胁迫首先从形态结构上对植物生长发育造成较大影响,包括叶片和根系等形态指标,以及生长量、产量和生物量等生长指标。这些指标直观可靠,是评价植物抗旱性的重要指标。研究表明树木高、地径、根系生长、叶片数、叶面积、生物量及树冠结构等在干旱胁迫下均受到抑制(Dickmann et al.,1992)。主要由于干旱胁迫下光合作用受到抑制,植物光合生产力降低,各组织器官的生物量分配发生变化,进而影响最终产量。由于土壤环境条件的不可视性和取样技术的限制,根系形态特征的研究一直处于滞后状态。本章通过对干旱胁迫下木棉的根系特征值进行深入分析,弥补了木棉地下部分的研究空白。

5.1　材料与方法

5.1.1　试验材料

试验材料、幼苗规格和前期生长状况同第 6 章第 3 节。

5.1.2　研究方法

选长势、大小一致的 3 个种源幼苗各 60 株,置于简易大棚中进行连续性干旱处理。每个种源设正常浇水 CK(3d 一次)、轻度干旱 LD(8d 一次)和重度干旱 SD(15d 一次)3 个处理。试验在 6 月开始,分别在试验后 120d(10 月)和 240d(翌年 2 月)对幼苗地上、地下生物量等指标进行测定。具体测定指标如下。

（1）株高、地径、主根长、一级须根数和二级须根数。

（2）根、茎、叶鲜重和干重。

另选长势基本一致的 3 个种源幼苗各 10 株移栽于元江干热河谷自然条件下,从 6 月开始,每月定期对幼苗株高和地径进行测量,连续统计 1 年。

5.1.3　数据处理

采用 Excel 对数据进行常规分析；采用 SPSS 12 对数据进行 ANOVA 方差分析和 DMNCAN 多重比较。

5.2　结果与分析

5.2.1　干旱胁迫对木棉幼苗形态指标的影响

如表 6.16 所示，在干旱处理 120d 时，随干旱胁度强度增加，各生长指标都显著减少，特别在重度胁迫下，西双版纳湿热地区种源株高、地径、主根长、一级须根数和二级须根数受到严重抑制。在正常浇水下，临翔区种源高生长最大为 91.10cm，最小为元江县 70.20cm，差异显著。各地区平均株高大小表现为临沧半湿热地区（89.92cm）>西双版纳湿热地区（87.46cm）>元江干热河谷（71.70cm），差异显著。轻度干旱和重度干旱株高大小均表现为临沧半湿热地区>元江干热河谷地区>西双版纳湿热地区，其中重度胁迫下临翔区株高最大为 34.80cm，景洪市株高仅为 26.18cm。正常浇水下，各地区平均地径大小表现为西双版纳湿热地区>临沧半湿热地区>元江干热河谷，地径生长最大为临翔区 17.72mm，最小为红河县（16.45cm）。轻度胁迫下各地区平均地径大小表现为临沧半湿热地区（9.19mm）>元江干热河谷（8.87mm）>西双版纳湿热地区（7.75mm），最大为临翔区（9.45mm），最小为勐海县（7.18mm）。重度胁迫下各地区地径大小表现为元江干热河谷（7.82mm）>临沧半湿热地区（7.28mm）>西双版纳湿热地区（5.75mm），差异显著。其中最大元阳县（8.03mm），最小勐腊县（5.45mm），差异显著。正常浇水下，西双版纳湿热地区主根长占优势，分别是临沧半湿热地区和元江干热河谷地区的 1.62 倍和 1.56 倍，其中景洪市种源最大（46.17mm），最小为临翔区（24.13mm）。轻度胁迫下，临沧半湿热地区主根长显著大于其他地区种源，分别是双版纳湿热地区和元江干热河谷地区的 1.90 倍和 2.01 倍，其中最大为临翔区（48.43mm），最小为元江县（23.08mm）。重度胁迫下，临沧半湿热地区和西双版纳湿热地区主根长受到严重抑制，分别仅为干热河谷地区的 66.76% 和 58.06%，此时主根最长为红河县（23.25mm），最小为勐腊县（15.85mm）。正常浇水下，各地区一级须根数差异不显著，其中最多为孟定镇（46.15 根），最小为勐腊县（42.25 根）。轻度胁迫下，临沧半湿热地区一级须根数显著大于西双版纳湿热地区和干热河谷地区，分别是其 1.52 倍和 1.31 倍，其中最多为临翔区（40.83 根），最小为勐海县（25.15 根）。而重度胁迫下元江干热河谷地区和临沧半湿热地区一级须根数显著大于西双版纳湿热地区，此时一级须根数最多为元阳县（33.25 根），分别是勐腊县和景洪市的 2.24 倍和 2.15 倍。正常浇水下，二级须根数以元江干热河谷地区较多，其中最多为元江县（116.67 根），最少是勐腊县（89.45 根）。轻度胁迫下，西双版纳湿热地区种源受到严重抑制作用，二级须根数分别仅为元江干热河谷地区和临沧半湿热地区的 40.42% 和 38.39%，此时二级须根数最多的是临翔区（64.17 根），最少的是勐腊县（23.41 根），差异极显著。重度胁迫下，元江干热河谷地区和临沧半湿热地区二级须根数显著高于西双版纳湿热地区，此时耿马县二级须根数最多为

（40.24 根），最少为勐腊县（20.04 根），差异显著。

随胁迫处理时间增加，在各干旱条件下，干旱处理 240d 除了株高、地径和主根长较干旱处理 120d 高外，一级须根数和二级须根数较干旱处理 120d 低。干旱处理 240d 正常浇水条件下，株高最大为临翔区（112.67cm），最小为红河县（80.24cm），分别是干旱处理 120d 的 1.24 倍和 1.13 倍。临沧半湿热地区种源株高较其他种源高，地径也呈现相同趋势。主根长最大为景洪市（52.70cm），最小为孟定镇（23.47cm），分别是干旱处理 120d 的 1.14 倍和 0.96 倍，且西双版纳湿热地区（51.35cm）平均地径显著大于临沧半湿热地区（24.80cm）和元江干热河谷地区（31.40cm）。一级须根数与主根长呈现相似趋势。二级须根数则为元江干热河谷地区（21.32 根）>临沧半湿热地区（18.83 根）>西双版纳湿热地区（14.2 根），差异显著。轻度干旱下，各生长指标较正常浇水显著下降。平均株高和地径大小均表现为临沧半湿热地区>西双版纳湿热地区>元江干热河谷地区，西双版纳湿热地区种源主根较长，一级须根数也较多。二级须根数西双版纳湿热种源显著降低，临沧半湿热地区种源具有较多的二级须根数。重度胁迫下，各地区平均株高和地径均表现为临沧半湿热地区>元江干热河谷地区>西双版纳湿热地区，株高以孟定镇（41.22cm）和元江县（42.14cm）最大，最小为勐海县（36.35cm）和元江县（35.02cm），地径最大为耿马县(10.23mm)，最小为勐腊县(6.95mm)。主根长、一级须根数和二级须根数元江干热河谷地区种源均显著高于临沧半湿热地区和西双版纳湿热地区，主根最长为元阳县（33.26cm），最小为景洪市(19.98cm)，分别是干旱处理 120d 的 1.46 倍和 1.25 倍。各地区主根长分别为元江干热河谷地区(31.90cm)、临沧半湿热地区(23.83cm)和西双版纳湿热地区(21.26cm)，差异显著。一级须根数最多为元阳县(23.02 根)，最少为勐海县(12.64 根)，分别为干旱处理 120d 的 69.23%和 80.61%，差异显著。其中元江干热河谷地区种源平均一级须根数达 21.57 根，西双版纳湿热种源仅为 12.85 根，差异显著。二级须根数元江干热河谷地区（6.17 根）显著大于临沧半湿热地区（1.43 根）和西双版纳湿热地区（3.65 根），二级须根数最多为元阳县(6.85 根)，最少为临翔区(1.17 根)，分别仅为干旱处理 120d 的 17.83%和 2.95%（表 6.16）。

表 6.16　不同干旱胁迫对幼苗生长指标的影响

Tab. 6.16　The effect of different drought stress on seedling growth indexes of kapok

处理	地区	种源	干旱处理 120d					干旱处理 240d				
			株高/cm	地径/mm	主根长/cm	一级须根数(N)	二级须根数(N)	株高/cm	地径/mm	主根长/cm	一级须根数(N)	二级须根数(N)
正常浇水	西双版纳湿热	勐腊县	87.45	16.88	45.85	42.25	89.45	89.47	20.25	50.10	47.12	14.32
		景洪市	86.17	17.55	46.17	44.67	95.00	88.13	19.49	52.70	46.67	15.00
		勐海县	88.76	17.69	31.24	44.86	92.50	90.25	19.68	51.24	46.01	13.28
	临沧半湿热	临翔区	91.10	17.72	24.13	45.67	107.00	112.67	21.32	26.43	25.00	17.00
		耿马县	90.02	16.82	26.65	45.85	110.23	110.23	22.00	24.50	24.56	19.35
		孟定镇	88.65	16.73	24.53	46.15	95.00	109.85	21.10	23.47	26.23	20.14
	元江干热河谷	元江县	70.20	16.78	26.23	42.67	116.67	82.13	17.04	28.30	22.67	21.33
		红河县	71.23	16.45	25.42	43.16	112.30	80.24	16.95	30.25	21.85	22.45
		元阳县	73.68	17.13	26.92	42.95	108.52	82.50	17.37	35.65	21.45	20.17

续表

处理	地区	种源	干旱处理 120d					干旱处理 240d				
			株高/cm	地径/mm	主根长/cm	一级须根数(N)	二级须根数(N)	株高/cm	地径/mm	主根长/cm	一级须根数(N)	二级须根数(N)
轻度干旱	西双版纳湿热	勐腊县	38.56	8.29	25.27	27.03	23.41	50.85	12.10	26.65	26.50	6.50
		景洪市	37.28	7.79	25.00	26.00	24.67	51.62	11.20	28.68	27.50	7.00
		勐海县	36.26	7.18	24.73	25.15	25.45	53.46	12.75	29.36	27.90	7.83
	临沧半湿热	临翔区	46.07	9.45	48.43	40.83	64.17	66.90	12.90	24.77	23.33	10.33
		耿马县	47.88	9.34	47.25	38.85	63.17	65.23	12.38	23.47	24.30	11.20
		孟定镇	45.64	8.78	46.85	39.10	63.48	65.75	13.34	26.31	25.41	10.03
	元江干热河谷	元江县	42.65	8.82	23.08	29.50	60.83	46.43	10.42	30.00	21.50	3.50
		红河县	43.37	8.75	24.03	31.30	62.12	41.89	11.35	25.87	22.34	4.20
		元阳县	43.29	9.05	23.95	30.05	58.25	42.25	8.97	29.67	20.45	3.95
重度干旱	西双版纳湿热	勐腊县	27.32	5.45	15.85	14.85	20.04	36.95	6.95	21.35	13.24	4.25
		景洪市	26.18	5.78	16.06	15.50	21.50	36.65	7.41	19.98	12.67	3.17
		勐海县	26.47	6.02	16.42	15.68	21.56	36.35	7.25	22.44	12.64	3.54
	临沧半湿热	临翔区	34.80	7.22	18.45	29.33	39.67	39.58	9.36	22.70	16.83	1.17
		耿马县	33.18	7.06	18.45	31.24	40.24	40.43	10.23	24.53	18.43	1.89
		孟定镇	32.46	7.57	19.32	30.25	37.65	41.22	8.96	24.25	16.12	1.24
	元江干热河谷	元江县	32.12	7.65	21.78	29.83	37.67	35.02	7.58	30.28	19.33	5.33
		红河县	30.65	7.77	23.25	31.45	36.73	37.45	8.24	32.15	22.35	6.32
		元阳县	31.26	8.03	22.75	33.25	38.42	42.14	7.26	33.26	23.02	6.85

5.2.2　干旱胁迫对木棉幼苗生物量的影响

　　如图 6.6 为干旱处理 120d 时各种源根茎叶鲜重、干重和含水量变化情况。随干旱胁迫的增加，各种源根、茎、叶鲜重和干重均呈显著下降趋势。正常浇水条件下，各地区根和茎鲜重均表现为临沧半湿热地区和西双版纳湿热地区种源显著大于元江干热河谷种源，而叶鲜重临沧半湿热地区较大，其中根鲜重最大为勐腊县，干重最大为元阳县。根、茎、叶总鲜重表现为临沧半湿热地区和西双版纳湿热地区种源显著大于元江干热河谷种源，最大为耿马县，而干重西双版纳湿热种源则较低，其中临翔区和耿马县种源鲜重和干重均最大。各种源鲜重分配均表现为根>茎>叶，差异显著。而干重则表现为根>叶>茎（除临沧半湿热地区种源外）。轻度胁迫条件下，各种源鲜重和干重均极显著下降，以西双版纳湿热地区各种源下降幅度最大，鲜重和干重均以勐海县最低。元江干热河谷地区种源鲜重和干重均较其他种源高，其中最大为元江县和红河县。值得注意的是各种源根生物量分配较对照增大。重度胁迫条件下，临沧半湿热地区和西双版纳湿热地区种源再次受到严重抑制，此时元江干热河谷地区各种源鲜重和干重均相对表现较高，且根系生物量分配比例再次增加。各干旱胁迫时期各种源根、茎、叶含水量呈不规则变化趋势，总体表现为茎>根>叶。对照条件下，以景洪市、勐腊县、勐海县和耿马县根、茎、叶含水量较高，勐腊县叶片含水量最大（79.71%），元江县最小（73.37%）。轻度胁迫下，临翔区、耿马县和孟定镇种源根含水量显著升高，显著大于茎、叶含水量。而景洪市、勐腊县和勐海县叶片含水量较高。重度胁迫下，叶片含水量除西双版纳湿热地区种源外，其他各种源均较轻度胁迫有不同程度下降。而临沧地区种源茎含水量显著升高。

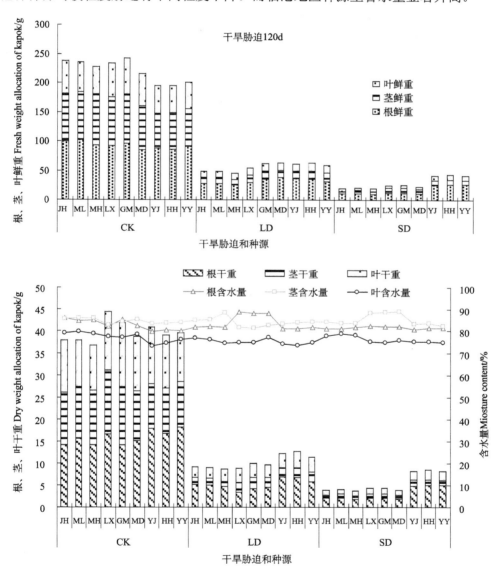

图 6.6　干旱胁迫 120d 对木棉幼苗鲜重、干重和含水量的影响

Fig. 6.6　The effect of different drought stress on seedling fresh mass, dry mass and moisture content of kapok during 120d

图中坐标字母分别代表：JH（景洪市）、ML（勐腊县）、MH（勐海县）、LX（临翔区）、GM（耿马县）、MD（孟定镇）、YJ（元江县）、HH（红河县）和 YY（元阳县），下同

如图 6.7 所示，盆栽处理 240d 时，随干旱胁迫增加，各种源的根、茎鲜重和干重均呈显著下降趋势，由于木棉为落叶树种，2 月时叶片已经掉落，导致叶片生物量为 0g。正常浇水下，西双版纳湿热地区种源根鲜重均显著大于临沧半湿热地区和元江干热河谷地区，景洪市根鲜重最大为 163.5g，而元江县仅为 125.3g。茎鲜重临沧半湿热地区种源显著大于元江干热河谷地区和西双版纳湿热地区，各种源根、茎干重与鲜重呈相似的变化趋势。轻度胁迫下，元江县、红河县和元阳县根系鲜重分配较大，而临翔区和耿马县的茎鲜重和根干重分配较多。重度胁迫下，根鲜重以红河县和元阳县最大，茎鲜重以临翔区和耿马县最大，各种源根、茎干重均无显著差异。随胁迫强度增加，各种源茎含水量有缓慢上升的趋势，差异不显著。根含水量呈不规则变化。对照条件下，除元江干热河谷地区各种源根含水量显著大于茎外，其他各种源茎含水量显著大于根。轻度胁迫下，元江干热河谷地区各种源根含水量显著大于临沧半湿热地区和西双版纳湿热地区种源，茎含水量也呈相似趋势，差异不显著。重度胁迫下，元江干热河谷地区种源根含水量较大，而茎含水量较小。

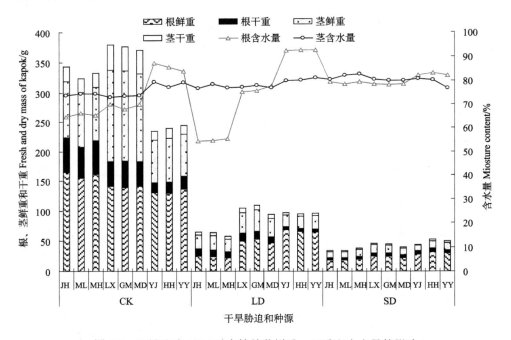

图 6.7　干旱胁迫 240d 对木棉幼苗鲜重、干重和含水量的影响

Fig. 6.7　The effect of different drought stress on seedling fresh mass, dry mass and moisture content of kapok during 240d

5.2.3　干旱胁迫对木棉幼苗根冠比的影响

图 6.8 为干旱胁迫下盆栽 120d 和 240d 时各种源鲜重根冠比。随胁迫时间增加，除轻度胁迫条件下景洪市、勐腊县和勐海县的根冠比较干旱处理 120d 降低外，其他各胁迫程度各种源根冠比均有不同程度升高。对照条件下，盆栽 120d，各种源根冠比差异不显

著，盆栽 240d，元江干热河谷和西双版纳湿热地区各种源根冠比显著增加，超出了盆栽120d 时的 1 倍多，而临沧半湿热地区各种源根冠比较干旱处理 120d 增加不大。轻度胁迫下，随盆栽天数增加，元江干热河谷地区各种源根冠比极显著增加，临沧半湿热地区有增加趋势，但差异不显著，而西双版纳湿热地区呈下降趋势。其中盆栽 240d，元江县、红河县和元阳县根冠比分别为 3.52、3.24 和 2.89。重度胁迫下，不管是盆栽 120d 还是240d，元江干热河谷地区各种源根冠比均显著大于其他种源，其中以元江县根冠比最大。

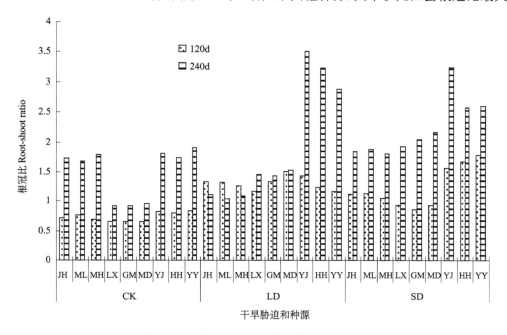

图 6.8　干旱胁迫对木棉幼苗根冠比的影响

Fig. 6.8　The effect of different drought on seedling root-shoot ratio of kapok

5.2.4　不同种源自然条件下生长月变化

图 6.9 为自然条件下不同种源株高生长月变化。各种源株高生长均呈现"S"形曲线。如图所示，5~11 月是木棉株高生长的集中时期，11 月到翌年 2 月，株高生长趋于稳定，3 月又开始缓慢生长。其中元江干热河谷地区各种源高生长显著大于临沧半湿热和西双版纳湿热地区种源，以元阳县生长情况最好，景洪市、勐腊县和勐海县生长最差。在 8月之前，各种源株高生长差异不显著，从 8 月开始，临沧半湿热地区和元江干热河谷地区种源株高生长急剧上升，9 月各种源间差异显著。西双版纳湿热地区种源 10 月后株高生长就趋于稳定，元江干热河谷和临沧半湿热地区种源株高生长到 11 月才趋于稳定。值得注意的是，元江干热河谷和临沧半湿热地区种源在 2 月就有缓慢生长的趋势，而西双版纳湿热地区种源在 3 月才出现生长趋势。

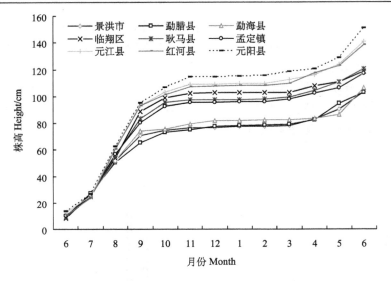

图 6.9　自然条件下不同种源株高生长月变化

Fig. 6.9　The monthly height growth change of different provenance under natural condition

如图 6.10 所示，地径生长月变化与株高生长相似，也呈"S"形曲线，6~11 月是地径生长高峰期，随后一直到翌年 6 月之前趋于平稳水平，地径大小与株高呈正相关。

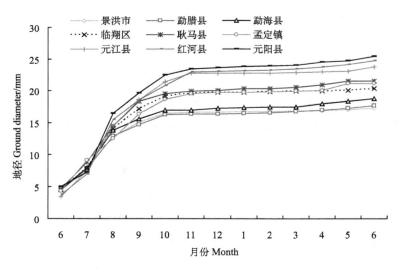

图 6.10　自然条件下不同种源地径生长月变化

Fig. 6.10　The ground diameter growth change of different provenance under natural condition

5.3　讨论

5.3.1　干旱胁迫对木棉生长及生物量分配的影响

从本研究结果看，西双版纳湿热地区种源 10 月后株高生长就趋于稳定，而元江干热河谷和临沧半湿热地区株高生长持续到 11 月后才趋于稳定,这一方面可能与不同种源遗传特性有关,另一方面可能与各地区本身的气候条件及不同种源的适应性和抗旱性有关。元江干热河谷地区降水量主要集中在 6~10 月,占全年降水量的 80%~90%,这有利于植物快速生长,而 11 月到翌年 5 月为旱季,降水量仅占 5%~10%(Ou,1994),此时期植物几乎不生长,而西双版纳湿热地区种源长期适应了高湿环境,移栽在元江干热河谷后由于得不到充足的水分,促使其提前停止生长和推后花芽分化,这与本研究元江干热河谷和临沧半湿热地区种源在 2 月就有缓慢生长趋势,而西双版纳湿热地区种源在 3 月才出现生长趋势的结论相似。木棉生长也遵守植物生长大周期,只是各种源的生长高峰期和缓慢期不同,且各植物的生长期和休眠期长短也存在差异,这与张晋玮(2014)研究立地条件及其气候影响植物生长大周期的结论一致。因此,西双版纳湿热地区种源缓慢的高生长速率和较短的生长周期可能是影响其在元江干热河谷生长不良的主要原因。

本研究结果表明随干旱胁迫强度和盆栽天数的增加,根冠比不一定都增加。其中轻度胁迫下,元江干热河谷地区盆栽 120d 和 240d 根冠比都显著大于重度胁迫,可见,适度的胁迫有利于提高植物的根冠比,但过度干旱又会影响根生物量大小和分配。对照条件下,各种源根冠比盆栽 240d 比盆栽 120d 小,其他条件下,各种源盆栽 240d 均比盆栽 120d 增加,一方面可能是因为在水分条件较好的环境,随幼苗生长周期增加,更有利于地上部分的积累,根冠比减小。另一方面,盆栽 240d,幼苗落叶,各种源处于新陈代谢缓慢或休眠状态,植物根、茎、叶活性均降低。此时即使是正常浇水,植物也不能很好地消耗和利用,反而会抑制根的活性,从而导致正常浇水下盆栽 240d 的根冠比较 120d 低。而干旱胁迫下则相反。

5.3.2　干旱胁迫对木棉根系特征值的影响

植物根系是活跃的吸收和合成器官,根系的生长和分布情况直接影响地上部的生长及产量(关军锋和李广敏,2001)。Tuberosa 等(2002)研究认为根系特征能影响水分吸收并最终影响植物的水分平衡。因此,研究根系特征有利于提高和稳定干旱条件下作物的产量(徐世昌等,1996)。本研究得出随干旱胁迫增加,各种源的生长指标和根系指标都会下降。特别在盆栽干旱胁迫 120d 时,各胁迫强度下二级须根数大小均表现为元江干热河谷地区>临沧半湿热地区>西双版纳湿热地区。但随着盆栽时间延长,盆栽 240d 各胁迫条件一级和二级须根数都较 120d 时显著下降。在盆栽 240d 时,一级须根数西双版纳湿热地区种源较临沧半湿热地区和元江干热河谷地区种源多,但二级须根数则临沧半湿热和元江干热河谷地区种源较西双版纳湿热地区多。这可能与盆栽时树苗所处的生长季节有关,盆栽 120d 时为元江干热河谷雨季,此时是木棉生长高峰期,而随后将进入生长缓慢期甚至停止生长,木棉将落叶进入冬眠期,此时尽管是正常浇水条件下,植物也不能正常吸收,反而会影响幼苗根系活性和储水功能,这可能是导致盆栽 240d 后,幼苗株高等生长指标有轻微增加,而一级和二级须根数显著下降的主要原因。盆栽 240d 时,元江干热河谷地区和临沧半湿热地区有一定的二级须根数,这些种源通过二级须根吸收土壤中较低的水分和肉质化主根的保水能力是其渡过元江干热河谷长达半年以上旱季的最主要砝码,而西双版纳湿热种源一级须根数占优势也保证其在干旱胁迫下的保水能力。

第6节　干旱胁迫下木棉不同种源光合生理特性

光合作用作为植物体内一个重要的生理过程，对植物的生长发育起着至关重要的作用，是评价植物第一生产力的标准（Nielsen et al.，2009）。干旱主要损伤植株的光合系统和生理代谢（Bai et al.，2006），首要的表现是气孔关闭（Ephrath，1991），气孔关闭抑制了 CO_2 吸收，促使光系统Ⅱ的活性和卡尔文循环电子需求间的不平衡，叶片光合机构吸收的光能超出其利用的范围，就会产生光抑制，同化物质减少（Aroca et al.，2003；Baker and Rosenqvist，2004）。同时会使植株叶绿素含量减少、光合效率下降、生长受阻（葛体达等，2005；郑盛华和严昌荣，2006）。因此，光合作用在一定程度上决定着植物的正常发育（杨细明等，2008）。植物的光合特性与其生存的环境密切相关，对其系统研究是揭示不同植物对其生存环境适应性机制的有效途径（许大全，2002）。植物叶绿素荧光分析技术是近年发展起来的一种新技术，它对光合作用光系统中光能的吸收、传递、散耗和分配等具有重要作用，因而被视为研究植物光合作用与环境关系的内在探针（Genty et al.，1989；张守仁，1999）。为此，本部分重点研究干旱胁迫下木棉光合特性和叶绿素荧光的变化规律，以期了解干旱胁迫对木棉光合生产力的影响。

6.1　材料与方法

6.1.1　试验材料

试验材料、幼苗规格和前期生长状况同本章第3节。

6.1.2　研究方法

依据本章第3节的幼苗干旱处理方法和幼苗干旱梯度的划分结果。在不同干旱胁迫条件下对不同种源光合特性和荧光参数进行测定。

用 Li-6400 光合作用系统对叶片的净光合速率（Pn）、蒸腾速率（Tr）、胞间 CO_2 浓度（Ci）和气孔导度（Gs）等指标进行测定。测定过程中使用 LI-6400-2B 红蓝光源，光强设置为 1200μmol/（m^2·s），大气 CO_2 浓度为 400μmol/mol。测定时间在早上 9：00~11：00，每个指标设 6 个重复。

用 Mini-PAM 对不同种源叶绿素荧光参数进行测定，具体指标包括：初始荧光（F_o）、最大荧光产量（F_m）、可变荧光（F_v）、PSⅡ最大光化学量子产量（F_v/F_m）。测定在黎明前，每个指标设 6 个重复。

6.1.3　数据处理

采用 Excel 对数据进行常规分析；采用 SPSS 12 对数据进行 ANOVA 方差分析和 DMNCAN 多重比较。

6.2　结果与分析

6.2.1　干旱胁迫对木棉净光合速率（Pn）的影响

图 6.11 为不同干旱胁迫下各种源净光合速率的变化情况。随干旱胁迫的增加，各种源光合速率呈缓慢下降-急剧下降-缓慢下降趋势。对照条件下，各地区平均 Pn 大小表现为元江干热河谷地区[12.78μmol/（m²·s）]>临沧半湿热地区[11.29μmol/（m²·s）]>西双版纳湿热地区[10.16 μmol/（m²·s）]，除勐海县 Pn 小于 10μmol/（m²·s），其他种源均大于 10μmol/（m²·s），其中元阳县[14.57μmol/（m²·s）]和元江县[12.30μmol/（m²·s）]最大。轻度胁迫条件下，元阳县 Pn 仍为最大[8.563μmol/（m²·s）]，最小为红河县[6.12μmol/（m²·s）]，各地区内各种源 Pn 差异显著。中度胁迫下，Pn 较轻度胁迫显著下降，此时各地区平均 Pn 大小表现为元江干热河谷地区[2.87μmol/（m²·s）]>临沧半湿热地区[2.40μmol/（m²·s）]>西双版纳湿热地区[2.02 μmol/（m²·s）]，元阳县显著大于其他种源，勐腊县和勐海县最小。重度胁迫下，各种源 Pn 均下降到一定水平，但元阳县仍为最大[2.41μmol/（m²·s）]，勐腊县和勐海县最小，分别为 0.25μmol/（m²·s）和 0.27μmol/（m²·s），各地区间差异显著，除临沧半湿热地区各种源差异不显著外，其他地区各种源间差异显著。此时各地区平均 Pn 大小表现为元江干热河谷地区>临沧半湿热地区>西双版纳湿热地区。

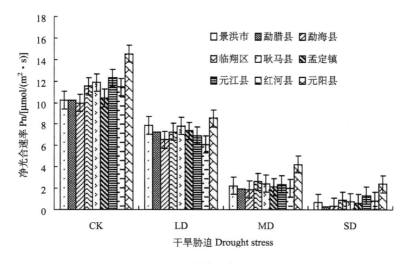

图 6.11　干旱胁迫对木棉幼苗净光合速率的影响

Fig. 6.11　The effect of drought stress on seedling Pn rate of kapok

6.2.2　干旱胁迫对木棉气孔导度（Gs）的影响

如图 6.12 所示，各种源 Gs 随干旱胁迫的增加呈急剧下降-平缓下降-急剧上升 3 个阶段，各种源间变化幅度存在一定差异。对照条件下，各地区平均 Gs 大小表现为元江干热河谷地区[0.2061μmol/（m²·s）]>临沧半湿热地区[0.1837μmol/（m²·s）]>西双版纳湿热地区[0.1764 μmol/（m²·s）]，差异显著。其中临沧半湿热地区（大小表现为耿马县>孟定镇>临翔区）和元江干热河谷地区（大小表现为元阳县>元江县>红河县）各种源间差异显著。各种源 Gs 最大的为元阳县[0.2300μmol/（m²·s）]，最小的为临翔区[0.1562μmol/（m²·s）]，差异显著。轻度胁迫下，Gs 急剧下降，表现出各种源对干旱敏感性较强，各地区平均下降幅度表现为临沧半湿热地区（84.23%）>元江干热河谷地区（80.40%）>西双版纳湿热地区（75.87%），下降幅度最大的为孟定镇（86.33%），最小的为勐腊县（75.12%）。此时各地区平均 Gs 大小表现为西双版纳湿热地区[0.0426μmol/（m²·s）]>元江干热河谷地区[0.0404μmol/（m²·s）]>临沧半湿热地区[0.0290μmol/（m²·s）]，各种源 Gs 最大的为勐腊县[0.0448μmol/（m²·s）]，最小的为耿马县[0.0253 μmol/（m²·s）]，差异极显著。中度胁迫下，各种源 Gs 较轻度胁迫变化不显著，此时各地区 Gs 大小表现为西双版纳湿热地区（差异显著）>临沧半湿热地区（差异显著）>元江干热河谷地区（不显著），其中景洪市、勐腊县和元阳县较其他种源大。截至重度胁迫，各种源 Gs 又急剧上升，此时各种源 Gs 大小表现为景洪市[0.1496μmol/（m²·s）]>临翔区[0.1410μmol/（m²·s）]>勐腊县[0.1345μmol/（m²·s）]>元江县[0.1249μmol/（m²·s）]>元阳县[0.1201μmol/（m²·s）]>红河县[0.1125μmol/（m²·s）]>勐海县[0.1042μmol/（m²·s）]>孟定镇[0.1025μmol/（m²·s）]>耿马县[0.0995μmol/（m²·s）]，差异显著。

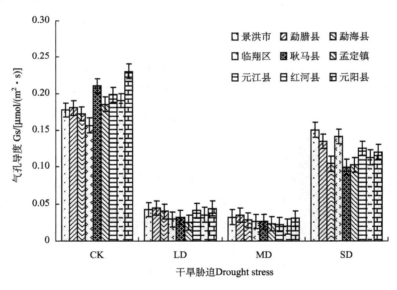

图 6.12　干旱胁迫对木棉幼苗气孔导度的影响

Fig. 6.12　The effect of drought stress on seedling Gs of kapok

6.2.3　干旱胁迫对木棉蒸腾速率（Tr）的影响

随着干旱胁迫的增加，不同种源蒸腾速率均呈显著下降趋势，且各种源降低幅度存在一定差异。如图 6.13 所示，对照条件下，各种源蒸腾速率均较高，但元江干热河谷地区各种源显著大于其他种源，此时 Tr 最大的为元阳县[5.20μmol/（m²·s）]，最小的为孟定镇[4.20μmol/（m² · s）]，差异显著。轻度干旱条件下，各地区平均 Tr 大小表现为元江干热河谷地区[2.49μmol/（m² · s）]>西双版纳湿热地区[2.41μmol/（m² · s）]>临沧半湿热地区[1.57μmol/（m² · s）]，差异显著。除临沧半湿热地区内各种源间差异不显著外，其他 2 个地区内各种源间差异显著。其中 Tr 最大的为元阳县[3.22μmol/（m² · s）]，最小的为孟定镇[1.49μmol/（m² · s）]，差异显著。中度胁迫下，临沧半湿热地区和元江干热河谷地区显著下降，此时西双版纳湿热地区保持着最高的蒸腾速率，其中 Tr 最大的为勐腊县[1.65μmol/（m² · s）]，最小的为元江县[0.61μmol/（m² · s）]，差异显著。重度胁迫下，各种源蒸腾速率均保持在较低水平，各地区平均 Tr 大小表现为西双版纳湿热地区[0.20μmol/（m² · s）]>临沧半湿热地区[0.17μmol/（m² · s）]>元江干热河谷地区[0.11μmol/（m² · s）]，差异不显著。其中最大的为勐海县[0.21μmol/（m² · s）]，最小的为元阳县[0.095μmol/（m² · s）]，差异显著。

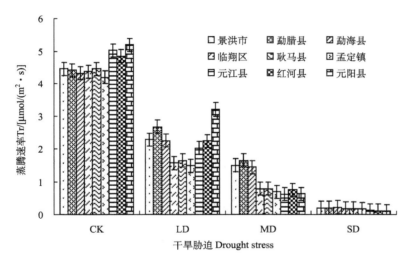

图 6.13　干旱胁迫对木棉幼苗蒸腾速率的影响

Fig. 6.13　The effect of drought stress on seedling Tr of kapok

6.2.4　干旱胁迫对胞间 CO_2 浓度（Ci）的影响

如图 6.14 所示，随干旱胁迫的增强，Ci 浓度呈逐渐下降趋势。对照条件和中度胁迫下，各地区各种源间 Ci 浓度差异不显著。对照条件下各种源保持在 225μl/L 左右，其中最大的为耿马县（231.25μl/L），最小的为红河县（220.25μl/L）。轻度胁迫下，西双版纳湿热地区（174.09μl/L）平均 Ci 浓度显著高于临沧半湿热地区（152.18μl/L）和元江干热河谷地区（152.00μl/L），其中 Ci 浓度最大的为勐腊县（175.86μl/L），最小的为孟定镇（148.75μl/L）和红河县（148.50μl/L），差异显著。中度胁迫下，各种源间 Ci 浓度差异不显著。其中最大的为勐腊县（138.85μl/L），最小的为元江县（130.75μl/L）。而在重度胁迫下，西双版纳湿热地区 Ci 浓度显著下降，此时各地区 Ci 浓度大小表现为元江干热河谷地区（108.33μl/L）>临沧半湿热地区（100.82μl/L）>西双版纳湿热地区（95.97μl/L），

其中 C_i 浓度最大的为元阳县（114.25μl/L），最小的为勐海县（92.45μl/L），差异显著。

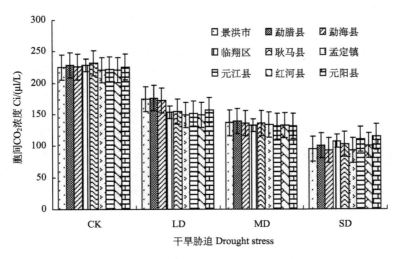

图 6.14　干旱胁迫对木棉幼苗胞间 CO_2 浓度的影响

Fig. 6.14　The effect of drought stress on seedling Ci of kapok

6.2.5　干旱胁迫对木棉水分利用效率（WUE）的影响

如图 6.15 所示，随干旱胁迫的增加，除元江干热河谷地区种源 WUE 呈逐渐上升外，其他地区均呈增-减-增趋势。对照和轻度胁迫条件下，各地区平均 WUE 大小表现为临沧半湿热地区>元江干热河谷地区>西双版纳湿热地区，对照条件下各种源间 WUE 差异不显著，其中最大的为元阳县 2.80μmol CO_2/mol H_2O，最小的为景洪市 2.29μmol CO_2/mol H_2O。轻度胁迫下，临沧半湿热地区（4.79μmol CO_2/ mol H_2O）平均 WUE 显著大于元江干热河谷地区（2.94μmol CO_2/mol H_2O）和西双版纳湿热地区（3.02μmol CO_2/mol H_2O），分别是其 1.63 倍和 1.59 倍。中度胁迫下，元阳县 WUE 显著增加，而临沧半湿热地区平均 WUE 则显著下降，此时各地区平均 WUE 大小表现为元江干热河谷地区（4.44μmol CO_2/mol H_2O）>临沧半湿热地区（3.19μmol CO_2/mol H_2O）>西双版纳湿热地区（2.11μmol CO_2/mol H_2O），差异显著。其中最大的为元阳县 6.80μmol CO_2/mol H_2O，最小的为勐腊县 1.18μmol CO_2/mol H_2O，差异极显著。重度胁迫下，各种源 WUE 较中度胁迫均呈上升趋势，以元江干热河谷地区种源增加幅度最大。此时各种源间 WUE 大小表现为元阳县（14.84μmol CO_2/mol H_2O）>元江县（11.23μmol CO_2/mol H_2O）>红河县（7.87μmol CO_2/mol H_2O）>临翔区（5.06μmol CO_2/mol H_2O）>耿马县（4.28μmol CO_2/mol H_2O）>孟定镇（3.76μmol CO_2/mol H_2O）>景洪市（3.48μmol CO_2/mol H_2O）>勐海县（1.5μmol CO_2/mol H_2O）>勐腊县（1.25μmol CO_2/mol H_2O），差异显著。除勐海县和勐腊县较对照 WUE 减小外，其他各种源均有不同程度的增加趋势。其中元阳县和元江县分别是对照条件的 5.15 倍和 5.62 倍，分别是勐腊县的 11.87 倍和 8.98 倍。

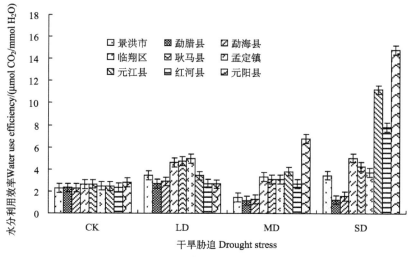

图 6.15　干旱胁迫对木棉幼苗水分利用效率的影响

Fig. 6.15　The effect of drought stress on seedling water use efficiency of kapok

6.2.6　干旱胁迫对木棉荧光参数 F_o 的影响

图 6.16 为干旱胁迫下木棉荧光参数 F_o 的变化情况，由图可知，随着干旱胁迫的增强，各种源的荧光参数均出现缓慢下降后急剧上升的趋势。对照条件下，各种源荧光参数 F_o 值保持在 0.5735（元阳县）~0.6071（景洪市），差异不显著。轻度胁迫到中度胁迫时，部分种源（勐海县、孟定镇和红河县）F_o 有轻微下降趋势，而其他种源却呈轻微上升趋势，且临沧半湿热地区荧光参数 F_o 均低于其他地区种源。重度胁迫下，各种源荧光参数 F_o 值均显著升高，各地区荧光参数 F_o 表现为临沧半湿热地区最大，干热河谷地区最小。此时各种源 F_o 大小表现为临翔区（0.8254）>耿马县（0.8245）>孟定镇（0.8012）>元阳县（0.7656）>景洪市（0.7654）>元江县（0.7538）>勐海县（0.7532）>勐腊县（0.7474）>红河县（0.6875），分别是对照条件下的 1.38 倍、1.35 倍、1.32 倍、1.33 倍、1.26 倍、1.28 倍、1.25 倍、1.27 倍和 1.14 倍。

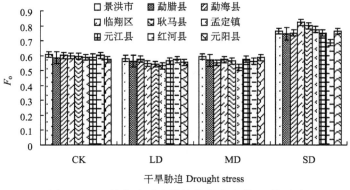

图 6.16　干旱胁迫对木棉幼苗荧光参数 F_o 的影响

Fig. 6.16　The effect of drought stress on seedling fluorescence parameters F_o of kapok

6.2.7　干旱胁迫对木棉 F_v/F_m 的影响

如图 6.17 所示，随干旱胁迫的增强，不同种源荧光参数 F_v/F_m 呈缓慢下降和急剧下降两个阶段。对照条件到轻度胁迫为缓慢阶段，轻度到重度胁迫为急剧下降阶段。对照条件下，各种源的荧光参数 F_v/F_m 保持在 0.7601（元江县）~0.7843（耿马县），差异不显著。轻度和中度胁迫下各地区平均 F_v/F_m 大小均表现为元江干热河谷地区>临沧半湿热地区>西双版纳湿热地区，差异显著。其中轻度胁迫下元江县 F_v/F_m 最大（0.7325），最小为勐海县（0.6420），而中度胁迫下最大的也为元江县（0.5765），最小的也为勐海县（0.4709）。截至重度胁迫下，各种源荧光参数 F_v/F_m 显著下降，各地区平均 F_v/F_m 大小均表现为元江干热河谷地区（0.3508）>西双版纳湿热地区（0.3135）>临沧半湿热地区（0.2951），分别为对照条件的 54.62%、59.52% 和 62.14%。

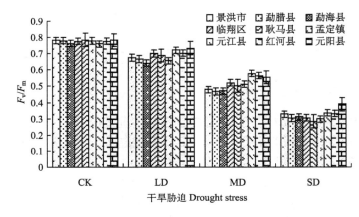

图 6.17　干旱胁迫对木棉幼苗荧光参数 F_v/F_m 的影响

Fig. 6.17　The effect of drought stress on seedling fluorescence parameters F_v/F_m of kapok

6.3　讨论

6.3.1　干旱胁迫对木棉光合特性的影响

光合作用是植株生长的生理基础，可以反映植株生长情况和抗旱性强弱（许大全，2002；Sharp *et al.*，2004）。干旱胁迫下，叶片气孔通过两种机制（气孔因素和非气孔因素）影响植物光合作用（蒋高明，2004）。而 Ci 和 Ls（气孔限制值）成为区分光合速率下降的气孔或非气孔机制的判据标准（Farquhar and Sharkey，1982）。本研究轻度和中度干旱胁迫下 3 个地区 9 个木棉种源 Gs、Ci 均下降，导致 Ls 上升，此时气孔限制引起 Pn 下降，而重度干旱下 Ci 上升，导致 Ls 下降，非气孔限制是木棉 Pn 下降的主要原因，这与张仁和等（2011a）的研究结论一致。由于气孔导度敏感性先于光合作用，本研究结论也得出气孔导度和蒸腾速率在轻度胁迫时就急剧下降，首先感知到环境条件的变化，而光合作用在中度胁迫下才显著下降，表明气孔导度和蒸腾速率的变化是引起光合速率变化的主要原因。从各地区种源情况看，西双版纳湿热地区在轻度胁迫下 Gs

和 Ci 下降得慢，表明西双版纳湿热地区种源在轻度胁迫的敏感性较临沧半湿热地区和元江干热河谷地区低，而在中度和重度胁迫下，Gs 和 Ci 急剧下降，显著抑制该地区种源的光合作用，影响有机物合成。

本研究表明幼苗蒸腾速率随土壤含水量的降低而减弱，元江干热河谷地区和临沧半湿热地区种源从轻度胁迫开始蒸腾速率就显著下降，减少水分的进一步散失，是植物对干旱胁迫的一种保护性反映。而西双版纳地区种源一直保持着较高的蒸腾速率，这种机制在水分充足环境下有利于光合作用和水分利用效率的提高，但在水分稀缺的干热河谷增加了水分蒸发。在重度胁迫下，各种源蒸腾均相当微弱，主要是因为此时幼苗已经凋萎，气孔关闭，这与本研究气孔导度变化趋势相吻合（图 6.7）。因此，蒸腾速率能较好地反映植物的凋萎点，为凋萎湿度的确定提供了科学依据。

6.3.2　干旱胁迫对木棉叶绿素荧光动力学参数的影响

初始荧光（F_o）是光系统 II（PS II）反应中心处于完全开放时的荧光强度，它的高低主要取决于植物叶片内 PS II 最初的天线色素受激发后电子密度的高低。F_m 表示 PS II 反应中心处于完全关闭时的荧光产量，称为最大荧光产量。F_v（$F_v=F_m-F_o$）称为可变荧光，F_v/F_o 常用于表示植物叶片 PS II 的潜在活性，F_v/F_m 是 PS II 最大光化学量子产量，反映 PS II 最大光能转换效率（温国胜等，2006）。本研究得出不同种源光合荧光参数 F_o 随胁迫的增加呈先降后升的趋势，呈"凹"字形，这与蒋高明（2001）的研究结果相似，而段爱国等（2005）研究水分胁迫下华北地区主要造林树种离体枝条叶片的叶绿素荧光参数时发现部分树种光合荧光参数 F_o 呈"凸"字形，这种差异性可能是树种特性和环境等因素共同作用的结果。本研究发现 F_v/F_m 呈线性下降趋势，表明 9 个木棉种源均受到了胁迫诱导的光抑制，而 F_v/F_m 在轻度胁迫下反应较缓慢，且元江干热河谷最不敏感，临沧半湿热地区次之。也就是说，元江干热河谷地区和临沧半湿热地区种源在水分胁迫尚未对 PS II 反应中心内禀光能转换效率构成影响时就已通过影响 PS II 的电子传递情况，提前做出防御机制，这与段爱国等（2005）的研究结论一致。

第 7 节　干旱胁迫下木棉不同种源渗透调节物质代谢与酶活响应

渗透调节是指在低水势条件下植物体自发地积累各种相容性物质来提高细胞液浓度，降低渗透势，从而保证植物自身新陈代谢得以正常进行的一种内在调节机制。在干旱胁迫下植物体内会积累渗透调节物质，通过渗透调节作用可以提高细胞保水力、平衡细胞渗透势，从而维持植物细胞正常生长、光合作用等生理生化过程（彭立新等，2002）。在水分胁迫下，细胞内自由基代谢平衡失调而产生过剩的活性氧自由基，引发或加剧膜脂过氧化，造成细胞膜系统损伤，膜透性增加，加速细胞衰老和解体（Cheruth et al., 2009）。为了维持自由基和清除剂之间的平衡，处于水分亏缺条件下的植物会主动形成一些防御机制，以防御活性氧自由基对细胞膜系统的伤害。通过研究干旱胁迫下木棉的渗透调节物质的累积情况和酶活性的变化规律，为木棉抗旱性研究提供一定的理论依据。

7.1　材料与方法

7.1.1　试验材料

试验材料、幼苗规格和前期生长状况同本章第 3 节。

7.1.2　研究方法

依据本章第 3 节的幼苗干旱处理方法和幼苗干旱梯度的划分结果，于不同干旱胁迫时期对植物叶片采样，储存于液氮里，带回实验室对其渗透调节物质和酶活性进行测定，具体测定指标如下，每个指标 6 个重复。

1）游离脯氨酸（Pro）

（1）提取脯氨酸：称取植物叶片 1.000g，剪碎，加入适量 80%乙醇，少量石英砂，于研钵中研磨成浆，全部转移到 25ml 刻度试管中，用 80%乙醇洗研钵，将洗液移入相应的刻度试管中，最后用 80%乙醇定容至刻度，混匀，80℃水浴中提取 20min 。

（2）除去干扰的氨基酸：向提取液中加入 0.4g 人造沸石和 0.2g 活性炭，强烈振荡 5min 过滤，滤液备用。吸取 1ml 提取液于带玻璃塞试管中（1ml 80%乙醇作为对照），加入 2ml 冰醋酸及 2ml 2.5%酸性茚三酮试剂，在沸水浴中加热 15min，取出冷却，用分光光度计测定 520nm 的光密度值，从标准曲线上查出被测样品液中脯氨酸的含量。

$$脯氨酸含量（\mu g/g\,Fw）=(A \times V_1)/(V_2 \times W) \tag{6.6}$$

式中，A 为从标准曲线中查得的脯氨酸含量（μg）；V_1 为提取液总体积；V_2 为测定液体积；W 为样品质量。

2）超氧化物歧化酶（SOD）

取试管 N+2 支，N 表示测定样品数，另 2 只为对照管。分别加入 1.6ml 0.05mol/L pH7.8 的磷酸缓冲液、0.3ml 130mmol/L Met 溶液、0.3ml 750μmol/L NBT 溶液、0.3ml 100μmol/L EDTA-Na$_2$ 液、0.3ml 20μmol/L 核黄素，以及 0.2ml 酶提取液，使总体积为 3ml。2 支对照试管以缓冲液代替酶液，混匀后将 1 支对照管置于暗处，其他各管于 4000lx 日光下反应 20min（要求各管受光均匀，温度高则时间缩短，温度低则时间延长）。反应结束后离心 5min，吸取上清液测定。以不照光的对照管作空白，分别测定其他各管在 560nm 下的吸光值。

已知 SOD 活性单位以抑制 NBT 光化还原的 50%为一个酶活性单位表示，按下式计算 SOD 活性：

$$SOD总活性 = \frac{(A_{CK} - A_E) \times V}{0.5 A_{CK} \times W \times V_t} \tag{6.7}$$

$$SOD比活力 = \frac{SOD总活力}{蛋白质含量} \tag{6.8}$$

式中，SOD 总活性以鲜重酶单位每克表示；比活力单位以酶单位每毫克蛋白表示；A_{CK} 为照光对照管的吸光度；A_E 为样品管的吸光度；V 为样品液总体积（ml）；V_t 为测定时样品体积（ml）；W 为样品鲜重（g）；蛋白质含量单位为 mg/g。

3）过氧化物酶（POD）

采用终止反应。每个试管加入 2.9ml 0.05mol/L 磷酸缓冲液（pH6.0），1.0ml 0.05mol/L 愈创木酚，之后加入 0.1ml 酶液（对照为反应液加入 0.1ml 0.05mol/L pH7.8 的磷酸缓冲液）。之后加入 1.0ml 2% H$_2$O$_2$，立即于 37℃ 水浴 15min，马上冰浴，再加入 2ml 20% TCA，在 470nm 波长下测吸光度值。

以每分钟内 A_{470} 变化 0.01 为 1 个过氧化物酶活性 U，按照下式计算：

$$过氧化物酶活性[mg/(mg·min)] = \frac{\Delta A_{470} \times V_T}{W \times V_s \times 0.01 \times t \times 可溶性蛋白} \quad (6.9)$$

式中，A_{470} 为反应时间内吸光度的变化；W 为样品鲜重（g）；t 为反应时间（min）；V_T 为提取酶液总体积（ml）；V_s 为测定取用酶液体积（ml）。

4）丙二醛（MDA）

取各干旱胁迫时期木棉叶片 1.000g 置于研钵中，加入少量石英和 2ml 水，研成匀浆，转移到试管，再用 3ml 蒸馏水洗两次研钵，合并提取液备用。

在提取液中加 5ml 0.5%硫代巴妥酸溶液摇匀，置于沸水中加热 10min（自有气泡产生后计时），冷却至室温，离心 15min（3000r/min），取上清液 2ml，以一定量的 0.5%硫代巴妥酸为空白对照，分别测其在 450nm、532nm 和 600nm 波长下的消光度值。

计算公式如下：

$$MDA 的浓度 \ C（μmol/L）= 6.45(A_{532} - A_{600}) - 0.56A_{450} \quad (6.10)$$

$$MDA 含量（μmol/gFW）= C \times V \times 10^{-3} / W \quad (6.11)$$

7.1.3　数据处理

采用 Excel 对数据进行常规分析，采用 SPSS 12 对数据进行 ANOVA 方差分析和 DMNCAN 多重比较。

7.2　结果与分析

7.2.1　干旱胁迫对木棉游离脯氨酸（Pro）的影响

如图 6.18 所示，随着干旱胁迫的增加，各种源 Pro 含量显著升高。在对照条件下，各地区平均 Pro 含量大小表现为元江干热河谷地区（18.27μg/g）>西双版纳湿热地区（16.29μg/g）>临沧半湿热地区（14.47μg/g），差异显著。但是，各地区内各种源间差异不显著，且 Pro 含量最大的为元阳县（18.98μg/g），最小的为耿马县（14.25μg/g），差异显著。轻度胁迫下，各种源 Pro 含量较对照有所增加，其中以临翔区（18.90μg/g）、耿马县（18.56μg/g）和孟定镇（19.21μg/g）增加幅度大，分别较对照增加了 30.43%、23.22% 和 30.86%。此时各种源间 Pro 含量差异不显著，Pro 含量最大的为元阳县，最小的为勐海县。中度胁迫下，各种源 Pro 含量均显著升高，增加幅度差异不显著。此时各地区 Pro 含量大小表现为元江干热河谷地区>临沧半湿热地区>西双版纳湿热地区，差异不显著。此时 Pro 含量最大的为元江县（26.24μg/g），最小的为景洪县（20.34μg/g），差异显著。截至重度胁迫下，各种源 Pro 含量均显著增加，以元江干热河谷地区种源增加幅度最大，此时各地区平均 Pro 含量大小表现为元江干热河谷地区（36.81μg/g）>西双版纳湿热地区（30.30μg/g）>临沧半湿热地区（30.11μg/g）。其中元阳县 Pro 含量最大，为 38.34μg/g，最小的为孟定镇 28.45μg/g。

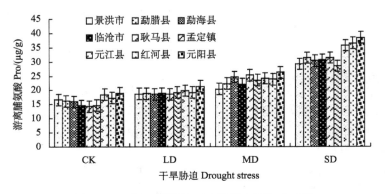

图 6.18　不同干旱胁迫下木棉游离脯氨酸含量

Fig. 6.18　The effect of drought stress on Pro of kapok

7.2.2　干旱胁迫对木棉超氧化物酶（SOD）的影响

图 6.19 为不同干旱胁迫下不同种源木棉 SOD 总活性的变化情况，随胁迫强度的增加，各种源 SOD 总活性呈不规律变化趋势。对照条件下，元江干热河谷地区和西双版纳湿热地区平均 SOD 总活性显著大于临沧半湿热地区种源。其中以元阳县为最大 0.1585U/g，孟定镇最小 0.0956U/g，差异显著。轻度胁迫下，景洪市和勐腊县 SOD 总活性显著降低，其他种源均有不同程度的增加，其中元江干热河谷地区种源（元江县、红河县和元阳县分别较对照增加了 1.60 倍、1.89 倍和 1.54 倍）增加幅度最大。中度胁迫下，临沧半湿热地区和西双版纳湿热地区各种源 SOD 总活性较轻度胁迫显著增加，而元江干热河谷地区各种源增加幅度不大。此时各地区平均 SOD 总活性大小表现为元江干热河谷

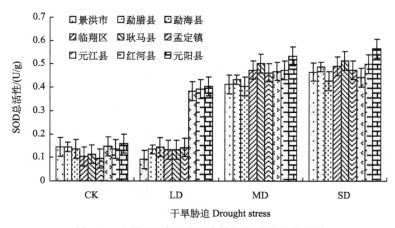

图 6.19　不同干旱胁迫下木棉超氧化物酶总活性

Fig. 6.19　The effect of drought stress on SOD activity of kapok

地区（0.4913U/g）>临沧半湿热地区（0.4794U/g）>西双版纳湿热地区（0.4160U/g），差异显著。而元阳县 SOD 总活性为最大 0.5324U/g，最小为勐海县 0.4031U/g，差异显著。截至重度胁迫，除孟定镇和元江县较中度胁迫降低外，其他种源均有不同程度的增加，以景洪市、勐腊县和勐海县增加幅度较大。此时各地区平均 SOD 总活性大小也表现为元江干热河谷地区（0.5013U/g）>临沧半湿热地区（0.4913U/g）>西双版纳湿热地区（0.4593U/g），差异显著。其中活性最大的为元阳县 0.5645U/g，最小的为勐海县 0.4254U/g，差异显著。

7.2.3　干旱胁迫对木棉过氧化物酶（POD）的影响

如图 6.20 所示，不同种源 POD 活性随干旱胁迫的增加呈不规则变化趋势，临沧半湿热地区和元江干热河谷地区种源呈先增后降趋势，而西双版纳湿热地区种源表现为降-增-降趋势。对照条件下，以勐海县[34.57mg/（mg·min）]、孟定镇[33.25mg/（mg·min）]和元江县[31.87mg/（mg·min）]最小，而以勐腊县[51.24mg/（mg·min）]和耿马县[52.43mg/（mg·min）]最大，差异显著。平均活性表现为西双版纳湿热地区[45.01mg/（mg·min）]>临沧半湿热地区[44.23mg/（mg·min）]>元江干热河谷地区[40.29mg/（mg·min）]。轻度胁迫下，除景洪市和勐腊县 POD 活性较对照下降外，其他种源均呈不同程度的增加趋势，以元阳县和元江县增加幅度最大。此时各地区平均 POD 活性表现为元江干热河谷地区[73.81mg/（mg·min）]>临沧半湿热地区[56.40mg/（mg·min）]>西双版纳湿热地区[44.33mg/（mg·min）]，差异极显著。中度胁迫下，各种源 POD 活性均呈增加趋势，以西双版纳湿热地区和临沧半湿热地区种源增加幅度较大，此时各地区平均 POD 活性大小顺序与轻度胁迫下呈相似规律，但差异不显著。重度胁迫下，除景洪市较中度胁迫有轻微增加外，其他各种源 POD 活性均显著下降，其中以临翔区、耿马县、孟定镇、元江县、红河县和元阳县下降幅度较大，分别较中度胁迫下降了 40.60%、46.96%、51.64%、57.15%、37.68%、31.16%，而此时 POD 活性最大的为景洪市[92.34mg/（mg·min）]和勐腊县[80.24mg/（mg·min）]，最小的为孟定镇[42.25mg/（mg·min）]和元江县[44.39mg/（mg·min）]，差异极显著。

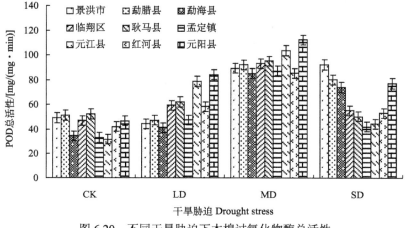

图 6.20　不同干旱胁迫下木棉过氧化物酶总活性

Fig. 6.20　The effect of drought stress on POD activity of kapok

7.2.4　干旱胁迫对木棉过氧化氢酶（CAT）的影响

图 6.21 为不同干旱胁迫下木棉 CAT 活性的变化情况。从图中可以看出，随胁迫增强，CAT 活性呈先增后降的趋势，临沧半湿热地区种源到重度胁迫时又呈上升趋势。对照条件下，各种源 CAT 活性均在 0.1U/（g·min）左右，差异不显著。轻度胁迫下，各种源 CAT 活性极显著升高，除临翔区外其他各种源 CAT 活性均达到最高，此时各种源 CAT 活性大小表现为元阳县[10.5U/（g·min）]>元江县[9.8U/（g·min）]>红河县[9.65U/（g·min）]>勐腊县[7.89U/（g·min）]>景洪市[7.53U/（g·min）]>勐海县[7.32U/（g·min）]>孟定镇[7.14U/（g·min）]>耿马县[6.86U/（g·min）]>临翔区[6.14U/（g·min）]，差异显著。到中度胁迫时，各种源较轻度胁迫显著下降，其中以临翔区、耿马县和孟定镇下降幅度最大，此时各地区平均 CAT 活性大小表现为元江干热河谷地区[7.19U/（g·min）]>西双版纳湿热地区[6.86U/（g·min）]>临沧半湿热地区[3.71U/（g·min）]，其中以元阳县为最大[8.35U/（g·min）]，最小为耿马县[3.54U/（g·min）]，差异显著。重度胁迫下，元江干热河谷地区和西双版纳湿热地区各种源较中度胁迫有不同程度下降，而临沧种源却呈上升趋势，最终都达到最高水平。此时以元阳县 CAT 活性最大[7.34U/（g·min）]，最小为元江县[4.77U/（g·min）]和红河县[2.36U/（g·min）]，而各地区活性大小表现为临沧半湿热地区[6.42U/（g·min）]>西双版纳湿热地区[5.02U/（g·min）]>元江干热河谷地区[4.82U/（g·min）]。

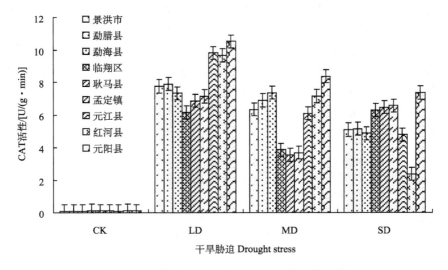

图 6.21　不同干旱胁迫下木棉过氧化氢酶活性

Fig. 6.21　The effect of drought stress on CAT activity of kapok

7.2.5　干旱胁迫对木棉丙二醛（MDA）的影响

如图 6.22 所示，随干旱胁迫的增强，除耿马县 MDA 含量在中度胁迫下为最大外，其他各种源MDA含量呈直线上升趋势。对照条件下，各种源MDA含量最少,均在0.0013μg/g

左右，差异不显著。轻度胁迫下，各种源 MDA 含量均显著上升，其中以元江干热河谷地区种源上升幅度最大，平均较对照升高了 0.0023μg/g，此时各地区 MDA 含量大小表现为元江干热河谷地区（0.0038μg/g）>西双版纳湿热地区（0.0028μg/g）=临沧半湿热地区（0.0028μg/g），其中 MDA 含量最大的为元阳县（0.0045μg/g），最小的为临翔区（0.0027μg/g）和耿马县（0.0027μg/g），差异显著。中度胁迫下，各地区平均 MDA 含量大小表现为临沧半湿热地区（0.0049μg/g）>元江干热河谷地区（0.0046μg/g）>西双版纳湿热地区（0.0033μg/g），差异显著。其中 MDA 含量最大的为耿马县 0.0059μg/g，最小的为景洪市 0.0032μg/g。重度胁迫下，除耿马县外，其他各种源均不同程度增加，各地区平均 MDA 含量大小也表现为临沧半湿热地区（0.0052μg/g）>元江干热河谷地区（0.0049μg/g）>西双版纳湿热地区（0.0042μg/g），差异显著。其中 MDA 含量最大的为耿马县（0.0053μg/g）和元阳县（0.0053μg/g），分别较对照增加了 3.75 倍和 3.78 倍，最小的为景洪市 0.0039μg/g，较对照增加了 3.33 倍。

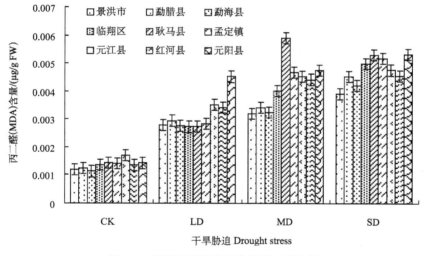

图 6.22　不同干旱胁迫下木棉丙二醛含量

Fig. 6.22　The effect of drought stress on MDA of kapok

7.3　讨论

7.3.1　干旱胁迫对木棉渗透调节物质的影响

目前，几乎所有的资料都证实水分胁迫下脯氨酸的成倍累积，本研究也存在相似结论。但对其与抗旱性的关系众说纷纭，有的认为脯氨酸的累积是作物主动适应干旱的一种反应，多数认为脯氨酸是重要的渗透调节物质，可参与渗透调节；也有人认为它对蛋白质具有一定的保护作用。

7.3.2　干旱胁迫对木棉酶活性的影响

SOD 是保卫植物细胞免受氧自由基伤害的第一道防线，可以催化 O_2^- 歧化形成 H_2O_2

和 O_2，它也是用以解除 ROS 毒性的抗坏血酸-谷肤甘肤循环的必需组分。作为一种诱导酶，SOD 活性受到其底物 O_2^- 浓度的诱导。由于干旱胁迫下 O_2^- 的产生会增加，从而诱导 SOD 活性的增强。本研究结果也表明临沧半湿热地区种源随干旱胁迫的增加，SOD 活性显著增加。而西双版纳湿热地区种源与 Quartacci 和 Navari（1992）研究向日葵在轻度干旱后 SOD 活性降低相似。阎成仕等（2000）的盆栽小麦研究表明，叶片在遭受土壤水分胁迫后 SOD 活性也会下降。Jiang 和 Huang（2001）研究报道在水分胁迫下 SOD 活性先上升后下降，这与元江干热河谷地区种源变化相似。这可能与不同同工酶的表达有关，也可能是由水分胁迫程度的不同所引起。可以想象当水分胁迫程度不严重时，系统可以调节抗氧化系统以保护自身，但当自由基产生的速率超过系统清除能力时，细胞受到伤害，而此时 SOD 活性的下降也就自然而然了。

CAT 专一清除 H_2O_2，它与 SOD 协同作用可清除具潜在危害的 O_2^- 和 H_2O_2，从而最大限度地减少 OH^- 的形成。水分胁迫诱导了 CAT 活性的升高，这与本研究轻度胁迫前结论相似。但也有报道水分胁迫下 CAT 活性下降（Jiang and Huang，2001），这与本研究轻度胁迫到重度胁迫结论相似，此时 CAT 活性的下降，一方面可能是由于 H_2O_2 的积累使其失活，另一方面可能是发生了光失活。所以，元江干热河谷地区在轻度胁迫时期积累了更多的 H_2O_2 以维持消除轻度胁迫期活性氧对细胞的伤害。

POD 具有双重作用。一方面 POD 在逆境或衰老初期表达，可清除 H_2O_2，表现出保护效应。另一方面 POD 也可在逆境或衰老后期表达，参与活性氧的生成、叶绿素的降低，并能引发膜脂过氧化作用 （Zhang and Kirkham，1994）。本研究得出，元江干热河谷地区和临沧半湿热地区种源在胁迫初期就产生较西双版纳湿热地区多的 POD，迅速清除 H_2O_2，保护了膜活性，而西双版纳湿热地区在胁迫后期才开始表达，可能引发膜脂过氧化作用。

第 8 节　木棉节水抗旱指标的筛选与综合评价

植物的抗旱机制是植物体为适应干旱环境而形成的响应机制，不同物种会通过不同途径来抵御或忍耐干旱胁迫的影响。即使是同一树种，由于生存环境条件的差异，长时间也会产生适应该环境的特殊结构和合理的调节机制。目前研究植物抗旱机制较为科学的方法是在干旱胁迫状态下测定供试植物的相关生理生化等指标，通过这些指标从不同侧面反映植物的抗旱性。然而，单项评价指标难以准确反映出植物对干旱适应的综合能力，存在一定的片面性。因此，本研究运用数学方法对与植物抗旱性相关指标进行综合分析，全面准确地评价不同种源木棉耐旱性的强弱。

8.1　数据处理方法

8.1.1　数据来源

所有数据来源于本章第 2 节至第 7 节的指标测定结果。

8.1.2　数据处理

采用 Excel 对数据进行常规分析；采用 SPSS 12 中的主成分分析法对各指标进行分析和筛选，选择对主成分累积贡献率达 85% 以上的指标，最后用隶属函数法进行抗旱综合评价。

8.2　结果与分析

8.2.1　木棉的抗旱节水指标体系

根据试验设计和测定指标，将试验分为两大部分，同时对各项抗旱指标进行了分类。

1）立地调查和根、叶解剖结构

（1）土壤营养：全氮、全磷、全钾、速效磷和速效钾。

（2）根解剖结构指标：维管直径/根直径、木质部面积/根面积、皮层面积/根面积、导管直径和导管个数。

（3）叶解剖结构指标：叶面积、角质层厚、上下表皮厚、栅栏组织厚、海绵组织、CTR 和 SR。

2）种子萌发和幼苗盆栽抗旱试验

（1）生长指标：株高、地径、主根长、一级须根数、二级须根数、根干重、茎干重、叶干重和根冠比。

（2）节水指标：耗水量、耗水速率、Tr、Gs 和 WUE。

（3）抗旱指标：叶水势、Pn、F_v/F_m、Pro、MDA、SOD、CAT 和 POD。

8.2.2　隶属函数法分析各种源隶属函数值

如表 6.17 所示，不同种源抗旱综合分析大致可分为五部分：立地土壤营养方面、根叶解剖结构、幼苗生长及根系特征、节水指标特性和抗旱指标特性。立地土壤营养方面各地区平均隶属值大小表现为临沧半湿热地区（0.5261）>元江干热河谷地区（0.4576）>西双版纳湿热地区（0.3017），其中临翔区（0.6484）、耿马县（0.5693）和元江县（0.5619）最大，勐腊县（0.1898）和景洪市（0.2063）最小；根叶解剖结构各种源隶属值大小顺序为耿马县（0.7202）>勐腊县（0.6225）>元阳县（0.6007）>临翔区（0.5605）>勐海县（0.5416）>孟定镇（0.4790）>元江县（0.4547）>红河县（0.4278）>景洪市（0.3627）；幼苗生长及根系特征隶属值表现为临沧半湿热地区（0.5978）>元江干热河谷地区（0.5287）>西双版纳湿热地区（0.3114），其中最大的为耿马县（0.6551），最小的为勐腊县（0.2814）；节水指标特性各种源大小表现为元阳县（0.7936）>勐腊县（0.7560）>红河县（0.5830）>景洪市（0.5343）>元江县（0.5246）>耿马县（0.4889）>勐海县（0.4370）>临翔区（0.4358）>孟定镇（0.3352）；抗旱指标特性各种源隶属值大小表现为元阳县（0.8750）>元江县（0.4979）>红河县（0.4536）>景洪市（0.2963）>勐腊县（0.2865）>临翔区（0.2618）>耿马县（0.2409）>勐海县（0.2216）>孟定镇（0.1707），其中干热河谷地区各种源抗旱指标显著大于临沧半湿热地区和西双版纳湿热地区种源。可见，不同种源不同指标大小并非总是呈现一定的规律，这说明在分析不同种源木棉的抗旱性强弱时，不能仅凭其中一项指标的优劣来判定其抗旱性。通过隶属函数法得出各地区抗旱性为干热河谷地区>临沧半湿热地区>西双版纳湿热地区，各种源抗旱性顺序为元阳县>元江县>耿马县>临翔区>红河县>孟定镇>景洪市>勐腊县>勐海县。

表 6.17　3 个地区木棉种源抗旱性综合评价

Tab. 6.17　Comprehensive evaluation of drought resistance for three kinds of different district

指标	西双版纳湿热地区			临沧半湿热地区			元江干热河谷地区		
	勐腊县	景洪市	勐海县	临翔区	耿马县	孟定镇	元江县	红河县	元阳县
全氮	0.1390	0.4662	0.3314	0.9292	0.7011	0.7698	0.0000	1.0000	0.3870
全磷	0.2134	0.2241	0.7050	1.0000	0.3497	0.1441	0.5175	0.5873	0.0000
全钾	0.1977	0.2600	0.0000	0.1757	1.0000	0.1990	0.2922	0.1151	0.0956
速效磷	0.2471	0.0812	0.7632	0.8776	0.6362	0.3593	1.0000	0.0000	0.1476
速效钾	0.1518	0.0000	0.7457	0.2594	0.1593	0.3316	1.0000	0.7942	0.9268
维管直径/根直径	0.6420	0.0000	0.7845	0.7483	0.7294	0.5932	0.7172	0.6149	1.0000
皮层面积/根面积	0.5043	0.0000	0.1399	0.2736	0.4529	0.0956	0.3152	0.0011	1.0000
根木质部/根横切	1.0000	0.6633	0.8966	0.6988	0.8611	0.0416	0.0183	0.9899	0.0000
导管直径	0.4854	0.6367	0.5583	0.3832	1.0000	0.0000	0.8384	0.6745	0.8418
导管个数	0.5071	0.0000	0.4857	0.3643	1.0000	0.5786	0.5214	0.5429	0.9071
叶面积	0.7055	0.0000	0.8569	0.9827	0.8427	0.6537	0.6709	0.4275	1.0000
角质层厚度	0.5036	0.2000	0.1607	1.0000	0.0000	0.7536	0.3643	0.5179	0.5607
上表皮厚度	0.7369	0.8962	0.4585	0.3183	0.9483	1.0000	0.3474	0.0000	0.0430
下表皮厚度	0.8227	1.0000	0.5473	0.9377	0.6122	0.8247	0.6464	0.6500	0.0000
栅栏组织厚度	0.2306	0.1600	0.5287	0.2490	0.3687	0.6007	0.0108	0.0000	1.0000
叶片结构紧密度	0.7095	0.0000	0.4604	0.2192	0.8275	0.6057	1.0000	0.4228	0.7484
叶片结构疏松度	0.6228	0.7961	0.6220	0.5513	1.0000	0.0000	0.0060	0.2924	0.1071
株高	0.0044	0.0000	0.0725	0.5981	0.5127	0.4591	0.8550	0.8117	1.0000
地径	0.0197	0.0000	0.1323	0.4193	0.5403	0.4209	0.7935	0.8592	1.0000
主根长	0.8783	1.0000	0.5450	0.1812	0.1791	0.1750	0.0000	0.0450	0.4333
一级须根数	0.3091	0.4229	0.3795	0.8722	0.9983	1.0000	0.0000	0.3913	0.3193
二级须根数	0.0000	0.0950	0.0703	0.9235	1.0000	0.7896	0.9915	0.9778	0.8874
根干重	0.8718	1.0000	0.8988	0.6547	0.6883	0.5870	0.0000	0.0193	0.1082
茎干重	0.2967	0.3454	0.2739	1.0000	0.9409	0.7887	0.0000	0.0875	0.0455
叶干重	0.0000	0.3005	0.0780	0.7603	1.0000	0.4840	0.8419	0.7920	0.4500
根冠比	0.1521	0.1434	0.1180	0.0000	0.0366	0.1312	1.0000	0.7894	0.7749
耗水量	0.5506	0.0000	0.4248	0.6963	1.0000	0.9264	0.5736	0.9693	0.9678
耗水速率	0.9971	0.0000	0.0374	0.5651	0.2526	0.0998	0.6812	0.5641	1.0000
水分利用效率	0.8353	1.0000	0.9666	0.5830	0.6257	0.6496	0.3140	0.5844	0.0000

指标	西双版纳湿热地区			临沧半湿热地区			元江干热河谷地区		
	勐腊县	景洪市	勐海县	临翔区	耿马县	孟定镇	元江县	红河县	元阳县
蒸腾速率	0.7394	0.9319	0.6592	0.1405	0.2062	0.0000	0.4813	0.5505	1.0000
气孔导度	0.6574	0.7397	0.0971	0.1943	0.3600	0.0000	0.5728	0.2467	1.0000
叶水势	0.0398	0.0000	0.0464	0.1380	0.1405	0.3233	0.3938	0.4582	1.0000
净光合速率	0.0827	0.2050	0.0000	0.3184	0.3771	0.1660	0.3768	0.1506	1.0000
F_v/F_m	0.2838	0.1149	0.0000	0.4258	0.2679	0.2214	0.7611	0.6996	1.0000
游离脯氨酸	0.0000	0.1834	0.2258	0.0459	0.2218	0.0405	0.6634	0.5960	1.0000
丙二醛	1.0000	0.7899	0.9496	0.5977	0.1300	0.3874	0.3067	0.4621	0.0000
超氧化物歧化酶	0.0104	0.1648	0.0000	0.1650	0.2787	0.1184	0.6041	0.7128	1.0000
过氧化氢酶	0.2863	0.3634	0.3249	0.0000	0.0566	0.1087	0.4389	0.2897	1.0000
过氧化物酶	0.5887	0.5489	0.2261	0.4038	0.4545	0.0000	0.4381	0.2600	1.0000
种源平均值	0.3852	0.3937	0.3849	0.4420	0.4847	0.4296	0.5180	0.4402	0.5934
种源抗旱能力排序	8	7	9	4	3	6	2	5	1
地区平均值		0.3879			0.4521			0.5172	
地区抗旱能力排序		3			2			1	

第 9 节　结　　论

不同种源木棉会通过一系列的形态、生长和生理生化变化来适应干旱胁迫环境。但是，不同种源对干旱胁迫的响应方式存在差异，在各指标的表现上也并不一致，其节水抗旱能力的差异还体现在各种源的基因型方面，这些为研究者进行优良抗旱木棉种源筛选奠定了良好的基础，并能应用这些指标的系统分析结果来综合评价各种源的抗旱性。

（1）不同立地条件下的木棉生长情况存在差异，这种差异受各调查样地的区域情况、土壤营养和气候特征等共同影响。各调查地中西双版纳湿热地区土壤氮素营养相对较好，水分条件也优于临沧半湿热地区和元江干热河谷地区，高生长和叶面积表现较好。而临沧半湿热地区钾素和磷素营养较高，表现出较强的抗旱性。

（2）PEG 模拟干旱胁迫，临沧半湿热地区种源在 0~0.2g/L 浓度下萌发率和萌发指数高，当浓度大于 0.2g/L 时，干热河谷地区种源萌发率较高。当浓度为 0.3g/L 时，西双版纳湿热地区种子已不能萌发；土壤含水量为 10% 时，临沧半湿热地区和元江干热河谷地区种子能萌发，西双版纳湿热地区种子不能萌发，当土壤含水量为 60% 时，情况则相反。9 个种源幼苗在自然条件下株高和地径月生长大小均表现为元江干热河谷地区>临沧半湿热地区>西双版纳湿热地区。

（3）木棉属于低耗水树种，单株幼苗日耗水总量 392.0g/d，但其耗水速率较高[328.9g/（m·h）]，表现为光合效率强，对干旱环境具有一定的适应性。随干旱胁迫强度的增加，叶水势和耗水速率均逐渐下降，表现为木棉通过关闭气孔、减少蒸腾、累积渗透调节物质等方式来适应干旱胁迫环境，但各指标的变化幅度有很大差异。其中元江干热河谷地区叶水势、净光合速率、叶绿素荧光动力学参数、酶活性等受干旱胁迫影响较小，渗透调节物质含量较高，总体表现出较强的抗旱性。其次是临沧半湿热地区种源，轻度胁迫下，临沧主根长、一级须根数和二级须根数较元江干热河谷和西双版纳湿热地区高，重度胁迫下，临沧根冠比达 200%，较对照增加了 76.30%，表明根系具较强的吸收水分能力。而西双版纳湿热地区地上和地下生物量受干旱影响都较为严重，根冠比较小，抗旱能力较差。

（4）由各种源根、叶解剖结构可知，木棉叶为异面叶，叶脉发达，根和茎肉质化，各种源均表现出一定的旱生结构。叶片厚和上下表皮厚表现为临沧半湿热地区>西双版纳湿热地区>元江干热河谷地区，而角质层和栅栏组织厚表现为临沧半湿热地区>元江干热河谷地区>西双版纳湿热地区，这无疑使得临沧种源具有较强的储水能力和有效地防止水分散失的能力，而 CTR 和 SR 大小表现为元江干热河谷地区>临沧半湿热地区>西双版纳湿热地区，表明元江干热河谷地区和临沧半湿热地区种源能更好地利用光能，避免高温和光照对植物的伤害。元江干热河谷地区种源木质部和维管柱较西双版纳湿热地区和临沧半湿热地区发达，表明元江干热河谷地区种源更能有效地输送水分。导管直径大小表现为西双版纳湿热地区>临沧半湿热地区>元江干热河谷地区，导管数量表现为元江干热河谷地区>临沧半湿热地区>西双版纳湿热地区，表明在水分充足的西双版纳湿热地区，木棉较大的导管直径便于水分向上长距离输送，提高输送效率。同时也表明元江干热河谷地区和临沧半湿热地区一方面通过发育较小的导管直径来保证水分输送，同时也通过较多的导管数量来提高输送水分的效率。

综上所述，在 3 个地区中，虽然元江干热河谷地区根系受到干旱胁迫的影响较大，但节水指标和抗旱指标的变化都显示出较强的抗旱性。其次是临沧半湿热地区种源，其解剖结构体现出较强的抗旱性，同时在受到胁迫时根系反应较为敏感，更倾向于将更多的生物量分配到根系中以吸收水分，抗旱能力居中。西双版纳湿热地区地上部分和地下部分均受到较为严重的影响。故各地区抗旱性大小表现为干热河谷地区>临沧半湿热地区>西双版纳湿热地区，而各种源抗旱性顺序为元阳县>元江县>耿马县>临翔区>红河县>孟定镇>景洪市>勐腊县>勐海县。

第7章　丛枝菌根对两种木棉科植物抗旱性和根区营养的影响

第1节　引　言

1.1　概述

水不仅参与自然界的各种化学反应和地质作用，而且是自然界各种物质运动、循环和能量传递的主要媒介。植物应对环境变化所采取的适应策略各有不同，在干旱环境下，植物适应机制主要包括2个方面：一是生理生化调节机制，包括水分的重新分配、渗透调节（李树华等，2003；谢志玉等，2010；王智威等，2013）、抗氧化相关酶和抗氧化物质活性氧清除系统（赵丽英等，2005；阎秀峰等，1999；尹永强等，2007；龚吉蕊等，2004）等；二是形态上的变化，包括细胞、器官、个体、群体等水平（杨帆等，2007）。有研究表明，丛枝菌根真菌（arbuscular mycorrhizal fungi，AMF）能与80%以上的陆地植物和一些水生植物根系形成互惠共生体——丛枝菌根（arbuscular mycorrhiza，AM）（Jeffries，1987）。丛枝菌根可有效促进植物对养分和水分的吸收（李登武等，2002；王曙光等，2001；杨振寅和廖声熙，2005），并能提高抗氧化物酶活性（吴强盛等，2005）和提高光合效率（宋会兴等，2008）等，所以AM能够提高植物的抗旱性，是宿主植物适应干旱环境的重要因素。

典型的干热河谷气候具有热量充足、太阳辐射较强、水分缺乏、干湿明显等特点（欧晓昆，1994），此种特殊气候条件和长期人为干扰导致环境恶化日益严重，生态恢复势在必行。木棉（*Bombax ceiba*）为木棉科（Bombacaceae）落叶大乔木，在光、热充足地区长势好，表现出较好的适应性（谢保富和杨云锦，1985），对该区域水土保持和生态恢复具有重要作用。同时，木棉也是纤维生产的关键树种（中国植物志编辑委员会，1984），具有较高的经济价值。

木棉生长迅速，树体高大，而河谷内蒸发量远大于降水量，长期处于水分亏缺的状况，那么应对此种特殊的气候条件木棉如何实现快速生长，保证水分供应，成为干热河谷内的优势种群？目前，已经观察到木棉根系有大量的丛枝菌根形成，丛枝菌根是否对木棉抗旱能力和养分吸收具有促进效应，保证木棉更好地适应水分亏缺的研究还比较少。本研究从AM真菌对吉贝和木棉生长、生理生化效应、养分吸收作用机制等方面，探究丛枝菌根对吉贝和木棉抗旱性，以及根区营养的影响，探明这2种木棉科植物接种AM真菌对干旱胁迫的响应机制，进一步了解吉贝和木棉在干旱条件下养分的传输规律，探讨木棉对干热河谷气候的适应机制，为木棉天然更新、人工种植和该区的植被恢复、生态重建提供理论依据。

1.2　干热河谷丛枝菌类群研究

丛枝菌属于一类古老的菌根真菌，在自然界中分布最广，具有丰富的物种多样性、生境多样性和宿主多样性。据王发园等（2004）报道，已经有 7 属 99 种 AM 真菌（记录种 87 个，新种 12 个），包括类球囊霉属 1 种，无梗囊霉属 21 种，内养囊霉属 3 种，球囊霉属 56 种，原囊霉属 2 种，巨孢囊霉属 3 种，盾巨孢囊霉属 13 种。我国不同类型气候条件下均有丛枝菌的分布，据调查，除灯芯草科、十字花科等少数几个科的植物不能或不易形成菌根外，大多数的植物包括裸子植物、被子植物、苔藓和蕨类都能被 AM 真菌侵染（Sylvia，1998）。

干热河谷内丛枝菌种类丰富，不同的种侵染程度差异明显。李建平等（2004）研究元谋段 75 种植物根际土，共分离鉴定出 44 种丛枝菌分别属于 6 个不同的属，主要包括无梗囊霉属和球囊霉属 2 个优势属，其中包含 8 个优势种；赵之伟等（2003）的研究同样表明元谋段 60 种植物中 70%的植物种能够形成丛枝菌根。宾川、永胜段 65 种植物中有 62 种被侵染，轻度感染的植物种较多（李建平等，2004）。

1.3　树木对干旱胁迫的响应和抗旱机制

1.3.1　生理调节响应机制

水分胁迫引起植物一系列的生理变化。胁迫初期，气孔导度、蒸腾速率、胞间 CO_2 的浓度、净光合速率随胁迫程度的增强而降低（卢广超等，2013）；后期非气孔限制成为光合作用的主要限制因子（付士磊等，2006；云建英等，2006）。胁迫初期，当解除胁迫后，光合作用很快就恢复到最初水平（姚庆群和谢贵水，2005）。气孔导度是天气条件和土壤水分状况等综合因素影响的结果（李柏贞和周广胜，2014），水分亏缺，气孔关闭，蒸腾失水速率降低进而影响光合生理，干旱越严重，气孔的阻力就越大，其导度越小。

植物蒸腾作用是水分和矿质营养运输的动力。蒸腾耗水以白天为主，在相同水分条件下，不同苗木的蒸腾耗水量不同，同种苗木的蒸腾耗水量随干旱胁迫的加剧而减少，重度胁迫下，气孔几乎关闭（李吉跃等，2002）。但是蒸腾只能反映植物潜在的耗水能力（张国盛，2000），而不能反映光合的强弱。蒸腾耗水减少，水分的利用效率提高，是植物在干旱环境下自我保护机制之一。

干旱胁迫导致活性氧产生，伤害光合系统（吴甘霖等，2010），PS II 光能捕获效率下降（孙景宽等，2009），进而影响光合生理（周珺等，2012）。荧光参数 ETR 反映了 PS II 反应中心电子捕获效率（孙景宽等，2009），ETR 显著下降，表明捕光蛋白复合体受抑，电子传递受阻，光能转化效率下降（李威等，2012），而非光学淬灭（NPQ）持续增加，增加了热耗散，保护光合器官（卢广超等，2013）。

1.3.2　生化调节响应机制

干旱胁迫导致细胞膜损伤，活性氧增多，原生质膜上的酶及抗氧化物质能有效地防止氧化胁迫所造成的伤害。植物体内参与抗氧化保护反应的酶主要有超氧化物歧化酶（SOD）、过氧化氢酶（CAT）、过氧化物酶（POD）等（赵丽英等，2005）。SOD 能以 O_2^- 为基质进行歧化反应，CAT 可分解 H_2O_2，POD 可清除细胞内有害自由基并能促化有毒物质（阎秀峰等，1999；尹永强等，2007）。阎秀峰等（1999）研究发现红松幼苗保护酶清除自由基的能力在干旱胁迫的初期迅速提高，胁迫后期 CAT 和 SOD 活性上升的速率下降，而 POD 和 ASP 活性则迅速降低。随干旱强度的增强，SOD、CAT 有先升后降的趋势（贾瑞平等，2013；冯士令等，2013），POD 出现增加趋势（贾瑞平等，2013）；然而，崔玉川等（2013）、王飒等（2013）等研究显示 SOD、CAT、POD 随胁迫强度存在差异，并随时间的增加呈先增后减的趋势。龚吉蕊等（2004）研究发现长期处于干旱生境下的 3 种荒漠植物，膜脂过氧化的程度不同，对干旱胁迫的应激方式也不同。随胁迫时间延长，F_v/F_m 和 F_v/F_o 降低，活性氧清除酶活性下降，致使光合器官伤害（付士磊等，2006），光合速率降低。以上结果表明，干旱胁迫下植物活性氧清除策略与植物种类、胁迫的程度和形式、发育阶段等有关。

干旱胁迫可导致 ABA、脯氨酸和 MDA 积累。ABA 的积累会引起活性氧和抗氧化酶活性的增加（赵丽英等，2005），而脯氨酸对活性氧的清除具有专一性，脯氨酸积累可能是植物抗氧化胁迫的一种反应（蒋明义等，1997）。MDA 的形成是膜过氧化作用的结果，降低膜的稳定性、增加膜的透性，叶绿体受损，进一步影响光合作用。同时，ABA 和脯氨酸等是渗透调节的主要物质，对维持渗透压和降低膜的伤害具有重要的作用；且 ABA 介导的化学信号可影响气孔的开合（李冀南等，2011）。

1.3.3　形态上的变化响应

干旱条件下植物生长受到抑制，在长期的胁迫干扰下，植物通过形态改变，进化出不同的适应机制。植物进化过程中，叶片对环境变化较为敏感且可塑性较大；在长期干旱环境下，叶片组织发生改变，细胞层数增加而体积减小，海绵组织相对减少而栅栏组织发达，细胞间隙减小等（李芳兰和包维楷，2005）。而叶肉栅栏组织发达，海绵组织退化可作为植物适应干旱的一个重要指标（刘家琼等，1987）。干热河谷气候条件下，许多植物具有典型的旱生结构（宋富强和曹坤芳，2005），发达的栅栏组织增加叶片厚度，从而增加光在叶肉中的传播距离，减弱光强，防止强光对叶肉的灼伤（苏红文等，1997）；另外，栅栏组织排列紧密可有效降低叶片蒸腾。在个体水平，随干旱胁迫程度的提高，植物幼苗叶面积、叶片数量、株高、单株鲜重和干重逐渐降低，主根和一级侧根长度逐渐增加，并在重度胁迫下达到显著水平（谢志玉等，2010）。

根的生物量随水分可利用性提高而增加，这可能是植物适应干旱的方式（何维明，2001）。由于水分亏缺，细胞的长度、根皮层的厚度、根导管直径等形态结构受到影响（李鲁华等，2001），水分传输速率降低，水分在植物体内停留的时间延长，从而提高水分的利用效率并维持树体水稳态。植物幼苗根系在重度干旱胁迫下通过增强根系活力来抵抗外界逆境胁迫（杨帆等，2007；崔玉川等，2013；石岩等，1998），而有些植物则可通过发达的根系吸收更多的水分（马焕成等，2001）或是根系储水度过旱季。因此，大多数树种适应干热河谷生境的主要抗旱途径是有效的吸水能力和完善的保水机制，不同植物对干旱的适应方式不同（高洁等，2004）。

1.4　干旱胁迫对树木养分供应的影响

1.4.1　干旱胁迫下土壤养分的供应

土壤类型是土壤营养元素分布的主控因素，土壤营养元素主要包含氮、磷、钾、碳等，不同土壤类型其差异十分显著（唐将等，2005），其理化性质在空间和时间上具有异质性（Campbell and Grime，1989），养分随土壤类型、土层深度和季节的变化而变化。雨季是植物快速生长的最佳时期，土壤速效磷和全氮含量较高，全磷含量保持相对稳定，速效氮则明显下降（左智天等，2009）。其中氮含量越高则土壤酶活性越高，二者均随土层加深呈明显下降的趋势（田昆等，2004），其他指标在土壤垂直空间 0~40cm 土层的变化差异不大（张巧明等，2011）。土壤活性有机碳组分对土壤肥力的维持和碳储量的变化方面具有重要作用（Blair et al.，1997），而有机碳在养分循环中具有重要的作用（吴建国等，2004），也是土壤微生物群落的重要碳源之一（郑华等，2004b）。

根系是植物吸收水分和养分的主要器官，对植物生长发育具有决定作用（冯起等，2008）。在干旱条件下，水分是最重要的限制因子，是影响植物生存和生长发育的关键因素（王辉等，2007）。干热河谷内人工林分土壤水分含量较低不超过 10%（王克勤和陈奇伯，2003），全年雨季持续的时间短，旱季长且气温高（欧晓昆，1994；付美芬和高洁，1997），植物对水分的需求量较大（高洁等，1997）；在旱季土壤表层形成干燥层，毛细管运动停止，下层土水分消耗要比植物蒸腾小（马焕成等，2001），由此减少了土壤蒸散耗水，在一定程度上有效地供给水分。不同层次的土壤水分的利用不同（阮成江和李代琼，2002），土层深度越深，土壤含水量随季节的变动就越弱（陈佳等，2009）。在有限的水分条件下土地所能容纳植物的数量是有限的（郭忠升和邵明安，2003），因而，河谷内野生木棉多为单株分布，很难见到集群分布的现象，这是适应水分缺乏的一种生存策略。

根系吸收养分是通过集体流动、扩散作用和根系拦截作用 3 种途径（陈伟和薛立，2004），养分的吸收是根系本身或是树冠养分需求信号转导，促使根系不断开拓分布空间获取养分，对养分的空间异质性产生各种可塑性反应，包含形态、生理和菌根的可塑性等（王庆成和程云环，2004）。养分亏缺能够影响根系的产生与分枝，根直径的变化也为适应土壤中可利用养分的多寡而具有明显的可塑性（慕自新和张岁岐，2003）。

干旱条件下，养分的吸收既受水分条件的限制，又受土壤养分的变化、根系分布、共生菌等因素的影响。河谷内地表枯落物层薄、土壤有机质含量低（崔书红，1995）、土层中含大量的石砾、土壤含水量长期接近凋萎系数等因素致使植物吸收养分更加困难，共生菌的存在对改善宿主植物营养结构具有显著效应，因此成为干旱条件下植物吸收养分的重要组分。

1.4.2　干旱胁迫下叶片养分的变化

叶片养分在植物生理代谢方面发挥着重要作用（Marsehner，1995），是反映树体营养状况的重要标志，其含量随生长周期而变动（刘波等，2010）；叶片养分的再利用是物种适应养分贫乏环境的重要机制（薛立等，2005），养分在植物体内的再分配过程受土壤养分库反馈调节机制的影响（鲁叶江等，2005）。有研究表明，叶片中的钾不是影响植物生长的关键因子，氮和磷才是影响植物生长的限制元素，共同参与植物体内的生理生化过程（郑淑霞和上官周平，2006），而磷可能是植物生长发育的限制因子（刘家琼等，1987；鲁叶江等，2005；Koerselman and Meuleman，1996）。干旱条件限制了植物对养分的吸收和利用（程瑞平等，1992），因而干热河谷内植物叶片养分含量也较低（宋富强和曹坤芳，2005）。

1.5　丛枝菌根与树种抗旱性的关系

1.5.1　提高抗旱性的分子机制

AM 真菌增强植物抗旱性（杨振寅和廖声熙，2005），其实质是对某些基因的上调或是下调，以及诱导新的逆境基因表达（李涛等，2012）。丛枝菌的形成过程中，需要植物和丛枝菌根真菌之间进行一系列信号分子的识别、交换及信号转导作用，这一过程由一系列植物和菌根真菌的基因控制，包括早期植物反应的基因、菌根特异信号分子等（李涛等，2012）。

1.5.2　提高抗旱性的生理响应

接种 AM 真菌可明显改善植物叶片的气孔导度、蒸腾速率、净光合速率（宋会兴等，2008）等光合作用参数，增加叶绿素的含量，使得光合生产能力增加，从而提高植物的抗旱性（王曙光等，2001；贺学礼和李生秀，1999；姜德锋等，1998）。在磷含量低的土壤上接种 AM 真菌，可改善光合作用对 CO_2 的固定，提高光合产物的含量（李登武等，2002）。

1.5.3　提高抗旱性的生化响应

丛枝菌根能够提高叶片可溶性糖含量、可溶性蛋白含量、SOD 活性、POD 活性和CAT 活性（贺学礼等，2009），从而提高了渗透调节能力和保护膜系统能力，降低了细胞膜脂过氧化（吴强盛等，2005）。赵平娟等（2007）研究表明菌根真菌可通过促进游离脯氨酸积累，提高 SOD 酶活性，减缓干旱对膜系统的破坏，延缓了植物受伤害的速度。AM 真菌强大的根外菌丝增大了水分的吸收面积，直接提高根系水分吸收量，显著提高植物矿质离子的吸收量，提高细胞中可溶性糖和可溶性蛋白含量（赵金莉和贺学礼，2011），从而调节渗透压，提高植物的抗旱性。因此，AM 真菌增强宿主植物的抗旱性可能源于促进宿主植物根系对土壤水分和矿质元素吸收的直接作用，改善植物体内生理代谢活动和提高保护酶活性的间接作用（贺学礼等，2009）。

1.6　丛枝菌根与根区养分供应的关系

碳源是菌根真菌维持生长的重要营养物质，在真菌代谢中发挥着不可替代的作用（李元敬等，2014）。AM 真菌通过菌丝定殖在宿主根皮层，并在宿主细胞质内形成丛枝结构，成为共生体间营养交换的场所（Harrison，2012）。植物根系间菌丝网络的形成受时间和介导植物的影响，同时也具有调节植物间资源分配和植物相互作用的功能（雷垚等，2013）。大量的菌丝扩大了根系的吸收范围，可有效提高其对氮的吸收，并认为碳的供给是氮从真菌穿过菌根界面而转移给宿主的先决条件（李元敬等，2014）。

接种 AM 菌可以改变碳素营养、促进氮、磷、钾的吸收（李登武等，2002），同样会提高镁、铜、锌、氟、硼、钙等营养元素（姜德锋等，1998；Antunes and Cardoso，1991；Mayra and Murray，1998）。Ames 等（1983）利用 ^{15}N 标记试验已证明，AM 真菌菌丝从根外数厘米处的土壤中吸收 NH_4^+，将其运输至植物根中。由于土壤中多为闭蓄态磷，而植物以正磷酸盐的形式吸收，正磷酸盐具有较高的代换量，因此土壤中普遍缺磷，AM 真菌能够显著提高磷的吸收。Tang 和 Cheng（1986）在研究红壤中难溶性磷吸收情况时发现，菌根处理的植物比对照植物的生长状况好，而且植物组织含磷量大大提高。AM 真菌能够改善植物磷素营养，具有磷酸酶活性的菌丝对植物生长和抗旱作用最强（唐明等，1999）。郭涛等（2009）采用半液培方式证实氮、磷处理对丛枝菌根真菌生长发育的可行性，表明增加供氮水平能显著促进丛枝菌根真菌的生长和发育；高磷抑制 AM 真菌生长和代谢活性，使真菌吸磷量减少，可能是造成菌根效应降低的原因之一（冯海艳等，2003）。何跃军等（2007a，2007b）研究表明，接种 AM 真菌促进了构树生物量的积累，提高了根际土壤酶活性，增加了植株对氮、磷的吸收。营养水平的提高会促进根系的生长，扩大吸收面积，促进植物生长。

1.7　研究的科学意义

丛枝菌能够提高宿主植物的抗旱性，通过改善植物叶片光合作用参数，提高叶绿素含量，使得光合产物的生产能力增加；同时增加渗透调节相关物质、抗氧化相关酶的活性，从而提高植物的抗旱性。养分和水分的吸收主要通过细根进行，干旱下植株根系生长受到限制，接种丛枝菌并与宿主植物形成共生体，菌丝可以延伸到根外数厘米之外吸收水分和养分，改善植物的营养条件，进一步提高抗旱水平。干热河谷气候条件下，丛枝菌是植物适应干旱条件不可忽略的关键要素。但是，对于丛枝菌能否提高吉贝和木棉的抗旱性还不清楚，有待研究。

木棉是干热河谷内的常见种，却鲜见木棉成林的现象，此种现象是否是在干旱环境下所采取的适应策略值得研究。同时，木棉也是该区人工纤维林的关键种，其纤维具有较高的经济价值。因此，基于生态恢复的迫切性和纤维造林的必要性，探明丛枝菌对吉贝和木棉抗旱性和根区营养的影响已经上升到生态恢复与纤维造林成败的关键问题的高度，其相关问题亟待解决。

第 2 节　材料和方法

2.1　试验材料

供试树种为吉贝属（*Ceiba*）吉贝（*Ceiba pentandra*）和木棉属（*Bombax*）木棉（*Bombax ceiba*）。经扩繁 1 年后，每克土壤有丛枝菌孢子 100 个的接菌土。

2.2　丛枝菌分离鉴定与扩繁

2.2.1　土壤采集

丛枝菌土壤采集自云南省红河哈尼族彝族自治州（红河州）个旧市保和乡冷墩村，采集野生木棉 0~40cm 土层细根（<2mm）处的根际土壤，分袋收集，标记。

2.2.2　室内分离

采用湿筛-倾析法收集土壤中的丛枝菌根真菌的孢子。根据丛枝菌根真菌孢子的特征，如形状、颜色、大小、孢子壁表面的纹饰、孢子壁的层次、厚度、性质、孢子内含物、孢子与菌丝间的孔的封闭方式等来对其进行分类和鉴定。以下为步骤和方法。

浸泡：称取 20g 土壤样品，放在容器内用水浸泡 12h，使土壤松散。

冲洗：选用一套洁净且孔径为 0.5~0.034mm 的土壤筛，依次重叠起来，并将筛面稍微倾斜。用玻璃棒搅动浸泡土壤的水溶液，放置几秒钟后，使大的石砾和杂物沉淀下去，即将悬浮的土壤溶液慢慢地倒在最上一层孔径最大的土壤筛上。倾倒时，集中倒在筛面一侧，不要将整个筛面都沾有土壤溶液。

分离：将停留在筛面上的筛出物轻轻冲洗到一个清洁的烧杯内，在冲洗下来的筛出物中，除了有许多细的砂粒和杂质外，含有 AM 菌根真菌不同直径的孢子。加水至 500ml，静置 15min 使孢子悬浮，然后将悬浮液（约 300ml）倒入分液漏斗，重复该过程 3 次。最后一次加转移悬浮液，继续等待 15min 后，控制漏斗的流速，缓慢地一滴一滴地流，约剩余 300ml 后，进行抽滤。

抽滤和鉴定：将筛出物通过抽滤后，在双管实体解剖镜下观察，镜检拍照，分类鉴定，并分类置于 4℃条件下储藏待用。

2.2.3　扩繁

采用三叶草作为扩繁的介导植物。三叶草种子采用 70%乙醇消毒 10min，无菌水清洗数次后播种于无菌土（121℃，烘干 2h）中。种子萌发后，每盆保留幼苗 5 株，接种丛枝菌孢子 20 个/盆。扩繁期间浇水均使用无菌水。

2.3　苗木培育

2.3.1　催芽处理

1）种子处理

选取优质种子，使用浓 H_2SO_4 处理 2min，并加少量清水，不断搅拌，外种皮脱落后，倒出废液，立即用清水冲洗 5 或 6 次，然后用 60℃蒸馏水开始浸泡，水温降至室温后换水 1 次，8h 后再用 100 倍多菌灵浸泡 8h，即总的浸泡为 16h。蒸馏水清洗 2 次，3%高锰酸钾消毒 30min，再用无菌水清洗数次直到清除残留的液体，待培养催芽。

2）催芽

将培养皿清洗，并放入滤纸后灭菌；超净工作台内将种子放入培养皿内，将整个培养皿铺满一层种子，滤纸保持湿润（800 倍多菌灵），然后于人工气候箱内培养（温度30℃，湿度 75%，光照 12h/d，光照强度 2000lx），以后每天添加少量无菌水，保证滤纸湿润但看不到明显的水膜，加水后晃动培养皿（使种子表面润湿，并防止种子黏附在滤纸上），待露白后播种，目的是使出芽整齐，同时催芽过程中减少杂菌感染，有利于萌发。

2.3.2　播种和接菌

露白后，播种于灭菌土（土壤为红壤，121℃烘 2h）中。预设两个处理组：①不接菌处理：准确称取 2.85kg 灭菌土和 0.15kg 菌土。②接菌处理：准确称取 3kg 灭菌土后播种。每个处理播种 27 盆，吉贝和木棉分别播种 54 盆，共 108 盆。

2.4　干旱处理

试验为 2 个树种，接种 AM 菌两水平和干旱胁迫三水平，共计 12 个处理，每个处理的代码见表 7.1。于 2014 年 9 月 1 日，吉贝株高约 20cm，木棉株高约 10cm 时，开始进行干旱胁迫处理。按田间持水量设定水分梯度，对照处理 CK（65%~70%）、中度胁迫 MS（45%~50%）、重度胁迫 SS（30%~35%），区组 3，重复 3。CK、MS 和 SS 分别对应的土壤含水量为 17.87%~19.25%、12.36%~13.75% 和 8.25%~9.63%。采用称重法控水，每天傍晚称重后补充水分。每一个区组分别用于光合荧光测定、土壤采集和叶片采集。胁迫时间为 1d、3d、5d、7d、15d、25d、45d。

表 7.1　试验处理代码

Tab. 7.1　Code of experiment treatments

处理代码	树种	接种 AM	胁迫强度
Cp-AM-CK	吉贝	接种	正常供水
Cp-AM-MS	吉贝	接种	中度胁迫
Cp-AM-SS	吉贝	接种	重度胁迫
Cp-NO-CK	吉贝	不接种	正常供水
Cp-NO-MS	吉贝	不接种	中度胁迫
Cp-NO-SS	吉贝	不接种	重度胁迫
Bc-AM-CK	木棉	接种	正常供水
Bc-AM-MS	木棉	接种	中度胁迫
Bc-AM-SS	木棉	接种	重度胁迫
Bc-NO-CK	木棉	不接种	正常供水
Bc-NO-MS	木棉	不接种	中度胁迫
Bc-NO-SS	木棉	不接种	重度胁迫

2.5　样品采集

2.5.1　叶片采集

由于试验采用幼苗作为干旱处理的对象，叶片数量较少，因此，干旱处理开始时叶片采集对策为从下至上采集成熟叶片，每次采集复叶中的一片小叶，不采幼嫩叶片，每一单株每次采样约为 2g。采集在 8：30 进行，随胁迫时间进行采样。用于生理生化测定的叶片，按所测指标迅速称量后，用铝箔包裹，立即用液氮处理 10s，–80℃保存。另外称取 0.5g 叶片于 65℃烘至恒重后测定叶片相对含水量；同时将多余的叶片烘干，研磨过筛（0.25mm 孔径）。

2.5.2　土壤采集

干旱处理后，每隔 30d 采集根区土壤，连续采集 3 次。土壤采集点位于盆的 3 个不同的方向，分 3 次采完，采集盆表面到盆底的土壤，每盆采集 100g，分袋保存。

2.6　测定项目及方法

2.6.1　生长测定

种子萌发后至干旱处理结束，每隔 10d 测量株高、地径和记录叶片数量。干旱处理期间，记录叶片萎蔫、发黄和掉落，生长停止，植株死亡的时间。最后，收获整个植株和掉落的叶片，分根、茎、叶测定生物量（105℃杀青 30min，70℃烘至恒重）。株高和地径采用相对生长量和增长量进行分析。

$$相对生长率（RGR）=（测定值–初始值）/ 初始值×100\% \qquad (7.1)$$
$$增长量=测定值–初始值 \qquad (7.2)$$

2.6.2　光合荧光测定

用 Li-6400 便携式光合仪测定光合指标，测量在 9：00~12：00 进行。选取顶端第 3 片复叶中第 3 小叶进行测量，每叶片重复 3~5 次。测定光强 1500μmol/（m^2·s）下的净光合速率（Pn）、蒸腾速率（Tr）、气孔导度（Gs）和胞间 CO_2 浓度（Ci）等指标。

叶绿素荧光用 PAM-2500 便携式叶绿素荧光仪测量。参照钱永强等（2011）的方法，先暗适应 30min，测量初始荧光（F_o）、最大荧光产量（F_m）、PSⅡ最大光化学效率（F_v/F_m）；然后在光适应下，测量最大荧光（F'_m）、最小荧光（F'_o）、PSⅡ潜在光化学活性（F_v/F_o）、表观电子传递速率（ETR）、光化学淬灭系数（qP）、非光化学淬灭系数（qN）；PSⅡ调节性能量耗散 Y[NPQ]、非调节性能量耗散 Y[NO]等参数，均由仪器读取。斜率（α）经自动拟合曲线后，给出读数。

2.6.3　生理生化测定

采用硫代巴比妥酸法测定丙二醛（MDA）含量，磺基水杨酸提取茚三酮显色法测定游离脯氨酸含量。水合茚三酮法测定游离氨基酸（高俊凤，2006）。

2.6.4　土壤与叶片养分测定

土壤全氮和全磷采用浓硫酸-高氯酸消煮。植物全氮、磷和钾采用浓硫酸-过氧化氢消煮。土壤全钾用氢氧化钠碱熔-火焰光度法，土壤速效钾用火焰光度法测定。土壤全氮、土壤全磷、土壤铵态氮（NH_4^+-N）、土壤硝态氮（NO_3^--N）、土壤速效磷、植物全氮、植物全磷均采用全自动间断化学分析仪（Smart Chem）进行测定。

2.6.5　丛枝菌侵染测定

采集直径≤2mm 的根段浸泡在 1/2 FAA（70%乙醇 90ml，38%甲醛 5ml，冰醋酸 5ml，用的时候稀释一倍）中，4℃保存。采用乙酸墨水染色（杨亚宁等，2010），按照以下方法进行透明、酸化、染色、脱色、制片、观察和拍照。最后计算侵染率。

透明：90℃，用 10% KOH 透明处理 40~120min。

酸化：流水冲洗 5min，再用 5%乙酸酸化 5min。

染色：使用 2.5%乙酸墨水染色液（5%冰醋酸 95ml，墨水 Quink 2.5ml）90℃水浴，染色 30min。

脱色：清水浸泡脱色 12h。

制片：经处理后的根段置于载玻片上，滴加适量甘油明胶封固剂（明胶 10g，百草酚 0.25g，蒸馏水 60ml，甘油 70ml），盖上盖玻片。

观察和拍照：在 Leica DM750 显微镜下观察并记录是否有菌丝、丛枝和泡囊，并拍照。

侵染率计算：放大交叉法（magnified intersections method）是由 McGonigle 等（1990）建立的测定 AM 真菌侵染率的方法。植株干重用称重法；菌根依赖性用 Bagyaraj 的方法测定（汪洪钢等，1989）；即

$$菌根侵染率（\%）=有菌根真菌侵染的根段长度/检查根段总长度×100 \qquad (7.3)$$

$$菌根依赖性（\%）=（接种株干重–对照株干重）/接种株干重×100 \qquad (7.4)$$

$$相对产量（\%）=各处理的生物产量/对照的生物产量×100 \qquad (7.5)$$

2.7　数据分析

采用 Excel 2007、SPSS 13.0 进行数据统计分析，Sigma Plot 12.0 制图。采用单因素方差分析法和多因素方差分析法分析。

第 3 节　结果与分析

3.1　接种 AM 菌与干旱胁迫对吉贝和木棉生长的影响

3.1.1　接种 AM 菌和干旱胁迫对地径变化的影响

正常供水（图 7.1），接菌和不接菌处理，吉贝和木棉地径 RGR 均无显著变化。但

是从增长量方面来看,1~30d 吉贝接种 AM 菌的植株地径的增长量显著高于不接种植株,40~100d 地径的增长量极显著高于未接种植株,在第 40 天后植株生长快速,接菌植株每 10d 平均增长量为 0.39mm,不接菌植株平均增长量为 0.22mm。而木棉接菌与不接菌处理植株地径变化不显著,接菌植株略高于不接菌的植株。

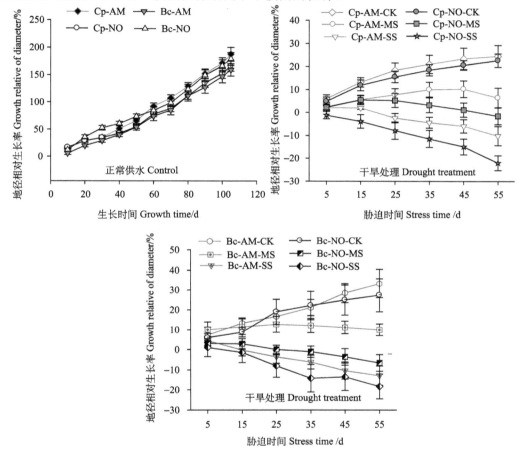

图 7.1　接种 AM 菌与干旱胁迫对木棉科植物地径相对生长率的影响

Fig. 7.1　The influence of AM fungi inoculation and drought stress on ground diameter relative of Bombacaceae

吉贝和木棉接种 AM 菌均可以缓解干旱胁迫对地径生长的影响。重度处理(SS),吉贝接菌(Cp-AM-SS)和不接菌(Cp-NO-SS)随胁迫时间的增加地径相对生长率均极显著减少(图 7.1)。Cp-NO-SS 处理在第 5 天后地径停止增长,而 Cp-AM-SS 则在 15d 后地径停止增长。中度胁迫(MS),第 45 天吉贝接菌(Cp-AM-MS)地径停止增长,茎逐渐出现"干缩"现象;而第 15 天不接菌(Cp-NO-MS)处理地径停止增长并逐渐减少,到 45d 时地径与干旱处理开始时一致。正常处理(CK),吉贝接菌(Cp-AM-CK)地径相对生长率高于不接菌(Cp-NO-CK)处理,但是与干旱处理前相比,地径增长趋势减弱。不同处理条件下,木棉地径变化趋势与吉贝一致。Bc-NO-MS 在干旱处理第 1

天地径停止增长。由此说明，接种 AM 菌能够促进吉贝和木棉地径增加，当干旱来临时能够延缓茎干缩（表 7.2）。

表 7.2　接种 AM 菌与干旱胁迫木棉科植物地径增长量变化情况

Tab. 7.2　The influence of AM fungi inoculation and drought stress on diameter changes of Bombacaceae　　　　　　（单位：cm）

处理	胁迫时间/d					
	5	15	25	35	45	55
Cp-AM-CK	0.41±0.26aC	0.90±0.30aBC	1.25±0.45aAB	1.43±0.56aAB	1.59±0.66aA	1.67±0.67aA
Cp-AM-MS	0.16±0.20abcA	0.37±0.25bA	0.50±0.36bA	0.67±0.52bcA	0.68±0.58bA	0.42±0.73bA
Cp-AM-SS	0.13±0.15abcA	0.13±0.11bcA	−0.17±0.33cdAB	−0.30±0.38deABC	−0.40±0.47cdBC	−0.69±0.69cdC
Cp-NO-CK	0.32±0.29abC	0.78±0.41aBC	1.20±0.42aAB	1.21±0.41abAB	1.34±0.34aA	1.48±0.49aA
Cp-NO-MS	0.12±0.18bcA	0.29±0.27bA	0.27±0.39bcA	0.15±0.42cdA	0.04±0.41cA	−0.13±0.50bcA
Cp-NO-SS	−0.07±0.21cA	−0.21±0.39cAB	−0.40±0.46dABC	−0.59±0.44eBC	−0.77±0.43dCD	−1.14±0.40dD
P（W）	0.003	0.000	0.000	0.000	0.000	0.000
P（AM）	0.146	0.088	0.093	0.035	0.016	0.054
P（W×AM）	0.680	0.565	1.000	0.717	0.608	0.742
Bc-AM-CK	0.30±0.44abD	0.57±0.27aCD	0.71±0.25aCD	0.89±0.28aBC	1.20±0.32aAB	1.38±0.45aA
Bc-AM-MS	0.40±0.37aA	0.47±0.38abA	0.51±0.37aA	0.49±0.34aA	0.46±0.31bA	0.42±0.31bA
Bc-AM-SS	0.14±0.18abA	−0.03±0.22cdAB	−0.14±0.26bABC	−0.23±0.29bABC	−0.38±0.37cBC	−0.46±0.44cC
Bc-NO-CK	0.23±0.21abC	0.33±0.24abcBC	0.69±0.52aABC	0.81±0.58aABC	0.91±0.61abAB	1.00±0.68abA
Bc-NO-MS	0.11±0.12abA	0.09±0.22bcdA	−0.01±0.19bA	−0.05±0.27bA	−0.15±0.41cA	−0.26±0.41cA
Bc-NO-SS	−0.02±0.39bA	−0.11±0.46dA	0.34±0.52bA	−0.58±0.66bA	−0.55±0.67cA	−0.73±0.64cA
P（W）	0.223	0.001	0.000	0.000	0.000	0.000
P（AM）	0.099	0.032	0.061	0.032	0.029	0.014
P（W×AM）	0.666	0.515	0.274	0.429	0.520	0.598

注：同一个种内的处理，同一列内不同小写字母表示在 0.05 水平差异显著，同一行内不同大写字母表示在 0.01 水平差异显著；不同种之间不进行差异性比较

　　在干旱处理期间，不同干旱水平地径增长量达到极显著 P（W）水平；第 25 天后，接种 AM 菌和不接菌对地径增长量的影响显著；随干旱胁迫强度的增加而地径增长量减少，水分条件是限制地径生长的主导因素，接菌具有缓解效应，但是干旱水平和接菌对地径的变化没有交互效应。

3.1.2　接种 AM 菌和干旱对株高变化的影响

　　正常供水，木棉相对高生长率大于吉贝，胁迫 50d 后达到显著水平；接种 AM 菌可以促进高生长。吉贝相对高生长率上升的趋势相对比较稳定，第 40 天时 Cp-AM 处理高

生长变化显著高于 Cp-NO，在第 80 天生长趋势略有减弱。而木棉相对高生长率显著升高，并在第 50 天后极显著升高；而接菌（Bc-AM）和不接菌（Bc-NO）在第 70 天高生长差异达到显著水平（图 7.2）。

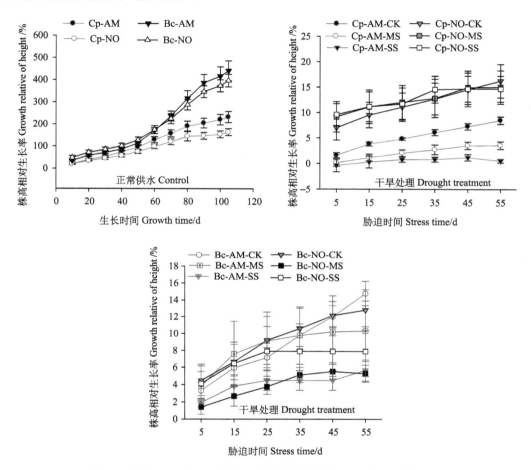

图 7.2　接种 AM 菌与干旱胁迫对木棉科植物株高相对生长率的影响

Fig. 7.2　The influence of AM fungi inoculation and drought stress on seedling hight relative of Bombacaceae

在干旱处理条件下，接种 AM 菌对吉贝株高生长量的影响不显著，但是可以促进木棉株高生长。随胁迫时间的增加，Cp-AM-CK 和 Cp-NO-CK 相对高生长率显著升高，且不接菌株比接菌株生长较快（图 7.2）。吉贝接种 AM 菌，3 个水分梯度处理下高增长量差异显著；而不接菌 CK 处理株高增长量大于 MS 和 SS（表 7.3）。重度处理组，吉贝接菌和不接菌株高生长均不显著，第 15 天 Cp-NO-SS 组高生长接近停止，第 45 天 Cp-AM-SS 组株高生长接近停止。吉贝 CK、MS 和 SS 组接种 AM 菌相比不接菌，株高增长量分别降低 38.05%、69.90% 和 89.71%。

表 7.3　接种 AM 菌与干旱胁迫木棉科植物株高增长量变化情况

Tab. 7.3　The influence of AM fungi inoculation and drought stress on seedling height changes of Bombacaceae

（单位：cm）

处理	胁迫时间/d					
	5	15	25	35	45	55
Cp-AM-CK	0.63±0.49bE	1.53±0.42abD	1.93±0.27abCD	2.45±0.60abBC	2.93±0.65abAB	3.42±0.75bA
Cp-AM-MS	0.05±0.60bC	0.40±0.60bBC	0.72±0.56bABC	0.97±0.83bcAB	1.25±0.63bcA	1.27±0.65bA
Cp-AM-SS	0.15±0.96bA	0.05±0.89bA	0.22±0.39bA	0.22±0.36cA	0.35±0.47cA	0.15±0.27cA
Cp-NO-CK	2.25±1.84aB	3.08±1.90aAB	3.60±2.09aAB	4.12±2.34aAB	4.73±2.49aAB	5.30±2.44aA
Cp-NO-MS	2.45±1.88aA	2.98±2.05aA	3.23±2.09aA	3.45±2.37aA	4.12±2.06aA	4.13±2.05abA
Cp-NO-SS	2.17±1.11aA	2.52±1.49aA	2.65±1.61aA	3.37±1.39aA	3.40±1.33aA	3.40±1.33cA
P（W）	0.708	0.203	0.082	0.065	0.011	0.001
P（AM）	0.000	0.000	0.000	0.000	0.000	0.000
P（W×AM）	0.712	0.608	0.720	0.506	0.546	0.510
Bc-AM-CK	0.63±0.40aE	1.17±0.44aDE	1.40±0.53aCD	1.92±0.55aBC	2.35±0.48aAB	2.90±0.50aA
Bc-AM-MS	0.58±0.64aA	0.17±1.46aA	1.40±1.31aA	1.50±1.29abA	1.57±1.39abA	1.58±1.37bcA
Bc-AM-SS	0.25±0.16aB	0.50±0.44aAB	0.58±0.38aAB	0.58±0.38bAB	0.58±0.38bAB	0.75±0.44cA
Bc-NO-CK	0.75±0.66aB	1.13±0.81aAB	1.58±1.14aAB	1.85±0.95aAA	2.13±0.90aA	2.25±0.91abA
Bc-NO-MS	0.25±0.39aB	0.47±0.55aAB	0.65±0.44aAB	0.88±0.46abA	0.95±0.45bA	0.92±0.50cA
Bc-NO-SS	0.50±0.58aA	0.82±0.69aA	1.02±0.86aA	1.02±0.86abA	1.02±0.86bA	1.02±0.86cA
P（W）	0.263	0.330	0.146	0.010	0.001	0.000
P（AM）	0.948	0.611	0.877	0.761	0.630	0.217
P（W×AM）	0.345	0.310	0.218	0.302	0.302	0.305

注：同一个种内的处理，同一列内不同小写字母表示在 0.05 水平差异显著，同一行内不同大写字母表示在 0.01 水平差异显著；不同种之间不进行差异性比较

0~25d，3 个水分处理木棉接菌（Bc-AM）植株株高增长量未达显著水平，第 35 天开始出现差异，Bc-AM-CK 和 Bc-AM-MS 高于 Bc-AM-SS，第 55 天 3 个处理组之间都存在差异。相比而言，Bc-NO 高增长量出现显著差异要比 Bc-AM 推迟 10d（第 45 天）。另外，随胁迫时间递增，Bc-AM-CK 高生长显著增加，而其余各处理组株高生长较为缓慢（图 7.2）；重度处理下第 25 天高生长停止。干旱处理期，木棉 CK、MS 和 SS 组接种 AM 菌相比不接菌株高增长量分别提高 22.41%、41.77% 和 36%。从株高生长方面来看，吉贝比木棉生长快（图 7.3，图 7.4），接种 AM 菌后高生长显著提高，但是干旱水平和接菌交互效应不显著；胁迫期间，吉贝不接菌植株高生长反而显著高于接菌处理，而胁迫 35d 后干旱水平显著影响株高生长。

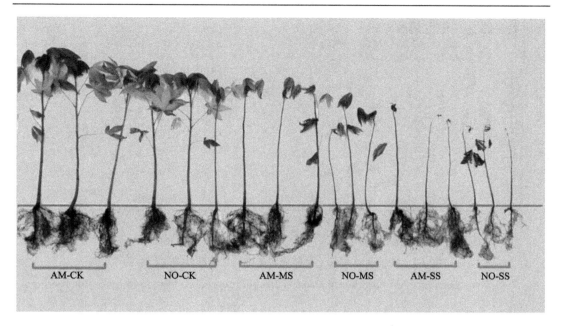

图 7.3　吉贝接种 AM 菌和不接菌（对照）在干旱胁迫之后的生长情况

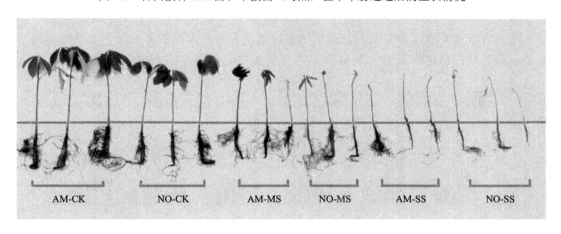

图 7.4　木棉接种 AM 菌和不接菌（对照）在干旱胁迫之后的生长情况

3.1.3　接种 AM 菌和干旱对叶片数量变化的影响

图 7.5 为干旱处理期间叶片数量的变化情况。胁迫第 5 天，重度胁迫处理叶片开始出现发黄现象，中度胁迫处理叶片出现萎蔫现象。胁迫第 7 天，重度胁迫处理就有大量叶片掉落，随胁迫时间延长，叶片数量开始维持在 1~2 片，胁迫后期开始完全掉落。中度胁迫处理，在 7d 以后逐渐掉落，胁迫后期一直维持在 1~3 片。而对照处理条件下，吉贝叶片数量一直保持在 8~13 片，而木棉叶片数量随胁迫延长有降低趋势，叶片数量在 3~6 片。相比而言，相同时间、相同水分条件，接种 AM 菌叶片数量要高于不接菌处理。尤其是重度处理，接种 AM 菌叶片完全掉落的时间要比不接菌延后。干旱水平和接菌对

叶片数量的交互作用无差异。

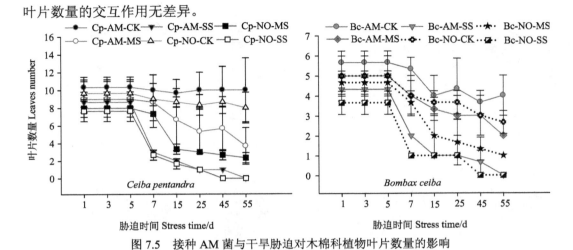

图 7.5　接种 AM 菌与干旱胁迫对木棉科植物叶片数量的影响

Fig. 7.5　The influence of AM fungi inoculation and drought stress on the leaves number of Bombacaceae

3.1.4　接菌和干旱对各器官生物量和含水量的影响

图 7.6 为 AM 菌与干旱胁迫对 2 种木棉科植物不同器官生物量（干重）变化的影响。从不同器官质量来看，吉贝营养物质主要供给茎的生长，木棉营养物质主要供给根的生长。吉贝的茎占总生物量的 35%~47%，木棉的根占总生物量的 40%~69%。

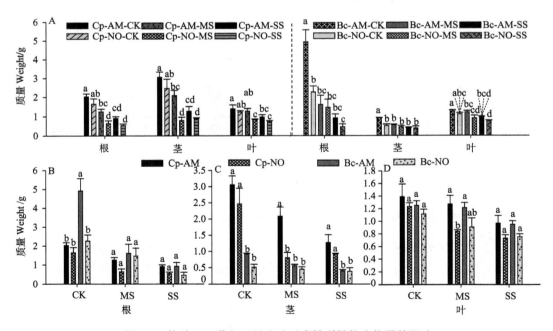

图 7.6　接种 AM 菌与干旱胁迫对木棉科植物生物量的影响

Fig. 7.6　The influence of AM fungi inoculation and drought stress on the biomass changes of Bombacaceae

吉贝根占单株总生物量的 25%~31%。Cp-AM-CK 和 Cp-AM-MS 根的干重显著大于不接菌处理，Cp-AM-CK 根的干重同样显著大于 Cp-AM-SS；不接菌 Cp-NO-CK、Cp-NO-MS 和 Cp-NO-SS 处理组之间根的干重没有达到显著水平（图 7.4A）。接菌或不接菌，不同的水分处理组吉贝茎和叶生物量的显著性与根相同，根、茎、叶生物量的比值接近 3：4：3。吉贝接种 AM 菌的 CK、MS 和 SS 组茎干重相比不接菌组分别增加了 0.81 倍、0.38 倍和 0.71 倍。木棉根、茎、叶的生物量比值为 7：1.3：1.7；Bc-AM-CK 的根和茎的生物量最高，其根干重达到 4.91g，占单株总生物量的 69.38%。木棉 Bc-AM-CK 组叶片重显著高于 Bc-AM-SS、Bc-NO-CK、Bc-NO-MS 和 Bc-NO-SS 组，并且除 Bc-AM-CK 外，其余各处理组叶片干重逐渐减少。

吉贝和木棉相比，只有对照处理条件下，木棉接菌株根干重极显著大于不接菌植株，同时显著大于吉贝接种 AM 菌和不接菌植株根的干重。而中度干旱和重度干旱条件下，接菌或不接菌对吉贝和木棉根干重的影响都不显著（图 7.4B）。对照处理和重度干旱下，吉贝茎干重（Cp-AM 和 Cp-NO）显著高于木棉（Bc-AM 和 Bc-NO）；中度干旱下仅有吉贝接菌（Cp-AM-MS）组显著高于其余 3 组（图 7.4C）。在同一干旱水平下，接种 AM 菌和不接菌吉贝和木棉叶片干重仅存在细微差异，没有达到显著水平（图 7.4D）。干旱水平对不同器官干质量的影响的差异极显著（$P_{(W)} < 0.01$）；而接菌对其影响的差异显著（$P_{(AM)} = 0.014$）；干旱水平和接菌交互作用不显著（$P_{(W \times AM)} > 0.27$）。

对于生物量而言，正常条件和中度干旱胁迫下，不同器官中水分含量在根、茎、叶中的分配比例比较稳定，其比值接近 1：1：1；重度干旱胁迫下，水分在根、茎、叶中的分配比例分别为：Cp-AM-MS 分配比例为 5：5：7，Cp-NO-MS 分配比例为 4：3：7；Bc-AM-SS 分配比例为 6：5：7，Bc-NO-SS 分配比例为 3：1：3（表 7.4）。随干旱程度的加剧，不同器官水分含量逐渐降低，重度胁迫时达到显著水平。当土壤含水量从 19.25% 降至 8.25%，吉贝接菌植株根、茎、叶水分含量分别减少 28%、24% 和 4%，吉贝不接菌植株根、茎、叶水分含量分别减少 34%、41% 和 12%。木棉接菌植株根、茎、叶水分含量分别减少 25%、30% 和 9%，不接菌植株其水分含量分别减少 20%、54% 和 17%。同一干旱水平，CK 或 MS 处理，接菌植株与不接菌植株比较，不同器官的水分含量差值不超过 10%；仅有 SS 处理，接菌和不接菌相比，吉贝根、茎、叶含水量差值分别为 10%、19% 和 6%，木棉根、茎、叶含水量差值分别为 2%、22% 和 8%；并且不同处理条件下，器官的含水量超过 10% 即可达到显著水平。这说明接种 AM 菌和不接菌，植株茎对重度干旱胁迫的反应比较敏感；接菌可以提高植株内的水分含量。干旱水平和接菌对不同器官含水量的交互效应不显著，但是干旱水平对其影响差异极显著（$P_{(W)} = 0.001$），接菌则差异显著（$P_{(AM)} = 0.04$），根、茎、叶的含水量随土壤水分的降低而降低。

综上所述，接种 AM 菌能够提高植株生物量的增长，吉贝以茎生长为主，木棉以根生长为主；同时，AM 菌能够提高不同器官水分含量。干旱处理下，从水分在不同器官的分配来看，叶片水分含量最高，其次为根和茎，可以推断，叶片中相对较高的含水量是为了维持正常的光合作用而优先获得水分，当干旱程度加剧时，水分向根系转移。从不同水分梯度来看，土壤水分降低，不同器官水分含量也随之降低；接种 AM 菌对根、茎、叶含水量的促进效应（同一水分梯度，接菌和不接菌器官含水量的差值）随干旱胁

表 7.4　干旱处理末期不同器官水分含量

Tab. 7.4　The influence of AM fungi inoculation and drought stress on water content of different organ of Bombacaceae　　（%）

处理	吉贝			处理	木棉		
	根	茎	叶		根	茎	叶
Cp-AM-CK	0.78±0.01a	0.74±0.01a	0.78±0.01ab	Bc-AM-CK	0.74±0.02ab	0.75±0.02a	0.78±0.02a
Cp-AM-MS	0.73±0.03a	0.72±0.02a	0.78±0.02ab	Bc-AM-MS	0.68±0.02bc	0.71±0.02a	0.72±0.01ab
Cp-AM-SS	0.50±0.15bc	0.50±0.13b	0.74±0.01ab	Bc-AM-SS	0.59±0.04d	0.45±0.13b	0.69±0.07bc
Cp-NO-CK	0.74±0.03a	0.72±0.04a	0.80±0.02a	Bc-NO-CK	0.77±0.01a	0.77±0.01a	0.78±0.01a
Cp-NO-MS	0.59±0.07b	0.67±0.05a	0.74±0.05ab	Bc-NO-MS	0.63±0.05cd	0.66±0.05a	0.67±0.06bc
Cp-NO-SS	0.40±0.05c	0.31±0.04c	0.68±0.04c	Bc-NO-SS	0.57±0.06d	0.23±0.02c	0.61±0.01c
P（W）	0.001	0.001	0.002	P（W）	0.001	0.001	0.000
P（AM）	0.017	0.016	0.048	P（AM）	0.529	0.010	0.047
P（W×AM）	0.474	0.076	0.064	P（W×AM）	0.210	0.013	0.254

注：同一个种内的处理，同一列内不同小写字母表示在 0.05 水平差异显著

迫程度的加剧而变得明显，对照处理条件下对不同器官含水量的促进效应约为 2%，中度干旱促进效应约为 5%，重度干旱效应则是茎＞根＞叶。

　　另外，干旱处理期间，叶片的含水量维持在 66%~80%（图 7.7），干旱初期叶片含水量呈下降趋势，第 25 天出现上升趋势，但吉贝 Cp-AM-SS、Cp-NO-MS 和 Cp-NO-SS 处理组叶片含水量依然呈下降趋势。从水分的变化趋势来看，相同干旱水平下，木棉接菌株叶片含水量大于不接菌株，此种效应在吉贝中表现不明显。

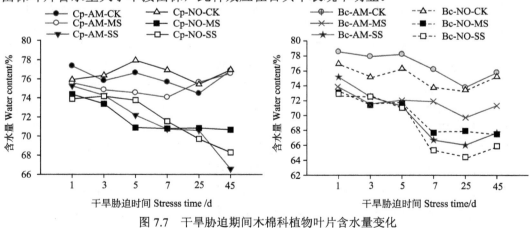

图 7.7　干旱胁迫期间木棉科植物叶片含水量变化

Fig. 7.7　The influence of AM fungi inoculation and drought stress on the water content of leaf changes of Bombacaceae

3.2　接种 AM 菌与干旱胁迫对吉贝和木棉叶片光合作用的影响

3.2.1　接种 AM 菌与干旱胁迫叶片光合速率响应机制

随干旱时间的递增，光合速率（Pn）呈先增后降的变化趋势，但木棉在干旱胁迫开始 Pn 略有降低；不同处理的峰值集中于胁迫第 7 天（图 7.8）。对照处理下，Cp-AM-CK 光合速率在 1~7d 显著升高，并在第 7 天光合速率达到峰值，为（35.94±4.89）μmol/（m²·s），此后 Pn 显著降低；而 Bc-AM-CK 达到峰值时要推后至 15d，为（41.74±10.52）μmol/（m²·s）。Cp-NO-CK 在第 15 天时 Pn 达到峰值，为（25.95±0.53）μmol/（m²·s）；Bc-NO-CK 在第 7 天就已经达到峰值，为（26.13±3.43）μmol/（m²·s）。简而言之，对照处理条件下，木棉最大光合速率高于吉贝；接菌可以促进吉贝提前达到最大光合速率，木棉则相反。

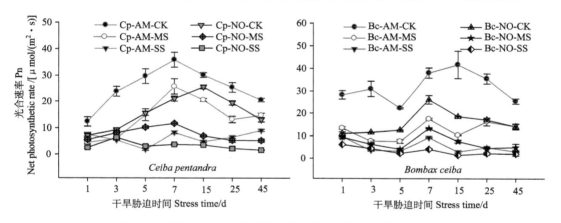

图 7.8　接种 AM 菌与干旱胁迫对木棉科植物光合速率的影响

Fig. 7.8　The influence of AM fungi inoculation and drought stress on the Pn changes of Bombacaceae

相同水分条件下，接菌处理 Pn 高于不接菌处理，并且在相同胁迫时间 CK 水平木棉 Pn 高于吉贝。对照处理光合速率 Pn 为 7.2~41.7μmol/（m²·s），中度干旱 Pn 为 4.1~25.8μmol/（m²·s），重度干旱 Pn 为 1.4~10.4μmol/（m²·s）；与对照处理相比，重度干旱 Pn 变化比较稳定。在相同胁迫时间内，随干旱强度提高 Pn 显著下降，吉贝 Pn 下降 12%~93%，平均为 59%；木棉 Pn 下降 44%~93%，平均为 68%；水分差异是影响 Pn 的主控因素。另外，相同时间段接种 AM 菌相比不接菌，吉贝 CK 水平 Pn 提高 14%~60%，平均为 36%；MS 水平 Pn 提高 17%~72%，平均为 47%；SS 水平 Pn 提高 25%~80%，平均为 56%。而相同时间内木棉接种 AM 菌相比不接菌，CK 水平 Pn 提高 30%~62%，平均为 50%；MS 水平 Pn 提高 17%~31%，平均为 40%；SS 水平 Pn 提高 34%~55%，平均为 44%。多因素方差分析结果表明，干旱水平或是接菌均对 Pn 具有极显著影响，其交互作用达到显著水平。

3.2.2　接种 AM 菌与干旱胁迫叶片气孔导度响应机制

气孔是 CO_2 进出叶片的阀门。接菌可显著促进气孔张开，而干旱限制了气孔的开合。对照处理条件下,气孔导度 Gs 变化曲线与光合速率 Pn 相似(图 7.8,图 7.9),不同的是 Bc-AM-CK 和 Bc-NO-CK 气孔导度 Gs 达到峰值的时间有差异。中度干旱胁迫和重度干旱胁迫 Gs 变化曲线趋于平稳,Gs 变化基本保持在 0.04~0.66mol/(m²·s),其中 Cp-AM-MS 和 Bc-AM-MS 在第 7 天和第 45 天时稍有升高,这与 Pn 变化相适应。

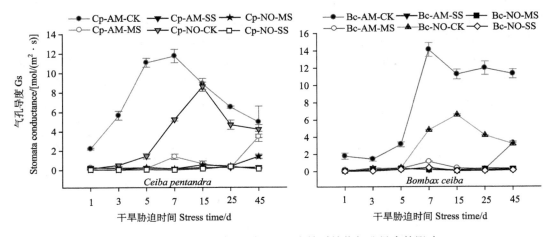

图 7.9　接种 AM 菌与干旱胁迫对木棉科植物气孔导度的影响

Fig. 7.9　The influence of AM fungi inoculation and drought stress on the Gs of Bombacaceae

除 Cp-AM-SS 外,其余处理组 Gs 随胁迫时间变化其差异极显著(P=0.001),胁迫 1~25d 气孔导度 Gs 呈先增后降的变化趋势。随胁迫强度的提高,气孔导度同样降低,CK 水平 Gs 显著高于 MS 和 SS。干旱水平极显著影响 Gs;干旱水平和接菌存在极显著交互性,但是在第 15 天和第 45 天吉贝干旱和菌的交互效应没有差异,接菌对 Gs 的变化也不显著。Cp-AM-CK 气孔导度比 Cp-NO-CK 提高 3.16mol/(m²·s),Bc-AM-CK 气孔导度比 Bc-NO-CK 提高 7.52mol/(m²·s)。

3.2.3　接种 AM 菌与干旱胁迫叶片胞间 CO_2 浓度响应机制

由图 7.10 可看出,干旱初期,除 Cp-AM-CK 和 Bc-AM-CK 外,Ci 逐渐降低或是随气孔开合略有增加,随胁迫时间的递增迅速降低。而 Cp-AM-CK 和 Bc-AM-CK 胞间 CO_2 浓度时间曲线变化平稳,浓度值低于其他处理。随胁迫时间的递增,吉贝除 Cp-AM-CK 和 Cp-NO-CK 外,胞间 CO_2 浓度 Ci 呈现先增后降的变化过程,干旱初期 Ci 保持在 600μmol/mol 以上,7d 以后显著降低。木棉除 Bc-AM-CK 外,Ci 曲线随干旱胁迫时间的递增而显著降低。与 Pn 和 Gs 相比,Cp-AM-CK 和 Bc-AM-CK 处理 Ci 曲线的变化趋势没有显著增减过程,仅 Cp-AM-MS 和 Cp-AM-SS 的 Ci 与 Pn 有相似的变化趋势,其余处理 Ci 曲线均呈逐渐降低的趋势。

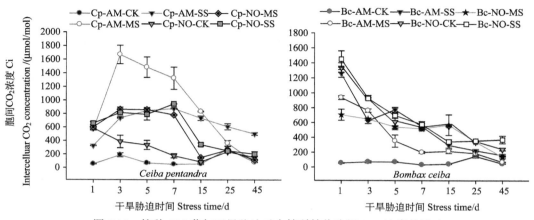

图 7.10 接种 AM 菌与干旱胁迫对木棉科植物胞间 CO_2 浓度的影响

Fig. 7.10 The influence of AM fungi inoculation and drought stress on the Ci changes of Bombacaceae

与对照处理相比，随干旱胁迫强度的提高，胞间 CO_2 浓度 Ci 增大，在 340~1670μmol/mol 变动；与 Pn 和 Gs 变化趋势相反，这有可能是对照处理条件光合速率高，胞间 CO_2 很快参与光合反应，而胁迫处理光合效率降低，胞间 CO_2 积累。干旱水平和接菌对 Ci 具有极显著的交互作用；干旱水平同样对 Ci 变化影响显著；相比而言，第5天、第7天和第15天吉贝处理组合中，接菌对 Ci 的影响无差异。

3.2.4 接种 AM 菌与干旱胁迫叶片蒸腾速率响应机制

蒸腾速率 Tr 变化趋势与 Gs 相似（图 7.9，图 7.11）。Cp-AM-CK 在第5天时就达到峰值，为（8.56±0.69）mmol/（m²·s），相比 Gs 提前 2d 达到峰值；Cp-NO-CK 蒸腾速率与 Gs 一样在第15天时达到峰值，为（7.10±1.61）mmol/（m²·s）。Bc-AM-CK 和 Bc-NO-CK 蒸腾速率都与 Gs 在相同时间达到峰值。在处理期间，MS 和 SS 水平处理，植株 Tr 基本在 0.03~1.00mmol/（m²·s）变化。对照处理条件下，接菌处理植株蒸腾速率显著高于其余处理，其值为 1.69~8.50mmol/（m²·s）。

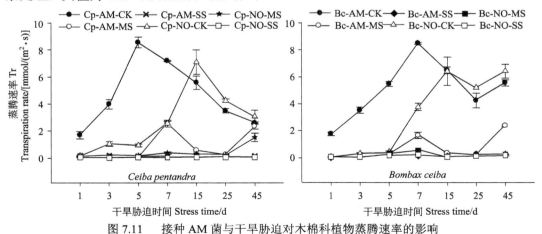

图 7.11 接种 AM 菌与干旱胁迫对木棉科植物蒸腾速率的影响

Fig. 7.11 The influence of AM fungi inoculation and drought stress on the Tr changes of Bombacaceae

随胁迫强度的提高，蒸腾速率 Tr 同样出现降低的变化趋势。相同水分处理下，接菌植株蒸腾速率 Tr 高于不接菌。在相同时间段，接种 AM 菌相比不接菌处理，对照处理、中度胁迫和重度胁迫，吉贝 Tr 分别平均提高 36%、50% 和 57%；而木棉 Tr 分别平均提高 51%、34% 和 30%。由此表明，接种 AM 菌能够提高蒸腾速率，尤其是对照处理条件接菌对 Tr 的促进效应更加显著。干旱初期，干旱水平、接菌及此二者的交互效应均达到极显著水平；但是第 15 天和第 45 天，干旱和接菌对吉贝 Tr 的交互效应不显著。

综上所述，随干旱时间的延长，对照处理下吉贝和木棉 Pn、Gs 和 Tr 呈先增后降的变化趋势，相对而言 Ci 变化比较稳定。相同胁迫时间下，Pn、Gs、Ci 和 Tr 随胁迫程度的增强而显著降低。接种 AM 菌可以促进 Pn、Gs 和 Tr 升高，植株光合能力增强。除第 15 天和第 45 天，干旱和接菌对吉贝 Gs 和 Tr 的交互效应不显著之外；其余的情况，干旱和接菌对光合指标具有极显著的交互效应，干旱抑制光合生理，接菌则促进。

3.3　接种 AM 菌与干旱胁迫对吉贝和木棉叶片叶绿素荧光参数的影响

3.3.1　接种 AM 菌与干旱胁迫叶片 F_o、F'_o、F_m 和 F'_m 的响应

由表 7.5 可知，随干旱时间的延长，F_o 有增加的趋势。接菌处理，Cp-AM-CK 和 Bc-AM-CK 在充分暗适应之后叶片 F_o 随干旱时间的延长显著或极显著升高（$P=0.02$，$P=0.002$）；Cp-AM-MS 和 Bc-AM-MS 叶片 F_o 随干旱时间的延长未达显著水平（$P>0.57$）；Cp-AM-SS 叶片 F_o 则极显著升高（$P=0.001$），而 Bc-AM-SS 则不显著（$P>0.21$）。不接菌处理，Cp-NO-CK 和 Bc-NO-CK，Cp-NO-MS 和 Bc-NO-MS 在充分暗适应之后叶片 F_o 随干旱时间的延长而不显著（$P>0.31$，$P>0.14$）；Cp-NO-SS 和 Bc-NO-SS 叶片 F_o 则极显著升高（$P=0.001$）。

表 7.5　接种 AM 菌与干旱胁迫叶片 F_o 变化情况

Tab. 7.5　The influence of AM fungi inoculation and drought stress on the F_o of Bombacaceae

处理	胁迫时间/d						
	1	3	5	7	9	15	30
Cp-AM-CK	1.81±0.25abBC	1.86±0.04aBC	1.89±0.14abBC	1.68±0.03aC	1.78±0.09bBC	2.06±0.04bAB	2.17±0.25abcA
Cp-AM-MS	1.63±0.11abA	1.67±0.23aA	1.67±0.10bA	1.74±0.02aA	1.73±0.18bA	1.84±0.21bA	1.86±0.31bcA
Cp-AM-SS	1.46±0.40bD	1.66±0.04aD	1.70±0.20bCD	1.94±0.32aABCD	2.29±0.05aABC	2.85±0.60aA	2.33±0.27abAB
Cp-NO-CK	2.11±0.25aA	2.04±0.23aAB	2.00±0.10aAB	1.96±0.28aAB	1.69±0.17bB	1.87±0.27bAB	1.83±0.14cAB
Cp-NO-MS	1.73±0.39abB	1.69±0.32aB	1.88±0.20abAB	1.84±0.14aAB	1.82±0.11bAB	1.97±0.08bAB	2.27±0.26abcA
Cp-NO-SS	1.66±0.07abC	1.67±0.08aBC	1.82±0.04abBC	1.88±0.37aABC	1.95±0.23bBC	2.05±0.09bB	2.60±0.26aA
P（W）	0.072	0.041	0.086	0.665	0.001	0.012	0.016
P（AM）	0.146	0.468	0.049	0.348	0.125	0.057	0.356
P（W×AM）	0.815	0.699	0.787	0.490	0.082	0.044	0.059
Bc-AM-CK	1.48±0.03aCD	1.32±0.19bD	1.54±0.13aBCD	1.49±0.06bCD	1.72±0.23bcABC	1.80±0.19bAB	1.98±0.15bcA
Bc-AM-MS	1.36±0.24aA	1.55±0.12abA	1.50±0.15aA	1.49±0.16bA	1.53±0.17cA	1.65±0.20bA	1.62±0.21cA

处理	胁迫时间/d						
	1	3	5	7	9	15	30
Bc-AM-SS	1.47±0.27aAB	1.77±0.20aAB	1.70±0.39aAB	2.00±0.45aAB	2.08±0.07abAB	2.01±0.17bAB	2.26±0.63bA
Bc-NO-CK	1.43±0.16aa	1.55±0.14abA	1.67±0.30aA	1.47±0.25bA	1.60±0.26cA	1.64±0.17bA	1.85±0.24bcA
Bc-NO-MS	1.54±0.23aAB	1.73±0.11aAB	1.78±0.37aAB	1.35±0.20bB	1.75±0.32bcAB	1.94±0.20bA	1.81±0.14bcAB
Bc-NO-SS	1.49±0.08aD	1.64±0.11aD	2.12±0.70aCD	2.04±0.19aCD	2.38±0.32aBC	2.79±0.46aAB	3.17±0.09aA
P（W）	0.947	0.020	0.363	0.002	0.002	0.001	0.000
P（AM）	0.610	0.208	0.155	0.752	0.266	0.024	0.045
P（W×AM）	0.565	0.117	0.825	0.821	0.316	0.025	0.032

注：同一个种内的处理，同一列内不同小写字母表示在 0.05 水平差异显著，同一行内不同大写字母表示在 0.01 水平差异显著；不同种之间不进行差异性比较

相同水分处理，胁迫 1~7d 吉贝不接菌处理，叶片 F_o 值均高于接菌处理，但不显著；第 15 天和第 25 天，除中度处理外，接菌处理高于不接菌处理。同样，胁迫 1~7d 木棉相同水分处理下接菌与不接菌 F_o 的变化情况与吉贝一致，第 7 天之后，Bc-AM-CK 叶片 F_o 值高于 Bc-NO-CK，MS 和 SS 处理 F_o 值均表现为接菌处理低于不接菌处理。

光下 F_o' 在 0.58~1.80，相同水分条件下，接菌（或不接菌）处理 F_o' 低于暗处理 F_o（表 7.6）。除 Cp-AM-SS 和 Bc-AM-CK 随胁迫时间延长 F_o' 极显著升高之外，其他处理随胁迫时间延长无显著性差异。在处理前期，F_o' 有所下降（P>0.05），处理后期又有所升高（P>0.05），但 F_o' 值变化幅度较小，在 0.6 以内。相同水分处理下，胁迫期间 F_o' 的变化趋势与 F_o 保持一致。

表 7.6　接种 AM 菌与干旱胁迫叶片 F_o' 变化情况

Tab. 7.6　The influence of AM fungi inoculation and drought stress on the F_o' changes of Bombacaceae

处理	胁迫时间/d						
	1	3	5	7	9	15	30
Cp-AM-CK	1.72±0.22aA	1.09±0.19bB	1.68±0.09aA	1.30±0.38aAB	1.44±0.38aAB	1.55±0.11aAB	1.44±0.41aAB
Cp-AM-MS	1.06±0.25bA	1.24±0.14abA	1.22±0.09bA	1.28±0.38aA	1.43±0.07aA	1.45±0.35aA	1.18±0.41aA
Cp-AM-SS	1.12±0.16bC	1.14±0.10abC	1.26±0.10bBC	1.17±0.15aBC	1.45±0.18aAB	1.74±0.26aA	1.67±0.15aA
Cp-NO-CK	1.28±0.07bA	1.22±0.01abA	1.28±0.07bA	1.40±0.22aA	1.08±0.56aA	1.32±0.11aA	1.17±0.24aA
Cp-NO-MS	1.13±0.05bA	1.06±0.18bA	1.26±0.12bA	1.22±0.13aA	1.39±0.26aA	1.26±0.31aA	1.24±0.08aA
Cp-NO-SS	1.16±0.07bA	1.37±0.13aA	1.31±0.05bA	1.28±0.16aA	1.64±0.52aA	1.27±0.43aA	1.36±1.43aA
P（W）	0.002	0.375	0.001	0.672	0.439	0.665	0.708
P（AM）	0.165	0.365	0.030	0.679	0.695	0.047	0.574
P（W×AM）	0.030	0.063	0.001	0.831	0.460	0.690	0.863
Bc-AM-CK	1.24±0.31aC	1.03±0.09aC	1.57±0.09aAB	1.32±0.21aBC	1.58±0.07abAB	1.66±0.08aA	1.75±0.08aA
Bc-AM-MS	1.00±0.04aB	1.09±0.23aB	1.17±0.11bB	1.15±0.35aB	12.5±0.05cB	1.28±0.09aB	1.65±0.18abA

续表

处理	胁迫时间/d						
	1	3	5	7	9	15	30
Bc-AM-SS	1.09±0.14aB	1.11±0.20aB	1.55±0.18aA	1.51±0.34aA	1.49±0.13bcA	1.45±0.12aAB	1.45±0.18abAB
Bc-NO-CK	1.03±0.11aB	1.39±0.26aa	1.51±0.14aA	1.40±0.16aA	1.36±0.09bcA	1.38±0.20aA	1.41±0.17abA
Bc-NO-MS	1.11±0.13aC	1.30±0.28aBC	1.79±0.21aA	1.44±0.27aABC	0.58±0.27abAB	1.45±0.21aABC	1.26±0.11bBC
Bc-NO-SS	0.93±0.18aB	0.98±0.72aB	1.61±0.20aAB	1.63±0.17aAB	1.80±0.10aA	1.56±0.45aAB	1.55±0.38abAB
P（W）	0.507	0.677	0.545	0.213	0.037	0.467	0.576
P（AM）	0.320	0.389	0.019	0.211	0.065	0.998	0.048
P（W×AM）	0.288	0.499	0.007	0.783	0.007	0.228	0.116

注：同一个种内的处理，同一列内不同小写字母表示在 0.05 水平差异显著，同一行内不同大写字母表示在 0.01 水平差异显著；不同种之间不进行差异性比较

　　暗处理下所获得的最大荧光为 5.00~6.82（表 7.7），是 F_o 的 1.67~5.17 倍。随干旱时间的延长，吉贝和木棉接种 AM 菌各处理组 F_m 不显著；相反，不接菌各处理组 F_m 显著增加。处理期间，1~7d 随干旱时间的延长 F_m 逐渐降低，第 15 天后则相反，与 F'_o 保持相同的变化趋势；但最小荧光产量 F_o 值最大时，所对应的最大荧光产量并非是最大值，同一个处理下，F_m 比 F_o 预先达到最值。

表 7.7　接种 AM 菌与干旱胁迫叶片 F_m 变化情况

Tab. 7.7　　The influence of AM fungi inoculation and drought on the F_m changes stress of Bombacaceae

处理	胁迫时间/d						
	1	3	5	7	9	15	30
Cp-AM-CK	6.51±0.32aA	6.37±0.40aA	6.56±0.29aA	6.18±0.82aA	6.09±0.60bA	5.57±1.10aA	5.80±0.80aA
Cp-AM-MS	6.35±0.15aA	6.24±0.69aA	6.23±0.23aA	6.15±0.50aA	6.53±0.28abA	6.08±0.20aA	5.85±1.24aA
Cp-AM-SS	5.39±1.81aA	5.99±0.23abA	5.13±1.10bA	5.89±0.51aA	6.66±0.25abA	6.30±0.80aA	6.13±0.40aA
Cp-NO-CK	6.54±0.25aA	5.80±0.24abAB	6.32±0.27aA	6.55±0.26aA	6.04±0.30bAB	6.48±0.45aA	5.38±0.79aB
Cp-NO-MS	6.35±0.60aAB	5.68±0.55abB	6.00±0.16abB	5.97±0.26aB	6.82±0.05aA	6.68±0.24aA	6.71±0.26aA
Cp-NO-SS	6.27±0.45aA	5.15±0.88bB	6.33±0.31aA	6.41±0.38aA	6.58±0.48abA	6.44±0.36aA	6.27±0.13aA
P（W）	0.338	0.283	0.092	0.565	0.027	0.542	0.231
P（AM）	0.446	0.027	0.328	0.341	0.756	0.082	0.573
P（W×AM）	0.588	0.883	0.047	0.454	0.629	0.565	0.330
Bc-AM-CK	6.51±0.58aA	5.82±0.69aA	6.66±0.30aA	6.17±0.43abA	6.34±0.38aA	6.59±0.42aA	6.20±0.59abA
Bc-AM-MS	5.92±0.39abA	6.17±0.57aA	6.32±0.20abA	6.43±0.50aA	6.35±0.15aA	6.33±0.39aA	6.29±0.53abA
Bc-AM-SS	5.00±0.55cB	5.45±0.93aAB	5.67±0.66abAB	5.34±0.65bAB	6.45±0.15aA	5.15±0.31cAB	4.81±1.14bB
Bc-NO-CK	5.68±0.35bcBC	5.84±0.64aBC	6.64±0.35aA	6.21±0.23abAB	6.32±0.48aAB	5.19±0.25cC	6.65±0.35aA
Bc-NO-MS	5.73±0.29bcA	5.45±0.24aA	5.63±0.91bA	5.97±0.66abA	6.65±0.34aA	5.62±0.33bcA	5.92±1.19abA
Bc-NO-SS	5.11±0.20cC	5.43±0.23aBC	6.33±0.28abA	5.82±0.29abAB	6.12±0.52aA	5.93±0.48abAB	5.16±0.13bC

续表

处理	胁迫时间/d						
	1	3	5	7	9	15	30
P（W）	0.003	0.477	0.072	0.078	0.572	0.143	0.016
P（AM）	0.145	0.409	0.949	0.932	0.910	0.027	0.696
P（W×AM）	0.182	0.507	0.115	0.295	0.358	0.001	0.603

注：同一个种内的处理，同一列内不同小写字母表示在 0.05 水平差异显著，同一行内不同大写字母表示在 0.01 水平差异显著；不同种之间不进行差异性比较

相比 F_m，随干旱时间的延长 F'_m 呈现先增后降的变化趋势。在 1~7d 时 Cp-AM-CK、Cp-AM-MS 和 Cp-AM-SS 光下 F'_m 逐渐降低，而 15d 后升高；相同时间内，Cp-NO-CK、Cp-NO-MS 和 Cp-NO-SS 光下 F'_m 升高（$P>0.05$）；此 6 个处理组之间 F'_m 保持稳定，都无差异（表 7.8）。1~25d 木棉不同处理间，光下最大荧光产量 F'_m 无差异；第 45 天，Bc-AM-CK 和 Bc-AM-MS 显著高于其余 4 个处理。

表 7.8　接种 AM 菌与干旱胁迫叶片 F'_m 变化情况

Tab. 7.8　The influence of AM fungi inoculation and drought on the F'_m changes stress of Bombacaceae

处理	胁迫时间 /d						
	1	3	5	7	9	15	30
Cp-AM-CK	3.56±0.73aA	1.67±0.50aB	2.70±0.21aAB	2.63±1.21aAB	2.32±0.57aAB	2.46±0.37aAB	2.00±0.69aB
Cp-AM-MS	1.71±0.42bA	1.81±0.28aA	1.91±0.45bA	2.02±1.13aA	2.16±0.32aA	2.36±0.83aA	1.63±0.59aA
Cp-AM-SS	1.80±0.20bBC	1.8±0.19aC	1.90±0.29bBC	1.66±0.26aC	2.19±0.19aAB	2.60±0.15aA	2.66±0.21aA
Cp-NO-CK	1.7±0.13bA	1.74±0.13aA	1.90±0.24bA	2.13±0.54aA	2.24±0.67aA	1.97±0.50aA	1.67±0.46aA
Cp-NO-MS	1.76±0.31bA	1.49±0.27aA	2.12±0.46abA	1.90±0.43aA	2.31±0.64aA	2.01±0.83aA	1.59±0.14aA
Cp-NO-SS	1.84±0.20bA	2.14±0.47aA	2.19±0.27abA	2.12±0.31aA	2.92±1.51aA	1.98±1.04aA	1.97±1.07aA
P（W）	0.003	0.396	0.303	0.498	0.617	0.965	0.168
P（AM）	0.007	0.678	0.540	0.878	0.651	0.156	0.251
P（W×AM）	0.001	0.171	0.027	0.557	0.682	0.944	0.666
Bc-AM-CK	2.41±1.21aB	2.23±0.34aB	1.84±0.93aA	3.26±0.75aAB	3.50±0.40aAB	3.41±0.43aAB	2.94±0.15abAB
Bc-AM-MS	1.51±0.13aB	1.61±0.39aB	2.05±0.39bB	2.23±0.94aB	3.02±1.17aB	1.92±0.13bB	3.46±0.82aA
Bc-AM-SS	1.63±0.26aC	2.03±0.31aBC	3.43±0.94abA	2.39±0.89aABC	2.10±0.10aAB	2.39±0.19aABC	2.19±0.15bcBC
Bc-NO-CK	1.55±0.21aB	2.72±1.16aAB	2.87±0.23abA	2.80±0.28aAB	3.27±0.96aA	2.39±0.17bAB	2.29±0.43bcAB
Bc-NO-MS	1.74±0.14aB	2.31±0.75aAB	3.20±1.11abA	3.23±0.27aA	2.94±0.65aA	2.26±0.59bAB	1.85±0.10cB
Bc-NO-SS	1.66±0.56aA	2.43±1.22aA	3.03±0.73abA	3.12±0.99aA	3.20±0.55aA	2.24±1.01bA	2.07±0.68bcA
P（W）	0.497	0.544	0.171	0.748	0.403	0.049	0.151
P（AM）	0.467	0.183	0.627	0.259	0.374	0.277	0.004
P（W×AM）	0.243	0.944	0.053	0.238	0.187	0.114	0.055

注：同一个种内的处理，同一列内不同小写字母表示在 0.05 水平差异显著，同一行内不同大写字母表示在 0.01 水平差异显著；不同种之间不进行差异性比较

3.3.2 接种 AM 菌与干旱胁迫叶片 F_v/F_m、F_v/F_0 和 ETR 的响应

F_v/F_m 是 PS II 反应中心最大光合量子产量，能够反映光合潜能。由表 7.9 可以看出，随胁迫时间变化，胁迫 1~15d 各处理组 F_v/F_m 维持相对较高水平，为 0.63~0.77，25d 后 CK 和 MS 处理略有下降，SS 处理显著下降（$P=0.001$）。第 25 天 Cp-AM-SS 处理的 F_v/F_m 显著降到最小值，为 0.55，第 45 天有所回升，为 0.07，而 Cp-NO-SS 在 45d 时 F_v/F_m 达到最小，为 0.48。Bc-AM-MS 在 25d 时最大光合量子产量与 15d 相比减少 0.07，45d 与 15d 比较 F_v/F_m 显著降低 0.15，达到最小值 0.53；Bc-NO-MS 在 25d 时 F_v/F_m 与 15d 相比减少 0.08，45d 与 15d 比较 F_v/F_m 显著降低 0.28，达到最小值 0.34。相比之下，接种 AM 菌处理在干旱初期对 F_v/m 产量提高效应不显著，而在干旱胁迫的中后期能够减缓 F_v/F_m 产量降低，并能够维持或是提高光合量子产量；尤其是在严重干旱后期，接菌处理相比不接菌处理的光合量子产量高。而干旱初期，相对较高的 F_v/F_m 产量适应干旱胁迫并维持正常的暗反应，干旱后期由于光合器官受损严重，其产量显著下降。

表 7.9 接种 AM 菌与干旱胁迫叶片 F_v/F_m 变化情况

Tab. 7.9 The influence of AM fungi inoculation and drought stress on the F_v/F_m changes of Bombacaceae

处理	胁迫时间/d						
	1	3	5	7	9	15	30
Cp-AM-CK	0.72±0.02abA	0.71±0.01abAB	0.71±0.02abAB	0.70±0.09aAB	0.71±0.02aAB	0.63±0.06abB	0.62±0.06abB
Cp-AM-MS	0.75±0.01aA	0.73±0.02aAB	0.73±0.02aAB	0.72±0.02aAB	0.74±0.02aAB	0.70±0.03aBC	0.68±0.02aC
Cp-AM-SS	0.72±0.03abA	0.65±0.01aA	0.67±0.04aAB	0.67±0.03aAB	0.65±0.01aB	0.55±0.06bC	0.62±0.02abB
Cp-NO-CK	0.68±0.04bA	0.71±0.05bA	0.68±0.02abA	0.70±0.04aA	0.66±0.14aA	0.71±0.06aA	0.66±0.07aA
Cp-NO-MS	0.73±0.04abA	0.71±0.03abAB	0.69±0.04abAB	0.69±0.03aAB	0.73±0.02aAB	0.70±0.01aAB	0.66±0.04aB
Cp-NO-SS	0.73±0.02aA	0.67±0.07abA	0.71±0.01abA	0.71±0.04aA	0.70±0.03aA	0.68±0.03aA	0.48±0.02bB
P（W）	0.082	0.196	0.467	0.878	0.227	0.018	0.105
P（AM）	0.189	0.022	0.467	0.845	0.988	0.004	0.377
P（W×AM）	0.267	0.741	0.022	0.538	0.378	0.089	0.272
Bc-AM-CK	0.77±0.02aA	0.77±0.02aA	0.77±0.01aA	0.76±0.01aAB	0.763±0.02aAB	0.73±0.01aB	0.68±0.02aC
Bc-AM-MS	0.77±0.03aA	0.75±0.01aA	0.77±0.02aA	0.77±0.01aA	0.75±0.04aA	0.57±0.32aA	0.74±0.05aA
Bc-AM-SS	0.70±0.07aA	0.67±0.02cdAB	0.70±0.04aA	0.63±0.05bAB	0.68±0.01abAB	0.61±0.01aB	0.53±0.03bC
Bc-NO-CK	0.75±0.03aA	0.73±0.01abAB	0.75±0.03aA	0.76±0.03aA	0.74±0.06aAB	0.68±0.02aB	0.72±0.02aAB
Bc-NO-MS	0.73±0.03aA	0.66±0.03dA	0.67±0.12aA	0.72±0.05aA	0.74±0.04aA	0.66±0.02aA	0.68±0.09aA
Bc-NO-SS	0.71±0.01aA	0.70±0.03bcA	0.67±0.09aA	0.65±0.05bA	0.62±0.04bAB	0.54±0.05aB	0.34±0.09cC
P（W）	0.049	0.000	0.199	0.000	0.001	0.246	0.000
P（AM）	0.303	0.004	0.140	0.675	0.353	0.853	0.026
P（W×AM）	0.584	0.001	0.592	0.254	0.281	0.567	0.013

注：同一个种内的处理，同一列内不同小写字母表示在 0.05 水平差异显著，同一行内不同大写字母表示在 0.01 水平差异显著；不同种之间不进行差异性比较

F_v/F_o 反映 PSⅡ潜在活性。随胁迫时间的增加 PSⅡ潜在活性降低，其中 Cp-AM-CK 和 Cp-AM-MS 处理 PSⅡ潜在活性显著降低（$P=0.015$，$P=0.04$），Cp-AM-SS 和 Cp-NO-SS 则极显著降低（$P=0.001$），Bc-AM-SS 和 Bc-NO-SS 处理 PSⅡ潜在活性极显著降低（表 7.10）。说明干旱胁迫后期，重度处理严重影响 PSⅡ潜在活性，干旱处理后其活性逐渐减弱，并在 45d 降至最低值。Cp-AM-MS、Cp-NO-MS、Bc-AM-MS 和 Bc-NO-MS 在干旱第 3 天、第 5 天、第 7 天时 PSⅡ潜在活性均出现不同程度的降低现象，而在第 15 天时又稍有恢复，之后又降低，这说明干旱初期植物通过胁迫适应调节后，PSⅡ潜在活性可有限恢复，但随胁迫时间的增加这种有限恢复将被打破，PSⅡ潜在活性迅速降低。

表 7.10　接种 AM 菌与干旱胁迫叶片 F_v/F_o 变化情况

Tab. 7.10　The influence of AM fungi inoculation and drought stress on the F_v/F_o changes of Bombacaceae

处理	胁迫时间/d						
	1	3	5	7	9	15	30
Cp-AM-CK	2.64±0.31abA	2.42±0.17abA	2.49±0.21abA	2.68±0.51aA	2.41±0.25abA	1.70±0.49bcB	1.70±0.43aB
Cp-AM-MS	2.91±0.31aa	2.75±0.22aAB	2.74±0.22aAB	2.53±0.27aABC	2.79±0.31aAB	2.33±0.32abBC	2.13±0.26aC
Cp-AM-SS	2.65±0.40abA	2.60±0.17aA	2.00±0.32bB	2.07±0.29aB	1.91±0.15bB	1.24±0.27cC	1.64±0.15aBC
Cp-NO-CK	2.13±0.44bA	1.87±0.46bA	2.17±0.19bA	2.38±0.45aA	2.61±0.47aA	2.53±0.68aA	1.97±0.67aA
Cp-NO-MS	2.76±0.55abA	2.42±0.37abAB	2.22±0.43bAB	2.26±0.37aAB	2.76±0.22aA	2.39±0.10abAB	1.98±0.33aB
Cp-NO-SS	2.78±0.26abA	2.09±0.55bB	2.49±0.10abAB	2.46±0.46aAB	2.39±0.33abAB	2.15±0.33abAB	1.42±0.22aC
P（W）	0.161	0.144	0.336	0.546	0.013	0.044	0.098
P（AM）	0.358	0.017	0.365	0.755	0.160	0.009	0.871
P（W×AM）	0.396	0.860	0.016	0.276	0.379	0.182	0.514
Bc-AM-CK	3.39±0.32aA	3.41±0.33aA	3.34±0.22aA	3.15±0.12aA	2.72±0.27abB	2.68±0.17aB	2.13±0.16aC
Bc-AM-MS	3.42±0.48aA	2.99±0.25abA	3.25±0.36aA	3.32±0.15aA	3.18±0.41aA	2.88±0.44aA	2.94±0.74aA
Bc-AM-SS	2.48±0.77bA	2.06±0.21cABC	2.40±0.43aAB	1.73±0.38bBCD	2.11±0.12bcABC	1.57±0.07cdCD	1.15±0.15bD
Bc-NO-CK	3.01±0.43abAB	2.77±0.08bAB	3.03±0.53aAB	3.30±0.55aA	3.07±1.05abAB	2.18±0.21bB	2.62±0.30aAB
Bc-NO-MS	2.77±0.43abAB	2.14±0.11cAB	2.29±0.99aAB	3.50±1.05aA	2.87±0.64abAB	1.91±0.16bcB	2.32±0.86aAB
Bc-NO-SS	2.43±0.15bA	2.32±0.35cA	2.17±0.80aAB	1.88±0.40bAB	1.59±0.21cBC	1.15±0.21dCD	0.63±0.01bD
P（W）	0.036	0.000	0.074	0.000	0.006	0.000	0.000
P（AM）	0.130	0.004	0.112	0.539	0.547	0.000	0.362
P（W×AM）	0.562	0.005	0.543	0.998	0.383	0.144	0.132

注：同一个种内的处理，同一列内不同小写字母表示在 0.05 水平差异显著，同一行内不同大写字母表示在 0.01 水平差异显著；不同种之间不进行差异性比较

ETR 为通过 PSⅡ的电子传递速率，即非循环光合电子传递速率。干旱初期，随胁迫时间的增加 ETR 略有降低，然后稍有升高，胁迫后期又开始降低（表 7.11）。在胁迫期

间 Cp-AM-SS、Cp-NO-SS、Bc-AM-CK 和 Bc-NO-CK 处理，ETR 达显著水平，其余处理 ETR 均不显著。相同胁迫时间下，吉贝和木棉不接菌处理 ETR 随干旱程度增强而降低；接菌处理，随干旱程度的增强而升高。其中，不接菌的情况，CK 水平 ETR 保持较高的电子传递速率，MS 和 SS 水平电子传递受到抑制，尤其是 SS 水平，吉贝 ETR 平均下降 37%，木棉 ETR 平均下降 42%。而接菌情况下，MS 和 SS 水平，吉贝 ETR 分别平均提高 28% 和 20%，木棉 ETR 分别平均提高 14% 和 13%。同时，相同水分条件下，除对照处理外，接菌处理 ETR 高于不接菌。相比之下，接菌和不接菌，ETR 随干旱程度的增强呈现相反的变化趋势，说明接种 AM 菌可以促进电子在 PSⅡ 反应中心的传递；接种 AM 菌 ETR 随干旱程度的增强而升高，CK 水平 ETR 相对较低，原因可能是电子传递有量，对照处理下大量电子传递到受体，所以检测到的电子数量减少，影响了传递速率；而 MS 和 SS 水平，单位时间通过的电子数量多，进而传递速率升高。

表 7.11　接种 AM 菌与干旱胁迫叶片 ETR 变化情况

Tab. 7.11　The influence of AM fungi inoculation and drought stress on the ETR changes of Bombacaceae

处理	胁迫时间/d						
	1	3	5	7	9	15	30
Cp-AM-CK	9.77±2.28dAB	17.03±12.23aa	9.83±0.45bAB	11.13±1.06aAB	10.73±2.76bAB	6.10±1.00bB	8.17±0.65bAB
Cp-AM-MS	20.03±3.71aa	13.73±1.46aB	16.33±2.65aAB	12.37±3.77aB	14.43±0.58abB	14.83±1.07aB	13.30±1.97aB
Cp-AM-SS	17.80±1.25abAB	18.47±3.70aa	13.53±2.27abBC	14.43±1.27aABC	7.13±2.04cD	10.27±3.65abCD	14.47±1.03aABC
Cp-NO-CK	16.33±1.68abcA	18.60±9.49aA	12.30±4.16abA	14.77±5.48aA	17.27±2.79aa	9.33±6.11abA	14.67±2.06aA
Cp-NO-MS	13.97±3.26bcdAB	13.73±3.93aAB	12.13v0.97abAB	14.80±3.94aA	12.83±1.14bAB	8.93±0.12abB	13.63±1.76aAB
Cp-NO-SS	11.87±2.05cdA	14.20±2.34aa	11.73±2.20abA	8.67±4.21aA	2.97±1.70dB	11.47±3.20abA	8.30±4.56bAB
P（W）	0.056	0.587	0.120	0.627	0.000	0.108	0.256
P（AM）	0.154	0.783	0.325	0.955	0.791	0.755	0.845
P（W×AM）	0.001	0.749	0.094	0.092	0.002	0.073	0.002
Bc-AM-CK	19.03±2.06aa	18.47±2.78aa	11.87±1.54abB	18.00±0.90aA	13.07±0.61bB	13.40±3.12aB	9.70±2.63bB
Bc-AM-MS	16.77±4.58abA	18.00±4.61aa	13.47±3.68abA	20.03±9.88aA	18.70±2.10aa	1357±3.19aA	14.37±1.33aA
Bc-AM-SS	22.27±7.21aa	14.90±4.61abAB	16.03±5.17AB	15.33±3.96aAB	15.23±1.32bAB	13.30±3.17aB	13.83±0.21aB
Bc-NO-CK	17.70±4.03abAB	20.03±3.29aA	13.87±3.35abBC	13.40±1.15aBC	15.53±1.33bAB	9.00±1.49abC	15.50±3.03aAB
Bc-NO-MS	14.93±3.73abA	12.80±2.61abA	10.13±4.56abA	11.47±4.74aA	9.93±2.68cA	13.53±2.82aA	15.80±13.31aA
Bc-NO-SS	10.30±3.55bAB	7.93±4.47bABC	7.03±2.61bABC	12.03±1.46aA	3.00±0.56dC	6.29±3.59bBC	7.20±0.70bABC
P（W）	0.594	0.015	0.806	0.707	0.000	0.129	0.004
P（AM）	0.034	0.077	0.071	0.033	0.000	0.019	0.821
P（W×AM）	0.107	0.175	0.070	0.628	0.000	0.165	0.000

注：同一个种内的处理，同一列内不同小写字母表示在 0.05 水平差异显著，同一行内不同大写字母表示在 0.01 水平差异显著；不同种之间不进行差异性比较

3.3.3　接种 AM 菌与干旱胁迫叶片 qP、qN、Y[NPQ]和 Y[NO]的响应

qP 为光化学淬灭系数，随胁迫时间的延长而逐渐增加，不同处理第 45 天达到最大（表 7.12）。在相同时间下，不接菌情况吉贝和木棉 qP 逐渐降低，而接菌情况吉贝和木棉 qP 逐渐升高，这与 ETR 变化趋势一致。其中，接菌情况下，中度胁迫和重度胁迫，吉贝 qP 分别平均提高 25%和 32%，木棉 qP 分别平均提高 10%和 23%，与对照处理相比，qP 没有达到显著水平。不接菌情况下，中度胁迫和重度胁迫，吉贝 qP 分别平均降低 18%和 28%，木棉 qP 分别平均降低 19%和 4%，与对照处理相比，qP 都显著降低。

表 7.12　接种 AM 菌与干旱胁迫叶片 qP 变化情况

Tab. 7.12　The influence of AM fungi inoculation and drought stress on the qP changes of Bombacaceae

处理	胁迫时间/d						
	1	3	5	7	9	15	30
Cp-AM-CK	0.32±0.08cB	0.38±0.07bB	0.37±0.04aB	0.43±0.07bB	0.64±0.11bA	0.46±0.11bB	0.61±0.09aA
Cp-AM-MS	0.64±0.11aAB	0.42±0.05bC	0.47±0.04aBC	0.62±0.21abAB	0.70±0.06bA	0.74±0.03aA	0.73±0.06aA
Cp-AM-SS	0.57±0.07abBC	0.56±0.04abBC	0.53±0.07aC	0.76±0.02aA	0.45±0.09cC	0.67±0.11aAB	0.80±0.06aA
Cp-NO-CK	0.65±0.06aAB	0.67±0.15aAB	0.52±0.21aB	0.79±0.07aA	0.86±0.07aA	0.70±0.15aAB	0.84±0.01aA
Cp-NO-MS	0.53±0.12abBC	0.53±0.16abBC	0.44±0.06aC	0.66±0.15abB	0.65±0.02bB	0.48±0.03bBC	0.84±0.03aA
Cp-NO-SS	0.41±0.07bcC	0.47±0.03bBC	0.39±0.07aC	0.47±0.19bBC	0.18±0.12dD	0.62±0.09abAB	0.76±0.12aA
P（W）	0.120	0.662	0.981	0.916	0.000	0.488	0.341
P（AM）	0.677	0.053	0.868	0.573	0.429	0.651	0.011
P（W×AM）	0.001	0.019	0.084	0.005	0.001	0.003	0.022
Bc-AM-CK	0.57±0.09abB	0.52±0.05abB	0.32±0.03abC	0.80±0.03aA	0.67±0.01aAB	0.66±0.13aAB	0.56±0.13cB
Bc-AM-MS	0.57±0.13abB	0.54±0.14aB	0.34±0.08abC	0.63±0.08abAB	0.78±0.04aA	0.62±0.09aAB	0.66±0.07bcAB
Bc-AM-SS	0.76±0.09aA	0.47±0.09aB	0.44±0.09aB	0.70±0.13abA	0.76±0.01aA	0.77±0.12aA	0.86±0.06aA
Bc-NO-CK	0.57±0.09abCD	0.59±0.10aBCD	0.41±0.08aE	0.65±0.04abABC	0.76±0.05aA	0.50±0.07aDE	0.73±0.09abAB
Bc-NO-MS	0.52±0.11bC	0.43±0.07abCD	0.30±0.09abD	0.55±0.19bBC	0.46±0.12bCD	0.73±0.04aAB	0.82±0.06abA
Bc-NO-SS	0.33±0.12cBC	0.27±0.07bC	0.20±0.05bC	0.67±0.15abA	0.19±0.06cC	0.58±0.31aAB	0.84±0.09aA
P（W）	0.894	0.017	0.534	0.161	0.000	0.506	0.004
P（AM）	0.007	0.104	0.118	0.127	0.000	0.328	0.027
P（W×AM）	0.008	0.064	0.009	0.710	0.000	0.224	0.161

注：同一个种内的处理，同一列内不同小写字母表示在 0.05 水平差异显著，同一行内不同大写字母表示在 0.01 水平差异显著；不同种之间不进行差异性比较

qN 为非光学淬灭系数。由表 7.13 所示，qN 为 0.42~0.85，除 Cp-AM-CK、Cp-NO-SS 和 Bc-NO-SS 外，其余处理随胁迫时间的延长 qN 大致呈现显著降低的趋势，但是实际上 qN 随胁迫时间变化呈现上下波动，降低后又有略微的升高，之后再降低。不同处理 qN

最大值集中于胁迫第 1 天，但 Cp-AM-CK 和 Cp-AM-SS 非光学淬灭系数 qN 要推后至第 5 天；胁迫中后期 qN 又稍有升高。相同时间下，qN 随胁迫强度的提高而降低，水分条件影响了热耗散，同时也说明 PSⅡ 受到不同程度的损坏。另外，相同胁迫时间、相同水分条件下，接菌和不接菌 qN 差异不大，也表明接种 AM 菌对热耗散的作用不显著。

表 7.13　接种 AM 菌与干旱胁迫叶片 qN 变化情况

Tab. 7.13　The influence of AM fungi inoculation and drought stress on the qN changes of Bombacaceae

处理	胁迫时间/d						
	1	3	5	7	9	15	30
Cp-AM-CK	0.75±0.05abA	0.77±0.06abA	0.83±0.06aA	0.82±0.05aA	0.77±0.06aA	0.80±0.02aA	0.81±0.01aA
Cp-AM-MS	0.78±0.05abA	0.72±0.01bcAB	0.70±0.07aAB	0.66±0.12aABC	0.61±0.09abBC	0.53±0.10aC	0.64±0.06bABC
Cp-AM-SS	0.51±0.38bAB	0.81±0.01aA	0.75±0.14aAB	0.59±0.5aAB	0.70±0.08aAB	0.58±0.17aAB	0.46±0.01cB
Cp-NO-CK	0.83±0.03aA	0.82±0.06aA	0.85±0.04aA	0.63±0.27aAB	0.50±0.17bB	0.74±0.10aAB	0.66±0.04bAB
Cp-NO-MS	0.80±0.09abA	0.81±0.02aA	0.78±0.01aA	0.69±0.06aA	0.69±0.05aA	0.53±0.16aB	0.72±0.07abA
Cp-NO-SS	0.80±0.01abA	0.68±0.04cA	0.74±0.10aA	0.70±0.05aA	0.77±0.08aA	0.62±0.20aA	0.80±0.07aA
P（W）	0.292	0.113	0.098	0.583	0.177	0.035	0.015
P（AM）	0.120	0.868	0.483	0.795	0.408	0.909	0.003
P（W×AM）	0.340	0.001	0.635	0.137	0.015	0.852	0.000
Bc-AM-CK	0.72±0.04abA	0.70±0.02aAB	0.65±0.08abAB	0.52±0.04abC	0.67±0.03aAB	0.62±0.03aB	0.69±0.07abAB
Bc-AM-MS	0.75±0.09abA	0.71±0.06aAB	0.56±0.07abBC	0.56±0.07abBC	0.38±0.07cD	0.52±0.12aCD	0.53±0.11cCD
Bc-AM-SS	0.82±0.04aA	0.64±0.18aAB	0.51±0.10bB	0.43±0.15bB	0.47±0.10bcB	0.54±0.12aB	0.42±0.02cB
Bc-NO-CK	0.76±0.05abA	0.66±0.03aAB	0.72±0.06aAB	0.68±0.04aAB	0.63±0.03abB	0.67±0.06aAB	0.53±0.08cC
Bc-NO-MS	0.76±0.06abA	0.71±0.08aA	0.58±0.14abA	0.56±0.14abA	0.56±0.08abA	0.52±0.29aA	0.56±0.08cA
Bc-NO-SS	0.71±0.03bAB	0.62±0.17aAB	0.55±0.09abB	0.54±0.12abB	0.61±0.17abAB	0.77±0.04aA	0.80±0.08cA
P（W）	0.766	0.442	0.041	0.175	0.017	0.229	0.278
P（AM）	0.365	0.767	0.342	0.093	0.049	0.183	0.041
P（W×AM）	0.091	0.940	0.926	0.406	0.146	0.383	0.000

　　Y[NPQ]是调节性能量耗散的量子产量。随胁迫时间的延长 Y[NPQ]逐渐降低；相同胁迫时间下，随胁迫强度的提高而降低（表 7.14）。除 Cp-AM-CK、Cp-NO-SS、Bc-AM-CK 和 Bc-NO-SS 外，其余处理随胁迫时间的延长 Y[NPQ]显著降低。第 15 天和第 45 天，吉贝和木棉不同处理间 Y[NPQ]差异极显著。相同胁迫时间，中度胁迫或是重度胁迫下，接种 AM 菌不利于 Y[NPQ]的提高。

　　Y[NO]为非调节性能量耗散的量子产量。Cp-AM-SS、CP-AM-MS、Bc-AM-MS 和 Bc-AM-SS（表 7.15）随胁迫时间变化达到显著水平，并且呈现先升后降，到胁迫后期又有所增加。相同胁迫时间下，随胁迫强度的提高。相同的水分条件下，吉贝和木棉接种 AM 菌与不接菌，Y[NO]无差异；并从值的大小来看，接种 AM 菌 Y[NO]普遍小于不接菌情况。

表 7.14　接种 AM 菌与干旱胁迫叶片 Y[NPQ]变化情况

Tab. 7.14　The influence of AM fungi inoculation and drought stress on the Y[NPQ] changes of Bombacaceae

处理	胁迫时间/d						
	1	3	5	7	9	15	30
Cp-AM-CK	0.51±0.06aAB	0.50±0.05aA	0.58±0.05aA	0.54±0.04aA	0.43±0.08abB	0.50±0.03aAB	0.47±0.03aAB
Cp-AM-MS	0.43±0.05abA	0.44±0.04aA	0.42±0.06bA	0.37±0.10abAB	0.28±0.05cdBC	0.23±0.06bC	0.30±0.06cBC
Cp-AM-SS	0.41±0.03bABC	0.43±0.09aAB	0.45±0.13abA	0.26±0.03bCD	0.42±0.09abABC	0.28±0.13bBCD	0.18±0.00dD
Cp-NO-CK	0.49±0.03abAB	0.47±0.11aABC	0.55±0.05abA	0.31±0.19bBCD	0.19±0.08dD	0.39±0.14abABC	0.28±0.03cCD
Cp-NO-MS	0.49±0.08abA	0.50±0.05aA	0.50±0.03abA	0.35±0.08abB	0.35±0.04bcB	0.38±0.07abB	0.34±0.06bcB
Cp-NO-SS	0.53±0.01aA	0.39±0.03aAB	0.48±0.09abAB	0.38±0.14abAB	0.51±0.05aA	0.32±0.15abB	0.40±0.09abAB
P（W）	0.420	0.136	0.053	0.303	0.003	0.071	0.040
P（AM）	0.046	0.875	0.460	0.438	0.370	0.599	0.430
P（W×AM）	0.093	0.387	0.524	0.054	0.002	0.147	0.000
Bc-AM-CK	0.41±0.02aA	0.40±0.03aA	0.43±0.07abA	0.23±0.05aC	0.33±0.02abABC	0.30±0.06aBC	0.39±0.09aAB
Bc-AM-MS	0.28±0.09aA	0.40±0.08aA	0.34±0.06abBC	0.27±0.06aBCD	0.14±0.04eCD	0.25±0.09aD	0.23±0.08bCD
Bc-AM-SS	0.39±0.09aA	0.37±0.15aA	0.29±0.08bAB	0.23±0.17aAB	0.19±0.06deAB	0.24±0.10aAB	0.15±0.01bB
Bc-NO-CK	0.44±0.06aAB	0.37±0.02aBC	0.45±0.05aA	0.34±0.03aCD	0.28±0.01cdDE	0.38±0.04aABC	0.23±0.06bE
Bc-NO-MS	0.46±0.07aA	0.46±0.06aA	0.36±0.13abAB	0.29±0.10aAB	0.31±0.03abAB	0.25±0.16aB	0.23±0.04bB
Bc-NO-SS	0.45±0.05aA	0.38±0.11aAB	0.36±0.08abAB	0.25±0.05aB	0.40±0.11aA	0.41±0.05aA	0.37±0.04aAB
P（W）	0.387	0.544	0.064	0.651	0.052	0.236	0.126
P（AM）	0.469	0.857	0.362	0.259	0.002	0.080	0.503
P（W×AM）	0.628	0.677	0.805	0.598	0.004	0.284	0.001

注：同一个种内的处理，同一列内不同小写字母表示在 0.05 水平差异显著，同一行内不同大写字母表示在 0.01 水平差异显著；不同种之间不进行差异性比较

3.3.4　接种 AM 菌与干旱胁迫对叶片 alpha 的响应

alpha 为光响应曲线的初始斜率，相当于最大光合效率。由表 7.16 所示，alpha 为 0.09~0.43，随胁迫时间的增加 alpha 变化比较稳定（$P>0.05$），其中 Cp-AM-SS、Cp-NO-CK、Cp-NO-SS、Cp-AM-Ck、Bc-AM-SS 和 Bc-NO-SS 随胁迫时间的增加 alpha 显著降低。相同的胁迫时间下，随胁迫强度的提高 alpha 逐渐降低。相同水分条件下，接菌和不接菌比较，alpha 差异不显著，一定程度上接种 AM 菌可以促进 alpha 升高，但是接菌可能会随胁迫时间变化不利于 alpha 升高，胁迫后期此种现象比较明显。

表 7.15　接种 AM 菌与干旱胁迫叶片 Y[NO]变化情况

Tab. 7.15　The influence of AM fungi inoculation and drought stress on the Y[NO] changes of Bombacaceae

处理	胁迫时间/d						
	1	3	5	7	9	15	30
Cp-AM-CK	0.33±0.05aA	0.32±0.04bcAB	0.26±0.05aB	0.27±0.03aAB	0.26±0.01cB	0.33±0.02bcAB	0.29±0.02aAB
Cp-AM-MS	0.24±0.04bB	0.33±.01abA	0.33±0.03aa	0.34±0.03aa	0.31±0.05bcA	0.34±0.03bA	0.32±0.01aA
Cp-AM-SS	0.30±0.02abCD	0.37±0.03cD	0.32±0.10aBCD	0.33±0.00aBCD	0.37±0.03abABC	0.43±0.03aA	0.40±0.03aAB
Cp-NO-CK	0.25±0.01bB	0.26±0.01cAB	0.25±0.06aB	0.27±0.03aAB	0.32±0.06bcA	0.25±0.00cB	0.30±0.03aAB
Cp-NO-MS	0.27±0.07abB	0.27±0.03aB	0.30±0.02aAB	0.32±0.06aAB	0.29±0.01cAB	0.36±0.07abA	0.27±0.02aB
Cp-NO-SS	0.27±0.03abA	0.38±0.05cA	0.33±0.07aA	0.33±0.06aA	0.41±0.04aA	0.35±0.06abA	0.36±0.15aA
P（W）	0.318	0.188	0.122	0.044	0.001	0.006	0.068
P（AM）	0.236	0.840	0.717	0.820	0.173	0.051	0.423
P（W×AM）	0.079	0.001	0.895	0.881	0.214	0.115	0.769
Bc-AM-CK	0.27±0.04bBC	0.29±0.02cBC	0.38±0.05bA	0.25±0.05bC	0.29±0.01bcBC	0.32±0.03aAB	0.33±0.02bAB
Bc-AM-MS	0.25±0.02bC	0.31±0.02bcBC	0.44±0.06abA	0.33±0.01abB	0.32±0.02bcB	0.36±0.05aB	0.34±0.05bB
Bc-AM-SS	0.25±0.04bB	0.38±0.08bA	0.45±0.04abA	0.38±0.12abA	0.37±0.02bcA	0.38±0.01aA	0.45±0.02aA
Bc-NO-CK	0.27±0.04bB	0.31±0.01bcAB	0.32±0.04bAB	0.27±0.02bB	0.27±0.04cB	0.36±0.05aA	0.33±0.03bAB
Bc-NO-MS	0.30±0.05bA	0.34±0.02bcA	0.48±0.18abA	0.38±0.10abA	0.41±0.10abA	0.36±0.08aA	0.32±0.06bA
Bc-NO-SS	0.39±0.02aA	0.49±0.09aA	0.53±0.07aA	0.40±0.07aA	0.51±0.12aA	0.41±0.11aA	0.42±0.03aA
P（W）	0.042	0.000	0.037	0.028	0.006	0.340	0.000
P（AM）	0.003	0.015	0.590	0.333	0.050	0.405	0.265
P（W×AM）	0.007	0.186	0.388	0.935	0.146	0.883	0.846

注：同一个种内的处理，同一列内不同小写字母表示在 0.05 水平差异显著，同一行内不同大写字母表示在 0.01 水平差异显著；不同种之间不进行差异性比较

　　综上所述，随干旱时间的延长，F_o、qP 有增加的趋势；F'_o 和 F_m 先减后增；F'_m 先增后降。随胁迫时间变化，胁迫 1~15d 各处理组 F_v/F_m 维持相对较高水平，25d 后 CK 和 MS 处理略有下降，SS 处理急剧下降（$P=0.001$）。PSⅡ潜在活性 F_v/F_o 和 ETR 干旱初期出现不同程度的降低现象，而在第 15 天又稍有恢复，之后又降低。qN 随胁迫时间变化呈现上下波动，降低后又有略微的升高，之后再降低。随胁迫时间延长 Y[NPQ]逐渐降低。

　　随干旱程度的加剧，F_o、Y[NO]增加，F'_o、F'_m、F_m、qN、Y[NPQ]和 alpha 降低；F_v/F_m、F_v/F_o 保持稳定；不接菌处理 ETR 和 qP 随干旱程度增强而降低。相同水分处理下，不接菌处理叶片 F_o、F'_o 值均高于接菌处理，qN、Y[NPQ]、Y[NO]、alpha 无差异，接种 AM 菌不利于提高 qN、Y[NPQ]、Y[NO]，但可以提高 ETR、qP，在一定程度上接种 AM 菌可以促进 F_m、F_v/F_m、F_v/F_o、alpha 升高。

表 7.16　接种 AM 菌与干旱胁迫叶片 alpha 变化情况

Tab. 7.16　The influence of AM fungi inoculation and drought stress on the alpha changes of Bombacaceae

处理	胁迫时间/d						
	1	3	5	7	9	15	30
Cp-AM-CK	0.43±0.03aA	0.35±0.05aB	0.36±0.01aB	0.36±0.01aB	0.38±0.04aAB	0.37±0.02aAB	0.35±0.07aB
Cp-AM-MS	0.39±0.09abA	0.34±0.01abA	0.24±0.07bA	0.26±0.11abA	0.36±0.06abA	0.23±0.15abcA	0.36±0.03aA
Cp-AM-SS	0.31±0.01bcdA	0.19±0.01cdBC	0.17±0.07bBC	0.13±0.03bCD	0.23±0.06bB	0.17±0.04cBC	0.09±0.01bD
Cp-NO-CK	0.21±0.04dB	0.22±0.04cdB	0.39±0.03bA	0.33±0.01aA	0.32±0.04abA	0.34±0.10abA	0.31±0.04aA
Cp-NO-MS	0.26±0.10cdA	0.15±0.01dA	0.16±0.16aA	0.18±0.12bA	0.35±0.14aA	0.26±0.09abcA	0.24±0.12aA
Cp-NO-SS	0.37±0.04abcA	0.27±0.08bcB	0.24±0.06bB	0.24±0.01abB	0.39±0.02aA	0.21±0.03bcB	0.09±0.04bC
P（W）	0.900	0.079	0.000	0.006	0.570	0.015	0.000
P（AM）	0.006	0.002	0.749	0.947	0.395	0.837	0.104
P（W×AM）	0.006	0.000	0.081	0.103	0.055	0.708	0.265
Bc-AM-CK	0.31±0.03abA	0.33±0.01abA	0.35±0.02aA	0.35±0.06aA	0.35±0.03abA	0.34±0.02abA	0.30±0.04aA
Bc-AM-MS	0.27±0.05bAB	0.24±0.05bcAB	0.33±0.05abAB	0.33±0.03aAB	0.33±0.04abA	0.29±0.05abAB	0.32±0.03aB
Bc-AM-SS	0.27±0.06bA	0.18±0.10cdAB	0.21±0.05bAB	0.22±0.07bAB	0.26±0.04cA	0.13±0.04cB	0.11±0.03bB
Bc-NO-CK	0.28±0.05abB	0.37±0.04aA	0.35±0.05aAB	0.34±0.01aAB	0.31±0.02bcAB	0.37±0.03aA	0.32±0.02aAB
Bc-NO-MS	0.33±0.02abAB	0.32±0.06abAB	0.31±0.08abAB	0.35±0.06aAB	0.39±0.05aA	0.27±0.03bB	0.32±0.04aAB
Bc-NO-SS	0.36±0.04aA	0.23±0.10bcBC	0.29±0.09abAB	0.14±0.07bCD	0.33±0.02abAB	0.14±0.08cCD	0.09±0.05bD
P（W）	0.738	0.008	0.000	0.006	0.025	0.000	0.000
P（AM）	0.058	0.114	0.749	0.947	0.154	0.630	0.902
P（W×AM）	0.072	0.916	0.081	0.103	0.033	0.562	0.538

注：同一个种内的处理，同一列内不同小写字母表示在 0.05 水平差异显著，同一行内不同大写字母表示在 0.01 水平差异显著；不同种之间不进行差异性比较

　　总体来看，干旱水平和接菌对荧光参数的交互作用不显著，干旱水平或是接菌对荧光参数的影响 P 值具有时间效应，随胁迫时间的延长 P 值有先增后减的变化趋势，但是 P 值大于 0.05 水平。但是在胁迫后期，干旱水平对荧光参数的影响达到显著或是极显著水平。

3.4　接种丛枝菌与干旱胁迫对吉贝和木棉生理生化的影响

3.4.1　接种丛枝菌与干旱胁迫下 MDA 响应机制

　　MDA 可降低膜的稳定性、增加膜的透性，导致叶绿体受损，进一步影响光合作用。干旱处理第 3 天 Cp-NO-SS 处理的 MDA 含量首先达到峰值，且为最大值 36.24μmol/g FM，随干旱时间持续增加，其含量迅速降低（图 7.12）。Cp-AM-SS 和 Cp-NO-MS 在第 5 天时 MDA 含量达到峰值，其余处理组均在第 7 天时其含量达到峰值。木棉叶片 MDA 含

量达到峰值时主要集中在第 25 天，相比吉贝延后。同样重度干旱下 MDA 峰值最大为 23.54μmol/g FM，Bc-AM-SS 第 7 天时其含量达到峰值，Bc-NO-CK 第 5 天时达到峰值。

　　干旱处理期间，相同水分梯度下，Cp-AM-CK 与 Cp-NO-CK 的 MDA 含量无显著差异；而 Cp-AM-MS 与 Cp-NO-MS，Cp-AM-SS 与 Cp-NO-SS 的 MDA 含量差异显著，仅在第 7 天时吉贝各处理组 MDA 含量无差异。随胁迫时间递增，Bc-NO-SS 的 MDA 含量显著高于其余 5 个木棉处理组；相同水分梯度下，接菌和不接菌 MDA 含量差异显著。干旱水平和接菌对吉贝 MDA 的交互效应不显著，干旱水平极显著影响吉贝 MDA 含量。而干旱水平或是接菌，以及二者的交互效应对木棉 MDA 含量的影响达到极显著水平。

　　总体而言，叶片中 MDA 含量呈先增后降的趋势。吉贝在干旱初期（1~7d）MDA 含量迅速积累，而木棉其含量峰值期在干旱的中期（15~25d），且不同处理的峰值均显著小于吉贝。同一水分梯度下，接种 AM 菌的植株 MDA 水平低于不接菌植株，尤其是严重干旱时，接菌植株 MDA 水平极显著低于不接菌植株；与此同时，接菌在一定程度上可以减缓峰值的到来。

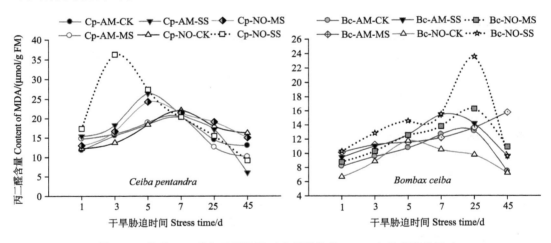

图 7.12　接种 AM 菌与干旱胁迫对木棉科植物 MDA 含量变化的影响

Fig. 7.12　The influence of AM fungi inoculation and drought stress on the MDA changes of Bombacaceae

3.4.2　接种丛枝菌与干旱胁迫下游离脯氨酸响应机制

　　脯氨酸是最为有效的渗透调节物质之一，干旱刺激可以促进植物大量合成脯氨酸。由图 7.13 可知，第 7 天时 Cp-AM-SS、Cp-NO-MS 和 Cp-NO-SS，以及 Bc-AM-SS、Bc-NO-MS 和 Bc-NO-SS 处理组游离脯氨酸含量均达到峰值，其含量 Cp-AM-SS＜Cp-NO-MS＜Cp-NO-SS，Bc-NO-MS＜Bc-NO-SS＜Bc-AM-SS；胁迫期间，其余各处理组游离脯氨酸含量维持在 0.03~0.09μg/g FM，且无显著差异。

　　重度干旱下，Cp-NO-SS 游离脯氨酸含量极显著高于 Cp-AM-SS，为其 2.05 倍；而 Bc-AM-SS 含量极显著高于 Bc-NO-SS，为其 1.30 倍，表明第 7 天重度胁迫下，木棉接种 AM 菌，极大程度地提高了游离脯氨酸的含量；而吉贝游离脯氨酸虽有显著提高，但含量低于中度不接菌和重度不接菌处理，即重度胁迫第 7 天吉贝接菌处理对游离脯氨酸含量提升的促进作用低于木棉。干旱水平或是接菌均显著[P（W）=0.001，P（AM）< 0.04]影响游离脯氨酸含量变化，随干旱程度的提高，其含量逐渐升高；其交互作用在吉贝处理组中差异显著，而在木棉处理组中无差异。

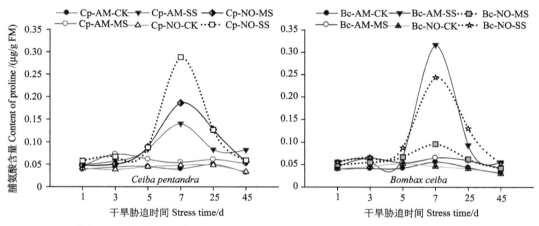

图 7.13　接种 AM 菌与干旱胁迫对木棉科植物游离脯氨酸含量变化的影响

Fig. 7.13　The influence of AM fungi inoculation and drought stress on the proline changes of Bombacaceae

3.4.3　接种 AM 菌与干旱胁迫下游离氨基酸响应机制

图 7.14 显示，干旱处理期间，游离氨基酸含量呈先增后减的变化趋势，胁迫末期其含量基本恢复至干旱最初水平。吉贝不同水分处理组的游离氨基酸含量峰值点集中于第 5 天和第 7 天，木棉则在第 7 天。Cp-AM-CK 游离氨基酸含量显著低于吉贝的其他处理组；接菌条件下，随土壤水分减少，游离氨基酸含量逐渐增加，而不接菌条件 Cp-NO-CK

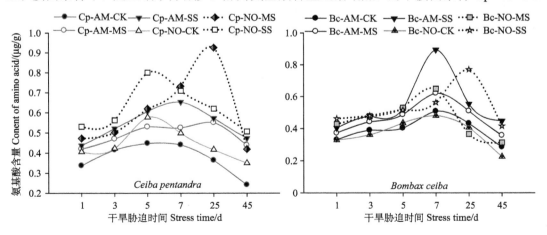

图 7.14　接种 AM 菌与干旱胁迫对木棉科植物游离氨基酸含量变化的影响

Fig. 7.14　The influence of AM fungi inoculation and drought stress on the amino acid changes of Bombacaceae

游离氨基酸显著低于 Cp-NO-SS、Cp-NO-MS；第 25 天达到最大为 0.93μg/g，之后迅速降低至最小值 0.42μg/g。木棉不同处理组在处理期间游离氨基酸含量基本与吉贝保持一致，与吉贝不同的是 Bc-AM-SS 在第 7 天时其含量达到最大值 0.89μg/g，且高于其他处理的峰值；Bc-NO-SS 游离氨基酸含量达到峰值的时间比 Cp-NO-SS 晚 20d。

简而言之，随干旱程度的加剧，游离氨基酸显著增加，而随干旱时间的增加其含量呈先增后减的变化趋势。干旱水平或是接菌均极显著[P（W）=0.001，P（AM）<0.004]影响游离氨基酸含量变化；其交互效应与 MDA 相一致。

综上所述，随干旱时间递增，叶片 MDA、游离脯氨酸和游离氨基酸含量呈先增后减的变化趋势，干旱初期其含量迅速积累，干旱末期的含量接近干旱处理前水平。第 7 天为峰值密集点，可能是干旱胁迫的关键点。相同水分处理下，接菌植株 MDA 和游离氨基酸水平低于不接菌植株，游离脯氨酸的含量变化则相反。干旱水平和接菌的交互效应对吉贝 MDA、游离脯氨酸和游离氨基酸含量影响不显著，木棉则相反。

3.5　接种 AM 菌与干旱胁迫吉贝和木棉根区养分和叶片营养变化

3.5.1　接种 AM 菌与干旱胁迫对根区 TN、TP 和 TK 的影响

表 7.17 显示，随胁迫时间延长，接种 AM 菌和不接菌根区 TN 都提高，胁迫 90d 与 30d 相比 TN 含量，Cp-AM-CK 提高 16.40mg/kg，Cp-NO-CK 提高 12.43mg/kg，Bc-AM-CK 提高 31.43mg/kg，Bc-NO-CK 提高 15.85mg/kg，表明接种 AM 菌能够促进土壤氮含量的集聚，木棉比吉贝对氮的集聚效应更高；另外，Cp-AM-MS、Cp-NO-MS、Cp-AM-SS 和 Cp-NO-SS 处理 TN 含量也有增加。随胁迫时间递增，Bc-AM-MS、Bc-NO-MS、Bc-AM-SS 和 Bc-NO-SS 处理 TN 含量逐渐降低。

随干旱胁迫强度的提高，土壤 TN 降低，对照处理和中度处理 TN 显著高于重度处理，同时说明土壤水分含量影响 TN 的积累。相同胁迫水平接种 AM 菌土壤 TN 含量高于不接菌处理，简单来说，土壤水分和 AM 菌都能影响土壤 TN 积累，并且水分的多少是影响的主要因素之一。

表 7.17　接种 AM 菌与干旱胁迫木棉科植物根区土壤全氮含量变化情况

Tab. 7.17　The influence of AM fungi inoculation and drought stress on the TN content of Bombacaceae

（单位：mg/kg）

处理	胁迫时间		
	30d	60d	90d
Cp-AM-CK	121.20±18.27aA	124.57±10.30aA	137.60±12.53aA
Cp-AM-MS	112.74±4.58aA	123.04±12.37aA	120.41±5.85aA
Cp-AM-SS	65.68±12.74dA	70.88±9.26dA	70.29±24.92bA
Cp-NO-CK	102.76±2.15abC	112.64±7.39abB	134.19±2.58aA
Cp-NO-MS	87.92±4.06cC	103.76±9.56cB	134.19±6.82aA
Cp-NO-SS	54.11±9.07dB	56.91±7.60dB	70.82±1.41bA

续表

处理	胁迫时间		
	30d	60d	90d
P（W）	0.001	0.001	0.001
P（AM）	0.002	0.006	0.342
P（W×AM）	0.546	0.795	0.602
Bc-AM-CK	101.99±5.45bC	112.40±2.51bB	133.78±2.41aA
Bc-AM-MS	95.34±2.48bcA	90.61±5.14cA	81.86±1.82bB
Bc-AM-SS	85.891±1.93cA	58.01±2.98dB	53.25±1.27cC
Bc-NO-CK	113.54±5.57aB	122.08±8.02aAB	129.39±7.15aA
Bc-NO-MS	114.52±9.06aA	93.14±0.18cB	88.18±3.57bB
Bc-NO-SS	74.61±7.95dA	61.79±4.78dB	47.81±4.83cC
P（W）	0.001	0.001	0.001
P（AM）	0.039	0.031	0.550
P（W×AM）	0.002	0.389	0.050

注：同一个种内的处理，同一列内不同小写字母表示在 0.05 水平差异显著，同一行内不同大写字母表示在 0.01 水平差异显著；不同种之间不进行差异性比较

TP 的变化和 TN 有所不同。除 Cp-AM-SS、Cp-NO-SS、Bc-AM-SS 和 Bc-NO-SS 随胁迫时间递增 TP 含量降低之外,其余各处理组均表现为先增后减的变化过程(表 7.18)。随干旱胁迫强度的提高,土壤 TP 变化与 TN 相似,CK 处理下 TP 水平显著高于 SS 处理。相同的水分处理条件下,吉贝或木棉不接菌处理土壤 TP 含量略高于接种 AM 菌,这可能是由于接种 AM 菌反而不利于 TP 积累。这种情况在中度水分处理中比较明显,尤其是胁迫 60d 和 90d,Cp-NO-MS 全磷含量比 Cp-AM-MS 分别高出 10.33mg/kg 和 3.50mg/kg,Bc-NO-MS 全磷含量比 Bc-AM-MS 分别高出 29.00mg/kg 和 31.40mg/kg。

表 7.18　接种 AM 菌与干旱胁迫木棉科植物根区土壤全磷含量变化情况

Tab. 7.18　The influence of AM fungi inoculation and drought stress on the TP content of Bombacaceae

（单位：mg/kg）

处理	胁迫时间		
	30d	60d	90d
Cp-AM-CK	145.14±2.22aB	150.54±0.55aA	137.70±1.38aC
Cp-AM-MS	147.01±7.22aA	139.25±3.83bAB	128.41±9.14aB
Cp-AM-SS	104.27±12.63bA	90.43±2.93cAB	79.80±1.44bB
Cp-NO-CK	148.74±1.73aA	155.04±2.89aA	131.04±12.57aB
Cp-NO-MS	142.76±9.45aA	149.58±6.83aA	131.91±14.64aA
Cp-NO-SS	91.10±5.11bA	91.10±3.30cA	82.07±0.99bB
P（W）	0.001	0.001	0.001

续表

处理	胁迫时间		
	30d	60d	90d
P（AM）	0.215	0.015	0.944
P（W×AM）	0.193	0.134	0.564
Bc-AM-CK	140.64±3.08aA	143.92±7.14aA	121.49±8.07aB
Bc-AM-MS	97.19±9.96cA	103.83±8.14bA	91.40±7.62bA
Bc-AM-SS	86.10±1.20cA	79.81±2.57cB	72.74±3.80cC
Bc-NO-CK	129.72±5.37abB	143.11±2.70aA	130.55±5.99aB
Bc-NO-MS	117.32±14.23bA	132.83±9.88aA	122.80±8.59aA
Bc-NO-SS	85.93±2.48cA	81.22±1.98cA	72.08±3.24cB
P（W）	0.001	0.001	0.001
P（AM）	0.418	0.006	0.001
P（W×AM）	0.013	0.002	0.003

注：同一个种内的处理，同一列内不同小写字母表示在0.05水平差异显著，同一行内不同大写字母表示在0.01水平差异显著；不同种之间不进行差异性比较

　　不同处理 TK 含量为 4.34~8.03g/kg（表 7.19）。随胁迫时间增加，土壤 TK 含量的变化与 TP 相反，呈先减后增的趋势。随干旱胁迫强度的提高，土壤 TK 变化与 TP、TN 相似，都是逐渐降低。胁迫 30d，吉贝各处理之间 TK 含量没有显著差异，当胁迫 60d 时，Cp-AM-CK 的 TK 含量显著低于其余 5 组。而木棉胁迫 60d 和 90d 时，TK 含量 Bc-AM-CK 显著高于 Bc-NO-CK，Bc-AM-SS 显著高于 Bc-NO-SS，其变化比吉贝提前。相同的水分处理下，接种 AM 菌 TK 含量总体上高于不接菌。其中吉贝接菌后 TK 含量随胁迫时间变化量比 CK 处理下分别提高 1.25g/kg、1.82g/kg 和 1.25g/kg，MS 处理分别提高 2.04g/kg、0.43g/kg 和 0.44g/kg，SS 处理分别提高 2.11g/kg、0.08g/kg 和–0.32g/kg。而木棉接菌后 TK 含量随胁迫时间变化量比 CK 处理下总体上是提高的，但不同处理间有差异。

表 7.19　接种 AM 菌与干旱胁迫木棉科植物根区土壤全钾含量变化情况

Tab. 7.19　The influence of AM fungi inoculation and drought stress on the TK content of Bombacaceae

（单位：g/kg）

处理	胁迫时间		
	30d	60d	90d
Cp-AM-CK	8.03±0.52aA	6.90±0.36aB	7.36±0.54aAB
Cp-AM-MS	7.53±0.67aA	5.67±0.80bA	6.20±1.20abA
Cp-AM-SS	7.04±0.76aA	5.44±0.51bB	5.73±0.67bB
Cp-NO-CK	6.87±0.99aA	5.08±0.82bB	6.11±0.49abAB
Cp-NO-MS	5.49±1.08bA	5.24±0.37bA	5.76±0.96abA

续表

处理	胁迫时间		
	30d	60d	90d
Cp-NO-SS	4.93±0.39bA	5.36±0.74bA	6.05±0.86abA
P（W）	0.020	0.240	0.191
P（AM）	0.000	0.023	0.268
P（W×AM）	0.517	0.076	0.296
Bc-AM-CK	6.21±0.62aAB	5.76±0.36aB	6.83±0.17aA
Bc-AM-MS	6.22±0.21aA	5.57±0.31abA	6.29±0.54aA
Bc-AM-SS	6.76±0.21aA	5.24±0.26bcB	5.26±0.61bcB
Bc-NO-CK	6.63±1.05aA	4.77±0.34cdB	6.12±0.84abAB
Bc-NO-MS	7.06±0.29aA	5.43±0.08abC	6.12±0.41abB
Bc-NO-SS-	6.36±0.32aA	4.34±0.17dB	4.68±0.37cB
P（W）	0.775	0.002	0.001
P（AM）	0.286	0.000	0.075
P（W×AM）	0.175	0.036	0.669

注：同一个种内的处理，同一列内不同小写字母表示在 0.05 水平差异显著，同一行内不同大写字母表示在 0.01 水平差异显著；不同种之间不进行差异性比较

3.5.2　接种 AM 菌与干旱胁迫对根区 NH_4^+-N、NO_3^--N、AP 和 AK 的影响

植物吸收氮主要为无机态氮（氨态氮、硝态氮）和有机态氮（氨基酸类）。氨态氮 NH_4^+-N 是主要吸收形式之一。由表 7.20 可以看出，NH_4^+-N 随胁迫时间延长而减少；相同时间内随胁迫强度加剧而降低。其中，Cp-AM-CK、Cp-AM-MS、Cp-AM-SS、Cp-NO-CK 随胁迫时间延长 NH_4^+-N 显著减少，其余处理随胁迫时间变化都无差异（$P>0.2$）。而相同时间内随胁迫强度加剧吉贝不同处理之间 NH_4^+-N 含量无差异（$P>0.4$），木棉则差异显著（$P<0.04$）。接种 AM 菌的植株，土壤 NH_4^+-N 在 6.0~17.0mg/kg；不接菌植株土壤 NH_4^+-N 在 1.3~16.7mg/kg；相同时间内，相同水分条件下，接种 AM 菌土壤 NH_4^+-N 含量高于不接菌。

表 7.20　接种 AM 菌与干旱胁迫木棉科植物根区土壤 NH_4^+-N 含量变化情况

Tab. 7.20　The influence of AM fungi inoculation and drought stress on the NH_4^+-N content of Bombacaceae （单位：mg/kg）

处理	胁迫时间		
	30d	60d	90d
Cp-AM-CK	16.21±1.51aA	10.76±1.27aB	8.77±0.55aB
Cp-AM-MS	14.90±1.82aA	10.67±2.56aB	7.59±0.31aB

处理	胁迫时间		
	30d	60d	90d
Cp-AM-SS	15.42±3.33aA	8.32±2.76aB	8.94±0.23aB
Cp-NO-CK	16.74±3.06aA	6.80±4.06aB	8.67±1.02aB
Cp-NO-MS	15.06±3.76aA	9.11±2.11aA	9.59±6.93aA
Cp-NO-SS	15.16±5.27aA	11.76±5.07aA	10.16±5.13aA
P（W）	0.726	0.766	0.881
P（AM）	0.928	0.656	0.546
P（W×AM）	0.980	0.171	0.876
Bc-AM-CK	12.81±0.98aA	11.64±2.54aA	11.38±0.97aA
Bc-AM-MS	14.32±1.46aA	9.44±5.42aA	10.84±0.53aA
Bc-AM-SS	6.40±1.00bA	6.81±3.13abA	3.96±1.41bA
Bc-NO-CK	10.58±4.24aA	7.46±4.58abA	8.47±5.05aA
Bc-NO-MS	12.41±0.79aA	8.95±0.43aB	12.31±1.50aA
Bc-NO-SS	4.11±0.88bA	1.38±0.23bB	3.41±0.34bA
P（W）	0.001	0.026	0.000
P（AM）	0.041	0.054	0.548
P（W×AM）	0.984	0.436	0.287

注：同一个种内的处理，同一列内不同小写字母表示在 0.05 水平差异显著，同一行内不同大写字母表示在 0.01 水平差异显著；不同种之间不进行差异性比较

硝态氮 NO_3^--N 与氨态氮 NH_4^+-N 变化情况有所不同，随胁迫时间延长 NO_3^--N 逐渐增加；相同胁迫时间下，在中等胁迫程度下，接种 AM 处理能提高 NO_3^--N 含量（表 7.21）。尤其是 Cp-AM-MS 和 Bc-AM-MS，在 60d 其含量超过 10mg/kg。第 30 天、第 60 天和第 90 天，吉贝接种 AM 菌相比不接菌情况，对照处理 NO_3^--N 含量变化分别为 −0.53mg/kg、3.97mg/kg 和 0.10mg/kg，中度胁迫 NO_3^--N 含量变化分别为 −0.17mg/kg、1.56mg/kg 和 −2.00mg/kg，重度胁迫 NO_3^--N 含量变化分别为 0.26mg/kg、−3.44mg/kg 和−1.22mg/kg。同样第 30 天、第 60 天和第 90 天，木棉接种 AM 菌相比不接菌情况，对照处理 NO_3^--N 含量变化分别为 2.23mg/kg、4.17mg/kg 和 2.91mg/kg，中度胁迫 NO_3^--N 含量变化分别为 1.91mg/kg、0.48mg/kg 和−1.46mg/kg，重度胁迫 NO_3^--N 含量变化分别为 2.28mg/kg、5.43mg/kg 和 0.55mg/kg。这说明接种 AM 菌能够提高土壤中 NO_3^--N 水平，但是在吉贝处理中存在接菌条件下 NO_3^--N 下降的现象。

胁迫处理 60d 和 90d 相比胁迫 30d，土壤速效磷 AP 含量增加。相同胁迫时间下，AP 随胁迫强度提高而显著降低（表 7.22）；并且在相同水分条件下，接种 AM 菌 AP 含量高于不接菌。胁迫 30d、60d 和 90d，吉贝接种 AM 菌相比不接菌，CK 水平速效磷 AP 含量分别提高−5%、30% 和 17%，MS 水平分别提高 15%、29% 和 12%，SS 水平分别提高 26%、27% 和 34%；同样在此胁迫期，木棉接种 AM 菌相比不接菌，CK 水平速效磷

表 7.21　接种 AM 菌与干旱胁迫木棉科植物根区土壤 NO_3^--N 含量变化情况

Tab. 7.21　The influence of AM fungi inoculation and drought stress on the NO_3^--N content of Bombacaceae　　　（单位：mg/kg）

处理	胁迫时间		
	30d	60d	90d
Cp-AM-CK	4.67±1.53aA	5.62±3.14aA	5.84±2.73aA
Cp-AM-MS	2.47±0.86bcA	15.47±5.72aA	5.95±1.86aA
Cp-AM-SS	1.59±1.11cA	11.88±4.64aA	4.12±2.17aA
Cp-NO-CK	3.26±1.53abcB	9.57±3.78aA	5.41±2.57aAB
Cp-NO-MS	3.70±0.47abA	7.51±6.03aA	7.49±5.02aA
Cp-NO-SS	2.38±0.04bcB	3.53±0.81aB	6.59±0.69aA
P（W）	0.024	0.668	0.684
P（AM）	0.698	0.319	0.388
P（W×AM）	0.114	0.385	0.670
Bc-AM-CK	4.13±2.29abA	3.22±2.98bA	5.86±2.82bA
Bc-AM-MS	9.33±6.00aB	19.22±9.73aA	18.00±6.92aAB
Bc-AM-SS	4.35±2.76abA	4.36±2.96bA	4.92±0.51bA
Bc-NO-CK	2.72±1.87bA	13.41±2.93bA	3.39±2.73bA
Bc-NO-MS	3.41±0.87bB	4.98±1.57bB	9.75±2.89bA
Bc-NO-SS	3.98±0.54abA	9.00±5.40bA	7.46±3.47bA
P（W）	0.246	0.002	0.002
P（AM）	0.093	0.016	0.148
P（W×AM）	0.269	0.001	0.080

注：同一个种内的处理，同一列内不同小写字母表示在 0.05 水平差异显著，同一行内不同大写字母表示在 0.01 水平差异显著；不同种之间不进行差异性比较，下同

表 7.22　接种 AM 菌与干旱胁迫木棉科植物根区土壤速效磷含量变化情况

Tab. 7.22　The influence of AM fungi inoculation and drought stress on the AP content of Bombacaceae

（单位：mg/kg）

处理	胁迫时间		
	30d	60d	90d
Cp-AM-CK	29.90±1.22abB	75.95±19.40aA	49.54±16.90aAB
Cp-AM-MS	31.45±0.86aA	41.11±9.22bcA	35.89±4.12abcA
Cp-AM-SS	13.28±2.31cB	14.98±2.04dB	25.09±6.42cdA
Cp-NO-CK	31.49±4.09aB	53.18±12.11aA	41.00±1.98abAB
Cp-NO-MS	26.83±0.90bC	29.21±0.81cdB	31.58±1.10bcA

续表

处理	胁迫时间		
	30d	60d	90d
Cp-NO-SS	9.82±1.08cB	10.93±1.65dB	16.66±3.99dA
P（W）	0.001	0.001	0.001
P（AM）	0.046	0.019	0.078
P（W×AM）	0.052	0.310	0.868
Bc-AM-CK	29.24±3.05bcB	45.44±4.32aAB	52.98±14.64aA
Bc-AM-MS	53.09±10.96aA	30.98±1.65bB	22.20±8.64cB
Bc-AM-SS	13.34±2.35dB	13.65±3.66cB	31.46±7.98bcA
Bc-NO-CK	17.83±8.21cdB	36.91±7.62abA	35.23±7.54bcA
Bc-NO-MS	34.20±3.46bA	36.75±2.28abA	36.09±1.72bcA
Bc-NO-SS	13.02±6.00dC	30.15±8.36bB	43.17±0.96abA
P（W）	0.001	0.000	0.028
P（AM）	0.006	0.091	0.498
P（W×AM）	0.080	0.005	0.010

AP 含量分别提高 39%、19% 和 34%，MS 水平分别提高 36%、-19% 和 -63%，SS 水平分别提高 2%、-121% 和 -38%；由此说明吉贝接种 AM 菌可以提高土壤中速效磷含量，但是针对木棉胁迫 30d 接种 AM 菌具有促进效应，当胁迫 60d 和 90d 时则没有促进效应。

　　钾是植物生长中必需的矿质元素之一。由表 7.23 可以看出，随胁迫时间延长土壤速效钾 AK 呈增加趋势，而相同时间内随干旱胁迫程度加剧 AK 总体上呈减少趋势。除 Cp-AM-CK、Bc-NO-MS 和 Bc-NO-SS 之外，其余处理 AK 随胁迫时间延长都没有达到显著水平。相同胁迫时间下，木棉不同处理之间差异极显著（P=0.001），吉贝则无差异（P＞0.2）；并且相同水分条件下接种 AM 菌土壤 AK 含量高于不接菌。

表 7.23　接种 AM 菌与干旱胁迫木棉科植物根区土壤速效钾含量变化情况

Tab. 7.23　The influence of AM fungi inoculation and drought stress on the AK content of Bombacaceae

（单位：mg/kg）

处理	胁迫时间		
	30d	60d	90d
Cp-AM-CK	418.50±31.46abB	419.12±15.02aB	558.75±22.35aA
Cp-AM-MS	433.44±63.80aA	346.02±9.51aA	502.69±123.09abA
Cp-AM-SS	370.49±55.47abA	401.83±68.53aA	455.25±102.89abA
Cp-NO-CK	352.38±41.55abA	355.46±85.96aA	437.72±58.10abA
Cp-NO-MS	293.46±75.25bA	317.30±86.03aA	412.82±47.04bA
Cp-NO-SS	385.75±31.85abAB	345.99±75.51aB	452.91±21.08abA
P（W）	0.847	0.338	0.530

续表

处理	胁迫时间		
	30d	60d	90d
P（AM）	0.066	0.134	0.062
P（W×AM）	0.175	0.889	0.378
Bc-AM-CK	492.88±13.97aA	492.81±12.99aA	510.62±19.73aA
Bc-AM-MS	454.06±38.85aA	491.65±62.59aA	518.46±79.89aA
Bc-AM-SS	316.08±30.14bA	375.64±48.36bA	382.41±15.54bA
Bc-NO-CK	371.63±72.20bA	392.89±85.33bA	376.53±60.76bA
Bc-NO-MS	330.58±15.39bB	408.08±10.48abA	440.23±35.83abA
Bc-NO-SS	211.38±11.04cB	222.83±15.01cAB	241.38±9.76cA
P（W）	0.001	0.001	0.001
P（AM）	0.001	0.001	0.001
P（W×AM）	0.892	0.456	0.439

多因素方差分析结果显示，干旱水平和接菌对土壤养分的影响不显著，干旱水平是主要的影响土壤养分的主控因素，对吉贝 TN、TP 和 AP 均有显著影响，而对木棉 TN、TP、NH_4^+-N、NO_3^--N、AP 和 AK 均有显著影响；接菌对吉贝 TN 和 TP 的变化影响不显著，而对木棉 TN、TP、AP 和 AK 的变化影响显著。

3.5.3　接种 AM 菌与干旱胁迫对不同器官全氮、全磷、全钾含量的影响

表 7.24 显示，与对照处理相比，中度胁迫和重度胁迫下不同器官中的氮含量均增高，仅有木棉不接菌处理条件，根的氮含量随干旱程度增加而减少。Cp-AM-MS 和 Cp-AM-SS 相比 Cp-AM-CK，氮含量在根中分别提高 34% 和 37%，茎中分别提高 38% 和 51%，叶中分别提高 37% 和 42%。Cp-NO-MS 和 Cp-NO-SS 相比 Cp-NO-CK，氮含量在根中分别提高 27% 和 25%，茎中分别提高 56% 和 48%，叶中分别提高 47% 和 43%。而 Bc-AM-MS 和 Bc-AM-SS 相比 Bc-AM-CK，氮含量在根中分别提高 60% 和 61%，茎中分别提高 63% 和 72%，叶中分别提高 39% 和 68%。Bc-NO-MS 和 Bc-NO-SS 相比 Bc-NO-CK，氮含量在根中分别降低 31% 和 35%，茎中分别提高 47% 和 56%，叶中分别提高 26% 和 63%。由此表明，随干旱强度加剧，植物不同器官的氮含量增加；接种 AM 菌对氮含量提高效应大于不接菌情况。

氮在根、茎、叶中分配比例的总体趋势是吉贝为叶>根>茎，木棉为茎>叶>根。相同水分条件下，吉贝和木棉接种 AM 菌处理，氮在茎和叶中的含量都低于不接种情况，除对照处理之外，接种 AM 菌的根中氮含量高于不接菌。这就说明接种 AM 菌降低了茎和叶中氮的含量，而促进根内氮的积累。

表 7.24　接种 AM 菌与干旱胁迫木棉科植物不同器官全氮含量变化情况

Tab. 7.24　The influence of AM fungi inoculation and drought stress on the TN content in different organ of Bombacaceae　　　　（单位：mg/kg）

处理	不同器官		
	根	茎	叶
Cp-AM-CK	1.58±0.20bcA	0.94±0.02bB	1.77±0.21dA
Cp-AM-MS	2.37±0.33aAB	1.52±0.62abB	2.83±0.41bcA
Cp-AM-SS	2.16±0.20abB	1.91±0.55abB	3.08±0.39abcA
Cp-NO-CK	1.43±0.20cB	1.00±0.13bB	2.11±0.37cdA
Cp-NO-MS	1.97±0.36abcB	2.25±0.83aB	3.98±0.94aA
Cp-NO-SS	1.90±0.49abcB	1.91±0.44abB	3.72±0.58abA
P（W）	0.008	0.012	0.001
P（AM）	0.093	0.294	0.015
P（W×AM）	0.778	0.418	0.432
Bc-AM-CK	1.04±0.13aA	1.06±0.19cA	1.27±0.15bA
Bc-AM-MS	2.61±1.05aA	2.84±0.94abA	2.07±0.59bA
Bc-AM-SS	2.64±1.06aA	3.83±0.73aA	3.99±1.22aA
Bc-NO-CK	2.42±0.65aA	1.62±0.47bcA	1.54±0.34bA
Bc-NO-MS	1.67±0.57aA	3.05±1.04aA	2.07±0.88bA
Bc-NO-SS	1.58±1.12aB	3.73±0.62aA	4.12±0.42aA
P（W）	0.652	0.000	0.001
P（AM）	0.610	0.531	0.695
P（W×AM）	0.045	0.733	0.945

注：同一个种内的处理，同一列内不同小写字母表示在 0.05 水平差异显著，同一行内不同大写字母表示在 0.01 水平差异显著；不同种之间不进行差异性比较

　　植物体中磷的变化与氮不同，无论接菌还是不接菌，中度胁迫下不同器官中磷的含量都高于对照处理和重度干旱，但没有达到显著水平（表 7.25）；并且中度干旱和重度干旱不同器官中磷含量都高于对照处理。吉贝接种 AM 菌相比不接菌情况，根、茎、叶中磷含量的变化，对照处理下分别为 0.15mg/kg、-0.06mg/kg 和-0.33mg/kg，中度胁迫下分别为 0.41mg/kg、-0.74mg/kg 和-1.15mg/kg，重度胁迫下分别为 0.26mg/kg、-0.001mg/kg 和-0.64mg/kg。木棉接种 AM 菌相比不接菌情况，根、茎、叶中磷含量的变化，对照处理下分别为-1.39mg/kg、-0.56mg/kg 和-0.27mg/kg，中度胁迫下分别为 0.94mg/kg、-0.21mg/kg 和-0.001mg/kg，重度胁迫下分别为 1.06mg/kg、0.11mg/kg 和-0.12mg/kg。因而，接种 AM 菌可以提高根中磷的含量，但是不利于茎和叶中磷的增加。而从不同器官中磷的分配比例来看，茎＞根＞叶，其中木棉茎的磷含量显著高于叶。

表 7.25　接种 AM 菌与干旱胁迫木棉科植物不同器官全磷含量变化情况

Tab. 7.25　The influence of AM fungi inoculation and drought stress on the TP content in different organ of Bombacaceae　　（单位：mg/kg）

处理	不同器官		
	根	茎	叶
Cp-AM-CK	271.03±33.51aA	282.57±85.05aA	227.73±35.83abA
Cp-AM-MS	312.25±87.67aA	325.88±127.67aA	311.69±30.49aA
Cp-AM-SS	307.12±96.56aA	308.42±201.57aA	283.68±54.55abA
Cp-NO-CK	263.03±48.20aA	257.97±61.66aA	196.71±34.47bA
Cp-NO-MS	299.26±19.63aA	382.96±58.42aA	325.66±93.75aA
Cp-NO-SS	256.78±34.60aA	351.23±99.74aA	331.79±71.83aA
P（W）	0.553	0.460	0.014
P（AM）	0.422	0.656	0.660
P（W×AM）	0.807	0.813	0.470
Bc-AM-CK	233.02±37.57bA	209.47±39.34cA	106.62±17.67cB
Bc-AM-MS	530.05±56.21aA	755.48±214.24aA	260.65±53.93bB
Bc-AM-SS	303.66±11.43bA	493.95±162.48bA	408.98±139.29aA
Bc-NO-CK	275.60±8.06bA	319.28±91.68bcA	161.69±20.68bcB
Bc-NO-MS	346.96±78.78bAB	463.06±81.54bA	267.29±75.69bB
Bc-NO-SS	293.91±44.26bB	441.17±34.50bA	420.04±30.14aA
P（W）	0.001	0.001	0.001
P（AM）	0.127	0.199	0.479
P（W×AM）	0.027	0.044	0.808

注：同一个种内的处理，同一列内不同小写字母表示在 0.05 水平差异显著，同一行内不同大写字母表示在 0.01 水平差异显著；不同种之间不进行差异性比较

表 7.26 显示，重度干旱胁迫下，吉贝或木棉茎的钾含量均显著高于根，同时木棉茎的钾含量显著高于叶。茎和叶中钾含量随干旱强度的提高而增加，而根中钾含量随干旱强度的增加而降低。从分配角度来看，植物中钾的分配：茎＞根＞叶，这与磷的分配情况一致。

表 7.26　接种 AM 菌与干旱胁迫木棉科植物不同器官全钾含量变化情况

Tab. 7.26　The influence of inoculation AM fungi and drought stress on the TK content in different organ of Bombacaceae　　（单位：mg/kg）

处理	不同器官		
	根	茎	叶
Cp-AM-CK	690.83±43.21aA	678.15±76.77aA	487.15±37.35aA
CP-AM-MS	593.56±51.69abA	747.79±85.43aA	586.56±118.15aA
Cp-AM-SS	532.09±72.03bB	745.24±128.89aA	624.00±54.55aAB

续表

处理	不同器官		
	根	茎	叶
Cp-NO-CK	597.67±76.49abA	654.33±117.65aA	556.7±102.44aA
Cp-NO-MS	498.37±14.29bA	641.04±8.99aA	645.19±139.93aA
Cp-NO-SS	510.11±24.59bB	724.90±145.99aA	621.42±79.11aAB
P（W）	0.004	0.533	0.166
P（AM）	0.015	0.326	0.370
P（W×AM）	0.414	0.724	0.783
Bc-AM-CK	706.03±34.44abA	728.55±48.58cA	635.63±331.52abA
Bc-AM-MS	847.53±36.20aB	976.22±33.20abA	536.28±28.97abC
Bc-AM-SS	805.36±76.43abB	1042.06±23.87aA	802.47±76.97aB
Bc-NO-CK	739.30±153.18abA	855.40±44.46bcA	480.66±38.08bB
Bc-NO-MS	658.10±10.50bB	811.43±27.19cA	458.29±87.76bC
Bc-NO-SS	778.50±51.50abB	996.30±165.03aA	629.17±43.05abB
P（W）	0.320	0.001	0.060
P（AM）	0.114	0.447	0.072
P（W×AM）	0.065	0.018	0.837

注：同一个种内的处理，同一列内不同小写字母表示在 0.05 水平差异显著，同一行内不同大写字母表示在 0.01 水平差异显著；不同种之间不进行差异性比较

多因素方差分析结果显示，干旱水平和接菌对根、茎、叶营养的影响不显著，干旱水平对吉贝根、茎、叶 TN 没有显著影响，而对木棉根、茎、叶 TN 和 TP 有显著影响；接菌对吉贝和木棉根茎叶 TN、TP 和 TK 的影响都不显著。

综上小结：对照处理和中度胁迫下，随胁迫时间延长，TN 含量增加，TP 含量呈先增后减的变化过程，TK 含量的变化与 TP 相反。重度胁迫不利于 TN 和 TP 增加。而随胁迫时间延长 NH_4^+-N 含量减少，而 NO_3^--N 和 AK 含量则逐渐增加；胁迫处理 60d 和 90d 相比胁迫 30d，土壤速效磷 AP 含量增加。随干旱胁迫强度提高，土壤 TN、TP、TK、NH_4^+-N、AP 和 AK 都是逐渐降低的。相同水分条件下，接种 AM 菌土壤 TN、TK、NH_4^+-N、NO_3^--N、AP 和 AK 含量高于不接菌处理，而不接菌处理土壤 TP 含量与接种 AM 菌相比差异不显著。另外，NO_3^--N 随胁迫程度加剧而增加，但在吉贝处理中接菌条件下 NO_3^--N 下降。

随干旱强度加剧，植物不同器官的氮含量增加，仅有木棉不接菌处理条件下，根的氮含量随干旱程度增加而减少。中度胁迫和重度胁迫下不同器官中磷含量都高于对照处理，并且中度胁迫下不同器官中磷的含量最高。随干旱强度提高茎和叶中钾含量增加，而根中钾含量变化相反。从不同器官中营养元素分配比例来看，磷和钾：茎＞根＞叶；而氮的分配有所不同，吉贝为叶＞根＞茎，木棉为茎＞叶＞根。相同水分条件下，接种 AM 菌可以提高根中磷的含量，但是不利于茎和叶中氮和磷的增加。除对照处理之外，接种 AM 菌的根中氮含量高于不接菌。

3.6 接种丛枝菌与干旱胁迫对吉贝和木棉菌根化的影响

经过检查干旱处理开始，菌根侵染率达 100%，菌丝在根皮层密布（图 7.15A），可以清晰观察到泡囊结构（图 7.15B，图 7.15C）。但重度干旱处理侵染率下降（表 7.27）。研究发现吉贝中度胁迫（Cp-MS）菌根依赖性最高为 50.55%，其次为木棉对照处理（Bc-CK），菌根依赖性为 45.15%；吉贝和木棉相对产量最高，分别为 202.23% 和 182.31%。随干旱胁迫程度加剧，接菌和不接菌相对产量都逐渐降低；除对照处理之外，相同水分条件下接菌相对产量高于不接菌相对产量。

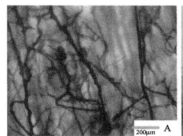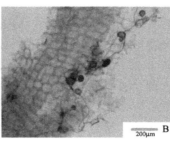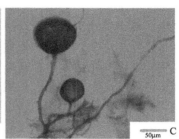

图 7.15　AM 菌在根皮层中菌丝生长情况（A）、菌丝泡囊（B）和泡囊（C）

表 7.27　菌根侵染和相对产量情况

Tab. 7.27　Mycorrhizal infection and relative production situation

(%)

处理	侵染率	菌根依赖性	相对产量	接菌相对产量	不接菌相对产量
Cp-CK	100.00	17.63	121.38	100.00	100.00
Cp-MS	100.00	50.55	202.23	71.08	55.15
Cp-SS	86.00	30.46	143.81	48.44	40.88
Bc-CK	100.00	45.15	182.31	100.00	100.00
Bc-MS	100.00	16.14	119.64	72.56	47.61
Bc-SS	71.00	29.57	141.98	41.11	32.02

第 4 节　结论与讨论

4.1 接种 AM 菌与干旱胁迫吉贝和木棉生长情况响应

干热河谷的形成有着地史、大地貌及地形波效应、大气环流、季风、植被抗逆性及人类干扰等综合作用，是局地地-气-水-生-人交互作用及耦合效应的综合产物（明庆忠和史正涛，2007）。由于地貌和地史干热河谷植物区系的形成及其特点具有一些特殊现象（杨钦周，2007）。"干"和"热"是干热河谷突出的气候特征（欧晓昆，1994）。在特殊的气候条件下，植被以灌丛为优势群落，稀乔木。而木棉是可以生长在干热河谷的高大乔木，为干热河谷乔木树种中的特例，干旱是木棉生长所要面临的最大问题。本实验结果表明，重度水分胁迫开始时吉贝和木棉幼苗地径生长受阻，并随胁迫时间延长出现"干缩"现象，中度水分胁迫时地径停止生长的时间相对延后 10d（不接菌）。高生长停止的时间要晚于地径至胁迫第 25 天。叶片对干旱胁迫的反应比较明显，重度胁迫第 7 天就会落叶，45d 叶片全部掉落，60d 植株死亡（表 7.28）。这就表明干旱来临时，首先是地径停止生长，其次是叶片逐渐脱落，最后才是高生长停止。土壤含水量 12.36%（土壤水势为-2.3MPa）是维持吉贝和木棉幼苗正常生长的下限，土壤含水量 9.63%（土壤水势为-5.78MPa）是严重影响生长的水分临界点。

正常情况下不同器官水分含量基本相同，干旱胁迫条件下不同器官水分含量为：叶＞根＞茎，水分重新分配，叶片优先获得更多的水分维持正常的光合产能和蒸腾作用从而保护叶片。水分胁迫下光合产物向地下部分转移（韦莉莉等，2005），木棉长期处于干旱环境，因而幼苗根系发育优于地上部分，并且根组织特化成为主要的储水器官以适应干旱环境；尤其是木棉在地上部分明显死亡后，地下部分仍有大量的水分储存。吉贝茎干生长明显，可能与其湿热起源（林秀香，2007）有关，但具体原因还须进一步验证。

干旱水平和接菌对地径、株高、叶片数量、不同器官含水量和不同器官的干质量的影响均没有显著交互效应，干旱水平显著影响地径增长量、株高（第 35 天后）增长量、不同器官的含水量和干质量；这些指标随干旱程度的加剧或是干旱时间的延长而降低。对照处理条件下，接种 AM 菌可以促进株高和地径生长，加快生长速率，增加叶片数量，显著促进生物量的增加（马放等，2014；宋成军等，2013）。相同水分胁迫条件下接种 AM 菌相比不接菌处理，可以延缓停止生长的时间和叶片掉落的时间（表 7.28）。接菌对地径增长量（第 25 天后）、株高（木棉）增长量、不同器官的含水量和干质量的影响显著。以上结果说明干旱是限制吉贝和木棉生长的主控因素，这与宋成军等（2013）的研究结果一致。接菌可以促进生长，提高植物体内水分含量和促进生物量的积累。

表 7.28　不同处理下的地径、株高和叶片生长临界点出现时间

Tab. 7.28　The time of critical point with ground diameter, seedlings height and leaf growth under the different processing （单位：d）

处理	生长受阻			生长停止			整株死亡
	地径	株高	叶片	地径	株高	叶片	
CP-AM-MS	25	45	15	45	60	45	—
CP-NO-MS	15	25	5	15	55	7	—
CP-AM-SS	5	25	1	15	45	15	60
CP-NO-SS	1	15	1	5	25	7	45
Bc-AM-MS	15	25	7	25	45	15	—
Bc-NO-MS	15	20	5	15	35	7	—
Bc-AM-SS	1	25	1	5	35	7	60
Bc-NO-SS	1	15	1	5	25	7	45

4.2　接种 AM 菌与干旱胁迫吉贝和木棉光合和荧光参数的响应

相同胁迫时间下，Pn、Gs、Ci 和 Tr 随胁迫程度增强而显著降低，此结果与邓云等（2013）的研究相吻合。胁迫条件下气孔导度 Gs 降低，Pn 也随之降低（邓云等，2013），气孔限制是 Pn 下降的主要原因。气孔的关闭使得蒸腾减弱，水分散失减少，是植物对干旱的一种适应（Pascual et al.，2010）。随干旱时间延长，对照处理下吉贝和木棉 Pn、Gs 和 Tr 呈先增后降的变化趋势，而中度和重度胁迫下，Pn、Gs 和 Tr 存在先减后增，然后又降低的趋势，此种变化说明干旱初期气孔关闭，Pn 和 Tr 受到抑制（付士磊等，2006），短期内通过对干旱适应之后，气孔导度增加，光合速率提高，但随胁迫时间延长，自身调节机制被打破，光合速率降低。接种 AM 菌可以促进 Pn、Gs 和 Tr 升高，植株光合能力增强，这与宋会兴等（2008）的研究结果一致。

光合作用与叶绿素荧光参数有着密切的关系。叶绿素荧光参数对光能的吸收、传递、耗散、分配等方面的研究具有独特的作用（汪月霞等，2006），能更清晰地反映光合作用的内在性。最小荧光 F_o 和 PSⅡ反应中心活性有关（李鹏民等，2005）。叶片 F_o 随干旱时间的延长呈增加的趋势，PSⅡ反应中心伤害程度也随之加剧，导致 Pn 降低。F_o' 和 F_m 随干旱时间的延长先减后增，F_m' 则先增后降；F_o'、F_m、F_m' 随干旱程度的加剧而降低，干旱影响了暗处理和光下最小荧光的产量及最大荧光的产量。最大光化学效率 F_v/F_m 反映 PSⅡ反应中心原初光能的转换效率，即光合潜能；PSⅡ潜在活性 F_v/F_o 与有活性的反应中心的数量成正比（张守仁，1999）。胁迫 1~15d 不同的处理组 F_v/F_m 维持相对较高水平，为 0.63~0.77，25d 后 CK 和 MS 处理略有下降，SS 处理急剧下降（$P=0.001$）；F_v/F_o 和 PSⅡ电子传递速率 ETR（孙景宽等，2009）在干旱初期出现不同程度的降低现象，在第 15 天稍有恢复，之后又降低。随干旱程度的加剧，干旱初期 F_v/F_m、F_v/F_o 基本保持稳定，这就表明干旱初期叶片能够通过自身调节维持较高的光化学效率和 PSⅡ潜在活性；到干旱后期出现下降，PSⅡ潜在活性被抑制，电子传递速率降低（王飒等，2013）。重度胁迫下 alpha 随时间延长而显著降低，也说明 PSⅡ的调节能力持续降低。

PSⅡ通过调节电子传递速率和光化学效率，以热的形式将过剩光能耗散出去，避免或减轻光合系统损伤（卜令铎等，2010）。随胁迫时间延长吉贝和木棉叶片光化学淬灭系数 qP 逐渐增加，PSⅡ电子传递活性提高（颉建明等，2008）。非光化学淬灭系数 qN 反映天线色素吸收的过剩光能，以热的形式耗散掉的部分（张守仁，1999），qN 随胁迫时间变化呈现上下波动，降低后又有略微的升高，之后再降低，其变化与 F_v/F_o 和 ETR 相似。当 qN 升高时，耗散增强，保护 PSⅡ（卢广超等，2013）。同时，随胁迫时间延长，调节性能量耗散量子产量 Y[NPQ]逐渐降低，非调节性能量耗散量子产量 Y[NO]无明显差异；而随干旱程度的加剧，Y[NPQ]降低，而 Y[NO]增加，这说明吉贝和木棉可以通过调节机制，保护光合器官；Y[NO]和 qN 升高，弥补 Y[NPQ]降低，避免 PSⅡ产生光氧化或是光抑制。电子传递速率降低，而 PSⅡ电子传递活性提高、耗散增强，是吉贝和木棉抗旱的光合特征。此结果与张仁和等（2011a，2011b）的研究结果相反。干旱水平和接菌对吉贝和木棉荧光参数的交互作用不显著，干旱水平或是接菌对其荧光参数的影响也不显著；但是在胁迫后期，干旱水平对荧光参数的影响达到显著或是极显著水平，这同样显示了干旱初期吉贝和木棉可通过有限调节维持正常的光合生理,干旱末期光合器官不可逆的伤害导致光合系统破坏。

从接种 AM 菌的情况来看,相同水分处理下,不接种 AM 菌处理叶片 F_o、F'_o 值均高于接菌处理,qN、Y[NPQ]、Y[NO]、alpha 无差异,接种 AM 菌不利于提高 qN、Y[NPQ]、Y[NO],但可以提高 ETR、qP,一定程度上接种 AM 菌可以促进 F_m、F'_m、F_v/F_m、F_v/F_o、alpha 升高。其中,不接菌处理 ETR 和 qP 随干旱程度增强而降低,接菌则相反,这就说明接种 AM 菌可能提高电子在 PSⅡ反应中心传递速率和 PSⅡ电子传递活性,从而进一步调节使 F_m、F'_m、F_v/F_m、F_v/F_o、alpha 增大,提高光合能力。

4.3 接种 AM 菌与干旱胁迫吉贝和木棉 MDA、游离脯氨酸和游离氨基酸的响应

干旱胁迫后期,PSⅡ受损,其活性降低,导致激发能过剩而产生活性氧,破坏膜系统(Reddy et al.,2004)。脯氨酸对活性氧的清除具有专一性,脯氨酸的积累很可能是植物抗氧化胁迫的一种反应(蒋明义等,1997)。而过多活性氧的产生导致膜的过氧化作用,产生 MDA,MDA 可引起膜的透性增强,降低膜的稳定性(汪月霞等,2006)。氨基酸是蛋白质降解的产物,在一定程度上可反映细胞的降解。本实验结果表明,随干旱时间延长,叶片 MDA、游离脯氨酸和游离氨基酸含量呈先增后减的变化趋势,干旱初期其含量迅速积累,干旱后期的含量降低至干旱处理前水平。其中,吉贝在干旱初期(1~7d)MDA 含量迅速积累,而木棉其含量峰值期在干旱的中期(15~25d),且不同处理的峰值均显著小于吉贝;而游离脯氨酸在第 7 天时达到峰值,游离氨基酸在第 5 天或第 7 天或第 25 天时达到峰值。从达到峰值点的时间来看,MDA>游离脯氨酸>游离氨基酸,并且吉贝 MDA 和游离氨基酸达到峰值的时间较木棉提前,而游离脯氨酸峰值点在同一天,因此,可以判断木棉受害时间比吉贝延迟,受害程度低于吉贝。第 7 天为干旱胁迫的关键点,重度水分胁迫处理膜脂伤害严重,有蛋白质大量降解,因而在第 7 天时出现叶片大量脱落的现象。多因素方差分析结果表明:干旱水平和接菌的交互效应对吉贝 MDA、游离脯氨酸和游离氨基酸含量影响不显著,木棉则显著;干旱水平或是接菌显著影响其含量变化。相同水分处理下、接菌植株 MDA 和游离氨基酸水平低于不接菌植株,接种 AM 菌吉贝游离脯氨酸含量低于不接菌处理,木棉脯氨酸含量高于不接菌处理(图 7.11),这说明接种 AM 菌可以促进 MDA 和游离氨基酸含量降低,接菌对吉贝和木棉的游离脯氨酸含量的作用机制不同,木棉叶片游离脯氨酸含量升高(赵平娟等,2007),则活性氧清除能力增强,吉贝叶片游离脯氨酸含量降低(叶佳舒等,2013),则AM 菌改善水分生理效应显著(贺学礼等,2011),从而降低受害程度,降低膜脂的伤害。

4.4 接种 AM 菌与干旱胁迫吉贝和木棉土壤及叶片养分影响的响应

氮、磷、钾是植物生长所必需的营养元素,速效养分是植物可利用的有效成分。本实验结果表明,干旱水平和接菌的交互效应对土壤和叶片养分的影响不显著。随胁迫时间延长,对照处理和中度胁迫,根区 TN 含量增加,TP 含量先增后减,TK 含量的变化

与 TP 相反，重度水分胁迫不利于 TN 和 TP 增加。吉贝和木棉根区 NH_4^+-N 含量随胁迫时间而减少，NO_3^--N 含量则逐渐增加；胁迫处理 60d 和 90d 相比胁迫 30d，AP 含量增加。随干旱胁迫强度的提高，土壤 TN、TP、TK、NH_4^+-N、AP 和 AK 都是逐渐降低的，水分条件影响了养分的积累和释放。缺钾可导致光合器官受损和气孔导度降低（董合忠等，2005），AK 随干旱胁迫强度的提高而逐渐降低，重度水分胁迫下可利用钾含量减少可能引起钾吸收量不足，间接影响光合作用。

　　叶片养分在植物体构成和生理代谢方面发挥着重要作用（Marsehner，1995），是反映树体营养状况的重要标志（刘波等，2010）。随干旱强度加剧，植物不同器官的氮含量增加，根中氮含量同土壤中全氮含量变化趋势一致；但是不接菌处理条件下，木棉根的氮含量随干旱程度增加而减少。中度胁迫和重度胁迫下不同器官中磷含量都高于对照处理，干旱胁迫可以促进吉贝和木棉对磷的吸收，土壤水分为 13.75%~12.36% 有利于磷的吸收。随干旱强度提高，茎和叶中钾含量增加，根中钾含量降低，茎和叶中较高的钾含量可能是这两种木棉科植物抗旱的一种营养特征；相反，根部较低的钾含量可促使根系吸收更多的钾。相同水分条件下磷和钾的分配机制遵循茎＞根＞叶；氮的分配遵循，吉贝为叶＞根＞茎，木棉为茎＞叶＞根。其中，吉贝和木棉氮分配差异性可能是因为不同器官的组织结构差异和需求量差异，具体还需要作进一步研究。

　　相同水分条件下，接种 AM 菌可以促进土壤 TN、TK、NH_4^+-N（Amesrn *et al.*，1983）、NO_3^--N、AP（贺学礼等，2009）和 AK 含量增加，而不接菌处理土壤 TP 含量略高于接种 AM 菌。接种 AM 菌可以提高根中磷的含量，这与 Tang 和 Cheng（1986）、唐明等（1999）的研究相吻合。胁迫条件下接种 AM 菌可能不利于叶中氮、磷的增加，与贺学礼等（2011）的研究相反，而吉贝和木棉叶片中氮、磷的增加趋向于引起植株氮吸收量增加。除对照处理之外，接种 AM 菌的根中氮含量提高，这与李登武等（2002）的研究相类似。

　　由表 7.29 可知，吉贝叶片全氮含量分别与根氮、磷、钾含量呈显著正相关，叶片全磷含量分别与根氮、磷、钾含量，茎氮、磷含量和叶全钾含量呈显著正相关，叶片全钾分别与茎氮、磷含量和叶片磷含量呈显著正相关；而吉贝叶片氮含量与茎全钾、TP、TK 含量呈显著负相关关系，叶片磷、钾含量与土壤养分含量呈负相关，并没有达到显著水平。而由表 7.30 可知，木棉叶片氮含量分别与根氮、磷含量和叶片钾含量呈极显著正相关，叶片全磷含量分别与茎全磷含量和叶全钾含量呈显著正相关，叶片钾含量分别与根氮、磷含量和叶片氮、磷含量具有显著正相关。而木棉叶片氮含量与 TN、TP、TK、NH_4^+-N 和 AK 含量呈显著负相关关系，叶片磷含量与 TN 和 AP 呈负相关，叶片钾含量与 TN、TP、TK、NH_4^+-N 呈显著负相关。因此，叶片中氮含量的变化受根中氮、磷、钾含量的影响；叶片中磷、钾元素相互促进，茎中磷含量促进叶片中磷、钾含量增加，茎中磷含量同根中氮含量有极显著正相关关系，即叶片中氮、磷、钾含量与根中氮含量最为密切，其次就是磷、钾。这就暗示根系对氮的吸收量提高，磷、钾水平也相应提高，从而影响叶片中氮、磷、钾含量变化。土壤养分库影响有效养分的释放，间接影响叶片中氮、磷、钾含量，尤其是 NH_4^+-N 升高时对植物受害程度加剧。

　　表 7.31 和表 7.32 为干旱胁迫后期（第 45 天）吉贝和木棉叶片养分、光合荧光参数、MDA、游离脯氨酸和氨基酸的相关性分析。叶片 TN、TP 和 TK 分别与 Pn、Gs、Tr、

表 7.29　吉贝不同器官营养和土壤养分相关性分析

Tab. 7.29　Correlation analysis of different organ and soil nutrient in *C. pentandra*

项目	R-TN	S-TN	L-TN	R-TP	S-TP	L-TP	R-TK	S-TK	L-TK	TN	TP	TK	NH4-N	NO3-N	AP
S-TN	0.363														
L-TN	0.863**	0.419													
R-TP	0.815**	0.468	0.655**												
S-TP	0.177	0.641**	0.248	0.228											
L-TP	0.487*	0.530*	0.448	0.496*	0.818**										
R-TK	0.651**	0.446	0.585*	0.629	0.317	0.555*									
S-TK	-0.674**	-0.119	-0.529*	-0.396	0.351	0.156	-0.421								
L-TK	0.134	0.581*	0.236	0.277	0.651**	0.604**	0.326	0.345							
TN	-0.374	-0.295	-0.381	-0.380	0.177	0.089	-0.300	0.551*	-0.191						
TP	-0.449	-0.240	-0.486*	-0.352	0.010	-0.095	-0.327	0.488*	-0.285	0.904**					
TK	-0.638**	-0.326	-0.695**	-0.485*	-0.199	-0.329	-0.671**	0.424	-0.286	0.321	0.298				
NH4-N	-0.213	-0.171	-0.313	-0.438	-0.109	-0.211	-0.404	-0.139	-0.177	-0.065	-0.015	0.408			
NO3-N	-0.054	0.162	-0.181	-0.155	-0.010	-0.026	-0.190	-0.224	-0.359	0.153	0.172	0.455	0.473*		
AP	-0.632**	-0.431	-0.493*	-0.446	-0.012	-0.184	-0.451	0.675**	-0.199	0.692**	0.709**	0.393	-0.059	-0.143	
AK	-0.473*	-0.086	-0.579	-0.190	-0.141	-0.241	-0.523*	0.340	-0.201	0.154	0.156	0.819**	0.043	0.384	0.237

注：数据为胁迫结束植物营养和土壤养分的相关系数，"**"表示在 0.01 水平差异极显著，"*"表示在 0.05 水平差异显著。R-TN.根全氮；S-TN.茎全氮；L-TN.叶全氮；R-TP.根全磷；S-TP.茎全磷；L-TP.叶全磷；R-TK.根全钾；S-TK.茎全钾；L-TK.叶全钾

表 7.30　木棉不同器官营养和土壤养分相关性分析

Tab. 7.30　Correlation analysis of different organ and soil nutrient in *B. ceiba*

项目	R-TN	S-TN	L-TN	R-TP	S-TP	L-TP	R-TK	S-TK	L-TK	TN	TP	TK	NH_4^+-N	NO_3^--N	AP
S-TN	0.212														
L-TN	0.704**	0.397													
R-TP	0.961**	0.238	0.770**												
S-TP	0.061	0.240	0.252	0.255											
L-TP	0.246	0.317	0.390	0.419	0.880**										
R-TK	0.400	0.047	0.245	0.276	-0.301	-0.096									
S-TK	0.301	0.533*	0.237	0.306	0.354	0.477	0.138								
L-TK	0.675**	0.249	0.602**	0.701**	0.351	0.518*	0.311	0.443							
TN	-0.820**	-0.194	-0.842**	-0.868**	-0.249	-0.490*	-0.315	-0.321	-0.752**						
TP	-0.776**	-0.199	-0.712**	-0.763**	-.176	-0.369	-0.455	-0.493*	-0.742**	0.880**					
TK	-0.690**	-0.113	-0.590**	-0.648**	0.130	-0.102	-0.305	0.026	-0.497**	0.743**	0.682**				
NH_4^+-N	-0.651**	-0.179	-0.435	-0.576*	0.223	-0.054	-0.399	-0.145	-0.567**	0.632**	0.644**	0.795**			
NO_3^--N	-0.027	0.238	0.128	0.107	0.582*	0.449	-0.139	0.324	0.165	-0.199	-0.225	0.147	0.320		
AP	-0.183	-0.544*	-0.416	-0.316	-0.617**	-0.563*	-0.102	-0.343	-0.450	0.260	0.196	-0.016	-0.050	-0.432	
AK	-0.654**	-0.049	-0.454	-0.578*	0.321	0.170	-0.109	0.099	-0.380	0.526**	0.450	0.859**	0.755**	0.333	-0.131

注：数据为胁迫结束植物营养和土壤养分的相关系数，"**"表示在 0.01 水平差异极显著，"*"表示在 0.05 水平差异显著。R-TN:根全氮; L-TN:叶全氮; S-TN:茎全氮; R-TP:根全磷; S-TP:茎全磷; L-TP:叶全磷; R-TK:根全钾; S-TK:茎全钾; L-TK:叶全钾

表 7.31　吉贝叶片养分、光合荧光参数、MDA、游离脯氨酸和氨基酸相关性分析

Tab. 7.31　Correlation analysis of leaf nutrient, photosynthetic characteristics, fluorescence parameters, MDA, proline and amino acid of *C. pentandra*

项目	L-TN	L-TP	L-TK	Pn	Gs	Ci	Tr	F_o	F_o'	F_m	F_m'	F_v/F_m	F_v'/F_o'	ETR	qP	qN	Y[NPQ]	Y[NO]	alpha	MDA	脯氨酸
L-TP	0.815**																				
L-TK	0.651**	0.629**																			
Pn	-0.748**	-0.446	-0.499*																		
Gs	-0.629**	-0.455	-0.462	0.747**																	
Ci	0.178	0.009	0.21	-0.368	-0.554*																
Tr	-0.611**	-0.485*	-0.253	0.702**	0.817**	-0.649**															
F_o	0.435	0.376	0.358	-0.588*	-0.486*	0.282	-0.655**														
F_o'	0.175	0.261	0.090	-0.056	-0.057	0.322	-0.220	0.198													
F_m	0.455	0.372	0.210	-0.383	-0.156	0.100	-0.406	0.522*	0.269												
F_m'	0.090	0.232	0.045	-0.088	-0.075	0.526*	-0.417	0.397	0.825**	0.399											
F_v/F_m	-0.335	-0.371	-0.268	0.400	0.385	-0.145	0.412	-0.586*	-0.5123*	0.077	-0.409										
F_v'/F_o'	-0.103	-0.100	-0.228	0.304	0.397	-0.228	0.364	-0.649**	0.013	0.298	-0.080	0.686**									
ETR	-0.050	-0.325	-0.141	0.028	0.003	0.287	0.094	-0.481*	-0.309	0.042	-0.220	0.724**	0.556*								
qP	0.230	-0.192	0.094	-0.448	-0.330	0.248	-0.151	-0.027	-0.471*	0.010	-0.352	0.275	0.043	0.726**							
qN	0.002	0.132	0.036	-0.028	0.225	-0.737**	0.238	0.253	-0.174	0.031	-0.306	-0.303	-0.239	-0.733**	-0.391						
Y[NPQ]	-0.137	0.092	-0.014	0.126	0.284	-0.670**	0.241	0.244	-0.210	0.027	-0.248	-0.177	-0.241	-0.752**	-0.538*	0.946**					
Y[NO]	0.269	0.314	0.213	-0.222	-0.414	0.566*	-0.475*	0.306	0.730**	-0.104	0.658**	-0.749**	-0.421	-0.294	-0.222	-0.352	-0.408				
alpha	-0.424	-0.248	-0.409	0.727**	0.836**	-0.697**	0.784**	-0.671**	-0.185	-0.100	-0.303	0.579**	0.644**	0.135	-0.310	0.204	0.260	-0.561*			
MDA	-0.231	-0.307	-0.220	0.160	0.577**	-0.696**	0.711**	-0.368	-0.155	-0.013	-0.354	0.304	0.399	0.097	0.093	0.427	0.310	-0.578**	0.609**		
游离脯氨酸	0.556*	0.466	0.432	-0.504*	-0.676**	0.781**	-0.792**	0.501*	0.313	0.434	0.512*	-0.193	-0.203	0.208	0.259	-0.586*	-0.565*	0.529*	-0.705**	-0.733**	
氨基酸	0.721**	0.598*	0.528*	-0.692**	-0.779**	0.471	-0.741**	0.361	0.051	0.319	0.139	-0.249	-0.107	0.181	0.397	-0.346	-0.443	0.393	-0.629**	-0.575**	0.759**

注：数据为胁迫第 45 天的相关系数，"**" 表示在 0.01 水平差异极显著，"*" 表示在 0.05 水平差异显著

表 7.32 木棉叶片养分、光合荧光参数、MDA、游离脯氨酸和氨基酸相关性分析

Tab. 7.32 **Correlation analysis of leaf nutrient, photosynthetic characteristics, fluorescence parameters, MDA, proline and amino acid of *B. ceiba***

项目	L-TN	L-TP	L-TK	Pn	Gs	Ci	Tr	F_o	F'_o	F_m	F'_m	F_v/F_m	F_v/F_o	ETR	qP	qN	Y[NPQ]	Y[NO]	alpha	MDA	脯氨酸
L-TP	0.961**																				
L-TK	0.400	0.276																			
Pn	-0.697**	-0.777**	-0.058																		
Gs	-0.600**	-0.714**	-0.024	0.931**																	
Ci	0.564*	0.504*	0.048	-0.565*	-0.494*																
Tr	-0.689**	-0.781**	-0.177	0.829**	0.727**	-0.330															
F_o	0.593*	0.551*	0.281	-0.468	-0.291	0.783**	-0.388														
F'_o	0.013	-0.044	0.208	0.475*	0.489*	-0.048	0.269	0.218													
F_m	-0.621**	-0.574*	-0.386	0.539*	0.354	-0.277	0.549*	-0.303	0.209												
F'_m	-0.223	-0.212	-0.033	0.566*	0.477*	-0.388	0.356	-0.290	0.763**	0.221											
F_v/F_m	-0.707**	-0.661**	-0.343	0.611**	0.401	-0.763**	0.540*	-0.885**	0.053	0.648**	0.400										
F_v/F_o	-0.688**	-0.626**	-0.427	0.556*	0.313	-0.610**	0.490*	-0.837**	-0.067	0.735**	0.327	0.926**									
ETR	-0.240	-0.146	-0.135	-0.008	-0.232	-0.524*	0.109	-0.692**	-0.384	0.207	0.011	0.647**	0.576*								
qP	0.620**	0.676**	0.231	-0.813**	-0.766**	0.417	-0.603**	0.396	-0.502*	-0.601**	-0.541*	-0.572*	-0.556*	0.227							
qN	-0.027	-0.079	-0.184	0.074	0.226	0.515*	0.000	0.463	0.086	0.034	-0.149	-0.441	-0.240	-0.817**	-0.239						
Y[NPQ]	-0.179	-0.251	-0.197	0.313	0.461	0.306	0.186	0.330	0.265	0.162	0.052	-0.255	-0.121	-0.831**	-0.513*	0.937**					
Y[NO]	0.733**	0.685**	0.577*	-0.533*	-0.380	0.421	-0.490*	0.679**	0.219	-0.671**	-0.112	-0.729**	-0.857**	-0.345	0.505*	-0.155	-0.225				
alpha	-0.830**	-0.742**	-0.602**	0.593**	0.425	-0.618**	0.551*	-0.784**	0.018	0.600**	0.346	0.874**	0.829**	0.431	-0.616**	-0.146	0.013	-0.795**			
MDA	0.102	0.275	-0.062	-0.181	-0.310	-0.223	-0.430	-0.224	0.079	0.044	0.408	0.155	0.275	0.248	0.054	-0.207	-0.261	-0.063	0.126		
游离脯氨酸	0.843**	0.863**	0.430	-0.763**	-0.686**	0.400	-0.875**	0.471*	-0.148	-0.62**	-0.260	-0.629**	-0.579**	-0.194	0.595**	-0.039	-0.189	0.646**	-0.751**	0.318	
氨基酸	0.756**	0.763**	0.525**	-0.624**	-0.499*	0.308	-0.800**	0.518*	0.019	-0.581**	-0.134	-0.647**	-0.612**	-0.332	0.449	0.018	-0.082	0.698**	-0.758**	0.367	0.937**

注：数据为胁迫第 45 天的相关系数，"**" 表示在 0.01 水平差异极显著，"*" 表示在 0.05 水平差异显著

F_v/F_m、F_v/F_o、ETR、alpha 呈负相关关系，而与 Ci、F_o、Y[NO]、游离脯氨酸和氨基酸呈正相关关系。结合养分分配规律，磷和钾为茎＞根＞叶；而氮的分配有所不同，吉贝为叶＞根＞茎，木棉为茎＞叶＞根，当干旱来临时，磷和钾向根和茎转移或是积累，在一定程度上可以降低光合生理的伤害，同时促进非调节性耗散，脯氨酸清除活性氧功能增强。但是 F_o 的增加导致 PSⅡ受损，F_o 与 Pn 呈极显著的负相关关系；与此同时，Ci、游离脯氨酸和氨基酸的增加同样会引起 F_o 升高，并与 Pn 也呈极显著的负相关关系，因此，F_o、Ci、游离脯氨酸和氨基酸升高将会影响 Pn。从另一个方面来看，F_v/F_m、F_v/F_o 和 ETR 与 Pn 呈正相关，而与 F_o 呈显著或是极显著负相关关系，这就说明，PSⅡ潜在活性提高，电子传递速率增强，光合潜能提高，从而抑制 PSⅡ受损。当 ETR 升高时，qP 增加，PSⅡ电子传递活性提高，电子被有效利用，耗散降低。当游离脯氨酸和氨基酸增加时，qN 和 Y[NO]升高，耗散增强，保护光合器官。另外，叶片中有 30%~40%的氮参与羧化反应（Grassi et al.,2002），最大羧化速率与叶片氮含量的关系同水分胁迫状况有关（闫霜等，2014），叶氮参与羧化的部分取决于最大光合速率（朱军涛等，2010），试验结果为叶片氮含量随水分胁迫加剧而增加，而光合速率 Pn 随水分胁迫加剧而降低，这就说明干旱环境木棉和吉贝通过增加叶片中的氮含量，使用于羧化的氮的比例增加，从而促进光合产物增加或是维持正常水平，这也可以解释地上部分停止生长而地下部分继续生长的原因。

因此，吉贝和木棉应对干旱环境所采取的适应对策是伴随植物体内养分和水分的重新分配，胁迫物质和渗透调节物质引起植物产生有限的调节，而当这种调节机制失去作用时也意味着植物面临死亡的威胁。植物适应干旱环境是一个复杂的综合效应。相比而言，木棉比吉贝光合效率高的原因是基于气孔导度、蒸腾速率、脯氨酸含量、PSⅡ潜在活性、最大荧光产量、最大光化学效率和热耗散能力高于吉贝，这同时也说明木棉比吉贝抗旱性强。

4.5 接种 AM 菌与干旱胁迫吉贝和木棉菌根化的响应

根的吸水主要通过细根进行，细根（fine root）通常是指直径小于 2mm 的根，包括菌根（张小全等，2000），大于 2mm 的为输导根（张劲松和孟平，2004），主要承担水分和养分的运输；丛枝菌可以侵染植物根系形成共生结构，但是干旱显著影响共生体发育（叶佳舒等，2013）。重度干旱处理下吉贝和木棉菌根侵染率下降，干旱影响了菌根的形成。吉贝中度胁迫（Cp-MS）菌根依赖性最高为 50.55%，其次为木棉对照处理（Bc-CK）菌根依赖性为 45.15%；而相对产量也随菌根依赖性的变化而变化。接菌可以提高相对产量，但干旱胁迫严重影响相对产量增加。

从本实验研究结果分析，木棉的光合特性和形成的菌根共生体系可能与木棉的适应性关系密切。具体体现在：①干旱条件下植物体内水分重新分配，叶＞根＞茎，根系和丛枝菌形成共生结构，改善植物体内水分状况；延缓叶片脱落和生长停止的时间。②光合生理适应干旱的叶片能够维持较高的 F_v/F_m 和 F_v/F_o，提高 qP、qN 和 Y[NO]，由此避免 PSⅡ产生光氧化或是光抑制。AM 菌提高植株光合能力的表观机制是改善植物体水分含量，促进 Gs 和 Tr 升高；而内在机制是基于 ETR 和 qP 的增加，使 F_m、F_m'、F_v/F_m、

F_v/F_o、alpha 升高。③AM 菌缓解了干旱胁迫的程度，对膜脂伤害的物质 MDA 和游离氨基酸含量降低，用于渗透调节的游离脯氨酸含量升高，从而增强了活性氧清除能力，降低了膜脂的伤害。④茎和叶片中较高的钾含量可能是这 2 种木棉科植物抗旱的一种营养特征；干旱环境叶片氮的增加保证了参与羧化反应的氮的供应，从而促进光合产物的合成，并且向根系转移，促进根系生长。AM 菌可以改善不同器官中氮、磷、钾的含量，显著提高根中氮和磷的含量，叶片中氮、磷、钾随之变化，对光合生理存在负效应和正效应。总体而言，抗旱机制是多种因素共同作用的结果，因素之间存在相互作用的调节机制。接种 AM 菌可以促进生长，保护光合器官，增强光合能力，提高养分吸收，从而提高抗旱性。因此，吉贝和木棉适应干旱环境的关键因素就是丛枝菌根共生系统的形成和有效的抗旱机制。

第三篇　菌根菌与松的共生系统

第8章 云南松外生菌根菌与抗旱性的关系

第1节 引   言

1.1 云南松的适应性

云南松（*Pinus yunnanensis*）是云南省的主要造林树种和用材树种。它以滇中高原为起源和分布中心，分布于海拔 700~3200m 的地带。在海拔 1700m 地带生长最好。向北扩张到四川西南、四川西北部，随着海拔的升高，被高山松（*P. densata*）代替；向东北扩张到贵州西部；往东扩张到广西，并被马尾松（*P. massoniana*）代替，往南被思茅松（*P. kesiya* var. *langbianensis*）代替。在滇中地区，由于云南的地形复杂多变，形成了很多的小地形和特殊的气候环境。云南松又形成了两个变种，即细叶云南松（*P. yunnanensis* var. *tenuifolia*）和地盘松（*P. yunnanensis* var. *pygmaea*）（金振洲和彭鉴，2004）。云南松的分布广泛，占云南省森林面积的40%，对云南的水源保持、林地绿化、林业经济起到了重要作用（Cheng and Fu，1978；Yu *et al.*，1998）。云南松的变异性很大，树皮的差别也很大，有块状、鳞片状、条状；有的比较光滑，而有些则比较粗糙，并且大小不一。由于性状不稳定，不能把它单独分为一个种。云南松的变异和环境的变化是分不开的。在干燥、瘠薄、土层薄的山顶形成了生态小种地盘松；由于温差的影响，在低海拔局部地区形成生态小种细叶云南松。环境条件稍好的山坡则木材扭曲、主干不高、顶梢不明显，形成小老头树；只有在土层深厚、肥沃的沟谷边才有树干较直的云南松。为了获得优良的云南松种源，云南林业部门已经建立了云南松优良母树园。

云南松的分布范围很集中，以滇中高原为中心，西北面与高山松、思茅松相接。分布区域的重叠使 3 种松之间有着很大程度的基因渗透，扩大了遗传多样性，但同时也给分类带来了困难。现在云南松的分布群边缘形成了地理种细叶云南松（*P. yunnanensis* var. *tenuifolia*）和特殊地带的生态种地盘松（*P. yunnanensis* var. *pygmaea*）（Cheng and Fu，1978；Yu *et al.*，1998）。在近几年的调查中发现，在云南的一些高原地带，特殊环境中，云南松群落的一些形态特征表现出明显的差异（Huang，1993）。现阶段，人们对云南松的遗传变异研究不多，对云南松、高山松、思茅松的遗传多样性和结构的研究也很少（Huang，1993；虞泓等，1998，1999；Wang and Szmidt，1990）。而虞泓等（2000）的研究表明云南松的遗传分化系数比思茅松、高山松的高。而云南松、高山松、思茅松3 个松树种的居群和物种的各项遗传多样性参数在100多种裸子植物中居中上水平（Ge *et al.*，1998；Nei，1978）。云南松的地理差异，增加了遗传多样性。全球气候剧烈变化，类型多样，越来越恶劣。云南松为了在新的环境上生存、繁殖后代，更加速了自身的变异以适应新环境。

研究发现不同云南松种源在树高、地径和材积等方面的差异极显著。母树林的子代林与商品种子的子代林在生长量上存在显著差异。其遗传力为 11.85%，遗传增益为 5.63%，母树子代林具有极显著的增产效果。皮文林等（1994）通过对 10 个不同种源的云南松 7 年生树高、胸径进行连续观测和数理统计分析后得出，云南松的高径生长相关性在早期极为显著。高生长和粗生长的一致性很明显。经过了长期的自然选择，得到不同的生态型。通过种源试验选择优良种源能够获得丰产。周蛟等（1994）用"滇中云南松天然林优良林分的选择标准和方法"选择出很多优良的林分，得到速生生长量遗传力为 76%、蓄积生长量遗传力为 47.48%、遗传增益为 36.44%的优良林分。陈强等研究认为改建 16 年生的云南松天然林优良林分作为母树林，以选择 0.3（郁闭度）疏伐强度为好。母树林经过 2 次疏伐后即可定型。其疏伐间隔期不超过 4 年。云南松天然优良林分和母树林子代均具有干型通直、木纹理扭曲度小、生长量大的特点。邓辉胜（2006）对云南松的小孢子母细胞的减数分裂进行了研究，得出云南松的小孢子完成一次减数分裂需要 4d 时间。最先进入减数分裂的是小孢子叶球穗的基部，再依次向顶部发育。一个完整的小孢子叶球穗从减数分裂开始到分裂完成要持续 2~3d。小孢子叶球的发育次序却跟球穗的相反，顶部的小孢子母细胞最先进入减数分裂，从上往下依次进入发育。同一植株的不同小孢子叶球穗、小孢子叶球的不同小孢子母细胞之间的同步性较高。同时统计出终变期中染色体交叉数目和别的松、杉类群差异不显著。云南松的同源染色体的配对情况分 3 种，两条臂配对形成环状二价体，只有一条臂配对成棒状二价体，以及没有配对的，只是两个游离的单价体。

邓云等（2006）研究了磷对云南松幼苗的生长影响。得出云南松在幼苗生长期，茎和叶的生物量与磷浓度的变化一致，呈上升趋势，在 0.125mmol/L 出现明显转折，再往上趋于平缓。在低磷的时候，云南松通过保持根系生物量的稳定，降低地上部分的营养生长来适应磷的胁迫，使根冠比得到增加。于是根长增加，株高降低，云南松能够通过自身的自我调控来适应不同磷浓度下对磷的吸收和利用。戴开结等（2006）研究了低磷胁迫时，云南松幼苗的生物量和各个生物量的分配。随着磷浓度的下降，云南松地上部分和总的生物量下降。同时高度、侧芽数都呈下降的趋势。总生物量的下降主要是由茎叶的下降而引起的，根的生物量比较稳定，没有明显的下降。整个植株以降低茎叶的生物量来提高根冠比，保持根系生物量来维持整个生命。周文君等（2005）研究了云南根际土与非根际土中磷的有效性。无论是有机磷的含量还是无机磷的含量，根际的都比非根际的高，但二者之间的差别不大。能够让植物利用的有效磷的含量也不高，只有 25 年生松林的根际土中，有效磷的含量超过 3mg/kg。但根际土中的有效磷要比非根际土的高，差别较大，说明云南松的根际具有活化磷的能力。而不同林龄之间的活化磷能力随着林龄的增大而减小。原因可能是小龄云南松的根系对养分的吸收能力比大龄云南松的大，而使其根系的生理活动更强。另一个影响磷的重要因子，即 pH 在各个层面都有差别。根际土的 pH 比非根际土的要低，它们之间的差别比较大。而在不同林龄间的差别很小，根际土的磷酸酶活性高于非根际土，磷酸酶在根际和非根际土中的含量差异都达极显著水平。根际与非根际之间的酸性磷酸酶绝对差异最大，碱性磷酸酶的绝对差异最小，表明林龄的差异未造成活性根分泌磷酸酶的显著差异。

云南松是云南荒山造林的先锋树种，在我国西南广泛用于人工造林。它对低磷的土

壤环境表现很强的适应能力,在贫瘠的低磷红壤土上广泛分布。 在云南楚雄禄丰,云南
松林土壤有效磷含量不到 1mg/kg;在云南曲靖城关次生云南松林土壤中的有效磷含量仅
为 0.85mg/kg,这些地方的土壤有效磷含量已经远远低于云南省红壤 12.64mg/kg 的有效
磷平均值。而根据 Jackson 的建议,Bray 法测得的土壤有效磷含量在 3~7mg/kg 时为低含
量,而当土壤有效磷含量小于 3mg/kg 时,该土壤中磷的含量极低(杨道贵和马志贵,1997;
王文富, 1996;中国土壤学会, 2000)。

　　沈有信(2005)还对云南松林里,根际与非根际的磷酸酶的活性、磷的有效性进行
了研究。经比较得出,在云南松林里,不论是根际还是非根际,都含有大量的磷酸酶,
但活性不一致。根际土的磷酸酶的活性比非根际土的要高。酸性磷酸酶是云南林里主要
的酶类,中性磷酸酶次之。对于根际土、非根际土、远根际土,从外界补充的磷越低,
其酸性和中性磷酸酶的活性越高,反映出磷饥饿对磷酸酶的诱导。但磷酸酶的变化同土
壤有效磷的相关性不高。酶数量的增加不是云南松对磷饥饿的唯一适应性机制,它的变
化只是磷胁迫下的一种症状。

　　目前,有关云南松适应低磷环境机制的研究已进一步深入,云南松的低磷适应对策
将会得到揭示。

　　李正理在 1994 年比较云南松和地盘松的木材结构发现, 10 年生实生苗地盘松胸径
只有云南松的一半,而且地盘松的生长轮也较狭窄,各年的也不规则,相同年龄的云南
松生长轮较均匀、规则。云南松的早材与晚材分界很明显,早材比晚材宽阔得多;而地
盘松的早材和晚材很难区分,同时,晚材数量很多。树脂道在生长轮中的分布:云南松
的较少,大部分分散在早材中;地盘松的较多,几乎是云南松的两倍,而且大多在晚材
中。管胞在两种松树中的排列都很整齐,云南松管胞的长度、直径都比地盘松的大。云
南松的早材管胞较大,相应地早材管胞壁也较厚。地盘松生长在环境恶劣的地区,很多
形成矮化丛生灌木状,主干不明显。但是在环境良好的地区或人工栽培条件下,也有明
显的矮生主干(姜汉侨,1984)。不过,它的矮化形态特性,不论在什么生长条件下都
不会成为像云南松那样的高大乔木(彭鉴,1984)。因此可以认为地盘松是一种遗传型
矮生松树。长在贫瘠地带的云南松,树干会有不同程度的扭曲,严重影响了木材利用。
但是将其种到环境条件好的地带,干旱能得到很大改良,有明显主干,不再形成丛生状。

1.2　干旱对树木生长的影响

　　世界上的松树种类多达近百种,但具有较强的抗旱能力并在世界上干旱半干旱地区
成功进行栽培的只有十几种, 如 *Pinus banksiana*(班克松)、*P. brutia*、*P. ca-nariensis*、
P. cemvroides、*P. contorta*(小干松)、 *P. coulteri*、*P. eldarica*、*P. edulis*、*P. flexilis*(美
国果松)、*P. halepensis*(地中海松)、*P. jeffreyi*(美国蓝叶松)、*P.leiophylla* var. *chihuahuana*、
P. nigra(欧洲黑松)、 *P. pinea*(意大利果松)、*P. pinaster*(海岸松)、 *P. ponderosa*
(美国黄松)、*P. radiata*(辐射松)、*P. sylvestris*(欧洲赤松)等(Pallardy and Kozlowski,
1981; Kramer and Kozlowski, 1979)。

　　树木的抗旱性是指树木在干旱环境中生长、繁殖或生存的能力,以及在干旱解除后
迅速恢复的能力(游先祥,2003)。树木抗旱性的强弱受多个因素影响。其抗旱能力也

因为树种的差异而有强弱之分。生长于阳坡、山脊、干热河谷、热带的树种,其抗旱能力相对较强。

植物水势的变化也反映了植物抗旱性的强弱。抗旱性越强的树种,在同等水分条件下,叶水势下降梯度越小。这说明叶水势与植物抗旱能力呈负相关。植物叶水势下降是植物缺水的重要指标,其高低及稳定性可以作为衡量植物抗旱性强弱的生理指标。经研究得出,水分对杨树苗木的影响表现在其生长和具体的代谢过程中,干旱胁迫的最直观反映就是苗木生长量上的差异。胁迫条件下和非胁迫条件下苗木的生长量的差异,能较好地反映树木对干旱的适应能力。在干旱条件下,抗旱性强的树种原生质膜透性增加明显低于抗旱性弱的品种。由于细胞受到破坏,细胞内的电解质大量外渗,降低了细胞维持正常水势而保持膨压的能力。通过对不同品种电导率变化的分析,可以看出各品种在干旱处理下质膜透性的变化。干旱处理后,相对电导率增加,即其细胞膜透性增加,表明其受到了逆境的伤害(高建社,2005;聂华堂和陈竹生,1991)。

Myers 发现,限制水分供应会导致苗木总面积下降,同时高生长也受到了抑制。根茎比增加是干旱条件下植物生长的又一特点。水分胁迫影响下,植物的生长受到很大的抑制,“湿增径,旱生根”。研究发现,水分胁迫下根系的生物量积累相对较高,根茎比较大,胁迫解除后,根茎比有所下降,但 2 个无性系下降幅度不同。这也说明了“旱长根”的说法是有一定根据的。在干旱瘠薄地区,具有发达根系的树种有明显的生存优势。

脯氨酸是植物体内重要的渗透调节物质,它在植物体内含量的变化是植物抗旱能力的重要指标。植物在干旱胁迫下,体内的游离脯氨酸比正常条件下含量高,这在高等植物中很普遍。脯氨酸是植物体内重要的渗透调节物质,其增加有助于细胞和组织的持水,防止脱水,这对植物抵抗干旱逆境是有益的(汤章城等,1986)。

干旱对植物地上和地下部分生长的影响是不同的,水分亏缺时根系仍能生长,而茎部几乎不生长,因此根茎比增加是干旱条件下植物生长的又一特点。

1.3　菌根与树木抗旱性的关系

菌根与植物共生也能提高植物的抗旱能力,在土壤干旱条件下菌套对营养根内水分的外渗起到阻隔作用(Reid,1978)。外延菌丝、菌索等器官在土壤中的延伸、扩展降低了土壤与根系间的液流阻力,使水分移动受到的阻力比根和土接触时所受的阻力小,液流通过菌丝和哈蒂氏网进入根的无阻空间(韩秀丽等,2006)。对板栗接种菌根,其叶肉质化程度提高,比叶面积增大,这种组织结构上的变化进而影响到生理特性的变化:叶保水能力增强,水分饱和亏缺降低,增强了植物体的保水能力(吕全和雷增普,2000)。在干旱条件下菌根苗叶水势高于对照苗。Reid(1978)和 Dixon 等(1983)在不同树种上的试验都得出了相同的结论。

有研究者对柑橘进行了菌根试验,证实了干旱条件下菌根真菌可促进柑橘对水分的吸收。还有研究表明,在土壤养分(尤其是磷)含量较低的情况下,菌根真菌能提高樱桃、海棠和杜梨实生苗的抗旱能力。唐明等(2003)进一步从苗木生理方面对接种菌根真菌提高杨树苗木抗旱性进行了研究, 结果表明:接种菌根促进了苗木的水分吸收,提高了树皮的相对膨胀度，在水分胁迫条件下，形成菌根的苗木净光合速率的水势补偿点比对照苗木推迟 2~3d 出现。陈辉和唐明（1995）对杨树的研究得出，接种菌根的杨树在受到水分胁迫时，其光合速率的下降速度比未接种菌根的杨树要慢得多。净光合速率补偿点比未接种苗推迟 2d 出现。

菌根还能提高植物化合物的含量，以增加植物的抗旱能力。唐明等（2003）用丛枝菌根真菌对沙棘抗旱性的研究显示，随着 AMF 侵染率的增加，叶片的超氧化物歧化酶（SOD）活性增加，膜质过氧化产物丙二醛（MDA）含量和细胞质膜相对透性降低。菌根侵染率较高的植物体内 SOD 活性维持较高水平时，可有效清除宿主植物体内因干旱胁迫而积累的超氧自由基，降低 MDA 含量和细胞质膜相对透性，减轻膜脂过氧化造成的伤害程度，增强了植物的抗旱性（陈辉和唐明，1995）。陈辉和唐明（1995）证明，杨树接种了菌根，其体内的过氧化物酶、多酚氧化酶和苯丙氨酸解氨酶的活性都比对照苗的高。赵忠等（2000）指出，水分胁迫（特别是干旱）下，菌根接种苗木促进了对氮元素的吸收，提高苗木叶片中氮元素的分配比例，菌根接种还能促进毛白杨苗木体内脯氨酸和可溶性糖的合成与积累，明显提高苗木的抗旱性，毛白杨菌根接种苗相对丰富的氮吸收及其向叶片中的分配是其抗旱性增强的主要原因。

植物的净光合速率随叶水势的降低而下降。雷增普（1994）的研究表明，菌根苗光合水分的利用率比对照株高，当土壤水势降至−1.5MPa 时，对照苗的净光合速率已接近零，而菌根苗的蒸腾系数平均为 3.211。吕全和雷增普（2000）的试验也证实，在正常情况下菌根株高于对照苗的蒸腾速率。刘广全等（1995）在对 8 种针叶树抗旱生理指标的研究中发现，侧柏在植物枝叶水势达到−2010bar 时，没有发生质壁分离，当水势达到−3810bar 时，RWD 顺序为：水杉>雪松>云杉>柳杉>杜松>圆柏>油松>侧柏。植物的 RWD 愈小，抗旱性愈强，在水分胁迫达到很强时，侧柏、油松 RWD 相对较小，表明了其抗旱性强（李吉跃，1989）。

植物有自己的适应能力。在长期的进化过程中形成了相应的保护机制：从感受环境条件的变化到调整体内代谢直至发生有遗传性的改变，将抗性传递给后代（陈辉蓉等，2001）。轻度缺水并不直接影响树木的光合作用，当叶水势下降到一定数值后，光合作用才稍有下降，然后迅速下降。光合速率开始下降时的叶水势值因树种和试验条件而异，为−2.5~−0.5MPa。

植物抗旱性能力的大小，归根结底就是细胞原生质忍耐脱水的能力。细胞原生质相对透性的大小能在一定程度上反映原生质遭受破坏的程度。渗透调节（osmotic adjustment）是植物在逆境条件下，通过代谢活动增加细胞内溶质浓度，降低其渗透势，从而降低水势，从外界水势降低的介质中继续吸水保持膨压，维持较正常的代谢活动。

我国对林木抗旱性育种的研究还不是很多，目前主要是在对林木抗旱性指标的选择与鉴定技术上，如李吉跃等（1997）对侧柏不同种源细胞弹性、耐旱生产力及水分利用效率等的比较，李庆梅和徐化成（1992）对油松不同种源水分参数变化的分析等。戴建良（1996）试图对侧柏种源抗旱性选择问题进行探索，但距离有效的实质性结论还甚远。

1.4　抗旱造林技术

抗旱技术研究的是如何保水与提高植物本身内含物的方法。土壤水分的保持，通常用的是覆盖地膜。韩蕊莲等（2003）在研究中发现，覆盖地膜能提高土壤的含水量及地温，改善苗木周围的小环境，有利于苗木萌动和生长。邹厚远等（1994）于1987年在固原试验区采取覆盖造林，取得了良好的效果。在相同立地条件下春季造林后的成活率，覆膜的高于未覆膜的。王彩梅（2004）研究发现，对侧柏进行封土保护，这一抗旱技术可减少苗木地上部的水分蒸腾，使得一次栽植成活率平均达92.13%，比未封植的成活率提高了23.14%。李林英等（1994）发现，穴面覆盖塑膜，土壤水分的蒸发得到大量抑制。造林第3年秋季，保存率塑膜苗比对照株高46.12%，幼株高生长量提高20.19%，地径生长量提高29.10%。杨天义等（1996）对经济林覆膜抗旱技术的研究表明，采用覆膜技术的，平均成活率达76%以上，比对照高30%。

随着科技的发展，抗旱技术也得到很好的发展。不同的材料被用于抗旱造林中，研究出很好的保水材料。吕宁江等（2003）研究发现，使用旱地龙、保水剂的苗，栽后一个月的根数量是对照组的2~5倍，根也比对照长得多；保水剂、旱地龙联合运用，其根系发育效果很显著，对照组的成活率为42%，处理组的成活率分别为75%、61%、91%。李日明等（1998）用"根宝2号"浸根，提高了造林成活率、初期生长量。

1.5　植物的旱生结构

在干旱半干旱地区生存的植物是自然长期选择的结果，它们以一种或几种方式适应其生存环境，繁殖后代。强大的根系使植物在黎明前有较高的植物水势和较长时期的植物蒸腾（冯金朝，1995），为其生长和发育提供充足的水分。在干旱土壤中生长的根尖容易木栓化，降低了吸水能力（Pallardy and Kozlowski，1981）。根茎比率的提高已经长久被用来描述植物的耐旱能力（Kramer and Kozlowski，1979）。耐旱作物比不太耐旱作物的气孔关闭更快。叶角度和方位的改变，可使蒸腾作用减少50%~70%。当植物水势下降时，保持膨压对细胞伸长、植物生长，以及许多有关的生物化学、生理和形态过程都是至关重要的（Hsiao and Rev，1973）。

高气孔密度具有较高的净光合作用率，表皮毛的作用是反射较多的阳光，对表皮起到保护作用，减少水分的蒸腾。发达的栅栏组织，除了能极大地提高其光合作用效率外，还在水分供应充足的雨季，增加植物的蒸腾效率，促使其快速生长（李正理，1981）。维管系统密度的增大是叶片旱生结构的最显著特征之一，发达的维管系统可起到补偿叶片失水的作用（林植芳和林桂珠，1989）。

黄颜梅等（1997）通过研究得出：叶片厚度大，栅栏组织发达，栅栏组织与海绵组织比值高，角质层及上皮层厚，气孔下陷，表皮毛发达等都是林木抗旱性强的标志。

综合以上已经研究了的内容可以看出，在松科树种中，进行抗旱性研究的树种几乎没有。而云南松是云南省分布面积最广的树种，它的生长变化对云南的林业发展起着至关重要的作用。一种植物的生长是由多个环境因子影响的，在气候条件有变暖趋势的条件下，有必要对云南松的抗旱能力进行研究。本次研究进行了云南松的菌根分离，并培养、扩繁出适合云南松生长的菌株;不同地理种源的生长量和自然条件下的菌根共生比较;水分胁迫下,云南松针叶内含物的反应。揭示了云南松的菌根影响,为云南松造林、经营管理提供参考。

第 2 节 材料和方法

2.1 云南松菌根菌的分离培养研究

菌根(mycorrhiza)是指土壤真菌与植物根系形成的共生体(Harley and Smith,1983)。菌丝的一端侵入植物根系,镶嵌在根的表皮层细胞,另一端延伸入土壤中。真菌从宿主获取一些碳水化合物,从土壤中吸收无机物,转运给植物,供植物生长所需(Allen,1991;李晓林和冯固,2001)。菌根依照菌根真菌在植物体内的着生部位和形态特征分为内生菌根(endomycorrhiza)、外生菌根(ectomycorrhiza)和内外生菌根(ectoendomycorrhiza)(李晓林和冯固,2001;朱教君等,2003)。内生菌根在根的表面没有菌套,菌丝大多侵入根的表皮层组织内部,在皮层组织的细胞间隙有纵向的胞间菌丝;外生菌根,其主要特征是菌根真菌的菌丝在宿主植物的营养根表面形成一个紧密交织的菌丝套,在根的皮层细胞间形成哈蒂氏网,但菌丝一般不侵入细胞内部。外生菌根的结构主要有菌套、外延菌丝、菌索和哈蒂氏网。内外生菌根兼有外生和内生菌根的特点(郭秀珍和毕国昌,1989)。云南松是云南的主要造林树种,其林内真菌种类繁多,与云南松形成的菌根为典型的外生菌根(吴征镒,1987)。

菌根菌技术已广泛应用于树木引种驯化、菌根化育苗、逆境造林、经济林木栽培、防止苗木根部病害、菌根食药用菌的生产等方面(于富强和刘培贵,2003)。目前,菌根菌造林被认为是一个比较生态、不易带来负面作用的造林技术。菌根菌造林的前提是分离出适合的菌种,研究出大规模繁殖菌种的方法。于富强和刘培贵(2003)从云南松林里采集分离出 25 种真菌,得出云南松的菌根为外生菌根,但没有研究其扩大繁殖的方法。

有关菌根真菌营养生理的研究较少(蔡卫兵,1998)。本研究是为了解决云南松外生菌根菌大量扩繁的问题,为云南松栽培提供合适的菌株。

2.1.1 外生菌根菌的野外采集

外生菌根菌采自云南昆明西南林学院(现今西南林业大学)后山。这里的云南松林是天然次生林,人工干扰较少。有较厚的腐殖层,菌类丰富。树种以云南松为主,伴生有杨梅、栎、青冈等。

2006 年雨季(7 月)采集云南松树须根带回实验室分离培养。本次分离共得到 3 个菌株,即 I15、I20 和 Ms。选取健壮的松树,截取须根,用纸包好,做好记录,拴好标签。放入纸袋中带回实验室中作进一步的观察研究。用不同的培养基和培养温度,选出最合适的培养方法。

2.1.2　培养基

1）PDA 培养基

　　配方：200g 土豆，15g 葡萄糖，15g 琼脂，1000ml 水。

2）综合马铃薯培养基

配方：20%马铃薯汁 1000ml，KH_2PO_4 3g，葡萄糖 20g，维生素 B_1 微量，$MgSO_4·7H_2O$ 1.5g，琼脂 15g；pH6。

3）改良 MMN 培养基

配方：$CaCl_2$ 0.05g，麦芽汁 3g，NaCl 0.025g，葡萄糖 10g，KH_2PO_4 0.5g，牛肉膏和蛋白胨 15g，$(NH_4)_2HPO_4$ 0.25g，维生素 B_1 微量，$MgSO_4·7H_2O$ 0.15g，$FeCl_3$（1%溶液）1.2ml，琼脂 20g，加水至 1000ml。

4）PDMA 培养基

配方：20%土豆汁 500ml，葡萄糖 20g，麦芽汁（波美度 2）500ml，琼脂 20g，维生素 B_1 0.05g。

5）酸化麦芽汁培养基

配方：麦芽汁（1.0~1.5 波美度）1000ml，柠檬酸 0.15g，琼脂 20g。

把 3 种菌株分别接于上述 5 种培养基中，设 3 次重复。为防止污染，每种培养基做 12 份，以寻找出最适合的培养基。

2.1.3　温度设定

本研究设定温度为 25~31℃，梯度为 2℃。在无菌条件下，将已经分离好的菌株，用打孔器打出直径为 0.5cm 的小圆饼，接种到含有培养基平板的培养皿里。培养皿统一用直径为 9cm 的。将接种好菌株的培养皿分别放入 25℃、27℃、29℃、31℃的恒温培养箱中培养，每个处理重复 3 次。用此方法找出最适合的温度。

2.2　菌落测量方法

每天对其生长情况作一次检查。记录生长直径、生长势、颜色变化，用十字交叉法测量菌落直径。

2.3　5 个云南松种苗的生长比较

云南松天然林曾遭到人工毁灭性砍伐，生长优良的云南松林被砍伐，留下被遮木、畸形木等。现在分布的云南松天然林出现了很大的变异。特别以扭曲现象最为严重，经调查，现在分布的云南松天然林，80%都存在扭曲现象。云南松是重要的木材树种，其扭曲以后，基本只可以做薪炭材。

松树是典型的外生菌根树种（弓明钦等，1997），菌根（Harley and Smith，1983；Mikola，1980）是影响树种生长的一个重要因子。菌根是真菌和根系形成的共生体。菌丝的一端侵入植物根系，另一端伸入土壤中，宿主植物为真菌的生长提供碳水化合物，真菌的菌丝生长密集，广泛伸入土壤中，帮助树种吸收其所需要的营养物质，增加了树种的吸收面积。二者之间形成一种互利互惠、互为依靠、相互促进、共同繁荣的紧密关系。

本次试验是比较采用菌根土培育的几种云南松种源的种苗在苗期的生长量差异。

2.3.1　试验材料

将试验苗栽入花盆，放置在大棚里生长。观察的云南松树根都采自西南林学院资源学院大棚里人工培养的云南松幼苗。

2.3.2　试验方法

2005 年 10 月采集河口林场母树林云南松、昆明跑马山扭曲云南松、昆明野鸭湖地盘松、富源扭曲云南松、建水细叶云南松的种子置于西南林学院资源学院大棚人工培育。

培育苗所用的土壤采用菌根土培育。菌根土采自云南松天然林下，选取生长健壮、无病虫害、无人为影响的云南松林。挖取云南松须根，选择菌丝丰富，与云南松根形成良好共生的根际土作为菌根土。采回的菌根土与新土拌匀，甲醛消毒 2d，装盆。云南松种子采用高温催芽，待种子露白后，播入盆中，浇足水分，进行人工管理。

2.3.3　观察方法

2007 年 10 月调查 5 个树种的生长情况。采集 5 个树种的根，在实验室制成临时玻片，在显微镜下观察各个树种的菌根共生情况。

2.4　云南松对干旱胁迫下的生理响应

本次试验用 2 年生实生苗。在学校大棚培养的盆栽实生苗，采集正常生长的针叶，带回实验室测量各个指标。选择 3 个比较有代表性而且比较常用的指标：水分胁迫对游离脯氨酸含量的影响、水分胁迫对丙二醛的影响、水分胁迫对超氧化物歧化酶活性的影响。

2.4.1　试验处理

5 个种设置 3 组干旱梯度：第一组正常浇水；第二组浇水 2d 后用膜密封，从此不再浇水；第三组浇水 4d 后用膜密封，从此不再浇水。使盆内空气水分不与外部流通。4d 取一次样。

2.4.2　测定方法

游离脯氨酸：用磺基水杨酸浸提法测定，用甲苯萃取上层红色物质，用分光光度计于 520nm 波长下比色，通过标准曲线，计算各苗木叶片中游离脯氨酸的含量。

丙二醛含量：用硫代巴比妥酸（TBA）法，用分光光度计于 450nm、532nm、600nm 波长下比色，再计算各苗木的丙二醛含量。

$$A_{532}-A_{600}=155\,000\,CL \tag{8.1}$$

式中，C 为 MDA 的浓度（μmol/L）；A 为吸光度值；L 为比色环厚度。

$$C=6.45（A_{532}-A_{600}）-0.56A_{450} \tag{8.2}$$

式中，C 为 MDA 的浓度（μmol/L）；A 为吸光度值。

$$y = Cv/w \tag{8.3}$$

式中，C 为 MDA 的浓度（μmol/L）；w 为植物组织鲜重；v 为体积（L）；y 为 MDA 含量。

超氧化物歧化酶活性：用氮蓝四唑（NBT）法。在光下还原，再用核黄素将 NBT 还原，分光光度计于 560nm 比色，按下式计算。

$$SOD活性=（A_0-A_s）\times V_t \times (0.5 A_0 \, FW \, V_1)^{-1} \tag{8.4}$$

$$SOD \, 比活力 = SOD \, 总活性/C$$

式中，SOD 总活性为每克鲜重含酶单位数（μ/g）；A_0 为照光对照管的光吸收值；A_s 为样品管的光吸收值；V_t 为样液总体积；V_1 为测定时样品用量；FW 为样品鲜重（g）；C 为蛋白质浓度，每克鲜重含蛋白质毫克数（mg/g）。

第 3 节　结果与分析

3.1　云南松菌根菌的分离培养研究

关于云南松外生菌的报道很少，只有于富强和刘培贵（2003）从云南松林里采集分离出 25 种真菌，得出云南松的菌根为外生菌根，但没有研究其扩大繁殖方法，没有提出相应的共生特性。郭树权（2006）研究了云南松的菌根苗培育，但他研究的菌株是直接从野外采集菌根土来培育的，这样做会带来水土流失，破坏生态环境。而自然采集菌根土的资源有限，同时也不清楚是何种菌根菌对云南松的生长起促进作用，从自然状态采取菌根土还可能带来生物入侵，而且运输费用高，在交通困难地区，这项技术难以应用，不是理想的办法。如果采取培养其共生的菌根，在实验室培育好二级菌根，再拌入造林土，则上面的问题可迎刃而解。

本次研究是为了研究出云南松外生菌根的扩大繁殖方法，为培育云南松菌根苗提供菌种。经过 10d 的培养，3 种外生菌根菌对不同培养基和温度的适应表现出一定的差异。

3.1.1　菌根菌在不同培养基中的生长量测定

3.1.1.1　I15 菌种在不同培养基中生长量测定

在开始的 4d 里，在综合马铃薯培养基中生长占优势，生长直径达 6.56cm。其次是 PDMA 培养基中的，达到 5.97cm。MMN 培养基和 PDA 培养基中的相差不大，直径为 5.25cm。生长最差的是酸化麦芽汁培养基中的菌株，其生长直径为 4.47cm。

第 5~6 天，PDMA 培养基里的菌株生长超过了综合马铃薯培养基的，达到 9.00cm，长满了整个培养皿；综合马铃薯培养基中的菌株达到 8.40cm；在 PDA 培养基中生长的菌株直径为 7.42cm。在酸化麦芽汁培养基中的菌株直径为 7.74cm，长势不好。

到第 7 天综合马铃薯培养基、MMN 培养基中菌株的生长直径分别是 9.00cm 和 8.98cm。

PDA 培养基中菌株的生长直径为 8.91cm，而酸化麦芽汁培养基中的菌株已死。

I15 菌株在 27℃的条件下，生长最好的是 PDMA 培养基，在酸化麦芽汁培养基中生长不良。生长情况如表 8.1 所示。

表 8.1 I15 菌种 27℃时在各培养基生长量记录表

Tab. 8.1 The growth of I15 mycorrhiza in the different medium in the 27℃

（单位：cm）

时间	PDA 培养基	综合马铃薯培养基	MMN 培养基	PDMA 培养基	酸化麦芽汁培养基
第 1 天	0.50	0.50	0.50	0.50	0.50
第 2 天	2.07	2.12	1.98	1.90	1.50
第 3 天	3.17	4.30	3.90	4.05	3.35
第 4 天	5.30	6.56	5.25	5.97	4.47
第 5 天	6.60	7.10	6.50	7.50	6.00
第 6 天	7.42	8.40	8.15	9.00	7.74
第 7 天	8.91	9.00	8.98		已死
第 8 天	9.00				

3.1.1.2 I20 菌种在不同培养基中生长量测定

从表 8.2 看出，I20 菌株在各培养基里的生长情况和 I15 菌株在各培养基里的生长情况大致相同。在开始的 4d 里，综合马铃薯培养基中的菌株生长最好，其次是 PDMA 培养基里的。MMN 培养基和 PDA 培养基里的菌株生长情况大致相同。酸化麦芽汁培养基里的生长最差。

表 8.2 I20 菌种 27℃时在各培养基生长量记录表

Tab. 8.2 The growth of I20 mycorrhiza in the different medium in the 27℃

（单位：cm）

时间	PDA 培养基	综合马铃薯培养基	MMN 培养基	PDMA 培养基	酸化麦芽汁培养基
第 1 天	0.50	0.50	0.50	0.50	0.50
第 2 天	1.67	2.03	1.82	1.80	1.57
第 3 天	2.03	4.57	3.57	4.03	3.05
第 4 天	5.40	6.10	5.00	5.50	4.10
第 5 天	6.70	7.13	6.02	7.43	已死
第 6 天	8.00	8.60	7.40	8.95	
第 7 天	8.90	9.00	8.99		

第 5~6 天，PDMA 培养基里的菌株生长超过了综合马铃薯培养基里的菌株。综合马铃薯培养基中的菌株达到 8.60cm；在 PDA 培养基中生长的菌株直径为 8.00cm。在酸化

麦芽汁培养基中的菌株，第 5 天死亡。第 7 天 PDA 培养基、综合马铃薯培养基、MMN 培养基中的菌株生长直径分别是 8.90cm、9.00cm 和 8.99cm。生长情况如表 8.2 所示。I20 菌株在 27℃的恒温条件下，生长最好的是 PDMA 培养基，生长最差的是酸化麦芽汁培养基。

3.1.1.3 M3 菌种在不同培养基中生长量测定

I15 菌株、I20 菌株在各个培养基里的生长速度，是开始在综合马铃薯培养基里的菌株生长快，后来在 PDMA 培养基里的菌株生长快。而 M3 菌株是开始在 PDA 培养基里生长快。到第 3 天，PDMA 培养基里的菌株生长最好。这个生长速度一直保持到第 6 天。到第 7 天 PDA 培养基中的菌株、综合马铃薯培养基中的菌株、MMN 培养基中的菌株生长大致相同，第 8 天，PDA 培养基、综合马铃薯培养基、MMN 培养基中的菌株生长直径均达到了 9.00cm。I15 菌株、I20 菌株 7d 就达到了 9.00cm。M3 菌株在 27℃的条件下，PDMA 培养基里的菌株生长较好，生长较差的是酸化麦芽汁培养基。生长情况如表 8.3 所示。

表 8.3　M3 菌株 27℃时在各培养基生长量记录表
Tab. 8.3　The growth of M3 mycorrhiza in the different medium in the 27℃

（单位：cm）

时间	PDA 培养基	综合马铃薯培养基	MMN 培养基	PDMA 培养基	酸化麦芽汁培养基
第 1 天	0.50	0.50	0.50	0.50	0.50
第 2 天	2.40	1.78	2.05	1.80	1.67
第 3 天	3.13	4.02	3.60	3.93	3.60
第 4 天	5.20	5.30	5.10	5.63	5.07
第 5 天	6.53	6.26	6.37	7.40	6.40
第 6 天	7.45	8.03	7.90	8.93	7.90
第 7 天	8.76	8.90	8.60		已死
第 8 天	9.00	9.00	9.00		

在菌根菌的分离、纯化培养中，培养基的选择是非常重要的。筛选出短时间就可以培养出质量较好的菌株的培养基，这是现代生产的需要。从上面的 3 个表中可以看出，3 种菌株可以在 PDA 培养基、综合马铃薯培养基、MMN 培养基、PDMA 培养基中生长。刚开始时可以在酸化麦芽汁培养基生长，但质量不好，从第 3 天开始菌在酸化培养基中就相继死去。I15 菌株开始是在综合马铃薯培养基中生长较好，但后来是在 PDMA 培养基中生长较好。I20 菌株开始是在综合马铃薯培养基中生长较好，后来是在 PDMA 培养基中生长较好。M3 菌株开始在 PDA 培养基中生长较好，后来在 PDMA 培养基中生长较好。选择培养基的时候不是看其开始时的生长势头，而是看其是否能在最短的时间里培养一定有用的量。

3.1.2　菌根菌在不同温度条件下的生长培养测定

3.1.2.1　I15 在不同温度下的生长量测定

I15 菌株用 PDA 培养基在不同温度下的生长记录，从表 8.4 中可以看出：I15 在 27~29℃

生长较好，在相对较低的 25℃ 和相对较高的 31℃ 生长较差。在 27℃ 和 29℃ 这两个条件下，6d 就长满了整个培养皿。而 25℃ 和 31℃ 要 7d 才长满。生长情况如表 8.4 所示。

表 8.4　I15 在不同温度下的生长量记录表

Tab. 8.4　The growth of I15 mycorrhiza in the different temperature

（单位：cm）

时间	25℃	27℃	29℃	31℃
第 1 天	0.50	0.50	0.50	0.50
第 2 天	2.13	3.50	2.53	2.50
第 3 天	3.53	5.30	3.67	3.53
第 4 天	5.63	6.60	5.50	5.10
第 5 天	6.50	7.40	6.90	6.33
第 6 天	8.53	9.00	8.90	7.20
第 7 天	9.10			8.93

3.1.2.2　I20 在不同温度下的生长量测定

I20 菌株用 PDA 培养基在不同温度梯度条件下培养的生长记录，从表 8.5 中可以看出：I20 在 27~31℃ 生长较好，在相对较低温度 25℃ 的条件下生长速度最慢，9d 才达到 7.80cm；27~31℃ 条件下，7d 的生长直径达到 8.90cm。生长情况如表 8.5 所示。

表 8.5　I20 在不同温度下的生长量记录表

Tab. 8.5　The growth of I20 mycorrhiza in the different temperature

（单位：cm）

时间	25℃	27℃	29℃	31℃
第 1 天	0.50	0.50	0.50	0.50
第 2 天	1.93	1.63	2.50	2.40
第 3 天	2.60	2.03	2.95	3.63
第 4 天	3.35	5.40	5.15	5.20
第 5 天	4.05	6.70	6.45	6.50
第 6 天	4.40	8.00	7.55	7.60
第 7 天	5.80	9.00	8.90	9.00
第 8 天	6.70			
第 9 天	7.80			

3.1.2.3　M3 菌株在不同温度下的生长量测定

M3 菌株用 PDA 培养基在不同温度梯度条件下培养的生长记录，从表 8.6 中可以看出：

M3 在 25~27℃生长最好，7d 的生长直径为 9.10cm；在相对较高的 31℃温度条件下生长最差，29℃和 31℃条件下 8d 的生长直径才达到 9.00cm。生长情况如表 8.6 所示。

表 8.6　M3 菌株在不同温度下的生长量记录表
Tab. 8.6　The growth of M3 mycorrhiza in the different temperature

（单位：cm）

时间	25℃	27℃	29℃	31℃
第 1 天	0.50	0.50	0.50	0.50
第 2 天	2.63	2.40	2.20	2.13
第 3 天	4.00	3.20	3.27	3.63
第 4 天	5.20	5.20	4.50	4.60
第 5 天	7.10	6.47	5.87	5.50
第 6 天	8.50	7.45	7.23	7.20
第 7 天	9.10	9.00	8.05	8.06
第 8 天			9.00	9.00

温度是影响外生菌根菌生长的重要生态因子，在对外生菌根菌进行分离培养时，温度的选择很重要。从表 8.4~表 8.6 来看，虽然都是云南松的内生菌根，但每个菌株的最适温度范围不一样。从表 8.4 可以看出 I15 菌株在 27~29℃这个阶段的生长较快较好；从表 8.5 可以看出 I20 菌株最适温度是 29~31℃，从表 8.6 可以看出 M3 在 25~27℃这个阶段生长较好。从表 8.6 可以看出这 3 种外生菌在 25~31℃都能很好地生长，说明这些菌的适应能力很强，在很大的一个温度幅度内能够很好地生长。这大概也是云南松能够分布在高海拔的一个重要原因。

3.1.3　讨论

本次研究结果与宋微和吴小芹（2007）的结果有些相似。宋微和吴小芹（2007）研究了 Bs、Xc、Gr、Gv、Be、Sl、Ls 菌根真菌，这几个菌种是典型的高温型菌根真菌，生长非常迅速，尤其在 30℃，4~6d 即长满整个培养皿。随着温度的升高和降低，生长速度减慢。Rf、Li 菌根真菌也是高温型菌根真菌，但生长极为缓慢。相比较而言，以 30℃长势最好，温度升高或降低都降低其生长速度。Cr、Hm、Ll 菌根真菌是典型的中温型菌根真菌，在 25℃长势最好，Cr 在 20~25℃生长速度非常迅速，Hm、Ll 则生长极为缓慢。在其他高温或低温环境条件下都不利于其生长（宋微和吴小芹，2007）。肖翔等（2007）研究了从枝菌根真菌，将消毒好的孢子滴在胡萝卜根旁，7d 孢子就萌发且侵染发根，侵入根内的菌丝形成大量的内菌丝。培养一个月后，根外产孢菌丝顶端逐渐膨大，细胞质浓缩，逐步发展成球状孢子。

在菌根菌的生长条件测定中，对 3 种外生菌根菌的最佳生长温度和最佳培养基作了初步测定，PDA 不是最佳的培养基，但是 3 种外生菌根菌都能生长良好。栾庆书等（1998）发现 MMN 培养基和 PDA 培养基培养菌根菌较好；毕国昌等（1989）对 38 种、44 个菌株的适应温度进行了测定，得到 25℃为绝大多数菌株的最适温度，少数为 22℃。有人对马尾松菌根菌褐环乳牛肝菌培养条件进行研究发现，S.L 菌体生长最适温度为 25℃、pH 4~4.5（陈连庆和裴致达，1998）；从本次试验来看，I15、I20、M3 这 3 种菌株的最适温度范围不一样，从表 8.4 可以看出 I15 菌株在 27~29℃ 这个阶段生长较快较好；从表 8.5 可以看出 I20 的最适温度是 29~31℃，从表 8.6 可以看出 M3 在 25~27℃ 这个阶段生长较好。这和毕国昌等（1989）的研究结果有差异。他的结果是在 30℃ 的条件下仅有少数培养基上有缓慢生长。造成结果的差异可能是由于菌株不同，产地不同。今后的研究工作中应注意到菌株的来源。本次研究是为了寻找最适合的培养方法，温度梯度没有拉开很大的距离，外生菌根菌在哪个温度下不能生长，还有待进一步研究。

3.2　5 个云南松种苗的生长比较

据文献检索，关于云南松苗期生长的报道很少。本试验为优良种源的选择提供参考，比较了不同地理种源在苗期的生长量、菌根共生和生长情况，得出不同的地理种源在同样的菌根土培育下，菌根的共生和生长差异显著。

3.2.1　5 个松树种的发芽情况

采用高温催芽的方法测定。先把种子中的杂物检出，放入 0.2%高锰酸甲溶液中消毒 30min，取出用蒸馏水清洗 3 次。再放入始温为 45℃ 的温水中，放于室温环境下，浸种 24h，再放到发芽皿里发芽。在发芽皿上放纱布和滤纸作床，滤纸按对折线分成 4 份，种子分组放置在滤纸上，每份滤纸上放 25 粒种子，一张滤纸放 100 粒种子。放置在恒温培养箱里，每天检查水分、通气状况和发芽棵数。每个树种 3 次重复。

从表 8.7 来看，河口母树林的云南松发芽率最高；昆明野鸭湖的地盘松发芽率最低。发芽率和树种的成熟程度、遗传效应有很紧密的关系。这和树木的生长有很大联系，河口母树林云南松树干高大通直，种粒饱满，单个种粒体积是其余的两倍；地盘松树干生长矮小，球果小，种粒干瘪。其余 3 种云南松的树干生长、种粒差别不大。

表 8.7　5 个松树种的发芽情况表

Tab. 8.7　Five species of pine trees sprouting

树种	母树林云南松	昆明扭曲云南松	富源扭曲云南松	细叶云南松	地盘松
发芽率/%	92	89	88	85	46

40d 时 5 个树种的生长测定。播入苗盆的种子，其催芽方法如前。苗盆中的土，菌根土占 40%。种子浸泡 24h 后直接播入准备好的苗盆里，浇足水，放入大棚，每天观察水分、出苗情况。各个种源生长情况如下。

1）河口母树林云南松

将河口母树林云南松的种子播入苗盆，7d 开始出土，且生长较快。15d 时出现一个发芽高峰，后期只有零星的出土。到 25d 时，还有 4 棵出土。发生过猝倒病，喷施 2% 敌克松溶液后，没有再发病现象，已经生病的苗也生长良好。在 5 个种源中，河口母树林的小苗生长最快，出芽最整齐，到 40d 时，最高苗是 5.7cm，最矮株高是 4cm，子叶全部撑开，真叶都已长出，最长的有 0.6cm。整体情况是：株高（5±1）cm；根长（7±1）cm；侧根数 7.2 条，最长的侧根为 0.8cm。

2）富源扭曲云南松

将富源扭曲云南松的种子播入苗盆，8d 看到出土，11d 前后出现第一个出芽高峰；25d 出现第二个出芽高峰，在此期间只有零星出土。长势一般，生长不整齐，到 40d 时，最高株高为 5.0cm，还有才出芽的。最早出土的苗，真叶已长出，最长的有 1.0cm。唯有富源扭曲云南松没有发生，其余 4 个种源的苗都发生过猝倒病。40d 时的整体情况：平均高 4cm；平均根长 7cm；侧根平均根数为 3.2 条。

3）建水细叶云南松

将细叶云南松种子播入苗盆，7d 有芽出土。出芽高峰在第 9 天，12d 以后只有零星出芽。长势和富源扭曲云南松相似，生长不整齐。到 40d 时，最高苗 5.1cm，最矮苗 3.2cm。发生猝倒病严重，且喷 2%敌克松后，生病的苗没有活过来。40d 时的整体情况：平均高 4.5cm，平均根长 6.7cm，平均侧根数 3.4 条。

4）昆明地盘松

在 5 个松树种中，以地盘松的发芽最晚，第 10 天才看到芽出土，且出芽不整齐，陆陆续续发芽，没有明显的发芽高峰期，一直持续到第 25 天还有芽出土。地盘松是最早发生猝倒病的树种，喷洒 2%敌克松溶液后，还有苗继续病倒。长势很差，40d 时，最早出土的还只有 4cm 高，且叶尖发黄。40d 时的整体情况：最高苗 4.0cm，平均高 3.2cm，平均根长 5.4cm，平均侧根数 6.2 条。

5）昆明扭曲云南松

将昆明扭曲云南松种子播入苗盆，7d 有芽出土。第 11 天出现出芽高峰，后期逐渐减少。也发生了猝倒病，喷 2%敌克松溶液后，没有再发生病害，原来生病的也好转。生长较慢、高度整齐、子叶完好的，真叶较小，为 0.2cm。子叶被虫吃了的，真叶生长较快，为 0.7cm。40d 时的整体情况：最高苗 6.1cm，平均株高 5.5cm，平均根长 6.2cm，平均侧根数 4.3 条。

3.2.2　5 个松树种的生长情况

5 个树种中，以昆明扭曲云南松的地径最粗为 1.2cm，地盘松最高为 34cm，富源扭曲云南松的长势最好。

1）昆明地盘松

叶子深绿，有刚抽出的新梢，长满鳞叶。最高的那棵，新梢就有 14cm。生长不整齐，长势良好。株高和地径不成正比，而成反比。生长记录见表 8.8。

表 8.8　地盘松生长情况调查表
Tab. 8.8　The growth questionnaire of *P. yunnanensis* var. *pygmaea*

项目	1	2	3	4	5	6	7	8	9	10
地径/cm	0.8	0.6	0.7	0.7	0.4	0.6	0.8	0.4	0.4	0.5
株高/cm	22	12	13	11	34	9	12	11	16	10

注：序号为样株号，下同。

2）河口母树林云南松

所有成熟叶发黄，大部分苗在抽新梢，连着鳞叶最长的只有 5cm，基本看不到嫩茎。地径较粗，株高生长不良，生长比较整齐，长势不良。生长情况见表 8.9。

表 8.9　母树林云南松生长情况调查表

Tab. 8.9　The growth questionnaire of *P. yunnanensis* that seed production stands

项目	1	2	3	4	5	6	7	8	9	10
地径/cm	0.6	0.6	0.9	1.1	0.4	1.0	0.8	0.8	0.6	0.5
株高/cm	6	5	6	7.5	6.5	7.5	7.5	10	11	8

3）昆明扭曲云南松

部分成熟叶发黄，高生长不良，最高的只有 13cm。部分苗抽新梢，长满鳞叶，还看不到嫩茎。地径在试验的 5 个种源中是最粗的，最粗的达 1.2cm。长势较差，生长不整齐。生长情况见表 8.10。

表 8.10　昆明扭曲云南松生长情况调查表

Tab. 8.10　The growth questionnaire of *P. yunnanensis* in the Kunming

项目	1	2	3	4	5	6	7	8	9	10
地径/cm	1.1	1.2	0.6	0.8	1.3	0.7	0.5	1.0	0.4	0.5
株高/cm	13	9	8.5	11	10	7	8	7.5	8	8

4）富源扭曲云南松

所有苗的叶子深绿色，有新径，但发出的叶不是鳞叶，是三针一束的成熟叶。在 5 个试验种中，长势最好，但最高苗和最粗苗没有出现在富源扭曲云南松中。根茎比较好，生长较整齐。生长情况见表 8.11。

表 8.11　富源扭曲云南松生长情况调查表

Tab. 8.11　The growth questionnaire of *P. yunnanensis* in the Fuyuan

项目	1	2	3	4	5	6	7	8	9	10
地径/cm	0.4	0.8	0.8	0.9	0.7	0.6	1.0	0.9	0.5	0.6
株高/cm	9.5	10	6	12	11	13	14	15	13	15

5）建水细叶云南松

在 5 个试验种中，细叶云南松的高生长是最整齐的，最高苗没有出现在细叶云南松中，但除了地盘松那棵最高的以外，就以细叶云南松的最高，且生长比较整齐，相差不大。但地径最小，整体比较细。叶子浅绿，长势一般。有新梢，长满鳞叶，新梢有 10cm长。生长情况见表 8.12。

表 8.12　细叶云南松生长调查表

Tab. 8.12　The growth questionnaire of *P. yunnanensis* var. *tenuifolia*

项目	1	2	3	4	5	6	7	8	9	10
地径/cm	0.7	0.5	0.7	0.4	0.4	0.6	0.6	1.0	0.4	0.6
株高/cm	26	26	23	25	20	20	14	13	17	14

3.2.3　菌根与树种的共生

将栽有云南松的苗盆去除，得到苗根土球，用肉眼观察，除地盘松外，其余 4 个种源都有菌丝与树根共生。以河口母树林的生长最好，盆下面长满了菌丝体，把盆挪开，在原来放盆的位置上能很清楚地看见菌丝，和在培养基平面上培养的相差不大。对于昆明扭曲云南松、细叶云南松、富源扭曲云南松，用肉眼也能清楚地看到菌丝布满在根系周围。而地盘松则看不到菌丝。5 个树种的根部放在 10 倍显微镜下都能看到菌丝。

3.2.3.1　母树林的菌根形态

母树林云南松种苗是 5 个树种中形成菌根最多的，在根上分布很密集。图 8.1A 是母树林种苗根成熟区形成的菌根；图 8.1B 是母树林种苗根木质部形成的菌根。从图中看出，在母树林嫩根上形成的菌根为淡红色，老根上形成的菌根为白色。分枝多为二叉状，少有棒状、多叉状。

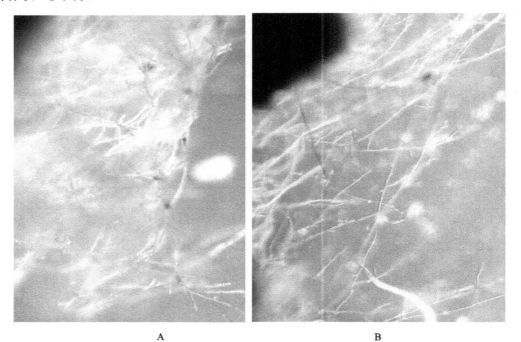

　　　　　　　A　　　　　　　　　　　　　　　　　　　　B

图 8.1　母树林种苗形成的菌根（彩图请扫封底二维码）

Fig. 8.1　The mycorrhiza of parent stand *Pinus yunnanensis*

3.2.3.2　地盘松的菌根形态

在 5 个试验种源中，地盘松是形成菌根最差的。把苗盆去除，在苗根和根际土壤中，用肉眼看不到菌丝。图 8.2 是地盘松形成的菌根形态图。从图上可以看出：地盘松形成的菌根多为条状，少有分枝，稀少且分布不均匀，外延菌丝少。颜色为蓝色和淡红色。

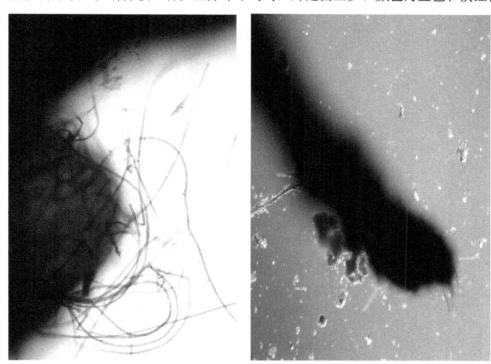

图 8.2　地盘松的菌根形态（彩图请扫封底二维码）

Fig. 8.2　The mycorrhiza of *P. yunnanensis* var. *pygmaea*

3.2.3.3　富源扭曲云南松的菌根形态

富源扭曲云南松种苗形成的菌根较好，把苗盆去掉，在根系上和土壤中都能看到白色的菌丝，在根系上分布均匀。图 8.3 是富源扭曲云南松形成的菌根形态图。从图中可以看出，其颜色为淡红色，多叉状分枝。

3.2.3.4　昆明扭曲云南松形成的菌根形态

昆明扭曲云南松种苗形成的菌根较好，把苗盆移开，在放盆的原位置上能看见少量菌丝。去除苗盆，用肉眼能清楚地看见白色菌丝包围在根系周围。图 8.4 是昆明扭曲云南松形成的菌根形态图，从图 8.4 中可以看出昆明扭曲云南松形成的菌根很密集，在根毛区就形成菌根，和根毛一起为地上部分吸收营养物质和水分。其颜色为白色，在根毛区，因刚形成不久，都为条状；而在老根区则分叉很多，且多为二叉状分叉、多叉状分叉。

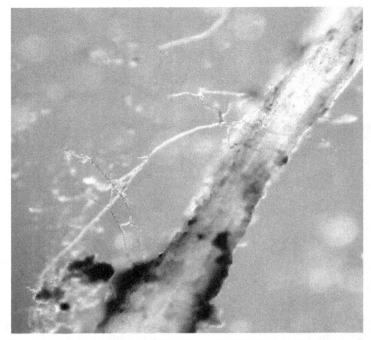

图 8.3　富源扭曲云南松的菌根形态图（彩图请扫封底二维码）

Fig. 8.3　The mycorrhiza of Fuyuan's distortion *Pinus yunnanensis*

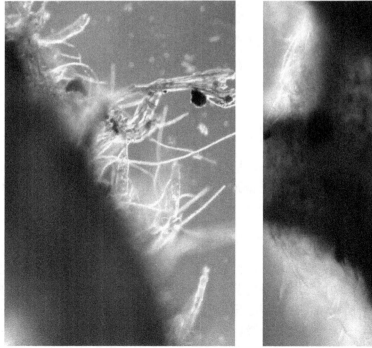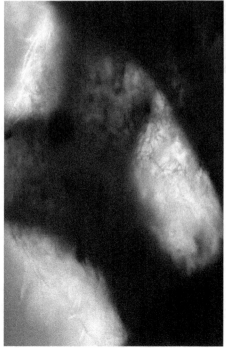

图 8.4　昆明扭曲云南松形成的菌根形态图（彩图请扫封底二维码）

Fig. 8.4　The mycorrhiza of Kunming's distortion *Pinus yunnanensis*

3.2.3.5　细叶云南松种苗形成的菌根形态图

细叶云南松种苗形成的菌根较好。和昆明扭曲云南松形成的相似，把苗盆移开，在原来放盆的位置上能看见少量菌丝。把苗盆去掉，留下土球，用肉眼可以清楚地看到白色菌丝包围在根系周围和土球外围。图 8.5 是细叶云南松种苗形成的菌根形态图，从图中可以看出，在根冠就有菌根与根共生，在根冠区的菌丝多为条状，少有分枝；而在老根上的菌丝则多为多叉分枝，白色。

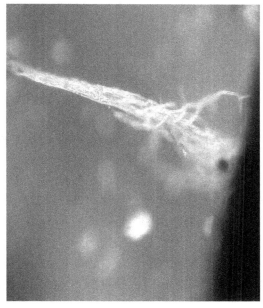

图 8.5　细叶云南松种苗形成的菌根形态图（彩图请扫封底二维码）

Fig. 8.5　The mycorrhiza of *P. yunnanensis* var. *tenuifolia*

松属树种早已被证明是典型的外生菌根（ectomycorrhiza）营养型树种（弓明钦等，2002）。遍及世界各个角落的松树几乎都有外生菌根的存在（邹琦，1994）。松树有菌根存在时可以提高造林存活率及保存率，可以促进生长，甚至提早成林郁闭，发挥生态效益。本次试验出现的结果有些出入，菌根长势最好的母树林种苗，其苗木却长势最差；菌根长势最差的地盘松，苗的长势却良好。发芽最好的母树林，2 年生时长势却最差；发芽最差的地盘松，2 年生时，其长势良好。这可能是因为地盘松的生长环境得到改善，营养物质丰富；母树林种苗可能是因为土壤的理化性质和原生地相比较差，还可能由于苗盆的影响，本次河口母树林苗的盆要小一些。本次试验的土壤对于地盘松可能良好，但对母树林又太瘠薄了。真实情况还有待研究。

3.2.4　讨论

母树林种子的发芽能力是 5 个种源中最好的，40d 时，其生物量最大。

云南松母树林是保持云南松优良性状，优化遗传基因，生产良种的林分（金振洲和彭鉴，2004）。地盘松是云南松在高山顶部、干旱少雨、土壤贫瘠的环境条件下形成的生态变种。其树干为1~2m，呈丛生状。2年生时，地盘松的生长却超过了母树林云南松。可能是因为在发芽期间，消耗的营养物质主要靠胚提供。母树林云南松种子的个体大小是其他种源的两倍。除母树林云南松外，其余云南松种子大小无差别。

2年生时，5个云南松种源中，富源扭曲云南松的长势最好，母树林云南松种苗长势最差。最优良的种源没有得到最好的生产力，其原因还不清楚。生产力是由多个因素决定的，在同等条件下，除了种源良好，还要有良好的土壤、气候等环境条件才能获得更高的生产力。

3.3 云南松在干旱胁迫下的生理反应

我国对林木抗旱性育种的研究还不是很多，目前主要在对林木抗旱性指标的选择与鉴定技术上。例如，李吉跃等（1997）对侧柏不同种源细胞弹性、耐旱生产力及水分利用效率等的比较，李庆梅和徐化成（1992）对油松不同种源水分参数变化的分析等。戴建良（1996）试图对侧柏种源抗旱性选择问题进行探索，但距离有效的实质性结论还甚远。

刘广全等（1995）在对8种针叶树抗旱生理指标的研究中发现，侧柏在植物枝叶水势达到-2010bar时，没有发生质壁分离，当水势达到-3810bar时，RWD顺序为：水杉>雪杉>云杉>柳杉>杜松>圆柏>油松>侧柏。植物的RWD愈小，抗旱性愈强，在水分胁迫达到很强时，侧柏、油松RWD相对较小，表明了其抗旱性强。

松科树种在抗旱性方面的研究还是一块空白，云南松在云南林地面积中占很大的比例。云南有大面积的干热河谷地带，在这样的地带造林，首选的应该是乡土树种。云南松是云南分布面积最大的乡土树种。但其变异性很大，在不同地区形成了各自的特性。主梢不明显、材质扭曲等，严重影响了云南松的木材利用。如果还用这样的种源来造林，只会让云南松林分越长越差，用云南松造林有必要对云南松种源进行筛选。

本次试验从抗旱角度出发，用塑料膜封住盆，让苗自然吸收，但阻隔了土壤中水分和气体与外界的交流。时隔一定时间，采取针叶测量其SOD活性等化学物质的变化。利用化学物质的变化来判断不同地理种源的抗旱性强弱，为松科树种的抗旱性研究开个头，更为云南松造林的种源选择提供参考依据。

在晴朗的天气，正常浇水的情况下，间隔2d封第一次膜，同时选择好第二次膜的苗，做好标签，但不浇水，再间隔2d封第二次膜，对照一直正常浇水。塑料棚内气温较高，每天下午13：00，气温都达32℃以上。

3.3.1 不同水分胁迫对不同地理种源云南松SOD活性影响

在天气晴朗的早晨8：00取样并低温保存，在冰浴下研磨成匀浆，然后离心，显色，再在分光光度计下比色。

SOD能催化过氧化物发生歧化反应，形成分子氧（O_2）和过氧化氢（H_2O_2），目前普遍认为SOD是细胞防御O_2^-等活性氧自由基对细胞膜伤害的重要金属酶类之一，在生物细胞保持正常的生长发育中发挥着重要的作用（邹琦，1994）。

在水分自然胁迫下，地盘松 SOD 活性呈先增加后降低的趋势，变化较平缓；富源云南松 SOD 活性变化较剧烈；河口云南松 SOD 活性变化较剧烈；昆明云南松 SOD 活性变化最慢；细叶云南松 SOD 活性变化较剧烈。变化最大的是富源云南松，SOD 活性最大的也是富源云南松。变化最小的是昆明云南松，SOD 活性最小的也是昆明云南松。这样的现象可能和种源有关，这次试验地点是在昆明西南林学院，和昆明云南松采种地点同一气候，同一海拔，同是阳坡。这大概就是昆明云南松 SOD 活性变化最小、活性最低的原因。结果和竹子的 SOD 活性一致都是先升高，后下降（林树燕和丁雨龙，2006）。而 SOD 活性最高的是第二次对照。第二次采样时的温度要比另外两次高一些，因此有可能是由于温度的关系。在高温条件下，水分的限制是否也会影响到 SOD 活性。这些是值得关注的问题（表 8.13）。

表 8.13　不同水分胁迫下，各个树种的 SOD 活性变化

Tab. 8.13　Under different water stress, SOD activity in various species

树种	处理	4d	8d	12d
昆明地盘松	一组	188	321	297
	二组	269	297	258
	三组	233	320	325
富源云南松	一组	356	382	267
	二组	209	314	121
	三组	208	342	217
河口云南松	一组	332	352	238
	二组	309	343	286
	三组	301	326	174
昆明云南松	一组	151	223	180
	二组	205	254	185
	三组	161	263	224
细叶云南松	一组	52	216	177
	二组	112	284	262
	三组	101	198	72

从本次试验看，大部分受胁迫的 SOD 活性都没有对照的高。植物叶片中的 SOD 酶活性提高，以增强其抗氧化能力，减少膜脂不饱和脂肪酸发生过氧化，从而抑制了 MDA 的生成（陈少瑜等，2006）。

本次试验结果和肖强等（2006）的试验结果相同，他的研究发现空心莲子草根和叶中的 SOD 活性都呈现出先明显上升然后下降的趋势。SOD 活性的大小顺序是，河口云南松>富源云南松>昆明地盘松>昆明云南松>细叶云南松。

当水分胁迫程度过大时，自由基产生与清除平衡失调，就会导致 SOD 酶活性的降低。杨建伟等（2006）研究刺槐发现，刺槐 SOD 活性在不同土壤水分下的变化不同，在适宜水分下，SOD 活性的变化幅度比较小，曲线平缓；在中度干旱下，SOD 活性变化比较大，随胁迫时间的增加 SOD 活性逐渐上升，至胁迫中期 SOD 活性达最高；在严重干旱下，其 SOD 活性与中度干旱下有明显区别，在胁迫前期 SOD 活性急剧上升，约 40d 左右达最高值，然后急剧下降，其 SOD 活性高峰维持时间比中度干旱下短，表明长期严重干旱导致酶活性下降。

3.3.2　不同水分胁迫对不同地理种源云南松 MDA 含量影响

在天气晴朗的早晨 8：00 对 2 年生苗取样，带回实验室测定。测定结果见表 8.14。植物组织受到逆境伤害时，由于膜的功能受损或结构破坏，而使其透性增大，细胞内各种水溶性物质包括电解质将有不同程度的外渗（杨文英等，2002）。

表 8.14　不同水分胁迫下，各个树种 MDA 含量变化

Tab. 8.14　Under different water stress, MDA content in various species

树种	处理	4d	8d	12d
昆明地盘松	一组	14.006	3.873	7.863
	二组	8.171	6.285	9.280
	三组	8.949	6.47	11.426
富源云南松	一组	8.151	4.253	8.532
	二组	10.228	4.965	11.991
	三组	10.089	5.139	5.557
河口云南松	一组	5.006	3.914	7.676
	二组	7.982	14.53	20.858
	三组	8.362	5.257	10.439
昆明云南松	一组	8.082	4.387	9.018
	二组	7.080	9.571	11.182
	三组	9.065	8.182	12.751
细叶云南松	一组	8.639	10.773	9.237
	二组	9.084	6.468	13.738
	三组	7.323	4.119	11.837

水分胁迫下，丙二醛的积累会引起细胞膜过氧化作用，由于氧化膜的有序性降低，结构遭到了破坏，从而影响了细胞的物质代谢即吸收与同化作用（曹慧等，2001）。

从本次试验的结果看，各个云南松 MDA 含量总体呈先下降后上升的趋势。河口云南松>富源云南松>昆明地盘松>昆明云南松>细叶云南松。

变动最大的还是富源云南松；最小的还是昆明云南松。变化趋势和 SOD 活性一致。到后期，MDA 的含量普遍增高。这和宋丽萍等（2007）研究的刺五加结果相同。干旱

胁迫下，刺五加叶片脯氨酸含量随着干旱胁迫强度的增加及时间的延长而持续上升。刚受到胁迫时，MDA 含量增加，表明膜系统受到伤害，为避免进一步的伤害，植物启动自身的防御系统，膜脂过氧化在一定程度上得到抑制，因而胁迫第 8 天时 MDA 含量有所降低，而第 12 天时，水分胁迫程度加重，MDA 含量又显著增加。韦小丽等（2005）研究的结果是，水分胁迫第 7 天，MDA 含量增加，胁迫第 12 天时 MDA 含量有所降低，自然干旱到第 17 天时，水分胁迫程度加重，MDA 含量又显著增加。在膜脂过氧化作用中，MDA 含量的变化是脂膜损伤程度的重要标志之一。一般来说，在干旱胁迫情况下，抗旱植物比不抗旱植物 MDA 含量增加的幅度为小（张卫华等，2005）。

3.3.3　不同水分胁迫对不同地理种源云南松游离脯氨酸活性影响

在天气晴朗的早晨 8：00 对 2 年生苗取样，带回实验室测定。测定结果见表 8.15。

表 8.15　不同水分胁迫下，不同树种游离脯氨酸活性变化

Tab. 8.15　Under different water stress, different species proline activity

树种	处理	4d	8d	12d
昆明地盘松	一组	23.607	19.406	11.607
	二组	90.508	531.640	789.265
	三组	91.886	180.574	655.873
富源云南松	一组	169.244	114.912	63.507
	二组	47.885	74.576	371.470
	三组	85.532	99.312	90.940
河口云南松	一组	15.768	29.469	52.798
	二组	126.756	255.589	356.281
	三组	20.388	97.673	306.529
昆明云南松	一组	21.073	76.352	74.968
	二组	22.923	114.046	886.132
	三组	43.827	139.299	104.429
细叶云南松	一组	78.386	117.309	157.858
	二组	203.958	174.780	147.956
	三组	355.941	300.261	259.018

脯氨酸在植物细胞中主要起渗透调节作用。脯氨酸含量的增加，可以增强细胞的渗透调节能力，对植物抗旱有益，为此曾有人提出以干旱时植物体内游离的脯氨酸的积累能力作为选育抗旱作物的指标（汤章城，1986）。这是因为脯氨酸是水溶性最大的氨基酸（16 213g/100g 水），易于水合，或具有较强的水合力，植物受到水分胁迫时，它的增加有助于细胞组织的持水，防止脱水，有助于提高其抗旱性。

除细叶云南松以外，其余 4 个种源的脯氨酸含量都呈增长趋势。被水分胁迫的苗的脯氨酸都比对照含量高。与柚木的含量一致，水分胁迫下，柚木植物体内脯氨酸含量显

著增加，胁迫处理初期，脯氨酸积累速率增加平缓，中后期脯氨酸积累速率达最大值，而且随着水分胁迫程度的增加，脯氨酸积累速率不同。从整体数值看，脯氨酸的含量大小顺序是，昆明地盘松＞河口云南松＞富源云南松＞昆明云南松＞细叶云南松。

脯氨酸含量以地盘松的最高。其次是河口云南松、细叶云南松、富源云南松，最小的是昆明云南松。细叶云南松虽然呈下降趋势，但其含量都比较高。种源的差异导致了抗旱能力的差异。任文伟等（2000）对不同地理种群羊草在 PEG 胁迫下脯氨酸含量进行比较研究，得出羊草的抗旱性与脯氨酸的积累特性及其生境有着密切的联系。

3.4　讨论

在有条件的情况下，建议比较不同温度梯度条件下，其 SOD 活性的变化情况；同一温度下，不同水分胁迫，其 SOD 活性的变化，将更能比较出云南松的抗旱性。同样条件比较脯氨酸内含物的变化，耐旱品种通常比弱耐旱品种具较强的积累脯氨酸的能力（陈少瑜等，2006）。植物的抗旱性是由遗传因子和环境共同控制的一个复杂的数量性状，单纯用一个抗旱指标很难说明问题，只有采用多指标的综合评价，才能比较客观地反映植物的耐旱性（闫伟等，2006）。

本次实验共选择 3 个不同指标进行测定分析。从本次试验的结果看，地盘松 SOD 活性呈先增加后降低的趋势，变化较平缓；富源云南松 SOD 活性变化较剧烈；河口云南松 SOD 活性变化较剧烈；昆明云南松 SOD 活性变化最缓；细叶云南松 SOD 活性变化较剧烈。MDA 含量总体呈先下降后上升的趋势，河口云南松＞富源云南松＞昆明地盘松＞昆明云南松＞细叶云南松。除细叶云南松以外，其余 4 个种源的脯氨酸含量都呈增长趋势。被水分胁迫的苗的脯氨酸都比对照含量高，脯氨酸的含量大小顺序是，昆明地盘松＞河口云南松＞细叶云南松＞富源云南松＞昆明云南松。

植物的抗旱性是由多种因素共同作用构成的一个复杂的综合性状，受多种因素的影响，各种因素又存在相互的联系，因此仅仅根据某一方面的指标判断植物的抗旱能力都将是片面的，应从多方面并结合其实际分布及生长状况进行综合评定。本研究从干旱胁迫后 5 个树种的 SOD 活性、MDA 含量及脯氨酸含量变化等方面对它们的抗旱能力进行了初步探讨，并为进一步的抗旱机制的深入研究提供资料。

第 4 节　结　　论

（1）云南松的外生菌根菌有很多种，它们共同为云南松吸收养分、水分等。本次实验所分离出的 3 种就是云南松的共生菌根菌。曾经有人从云南松上分离出 11 科，17 属，25 种真菌。

（2）适合 I15 菌株生长的培养基为综合马铃薯培养基和 MMN 培养基。到第 7 天综合马铃薯培养基、MMN 培养基中菌株的生长直径分别是 9.00cm 和 8.98cm。PDA 培养基中菌株的生长直径为 8.91cm，而酸化麦芽汁培养基中的菌株已死。

（3）I20 菌株在 PDMA 培养基生长是最好的，其次是综合马铃薯培养基，再次是 PDA 培养基。MMN 培养基和 PDA 培养基里的菌株生长情况大致相同。酸化麦芽汁培养基里的生长最差。

（4）M3 菌株在 PDMA 培养基上生长最好。第 8 天，PDA 培养基、综合马铃薯培养基、MMN 培养基中的菌株生长直径均达到了 9.00cm。

（5）I15 菌株在 27℃、29℃这两个温度点的生长最好。在相对较低的 25℃和相对较高的 31℃生长较差。在 27℃和 29℃这两个条件下，6d 就长满了整个培养皿。而 25℃和 31℃要 7d 才长满。

（6）I20 菌株在 29℃、31℃这两个温度点的生长最好。在相对较低温度，25℃的条件下生长速度最慢，9d 才达到 7.80cm；27~31℃条件下，7d 的生长直径达到 9.00cm。

（7）M3 菌株在 25℃、27℃这两个温度点的生长最好。7d 的生长直径为 9.00cm；在相对较高的 31℃温度条件下生长最差，29℃和 31℃条件下 8d 的生长直径才达到 9.00cm。

（8）母树林种子的发芽能力是 5 个种源中最好的，40d 时，其生物量最大。昆明扭曲云南松 40d 时的整体情况：最高苗 6.1cm，平均株高 5.5cm，平均根长 6.2cm，平均侧根数 4.3 条。地盘松 40d 时的整体情况：最高苗 4.0cm，平均株高 3.2cm，平均根长 5.4cm，平均侧根数 6.2 条。细叶云南松 40d 时的整体情况：平均株高 4.5cm，平均根长 6.7cm，平均侧根数 3.4 条。富源扭曲云南松 40d 时的整体情况：平均株高 4cm，平均根长 7cm，平均侧根数 3.2 条。母树林云南松 40d 时的整体情况：株高（5±1）cm，根长（7±1）cm，侧根数 7.2 条，最长的侧根 0.8cm。

（9）菌根菌要与别的衡量指标一起评价生长量的优势，不能单独使用。菌根菌只是对植物生长有利的一个方面，影响植物生长的因子很多，而且是综合影响的，只有各个环境因子都良好的情况下，才能有最好的生长。

（10）综合几个抗旱指标的分析，在 5 个地理种源中，河口云南松>富源云南松>昆明地盘松>昆明云南松>细叶云南松。

（11）建议用试验的方法扩繁出二次菌根，培育菌根苗造林。传统的菌根苗培育方法是直接从自然环境里采集菌根土，易造成严重的水土流失。而采用人工培养的方法，不仅能培养出大量菌根菌，还能显著提高社会效益和生态效益。

第四篇　放线菌与苏铁共生系统

第9章 苏铁珊瑚状解剖结构根及其内生放线菌多样性研究

第1节 引　言

　　苏铁是古老的孑遗植物，最早出现于距今2亿多年前的古生代，在三叠纪末和侏罗纪初期最为鼎盛，至晚白垩纪后逐渐衰退。对苏铁植物所处的濒危状态国内外都很重视，已被世界《濒危野生动植物物种国际贸易公约》列为禁止进出口对象（国家濒管办、国家濒危物种科学委员会，1993）。苏铁被誉为植物界的"大熊猫"和"活化石"，为我国一级保护植物（国家林业局、农业部令（1999）第4号，1999）。

　　苏铁类植物全世界仅有苏铁目，现仅存有3个科，即苏铁科（Cycadaceae）、蕨铁科（Stangeriaceae）和泽米铁科（Zamiaceae），11属，约280多种（吴萍和张开平，2008）。我国苏铁仅有1科1属，自然分布的苏铁属植物约38种，占世界苏铁属植物总数的30%左右，主要分布在广西、云南、贵州、广东、海南、四川、福建和台湾等8个省区，其中云南和广西分布种类最多（韦丽君等，2006）。在学术上，它对研究种子植物的起源与演化、种子植物的区系、古老物种基因和古气候的变迁，以及植物系统进化过程的研究等都有着重要意义（马勇和李楠，2005）。

　　在研究苏铁问题上，研究者一直比较关注的有以下几个方面：①苏铁的形态特征在解剖学上的研究（王玉忠和陈家瑞，1995；李平等，1995；陈潭清，1996；艾素云等，2006），因为这对苏铁植物的进化系统的研究具有重要的意义；②苏铁珊瑚状根与蓝藻的共生关系也一直是学者研究的热点（Lindblad and Costa，2002；Paolo and Sergio，1980），以期探究其形成原因及其中的共生微生物能否促进苏铁的生长发育；③苏铁由于四季常绿、外形美观备受人们喜爱，被大量运用于园林绿化及公园、庭院等场所，然而，由于苏铁生长缓慢等，给苏铁的引种栽培和快速繁育带来了难题，因此，苏铁的繁育和栽培也备受人们关注。

1.1　苏铁形态解剖学研究

　　研究苏铁类植物根、茎、叶的形态结构对苏铁植物分类有着重要的意义，故有关苏铁类各器官的解剖结构研究国内外都比较多。唐源江和廖景平于2001年研究了我国6种苏铁羽片表面特征和解剖特征。李平等（1995）对攀枝花苏铁的羽片结构进行了研究。王玉忠和陈家瑞（1995）对我国12种苏铁羽片表皮与气孔特征作了研究。1996年，陈潭清等研究了18种苏铁的羽片解剖结构，探讨了苏铁种间的亲缘关系。2004年，苏俊霞报道了德保苏铁、石山苏铁和越南篦齿苏铁3种苏铁属植物羽片发育过程中不同时期解剖结构上的差异。徐峰等（2004）对尖尾苏铁根系的形态及解剖结构进行研究，首次发现苏铁植物的根系为须根系，全部须根膨大成肉质根，同一条肉质根内的原生木质部束呈现二原型至九原型。艾素云等（2006）研究了贵州苏铁根的解剖结构，根据外部形态和内部结构不同，认为贵州苏铁的根可分为正常根、珊瑚状根和肉质根 3 种类型。

1.2　苏铁珊瑚状根的形成及结构研究

　　珊瑚状根是苏铁类植物的一类背地性生长的、重复二叉分枝而形成的根丛，一般形成于地表 30cm 以上，可暴露于土壤表面，因为形似珊瑚，故人们称其为珊瑚状根。一些学者认为苏铁珊瑚状根的形成是向上生长的根由于受到蓝细菌的入侵才形成珊瑚状（Lindblad and Costa，2002）。然而，越来越多关于苏铁珊瑚状根的研究表明，蓝细菌的侵入并不是苏铁珊瑚状根形成的原因。苏建英等（2007）对苏铁类珊瑚状根进行解剖学研究，报道了珊瑚状根中共生藻的侵染途径、部位及藻胞层的发生发展，认为藻细菌是否入侵与珊瑚状根产生的多少没有直接因果关系，根据形态解剖观察，苏铁类的珊瑚状根是一种本身固有的形态特征。早在 1980 年，Paolo 和 Sergio 对雌配子体进行离体组织培养实验，结果产生了珊瑚状根，从侧面证实了苏铁珊瑚状根是其本身固有的。法国学者研究蓝细菌与苏铁共生后也得出了同样的结论，指出了苏铁在形成珊瑚状根原基时并无蓝细菌存在。野外调查发现，有的苏铁并不形成珊瑚状根。因此，研究者对苏铁珊瑚状根的形成一直没有定论。

　　关于珊瑚状根的结构已有学者对其进行了解剖学研究。苏建英等（2007）认为，珊瑚状根的结构从外向内分别为：周皮、外部皮层、藻胞层、内部皮层、维管柱。藻胞层的细胞大多为径向延长的大细胞，排列紧密，细胞间通过细胞壁的破裂孔将细胞质互相贯通，并且认为并不是所有的苏铁珊瑚状根中都具有藻胞层。艾素云等（2006）对贵州苏铁的根进行了解剖学研究，结果发现珊瑚状根的木栓形成层与正常根和肉质根起源于表皮内方第 1~2 层皮层薄壁细胞不同，它起源于外皮层的 2~3 层细胞，根尖分生组织团中的藻区细胞由中央向两侧上方逐渐分化成熟而形成藻胞层。

1.3　苏铁珊瑚状根与蓝细菌的共生关系研究

　　苏铁运用于园林绿化具有很好的美观效果，市场需求越来越大，苏铁类植物的引种栽培日益增多。但苏铁授粉率、繁殖困难和生长缓慢等原因严重限制了其大量运用。为解决这些难题，很多学者从植物内生菌方面进行研究，希望能够找到促进苏铁快速生长的共生菌。

　　苏铁珊瑚状根可以与蓝细菌共生，蓝细菌在皮层细胞内宿存，在皮层中间部位形成藻胞层，使珊瑚状根表面呈蓝绿色。蓝细菌为古老的原核微生物，某些种属能分别与不同进化阶段的植物形成共生固氮体系。苏铁是唯一能够与蓝细菌形成共生关系的裸子植物。因此，自从发现苏铁珊瑚状根中具有蓝细菌的存在后，引起了很多学者的兴趣和关注。早在 1975 年就有蓝细菌与苏铁的共生关系报道（Nathanielsz and Staff，1975）。随后有很多关于苏铁珊瑚状根与蓝细菌关系的研究报道出现，如共生固氮及固氮效益（Halliday and Pate，1976）、珊瑚状根内共生蓝藻多样性、共生体的生物学和环境研究、珊瑚状根尖酚类物质的研究（Lobakova et al.，2004）、珊瑚状根尖降解期间共生蓝藻的结构、珊瑚状根尖蓝藻的发生研究（Lobakova et al.，2003）等。

　　研究发现，只有一类特别的共生蓝细菌才侵入宿主，这说明宿主必须识别和选择合适的共生伙伴，排除其他不亲和的微生物。这种识别可能与蓝细菌、植物细胞的特性、植物的化学信号有关（Amar *et al.*，2000）。目前已经初步揭示了能与苏铁珊瑚状根共生的蓝细菌，主要有念珠藻属（*Nostoc*）、鱼腥藻属（*Anabaena*）、眉藻属（*Calothrix*），其中大部分为念珠藻属（Amar，1990；Birgitta *et al.*，1992；Bergman et al.，1996；Lindblad et al.，1986）。将苏铁种植在营养贫乏、缺水的土壤中，珊瑚状根的表皮细胞能产生一种营养丰富的、湿润的黏液来吸引蓝细菌侵入根内；自然界的蓝细菌能进行自养，但侵入根后则不再自养，靠珊瑚状根提供营养，同时蓝细菌将空气中的氮气转化为氮化合物，为苏铁提供生长所需的氮源，而且发现只有在氮源缺乏的情况下，蓝细菌才表现出固氮能力。

关于蓝细菌对珊瑚状根的侵染部位和途径的问题仍存在争议。国内外的研究学者对蓝细菌的侵染方式提出了以下几种看法：Birgitta 等（1992）认为主要通过裂缝；Spratt（1915）认为是水孔；Schneider（1894）认为是二叉分枝的相连处；Pearson（1898）认为是珊瑚状根顶部的乳头状突起。目前，大多数人认为蓝细菌是从裂缝侵染苏铁珊瑚状根，因为裂缝的深度可以延伸至藻区，而且通过电子显微镜可观察到有藻丝存在于裂缝中。

2007 年，苏建英等通过对苏铁类植物 10 属 25 种苏铁的珊瑚状根进行解剖结构观察，认为没有蓝藻的侵入，这种结构可能只是对苏铁的呼吸有利；蓝藻的侵入可以通过光合作用、固氮作用为宿主提供一些有用的物质。卢小根等（2001）将新鲜的苏铁根瘤捣碎用于种子拌种、苗木沾根移栽及根施等，发现接种率可达 80%~100%，而且与对照组相比，具有明显的优势，并认为苏铁根瘤既有很强的固氮作用，又有解磷、解钾等功能，使植株具有耐干旱、抗瘠性强的特性。但具体是根瘤中的哪些菌对苏铁起促进作用还没有研究报道。

1.4 苏铁与内生放线菌

1.4.1 植物内生放线菌

植物内生菌（endophyte）是一类生活史有部分或整个一生都在健康植物组织细胞内或细胞间生活，并且不会造成明显的致病症状的微生物，包括真菌、细菌、放线菌（Tan and Zou，2001）。放线菌因菌落呈放线状而得名，大多数有发达的分枝菌丝，属于原核生物界中的细菌门，革兰氏染色为阳性。从 Cohn 于 1872 年发现放线菌后，迄今为止，已报道了 69 属 1000 多种。由于放线菌较难分离培养，植物内生放线菌的研究起步较晚，因此，植物内生放线菌目前还是一个相对未开发的领域，可能有丰富的生物多样性。

1.4.2 植物内生放线菌的研究方法

植物内生放线菌的研究方法直到 21 世纪都还是采用传统的研究方法，即从植物样品中分离获得微生物的纯培养物，对纯培养物的表型特征、生理生化特性及基因型特征进行分类鉴别。目前利用培养基分离得到的放线菌主要属于链霉菌属，此外还有拟诺卡氏菌属、马杜拉放线菌属、红球菌属等，分离到的放线菌种类很多。

随着分子生物学科的发展，越来越多的分子生物学技术如免培养、变性梯度凝胶电泳（DGGE）等方法被应用到了植物内生菌的研究中。免培养法由于不要求纯培养物的获得，而是直接通过检测植物样品中的生物大分子进行研究，尤其是用 DNA 来研究植物中微生物多样性的方法，得到普遍应用。

近年来，应用不依赖于培养的基于 16S rRNA 基因的相关技术，证实了在植物体内还存在大量难以培养的放线菌类群。用分子方法检测到的放线菌种类也多于传统的培养方法。Sessitsch 等（2002）通过 16S rRNA 基因测序、DGGE 技术分析了 3 种马铃薯内生放线菌的种群多样性，发现马铃薯内存在大量链霉菌，并推测这些链霉菌可能具有防治马铃薯疮痂病的潜在性。Conn 和 Franca（2004）使用 16S rRNA-TRFLP 技术研究了来自 3 种不同土壤的小麦根内生放线菌的多样性，发现不同土壤类型中生长的小麦根内生放线菌的多样性有差别。

Tian 等（2007）通过 16S rRNA-RFLP 分析研究了水稻茎、根中的内生放线菌的丰度与多样性，发现水稻中内生放线菌的种类相当丰富，分布于 14 个属，远远超过了传统分离培养方法所能够获得的放线菌的范围。这些研究结果表明，基于 16S rDNA 的分析技术克服传统纯培养方法的不足，为研究者进一步客观地认识植物内生放线菌的多样性提供了有效的方法和手段，有助于研究者更好地了解植物内生环境中微生物的多样性，也有助于对植物与内生微生物之间相互关系的研究。

1.4.3　植物内生放线菌种类的多样性

目前，分离到的内生放线菌大部分都是链霉菌属（*Streptomyces*）。Sardi 等（1992）从意大利西北部的 28 种植物根部分离出 499 株内生放线菌，96%以上是链霉菌属，其余分别为链轮丝菌属（*Streptoverticillum*）、小单孢菌属（*Micromonospora*）、诺卡氏菌属（*Nocardia*）和链孢囊菌属（*Streptosporangium*）。Coombs 和 Franco（2003）从小麦根部分离获得 57 株放线菌，51 株为链霉菌，4 株小单孢菌属，1 株诺卡氏菌属，1 株链孢囊菌属。从生长于中国的香蕉中分离到 131 株内生放线菌，分别属于链霉菌属、轮枝链霉菌属（*Streptoverticillium*）和链孢囊菌属（Cao *et al.*，2005）；从不同栽培品种的番茄中分离到的 619 株放线菌全为链霉菌（Tan *et al.*，2006）；Lee（2008）从中国卷心菜的根部分离到 81 株放线菌，分布于 8 个属，优势类群有小双孢菌属（*Microbispora*）、链孢囊菌属（*Streptosporangium*）和小单孢菌属（*Micromonospora*）。另外，微球菌属（*Micrococcus*）、节杆菌属（*Arthrobacter*）、短小杆菌属（*Curtobacterium*）、拟无枝菌酸菌属（*Amycolatopsis*）、小月菌属（*Microlunatus*）、马杜拉放线菌属（*Actinomadura*）、红球菌属（*Rhodococcus*）、黄球菌属（*Luteococcus*）、分枝杆菌属（*Mycobacterium*）、两面神菌属（*Janibacter*）、迪茨氏菌属（*Dietzia*）、野野村氏菌属（*Nonomuria*）等菌株也从植物内生环境中分离得到（陈华红等，2006）。这些研究表明植物内生放线菌的多样性相当丰富，但目前分离到的丝状内生放线菌绝大多数属于链霉菌属。

1.4.4　植物内生放线菌宿主的多样性

内生放线菌的生物多样性丰富的另一个原因在于宿主的生物多样性，很多植物中都存在着内生放线菌资源。目前研究过的内生放线菌的植物已有上百种，包括藻类、针叶树、灌木和草本等多个类群，其中研究较多的植物有棉花（*Gossypium hirsutum*）、甘蔗（*Saccharum officinarum*）、小麦（*Triticum aestivum*）、马铃薯（*Solanum tuberosum*）、高粱（*Sorghum bicolor*）、水稻（*Oryza sativa*）、玉米（*Zea mays*）、甜菜（*Beta vulgaris*）（文才艺等，2004）、杜鹃花（*Rhododendron simsii*）（Shimizu *et al.*，2007）。此外，桤木、木麻黄、胡秃子、香蕉、番茄等植物中也分离到放线菌。

1.4.5 内生放线菌对宿主植物的影响

1.4.5.1 内生放线菌对宿主植物生长发育的影响

对植物内生放线菌与植物关系的研究报道较少。目前，内生放线菌与植物的关系研究较清楚的是具有固氮能力的弗兰克氏菌属。能与非豆科植物形成根瘤并具有固氮能力的弗兰克氏菌属是最早被发现的植物内生放线菌。1970 年，Becking 将非豆科植物中的固氮菌正式定名为弗兰克氏菌。1978 年，美国 Callaham 等采用酶解法首次从香蕨木属（*Comptonia*）植物根瘤中分离到 Frankia 菌株，将其回接到宿主后，再次成功分离出同一种放线菌，使得共生固氮放线菌 Frankia 研究取得了突破性的进展。目前已在 8 个科的木本双子叶植物中发现有弗兰克氏菌形成的根瘤。由于链霉菌中大多数种类对植物无致病性或导致病害并不严重，关于链霉菌与植物的关系研究常被忽略。

研究较多的是植物内生放线菌次级代谢产物的利用，如抗生素、某些特殊的酶等的发现和利用。大多数研究结果表明，由于内生放线菌能够产生生长素等激素类物质，对植物的株高和增强植物长势都有明显的促进作用。Igarashi 等（2002）从蕨类植物 *Pteridium aquilinum* 中分离的 *Streptomyces hygroscopicus* TP-A045 可产生作用与茁壮素类似的 pteridic acids A 和 pteridic acids B，可促进植物生长；从野生杜鹃中分离到的 *Streptomyces* sp. MBR-52 可分泌某种促进生长的激素，可促进组培幼苗生根 （Igarashi *et al.*，2006）。弗兰克氏菌能与桤木结瘤，并且能够进行固氮作用，为桤木提供氮源，促进桤木生长（吕梅等，2006）。

有些研究表明，某些内生放线菌对植物生长有抑制作用。从植物狗筋蔓中分离到的一株指孢囊菌属的内生放线菌，可以产生两种植物生长抑制剂，对植物莞根的萌发有抑制作用（Okazaki，2003）；Furumai 等（2003）和 Igarashi 等（2003）从分离自桤叶树根部的放线菌 *Streptomyces hygroscopicus* 的发酵液中分离到植物花粉管生长抑制剂 clethramycin；Oto 和 Winkler（1998）发现，有些内生放线菌能够侵入蔷薇科植物的根毛，并破坏皮层组织，引发根毛死亡，他们认为这种侵害是引发蔷薇科植物某些种根部病害的病因。

1.4.5.2 提高宿主植物抵抗力

生物胁迫的抗性主要包括阻抑昆虫和抵抗病虫害等，非生物胁迫的抗性主要包括干旱和高温耐性。这可能是由于内生放线菌可以产生抗生素和水解酶，保护宿主植物免受病虫害的影响，提高植物对生物胁迫的抵抗力。Igarashi 等（2002）从多种植物的根、茎、叶部位分离得到 398 株内生放线菌，发现近 20%的菌株发酵液提取物对植物病原真菌和细菌有抑制作用；从一株野生的烈香杜鹃中分离到的链霉菌 R-5，可产生 actinomycin X2 和 fungichromin 两种抗生素，对杜鹃花属植物的两种主要的病原真菌 *Phytophthora cinnamomi* 和 *Pestalotiopsis sydowiana* 具有抑制性（Shimizu *et al.*，2000, 2004）。

内生放线菌还可提高植物的抗逆性。Hasegawa 等（2004）从植物 *Pteridium aquilinum* 中分离的一株内生链霉菌感染的山月桂组培幼苗，细胞渗透压增加，对干旱的耐受性明显提高；内生放线菌 *Streptomyces padanus* 可使山月桂组培幼苗获得对高盐浓度的耐受性（Megura *et al.*，2006）。Richards 等（2002a，2002b）研究了能与非豆科植物共生结瘤的弗兰克氏菌，发现大多数菌株可以耐受一定浓度的重金属，Pb^{2+} 6~8mmol/L、CrO_4^{2+} 110~1175mmol/L、AsO_4^{3+}>50mmol/L、SeO_2^{2+} 115~315mmol/L，但对 Ag^+、AsO_2^+、Cd^{2+}、SO^{2+} 与 Ni^{2+} 敏感，不同菌株对 Cu^{2+} 耐受程度也不同，认为弗兰克氏菌的这种特性可能有利于增强宿主植物对重金属离子的抗性。

1.4.6　内生放线菌对苏铁的影响

苏铁除正常根和肉质根外还发现有珊瑚状根。国内外许多学者采用电子显微镜来观察苏铁珊瑚状根的切片，研究结果认为，所有的苏铁蓝细菌均在珊瑚状根的内外皮层之间存在一条菌带（朱徵，1982），菌带中不存在异养的细菌和真菌，细菌存在于珊瑚状根周皮内（Joubert *et al.*，1989）。非豆科植物的根瘤根据其形态，分为两种类型：一种为桤木型，具有多结的珊瑚状结构；另一种为杨梅型。桤木根瘤是多年生的，一般当年生的瘤簇近似球形，次年在原瘤簇上长出新的瘤瓣，呈珊瑚状（刘国凡，1988）。根据苏铁珊瑚状根与桤木结瘤的相似性，研究者推断，苏铁珊瑚状根中可能存在一定种类的共生放线菌甚至可能也是由于放线菌结瘤形成的。

目前，苏铁珊瑚状根中放线菌多样性还没有研究报道，作者从苏铁珊瑚状根中放线菌的研究工作出发，试图揭示苏铁与放线菌的关系，以期为苏铁的快速繁育找到一个突破口。

1.5　苏铁快速繁育研究现状和前景

目前，有关苏铁繁育和栽培已有一些研究（Dhiman *et al.*，1996；刘贤王，2007；杨慧，2009），但都没有突破性的进展。苏铁的繁育方法主要是通过有性繁殖和无性繁殖。这两种方法各有优缺点。用种子繁殖苏铁不受气候、温差、土壤及块茎来源的限制，虽然繁育的后代实生苗存在生长慢、开花迟的缺点，但能保持母本的良好性状、抗逆性强。由于苏铁雌雄异株，雄花略比雌花早开，为提高苏铁的授粉率和结实率，有学者对苏铁传粉生物学等方面进行了研究，并提出了一些措施，如采取人工辅助授粉措施，从而大大增加结实量。无性繁殖包括分割繁殖和嫁接繁殖等，这种繁殖方式可按照人们的意愿，培育出各种不同造型的苏铁。此外，利用组织和细胞培养技术来繁殖苏铁也是保护生物学中一个有前景的方法，印度的 Dhiman 等（1996）利用幼叶诱导愈伤组织并进一步分化出芽状结构和叶原基已获初步成功。

苏铁不仅叶、根、花及种子均可入药，而且因树形奇特具有园林观赏价值。如今苏铁是园林美化中不可缺少的树种,常种植于庭前阶旁及草坪内或是作为大型盆栽,具有广阔的市场前景。然而,苏铁授粉率、结实率和种子的可育率低,而且生长缓慢,一棵幼苗需 10 多年才能长成成苗。这给苏铁的引种栽培和快速繁育带来很大的困难,也使得苏铁很难被普遍运用于绿化中。因此,研究如何促进苏铁的繁殖和生长发育具有重要的实践和理论意义。

第 2 节　苏铁珊瑚状根结构研究

苏铁除具有正常根和肉质根外还发现具有珊瑚状根。珊瑚状根是苏铁类植物的一类背地性生长、重复二叉分枝的根丛,可暴露于土壤表面,形似珊瑚,因此得名(苏建英等,2007)。苏铁珊瑚状根结构与形成一直存在争议,蓝细菌的侵入是否必要成为争议的热点。某些研究表明,苏铁珊瑚状根的形成与蓝细菌的侵入无关(艾素云等,2006)。然而,苏铁珊瑚状根的形成是否与内生放线菌有关,这方面的研究尚未见报道。本研究采用石蜡切片法观察苏铁珊瑚状根解剖结构,旨在探究其构造,观察珊瑚状根内部是否具有菌丝侵染的痕迹,并且为苏铁珊瑚状根内生菌的分离提供理论基础。

2.1　材料与方法

2.1.1　实验材料

实验材料采自昆明金殿国家森林公园,该处土壤疏松,为红壤土,有的苏铁侧根上珊瑚状根生长旺盛,大多在地表下 2~5cm 处或裸露于地表。2011 年 4 月在此处采集苏铁珊瑚状根,放于冰盒中带回实验室,用自来水将泥土冲洗干净,备用。

2.1.2　苏铁珊瑚状根形态观察

用直尺测量珊瑚状根瘤的大小,在体视显微镜下测量珊瑚状根的直径及长度,初步观察珊瑚状根的发生形式和外部结构。

2.1.3　苏铁珊瑚状根显微结构观察

用石蜡切片法,参照李和平和龙鸿(2009),略有改进。

(1)取材与固定:用刀片将新鲜的植物根切成 0.5cm 的小段,用 FAA 固定液固定、抽气,固定时间 24h 以上。

(2)脱水、透明和包埋:材料不需水洗,直接在表 9.1 的各级浓度叔丁醇中脱水。每次 2h。然后转入蜡管中,加入 1/2 叔丁醇及 1/2 切碎的固体石蜡,置 60℃温箱中 4~6h 或过夜,转入融化的纯石蜡中 2 次,每次 2h,包埋。

(3)切片:用旋转切片机切片,切片厚度为 8μm。

(4)贴片及展片:将 Haupt's 粘贴剂涂于载玻片上,并在载玻片中央滴一滴 3%甲醛溶液,在显微镜下检查蜡带中的切片,选取结构完整的切片于溶液中央,将载玻片于展片台上展片,每一载片上粘贴 3 个切片即可。置 40℃温箱中干燥 24h 以上。

表 9.1　叔丁醇各级浓度的配制

Tab. 9.1　The configuration of the tertiary butyl alcohol concentration at all levels

级别	1	2	3	4	5*	6
蒸馏水/ml	40	30	15	0	0	0
95%乙醇/ml	50	50	50	50	25	0
叔丁醇/ml	10	20	35	50	75	100

* 加入适量番红染料使材料适当着色

（5）番红-固绿染色和封片（在染色缸中进行）。

　　a. 切片依次在 2 次二甲醇、1/2 二甲苯+1/2 无水乙醇、2 次无水乙醇、95%乙醇、85% 乙醇、70%乙醇中脱蜡。

　　b. 在 1%番红染色液中染色 2~4h。

　　c. 自来水洗去浮色。

　　d. 依次在 50%乙醇、70%乙醇、85%乙醇、95%乙醇、2 次无水乙醇中脱水。

　　e. 在固绿染色液中染色 1~5min。

　　f. 在 1/2 二甲苯+1/2 无水乙醇中洗去浮色。

　　g. 在二甲苯中透明 2 次，然后用中性树胶封片。

　　h. 在光学显微镜下拍照。

2.2　结果与分析

2.2.1　苏铁珊瑚状根形态

　　苏铁珊瑚状根生长于尚未木质化的幼根组织上，大多产生于生产侧根的部位。观察培养的幼苗发现，珊瑚状根瘤瓣在向外突出于根的表皮时往往不是一个瘤瓣，而是多个瘤瓣同时突出于根的表皮，呈簇状生长。这时的珊瑚状根颜色还是同其着生部位的根的颜色完全一致，呈乳白色。随着瘤瓣的生长，不断进行二叉分枝，最终形成多分枝的球形珊瑚状瘤簇，形成的瘤簇直径可达 2~3cm 及以上（图 9.1），大多在地表下 2~5cm 处或裸露于地表。成熟的苏铁珊瑚状根由于蓝细菌的入侵表面呈深蓝绿色，老的周皮上具明显的皮孔，每个二叉分枝直径为 0.15~0.2cm，长约 1cm（图 9.2）。

2.2.2　苏铁珊瑚状根显微结构

　　材料经番红-固绿染色后，木质、角质、细胞核等为红色，薄壁细胞为绿色。因此，研究者可以观察到，苏铁珊瑚状根横切面呈近椭圆形，由周皮、外皮层、藻胞层、内皮层和维管柱组成（图 9.3）。藻胞层的细胞多为径向延长的大细胞，排列紧密，整个藻胞层被番红和固绿染成了鲜红色，这是由于大量的蓝细菌宿存在此区域。根横切面中空而无法看到完整的维管柱。外皮层和内皮层薄壁细胞在横切面上呈近圆形，而且在有的细胞中具有被染成暗红色的物质。在纵切面上同样可以看到在内外皮层有的细胞中存在

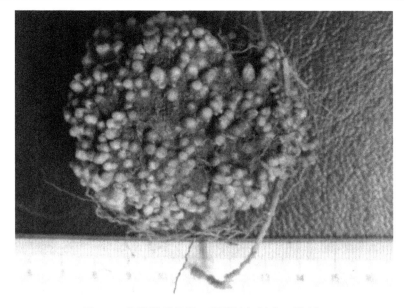

图 9.1　苏铁珊瑚状根（彩图请扫封底二维码）

Fig. 9.1　The coralloid root of *Cycas revoluta*

图 9.2　苏铁珊瑚状根（示皮孔和长度）（彩图请扫封底二维码）

Lc 为皮孔

Fig. 9.2　The cycad coralloid root（show the lenticel and length）

Lc. lenticel

被染成暗红色的物质（图 9.3，图 9.4）。国内外许多学者采用电子显微镜来观察苏铁珊瑚状根的切片，研究结果认为，所有的苏铁蓝细菌均在珊瑚状根的内外皮层之间存在一条菌带（朱徽，1982），菌带中不存在异养的细菌和真菌，细菌存在于珊瑚状根周皮内（Joubert *et al.*，1989）。因此，研究者推测，这些被染成暗红色的物质是菌体。

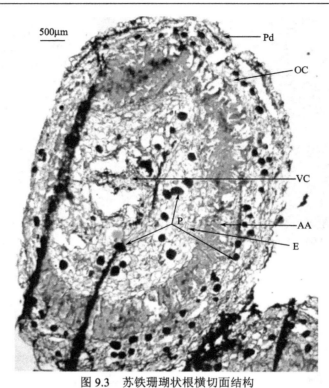

500μm

Pd

OC

VC

P

AA

E

图 9.3　苏铁珊瑚状根横切面结构

Fig. 9.3　The cross section structure of coralloid root in *Cycas revoluta*

Pd. 周皮；OC. 外皮层；E. 内皮层；VC. 维管柱；AA. 藻胞层；P. 菌体

Pd. Periderm；OC. outer cortex；E. endodermis；VC. vascular cylinder；AA. algae area；P. *B. bacterium*

Pd

P

OC

AA

E

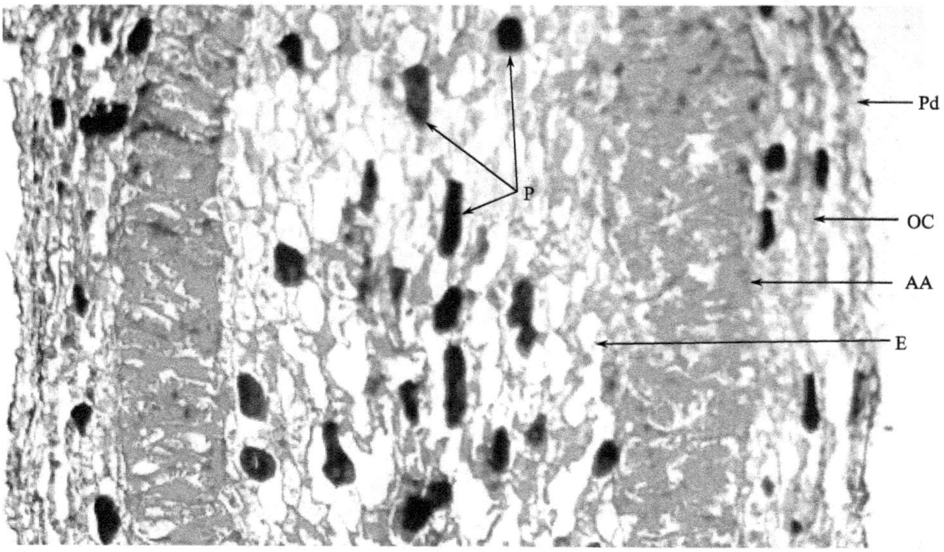

图 9.4　苏铁珊瑚状根纵切面结构

Fig. 9.4　The longitudinal section of coralloid root in *Cycas revoluta*

Pd. 周皮；OC. 外皮层；E. 内皮层；AA. 藻胞层；P. 菌体

Pd. Periderm；OC. outer cortex；E. endodermis；AA. algae area；P. *B.bacterium*

2.3　讨论

2.3.1　苏铁珊瑚状根形态

苏铁珊瑚状根呈珊瑚状，是否有可能是由于内生放线菌的侵染形成的？因为放线菌侵染形成的根瘤都可能形成珊瑚状，如桤木等由于弗兰克氏菌的侵染而能形成珊瑚状根瘤（曹鹏，2008）。从外部形态特征观察发现，苏铁珊瑚状根的形成是，瘤瓣在向外突出于根的表皮时是多个瘤瓣同时突出于根的表皮，呈簇状生长，不断进行二叉分枝，最终形成多分枝的球形珊瑚状瘤簇，形成的瘤簇直径可达 2~3cm 及以上。苏铁珊瑚状根这个形成过程和外部形态与弗兰克氏菌结瘤非常相似（吕梅等，2006；曹鹏，2008），由此推测，苏铁珊瑚状根有可能是弗兰克氏菌结瘤形成的。但目前尚未见这方面的推测和报道，有待进一步的研究证实。

2.3.2　苏铁珊瑚状根显微结构

一些学者认为苏铁珊瑚状根的形成是向上生长的根由于受到蓝细菌的入侵才形成珊瑚状（Lindblad and Costa，2002）。然而，某些研究又表明蓝细菌的侵入并不是苏铁珊瑚状根形成的原因。苏建英等（2007）对苏铁类珊瑚状根进行解剖学研究，报道了珊瑚状根中共生藻的侵染途径、部位及藻胞层的发生发展，认为藻细菌是否入侵与珊瑚状根产生的多少也没有直接因果关系，根据形态解剖观察，苏铁类的珊瑚状根是一种本身固有的形态特征。因此，苏铁珊瑚状根是否为苏铁本身固有的一种根还是由于放线菌结瘤，对此还没有定论，国内外也尚未见报道，有待进一步研究证明。

本研究通过石蜡切片观察发现，苏铁珊瑚状根由周皮、外皮层、藻胞层、内皮层和维管柱组成。外皮层和内皮层在横切面上呈圆形。藻胞层的细胞多为径向延长的大细胞，排列紧密。这些结构特征与苏建英等（2007）的报道相一致。艾素云等（2006）对珊瑚状根进行了解剖学研究，探究了其结构和发育起源，但没有报道除蓝细菌外的其他宿存微生物的种类。本研究通过石蜡切片法对苏铁珊瑚状根结构观察发现，在皮层细胞中有被番红染成暗红的物质。这些物质有可能是菌体团，由菌丝缠绕着细胞核生长形成。而这些菌丝团是否为真菌或放线菌还有待于进一步的研究。Fisher 和 Vovides（2004）报道 *Zamia pumila* 根中存在着真菌，并观察到了丛枝。但这与本研究在苏铁珊瑚状根中看到的菌体团又存在一定的差异。因此，研究者推测苏铁珊瑚状根中菌体团的形成是内生放线菌侵染形成的。

第 3 节　利用 16S rRNA 基因克隆文库构建研究苏铁珊瑚状根内生放线菌的多样性

3.1　材料与方法

3.1.1　实验材料

2012 年 8 月，在云南昆明金殿森林保护区附近采集苏铁珊瑚状根，冲洗干净表面泥土后放于–20℃冰箱中备用。

3.1.2 苏铁珊瑚状根总 DNA 的提取

3.1.2.1 珊瑚状根表面的消毒灭菌

珊瑚状根用蒸馏水清洗表面后，依次用 75%乙醇消毒 60s，无菌水清洗 3 遍，0.1% 氯化汞浸泡 5min，无菌水清洗 3 遍，用无菌滤纸吸去多余水分。取 0.2ml 最后一道清洗 的水涂布于 ISP2 平板上，28℃培养 2~3 周以检测表面灭菌的效果。

3.1.2.2 珊瑚状根原生质体的制备与内生微生物的富集

根据秦盛（2009）对滇南美登木的酶解-差速离心法略有改动。取经表面消毒后干燥 的植物样品 1~2g，无菌条件下剪断，经液氮研磨至细小颗粒，将研磨好的材料悬浮于 100ml 经过滤灭菌的酶反应液中（1320mg/L CaCl$_2$·2H$_2$0，88.3mg/L KH$_2$PO$_4$，0.7mol/L 甘露醇，1g/L 2-N-吗啉乙烷磺酸，10g/L 纤维素酶，1g/L 果胶酶）（何业华等，1999），黑暗避 光条件下于 170r/min，28℃条件下于摇床中反应 7h，然后将反应液分装到灭菌的 2ml 离 心管中，在低温条件下差速离心，先用 500g 的离心力（具体转速根据所用离心机进行计 算）离心 25min，取上清部分再用 3500g 的离心力离心 20min，收集 3500g 的离心沉淀 进行总 DNA 的提取。

3.1.2.3 总 DNA 的提取

1）收集 3500g 离心的沉淀用 CTAB 小量法提取（秦盛，2009）

（1）将沉淀分装在 7 个 2ml 的离心管中，每管分别加入 1.6ml EB（0.1mol/L Tris-HCl pH8.0，5mmol/L EDTA pH8.0，0.35mol/L 山梨醇，0.004g/ml 山梨醇糖）和 20μl 2-Mercaptoethanol，漩涡振荡，室温下 10 000r/min 离心 10min。

（2）弃上清，然后加入 100μl TE，100μl L-Lysine（400mmol/L），100μl EGTA （60mmol/L pH8.0），7μl 2-Mercaptoethanol 和 11μl 溶菌酶（100mg/ml），混匀，于 37℃ 水浴 0.5h，中间多次摇动。

（3）再加入 100μl EB，5μl 2-Mercaptoethanol，漩涡振荡，加入 960μl LB（0.2mol/L Tris-HCl pH8.0，0.05mmol/L EDTA pH8.0，2mol/L NaCl，2% CTAB，96μl 5% N-Lauroyl，NaCl 和 5μl RNase A10mg/ml），颠倒混匀，65℃水浴 15min，间隔 5min 摇匀一次。

（4）室温静置 10min。

（5）加入 500μl 氯仿：异戊醇（V/V=24/1），漩涡振荡，12 000r/min 离心 10min，取上清。

（6）重复步骤 5 两次。

（7）加入 2/3 体积异丙醇，轻轻混匀，–20℃静置 30min，4℃，12 000r/min 离心 10min。

（8）用–20℃预冷的 70%乙醇洗涤沉淀 3 次，室温倒置在干净的卫生纸上晾干，再 加入 50μl TE 溶液溶解沉淀，–20℃保存备用。

2）总 DNA 的检测

（1）制胶：制备 0.8%琼脂糖凝胶，冷却到 50~60℃后加入少量的 4S green 核酸染色剂，混匀后倒入制胶板内，插入样孔梳，待胶凝固后，拔出梳子，将胶放在装有 1×TAE 溶液的电泳仪中。

（2）点样：在封口膜上点好 6×Lodding Buffer，每滴约 1μl，取 5μl 总 DNA 与之混匀后，吸取全部加入点样孔中，在右侧点样孔中点上 5μl 大小为 23 130bp Marker。

（3）电泳：连通电泳仪后，100V 电泳 40min。

（4）拍照：将胶放在凝胶成像系统中，用 GeneSnap 软件进行拍照。

3.1.3　16S rRNA 基因克隆文库的构建与分析

3.1.3.1　16S rRNA 基因的 PCR 扩增

1）PCR 引物

采用放线菌门特异性引物对：

S-C-Act-0235-a-S-20　（5′-CGCGGCCTATCAGCTTGTTG-3′）

S-C-Act-0878-a-A-19　（5′-CCGTACTCCCCAGGCGGGG-3′）

扩增放线菌 16S rRNA 基因 V3~V5 区域，目的扩增片段大小约为 650bp。

2）PCR 反应体系（50μl）

S-20（10μmol/L）	1μl
A-19（10μmol/L）	1μl
DNA 模板	5μl
Mix	25μl
ddH₂O	18μl

3）PCR 反应条件

预变性	95℃	5min
变性	95℃	1min
退火	67℃	1min
延伸	72℃	2min
循环	30 次	
最后延伸	72℃	7min

以珊瑚状根总 DNA 及最后一遍清洗的水为模板，进行 16S rRNA 基因的扩增。

3.1.3.2　连接反应

克隆试剂盒选用百泰克生物技术有限公司提供的通用型 Ultra Power PUM-T 快速克隆试剂盒，感受态细胞由公司提供。连接体系按照试剂盒说明书进行，反应体系如下：

PCR 产物　（DNA）	3μl
Ultra Power PUM-T Vector	1μl
T4 DNA Buffer	5μl

T4 DNA Ligase	1μl
总体积	10μl

所有步骤在冰盒上进行，混匀后在 PCR 仪上，24℃连接 10min。

3.1.3.3　转化

（1）将感受态细胞置于冰上融化，将上述连接产物加入 100μl 感受态细胞中，快速轻柔混匀，冰水浴中静置 30min。

（2）将感受态放入 42℃水浴中，热激 90s，迅速取出后置于冰水中静置 2~3min。

（3）向离心管中加入 500μl 37℃预热的 LB 液体培养基，150r/min、37℃振荡培养 1h，使质粒上的相关抗性标记基因表达。

（4）将离心管中的菌液混匀，吸取 100μl 加到含氨苄青霉素的 LB 固体琼脂培养基（已经涂布好 IPTG、X-gal）上，用已灭菌的三角涂棒涂匀，先在 37℃培养箱中正置培养 1h，再倒置培养 14~16h。

3.1.3.4　阳性克隆的筛选

待平板长出菌落后，用无菌牙签挑取白色单菌落进行菌落 PCR 的验证，PCR 反应体系和条件与上述相同，只是反应的循环数增加到 35 个循环，经 1%琼脂糖凝胶电泳后，阳性克隆插入片段大小应为 650~700bp。

3.1.3.5　测序及系统发育分析

经电泳检测后，将阳性克隆的 PCR 产物委托上海生工生物工程有限公司（Sangon）进行单向测序。测序结果在 http://eztaxon-e.ezbiocloud.net/的 EzTaxon-e Database 中进行相似性搜索，根据搜索结果，选取标准菌株 16S rRNA 序列作为参照序列，用 Clustal X 程序进行比对，运用邻接法，通过 MEGA 4.0 软件构建系统发育树。

3.2　结果与分析

3.2.1　植物表面灭菌处理

最后一遍清洗的水 0.2ml 涂布至 ISP2 平板上，28℃培养 3 周未见有菌落生长，说明植物表面已经彻底灭菌消毒，后续提取的总 DNA 为植物基因组与内生微生物的基因组，排除了植物表面微生物的干扰。

3.2.2　苏铁珊瑚状根总 DNA 的提取

经 0.8%琼脂糖凝胶电泳检测，通过酶解-差速离心方法提取的总 DNA 质量较好，大小在 19kb 以上，而且完整性好、条带亮度较高（图 9.5）。

3.2.3　16S rRNA 基因片段的扩增

利用 S-20 和 A-19 引物对上述提取的总 DNA 16S rRNA 基因的 V3~V5 区进行扩增，

经 1%琼脂糖凝胶检测,扩增结果见图 9.6,结果表明,利用上述 PCR 反应条件能够成功扩增出目的片段,大小为 640bp 左右,符合预期要求,为该植物内生放线菌总的 16S rRNA 基因的 V3~V5 区片段。而以最后一次清洗植物表面的水为模板未扩增出目的片段,说明上述珊瑚状根表面灭菌的方法完全排除了环境中微生物 DNA 的干扰,后续扩增出的 DNA 是珊瑚状根内生放线菌的 16S rRNA 基因。

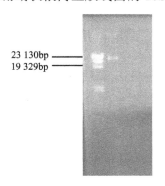

图 9.5　苏铁珊瑚状根基因组总 DNA 电泳图

Fig. 9.5　Agarose gel electrophoresis of genomic DNA of cycad coralloid root

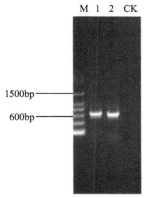

图 9.6　苏铁珊瑚状根内生放线菌 16S rRNA 基因片段的扩增

Fig. 9.6　Amplication of endophytic actinobacterial 16S rRNA genes from cycad coralloid root

1、2 为珊瑚状根总 DNA

One and two are total DNA of the coralloid root

3.2.4　阳性克隆的检测

仍用特异性引物 S-20 和 A-19 扩增挑选的白色菌落,然后取 5μl PCR 产物用 1%琼脂糖凝胶电泳检测假阳性。经检测发现,经过蓝白斑筛选后仍有部分白色菌落没有扩增成功,呈假阳性。部分菌落 PCR 电泳检测结果见图 9.7。

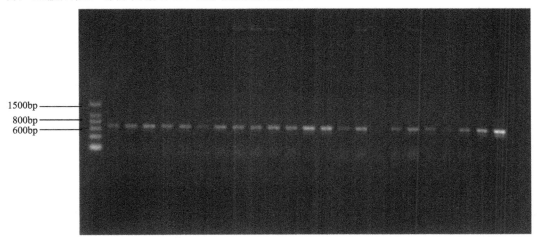

图 9.7　16S rRNA 基因克隆文库阳性克隆的鉴定

Fig. 9.7　Identification of positive clones of 16S rRNA gene libraries

3.2.5 珊瑚状根中 16S rRNA 基因克隆子序列测定和系统发育树的构建

将 100μl 菌液涂布在含氨苄青霉素和 IPTG、X-gal 的 LB 固体琼脂培养基上，37℃培养 14~16h 后，长出的白色菌落约有 200 个，进行阳性克隆筛选后阳性克隆子有 180个，将阳性克隆子 PCR 产物送上海生工测序，去除测序有问题的，测序成功的有 164 个。经在 EzTaxon-e Database 检索发现，这 164 个克隆子可以分为 16 个单元（表 9.2）。从表 9.2 可以发现，164 个克隆子分布于细菌域、放线菌纲的短小杆菌属（*Curtobacterium*）、利夫森氏菌属（*Leifsonia*）、*Chryseoglobus*、考克氏菌（*Kocuria*）、鸟氨酸微菌属（*Ornithinimicrobium*）、微球菌属（*Micrococcus*）、丙酸杆菌属（*Propionibacterium*）、链霉菌属（*Streptomyces*）、拟诺卡氏菌属（*Nocardiopsis*）、芽球菌属（*Blastococcus*）共 10 个属。其中，短小杆菌属出现频率最高，为 34.8%（57 个克隆），其次为拟诺卡氏菌属和链霉菌属，分别为 31.7%（52 个克隆）、29.3%（48 个克隆）。珊瑚状根中的克隆序列相似性大多在 97% 以上，如克隆 R66 与 *Curtobacterium albidum* 的相似性达到100%，R4 与 *Streptomyces badius* 的相似性达到 99.67%。但也有些序列的相似性较低，如克隆 R3 与 *Nocardiopsis ganjiahuensis* 的相似性只有 89.48%，R13 与 *Nocardiopsis alkaliphila* 的相似性只有 92.42%，预示着该植物的珊瑚状根中可能存在着放线菌新物种。

表 9.2　苏铁珊瑚状根内生放线菌 16S rRNA 克隆系列分析结果

Tab. 9.2　16S rRNA sequence analysis results of clone endophytes actinomycetes in cycad coralloid root

类群		区配菌种	相似度/%	克隆数
1	（R66）	*Curtobacterium albidum*	100	53
2	（R87）	*Leifsonia kribbernsis*	98.68	1
3	（R60）	*Flavobacterium oceanosedimentum*	99.18	4
4	（R70）	*Chryseoglobus frigidaquae*	97.12	1
5	（R4）	*Streptomyces badius*	99.67	35
6	（R10）	*Streptomyces polyantibioticus*	99.65	2
7	（R2）	*Streptomyces sundarbansensis*	94.85	2
8	（R33）	*Nocardiopsis flavescens*	99.34	40
9	（R13）	*Nocardiopsis alkaliphila*	91.42	5
10	（R16）	*Micrococcus flavus*	93.92	1
11	（R30）	*Streptomyces phaeopurpureus*	99.83	14
12	（R3）	*Nocardiopsis ganjiahuensis*	89.48	2
13	（R5）	*Propionbacterium albidum*	99.32	1
14	（R6）	*Blastococcus saxobsidens*	99.83	1
15	（R8）	*Kocuria polaris*	99.12	1
16	（R35）	*Ornithinimicrobium kibberense*	94.71	1
Total 16				164

　　从系统发育树（图 9.8）可以看出，164 个克隆分布于 5 个目、7 个科、10 个属。这 5 个目分别为微球菌目（Micrococcales）、丙酸杆菌目（Propionibacteriales）、链霉菌目（Streptomycetales）、链孢囊菌目（Streptosporangiales）、弗兰克氏菌目（Frankiales），科、属分布见表 9.2。从图 9.9 可以看出，该克隆文库中的克隆子在各目中所占比例，优势菌为微球菌目，占 38%，其次为链霉菌目和链孢囊菌目，分别为 32%、29%。另外，还发现有弗兰克氏菌目的芽球菌属，在植物内生环境中的具体作用还没有报道。

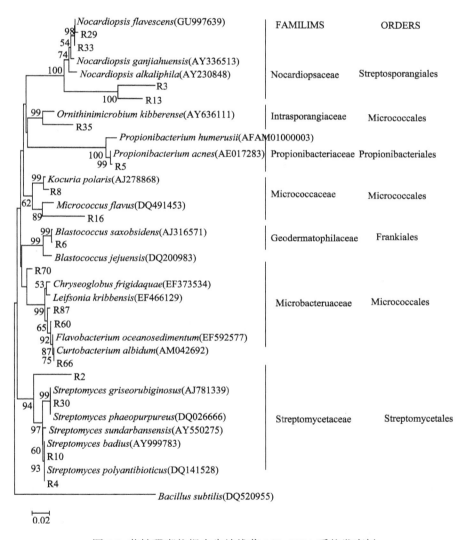

图 9.8　苏铁珊瑚状根内生放线菌 16S rRNA 系统发育树

Fig. 9.8　The phylogenetic tree of 16S rRNA clones of endophytic actinobacteria in different orders from stems of cycas

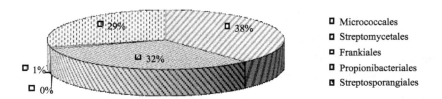

图 9.9　苏铁珊瑚状根内生放线菌 16S rRNA 基因克隆在不同目中的分布（彩图请扫封底二维码）

Fig. 9.9　Distribution of 16S rRNA clones of endophytic actinobacteria in different orders from stems of cycas

3.3　讨论

3.3.1　免培养内生放线菌的多样性

本研究利用酶解-差速离心方法成功提取到苏铁珊瑚状根总 DNA，并且成功构建了苏铁珊瑚状根内生放线菌 16S rRNA 克隆文库。经过研究发现，苏铁珊瑚状根中存在着丰富的放线菌资源，分布于放线菌纲的 5 个目、7 个科、10 个属。这 10 个属分别为短小杆菌属（*Curtobacterium*）、利夫森氏菌属（*Leifsonia*）、*Chryseoglobus*、考克氏菌（*Kocuria*）、鸟氨酸微菌属（*Ornithinimicrobium*）、微球菌属（*Micrococcus*）、丙酸杆菌属（*Propionibacterium*）、链霉菌属（*Streptomyces*）、拟诺卡氏菌属（*Nocardiopsis*）、芽球菌属（*Blastococcus*）。克隆得到的内生放线菌其优势菌为短小杆菌属，其次为拟诺卡氏菌属和链霉菌属。克隆文库中部分序列相似性低于 97%，表明苏铁珊瑚状根中可能存在着放线菌新种。

链霉菌属为大多数植物中内生放线菌的优势菌，获得纯培养已比较容易。已有学者从植物的内生环境中获得短小杆菌属和微球菌属菌纯培养菌株（陈华红等，2006）。秦盛（2009）从药用植物中分离到少数拟诺卡氏菌属菌。考克氏菌属也从灯台树中被分离到（黄海玉等，2011）。弗兰克氏菌目的芽球菌属菌在喜树中已获得纯培养（朱文勇等，2010），但该菌在植物中的作用目前还未见报道。鸟氨酸微菌属在滇南美登木的 16S rRNA 克隆文库中检测到（秦盛，2009）。利夫森氏菌属、*Chryseoglobus*、丙酸杆菌属三属在其他植物中是否存在，还未见报道。

3.3.2　免培养方法的应用

免培养法应用于土壤中微生物的多样性检测已经有很多（刘玮琦等，2008；关统伟等，2008），但用免培养方法对植物内生放线菌的研究报道较少，仅在马铃薯、小麦、水稻等少数经济植物中有些研究。免培养法应用于植物内生菌的研究才刚刚开始，这是由于植物组织中的叶绿体 DNA 与线粒体 DNA 会干扰总 DNA 的提取，缺乏适合的引物，给免培养方法研究植物内生细菌带来了很大困难。2008 年，沈月毛教授团队于 2008 年对滑桃树中的内生菌进行研究，构建了首例植物内生菌的宏基因组文库。秦盛（2009）分别构建了滇南美登木根、茎、叶中内生放线菌的 16S rRNA 克隆文库，检测到的放线菌种类远远比纯培养获得的多。

由于免培养法只能对微生物群落多样性有一个较为全面的了解，不能给出群落中菌株的具体功能信息。因此，要找到可利用的有价值的菌株必须通过纯培养分离得到。将免培养法与纯培养法相互结合，才能够对植物内生环境中的微生物进行较客观的认识与评价。

第4节　苏铁珊瑚状根内生放线菌纯培养分离的研究

通过上一节构建的苏铁珊瑚状根内生放线菌 16S rRNA 基因克隆文库，研究者对珊瑚状根内生放线菌的组成已经有了大体上的认识。本研究从纯培养法着手，利用不同的培养基对不同地点和不同时期的苏铁珊瑚状根中内生放线菌进行分离，尽可能地分离到较多的菌株，为后续的研究和开发利用提供宝贵的微生物物种资源。

4.1　材料与方法

4.1.1　实验材料

2011 年 4 月和 2011 年 10 月于昆明金殿森林保护区采集苏铁珊瑚状根。后又于 2012 年 4 月在昆明金殿森林保护区、昆明世博园、西南林业大学绿化区、攀枝花苏铁国家自然保护区采集苏铁珊瑚状根，用纱布包好带回实验室备用。

4.1.2　苏铁珊瑚状根的清洗

将材料用自来水冲洗干净后放于–20℃保存备用。

4.1.3　苏铁珊瑚状根表面消毒处理

将采集回来的材料用自来水冲洗干净后，用解剖刀将每个二叉状根作为一体，将其切开，再用蒸馏水清洗 2 或 3 遍，立即在无菌操作台中依次用 75%乙醇消毒 60s，无菌水清洗 3 遍，0.1%氯化汞浸泡 5min，无菌水清洗 3 遍，用无菌滤纸吸去多余水分。

4.1.4　苏铁珊瑚状根表面消毒效率的检测

取最后一遍清洗过珊瑚状根的无菌水 0.2ml 涂布于 ISP2 固体培养基上，同样将平板于 28℃培养 3 周以上，观察是否有菌落长出。若 3 周后培养皿中无菌落长出，说明用上述消毒方法能够彻底消除苏铁珊瑚状根表面微生物的干扰。

4.1.5　苏铁珊瑚状根内生放线菌分离方法的选择

（1）组织块法：将消毒好的珊瑚状根用无菌的解剖刀切成 0.1cm 左右的薄片，然后将其贴在固体培养基上培养，每个培养皿中放 3 或 4 片。

（2）稀释涂布法：将消毒好的材料放进 1.5ml 的灭菌离心管中，加入 0.5ml 的无菌水，用灭菌培养基的杆棒将其捣碎，静置 10min 后吸取 0.2ml 菌悬液分别涂布在添加了 100mg/L 的重铬酸钾的 TWYE（M1）、高氏一号培养基（M2）、甘油-天冬酰胺培养基

（M3）上，28℃恒温培养。3周后，根据平板上长出菌落的形态、颜色、大小等挑取不同的菌落进行纯化。

（3）稀释分离法：将上述捣碎的汁液吸取 0.2ml 在每个空培养皿内，然后再倒上冷却到 50~60℃的培养基，边到边轻轻转动培养皿，将汁液与培养基混匀。待培养基凝固后 28℃倒置培养。

4.1.6　培养基的选择

本研究选取了寡营养培养基 TWYE、甘油-天冬酰胺培养基和土壤放线菌分离常用的培养基高氏一号对苏铁珊瑚状根内生放线菌进行分离。培养基配方如下。

（1）M1（TWYE）：酵母浸出液 0.25g，K_2HPO_4 0.5g，琼脂 18g；pH7.2。

（2）M2（高氏一号培养基）：可溶性淀粉 20g，NaCl 0.5g，KNO_3 1g，K_2HPO_4 0.5g，$MgSO_4 \cdot 7H_2O$ 0.5g，$FeSO_4 \cdot 7H_2O$ 0.01g，琼脂 18g；pH7.2。

（3）M3（甘油-天冬酰胺培养基）：甘油 10.0g，天冬酰胺 1g，K_2HPO_4 1g，微量盐 1ml，琼脂 18g；pH7.2。微量盐的配制：$FeSO_4 \cdot 7H_2O$ 0.1g，$MnCl_2 \cdot 4H_2O$ 0.1g，$ZnSO_4 \cdot 7H_2O$ 0.1g，蒸馏水 100ml。

每种培养基中加入 100mg/L 重铬酸钾抑制剂，抑制细菌和真菌的生长。

4.1.7　分离菌株的初步鉴定

用接种钩挑取长出的内生放线菌单菌落，于高氏一号培养基上用四区划线法纯化菌株，纯化 2 或 3 次后挑取单菌落接种于高氏一号固体斜面上培养并保存菌种。根据菌株在高氏一号培养基上菌落大小、颜色、质地、正反面颜色、是否产生气生菌丝等形态特征去除重复菌株，选取代表菌株用于 16S rRNA 基因的测序和后续研究。

4.1.8　苏铁珊瑚状根内生放线菌的遗传多样性研究

4.1.8.1　内生放线菌 DNA 的提取[采用酶法小量法（徐丽华，2007）]

（1）平板或斜面刮 50mg 菌体置于 1.5ml Eppendorf 管中。

（2）加 500μl 2mg/ml 溶菌酶溶液，28℃过夜。

（3）加 5~10μl 蛋白酶 K（20mg/ml）和 25μl 20% SDS 溶液，振荡 1min 混匀，55℃水浴 30min 以上。

（4）加 250μl 中性酚/氯仿溶液，振荡 30s，12 000r/min，离心 10min，取上清。

（5）重复第四步 2 或 3 次。

（6）上清液加 1/10 体积 3mol/L NaAc 和同体积异丙醇，混匀，–20℃沉淀 30min 以上。

（7）12 000r/min，离心 10min，弃上清液。

（8）用 70%乙醇洗 2 或 3 次，离心 5min 去上清，37℃干燥。

（9）加 50μl TE 溶解，置于–20℃备用。

4.1.8.2　内生放线菌 16S rRNA 基因的扩增

16S rRNA 基因 PCR 扩增中所使用的反应引物由上海生工生物工程股份有限公司合成。其序列为：Primer A 5′-AGAGTTTGATCCTGGCTCAG-3′（与 16S rRNA 5′ 端 8~27 位点碱基相同）；Primer B 5′-TTAAGGTGATCCAGCCGCA-3′（与 16S rRNA 3′端 1523~1504 位点碱基相同），扩增出的目的片段大小约 1500bp。

PCR 扩增条件：

预变性	95℃	5min
变性	95℃	1min
退火	54℃	1min
延伸	72℃	3min
35 个循环		
最后延伸	72℃	10min

4.1.8.3　16S rRNA 基因序列测定及系统发育分析

将 PCR 产物送上海生工生物工程股份有限公司进行双向测序。将测好的序列用 DNAMAN 进行拼接。拼接好的序列在 http://www.ezbiocloud.net 中的 EzTaxon-e Database 进行相似性搜索，选取同源性高的典型菌株的 16S rRNA 基因序列作为标准序列，采用 Clustal X 软件进行多序列比对分析，并用邻接法通过 MEGA 4.0 软件进行系统发育树的构建。

4.2　结果与分析

4.2.1　植物表面消毒方法与分离效果

将最后一遍清洗过珊瑚状根的水取 0.2ml 涂布于 ISP2 固体培养基上，培养 3 周后未发现有放线菌的生长，说明用 75%乙醇消毒 60s 后再用 0.1%氯化汞浸泡 5min 的消毒方法能够彻底消除植物表面微生物的影响，后续分离出的放线菌全为植物内生放线菌。

4.2.2　不同分离方法与分离效果

用组织块法、涂布法和稀释分离法分离昆明金殿国家森林公园的苏铁珊瑚状根，两次重复分离后发现，效果最好的是稀释涂布法。可能是涂布法能够有利于内生菌的释放。且该方法长出的菌是单菌落，挑取和纯化菌都较方便和快速。组织块法和稀释分离法分离效果都不理想。经过两次重复切片培养也只有两个组织块周围长有放线菌。由于组织块法是将整个组织块放于培养基中，不利于内生菌的释放，故分离效果差。稀释分离法是一种将菌包埋在培养基中培养的分离方法，在真菌分离中具有较好的分离效果（方中达，1996），但内生放线菌分离效果不佳。可能是真菌菌丝体能够穿透培养基，而细菌则没有这种能力。放线菌菌丝穿透力较弱，而且部分放线菌产孢较少或不产孢。故后续的分离实验只采取了稀释涂布法。

利用稀释涂布法对昆明金殿国家森林公园中不同时期的苏铁珊瑚状根内生放线菌进行了分离，共获得了 68 株菌，经后续选取代表性研究发现分布于 2 个属。

4.2.3 分离培养基与分离效果

利用 TWYE、高氏一号和甘油-天冬酰胺 3 种培养基分离苏铁珊瑚状根内生放线菌，共纯化获得 68 株菌，每种培养基都分离到了不同数目的放线菌（图 9.10）。其中 TWYE 分离到的菌株数最多，分离到 35 株，其次是高氏一号分离到 28 株，分离到最少菌株的为甘油-天冬酰胺培养基，只分离到 5 株。分析原因，用稀释涂布法将植物组织捣碎的方法能够将内生菌充分释放出来，但同时也将大量的内生细菌释放出来，而且细菌生长较快，容易干扰放线菌的分离，给纯化工作带来不便。但利用 TWYE 寡营养培养基，则能减少细菌的生长，便于放线菌菌落的挑取与纯化，所以获得的菌株多一些。因此，寡营养的培养基更适合结合稀释涂布法进行分离。

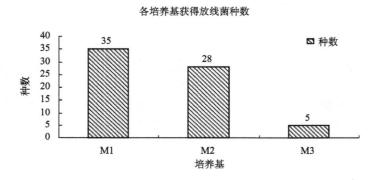

图 9.10　不同培养基分离到的菌株数

Fig. 9.10　The strains number isolated from different culture medium

4.2.4 分离菌株多样性分析

从不同时期和不同地点的苏铁珊瑚状根中经多次分离共分离到 68 株菌。部分纯化后的菌落形态特征见图 9.11。通过菌落形态、培养特征的观察后，选择代表性的菌株进行 16S rRNA 基因的测序。用酶法小量法（徐丽华等，2007）提取总 DNA，提取的总 DNA 在 19kb 以上。部分菌株经过多次提取 DNA 仍不成功，可能是由于菌株的特异性，使用该方法不能够提取成功。提取的 DNA 经纯化后，用 PA 和 PB 引物对其进行 PCR 扩增，扩增出的片段大小约为 1500bp。将 PCR 产物送上海生工测序。测得 16S rRNA 用 DNAMAN 软件拼接后，在 http://www.ezbiocloud.net 的 EzTaxon-e Database 中进行检索同源序列，确定菌株的归属。再用 Neighbor-Joining 法在 MEGA 4.0 软件中进行系统发育树的构建。根据 16S rRNA 序列相似性达到 98% 以上的认为是一个种，达 97% 以上则认为是同一个属（Devereu *et al.*，1990），若序列相似性小于 97% 的可以认为不是同一个种，小于 95% 的可以认为不是同一个属（Vaishampayan *et al.*，2009）的划分原则，确定其种、属及是否有新种或新属的发现。结合形态特征及测序的结果，获得的 68 株内生放线菌归属于链霉菌属和拟诺卡氏菌属，其中分离频率最高的是链霉菌，有 62 株（分离频率为 91.2%），拟诺卡氏菌有 6 株（分离频率为 8.8%）。

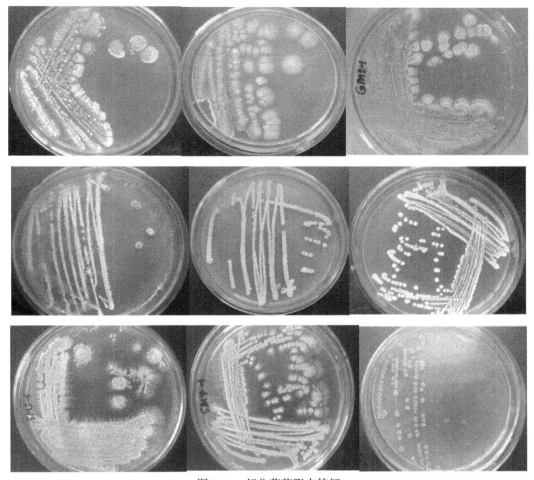

图 9.11　部分菌落形态特征

Fig. 9.11　Part of the colony morphological characteristics

4.2.4.1 不同时期的苏铁珊瑚状根内生放线菌多样性比较

于 2011 年 4 月、2011 年 10 月和 2012 年 4 月在昆明金殿森林保护区内同一地点采集苏铁珊瑚状根进行分离。选取分离出的各时期的菌株进行 16S rRNA 基因系列测序，在 EzTaxon-e Database 中比对，分别建立各时期的菌株系统发育树（图 9.12~图 9.14）。结果发现，测序菌株与近源菌株的相似性都在 98% 以上，分离到的菌均属于链霉菌属和拟诺卡氏菌属，优势菌为链霉菌属（表 9.3~表 9.5）。因此推断，从苏铁珊瑚状根中分离到的菌均为已知菌，并没有分离到新种。结合培养特征和分子鉴定结果，比较 3 个时期（表 9.6）苏铁珊瑚状根中内生放线菌种类发现，在同一年的珊瑚状根中内生放线菌是相同的；*Streptomyces mirabilis* 在 2012 年 4 月分离到，但在 2011 年 4 月和 10 月的根中均没有分离到，表明在不同的年份珊瑚状根中其内生放线菌的种类是不同的。这可能是苏铁珊瑚状根每年都会死亡重新生长出新的珊瑚状根的缘故。

表 9.3　2011 年 4 月分离菌株 16S rRNA 系列比对结果

Tab. 9.3　The 16S rRNA series matching results of isolated strains in April 2011

培养基	序号	菌株号	近源菌	相似性/%
M1	1	M101	*Nocardiopsis flavescens*（GU997639）	99.929
	2	M102	*Streptomyces griseoplanus*（AY999894）	99.786
	3	M103	*Streptomyces griseoplanus*（AY999894）	99.714
	4	M104	*Streptomyces griseoplanus*（AY999894）	99.571
M2	1	ST01	*Nocardiopsis flavescens*（GU997639）	99.908
	2	ST02	*Streptomyces xanthophaeus*（AB184187）	99.586
	3	ST03	*Streptomyces griseoplanus*（AY999894）	100
	4	ST04	*Streptomyces spororaveus*（AJ781370）	99.449
	5	ST05	*Streptomyces griseoplanus*（AY999894）	99.357
	6	ST06	*Streptomyces griseoplanus*（AY999894）	99.643
	7	ST07	*Streptomyces griseoplanus*（AY999894）	99.578
M3	1	M301	*Streptomyces griseoplanus*（AY999894）	100
	2	M302	*Streptomyces griseoplanus*（AY999894）	99.571

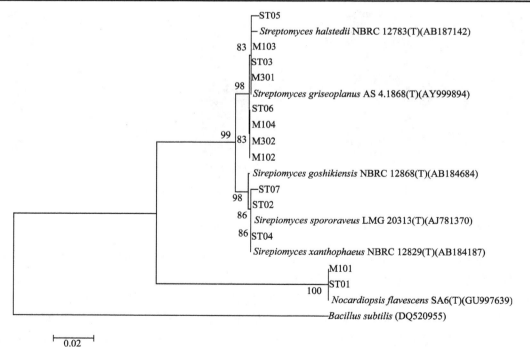

图 9.12　2011 年 4 月分离菌株根据 16S rRNA 基因序列构建的系统发育树

Fig. 9.12　Neighbour-Joining tree showing the phylogenetic relationships based on 16S rRNA gene sequences of culturable strains in April 2011

表 9.4　2011 年 10 月分离菌株 16S rRNA 系列比对结果

Tab. 9.4　The 16S rRNA series matching results of isolated strains in October 2011

序号	菌株号	近源菌	相似性/%
1	TB-1	*Streptomyces griseoplanus*（AY999894）	99.57
2	TB-2	*Streptomyces xanthophaeus*（AB184187）	99.1
3	TB-10	*Streptomyces griseoplanus*（AY999894）	98.72
4	TB-12.3	*Streptomyces griseoplanus*（AY999894）	99.86
5	TB-13	*Streptomyces griseoplanus*（AY999894）	99.86
6	TB-14	*Streptomyces spororaveus*（AJ781370）	99.73
7	TB-16	*Streptomyces griseoplanus*（AY999894）	100
8	TB-26	*Streptomyces griseoplanus*（AY999894）	100
9	TB-6	*Nocardiopsis flavescens*（GU997639）	99.92

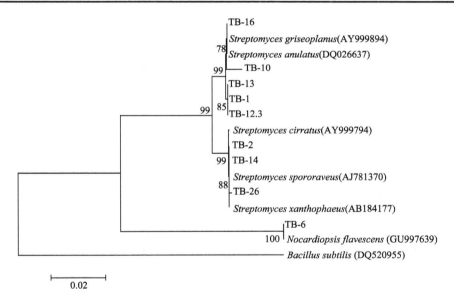

图 9.13　2011 年 10 月分离菌株根据 16S rRNA 基因序列构建的系统发育树

Fig. 9.13　Neighbour-Joining tree showing the phylogenetic relationships based on 16S rRNA gene sequences of culturable strains in October 2011

表 9.5　2012 年 4 月分离菌株 16S rRNA 系列比对结果

Tab.9. 5　The 16S rRNA series matching results of isolated strains in April 2012

序号	菌株号	近源菌	相似性/%
1	ST41	*Nocardiopsis flavescens*（GU997639）	99.93
2	ST45	*Streptomyces griseoplanus*（AY999894）	99.71
3	ST50	*Streptomyces griseoplanus*（AY999894）	99.93
4	ST50.0	*Streptomyces griseoplanus*（AY999894）	99.9

续表

序号	菌株号	近源菌	相似性/%
5	ST52	*Stretomyces mirabilis*（AB184412）	98.35
6	ST54	*Streptomyces griseoplanus*（AY999894）	100
7	TG-4	*Streptomyces xanthophaeus*（AB184187）	99.59

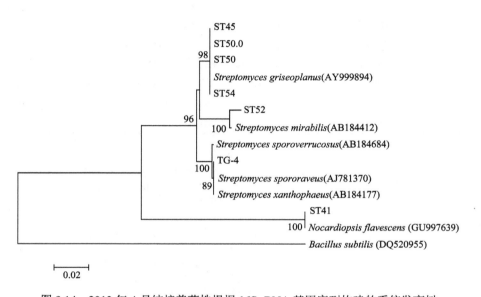

图 9.14　2012 年 4 月纯培养菌株根据 16S rRNA 基因序列构建的系统发育树

Fig. 9.14　Neighbour-Joining tree showing the phylogenetic relationships based on 16S rRNA gene sequences of culturable strains in April 2012

表 9.6　苏铁珊瑚状根不同时期分离到的内生放线菌种类比较

Tab. 9.6　Comparison of the species of isolated endophytic actinomyces from different periods

序号	近源菌	2011 年 4 月	2011 年 10 月	2012 年 4 月
1	*Nocardiopsis flavescens*	+	+	+
2	*Streptomyces griseoplanus*	+	+	+
3	*Streptomyces xanthophaeus*	+	+	+
4	*Streptomyces spororaveus*	+	+	−
5	*Streptomyces mirabilis*	−	−	+

注：+–表示有无

Note: + – standing for have or not

4.2.4.2　不同地点的苏铁珊瑚状根内生放线菌多样性比较

于 2012 年 4 月在昆明金殿森林保护区、昆明世博园和西南林业大学绿化区三处采集苏铁珊瑚状根用于分离。这三处分离的菌株分别用 JD、SB、XL 进行标记。选取代表菌株进行 16S rRNA 系列基因测序，构建的系统进化树见图 9.15。由图 9.15 可以看出，从不同地点分离的放线菌优势菌仍为链霉菌属。从表 9.7 可以得出，只有从西南林业大学绿化区（XL）采来的根中未分离到拟诺卡氏菌属，其他两处均分离到。从各区分离到的链霉菌菌种不完全相同，*Streptomyces xanthophaeus* 在金殿森林保护区的苏铁珊瑚状根中没有分离到，*Streptomyces spororaveus* 在西南林业大学绿化区的珊瑚状根中没有分离到，但在昆明世博园的珊瑚状根中 *S. xanthophaeus* 和 *S. spororaveus* 两种都分离到。说明不同地点的苏铁珊瑚状根中内生放线菌种类不同。

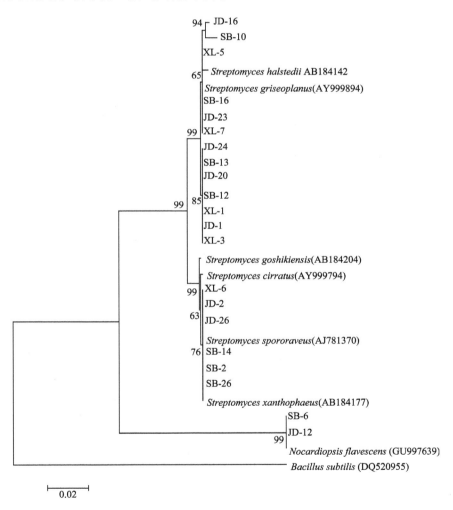

图 9.15　从不同地点的苏铁珊瑚状根中分离到的内生放线菌系统进化树

Fig. 9.15　The phylogenetic tree of endophytic actinomyces from different place's cycad coralloid root

表 9.7　从不同地点的苏铁珊瑚状根中分离到的内生放线菌种类比较

Tab.9.7　Comparison of the species of isolated endophytic actinomyces from different place's cycad coralloid root

序号	近源菌	XL	SB	JD
1	*Streptomyces griseoplanus*（AY999894）	+	+	+
2	*Streptomyces xanthophaeus*（AB184187）	+	+	-
3	*Streptomyces spororaveus*（AJ781370）	-	+	+
4	*Nocardiopsis flavescens*（GU997639）	-	+	+

注：+-表示有无；XL、SB、JD 分别表示苏铁珊瑚状根的采集地西南林业大学绿化区、昆明世博园、金殿国家森林保护区

4.3　讨论

4.3.1　纯培养内生放线菌多样性

本研究对苏铁珊瑚状根内生放线菌的纯培养进行了探索，发现用 75%乙醇消毒 60s 后再用 0.1%氯化汞浸泡 5min 的消毒方法能够彻底消除植物表面微生物的影响。

利用不同培养基来分离不同地点和不同时期的苏铁珊瑚状根的内生放线菌，共分离到 68 株菌，其中 62 株为链霉菌属（*Streptomyces*），占总数的 91.2%，其余 6 株为拟诺卡氏菌属，说明苏铁珊瑚状根内生放线菌的优势种群是链霉菌。这与已有的报道大多数的内生放线菌大部分都是链霉菌属（姜怡等，2005；Verma *et al.*，2009）相符。Sardi 等（1992）从 28 种植物的根中分离到 499 株内生放线菌，96%以上是链霉菌。从不同栽培品种的番茄中分离到的 619 株放线菌都为链霉菌（Tan *et al.*，2006）。从生长于泰国清迈的 36 种植物中分离到 330 株内生放线菌，绝大多数属于 *Streptomyces*、*Microbispora*、*Nocardia* 和 *Micromonospora* 等属。

通过分离不同时期的苏铁珊瑚状根中内生放线菌发现，在不同时期分离到的优势菌均为链霉菌属，同时也都分离到拟诺卡氏菌属，同一年的珊瑚状根中内生放线菌种类相同，不同年的珊瑚状根中内生放线菌种类不同。

分离同一时期不同地点的苏铁珊瑚状根中内生放线菌发现，从不同地点分离的放线菌优势菌仍为链霉菌属，从各区分离到的链霉菌既有相同种也有不同种。说明不同地点的珊瑚状根中内生放线菌种类是不同的。苏铁珊瑚状根中内生放线菌多样性与生长地点和时间有关。

4.3.2　内生放线菌培养基质的选择

统计菌株来源发现，利用 TWYE 培养基共分离到 35 株菌，属于链霉菌属和拟诺卡氏菌属，高氏一号和甘油-天冬酰胺培养基都只分离到链霉菌属，分别分离到 28 株、5 株。说明 TWYE 对分离苏铁珊瑚状根内生放线菌优于高氏一号和甘油-天冬酰胺培养基。但利用 3 种培养基对苏铁珊瑚状根内生放线菌进行分离，分离获得的种、属都比较单一，

可能是珊瑚状根中可培养内生放线菌种类较少或分离培养基选择不全，有待于用不同方法对其进行分离。

不同的分离培养基对分离内生放线菌的效率不同。TWYE 为寡营养培养基，普遍认为分离内生放线菌效果较好。高氏一号和甘油-天冬酰胺培养基是分离土壤环境稀有放线菌效果较好的培养基。秦盛（2009）用不同的培养基对滇南美登木中内生放线菌进行分离，其中利用 TWYE 分离到 52 株，利用甘油-天冬酰胺分离到 36 株。但在本实验中甘油-天冬酰胺培养基效果不是很理想，可能是不同的植物种类中存在着不同的内生放线菌类群，故分离效果不同。阮继生和黄英（2011）通过多次分离发现，自来水酵母琼脂（TWYE）能够分离出的菌株数最多；在分离培养基中加入植物浸出液，能提高出菌率，但分离菌株的多样性有所减少。张秀敏等（2011）用 S 培养基从麦冬和菊三七中共分离到 47 株放线菌。常用的分离植物内生环境放线菌的培养基还有很多，如 IMA-2 琼脂、腐殖酸维生素琼脂（HV）、酵母酪素琼脂（YECD）、1/10 营养琼脂（NA）和水琼脂（WA）等培养基（阮继生和黄英，2011）。

培养基的选择在内生放线菌的分离中至关重要，放线菌的生长较为缓慢，通常 3~6 周在植物表面才有菌落长出，因此要获得尽可能多的放线菌，既要尽量抑制真菌和细菌的生长，同时又要尽可能避免影响内生放线菌的生长。

4.3.3　杂菌抑制剂的选择

放线菌生长缓慢，往往由于真菌和细菌的干扰而无法成功分离到。要成功分离到放线菌，必须在培养基中加入一些能抑制真菌和细菌生长但又不影响放线菌生长的抑制剂。常用抑制真菌的抑制剂有制霉菌素、放线菌酮、本菌灵和重铬酸钾，细菌抑制剂有青霉素、链霉素和萘啶酸等。司美茹等（2004）研究了不同浓度化学抑制剂对放线菌分离效果的影响，发现在培养基中加入 $K_2Cr_2O_7$ 75μg/ml 和青霉素 2μg/ml 化学抑制剂，可使细菌数量显著减少且不影响放线菌数量和种类。闫建芳等（2006）使用常见的一些抑制剂进行试验，结果发现在培养基中加入 1μg/ml 青霉素效果较好。史学群等（2006）研究了 $K_2Cr_2O_7$ 不同浓度对分离放线菌的影响，发现使用 50μg/ml $K_2Cr_2O_7$ 后杂菌较少。郑雅楠等（2006）也对不同浓度 $K_2Cr_2O_7$ 对分离结果的影响进行了实验，发现 150μg/ml 的 $K_2Cr_2O_7$ 最适宜。

由于放线菌酮、制霉菌素、萘啶酸、青霉素和链霉素不易购买到而且价格昂贵，重铬酸钾价格便宜而且为实验室常用药品，容易获得，本研究选取了高效又便宜的抑制剂重铬酸钾，当在培养基中加入 100mg/L 重铬酸钾时，能够有效地抑制真菌和细菌的生长，这与杨宇容等（1995）的报道相一致。

另外，植物材料的预处理对于内生菌的分离也至关重要。表面消毒后的样品通常要进行预处理，对于一些幼嫩的样品，如叶、番茄、黄瓜等可以在无菌的研钵中捣碎成糊状，采用稀释涂布法进行分离或把样品接种于相应的液体培养基，摇瓶培养 24h 后，取培养液涂布于平板上；对于木质化程度高的样品，如木本植物的根、茎，通常采用无菌刀片切成小块嵌入培养基平板，也可充分研磨成粉末，撒在固体培养基上。本研究是直接采用新鲜植物材料消毒后捣碎进行稀释涂布分离，分离到的种、属较少。要分离到尽可能多的内生放线菌还要采取不同的预处理方法。

4.3.4　内生放线菌对宿主植物的影响

内生放线菌对植物生长发育的影响主要是促进作用，主要表现在以下两方面：一方面，内生放线菌影响植物体内的物质代谢，提高植物对碳、氮等资源的利用效率；另一方面，内生放线菌可以产生生长素等激素类物质，对于植株株高、干重、提高根茎质量及增强植株生长势等方面均有明显的促进作用。

弗兰克氏菌属（*Frankia*）是最早被发现的能与非豆科植物形成根瘤并具有固氮能力的内生放线菌。曹理想和周世宁（2004）认为内生链霉菌既可促进植物生长、提高作物产量，又可以增加植物对病原菌的抗性。分离自 *Pteridium aquilinum* 的植物内生菌 *Streptomyces hygroscopicus* TP-A045 可产生作用与茁壮素类似的 pteridic acids A 和 pteridic acids B，可促进植物生长（Igarashi *et al.*，2002）。但苏铁珊瑚状根中的放线菌在宿主中的作用，以及其侵染途径和机制目前还不清楚。卢小根等（2001）对苏铁根瘤中全氮和全磷进行了测定，认为苏铁根瘤有很强的固氮作用，且有解磷、解钾等功能，使植株具有耐干旱、抗瘠性强的生理基础。作者在野外调查时也发现具有珊瑚状根的植株比没有珊瑚状根的植株要生长旺盛并且病虫害侵染相对较少，但苏铁珊瑚状根中的内生链霉菌是否也能够促进苏铁的生长和增强苏铁对病原物的抗性还有待证实。

4.3.5　纯培养分离与免培养方法获得的放线菌种属的比较

比较纯培养法和免培养法获得的放线菌发现，两种方法检测到的种属相差较大。利用不同培养基经多次分离获得了 2 个属的放线菌，免培养法则检测到 10 个属，多样性程度远远超过纯培养法研究的结果。纯培养法获得的链霉菌属、拟诺卡氏菌属均在免培养法中检测到。

两种研究方法发现的优势放线菌类群也不同。免培养中检测到的优势类群为短小杆菌属和拟诺卡氏菌属（分别占 32.3%和 31.7%），其次为链霉菌属（占 29%）；纯培养中分离频率最高的为链霉菌属（占 91.2%），其次为拟诺卡氏菌属。此外，克隆文库检测到的其余 8 个属（短小杆菌属、利夫森氏菌属、*Chryseoglobus*、考克氏菌、鸟氨酸微菌属、微球菌属、丙酸杆菌属、芽球菌属）均未在纯培养中获得。这可能是由于短小杆菌属等类群不容易生长。分离培养具有选择性，并不能代替植物组织中的内环境，所以一些微生物不能够被分离到。免培养检测到的微生物种类较多，但也存在局限性，因为构建克隆文库中选用的特异性引物具有偏好性，PCR 反应会发生错配，而且提取总 DNA 时不可能 100%提取获得所有内生菌的总 DNA，尤其是一些含量很低的内生菌；免培养不能获得菌株标本，无法用于后续的研究。所以不管是纯培养还是免培养都存在一定的局限性。只有将两者结合起来才能更加全面、更为有效地研究植物内生放线菌的多样性，为开展后续研究提供菌种资源。

第 5 节　苏铁珊瑚状根内生放线菌形态特征和生理生化特征的

初步研究

随着现代科学技术的不断发展，放线菌分类经历了传统分离、数值分类、化学分类和分子分类的不同阶段，目前已进入了多相分类的阶段。多相分类是将放线菌的表型特征、基因型和系统发育的不同信息综合起来，研究微生物的分类地位和系统进化的过程（徐丽华等，2007）。但传统分类中的形态特征、培养特征及生理生化特征等表观型分类信息，依然是人们认识放线菌物种的最基本特征之一，是化学分类和分子分类所不可替代的部分，是多相分类研究的重要组成方面。本研究选取了从苏铁珊瑚状根中分离的部分已鉴定和未能鉴定的菌株进行形态特征和生理生化特征初步研究。选取测定的生理生化指标有：①过氧化氢酶（接触酶）实验；②淀粉水解；③柠檬酸盐的利用；④葡萄糖发酵；⑤MR 实验；　⑥VP 实验；⑦色氨酸分解；⑧H_2S 产生实验；⑨产氨实验；⑩抑菌实验。

5.1　材料与方法

5.1.1　实验菌株

枯草芽孢杆菌、大肠杆菌、青霉、曲霉，由西南林业大学林学院微生物实验室提供，用于抑菌实验，作为供试菌株。

实验中选取的 21 株菌为 TB-2、TB-7、TB-9 及 ST41-58。其中 TB-2 经 16S rRNA 系列分析鉴定为 *Streptomyces xanthophaeus*，ST41 为 *Nocardiopsis flavescens*，ST45、ST50、ST54 均为 *Streptomyces griseoplanus*，ST52 为 *Streptomyces mirabilis*，其余未能鉴定。

5.1.2　形态和培养特征

5.1.2.1　培养特征观察

采用高氏一号培养基制作斜面，接种，28℃培养，7d、14d、21d 后观察基内菌丝、气生菌丝的生长情况和颜色，可溶性色素是否产生及产生的颜色（周德庆，1980）。

5.1.2.2　形态观察

放线菌为革兰氏阳性细菌，因具有放射状菌丝体而得名。根据菌丝的形态与功能可分为基内菌丝和气生菌丝，有些形成孢子、孢子链、孢囊及孢囊孢子等复杂的形态结构。基内菌丝又称营养菌丝或初级菌丝，伸入培养基内或生长在培养基表面，主要功能为吸收营养物。基内菌丝有绿、蓝、褐、白、黄、橙、红、黑等不同颜色，有些可产生水溶性或脂溶性色素。产生的水溶性色素可渗入培养基内，将培养基染上相同的颜色；若是产生非水溶性的或脂溶性色素，则使菌落呈现相应的颜色。基内菌丝的颜色及是否产生可溶性色素是鉴定种的重要依据。气生菌丝是基内菌丝发育到一定阶段时，向空气中生长的菌丝体。放线菌生长至一定阶段后，在其气生菌丝上可以形成孢子丝。孢子丝成熟后多以横隔分裂的方式形成孢子和孢子链。孢子链形状有直形、波曲、螺旋或轮生等不同形状。

采用插片法（周德庆，1980）制备具有菌丝覆盖的盖玻片。在培养基中以 45°插入 4~6 片灭菌的盖玻片，在盖玻片与培养基接触的地方接种菌株，28℃培养 7d、14d、21d 后取出盖玻片在显微镜下进行观察并拍照。显微镜型号为 E800，拍照软件为 NIS-Elements F。

5.1.3　生理生化特征

由于酶及蛋白质都是基因产物，对微生物生理生化特性的比较也是对微生物基因组的间接比较，而且测定微生物的生理生化特征比直接分析基因组要容易很多。因此，生理生化特性的研究对于微生物的系统分类是具有意义的。本研究对 TB-2、TB-7、TB-9 及 ST41-5820 菌株进行了一些生理生化特性研究（阎逊初，1992）。

5.1.3.1　酶学特性试验

1）过氧化氢酶（接触酶）实验

具有过氧化氢酶的细菌，能催化过氧化氢分解为初生态氧和水，初生态氧继而形成分子氧气，以气泡形式溢出。

测定方法：挑起固体培养基上对数生长期的菌苔置于干净的玻片上，滴加 3%~10% 的过氧化氢，观察结果。0.5min 内有大量气泡产生的为阳性，用"+"表示；不产生气泡者为阴性，用"–"表示。也可直接将过氧化氢滴在固体培养基上的菌落，观察结果。

2）淀粉水解

某些菌可以产生淀粉酶（胞外酶），使淀粉水解为麦芽糖和葡萄糖，再被吸收利用。淀粉水解后遇碘不变蓝。

淀粉水解培养基：可溶性淀粉 10g，K_2HPO_4 0.3g，$MgCO_3$ 1g，NaCl 0.5g，KNO_3 1g，琼脂粉 20g，蒸馏水 1000ml；pH7.2~7.4，121℃灭菌 20min。

碘液的制备：碘片 1g，碘化钾 2g，蒸馏水 300ml。

方法：将菌株分别接种于淀粉琼脂平板上，采用点接法（接种直径不要超过 5mm），待菌种生长良好时，在菌落周围滴加碘液检测。如有淀粉酶产生，会将淀粉转化为糊精或利用吸收，遇到碘液不变为蓝色，但会形成透明圈，圈的大小显示淀粉酶活性强弱；若不能产生淀粉酶，则菌落周围为蓝色。

5.1.3.2　对碳水化合物的分解和利用实验

1）柠檬酸盐利用

某些菌能利用柠檬酸钠作为碳源，有的不能。某些菌在分解柠檬酸钠后即形成碳酸盐。培养基碱性会增加，从而根据培养基中指示剂变色情况判断结果。可用 1%麝香草酚蓝乙醇溶液作为指示剂，变色范围为 pH6.3（黄）~7.6（蓝）。

培养基：柠檬酸钠 2g，NaCl 5g，$(NH_4)_2HPO_4$ 5g，$MgSO_4$ 0.2g，琼脂 18g；pH6.8~7.0，1%麝香草酚蓝 10ml（配好后再加入），115℃灭菌 20min。

1%麝香草酚蓝的配制：称取 1g 麝香草酚蓝，用少量 95%乙醇溶解，再加水定容至 100ml。

将菌株接种在含有麝香草酚蓝的斜面上，留 2 支斜面不接种作为对照，28℃培养 7d、14d、21d 进行观察，培养基呈蓝色为"+"，不变色为"−"。

2）葡萄糖发酵

细菌在分解糖和醇的能力上有很大差异，发酵后产生各种有机酸（如乳酸、乙酸、甲酸、琥珀酸）及各种气体（如 H_2、CO_2、CH_4）。酸的产生可利用指示剂 1%麝香草酚蓝。当细菌发酵糖产酸时，可使培养基由蓝色变为黄色。气体的产生可由在糖发酵管中倒立的杜氏小管中气泡的有无来证明。

培养基：蛋白胨 2g，葡萄糖 10g，K_2HPO_4 0.2g，NaCl 5g，蒸馏水 1000ml；pH7.0~7.2，1%麝香草 3ml，115℃灭菌 20min。

分别将菌种接种到放有倒立的杜氏小管的液体培养基中，另外保留 2 支不接种作为对照，28℃培养 7d、14d、21d，观察液体培养基的颜色变化。实验结果记录：产酸又产气用"⊕"表示，只产酸用"+"表示，不产酸也不产气用"−"表示。

3）MR 实验

细菌在糖代谢过程中，分解葡萄糖产生丙酮酸，丙酮酸进一步分解为甲酸、乙酸、乳酸和琥珀酸等，而使培养基的 pH 下降至 4.5 以下，加入甲基红指示剂即呈红色。如细菌分解葡萄糖产酸量少，或产生的酸可进一步转化为其他物质（如醇、醛、酮、气体和水），培养基 pH 在 5.4 以上，甲基红呈橘黄色。因为甲基红变色范围为 pH4.2（红）~6.3（黄）。

MR 培养基：蛋白胨 5g，葡萄糖 5g，K_2HPO_4 5g，蒸馏水 1000ml；pH7.0~7.2，121℃灭菌 20min。

甲基红试剂：甲基红 0.1g，95%乙醇 300ml，蒸馏水 200ml。

接种实验菌于液体培养基中，每次 2 个重复，设置空白对照，置 28℃培养 7d，在培养液中加入 3 或 4 滴甲基红试剂，红色为 MR 阳性反应，黄色为阴性。

4）VP 实验

有些细菌可以分解葡萄糖产生丙酮酸后进一步脱羧形成乙酰甲基甲醇。乙酰甲基甲醇在碱性条件下被空气中的氧氧化为二乙酰（丁二酮），进而与培养基蛋白胨中的精氨酸等所含的胍基结合，形成红色的化合物，即 VP 实验阳性。培养基中可加入 α-萘酚加速反应。

培养基同 MR。试剂：5% α-萘酚，40% KOH 溶液。5% α-萘酚配制：5g α-萘酚溶解在 100ml 无水乙醇中。

方法：接种实验菌于液体培养基中，每次 2 个重复，28℃培养 2d、6d，在培养液中加入 40% KOH 溶液 10~20 滴，再加入等量 α-萘酚，拔去胶塞，用力振荡，放入 37℃温箱中保温 15~30min。如培养液出现红色为 VP 阳性反应。

5.1.3.3　对氮化合物的分解和利用实验

1）色氨酸分解（吲哚产生实验）

有些细菌能产生色氨酸酶，能分解培养基中的色氨酸产生吲哚。吲哚与对二甲基氨基苯甲醛结合，形成红色的化合物玫瑰吲哚。

蛋白胨水培养基：蛋白胨 10g，NaCl 5g，蒸馏水 1000ml；pH7.2~7.6，115℃灭菌 30min。

吲哚试剂：对二甲基氨基苯甲醛 8g，95%乙醇 760ml，浓盐酸 160ml。

方法：接种实验菌于液体培养基中，每次 2 个重复，设置对照，置 28℃培养 4d、7d 的培养液，在培养液中加入约 1ml 乙醚，充分振荡，使吲哚溶于乙醚中，静置片刻，待乙醚层浮于培养液上面时，沿管壁缓缓加入吲哚试剂 10 滴，如吲哚存在，则乙醚层呈现玫瑰红色，为阳性反应，用"+"表示。

2）H_2S 产生实验

某些细菌能分解含硫氨基酸（如胱氨酸），产生硫化氢。硫化氢遇重金属如铝盐、铁盐时生成黑色硫化铝或硫化铁沉淀，从而可确定硫化氢的产生。

半固体培养基：蛋白胨 20g，NaCl 6g，柠檬酸铁铵 0.5g，硫代硫酸钠 0.6g，琼脂 15g，蒸馏水 1000ml；pH7.0，121℃灭菌 20min。

操作：将菌种穿刺接种于柠檬酸铁铵的半固体培养基中，培养一段时间后观察，如产生黑色素，则说明有 H_2S 产生，用"+"表示。

3）产氨实验

某些细菌能使氨基酸在各种作业条件下脱去氨基，生成氨和各种酸类。氨的产生可用氨试剂加以鉴定。氨与氨试剂反应生成棕红色碘化双汞氨沉淀。

培养基：蛋白胨 5g，K_2HPO_4 0.5g，KH_2PO_4 0.5g，$MgSO_4$ 0.5g，蒸馏水 1000ml；pH 7.0~7.2，121℃灭菌 20min。

氨试剂：甲液为 KI 10g，Hg 20g，蒸馏水 100ml；乙液为 KOH 20g，蒸馏水 100ml；冷却后混匀，存于棕色瓶中。

方法：接种菌种于培养液中，设置 2 个重复，留 2 支不接种作为对照，置 28℃培养 7d、14d。观察时，在培养液中加入氨试剂 3~5 滴，出现黄色（或棕红色）沉淀为阳性反应；未接种的培养液中加入氨试剂后则无黄色（或棕红色）沉淀产生。

5.1.3.4　抑菌实验

琼脂块测定法：制备受试菌种菌悬液，涂布在高氏一号培养基上培养，待菌长好备用。制备供试菌大肠杆菌和枯草芽孢杆菌菌悬液及牛肉膏蛋白胨培养基。在每 200ml 冷却到 50~60℃的培养基中加入 200μl 的菌悬液混匀，倒平板。将长好的待测菌种用 6mm 的打孔器进行打孔，然后将有菌的一面紧贴在培养上，28℃培养 4~5d 后观察抑菌圈的有无和大小。如在受试的放线菌琼脂块周围有透明圈，表示该放线菌产生了抑制供试菌的抗生素。透明圈的大小，在一定程度上反映出抑制能力的强弱（周德庆，1980）。结果观察：无抑菌圈，无作用；6~15mm，弱作用；>15mm，强抑制作用（徐丽华等，2007）。

平板对峙培养法：将培养好的供试菌株青霉和曲霉用打孔器打取直径为 6mm 的菌

落块，然后将有菌的一面贴在 PDA 平板中央，在距中央 30mm 处呈"十"字四方各反放置一块受试放线菌菌块，28℃培养 3~5d 后，直到供试菌长满平板。观察有无抑菌圈出现并测量抑菌圈大小（展丽然等，2008）。

5.2　结果与分析

5.2.1　放线菌菌株培养特征

21 株放线菌分别接种在高氏一号斜面上，培养 7d、14d、21d 后观察其菌落形态、气生菌丝体颜色、基质菌丝体颜色及是否产生可溶性色素等。从表 9.8 可以看出，只有少数几株菌是产可溶性色素的，其余均不产。菌株气生菌丝颜色大都为白色或乳白色或淡粉色或灰绿色，基内菌丝颜色大都为暗红色或红色或淡黄色。

表 9.8　不同菌株在高氏一号上的培养特征

Tab. 9.8　Culture characteristics of different strains on the Gauserime synthetic agar medium

菌株号	气生菌丝	基内菌丝	可溶性色素
TB-2	暗灰	暗红	无
TB-7	白色	暗红	无
TB-9	白色	淡红	无
ST41	粉红	乳白	无
ST42	白色	红色	无
ST43	淡粉	淡红	无
ST44	乳白	淡红	无
ST45	暗灰	暗红	暗红
ST46	白色	淡绿	无
ST47	乳白	淡红	无
ST48	乳白	淡红	无
ST49	暗绿	暗红	暗红
ST50	暗灰	暗红	绛红
ST51	白色	白色	无
ST52	暗灰	红色	无
ST53	乳白	粉红	无
ST54	暗灰	淡红	无
ST55	灰绿	粉红	无
ST56	灰白	粉红	无
ST57	乳白	淡红	无
ST58	乳白	淡红	无

5.2.2　放线菌菌株形态特征

选取部分菌株进行插片观察,发现孢子丝着生方式有丛生或互生(图 9.16,图 9.17),

孢子丝形态有直形、波曲状或螺旋状（图 9.18），孢子柱状，分节断裂。

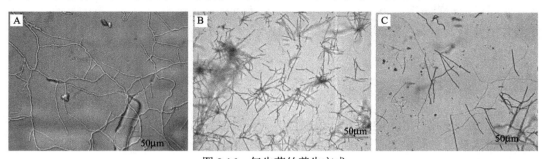

图 9.16　气生菌丝着生方式

A.丛生；B.互生；C.互生

Fig. 9.16　Growth mode of aerial hyphae A. cluster; B. alternate; C. alternate

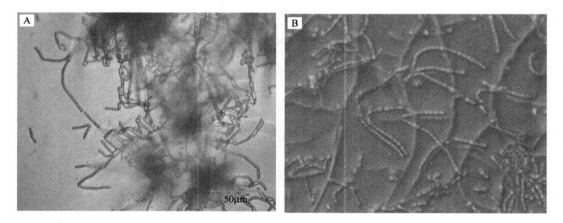

图 9.17　孢子丝着生方式 10×100 倍（目镜×物镜放大 1000 倍）

A.互生；B.丛生

Fig. 9.17　Growth mode of the spore silk A. alternate; B. cluster

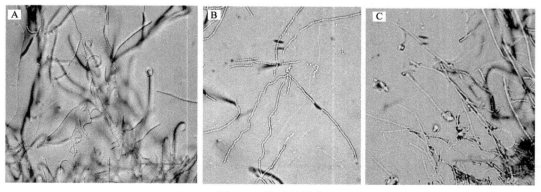

图 9.18　孢子丝形态

A.螺旋；B.波曲；C.直形

Fig. 9.18　Morphology of the spore silk A. screw; B. wave; C. straight shape

5.2.3　菌株生理生化特征

5.2.3.1　酶学特性试验

实验结果发现，选取的 21 株菌均能产生过氧化氢酶和淀粉酶。

5.2.3.2　对碳水化合物的分解和利用实验

大部分实验菌株都能够利用柠檬酸盐和葡萄糖作为碳源进行分解，只有少数菌株不能利用。经过 MR 和 VP 实验发现，大部分实验菌株均能够先将糖分解，再分解为酸类物质或脱酸后形成乙酰甲基甲醇。

5.2.3.3　对氮化合物的分解和利用实验

部分菌株能产生色氨酸酶分解培养基中的色氨酸。大部分菌株均能分解含硫氨基酸产生硫化氢，只有 ST48 和 ST52 两株菌不能。实验发现，所有实验菌株都不能使氨基酸产生脱氨基作用，产生氨气。

5.2.3.4　抑菌活性筛选结果

经过用琼脂块法筛选具有抗大肠杆菌和枯草芽孢杆菌内生放线菌发现，只有 TB-2、ST49 和 ST50 3 株菌具有抑制枯草芽孢杆菌的活性，而且抑菌圈大小为 8~10mm，其他菌均无抑菌圈的产生。根据徐丽华等的规定，无抑菌圈，无作用；6~15mm，弱作用，研究发现选取的 21 株菌种，所有菌对大肠杆菌无抑制作用，TB-2、ST49 和 ST50 3 株菌对枯草芽孢杆菌的抑制也只有弱作用，实验结果如图 9.19 所示。同时用平板对峙法筛选对青霉和曲霉具有抑制作用的放线菌，实验结果发现，选取的放线菌对青霉和曲霉都无抑制作用。选取的 21 株菌的生理生化特征和抑菌活性筛选具体统计结果见表 9.9。

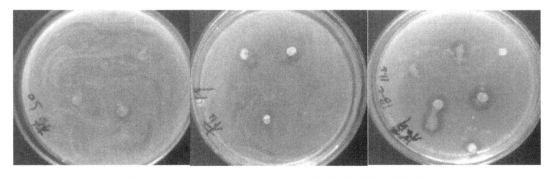

图 9.19　TB-2、ST49 和 ST50 对枯草芽孢杆菌的抑制作用

Fig. 9.19　Inhibitory effect of TB-2, ST49 and ST50 to *Bacillus subtilis*

表 9.9　21 株菌株的生理生化特征

Tab. 9.9　Physiological and biochemical characteristics of 21 strains

菌株号	酶活性		碳源利用				氮源利用			抗菌活性			
	过氧化氢酶	淀粉酶	柠檬酸盐利用	葡萄糖发酵	MR	VP	吲哚产生	H₂S产生	产氨	枯草芽孢杆菌	大肠杆菌	黑曲霉	青霉
TB-2	+	+	−	+	+	+	+	+	−	+	−	−	−
TB-7	+	+	+	−	+	+	+	+	−	−	−	−	−
TB-9	+	+	+	+	−	+	−	+	−	−	−	−	−
ST41	+	+	−	+	+	+	−	+	−	−	−	−	−
ST42	+	+	+	+	+	+	−	+	−	−	−	−	−
ST43	+	+	+	+	+	+	+	+	−	−	−	−	−
ST44	+	+	+	+	+	+	−	+	−	−	−	−	−
ST45	+	+	−	+	+	+	−	+	−	−	−	−	−
ST46	+	+	−	+	+	+	-	+	−	−	−	−	−
ST47	+	+	+	+	−	+	+	+	−	−	−	−	−
ST48	+	+	−	+	+	+	−	+	−	−	−	−	−
ST49	+	+	+	−	−	+	+	+	−	+	−	−	−
ST50	+	+	+	+	−	+	−	+	−	−	−	−	−
ST51	+	+	+	+	−	+	−	+	−	−	−	−	−
ST52	+	+	+	+	−	+	+	-	−	−	−	−	−
ST53	+	+	−	+	+	−	−	+	−	−	−	−	−
ST54	+	+	−	+	−	+	+	+	−	−	−	−	−
ST55	+	+	+	+	−	+	−	+	−	−	−	−	−
ST56	+	+	+	−	−	+	+	+	−	−	−	−	−
ST57	+	+	+	+	−	+	−	+	−	−	−	−	−
ST58	+	+	+	+	−	+	−	+	−	−	−	−	−

5.3　讨论

苏铁珊瑚状根中部分纯培养菌株生理生化特性

本研究选取了从苏铁珊瑚状根中获得的 21 株放线菌进行了形态特征和培养特征观察及生理生化特性研究,从而对苏铁珊瑚状根中内生放线菌的形态特征和生理生化特征具有初步的认识和了解,为后续利用这些菌种资源提供基础研究。

选取的 21 株菌中,发现其形态特征多样,都具有产生过氧化氢酶和淀粉酶的能力,对碳源和氮源的利用和分解方式上则各有差异。这说明苏铁珊瑚状根中内生放线菌形态特征和生理生化特性具有多样性。

最近的研究表明,内生链霉菌可以促进植物生长、提高作物产量,而且可以增强植物对病原菌的抗性（阮继生等，2011）。Igarashi 等（2002）从多种植物的根、茎、叶部位分离得到 398 株内生放线菌，发现近 20%的菌株发酵液提取物对植物病原真菌和细菌有抑制作用；从一株野生的烈香杜鹃中分离到的链霉菌 R-5，可产生 actinomycin X2 和 fungichromin 两种抗生素，对杜鹃花属植物的两种主要的病原真菌 *Phytophthora cinnamomi* 和 *Pestalotiopsis sydowiana* 具有抑制性，对革兰氏阳性细菌、酵母菌和丝状真菌也具有广泛的抗菌性（Shimizu *et al.*，2000，2004）。

本研究初步筛选到 TB-2、ST49 和 ST50 3 株菌对枯草芽孢杆菌的抑制具有弱作用，而其他菌对本实验选用的供试菌均无抑制作用。这在一定程度上说明，苏铁珊瑚状根中的内生放线菌可能能够提高宿主植物对生物胁迫或非生物胁迫的抵抗力。苏铁珊瑚状根中具有抑菌作用的放线菌，这也可能是苏铁根部不易感病的原因。

本实验中菌株对真菌青霉和曲霉均不表现出抑制性，但这不能说明本实验分离到的内生放线菌对植物病原菌没有抗性。Shimizu 等（2007）将单独的内生链霉菌进行抑菌活性测定，发现内生链霉菌几乎对任何病原真菌都没有抗性，但将白菜种子用导致白菜黑斑病的链格孢属真菌接种后，再置于含有一定浓度孢子悬液的内生链霉菌处理后，发现被病原感染的白菜几乎都没有表现出患病症状。田新莉（2004）与曹理想和周世宁（2004）分别从香蕉和水稻中分离出放线菌近一半的菌株对相应宿主的某些病原菌有拮抗活性。

第 6 节　苏铁无菌苗培育初探

苏铁树形优美而古朴，茎干坚硬，体形优美，顶生大羽叶，四季常青，具独特的观赏效果。苏铁如今被大量应用于园林绿化中，一般直接种植于庭院中或在花坛、草坪中作为点缀或制作成盆景布置在庭院和室内，是园林绿化中常用的树种之一。然而，苏铁市场价格昂贵，严重影响了其广泛应用。其原因在于苏铁受精率和结实率低（陆媛峰，2006）；苏铁生长非常缓慢，用种子繁殖培养一棵具有观赏价值的盆栽一般至少需要 8~10 年（刘贤王，2007）。大规模繁殖和培养苏铁相当困难。因此，研究如何快速繁育和促进苏铁生长成为迫切需要解决的问题，而且具有广阔的市场前景。

目前，苏铁常用的繁殖方法主要有分蘖法、播种法和埋干法等。本研究选取了分蘖法和播种法进行苏铁无菌苗的繁殖（杨慧，2009）。

6.1　实验材料与方法

6.1.1　实验材料

于 2011 年和 2012 年的 10~12 月，在昆明公园、校园中等多处采集到苏铁种子和贵州苏铁种子各约 300 粒。

2012 年 5 月于昆明世博园中用小刀将 2~3 年生的蘖芽从与母株连接的根基处切割下来，获得 7 棵鳞芽。

6.1.2　苏铁种子培育无菌苗

　　将 0.1%高锰酸钾溶液浇到河沙中，然后装入自封袋中封闭消毒一周。将收集的苏铁种子用 40℃左右的温水浸泡种子，直到能把外种皮去除，然后将种子埋藏在消过毒的河沙中，放在温室中进行萌芽。

　　由于苏铁种子种皮厚而且硬，不容易去除，因此无法对种子活性进行测定，而收集到的贵州苏铁种子外种皮和果肉较苏铁种子的要薄很多，也容易去除，所以研究者对部分贵州苏铁种子采用 CTT 法（张志良和瞿伟箐，2003）进行了种子活性测定。由于贵州种子种皮薄，较容易吸收水分，因此无须浸泡去除种皮，可以直接埋藏于消过毒的河沙中进行萌发。

6.1.3　分蘖法繁殖苏铁无菌苗

　　将土壤 170℃灭菌 4h，然后将采集的蘖芽移栽到灭菌的土壤中，种植于温室中，定期浇水，保持湿度。

6.2　结果与分析

6.2.1　用种子培育无菌苗结果

　　用 CTT 法检测贵州苏铁种子活力发现，实验的贵州苏铁种子胚均被染成红色（图9.20），说明种子均具有活力。

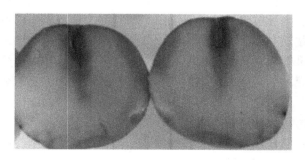

图 9.20　贵州苏铁种子活性测定

Fig. 9.20　Seed activity determination of *Cycas guizhouensis*

　　分别将贵州苏铁种子和苏铁种子埋藏在河沙中，定期浇水，保持湿度。3 个月后发现有一棵贵州苏铁种子萌发，已长出胚根并萌发出子叶（图 9.21），而之后一直都没有种子萌发成功。由此可以发现，虽然播种前，种子具有较强的活性，但萌发率非常低，贵州苏铁种子萌发率为 1/300，苏铁种子萌发率为 0。其原因可能是，苏铁种子由于自身授粉率低、种皮厚不易吸水及种子后熟作用等，种子的萌芽较复杂，影响因素很多，如温度、湿度等，若不能满足其萌发条件，则种子不能正常萌发（杨泉光，2008）。故用种子繁殖，还需研究清楚苏铁种子的各项生理特性。

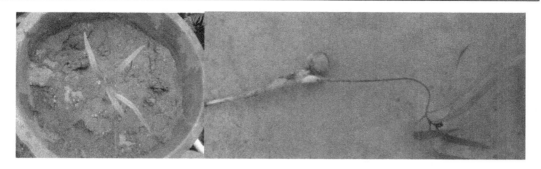

图 9.21 贵州苏铁幼苗

Fig. 9.21 The seedling of *Cycas guizhouensis*

6.2.2 用分蘖法培育无菌苗结果

2012 年 5 月采集的 7 个 2~3 年生苏铁蘖芽，3 个月后发现均长出 2~5 根肉质根，根长 2~5cm，且有的长出 2 或 3 片幼叶（图 9.22），成活率为 100%。因此，可以看出，用分蘖法繁殖成功率较高，而且时间短，生长快。但同时也要看到分蘖繁育也有其缺点，蘖芽数量来源有限，不能满足生产中大量繁育的需求，但种子繁育虽然存在生长慢、开花迟等特点，但能够保持母本的良好性状而且抗逆性强（朱用允，1999）。

图 9.22 苏铁分蘖繁殖

Fig. 9.22 Tillering reproduction of *Cycas revoluta*

6.3 讨论

苏铁繁殖

本研究用苏铁种子和贵州苏铁种子进行萌发实验，萌发率分别为 0 和 1/300，萌发率非常低。苏铁采用蘖芽繁育能够快速获得幼苗，具有成活率高、生长快、培育期短等特点。

经过分蘖法繁育苏铁幼苗发现，苏铁（*C. revoluta*）的根系为须根系，支持陆媛峰

（2006）的苏铁属植物的根系不是直根系而是须根系的结论。

针对苏铁种子繁育困难的难题，有不少学者从不同方面进行研究来提高苏铁的繁殖率。傅瑞树（2002）通过研究不同浓度 ABT3 号生根粉对苏铁种子发芽的影响，结果表明，用 0.02μg/kg 浓度生根粉处理苏铁种子最为有效，使发芽率和成苗率达 60%以上。由于苏铁雌雄异株，而且雄株开花早于雌株，为了提高种子的授粉率，研究者采用人工授粉有效提高了苏铁种子的结实率和出苗率（余志祥等，2007；满国杰，2010）。苏铁类植物的授粉传播媒介也受到研究者的关注，王乾等（1997）进行了传粉媒介的研究，认为苏铁类植物的传播媒介除风外还有象鼻虫的参与。近年来也有学者应用组培技术，对贵州苏铁进行愈伤组织培养研究（周浩等，2009）。因此，后期实验中有待借鉴以上研究方法繁殖苏铁幼苗，以便得到更多的苏铁幼苗供后期实验使用。

第 7 节　内生放线菌与苏铁无菌苗共生体系建立

从苏铁珊瑚状根中分离出的内生放线菌，形态和分子水平上都表现了一定的丰富性。这些菌与苏铁的关系是什么，能否对宿主的生长具有促进作用，仍需要将菌株回接到苏铁幼苗才能得到验证。菌株接种效益和功能研究是内生菌研究的内容，也是菌株分离和物种多样性研究的归宿（张英，2006）。

7.1　实验材料与方法

7.1.1　实验材料

植物材料：由于本实验培育出的苏铁无菌幼苗株数少，选用了由攀枝花苏铁国家级自然保护区提供的 3~4 年生攀枝花苏铁（*Cycas panzhihuaensis*）幼苗和昆明植物所提供的滇南苏铁（*Cycas diannanensis*）幼苗。将攀枝花苏铁和滇南苏铁幼苗各一半移栽到河沙中，一半移栽到灭过菌的红壤土中。移栽之前将土壤 170℃灭菌 4h，冷却后装入花盆中，加水浸透后再种植（顾小平和吴晓丽，1999）。河沙由于无营养和杂菌故没有必要灭菌，可直接种植。定期浇水，一个月后进行接种实验。

内生放线菌菌剂制作：配制高氏一号液体培养基，每 100ml 装入三角瓶中灭菌。选取分离频率较高的 4 株菌 TB-5、TB-6、TB-14 和 1226-2 接种到培养基中，28℃摇床培养 7d，培养好后的菌株菌丝团较小，呈白色或橙黄色、质地紧密、菌液不浑浊。这 4 株菌经分子鉴定，分别为 *Streptomyces griseoplanus*、*Streptomyces xanthophaeus*、*Streptomyces spororaveus* 和 *Nocardiopsis flavescens*。

7.1.2　菌株接种方法

实验设计：选择从苏铁珊瑚状根中分离频率较高的 4 株菌进行回接实验。将移栽的苏铁苗分为 4 组。Ⅰ组：攀枝花苏铁土培苗。Ⅱ组：攀枝花苏铁沙培苗。Ⅲ组：滇南苏铁土培苗。Ⅳ组：滇南苏铁沙培苗。同时每组设置对照（CK）。每个处理重复 3 盆。

2012 年 8 月，将准备好的菌剂 25ml 菌悬液直接浇到土壤和河沙中的每棵植株根系周围。每隔一个半月再重新浇一次菌（胡传炯等，1999）。对照用经高温高压灭活的菌悬液进行接种。温室条件下培养和管理。

7.1.3　接种效应检测

4 个月后对处理的苏铁幼苗测量株高和检查叶片数及根系是否结瘤。在接菌前，测量植株叶片最长的叶片作为株高。接菌 4 个月后重新测量共生苗最长的叶片作为株高。接菌前后株高的高度差为增长高度。用 SPSS 16.0 统计单因素方差分析（one-way ANOVA）分析共生培养苗的增长高度与对照组相比是否差异显著。若差异显著（$P<0.05$），说明菌株对苏铁苗生长具有促进作用；若差异不显著（$P>0.05$），说明菌株对苏铁苗生长无促进作用。

7.2　结果与分析

7.2.1　共生培养结果

4 个月后对 4 组苏铁苗进行接种效应检测。由于苏铁生长缓慢，叶片数不变，仍为 1 或 2 片。把接种苗挖出，清洗干净泥土，用皮尺测量株高和检查根系上是否有根瘤形成。检测完后立即种回到原来的基质中，以免苗根系被破坏而死亡。

利用 SPSS 16.0 统计分析软件对各组共生苗的增长高度与对照组（CK）进行差异性比较分析发现，每组的 P 值均大于 0.05（表 9.10），说明各组共生苗的增长高度与对照组相比差异性不显著，接种的 4 株菌 TB-5、TB-6、TB-14 和 1226-2 对攀枝花苏铁和滇南苏铁生长还未发现有促进作用。这可能是筛选到的 4 株菌对攀枝花苏铁和滇南苏铁苗生长无促进作用或共生培养时间不够，未能达到促进生长的效果。

表 9.10　共生苗增长高度与对照组的差异性比较

Tab. 9.10　The otherness comparation of height growth between the experimental group and control group

菌株号	I 组增长高度/cm	与 CK 比的差异性	II 组增长高度/cm	与 CK 比的差异性	III 组增长高度/cm	与 CK 比的差异性	IV 组增长高度/cm	与 CK 比的差异性
TB-5	0.9 0.7 0.8	$P=0.758$	0.9 0.7 0.7	$P=0.737$	0.8 0.7 0.7	$P=0.363$	0.7 0.7 0.5	$P=0.053$
TB-6	0.8 0.7 1.0	$P=1.0$	0.9 0.6 0.6	$P=1.0$	0.9 0.6 0.6	$P=0.644$	0.6 0.7 0.6	$P=0.67$
TB-14	0.8 0.7 0.7	$P=0.365$	0.7 0.8 0.8	$P=0.506$	0.7 0.8 0.8	$P=0.183$	0.8 0.5 0.7	$P=0.218$

续表

菌株号	I 组增长高度/cm	与CK比的差异性	II 组增长高度/cm	与CK比的差异性	III 组增长高度/cm	与CK比的差异性	IV 组增长高度/cm	与CK比的差异性
	0.9		0.6		0.6		0.6	
1226-2	1	$P=0.758$	0.7	$P=0.737$	0.7	$P=0.183$	0.7	$P=0.218$
	0.7		0.9		0.5		0.7	
	0.8		0.8		0.6		0.5	
CK	0.7		0.6		0.5		0.6	
	1.0		0.7		0.6		0.6	

注：I 组、II 组分别为攀枝花苏铁土培和沙培；III 组、IV 组分别为滇南苏铁土培和沙培；CK 为对照

　　实验发现，培养在沙中的苏铁根较培养在土壤中的根系多而且发达；沙培的幼根上均具有部分瘤状突起，但还未形成明显的结瘤；土培的苏铁，只发现 3 株的根上有瘤状突起（图 9.23）。说明用沙较土壤作为苏铁培养基质更有利于苏铁根系的生长和结瘤，可以缩短放线菌回接结瘤时间。这是由于河沙透气性较土壤好，故河沙更有利于植物根系的生长和结瘤。

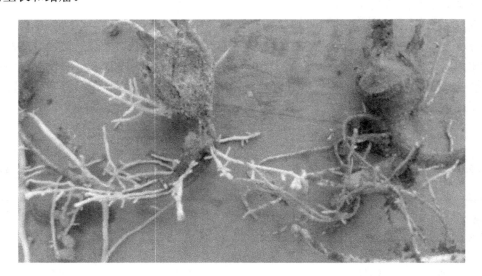

图 9.23　沙培和土培苏铁根系结瘤比较（左为沙培；右为土培）

Fig. 9.23　The cycad root nodulation comparation of sand and earth culture（left. sand culture，right. soil culture）

7.3　讨论

7.3.1　接菌方法比较

　　常用的接菌方法有很多，都存在一定的缺陷。邓廷秀和刘国凡（1992）用注射针管

加纯菌液于盆栽沙培苗的根部，对盆栽土培苗用浓悬瘤液浸泡的方式进行侵染，这种注射方式是接触幼嫩的根和根毛，使其遭到破坏。常用的沙培法、土培法接种，在每次观察时需将整株拔出，容易破坏植株的根系，影响试验的准确性。目前，许多研究者采用水培法进行接种研究，该法则易于控制条件和便于观察。

放线菌回接结瘤一般需要 6~10 个月或更长时间（卢小根等，2001）才能观察到结果，可能本研究共培养的时间还太短，影响了实验结果的观察。为了缩短苏铁珊瑚状根形成的时间，建议后续试验全部改用沙培或者试验水培法，这样不容易破坏苏铁根系，防止由于人为因素影响试验结果。由于苏铁苗较难获得，实验数量有限，故不能设计更多的交叉实验进行菌株回接，实验获得的幼苗只能够设计单株菌的回接。

7.3.2　共生效益的检测

测定接种效益的生物量指标很多，株高、苗干重和地径等都是常用的检测指标。李炎香和吴英标（1995）用 *Frankia* 纯培养菌接种木麻黄苗木试验，获得了明显效果，根瘤数、根瘤鲜重、株高、地径及生物量均比对照高。王作明等（1996）对豆科树种回接根瘤菌进行研究，选取的指标有根瘤数量，接菌植株的株高、干重及总氮量。文晓萍等（2008）研究巨尾桉接种根瘤菌，桉树苗木的株高、地径及生物量和苗木叶片含氮量各指标都有显著提高。本研究的材料苏铁幼苗由于植株生长缓慢，根系不是特别发达，无明显主干，只有 2 或 3 片叶片，不能像其他实验材料一样测量地径、苗干重和叶片叶绿素含量等指标，只能选取株高、结瘤数量两个指标进行苏铁苗与内生放线菌共生效益的研究。

第 8 节　结　　论

本研究对野外苏铁珊瑚状根进行了显微结构观察，了解和掌握其基本结构，观察是否有内生菌侵入的痕迹。将免培养法与纯培养法相结合，对苏铁珊瑚状根中的内生放线菌多样性进行了研究，对部分分离菌株进行了生理生化试验和抑菌活性的初步筛选，得到几株阳性菌株。选取分离频率较高的菌株对苏铁无菌苗进行共生培养，探讨内生放线菌对苏铁幼苗的影响，同时，初步探索了苏铁无菌苗的繁育。

（1）利用酶解-差速离心方法结合 CTAB 法提取植物总 DNA 具有较好的效果，能够提取出植物总 DNA。应用免培养法构建 16S rRNA 基因克隆文库发现，苏铁珊瑚状根中的内生放线菌多样性丰富，共获得 5 目 10 属的放线菌。这 5 个目分别是微球菌目（Micrococcales）、丙酸杆菌目（Propionibacteriales）、链霉菌目（Streptomycetales）、链孢囊菌目（Streptosporangiales）、弗兰克氏菌目（Frankiales）。10 属分别为短小杆菌属（*Curtobacterium*）、利夫森氏菌属（*Leifsonia*）、*Chryseoglobus*、考克氏菌（*Kocuria*）、鸟氨酸微菌属（*Ornithinimicrobium*）、微球菌属（*Micrococcus*）、丙酸杆菌属（*Propionibacterium*）、链霉菌属（*Streptomyces*）、拟诺卡氏菌属（*Nocardiopsis*）、芽球菌属（*Blastococcus*）。其中除链霉菌属外均为稀有放线菌属，这些属在植物内生环境中都很少能分离到。

（2）通过纯培养法多次进行分离共获得 68 株内生放线菌，经 16S rRNA 基因序列分析发现，归属于链霉菌属和拟诺卡氏菌属，没有分离到免培养法中检测到的稀有放线菌菌属。

（3）比较相同地点不同年份和不同地点相同时间的苏铁珊瑚状根中内生放线菌发现，苏铁珊瑚状根中内生放线菌的多样性与时间和地点有关。

（4）对部分菌株进行生理生化试验和初步的抑菌活性筛选，发现所有的菌均能够产生过氧化氢酶和淀粉酶，大部分菌株能够利用葡萄糖进行发酵，筛选到 3 株内生放线菌对枯草芽孢杆菌具有弱作用。这说明苏铁珊瑚状根中内生放线菌菌株生理生化特性丰富。

（5）研究发现苏铁珊瑚状根中存在放线菌资源，而且种类较丰富。为利用放线菌资源提供了基础研究。

参 考 文 献

艾素云, 黄玉源, 伍映辉. 2006. 贵州苏铁根的解剖学研究. 云南植物研究, 28(2): 149-156

奥斯伯 F, 布伦特 R, 金斯顿 R E, 等. 1998. 精编分子生物学实验指南(现代生物技术译丛). 北京: 科学出版社

白清云. 1997. 土壤微生物群落结构的化学评估. 农业环境保护, 16(6): 252-256

柏万灵. 1994. 滇西高黎贡山地区宝石伟晶岩. 矿产与地质, 8(4): 282-286

伯杰森 F J. 1987. 生物固氮研究法. 陈冠维, 等译. 北京: 科学出版社: 241-252

鲍思伟. 2001. 水分胁迫对蚕豆(Vicia faba L.)光合作用及产量的影响. 西南民族大学学报, 27(4): 446-449

毕国昌, 郭秀珍, 藏穆. 1989. 在纯培养条件下温度对外生菌根真菌生长的影响. 林业科学研究, 2(2): 247-253

卞学琳, 葛世超, 杨苏声. 2000. 费氏中华根瘤菌与耐盐有关的 DNA 片段的亚克隆和测序. 遗传学报, 27(10): 925-931

卜令铎, 张仁和, 韩苗苗, 等. 2010. 苗期玉米叶片光合特性对水分胁迫的响应. 生态学报, 30(5): 1184-1191

蔡卫兵. 1998. 林木菌根生物技术研究与应用现状简述. 安徽林业科技, 28(3): 201-208

蔡志全, 齐欣, 曹坤芳. 2004. 七种热带雨林树苗叶片气孔特征及其可塑性对不同光照强度的响应. 应用生态学报, 15(2): 201-204

曹慧, 王孝威, 曹琴, 等. 2001. 水分胁迫下新红星苹果超氧物自由基累积和膜脂过氧化作用. 果树学报, (4): 10-13

曹理想, 周世宁. 2004. 植物内生放线菌研究. 微生物学通报, 31(4): 93-96

曹鹏. 2008. 放线菌根瘤结构及四川桤木光合特性研究. 南京: 南京林业大学: 硕士研究生学位论文

曹生奎, 冯起, 司建华, 等. 2009. 植物叶片水分利用效率研究综述. 生态学报, 29(7): 3883-3891

曹锡清. 1986. 脂质过氧化对细胞与机体的作用. 生物化学与生物物理进展, 2: 17-23

曹锡清, 郎南军, 贾利强, 等. 2006. 干旱胁迫对坡柳等抗旱树种幼苗膜脂过氧化及保护酶活性的影响. 植物研究, 26(1): 89-92

陈奋飞, 庄捷, 王逸群, 等. 2006. 我国林木固氮的研究现状和前景展望. 湖南林业科技, 33(4): 4-7

陈宏灏, 张蓉, 张怡, 等. 2001. 压砂地土壤微生物群落功能多样性分析. 土壤通报, 42(1): 51-55

陈宏伟, 刘永刚, 冯弦, 等. 2002. 西南桦人工林群落物种多样性特征研究. 广西林业科学, 31(1): 5-11

陈华红, 杨颖, 姜怡, 等. 2006. 植物内生放线菌的分离方法. 微生物学通报, 33(4): 281-284

陈辉, 唐明. 1995. 外生菌根真菌对杨树抗溃疡病的影响. 植物病理学报, 26: 370

陈辉蓉, 吴振斌, 贺锋, 等. 2001. 植物抗逆性研究进展. 环境污染治理技术与设备, (3): 7-13

陈佳, 史志华, 李璐, 等. 2009. 小流域土层厚度对土壤水分时空格局的影响. 应用生态学报, 20(7): 1565-1570

陈建军, 任永浩, 陈培元, 等. 1996. 干旱条件下氮素营养对小麦不同抗旱品种生长的影响. 作物学报,
　　22(4): 483-489

陈健斌. 1994. 微生物的多样性及其特征. 微生物学通报, 21(3): 173-176

陈景荣, 韩素芬. 1999. 华东地区豆科树种根瘤菌多样性的研究. 林业科学, 35(1): 47-52

陈郡雯, 吴卫, 郑友良, 等. 2010. 聚乙二醇(PEG 6000)模拟干旱条件下白芷苗期抗旱性研究. 中国中药
　　杂志, 35(2): 149-153

陈立松, 刘星辉. 1999. 水分胁迫对荔枝叶片糖代谢的影响及其与抗旱性的关系. 热带作物学报, 20(2):
　　31-36

陈连庆, 裴致达. 1998. 马尾松优良菌根真菌(s. l)液培条件的研究. 林业科学研究, 11(4): 443-446

陈梅梅, 陈保冬, 王新军, 等. 2009. 不同磷水平土壤接种丛枝菌根真菌对植物生长和养分吸收的影响.
　　生态学报, 29(4): 1980-1986

陈明周. 2002. 中国大豆根瘤菌遗传多样性和系统发育研究. 武汉: 华中农业大学: 博士研究生学位论
　　文

陈培元, 蒋永罗, 李英, 等. 1987. 钾对小麦生长发育、抗旱性和某些生理特性的影响. 作物学报, 13(4):
　　322-327

陈少瑜, 郎南军, 李吉跃, 等. 2006. 干旱胁迫下坡柳等幼苗质膜相对透性和脯氨酸含量的变化. 广西植
　　物, 26(1): 80-84

陈潭清, 王定跃, 廖景平, 等. 1996. 中国苏铁属的形态解剖学研究. 广州林业科技, 12(1): 143-160

陈彤, 张崇邦. 2001. 天台山八种植被下土壤肥力因素的比较分析. 佳木斯大学学报, 20(3): 3-5

陈伟, 薛立. 2004. 根系间的相互作用——竞争与互利. 生态学报, 24(6): 1243-1251

陈文峰, 刘杰, 陈文新. 2004. 木本豆科植物根瘤菌资源及多样性研究进展. 科学技术与工程, 4(11):
　　954-959

陈文新, 汪恩涛, 陈文峰, 等. 2004. 根瘤菌-豆科植物共生多样性与地理环境的关系. 中国农业科学,
　　37(1): 81-86

陈文新. 1984. 新疆地区豆科根瘤菌特性分析(一). 土壤肥料, 3: 4-7

陈文新. 1993. 根瘤菌分类研究进展//李阜棣, 等. 生命科学和土壤科学中几个领域的研究进展. 北京:
　　农业出版社: 137-139

陈文新. 2004. 豆科植物根瘤菌——固氮体系在西部大开发中的作用. 草地学报, 12(3): 1-2

陈雪松, 张海喻, 高为民, 等. 1999. 苜蓿中华根瘤菌与耐盐有关的 DNA 片段的克隆. 微生物学通报,
　　39(16): 489-495

陈因, 陈永滨, 唐锡华, 等. 1985. 生物固氮. 上海: 上海科技出版社

陈毓荃. 2002. 生物化学实验方法与技术. 北京: 科学出版社

程东升. 1995. 资源微生物学. 沈阳: 东北林业大学出版社

程广有, 韩雅莉, 李瑛, 等. 2004. 木棉的组织培养和快速繁殖. 植物生理学通讯, 40(3): 337-338

程瑞平, 束怀瑞, 顾曼如. 1992. 水分胁迫对苹果树生长和叶中矿质元素含量的影响(简报). 植物生理学
　　通讯, 28(1): 32-34

迟玉成, 王绛辉, 樊堂群. 2008. 山东省花生土著根瘤菌耐盐、耐旱性初步研究. 花生学报, 37(1): 21-25

慈恩, 高明. 2005. 环境因子对豆科共生固氮影响的研究进展. 西北植物学报, 25(6): 1269-1274

崔书红. 1995. 云南元谋干热河谷土地退化及其防治对策. 地理研究, 14(1): 66-71

崔玉川, 张文辉, 王校锋. 2013. 栓皮栎幼苗对土壤干旱胁迫的生理响应. 西北植物学报, 33(2): 364-370

崔阵, 徐玲玫, 樊惠, 等. 1992. 大豆三类共生体抗逆性研究初报. 大豆科学, 11(4): 79-82

代玉梅, 曹军, 唐晓萌, 等. 2004. 高黎贡山旱冬瓜 Frankia 的 IGSPCR-RFLP 分析. 应用生态学报, 15(2): 186-190

戴建良. 1996. 侧柏种源抗旱性测定和选择. 北京: 北京林业大学图书馆

戴开结, 何方, 沈有信, 等. 2006. 低磷胁迫下云南松幼苗的生物量及其分配. 广西植物, 26(2): 183-186

刀志灵, 郭辉军. 1999. 高黎贡山地区杜鹃花科特有植物. 云南植物研究, (增刊 XI): 16-23

邓辉胜. 2006. 云南松小孢子母细胞减数分裂的研究. 玉林师范学院学报(自然科学), 3: 90-95

邓世媛, 陈建军. 2005. 干旱胁迫下氮素营养对作物生长及生理代谢的影响. 河南农业科技, 11: 24-26

邓廷秀, 刘国凡. 1992. 人工接种对桤木结瘤固氮的效应初探. 四川林业科技, 13(2): 13-16

邓云, 陈辉, 杨小飞, 等. 2013. 不同水分梯度下珍稀植物四数木的光合特性及对变化光强的响应. 生态学报, 33(22): 7088-7097

邓云, 官会林, 戴开结, 等. 2006. 不同供磷水平对云南松幼苗形态建成及根际有机酸分泌的影响. 云南大学学报(自然科学版), 28(4): 358-363

刁治民. 1995. 青海豆科植物根瘤菌的初步研究. 青海科技, 3(4): 1-5

丁洪, 李生秀. 1998. 磷素营养与大豆生长和共生固氮的关系. 西北农业大学学报, 26(5): 67-70

董合忠, 唐薇, 李振怀, 等. 2005. 棉花缺钾引起的形态和生理异常. 西北植物学报, 25(3): 615-624

窦琦. 2013. 贺兰山东麓荒漠化土壤微生物群落组成研究. 兰州: 宁夏大学: 硕士研究生学位论文

窦新田. 1989. 生物固氮. 北京: 农业出版社

杜建军, 李生秀, 高亚军, 等. 1999. 氮肥对冬小麦抗旱适应性及水分利用的影响. 西北农业大学学报, 27(5): 1-5

杜萍, 刘晶晶, 沈李东, 等. 2012. Biolog 和 PCR-DGGE 技术解析椒江口沉积物微生物多样性. 环境科学学报, 32(6): 1436-1444

杜小红, 辉朝茂, 薛嘉榕, 等. 1999. 高黎贡山国家自然保护区竹类植物及其保护发展对策. 竹类研究汇刊, 18(2): 67-73

段爱国, 保尔江, 张建国. 2005. 水分胁迫下华北地区主要造林树种离体枝条叶片的叶绿素荧光参数. 林业科学研究, 18(5): 578-584

段爱国, 张建国, 何彩云, 等. 2010. 干热河谷主要植被恢复树种干季光合光响应生理参数. 林业科学, 46(3): 68-73

段爱国, 张建国, 张俊佩, 等. 2009a. 金沙江干热河谷植被恢复树种盆栽苗蒸腾耗水特性的研究. 林业科学研究, 22(1): 55-62

段爱国, 张建国, 张守攻, 等. 2009b. 元江干热河谷主要植被恢复树种蒸腾作用. 生态学报, 29(12): 6692-6701

段焰青. 1999. 云南松松针水势日变化的研究. 云南大学学报(自然科学版), 21(5): 410-412

樊利勤, 庄培亮, 马兰珍, 等. 2004. 厚荚相思根瘤菌对盆栽苗木生长及土壤肥力的影响. 生态科学, 23(4): 289-291

樊妙姬, 李正文, 韦莉莉. 1999. 根瘤菌结瘤基因的表达调控研究概况. 广西农业生物科学, 18(3):

225-228

樊庆笙, 娄无忌. 1986. 根瘤菌的生态. 微生物学杂志, 6(2): 48-52

樊文华, 白中科, 李慧峰, 等. 2011. 不同复垦模式及复垦年限对土壤微生物的影响. 农业工程学报, 27(2): 330-336

樊小林, 李玲, 何文勤, 等. 1984. 氮肥、干旱胁迫、基因型差异对冬小麦吸氮量的效应. 植物营养与肥料学报, 4(2): 131-137

范丙全. 2003. 不同农业措施影响下土壤微生物多样性演化规律研究. 北京: 中国农业科学院

方海东, 纪中华, 沙毓沧, 等. 2006. 元谋干热河谷区冲沟形成及植被恢复技术. 林业科技开发, 20(2): 47-50

方燕, 唐明, 孙学广, 等. 2010. 不同气候条件下 AM 真菌资源与土壤理化性质的关系. 西北农林科技大学学报(自然科学版), 38(1): 84-90

方中达. 1996. 植病研究方法. 北京: 中国农业出版社

冯海艳, 冯固, 王敬国, 等. 2003. 植物磷营养状况对丛枝菌根真菌生长及代谢活性的调控. 菌物系统, 22(4): 589-598

冯健. 2005. 巨桉人工林土壤微生物多样性研究. 雅安: 四川农业大学: 硕士研究生学位论文

冯金朝. 1995. 沙生植物水分特征曲线及水分关系的初步研究. 中国沙漠, 15(3): 222-226

冯起, 司建华, 李建林, 等. 2008. 胡杨根系分布特征与根系吸水模型建立. 地球科学进展, 23(7): 765-772

冯瑞华. 2000. 用 AFLP 技术和 16S rDNA PCR-RFLP 分析毛苜蓿根瘤菌的遗传多样性. 微生物学报, 40(4): 339-345

冯士令, 程浩然, 李倩倩, 等. 2013. 3 个油茶品种幼苗干旱胁迫的生理响应. 西北植物学报, 33(8): 1651-1657

冯永军, 史宝胜, 董桂敏, 等. 2003. 叶绿素荧光动力学在植物抗逆性及水果保鲜中的应用. 河北农业大学学报, 26(增刊): 89-92

付秋实, 李红岭, 崔健, 等. 2009. 水分胁迫对辣椒光合作用及相关生理特性的影响. 中国农业科学, 42(5): 1859-1866

付士磊, 周永斌, 何兴元. 2006. 干旱胁迫对杨树光合生理指标的影响. 应用生态学报, 17(11): 2016-2019

傅美芬, 高洁. 1997. 影响元谋干热河谷植被恢复与造林成败的主要气象条件及其对策. 西南林学院学报, 17(2): 36-42

傅瑞树. 2002. 苏铁播种育苗技术研究. 中国生态农业学报, 10(2): 15-18

盖京苹, 刘润进. 2003. 土壤因子对野生植物 AM 真菌的影响. 应用生态学报, 14(3): 470-472

高建社, 王军, 周永学, 等. 2005. 5 个杨树无性系抗旱性研究. 西北农林科技大学学报(自然科学版), 02: 112-116

高洁, 曹坤芳, 王焕校. 2004. 干热河谷 9 种造林树种在旱季的水分关系和气孔导度. 植物生态学报, 28(2): 186-190

高洁, 刘成康, 张尚云. 1997a. 元谋干热河谷主要造林植物的耐旱性评估. 西南林学院学报, 17(2): 19-24

高洁, 张尚云, 傅美芬. 等. 1997b. 干热河谷主要造林树种旱性结构的初步研究. 西南林学院学报, 17(2): 59-63

高俊凤. 2006. 植物生理学实验指导. 北京: 高等教育出版社

高丽锋, 邓馨, 王洪新, 等. 2004. 毛乌素沙地中间锦鸡儿根瘤菌的多样性及其抗逆性. 应用生态学报, 15(1): 44-48

高柱. 2012. 木棉产业化栽培关键技术研究. 昆明: 西南林业大学: 硕士研究生学位论文

葛世超, 樊振川, 陈雪松, 等. 2001. 苜蓿中华根瘤菌与耐盐有关 DNA 片段的亚克隆和测序分析. 微生物学报, 41(1): 9-15

葛颂, 洪德元. 1994. 遗传多样性及其检测方法. 生物多样性研究的原理与方法. 北京: 中国科学技术出版社

葛体达, 隋方功, 白莉萍, 等. 2005. 干旱对玉米根和叶保护酶活性和油脂过氧化反应的影响. 中国农业科学, 38(5): 922-928

弓明钦, 陈应龙, 仲崇禄. 1997. 菌根研究及应用. 北京: 中国林业出版社

弓明钦, 陈羽, 王凤珍. 2004. AM 菌根化的两种桉树树苗对青枯病的抗性研究. 林业科学研究, 17(4): 441-446

弓明钦, 陈羽, 王凤珍, 等. 2002. 国外松菌根的接种效应研究. 广东林业科技, 18(4): 7-10

龚吉蕊, 赵爱芬, 张立新, 等. 2004. 干旱胁迫下几种荒漠植物抗氧化能力的比较研究. 西北植物学报, 24(9): 1570-1577

古谢夫 H A. 1962. 植物水分状况的若干规律. 王统正, 译. 北京: 科学出版社

谷峻, 张静苗, 贾瑞宗, 等. 2011. 山蚂蝗慢生根瘤菌的遗传多样性及系统发育. 微生物学报, 51(10): 1310-1317

顾小平, 吴晓丽. 1999. 接种联合固氮菌对毛竹实生苗生长的影响. 林业科学研究, 12(1): 7-12

关桂兰, 郭沛新, 王卫卫, 等. 1992. 新疆干旱地区根瘤菌资源研究: Ⅱ根瘤菌抗逆性及生理生化反应特性. 微生物学报, 32(5): 346-352

关桂兰, 王卫卫, 杨玉锁. 1991. 新疆干旱地区固氮生物资源. 北京: 科学出版社

关军锋, 李广敏. 2001. 干旱胁迫下根系功能的表达与调节. 中国基础科学, (3): 25-28

关统伟, 吴晋元, 吴晓阳, 等. 2008. 硝尔库勒湖沉积物中非培养放线菌多样性. 微生物学报, 48(7): 851-856

郭春芳, 孙云, 唐玉海, 等. 2009. 水分胁迫对茶树叶片叶绿素荧光特性的影响. 中国生态农业学报, 17(3): 560-564

郭江波, 赵来喜. 2004. 中国苜蓿育成品种遗传多样性及亲缘关系研究. 中国草地, 26(1): 9-13

郭连生, 田有亮. 1989. 对几种阔叶树种耐旱性生理指标的研究. 林业科学, 25(5): 389-394

郭瑞超. 2008. 干热河谷几种根瘤菌的 16S rRNA 测定. 昆明: 西南林学院: 硕士研究生学位论文

郭树权. 2006. 云南松天然菌根土育苗技术. 云南林业, 27(1): 17

郭涛, 申鸿, 彭思利, 等. 2009. 氮、磷供给水平对丛枝菌根真菌生长发育的影响. 植物营养与肥料学报, 15(3): 690-695

郭卫东, 沈向, 李嘉瑞, 等. 1999. 植物抗旱分子机理. 西北农业大学学报, 27(4): 102-108

郭先武. 1998. 根瘤菌的结瘤基因与结瘤因子. 生物技术通报, 4: 1-4

郭先武. 1999. 根瘤菌质粒研究进展. 微生物学通报, 26(4): 286-288

郭秀珍, 毕国昌. 1989. 林木菌根及应用技术. 北京: 中国林业出版社: 201-205

郭延军. 2009. AM 真菌与土壤因子的相关性研究——以大柳塔矿区为例. 呼和浩特: 内蒙古大学: 硕士研究生学位论文

郭玉红, 何富强, 刘金凤. 2000. 云南松容器育苗技术综合试验. 云南林业科技, 1: 14-18

郭忠升, 邵明安. 2003. 半干旱区人工林草地土壤旱化与土壤水分植被承载力. 生态学报, 23(8): 1640-1647

国家濒管办、国家濒危物种科学委员会. 1993. 《濒危野生动植物物种国际贸易公约》附录Ⅰ、附录Ⅱ、附录Ⅲ名录

国家林业局、农业部令(1999)第 4 号. 1999. 《国家重点保护野生植物名录(第一批)》

韩刚, 李少雄, 徐鹏. 2006. 6 种灌木叶片解剖结构的抗旱性分析. 西北林学院学报, 21(4): 43-46

韩广, 张桂芳, 杨文斌. 1999. 影响沙地樟子松天然更新的主要生态气候因子的定量分析. 林业科学, 35(5): 22-27

韩联宪, 兰道英, 马世来. 1996. 高黎贡山地区鸟类多样性分布及保护. 中国鸟类学研究论文集. 北京

韩蕊莲, 侯庆春. 1996. 黄土高原小矮树基因分析. 干旱地区农业研究, 14(4): 104-108

韩蕊莲, 景维杰, 侯庆春. 2003. 黄土高原人工整地与抗旱造林技术研究进展. 西北植物学报, 23(8): 1331-1335

韩素芬. 1996. 固氮豆科树种和豆科树种根瘤菌资源的研究. 林业科学, 32(5): 434-440

韩素芬, 张福海, 邓振宇. 1999. 诱导杨树结瘤固氮的研究. 南京林业大学学报, 23(3): 51-54

韩素芬, 周湘泉. 1987. 豆科树种根瘤菌共生体系的研究——Ⅱ. 豆科树种根瘤菌的分类地位. 南京林业大学学报, (2): 28-33

韩素芬, 周湘泉. 1990. 我国豆科树种结瘤情况. 南京林业大学学报, 14(3): 84-90

韩秀丽, 贾桂霞, 牛颖. 2006. 外生菌根提高树木抗旱性机理的研究进展. 水土保持研究, 5: 42-44

郝黎仁, 樊元, 郝哲欧, 等. 2002. SPSS 实用统计分析. 北京: 中国水利水电出版社

郝林华, 石红旗, 孙丕喜, 等. 2006. 牛蒡寡糖对黄瓜植株生理生化特性的影响. 西北植物学报, 26(8): 1612-1616

何庆元, 胡艳, 玉永雄. 2004. 生态环境对根瘤菌竞争结瘤影响的研究进展. 大豆科学, 23(1): 66-70

何维明. 2001. 水分因素对沙地柏实生苗水分和生长特征的影响. 植物生态学报, 25(1): 11-16

何业华, 胡芳名, 谢碧霞, 等. 1999. 枣树原生质体分离条件的研究. 中南林学院学报, 19: 20-23

何一, 蔡霞, 王卫卫. 2003. 陕西黄土高原 4 种豆科植物根瘤的比较形态解剖学研究. 陕西教育学院学报, 19(2): 88-92

何永彬, 卢培泽, 朱彤. 2000. 横断山——云南高原干热河谷形成原因研究. 资源科学, 22(5): 69-73

何跃军, 钟章成, 刘济明, 等. 2007a. 构树(Broussonetia papyrifera)幼苗氮、磷吸收对接种 AM 真菌的响应. 生态学报, 27(11): 4840-4846

何跃军, 钟章成, 刘济明, 等. 2007b. 构树幼苗对接种丛枝菌根真菌的生长响应. 应用生态学报, 18(10): 2209-2213

何跃军, 钟章成, 刘锦春, 等. 2008. 石灰岩土壤基质上构树幼苗接种丛枝菌根(AM)真菌的光合特征. 植物研究, 28(4): 452-457

贺学礼, 高露, 赵丽莉. 2011. 水分胁迫下丛枝菌根AM真菌对民勤绢蒿生长与抗旱性的影响. 生态学报, 31(4): 1029-1037

贺学礼, 李生秀. 1999. 不同VA菌根真菌对玉米生长及抗旱性的影响. 西北农业大学学报, 27(6): 49-53

贺学礼, 刘媞, 安秀娟, 等. 2009. 水分胁迫下AM真菌对柠条锦鸡儿生长和抗旱性的影响. 生态学报, 29(1): 47-52

贺学礼, 韦革宏, 赵丽莉, 等. 1996. 陕西豆科固氮植物资源调查及生态分布. 陕西农业科学, (1): 35-37

侯庆春, 黄旭, 韩仕峰, 等. 1991. 关于黄土高原地区小老树成因及其改造途径的研究——小矮树的分布和自然生长Ⅰ. 水土保持学, 5(1): 64-72

胡婵娟, 刘国华, 吴雅琼. 2011. 土壤微生物生物量及多样性测定方法评述. 生态环境学报, 20(6-7): 1161-1167

胡传炯, 周平贞, 周启. 1999. 马桑根瘤内生菌纯培养物的分离回接及其生物特性. 中国农业科学, 32(2): 72-77

胡建军. 1996. 高黎贡山构造带南段构造变形史. 云南地质, 15(2): 103-113

胡隽. 1992. 林木种子品质检验实验指导书. 昆明: 西南林学院林木培育教研室

胡琼梅. 2002. 元江县新银合欢引种的适应性调查. 云南林业科技, 100(3): 61-65

胡霞, 尹鹏, 宗桦, 等. 2014. 高山地区土壤微生物动态对雪况变化的响应. 生态与农村环境学报, 30(4): 470-474

胡亚林, 汪思龙, 颜绍馗. 2006. 影响土壤微生物活性与群落结构因素研究进展. 土壤通报, 37(1): 170-176

胡云, 燕玲, 李红. 2006. 14种荒漠植物茎的解剖结构特征分析. 干旱区资源与环境, 20(1): 38-39

胡志昂. 1994. 研究遗传多样性的基本原理和方法//钱迎倩. 生物多样性研究的原理与方法. 北京: 中国科技出版社: 117-122

黄宝灵, 吕成群, 韦原莲, 等. 2004. 相思树种根瘤菌的若干抗逆特性. 南京林业大学学报(自然科学版), 28(1): 29-32

黄逢龙, 焦一杰, 张星耀, 等. 2011. 不同立地条件下杨树树冠结构与溃疡病的关系. 北京林业大学学报, 33(2): 72-76

黄海玉, 李洁, 赵国振, 等. 2011. 灯台树内生放线菌多样性及抗菌活性评价. 微生物学通报, 38(5): 780-785

黄怀琼, 曾玉霞, 龙碧华, 等. 2000. 四川紫色土壤中土著大豆根瘤菌的资源分布. 西南农业学报, 13(3): 39-44

黄家风, 李克梅, 王爱英, 等. 2002. 豆科植物-根瘤菌共生固氮的分子机理. 林学科学, 6(1): 74-78

黄京华, 曾任森, 骆世明. 2006. AM菌根真菌诱导对提高玉米纹枯病抗性的初步研究. 中国生态农业学报, 14(3): 167-169

黄玲, 石玉瑚, 吴祖银. 1990. 新疆部分豆科植物根瘤菌的某些耐性试验. 微生物学通报, 17(3): 130-133

黄明勇, 张小平, 李登煜, 等. 2000. 金沙江干热河谷区土著花生根瘤菌耐旱性初步研究. 应用与环境生物学报, 6(3): 263-266

黄胜, 柏学亮, 马庆生, 等. 2004. 不能利用脯氨酸为唯一碳氮源生长的费氏中华根瘤菌突变株的筛选及鉴定. 科学通报, 49(20): 2062-2065

黄维南. 1995. 豆科树木共生固氮的生态生理及资源开发利用研究. 中国科学基金, 3: 48-50

黄秀梨. 1999. 微生物学实验指导. 北京: 高等教育出版社: 81-82

黄颜梅, 张健, 罗丞德. 1997. 树木抗旱性研究. 四川农业大学学报, 15(1): 49-54

姬广海, 魏兰芳, 张世光. 2002. PCR 技术在植物病原细菌研究中的应用. 微生物学通报, 29(4): 77-81

纪中华, 方海东, 杨艳鲜, 等. 2009. 金沙江干热河谷退化生态系统植被恢复生态功能评价: 以元谋小流
　　域典型模式为例. 生态环境学报, 18(4): 1383-1389

纪中华, 潘志贤, 沙毓沧, 等. 2006. 金沙江干热河谷生态恢复的典型模式. 农业环境科学学报, 25(增刊):
　　716-720

贾瑞平, 徐大平, 杨曾将, 等. 2013. 干旱胁迫对降香黄檀幼苗光合生理特性的影响. 西北植物学报,
　　33(6): 1197-1202

姜德锋, 蒋家慧, 李敏, 等. 1998. AM 菌对玉米某些生理特性和籽粒产量的影响. 中国农业科学学, 31(1):
　　15-20

姜海燕, 闫伟, 李晓彤, 等. 2010. 兴安落叶松林土壤真菌的群落结构及物种多样性. 西北林学院学报,
　　25(2): 100-103

姜汉侨. 1984. 云南松研究的若干问题. 云南大学学报, (1): 1-5

姜怡, 杨颖, 陈华红, 等. 2005. 植物内生菌资源. 微生物学通报, 32(6): 146-147

蒋高明. 2001. 植物生理学研究的热点问题的综述. 植物生态学报, 25(5): 514-519

蒋高明. 2004. 植物生理生态学. 北京: 高等教育出版社

蒋明义, 郭邵川, 张学明. 1997. 氧化胁迫下稻苗体内积累的脯氨酸的抗氧化作用. 植物生理学报, 23(4):
　　347-352

蒋云东, 周凤林, 周云, 等. 1999. 西南桦人工林土壤养分含量变量变化规律研究. 云南林业科技, (2):
　　27-31

焦如珍, 杨承栋, 屠星南. 1997. 杉木人工林不同发育阶段林下植被、土壤微生物、酶活性及养分的变化.
　　林业科学研究, (4): 373-379

焦晓丹, 吴凤芝. 2004. 土壤微生物多样性研究方法的进展. 土壤通报, 35(6): 789-792

颉建明, 郁继华, 颉敏华. 2008. 青花菜叶片 PSⅡ 光化学效率和光合对强光高温的响应. 兰州大学学报
　　(自然科学版), 44(1): 51-55

解新明, 云锦凤. 2000. 植物遗传多样性及其检测方法. 中国草地, (6): 51-59

金剑, 王光华, 陈雪丽, 等. 2007. Biolog_ECO 解析不同大豆基因型 R1 期根际微生物群落功能多样性特
　　征. 大豆科学, (4): 565-570

金振洲, 欧晓昆. 2000. 元江、怒江、金沙江、澜沧江干热河谷植被. 昆明: 云南大学出版社

金振洲, 彭鉴. 2004. 云南松. 昆明: 云南科技出版社

金振洲, 杨永平, 陶国达. 1995. 华西南干热河谷种子植物区系的特征、性质和起源. 云南植物研究,
　　17(20): 129-143

靖元孝. 1993. 豆科植物-根瘤菌分子识别研究的新进展. 生命的化学, 13(6): 24-26

靖元孝. 1997. 根瘤菌结瘤因子的研究进展. 生命的化学, 17(1): 26-28

巨天珍, 任海峰, 孟凡涛, 等. 2011. 土壤微生物生物量的研究进展. 广东农业科学, (16): 45-47

康金花, 关桂兰, 沈艳芳. 1996. 苜蓿根瘤菌耐盐碱性试验. 干旱研究, 13(3): 74-77

康丽华, 李素翠. 1998. 相思苗木接种根瘤菌的研究. 林业科学研究, 11(4): 343-348

康玲玲, 魏义长, 张景略. 1998. 水肥条件对冬小麦生理特性及常量影响的试验研究. 干旱地区农业研究, 16(4): 21-28

孔滨, 杨秀娟. 2011. Biolog 生态板的应用原理及碳源构成. 绿色科技, (7): 231-234

孔德昌. 2010. 高黎贡山北段不同季节森林景观格局多样性对比研究. 林业资源管理, (4): 49-53

雷垚, 伍松林, 郝志鹏, 等. 2013. 丛枝菌根外菌丝网络形成过程中的时间效应及植物介导作用. 西北植物学报, 33(1): 154-161

雷增普. 1994. 外生菌根与树木抗旱的关系. 土壤学报, 31(增刊): 156-163

黎祜琛, 邱治军. 2003. 树木抗旱性及抗旱造林技术研究综述. 世界林业研究, 4: 17-22

李柏贞, 周广胜. 2014. 干旱指标研究进展. 生态学报, 34(5): 1043-1052

李秉让. 1984. 木棉. 大百科全书纺织卷. 北京: 中国大百科全书出版社

李登武, 王冬梅, 余仲东. 2002. AM 真菌与植物共生的生理生化效应研究进展. 西北植物学报, 22(5): 1255-1262

李东, 林树燕, 韩素芬. 2009. 八种豆科树种根瘤的形态与结构研究. 南京林业大学学报(自然科学版), 33(6): 60-62

李冬梅, 施雪华, 孙丽欣, 等. 2012. 磷脂脂肪酸谱图分析方法及其在环境微生物学领域的应用. 科学导报, 30(2): 65-69

李芳兰, 包维楷. 2005. 植物叶片形态解剖结构对环境变化的响应与适应. 植物学通报, 22(增刊): 118-127

李阜棣. 1993. 生物科学和土壤科学中几个领域的研究进展. 北京: 农业出版社: 137-139

李合生. 2007. 植物生理生化实验原理和技术. 北京: 高等教育出版社

李和平, 龙鸿. 2009. 植物显微技术. 2 版. 北京: 科学出版社

李恒, 李嵘, 刀志灵. 2003. 独龙虾脊兰(兰科)的合格发表. 植物分类学报, 41(3): 267-270

李恒, 龙春林, 刀志灵, 等. 1999. 高黎贡山天南星科植物研究. 云南植物研究, (增刊 XI): 44-54

李红芳, 田先华, 任毅. 2005. 维管植物导管及其穿孔板的研究进展. 西北植物学报, 25(2): 419-424

李吉跃. 1989. P-V 技术在油松、侧柏苗木抗旱性研究中的应用. 北京林业大学学报, 11(1): 3-11

李吉跃, Terebce J B. 1992. 多重复干旱循环对幼苗气体交换和水分利用效率的影响. 北京林业大学学报, 21(3): 1-8

李吉跃, 翟洪波. 2000. 木本植物水力结构与抗旱性. 应用生态学报, 11(2): 301-305

李吉跃, 张建国. 1993. 北方主要造林树种耐旱机理及其分类模型的研究(Ⅰ)——幼苗叶水势与土壤含水量的关系及分类. 北京林业大学学报, 15(3): 1-3

李吉跃, 张建国, 姜金璞. 1997. 侧柏种源耐旱特性及其机理研究. 林业科学, 33(专刊): 1-13

李吉跃, 周平, 招礼军. 2002. 干旱胁迫对苗木蒸腾耗水的影响. 生态学报, 22(9): 1380-1386

李冀南, 李朴芳, 孔海燕, 等. 2011. 干旱胁迫下植物根源化学信号研究进展. 生态学报, 31(9): 2610-2620

李建平, 李涛, 赵之伟. 2004. 金沙江干热河谷宾川、永胜段的丛枝菌根. 云南植物研究, 26(2): 199-203

李晋, 景跃波, 张劲峰, 等. 2012. 香格里拉高山两种植被类型主要植物的丛枝菌根研究. 西部林业科学, 4: 43-50

李俊, 徐玲玫, 樊蕙, 等. 1999. 用 rep-PCR 技术研究中国花生根瘤菌的多样性. 微生物学报, 39(4): 296-304

李昆, 张春华, 崔永忠, 等. 2004. 金沙江干热河谷区退耕还林适宜造林树种筛选研究. 林业科学研究, 17(5): 555-563

李力, 曹凤明, 徐玲玫, 等. 2000. 花生根瘤菌的抗逆性初步研究. 微生物学通讯, 27(1): 42-47

李林英, 张福计, 胡万银. 1994. 油松穴面覆盖塑膜造林试验. 山西林业科技, (1): 142-161

李鲁华, 李世清, 翟军海. 2001. 小麦根系与土壤水分胁迫关系的研究进展. 西北植物学报, 21(1): 1-7

李明, 刘志刚. 2006. 木棉叶化学成分研究. 中国中药杂志, 31(11): 934-935

李娜, 李涛, 李名扬. 2010. PEG 6000 渗透胁迫对画眉草种子萌发特性的影响. 中国园艺文摘, (2): 22-25

李鹏民, 高辉远, Strasser R J. 2005. 快速叶绿素荧光诱导动力学分析在光合作用研究中的应用. 植物生理与分子生物学学报, 31(6): 559-566

李平, 吴先军, 赵振锯, 等. 1995. 攀枝花苏铁(*Cycas panzhihuaensis* Zhou. Y. Yang)的生物学特性研究——营养器官的形态解剖研究. 四川大学学报(自然科学版), 32: 53-62

李庆梅, 徐化成. 1992. 油松 P-V 曲线主要水分参数值随季节和种源的变化//徐化成. 油松地理变异和种源选择. 北京: 中国林业出版社: 282-290

李日明, 杜生祥, 刘国标, 等. 1998. "根宝"对提高樟子松造林成活率的研究. 山西农业大学学报, 18(4): 287-289

李嵘, 龙春林. 1999. 高黎贡山五加科的植物地理学研究. 云南植物研究, (增刊 XI): 1-15

李树华, 许兴, 米海莉. 2003. 水分胁迫对牛心朴子植株生长及渗透调节物质积累的影响. 西北植物学报, 23(4): 592-596

李涛, 杜娟, 郝志鹏. 2012. 丛枝菌根提高宿主植物抗旱性分子机制研究进展. 生态学报, 32(22): 7169-7176

李威, 赵雨霖, 周志强, 等. 2012. 干旱和复水对东北红豆杉叶绿素荧光特征和抗氧化酶活性的影响. 中国沙漠, 32(1): 112-116

李卫民, 周凌云. 2003. 氮肥对旱作小麦光合作用与环境关系的调节. 植物生理学通讯, 29(2): 119-121

李香真, 曲秋皓. 2002. 蒙古高原草原土壤微生物量碳氮特征. 土壤学报, (1): 97-104

李翔, 秦岭, 戴世鲲. 2007. 海洋微生物宏基因组工程进展与展望. 微生物学报, 47(3): 548-553

李晓林, 曹一平. 1992. VA 菌根菌丝-土壤界面(菌丝际)养分分布模拟方法研究. 北京农业大学学报, 18(1): 59-63

李晓林, 冯固. 2001. 丛枝菌根生态生理. 北京: 华文出版社

李兴芳, 樊妙姬, 蒋艳明, 等. 2003. 相思根瘤菌的抗逆性初步研究. 广西科学, 10(4): 312-314

李炎香, 吴英标. 1995. 木麻黄根瘤内生菌纯培养接种效果试验. 林业科学研究, 8(5): 550-555

李燕, 薛立, 吴敏. 2007. 树木抗旱机理研究进展. 生态学杂志, 26(11): 1857-1866

李秧秧, 邵明安. 2000. 小麦根系对水分和氮肥的生理生态反应. 植物营养与肥料学报, 6(4): 383-388

李英, 陈培元, 陈建军. 1991. 水分胁迫下不同抗旱类型品种对氮素营养反应的比较研究. 西北植物学报, 11(14): 309-315

李颖, 阮小超, 陈文新. 1996. 宁夏沙坡头地区根瘤菌特性分析: Ⅰ. 数值分类研究. 中国农业大学学报, (5): 15-20

李元敬, 刘智蕾, 何兴元, 等. 2014. 丛枝菌共生体中碳、氮代谢及其相互关系. 应用生态学报, 25(3): 903-910

李云玲, 谢英荷, 洪坚平. 2004. 生物菌肥在不同水分条件下对土壤微生物生物量碳、氮的影响. 应用与环境生物学报, 10(6): 790-793

李振高, 骆永明, 滕应. 2006. 土壤与环境微生物研究方法. 北京: 科学出版社

李正理. 1981. 旱生植物的形态和结构. 生物学通报, (4): 9-12

李正理. 1994. 云南松与地盘松木材结构比较观察. 植物学报, 36(7): 502-505

李正理, 李荣敏. 1981. 我国甘肃九种旱生植物同化枝的解剖观察. 植物学报, 23(9): 179-185

梁建生, 张建华, 曹显祖, 等. 1998. 呼吸活性的下降可解释水分亏缺对银合欢根瘤固氮酶活性的抑制(英). 植物生理学报, 4(3): 285-292

梁银丽, 陈培元. 1995. 水分胁迫和氮素营养对小麦根苗生长及水分利用效率的效应. 西北植物学报, 15(1): 21-25

林德球. 1989. 旋扭山绿豆快生型根瘤菌高度抗碱及共生固氮. 微生物学报, 29(5): 354-359

林海香, 何和明. 2005. 海南岛不同生态型槟榔脯氨酸积累与抗逆性. 中国野生植物资源, 19(2): 37-39

林清洪, 章宁, 曾新萍, 等. 2003. 福建省豆科树木的丛枝菌根真菌. 福建农业学报, 18(2): 120-122

林树燕, 丁雨龙. 2006. 平安竹抗旱生理指标的测定. 林业科技开发, (1): 40-41

林秀香. 2007. 青皮木棉引种试种初报. 热带农业科学, 27(1): 12-14

林植芳, 林桂珠. 1989. 鼎湖山植物叶片的一些与光合作用有关的结构特征. 中国科学院华南植物研究所集刊, (5): 101-107

凌琪, 包金梅, 李瑞, 等. 2012. Biolog_ECO解析不同大豆基因型R1期根际微生物群落功能多样性特征. 应用基础与工程科学学报, 20(1): 56-63

刘秉儒, 张秀珍, 胡天华, 等. 2013. 贺兰山不同海拔典型植被带土壤微生物多样性. 生态学报, 33(22): 7211-7220

刘波, 王力华, 阴黎明, 等. 2010. 两种林龄文冠果叶 N、P、K 的季节变化及再吸收特征. 生态学杂志, 29(7): 1270-1276

刘芬, 赵韶星. 2002. 革兰氏染色三步. 山西职工医学院学报, 12(1): 54

刘广全, 罗伟祥, 唐德瑞, 等. 1995. 八种针叶树抗旱生理指标的研究——PV 技术在测定树木抗旱性中的应用. 陕西林业科技, (2): 1251

刘国凡. 1988. 桤木根瘤固氮和固氮能力的研究. 四川林业科技, 9(4): 8-12

刘国亮. 2007. 十一种沙生植物在科尔沁沙区的水分生理与抗旱性研究. 北京: 北京林业大学: 硕士研究生学位论文

刘国生. 2008. 微生物学实验技术. 北京: 科学出版社

刘鸿洲, 刘勇, 段树生. 2002. 不同水分条件下施肥对侧柏幼苗生长及抗旱的影响. 北京林业大学学报, 34(5, 6): 56-60

刘家琼, 蒲锦春, 刘新民. 1987. 我国沙漠中部地区主要不同生态类型植物的水分关系和旱生结构比较研究. 植物学报, 29(6): 662-673

刘杰, 王府梅. 2009. 木棉纤维及其应用. 现代纺织技术, 23(4): 55-57

刘藜, 喻理飞. 2007. 水分胁迫对银合欢种子萌芽的影响. 贵州农业科学, 35(2): 49-50

刘润进, 陈应龙. 2007. 菌根学. 北京: 科学出版社

刘润进, 李晓林. 2000. 丛枝菌根及其应用. 北京: 科学出版社

刘润进, 裴维蕃. 1994. 内生菌根(VAM)菌诱导植物抗病性研究的新进展. 植物生理学报, 24(1): 1-4

刘润进, 王发园, 孟祥霞. 2002. 渤海湾岛屿的丛枝菌根真菌. 菌物系统, 21(4): 525-532

刘万兆, 杨大同. 1998. 云南高黎贡山白颌大角蟾的核型、C 带及 Ag-NOR 的研究. 应用与环境生物学报, 4(2): 148-151

刘玮琦, 茆振川, 杨宇红, 等. 2008. 应用 16S rRNA 基因文库技术分析土壤细菌群落的多样性. 微生物学报, 48(10): 1344-1350

刘贤王. 2007. 苏铁繁育技术. 园林绿化, 1: 44-45

刘雅婷, 李永忠, 张世珖, 等. 2001. 云南烟草野火病菌遗传多样性分析. 西南农业大学学报, 23(6): 514-517

刘延鹏, Bokyoon S, 王淼焱, 等. 2008. AM 真菌遗传多样性研究进展. 生物多样性, 16(3): 225-228

刘洲鸿, 刘勇, 段树生. 2002. 不同水分条件下, 施肥对侧柏苗木生长及抗旱性的影响. 北京林业大学学报, Z1: 56-60

柳洁, 肖斌, 王丽霞, 等. 2013. 盐胁迫下丛枝菌根对茶树生长及茶叶品质的影响. 茶叶科学, 33(2): 140-146

龙会英, 金杰, 张德, 等. 2010. 豆科牧草和灌木在元谋干热河谷小流域综合治理的应用研究. 水土保持研究, 17(2): 254-258

龙健, 黄昌勇, 滕应, 等. 2004. 铜矿尾矿库土壤——海洲香薷(*Elsholtzia harchowensis*)植物体系的微生物特征研究. 土壤学报, (1): 120-125

卢广超, 许建新, 薛立. 2013. 干旱胁迫下 4 种常用植物幼苗光合和荧光特征综合评价. 生态学报, 33(24): 7872-7881

卢小根, 丁方明, 洪忠跃. 2001. 苏铁根瘤及其接种技术研究. 南宁: 第三届全国苏铁学术会议暨第三届中国植物学会分会会员代表大会会议论文集: 23

鲁从明, 张其德, 匡廷云. 1994. 水分胁迫对光合作用影响的研究进展. 植物学通报, 11(增刊): 9-14

鲁叶江, 吴福忠, 杨万勤. 2005. 土壤养分库对缺苞箭竹叶片养分元素再分配的影响. 生态学杂志, 24(9): 1058-1062

陆媛峰. 2006. 苏铁属植物的根系类型及肉质根的解剖结构研究. 南宁: 广西大学: 硕士研究生学位论文

吕成群, 黄宝灵, 韦原莲, 等. 2003. 不同相思根瘤菌株接种厚荚相思幼苗效应的比较. 南京林业大学学报(自然科学版), 27(4): 15-18

吕梅. 2005. 两种桤木的繁殖和弗兰克氏菌的分离培养与回接研究. 南京: 南京林业大学: 硕士研究生学位论文

吕梅, 方炎明, 高捍东. 2006. PEG 处理对两种桤木种子发芽的影响. 林业科技开发, 3: 33-35

吕宁江, 张茂国, 朱心迎. 2003. 植物化学抗旱剂与保水剂在山区植树造林中的应用研究. 地下水, 25(4): 254-256

吕全, 雷增普. 2000. 外生菌根提高板栗苗木抗旱性能及其机理的研究. 林业科学研究, 13(3): 249-256

吕秀华. 2003. 东北羊草草原不同生境土壤微生物与土壤理化性质关系研究. 沈阳: 东北师范大学: 硕

士研究生学位论文

栾庆书, 王淑清, 韩瑞兴, 等. 1998. 外生菌根菌的采集、分离与培养初探. 辽宁林业科技, 2: 43-45

罗君烈. 1996. 高黎贡山变质地体的大地构造归属和区域成矿特征. 云南地质, 15(2): 114-117

罗汝英. 1990. 土壤学. 北京: 中国林业出版社

罗旭, 韩联宪, 艾怀森. 2004. 高黎贡山冬季白尾梢虹雉运动方式和生境偏好的初步观察. 动物学研究, 25(1): 48-52

罗园. 2009. 干旱胁迫下 AMF 对柑橘细胞膜、内源多胺和水杨酸的影响. 武汉: 华中农业大学: 硕士研究生学位论文

马放, 苏蒙, 王立, 等. 2014. 丛枝菌根真菌对小麦生长的影响. 生态学报, 34(21): 6107-6114

马焕成. 2001. 干热河谷造林新技术. 昆明: 云南科技出版社

马焕成, 吴延熊, 陈德强. 2001. 元谋干热河谷人工林水分平衡分析及稳定性预测. 浙江林学院学报, 18(1): 41-45

马焕成, 伍建榕, 高柱. 2014. 木棉人工林培育. 北京: 科学出版社

马焕成, 曾小红. 2005. 干旱和干热河谷及其植被恢复. 西南林学院学报, 25(4): 52-55

马建路. 1993. 天然红松林立地类型划分与立地质量评价的研究. 沈阳: 东北林大学: 博士研究生学位论文

马克平, 黄建辉, 于顺利. 1995. 北京东灵山地区植物群落多样性的研究: Ⅱ. 丰富度、均匀度和物种多样性指数. 生态学报, 15(3): 268-277

马万里. 2004. 土壤微生物多样性研究的新方法. 土壤学报, 41(1): 103-107

马旭凤, 于涛, 汪李宏, 等. 2010. 苗期水分亏缺对玉米根系发育及解剖结构的影响. 应用生态学报, 21(7): 1731-1736

马勇, 李楠. 2005. 中国苏铁属植物的分类学研究现状与展望. 山西师范大学学报(自然科学版), 19(2): 73-77

马玉珍, 史清亮, 庞金梅, 等. 1990. 接种根瘤菌与加施化合态氮肥对花生增产效果的研究. 土壤肥料, (3): 128-131

麦克尼利 J A, 米勒 K R, 瑞德 W V, 等. 1991. 保护世界的生物多样性. 薛达元, 等译. 北京: 中国环境科学出版社

满国杰. 2010. 苏铁人工授粉有性繁殖技术初探. 园林植物保护, (5): 99-101

毛爱华. 2009. 河南郏县侧柏种源、家系及无性系遗传变异与选择. 北京: 北京林业大学: 硕士研究生学位论文

孟梦, 陈宏伟, 刘永刚, 等. 2002. 西双版纳西南桦、山桂花人工林水源涵养效能研究. 云南林业科技, (3): 46-49

闵爱民, 陈文新. 1998. 三个根瘤菌新亚群的 16S rDNA PCR-RFLP 分析. 高技术通讯, 9: 50-54

明庆忠, 史正涛. 2007. 三江并流区干热河谷成因新探析. 中国沙漠, 27(1): 99-104

慕自新, 张岁岐. 2003. 根系发育的营养调控及对其生境的影响. 西北植物学报, 23(10): 1818-1828

南宏伟, 林思祖, 曹光球, 等. 2009. 相思树根瘤菌优良抗逆性菌株的筛选. 西北林学院学报, 24(3): 139-143

聂华堂, 陈竹生. 1991. 水分胁迫下柑桔的生理变化与抗旱性的关系. 中国农业科学, 24(4): 14-18

聂元富. 1983. 关于诱导无根瘤植物结瘤的研究. 自然杂志, 6(5): 326-335

欧晓昆. 1994. 云南省干热河谷地区的生态现状与生态建设. 长江流域资源与环境, (3): 271-276

潘建菁, 陈启锋, 黄世贞. 1998. 诱导固氮菌与稻苗结瘤共生的研究. 福建农业大学学报, 27(4): 405-410

潘瑞炽. 2001. 植物生理学. 4 版. 北京: 高等教育出版社: 279-296

彭鉴. 1984. 昆明地区地盘松群落的研究. 云南大学学报, (1): 21-30

彭立新, 李德全, 束怀瑞. 2002. 植物在渗透胁迫下的渗透调节作用. 天津农业科学, 8(1): 40-43

彭瑞华, 陈文新. 2000. 16S rDNA PCR-RFLP 分析新疆快生型大豆根瘤菌分类地位. 微生物学通报, 27(4): 237-241

皮文林, 罗方书, 万国华, 等. 1994. 云南松生长的早晚期相关初探. 云南植物研究, 16(1): 90-92

祁娟, 师尚礼. 2007. 苜蓿种子内生根瘤菌抗逆能力评价与筛选. 草地学报, 15(2): 137-141

齐一萍, 曹剑虹, 邓福孝, 等. 1993. 木棉化学成分研究. 中国中药杂志, 18(12): 740-741

齐一萍, 郭舜民, 夏志林, 等. 1996. 木棉的化学成分研究 II. 中国中药杂志, 21(4): 234-235

钱永强, 周晓星, 韩蕾, 等. 2011. Cd^{2+}胁迫对银芽柳 PS 域叶绿素荧光光响应曲线的影响. 生态学报, 31(20): 6134-6142

强慧妮, 田宝玉, 江贤章, 等. 2009. 宏基因组学在发现新基因方面的应用. 生物技术, 19(4): 82-85

秦盛. 2009. 滇南美登木内生放线菌多样性及生物活性初步研究. 昆明: 云南大学: 博士研究生学位论文

秦燕燕. 2009. 添加豆科植物对弃耕地土壤微生物多样性的影响. 兰州: 兰州大学: 硕士研究生学位论文

邱权, 陈雯莉. 2013. 三峡库区小江流域消落区土壤微生物多样性. 华中农业大学学报, 32(3): 15-20

任安芝, 高玉葆, 王巍, 等. 2005. 干旱胁迫下内生真菌感染对黑麦草光合色素和光合产物的影响. 生态学报, 25(2): 225-231

任文伟, 钱吉, 郑师章. 2000. 不同地理种群羊草在聚乙二醇胁迫下含水量和游离脯氨酸含量的比较. 生态学报, 20(2): 349-352

阮成江, 李代琼. 2002. 黄土丘陵区沙棘群落特性及林地水分、养分分析. 应用生态学报, 13(9): 1061-6064

阮继生, 黄英. 2011. 放线菌快速鉴定与系统分类. 北京: 科学出版社

沙毓沧, 纪中华, 李建增, 等. 2006. 西南地区干热河谷生态环境问题. 西南农业学报, 19(增刊): 312-318

尚国亮, 李吉跃. 2008. 水分胁迫对 3 个不同种源柔枝松种子萌发的影响. 河北林果研究, 28(2): 128-131

尚赏, 王平, 陈彩艳. 2011. 丛枝菌根形成过程及其信号转导途径. 植物生理学报, 47(4): 331-338

沈有信. 2005. 云南松根际与非根际磷酸酶活性与磷的有效性, 生态环境, 14(1): 91-94

沈月毛. 2008. 通过构建宏基因组文库探讨植物美登木素生物合成起源. 中国微生物学会学术年会论文摘要集

师尚礼, 刘建荣, 张勃, 等. 2007. 甘肃寒旱区苜蓿根瘤菌抗逆性评价. 草地学报, 15(1): 1-6

石翠玉, 杜凡, 王娟, 等. 2007. 高黎贡山多样性研究——I 中山湿性常绿阔叶林最小取样面积研究. 西南林学院学报, 27(1): 11-14

石岩, 于振文, 位东斌. 1998. 土壤水分胁迫对小麦根系与旗叶衰老的影响. 西北植物学报, 18(2): 196-201

石兆勇, 孟祥霞, 陈应龙, 等. 2005. 龙脑香科植物对丛枝菌根真菌的影响. 应用生态学报, 16(2): 341-344

史蒂文森, F J. 基尼 D R, 尤崇杓, 等. 1999. 生物固氮与植物的固氮作用. 昆明: 西南林学院资源学院植物学教研室

史学群, 宋海超, 刘桂. 2006. 海南省土壤拮抗放线菌分离方法初探. 中国农学通报, 22(10): 431-435

史央, 戴传超, 陆玲, 等. 2002. 中国科学院红壤生态站不同土壤中的微生物类群调查. 南京师大学报(自然科学版), 25(2): 32-36

舒筱武, 郑畹, 李思广, 等. 2000. 云南松壮苗培育与幼林生长相关性研究. 云南林业科技, (4): 1-9

司美茹, 薛泉宏, 来航线. 2004. 放线菌分离培养基筛选及杂菌抑制方法研究. 微生物学通报, 31(2): 61-65

宋成军, 曲来叶, 马克明, 等. 2013. AM 真菌和磷对小马安羊蹄甲幼苗生长的影响. 生态学报, 33(19): 6121-6128

宋福强, 王焱, 田兴军. 2005. 丛枝菌根(AM)与桃树根癌病关系初探. 植物病理学报, 35(6): 192-195

宋富强, 曹坤芳. 2005. 元江干热河谷植物叶片解剖和养分含量特征. 应用生态学报, 16(1): 33-38

宋海星, 申斯乐, 马淑英, 等. 1997. 硝态氮和氨态氮对大豆根瘤固氮的影响. 大豆科学, 16(4): 283-287

宋会兴, 彭远英, 钟章成. 2008. 干旱生境中接种丛枝菌根真菌对三叶鬼针草(Bidens pilosa L.)光合特征的影响. 生态学报, 28(8): 3744-3751

宋会兴, 钟章成, 王开发. 2007. 土壤水分和接种 VA 菌根对构树根系形态和分形特征的影响. 林业科学, 43(7): 142-147

宋丽萍, 蔡体久, 喻晓. 2007. 水分胁迫对刺五加幼苗光合生理特性的影响. 中国水土保持科学, 5(2): 91-95

宋微, 吴小芹. 2007. 12 种林木外生菌根真菌的培养条件. 南京林业大学学报(自然科学版), 3: 133-135

苏凤岩, 李维光, 王育英, 等. 1995. 接种根瘤菌对刺槐生长的影响. 应用生态学报, 6(3): 287-290

苏红文, 马淼, 李学禹. 1997. 罗布麻和白麻不同居群植物的比较解剖学研究. 西北植物学报, 17(3): 348-354

苏建红, 朱新萍, 王新军, 等. 2012. 长期围栏封育对亚高山草原土壤有机碳空间变异的影响. 干旱区研究, 29(6): 997-1002

苏建英, 李楠, 廖芬. 2007. 苏铁类珊瑚状根内藻胞层的解剖观察. 阴山学刊(自然科学版), 21(1): 54-57

苏俊霞. 2004. 五种苏铁羽叶和羽片的生长发育. 南宁: 广西大学: 硕士研究生学位论文

孙辉, 唐亚, 陈克明, 等. 1999. 固氮植物篱改善退化坡耕地土壤养分状况的效果. 应用与环境生物学报, 5(5): 473-477

孙景宽, 孙霞, 高信芬. 2006. 种子萌发期 4 种植物对干旱胁迫的响应及其抗旱性评价研究. 西北植物学报, 26(9): 1811-1818

孙景宽, 张文辉, 卢兆华, 等. 2009. 干旱胁迫下沙枣和孩儿拳头叶绿素荧光特征研究. 植物研究, 29(2): 216-223

孙鹏森, 马履一, 王小平, 等. 2000. 油松树干液流的时空变异性研究. 北京林业大学学报, 22(4): 1-6

孙群, 李学俊, 达娃. 1998. 氮素对水分胁迫下玉米苗期生长和某些生理特性的影响//邹琦, 李德全. 作物栽培生理研究. 北京: 中国农业科技出版社: 159-161

孙彦告. 1992. 花生实用新技术. 济南: 山东科学技术出版社

汤章城. 1983. 植物干旱生态生理的研究. 生态学报, 3(3): 196-204

汤章城. 1986. 水分胁迫和植物气孔运动. 北京植物生理学会编辑, 植物生理生化进展, 4: 43-501

汤章城, 王育启, 吴亚华. 1986. 不同抗旱品种高粱苗中脯氨酸累积的差异. 植物生理学报, (12): 154-162

唐将, 李勇, 邓富银. 2005. 三峡库区土壤营养元素分布特征研究. 土壤学报, 42(3): 473-478

唐玥. 2010. 菌根真菌提高植物耐盐性. 北京: 科学出版社

唐明, 陈辉, 商鸿生. 1999. 丛枝菌根真菌(AMF)对沙棘抗旱性的影响. 林业科学, 35(3): 48-52

唐明, 薛蓬, 任嘉红. 2003. AMF 提高沙棘抗旱性的研究. 西北林学院学报, 18(4): 29-31

唐玉姝, 魏朝富, 颜廷梅, 等. 2007. 土壤质量生物学指标研究进展. 土壤, 39(2): 157-163

陶林, 高洪文, 樊奋成. 2005. 小叶锦鸡儿根瘤固氮活性的动态变化. 中国草地, 27(3): 53-56

滕应, 黄昌勇, 骆永明, 等. 2004. 铅锌银尾矿土壤微生物活性及其群落功能多样性研究. 土壤学报, 41(1): 113-119

田斌, 田向楠, 许玉兰, 等. 2013. 木棉的 SSR 引物分析. 广西植物, 33(4): 465-467

田昆, 莫剑锋, 陆梅. 2004. 澜沧江上游山地典型区不同利用方式的土壤肥力性状. 山地学报, 22(1): 87-91

田向楠, 田斌, 张雪娟, 等. 2013. 木棉基因 DNA 提取方法的比较研究. 生物技术世界, 8(9): 4-5

田新莉, 曹理想, 杨国武, 等. 2004. 水稻内生放线菌类群及其对宿主病原菌的抗性研究. 微生物学报, 44(5): 641-646

汪洪钢, 吴观仪, 李慧荃. 1989. VA 菌根对绿豆生长及水分利用的影响. 土壤学报, 26(4): 393-399

汪书丽, 李巧明. 2007. 中国木棉居群的遗传多样性. 云南植物研究, 29(5): 529-536

汪月霞, 孙国荣, 王建波, 等. 2006. 胁迫下星星草幼苗 MDA 含量与膜透性及叶绿素荧光参数之间的关系. 生态学报, 26(1): 122-129

王彩梅. 2004. 侧柏封土保护抗旱造林试验. 防护林科技, (2): 21

王发园, 林先贵, 周健民. 2004. 中国 AM 真菌的生物多样性. 生态学杂志, 23(6): 149-154

王发园, 刘润进, 林先贵, 等. 2003. 几种生态环境中 AM 真菌多样性比较研究. 生态学报, 23(12): 2666-2671

王非, 于成龙, 刘丹. 2007. 植物生长调节剂对幼苗抗旱性影响的综合评价. 林业科技, 32(3): 56-60

王海珍. 2003. 黄土高原四种乡土树种耗水规律与抗旱特性研究. 杨凌: 西北农林科技大学: 硕士研究生学位论文: 12-25

王宏, 申晓辉, 郭瑛. 2008. 中国北方鸢尾属植物叶片解剖结构特征及分类学价值研究. 植物研究, 28(1): 30-37

王辉, 孙栋元, 刘丽霞, 等. 2007. 干旱荒漠区沙蒿种群根系生态特征研究. 水土保持学报, 21(1): 99-102

王健, 水庆艳, 宋希强. 2009. 木棉(Bombax ceiba)名称辨析与栽培应用. 热带作物学报, 30(12): 1764-1769

王金亮. 1993. 高黎贡山自然保护区北段森林土壤垂直分异规律初探. 云南师范大学学报, 13(1): 83-90

王金亮. 1994. 高黎贡山南段森林土壤肥力特征. 云南师范大学学报, 14(4): 95-101

王锦涛, 郑易安, 王爱勤. 2012. 木棉纤维接枝聚苯乙烯吸油材料的制备及性能. 功能高分子学报, 25(1): 28-34

王静, 杨德光, 马凤鸣, 等. 2007. 水分胁迫对玉米叶片可溶性糖和脯氨酸含量的影响. 玉米科学, 15(6): 57-59

王克勤, 陈奇伯. 2003. 金沙江干热河谷人工生态林的林分环境分析. 中国水土保持科学, 1(1): 74-79

王淼, 代力民, 姬兰柱, 等. 2001. 长白山阔叶红松林主要树种对干旱胁迫的生态反应及生物量分配的初步研究. 应用生态学报, 4: 496-500

王淼, 李秋荣, 代力民, 等. 2001. 长白山阔叶红松林主要树种对干旱胁迫的生态反应及生物量分配的初步研究. 应用生态学报, 12(4): 496-500

王乾, 李朝銮, 杨思源, 等. 1997. 攀枝花苏铁的传粉生物学研究. 植物学报, 39(2): 156-163

王清泉, 陈云, 谢虹, 等. 2004. 干旱和氮素交互作用对玉米叶片水势、气孔导度及根部 ABA 与 TCK 合成的影响. 中国农学通报, 20(3): 20-23

王庆成, 程云环. 2004. 土壤养分空间异质性与植物根系的觅食反应. 应用生态学报, 15(6): 1063-1068

王秋玉. 2003. 红皮云杉地理种源的遗传变异. 哈尔滨: 东北林业大学: 博士研究生学位论文

王仁忠. 1990. 松嫩草原几种主要禾草植物群落水分生态的比较. 草业科学, 7(1): 6-11

王飒, 周琦, 祝遵凌. 2013. 干旱胁迫对欧洲鹅耳枥幼苗生理生化特征的影响. 西北植物学报, 33(12): 2459-2466

王书锦. 1994. 微生物遗传学研究与农业进展. 全国微生物遗传学学术讨论会论文摘要集: 4

王曙光, 林先贵, 施亚琴. 2001. 丛枝菌根(AM)与植物的抗逆性. 生态学杂志, 20(3): 27-30

王卫卫, 陈菊英, 关桂兰, 等. 1996. 甘肃宁夏根瘤菌的分离及回接鉴定. 干旱区研究, 13(4): 42-47

王卫卫, 关桂兰, 李仲元. 1989. 根瘤菌抗逆性研究. 干旱区研究, (4): 9-16

王文富. 1996. 云南土壤. 昆明: 云南科技出版社

王霞, 侯平, 尹林克. 1999. 水分胁迫对柽柳植物可溶性糖的影响. 干旱区研究, 16(2): 1-10

王小兰. 2007. 不同水肥条件下白榆和女贞抗旱性研究. 杨凌: 西北农林科技大学: 硕士研究生学位论文

王勋陵, 马骥. 1999. 从旱生植物叶结构探讨其生态适应的多样性. 生态学报, 19(6): 787-792

王艳青, 陈雪梅, 李悦, 等. 2001. 植物逆境中的渗透条件物质及其转基因工程进展. 北京林业大学学报, 23(4): 66-70

王逸群, 荆玉祥. 2000. 豆科植物凝集素及其对根瘤菌的识别作用. 植物学通报, 17(2): 127-132

王宇. 1990. 云南半干旱河谷地区气候特征及其开发利用//李江风. 中国干旱、半干旱区气候、环境与区域开发研究. 北京: 气象出版社: 6

王玉忠, 陈家瑞. 1995. 中国苏铁属植物的叶表皮特征及其分类学意义. 植物学通报, (5): 47-51

王智威, 牟思维, 闫丽丽, 等. 2013. 水分胁迫对春播玉米苗期生长及生理生化特征的影响. 西北植物学报, 33(2): 343-351

王作明, 蚁伟民, 余作岳, 等. 1996. 豆科树种回接根瘤菌的研究. 植物生态学报, 20(4): 363-370

韦革宏, 朱铭莪. 陈文新. 2001. 鸡眼草根瘤菌的 16S rDNA 全序列分析. 微生物学报, 41(1): 113-115

韦莉莉, 张小全, 候振宏. 2005. 杉木苗木光合作用及其产物分配对水分胁迫的响应. 植物生态学报, 29(3): 394-402

韦丽君, 吕平, 苏文潘, 等. 2006. 中国苏铁属植物保护现状与展望. 热带农业科技, 29(1): 24-26

韦小丽, 徐锡增, 朱守谦. 2005. 水分胁迫下榆科 3 种幼苗生理生化指标的变化. 南京林业大学学报(自然科学版), (2): 47-50

魏宇昆. 2002. 黄土高原不同立地条件下人工沙棘林水分生理生态适应性研究. 杨凌: 西北农林科技大学: 硕士研究生学位论文

温国胜, 田海涛, 张明如. 2006. 叶绿素荧光分析技术在林木培育中的应用. 应用生态学报, 17(10):

1973-1977

温仲明, 焦峰, 赫晓慧, 等. 2006. 纸坊沟流域黄土丘陵区土地生产力变化与生态环境改善. 农业工程学报, 22(8): 91-95

文才艺, 吴元华, 田秀玲. 2004. 植物内生菌研究进展及其存在的问题. 生态学杂志, 23(2): 86-91

文晓萍, 黄宝灵, 吕成群, 等. 2008. 巨尾桉接种根瘤菌试验效果初探. 西北林学院学报, 23(6): 118-121

吴甘霖, 段仁燕, 王志高. 2010. 干旱和复水对草莓叶片叶绿素荧光特征的影响. 生态学报, 30(14): 3941-3946

吴建国, 张小全, 徐德应. 2004. 六盘山林区几种土地利用方式下土壤活性有机碳的比较. 植物生态学报, 28(5): 657-664

吴健, 杨苏声, 李季伦. 1993. 苜蓿根瘤菌(Rhizobium melitoti)的耐盐性研究. 微生物学报, 33(3): 260-267

吴金水, 林启美, 黄巧云, 等. 2006. 土壤微生物生物量测定方法及其应用. 北京: 气象出版社

吴丽莎, 王玉, 李敏, 等. 2009. 崂山茶区茶树根围 AM 真菌多样性. 生物多样性, 17(5): 499-505

吴萍, 张开平. 2008. 云南苏铁植物的现状及保护对策. 林业调查规划, 33(4): 116-119

吴强盛, 夏仁学. 2003. 果树 VA 菌根的研究与应用. 植物生理学通讯, 39(5): 536-540

吴强盛, 夏仁学, 胡利明. 2004. 土壤未灭菌条件下丛枝菌根对枳实生苗生长和抗旱性的影响. 果树学报, 21(4): 315-318

吴强盛, 夏仁学, 胡正嘉. 2005. 丛枝菌根对枳实生苗抗旱性的影响研究. 应用生态学报, 16(3): 459-463

吴铁航, 郝文英, 林先贵. 1995. VA 菌根真菌在某些红土壤中的分布和数量变化. 土壤学报, 31(增刊): 71-78

吴修仁. 1994. 中国药用植物简编. 广州: 广东高等教育出版社: 407-408

吴征镒. 1987. 云南植被. 北京: 科学出版社

伍建榕, 汪洋, 赵春燕, 等. 2014. 云南干热河谷地区木棉科植物丛枝菌根真菌的调查研究. 西北农林科技大学学报(自然科学版), 42(1): 205-210

武高林, 杜国祯. 2008. 植物种子大小与幼苗生长策略研究进展. 应用生态学报, 19(1): 191-197

武勇, 陈存及, 刘宝, 等. 2006. 干旱胁迫下柚木叶片生理指标的变化. 福建林学院学报, 26(2): 103-106

西南林学院, 云南省林业厅. 1990. 云南树木图册(中册). 昆明: 云南科技出版社

西南农学院. 1978. 土壤学. 北京: 农业出版社

夏兰琴, 蒋尤泉, 阎福林. 1997. 扁蓿豆遗传多样性的研究. 中国草地, 19(2): 30-35

夏铭. 1999. 遗传多样性研究进展. 生态学杂志, 18(3): 59-65

夏鹏云, 吴军, 乔俊鹏, 等. 2010. 干旱胁迫对大叶冬青叶片生理特性的影响. 河南农业大学学报, 44(1): 47-51

肖冬梅, 王淼, 姬兰柱. 2004. 水分胁迫对长白山阔叶红松林主要树种生长及生物量分配的影响. 生态学杂志, 23(5): 93-97

肖红, 于伟东, 施楣梧. 2005a. 木棉纤维的特征与应用前景. 东华大学学报(自然科学版), 31(2): 12-14

肖红, 于伟东, 施楣梧. 2005b. 木棉纤维的基本结构和特点. 纺织学报, 26(4): 4-6

肖强, 高建明, 罗立廷, 等. 2006. 干旱胁迫对空心莲子草抗氧化酶活性和组织学的影响. 生物技术通讯, (4): 556-559

肖文发, 徐德应, 刘世荣, 等. 2002. 杉木人工林针叶光合与蒸腾作用的时空特征. 林业科学, 38(5):

38-46

肖翔, 王玉娟, 刘竞男, 等. 2007. 丛枝菌根真菌 *Glomus mosseae* 单寄主培养体系的建立. 植物病理学报, (3): 325-328

谢保富, 杨云锦. 1985. 干热河谷地区的英雄树——木棉. 云南林业, 28(2): 24

谢龙莲, 陈秋波, 王真辉, 等. 2004. 环境变化对土壤微生物的影响. 热带农业科学, (4): 39-47

谢正苗, 黄昌勇, 何振立. 1998. 土壤中砷的化学平衡. 环境科学进展, (1): 22-37

谢志玉, 张文辉, 刘新成. 2010. 干旱胁迫对文冠果幼苗生长和生理生化特征的影响. 西北植物学报, 30(5): 948-954

熊清华, 艾怀森. 2006. 高黎贡山自然与生物多样性研究. 北京: 科学出版社

徐成东, 冯建孟, 王襄平, 等. 2008. 云南高黎贡山北段植物物种多样性的垂直分布格局. 生态学杂志, 27(3): 323-327

徐峰, 黄玉源, 陆媛峰, 等. 2004. 尖尾苏铁根系类型与解剖结构研究. 广西农业生物科学, 23(3): 210-213

徐开未, 张小平, 陈远学, 等. 2009a. 刺槐、紫穗槐、黄檀根瘤菌抗逆性的初步研究. 湖北农业科技, 48(2): 321-323, 328

徐开未, 张小平, 陈远学, 等. 2009b. 金沙江干热河谷区山蚂蝗属根瘤菌抗逆性研究. 安徽农业科学, 37(2): 501-503

徐丽华, 李文均, 刘志恒, 等. 2007. 放线菌系统学——原理、方法及实践. 北京: 科学出版社

徐琳, 郑海蓉, 石建锋. 2011. 甘肃黄芪根瘤菌耐盐性及化学试剂和染料的抗性研究. 甘肃联合大学学报(自然科学版), 25(5): 45-51

徐萌, 山仑. 1991. 无机营养对春小麦抗旱适应性的影响. 植物生态学与植物学学报, 15(1): 79-88

徐世昌, 戴俊英, 沈秀瑛, 等. 1996. 水分胁迫对玉米光合性能及产量的影响. 作物学报, 23(3): 356-363

徐英宝, 陈红跃. 1992. 马尾松黎蒴栲混交林土壤肥力水平的研究. 华南农业大学学报, (4): 162-169

徐正会, 李继乖, 付磊, 等. 2001. 高黎贡山自然保护区西坡垂直带蚂蚁群落研究. 动物学研究, 22(1): 58-63

许长成, 邹琦. 1993. 大豆叶片早促衰老及其与膜脂过氧化的关系. 作物学报, 19(4): 359-364

许大全. 2002. 光合作用效率. 上海: 上海科学技术出版社

薛纪如. 1995. 高黎贡山国家自然保护区. 北京: 中国林业出版社

薛立, 邝立刚, 陈红跃, 等. 2003. 不同林分土壤养分、微生物与酶活性的研究. 土壤学报, 40(2): 280-285

薛立, 徐燕, 吴敏, 等. 2005. 4 种阔叶树种叶中氮和磷的季节动态及其转移. 生态学报, 25(3): 251-256

薛青武, 陈培元. 1990a. 土壤干旱条件下氮素营养对小麦水分状况和光合作用的影响. 植物生理学报, 16(1): 49-61

薛青武, 陈元培. 1990b. 快速水分胁迫下氮素营养对小麦光合作用的影响. 植物学报, 32(7): 533-537

闫建芳, 刘秋, 刘志恒, 等. 2006. 瓜类枯萎病菌拮抗放线菌分离方法的研究. 河南农业科学, 4: 81-83

闫霜, 张黎, 景元书, 等. 2014. 植物叶片最大羧化速率与叶氮含量关系的变异性. 植物生态学报, 38(6): 604-652

闫伟, 韩秀丽, 白淑兰. 2006. 虎榛子几种菌根苗抗旱机制的研究. 林业科学, 12: 73-76

闫玉春. 2005. 科尔沁沙地九种灌木苗期水分生理与抗旱性研究. 呼和浩特: 内蒙古农业大学: 硕士研

究生学位论文

严昶升. 1988. 土壤肥力研究法. 北京: 科学出版社

阎成仕, 李德全, 张建华. 2000. 冬小麦旗叶旱促衰老过程中氧化伤害与抗氧化系统的响应. 西北植物
　　学报, 20(4): 568-576

阎秀峰, 李晶, 祖元刚. 1999. 干旱胁迫对红松幼苗保护酶活性及脂质过氧化作用的影响. 生态学报,
　　19(6): 580-584

阎秀峰, 王琴. 2002. 接种外生菌根对辽东栎幼苗生长的影响. 植物生态学报, 26(6): 701-707

阎逊初. 1992. 放线菌的分类和鉴定. 北京: 科学出版社

杨道贵, 马志贵. 1997. 云南松森林计划烧除对林下植被的影响. 四川林业科技, 18(1): 18-28

杨帆, 苗灵凤, 胥晓. 2007. 植物对干旱胁迫的响应研究进展. 应用与环境生物学报, 13(4): 586-591

杨慧. 2009. 苏铁繁殖三法. 种植园地, 6: 16

杨建伟, 周索, 韩蕊莲. 2006. 土壤干旱对刺槐蒸腾变化及抗旱性研究. 西北林学院学报, 21(5): 32-36

杨江科. 2002. 花生根瘤菌遗传多样性和系统发育研究. 武汉: 华中农业大学: 博士研究生学位论文

杨钦周. 2007. 岷江上游干旱河谷灌丛研究. 山地学报, 25(1): 1-23

杨泉光. 2008. 苏铁属(*Cycas*)有性繁殖若干问题的研究. 南宁: 广西大学: 硕士研究生学位论文

杨苏声, 李季伦. 1988. 快生型大豆根瘤菌的耐盐机制和结瘤性状. 北京农业大学学报, 14(2): 143-148

杨天义, 郝建平, 吴维新. 1996. 经济林缠(覆)膜抗旱造林技术. 山西水土保持科技, (4): 31-32

杨文博. 2004. 微生物学实验. 北京: 化学工业出版社

杨文英, 钱翌, 刘天齐, 等. 2002. 新疆英吉沙县扁桃果树叶片光合速率及相对含水量和细胞膜透性的
　　比较研究. 新疆农业大学学报, 25(4): 5-8

杨细明, 洪伟, 吴承祯, 等. 2008. 雷公藤无性系幼苗光合生理特性研究. 福建林学院学报, 28(1): 14-18

杨秀丽. 2010. 大兴安岭兴安落叶松森林生态系统菌根及其真菌多样性研究. 呼和浩特: 内蒙古农业大
　　学: 博士研究生学位论文

杨亚玲, 韦革宏, 万晓红, 等. 2004. 西北地区甘草根瘤菌的表型多样性研究. 微生物学通报, 31(2):
　　20-25

杨亚宁, 巴雷, 白晓楠, 等. 2010. 一种改进的丛枝菌根染色方法. 生态学报, 30(3): 774-779

杨宇容, 徐丽华, 李启任, 等. 1995. 放线菌分离方法的研究——抑制剂的选择. 微生物学通报, 22(2):
　　88-91

杨元根, Paterson E, Campbell C. 2002. Biolog 方法在区分城市土壤与农村土壤微生物特性上的应用. 土
　　壤学报, (4): 582-589

杨再强, 谢以萍. 1998. 云南松天然林最适保留密度的探讨. 四川林业科技, 19(2): 70-72

杨振寅, 廖声熙. 2005. 丛枝菌根对植物抗性的影响研究进展. 世界林业研究, 18(2): 26-29

杨忠, 张信宝, 王道杰, 等. 1999. 金沙江干热河谷植被恢复技术. 山地学报, 17(2): 152-156

姚庆群, 谢贵水. 2005. 干旱胁迫下光合作用的气孔与非气孔限制. 热带农业科学, 25(4): 80-85

叶飞, 宋存江, 陶剑, 等. 2010. 转基因棉花种植对根际土壤微生物群落功能多样性的影响. 应用生态学
　　报, 21(2): 386-390

叶佳舒, 李涛, 胡亚军, 等. 2013. 干旱条件下 AM 真菌对植物生长和土壤水稳定性团聚体的影响. 生态
　　学报, 33(4): 1080-1090

尹春英, 李春阳. 2003. 杨树抗旱性研究进展. 应用与环境生物学报, 9(6): 662-668

尹永强, 胡建斌, 邓明军. 2007. 植物叶片抗氧化系统及其对逆境胁迫的响应研究进展. 中国农学通报, 23(1): 105-109

尤崇杓. 1987. 生物固氮. 北京: 科学出版社

游先祥. 2003. 遥感原理及在资源环境中的应用. 北京: 中国林业出版社

于富强, 刘培贵. 2003. 云南松外生菌根真菌分离培养研究. 植物研究, 1: 66-71

于林清, 王照兰, 萨仁, 等. 2001. 黄花苜蓿野生种群遗传多样性的初步研究. 中国草地, 23(1): 23-25

于顺利, 陈宏伟, 李晖. 2007. 种子重量的生态学研究进展. 植物生态学报, 31(6): 989-997

于顺利, 蒋高明. 2003. 土壤种子库和一些热点话题的研究开发. 植物生态学报, 27(4): 552-560

余丽, 晏爱芬. 2011. 高黎贡山土壤微生物的分布状况及特性. 贵州农业科学, 39(8): 95-97

余丽云. 1997. 元谋干热河谷植物恢复造林树种选择研究. 西南林学院学报, 17(2): 49-53

余志祥, 杨永琼, 刘军, 等. 2007. 攀枝花苏铁繁育初探. 西南林学院学报, 27(4): 36-40

虞泓, 葛颂, 黄瑞复, 等. 2000. 云南松及其近缘种的遗传变异与亲缘关系. 植物学报, 42(1): 107-110

宇万太, 于永强. 2001. 植物地下生物量研究进展. 应用生态学报, 12(6): 927-932

喻方圆, 徐锡增, Robert D G. 2004. 水分和热胁迫处理对4种针叶树苗木气体交换和水分利用效率的影响. 林业科学, 40(2): 38-44

岳冰冰, 李鑫, 张会慧, 等. 2013. 连作对黑龙江烤烟土壤微生物功能多样性的影响. 土壤, 45(1): 116-119

云建英, 杨甲定, 赵哈林. 2006. 干旱和高温对植物光合作用的影响机制研究进展. 西北植物学报, 26(3): 641-648

云南省林业科学研究所. 1985. 云南主要树种造林技术. 昆明: 云南人民出版社

曾小红, 伍建榕, 马焕成, 等. 2006. 金沙江河谷地区豆科树种根瘤菌耐干热研究. 水土保持研究, 13(4): 75-77

曾彦军, 王彦荣, 萨仁, 等. 2002. 几种旱生灌木种子萌发对干旱胁迫的响应. 应用生态学报, 13(8): 953-956

曾郁眠, 谢红春. 2004. 云南松母树林遗传增益的研究. 广西林业科学, 33(3): 130-133

曾昭海, 胡跃高, 陈文新, 等. 2006. 共生固氮在农牧业上的作用及影响因素研究进展. 中国生态农业学报, 14(4): 21-24

展丽然, 张克诚, 冉隆贤, 等. 2008. 烟草赤星病菌拮抗放线菌的筛选与鉴定. 华北农学报, 23(增刊): 230-233

张斌. 2009. 苜蓿根瘤菌遗传多样性研究及根瘤菌资源网络数据库的构建. 昆明: 西南林学院

张长芹, 冯宝钧, 吕元林, 等. 1998. 大树杜鹃(*Rhododendron protistum* var. *giganteum*)和蓝果杜鹃 (*Rhododendron cyanocarpum*)的濒危原因研究. 自然资源学报, 13(3): 276-278

张大勇, 姜新华, 赵松岭. 1995. 再论生长的冗余. 草业学报, 4(3): 17-22

张殿忠, 汪沛洪. 1988. 水分胁迫与植物氮代谢的关系. 西北农业大学学报, 16(4): 15-21

张东方, 王理平. 1998. 我国结瘤固氮树种资源及利用现状. 林业科技通讯, (2): 6-10

张国盛. 2000. 干旱、半干旱地区乔灌木树种耐旱性及林地水分动态研究进展. 中国沙漠, 20(4): 363-368

张海龙, 石竹. 2007. 分子生物学技术在土壤微生物多样性研究中的应用. 安徽农业科学, 35(32):

10373-10375

张海娜, 苏培玺, 李善家, 等. 2013. 荒漠区植物光合器官解剖结构对水分利用效率的指示作用. 生态学报, 33(16): 4909-4918

张宏伟, 黄学林, 傅家瑞, 等. 1995. 大叶相思、马占相思腋芽培养和植株再生. 热带亚热带植物学报, 3(3): 62-68

张洪勋, 王晓宜, 齐鸿雁. 2003. 微生物生态学研究方法. 生态学报, 22(5): 988-995

张慧. 2005. 厚荚相思和卷荚相思根瘤菌的初步研究. 南宁: 广西大学: 硕士研究生学位论文

张建国. 1993. 中国北方主要造林树种耐旱特性及机理研究. 北京: 北京林业大学: 博士研究生学位论文

张劲松, 孟平. 2004. 石榴树吸水根系空间分布特征. 南京大学学报(自然科学版), 28(4): 89-91

张晋玮. 2014. 植物营养生长与环境. 养殖技术顾问, 2: 82-83

张立新, 吕殿青, 王九军, 等. 1996. 渭水旱塬不同水肥配比对冬小麦根系效应的研究. 干旱地区农业研究, 14(4): 22-28

张林刚, 邓西平. 2000. 小麦抗旱性生理生化研究进展. 干旱地区农业研究, 18(3): 87-92

张美庆, 王幼珊, 张弛, 等. 1994. 我国北方 VA 菌根真菌某些属和种的生态分布. 真菌学报, 3(3): 166-172

张美云, 钱吉, 郑师章. 2001. 渗透胁迫下野生大豆游离脯氨酸和可溶性糖的变化. 复旦大学(自然科学版), 40(5): 558-561

张萍, 刀志灵, 郭辉军, 等. 1999a. 高黎贡山不同土地利用方式对土壤微生物数量和多样性的影响. 云南植物研究, (增刊 XI): 84-90

张萍, 刀志灵, 郭辉军, 等. 1999b. 高黎贡山自然保护区土壤真菌的组成及其生态分布. 云南植物研究, (增刊 XI): 79-83

张萍, 郭辉军, 刀志灵, 等. 1999c. 高黎贡山土壤微生物的数量和多样性. 生物多样性, 7(4): 297-302

张萍, 郭辉军, 刀志灵. 1998. 高黎贡山自然保护区土壤真菌资料调查名录初报. 生态科学, 17(2): 111-113

张萍, 郭辉军, 杨世雄, 等. 1999d. 高黎贡山土壤微生物生态分布及其生化特性的研究. 应用生态学报, 10(1): 74-78

张巧明, 王得祥, 龚明贵, 等. 2011. 秦岭火地塘林区不同海拔森林土壤理化性质. 水土保持学报, 25(5): 69-73

张琴, 李艳宾. 2007. 六株耐酸苜蓿根瘤菌的筛选及生长特性研究. 中国农学通报, 23(9): 435-439

张仁和, 薛吉全, 浦军, 等. 2011a. 干旱胁迫对玉米苗期植株生长和光合特性的影响. 作物学报, 37(3): 521-528

张仁和, 郑友军, 马国胜, 等. 2011b. 干旱胁迫对玉米苗期叶片光合作用和保护酶的影响. 生态学报, 31(5): 1303-1311

张荣祖. 1992. 横断山区干旱河谷. 北京: 科学出版社

张守仁. 1999. 叶绿素荧光动力学参数的意义及讨论. 植物学通报, 16(4): 444-448

张岁岐, 山仑. 1995. 氮素营养对春小麦抗旱适应性及水分利用的影响. 水土保持研究, 2(1): 31-35, 55

张岁岐, 山仑. 2002. 植物水分利用效率及其研究进展. 干旱地区农业研究, 12(4): 2-5

张卫华, 张方秋, 张守攻, 等. 2005. 3 种相思幼苗抗旱性研究. 林业科学研究, 18(18): 695-700

张香凝, 王保平, 孙向阳, 等. 2011. *Larrea tridentata* 叶片解剖结构与保水特性的研究. 生态环境学报, 20(11): 1634-1637

张小平. 2002. 四川花生根瘤菌的遗传多样性和系统发育研究. 武汉: 华中农业大学: 博士研究生学位论文

张小平, 陈强, 李登煜. 1999. 用 AFLP 技术研究花生根瘤菌的遗传多样性. 微生物学报, 29(6): 483-488

张小全, 吴可红, Dieter M. 2000. 树木细根生产与周转研究方法评述. 生态学报, 20(5): 875-883

张秀敏, 马友楠, 王顺, 等. 2011. 麦冬和菊三七药用植物内生放线菌的多样性及产酶特性的研究. 河北农业大学学报, 34(3): 50-55

张秀珍. 2012. 贺兰山不同海拔典型植被带土壤微生物特性研究. 银川: 宁夏大学: 硕士研究生学位论文

张艳华, 凡启光, 何建新. 2009. 木棉纤维的结构和热效应. 山东纺织科技, 1: 48-52

张谊光, 陈纪卫, 陈渝红. 1989. 我国西南干旱河谷区农业气象资源的分类与合理利用. 自然资源, 3: 1-6

张英. 2006. 云锦杜鹃菌根及其菌根真菌多样性研究. 北京: 北京林业大学: 博士研究生学位论文

张于光. 2005. 三江源国家自然保护区土壤微生物的分子多样性研究. 长沙: 湖南农业大学: 博士研究生学位论文

张余洋, 王文杰, 郭玲, 等. 2009. PEG 胁迫下新疆主要加工番茄萌芽期耐旱性评价. 中国农学通报, 25(24): 269-275

张执欣, 陈卫民, 韦革宏, 等. 2006. 甘肃省部分地区豆科植物根瘤菌资源调查. 西北农林科技大学学报(自然科学版), 34(2): 77-82

张志良, 瞿伟菁. 2004. 植物生理学实验指导. 北京: 高等教育出版社

张志翔. 2010. 树木学(北方本). 北京: 中国林业出版社

章家恩, 蔡燕飞, 高爱霞, 等. 2004. 土壤微生物多样性实验研究方法概述. 土壤, 36(4): 346-350

章家恩, 刘文高. 2001. 微生物资源的开发利用与农业可持续发展. 土壤与环境, (2): 154-157

赵斌, 何绍江. 2002. 微生物学实验. 北京: 科学出版社

赵高卷, 葛变, 马焕成, 等. 2014a. 元江干热河谷木棉果实形成与纤维发育过程. 应用生态学报, 25(12): 3443-3450

赵高卷, 马焕成, 胡世俊, 等. 2014b. 紫茎泽兰对木棉种子萌发和幼苗光合特性的影响. 应用与环境生物学报, 20(4): 683-689

赵高卷, 徐兴良, 马焕成, 等. 2015. 红河干热河谷木棉种群的天然更新. 生态学报, 5: 1-10

赵光, 王宏燕. 2006. 土壤微生物多样性的分子生态学研究方法. 中国林副特产, (1): 54-56

赵和琼. 2006. 元谋县干热河谷引种植物评价. 林业调查规划, 5(增刊): 137-138

赵金莉, 贺学礼. 2011. AM 真菌对白芷抗旱性和药用成分含量的影响. 西北农业学报, 20(3): 184-189

赵垦田. 2000. 国外针叶树种根系生态学研究综述. 世界林业研究, 13(5): 7-12

赵丽英, 邓西平, 山仑. 2005. 活性氧清除系统对干旱胁迫的响应机制. 西北植物学报, 25(2): 413-418

赵美玲, 鞠文庭, 郭军康, 等. 2008. 黄华属根瘤菌的 16S rDNA-RFLP 分析. 西北植物学报, 28(4): 680-685

赵平娟, 安锋, 唐明. 2007. 丛枝菌根真菌对连翘幼苗抗旱性的影响. 西北植物学报, 27(2): 396-399

赵祥, 董宽虎, 朱慧森, 等. 2011. 达乌里胡枝子根解剖结构与其抗旱性的关系. 草地学报, 19(1): 25-27

赵晓英, 任继周, 王彦荣, 等. 2005. 3 种锦鸡儿种子萌发对温度和水分的响应. 西北植物学报, 25(2): 211-217

赵昕, 阎秀峰. 2006. 丛枝菌根对喜树幼苗生长和氮、磷吸收的影响. 植物生态学报, 30(6): 947-953

赵秀莲, 江泽平, 李慧卿, 等. 2004. 树木抗旱性鉴定研究进展. 内蒙古林业科技, 4: 18-21

赵秀云, 韩素芬. 2001. 固氮细菌与杨树的联合固氮作用. 南京林业大学学报(自然科学版), 25(4): 17-20

赵之伟, 任立成, 李涛, 等. 2003. 金沙江干热河谷(元谋段)的丛枝菌根. 云南植物研究, 25(2): 199-204

赵忠, 王真辉, 刘西平. 2000. 土壤水分条件对毛白杨菌根接种生长及营养生理效应的影响. 西北林学院学报, 15(2): 1-6

郑华, 陈法霖, 欧阳志云, 等. 2007. 不同森林土壤微生物群落对 Biolog-GN 板碳源的利用. 环境科学, 5: 1126-1130

郑华, 欧阳志云, 王效科. 2004a. 不同森林恢复类型对南方红壤侵蚀区土壤质量的影响. 生态学报, 24(9): 1994-2002

郑华, 欧阳志云, 王效科, 等. 2004b. 不同森林恢复类型对土壤微生物群落的影响. 应用生态学报, 15(11): 2019-2024

郑盛华, 严昌荣. 2006. 水分胁迫下玉米幼苗的形态生理特性. 生态学报, 26(4): 1138-1143

郑淑霞, 上官周平. 2006. 黄土高原地区植物叶片养分组成的空间分布格局. 自然科学进展, 16(8): 965-973

郑雅楠, 杨宇, 吕国忠, 等. 2006. 土壤放线菌分离方法研究. 安徽农业科学, 34(6): 1167-1168

郑艳玲, 马焕成, Scheller R, 等. 2013. 环境因子对木棉种子萌发的影响. 生态学报, 33(2): 382-388

郑元润. 1985. 毛乌素沙地中几种植物水分特性的研究. 干旱区研究, 15(2): 17-21

中国科学院南京土壤研究所. 1978. 土壤理化分析. 上海: 上海科学技术出版社

中国土壤学会. 2000. 土壤农业化学分析方法. 北京: 中国农业科技出版社

中国植物志编辑委员会. 1984. 中国植物志(第四十二卷). 北京: 科学出版社

钟鸣, 周启星. 2002. 微生物分子生态学技术及其子环境污染物研究中的应用. 应用生态学报, 3(2): 247-251

钟文辉, 蔡祖聪. 2004. 土壤微生物多样性研究方法. 应用生态学报, 15(5): 899-904

周德庆. 1980. 微生物学实验手册. 上海: 上海科学技术出版社

周浩, 王皎, 黄荣, 等. 2009. 贵州苏铁组织培养研究. 安徽农业科学, 46(3): 849-852

周蛟, 张兆国, 伍聚奎. 1994. 云南松天然优良林分早期遗传增益研究. 西南林学院学报, 14(4): 215-221

周珺, 魏虹, 吕茜, 等. 2012. 土壤水分对湿地松幼苗光合特征的影响. 生态学杂志, 31(1): 30-37

周启星, 熊先哲. 1995. 土壤环境容量及其应用案例研究. 浙江农业大学学报, (5): 539-545

周文君, 沈有信, 刘文耀. 2005. 滇中云南松根际土与非根际土磷的有效性. 中南林学院学报, 3: 25-29

周湘泉, 韩素芬. 1984. 豆科树种根瘤菌共生体系的研究——I. 结瘤观察、分离、回接和交叉接种. 南京林学院学报, (2): 32-41

周湘泉, 韩素芬. 1989. 豆科树种根瘤菌共生体系研究进展. 林业科学, 25(3): 243-251

周宣君, 冯金朝, 马文文, 等. 2006. 植物抗逆分子机制研究进展. 中央民族大学学报(自然科学版), 15(2): 169-176

朱教君, 李智辉, 康宏樟, 等. 2005. 聚乙二醇模拟水分胁迫对沙地樟子松种子萌发影响研究. 应用生态学报, 16(5): 801-804

朱教君, 徐慧, 许美玲, 等. 2003. 外生菌根菌与森林树木的相互关系. 生态学杂志, 22(6): 70-76

朱军涛, 李向义, 张希明, 等. 2010. 塔克拉玛干沙漠南缘豆科与非豆科植物的氮分配. 植物生态学报, 34(9): 1025-1032

朱俊义. 2002. 花楸导管分子穿孔板的类型及演化. 植物研究, 22(3): 285-288

朱美云, 田有亮, 郭连生. 1996. 几种针阔叶树耐旱水分生理指标地区间差异性的研究. 干旱区资源与环境, 10(4): 82-86

朱维琴, 吴良欢, 陶勤南. 2002. 作物根系对干旱胁迫逆境的适应性研究进展. 土壤与环境, 11(4): 430-433

朱文勇, 李洁, 赵国振, 等. 2010. 喜树内生放线菌多样性及抗菌活性评价. 微生物学通报, 37(2): 211-216

朱用允. 1999. 苏铁的种子繁殖. 园林绿化: 44-45

朱徵. 1982. 苏铁(*Cycas revolute* Thunb.)珊瑚状根内的蓝藻和内生腔附近细胞的超微结构. 植物学报, (24): 109-117

邹厚远, 关秀琦, 鲁子瑜. 1994. 黄土丘陵区造林技术研究. 水土保持研究, 3: 48-55, 60

邹琦. 1994. 作物抗旱生理生态研究. 山东: 科学技术出版社

左智天, 田昆, 向仕敏, 等. 2009. 澜沧江上游不同土地利用类型土壤氮含量与土壤酶活性研究. 水土保持研究, 16(4): 280-285

Ackerson R C. 1985. Phosphorus fertility and plant water relations. Plant Physiol, 77: 309-311

Allen M F. 1991. The Ecology of Mycorrhizae. New York: Cambridge University Press

Allen O N, Allen E K. 1981. The Leguminose. A Source Book of Characteristics, Uses, and Nodulation. Madison: The University of Wisconsin Press

Amar N R. 1990. Handbook of Symbiotic Eyanobaeteria. Boca Raton: CRC Press

Amar N R, Handblad P, Birgitta B, *et al.* 2000. Cyanobaeteria–plant symbioses. New Phytol, (147): 449-481

Ames R N, Reid C P P, Porter L K. 1983. Hyphal uptake and transport of nitrogen from two ^{15}N-labelled sources by *Glomus mosseae*, a vesicular-arbuscular mycorrhizal fungus. New Phytol, 95: 381-396

Ames R N, Schü βlder R W. 1979. *Entrophospora*, a new genus in the Endogonaceae. Mycotaxon, 8: 347-352

Andrew O. 2000. Soil molecular microbial ecology at age 20: methodological challenges for the future. Soil Biology and Biochemistry, 32(11-12): 1499-1504

Anita A, Veena J, Himmat S N. 1998. Effect of low temperature and rhizospheric application of naringenin on pea-*Rhizobium leguminosarum* biovar viciae symbiosis. Journal of Plant Biochemistry and Biotechnology, 7(1): 35-38

Antunes V, Cardoso E. 1991. Growth and nutrient status of citrus as influenced by mycorrhiza and phosphorus application. Plant and Soil, 131: 11-19

Aroca R, Irigoyen J J, Sánchez-díaz M. 2003. Drought enhances maize chilling tolerance: II . Photosynthetic traits and protective mechanisms against oxidative stress. Physiol Plant, 117: 540-549

Ayneabeba A, Fassil A, Mariam A H, *et al.* 2001. Studies of rhizobium inoculation and fertilizer treatment on growth and production of faba bean (*Vicia faba*) in some 'yield-depleted' and 'yield sustained' regions of Semien Shewa. Ethiopian Journal of Science, 24(2): 197-211

Ayres R L, Gange A C, Aplin D M. 2006. Interactions between arbuscular mycorrhizal fungi and intraspecific competition affect size, and size inequality of *Plantago lanceolata*. *Journal* of Ecology, 94: 285-294

Bai L P, Sui F G, Ge T D, *et al*. 2006. Effect of soil drought stress on leaf water status, membrane permeability and enzymatic antioxidant system of maize. Pedosphere, 16(3): 326-332

Baker N R, Rosenqvist E. 2004. Application of chlorophyll fluorescence can improve crop production strategies: an examination of future possibilities. J Exp Bot, 55: 1607-1621

Bane W C. 1988. Apogeotrophic roots with Cyanobaeteria in cycads Mikrobiolvgiia, 72(5): 714-721

Barea J M, Toro M, Orozco M O, *et al*. 2002. The application of isotopic (^{32}P and ^{15}N)dilution techniques to evaluate the interactive effect of phosphate-solubilizing rhizobacteria, mycorrhizal fungi and Rhizobium to improve the agronomic efficiency of rock phosphate for legume crops. Nutr Cycl Agroecosyst, 63: 35-42

Bargel H, Bartlett W. 2004. Multifunctional interfaces between plant and environment. Evol Plant Physiology, 38(5): 171-194

Basak M K, Goysl S K. 1980. Studies on Tree Legumes. 2. Further additions to the list of nodulating Tree Legumes. Plant and Soil, 56(1): 33-37

Bella L E. 1971. A new competition model for individual trees. For Sci, 17: 364-372

Berch S M, Kendrick B. 1982. Vesicular -arbuscular mycorrhizae of Southern Ontario ferns and fern-allies. Mycologia, 74(5): 769-776

Bergman B, Matveyev A, Rasmussen U. 1996. Chemical signaling in cyanobaeteria—plant symbioses. Elsevier Trends Journals, 1(6): 191-197

Bhattacharya A, Mandal S. 2000. Pollination biology in *Bombax ceiba* Linn. Current Science, 79(12): 1706-1712

Birgitta B, Amar N R, Lindblad P, *et al*. 1992. Cyanobacterial-Plant symbioses. Symbiosis, (14): 61-81

Blair G J, Lefroy R D B, Singg B P. 1997. Development and use of a carbon management index to monitor changes in soil C pool size and turnover rate. *In*: Cadisch G, Giller K E, eds. Drive by Nature: Plant Litter Quality and Decomposition. Wallingford: CAB International: 273-281

Bohlool B B, Schmidt E L. 1974. A possible basis for specificity in Rhizobium-legume root nodule symbiosis. Science, 185: 269-271

Bohnert H J, Jensen R G. 1996. Stratigies for engineering water-stress tolerance in plants. Trends in Biotechnology, 14 : 89-97

Borneman J, Skroch P W, O'Sullivan P W, *et al*. 1996. Molecular microbial diversity of an agricultural soil in Wisconsin. Applied Environmental Microbiology, 62(6): 1935-1943

Boyer J S. 1976. Water deficits and photosynthesis. *In*: Kozlowski T T(ed.). Water Deficits and Plant Growth. New York: Acad Press

Breedveld M N, Miller K J. 1994. Cyclic beta-glucans of members of the family Rhizobiaceae. Microbial Rew, 58: 145-161

Bushby H V A, Marshall K C. 1977. Some factors affecting the survival of root-nodule bacteria on desiccation. Soil Biol Biochem, 9: 143-147

Caetano-Anollés G I, Bassam B J, Gresshoff P M. 1991. DNA amplification finger-printing using very short arbitrary oligonucleotide primers. Biotechnology (N Y), 9: 553-557

Callaham D, Tredici P D, Torrey J G. 1978. Isolation and cultivation *in vitro* of the actinomycete causing root nodulation in *Comptonia*. Science, 199: 899-902

Campbell B D, Grime J P. 1989. A comparative study of plant responsiveness to the duration of episodes of mineral nutrient enrichment. New Phytology, 112: 261-267

Cao K F, Yang S J, Zhang Y J. 2012. Maximum height of grasses is determined by roots. Ecology Letters, 15(10): 666-672

Cao L, Qiu Z, You J, *et al.* 2005. Isolation and characterization of endophytic streptomycete antagonists of fusarium wilt pathogen from surface-sterilized banana roots. FEMS Microbiology Letters, 247(2): 147-152

Casper B B, Castelli J P. 2007. Evaluating plant soil feed-back together with competition in serpentine grass land. Ecol Lett, 10: 394-400

Castillo P, Nico A I, Azcon-Aguilar C, *et al.* 2006. Protection of olive planting stocks against parasitism of root-knot nematodes by arbuscular mycorrhizal fungi. Plant Pathology, 55: 705-713

Chaitanya K V, Jutur P P, Sundar D, *et al.* 2003. Water stress effects on photosynthesis in different mulberry cultivars. Plant Growth Regulation, 40: 75-80

Chart Z, Passas A, Codifies G. 2002. Water stress affects leaf anatomy, gas exchange, water relations and growth of two avocado cultivars. Scihorti, 95: 39-50

Chen W F, Chen W X. 2003. Diversity of rhizobia and its utilization in China. Bulletin of Biology, 28(7): 1-4

Chen Y. 1990. Roles of carbohydrates in desiccation tolerance and membrane behavior in maturing maize seed. Crop Science, 30(5): 971-975

Chen Y, Yuan J G, Yang Z Y, *et al.* 2008. Associations between arbuscular mycorrhizal fungi and *Rhynchrelyrum repens* in abandoned quarries in southern China. Plant and Soil, 304: 257-266

Cheng W C(郑万均), Fu L K(傅立国). 1978. Flora Reipublicae Popularis Sinicae, Tomus 7. Beijing: Science Press: 253-260(in Chinese)

Cheruth A J, Ksouri R, Ragupathi G. 2009. Antioxidant defense responses: physiological plasticity in higher plants under abiotic constraints. Acta Physiologiae Plantrum, 31(3): 427-436

Choi K, Dobbs F C. 1999. Comparison of two kinds of biolog microplates(GN and ECO)in their ability to distinguish among aquatic microbial communities. Journal of Microbiological Methods, 36: 203-213

Christine A H, Bryan S G. 1997. Statisical analysis of the time-course of biolog substrate utilization. Journal of Microbiological Methods, 30(1): 63-69

Conn V M , Franca C M. 2004. Analysis of the endophytic actinobacterial population in the roots of wheat (*Triticum aestivum* L.) by terminal restriction fragment length polymorphism and sequencing of 16S rRNA clones. Appl Environ Microbiol, 70: 1787-1794

Coombs J T, Franco C. 2003. Isolation and identification of Actinobacteria from surface-sterilized wheat roots. Appli Environ Microbiol, 69(9): 5603-5608

Danda B M D. 2003. Processibility of nigerian kapok fibre. Indian Journal of Fibre & Textile Research, 28: 147-149

David T S, Ferreira M I, Cohen S, et al. 2004. Constraints on transpiration from an evergreen oak tree in southern Portugal. Agricultural and Forest Meteorology, 122(3, 4): 193-205

Dehne H W, Schonbeck F. 1979. Investigation on the influence of endotrophic mycorrhiza on plant diseases II, phenol metabolism and lignifications. Phytopathologische Zeitschrift, 95: 210-216

Denarie J, Roche P. 1991. Rhizobium Nodulation Signals. Molecular Signals in Plant-Microbe Communications. London : CRC Press: 296-324

Devereu X R, He S H, Doyle C L, et al. 1990. Diversity and origin of Desulfovibrio species: phylogenetic definition of a family. Bacteriol, 172(7): 3609-3619

Dhiman M, Moitza S, Bhatangager S P. 1996. 生物技术在苏铁类保护中的应用. 第四届国际苏铁生物学研讨会论文摘要集(中文)

Dickmann D I, Liu Z J, Nguyen P V, et al. 1992. Photosynthesis, water relations, and growth of two hybrid Populus genotypes during a severe drought. Canadian Journal of Forest Research, 22(8): 1094-1106

Dimri G P, Rudd K, Morgan M K, et al. 1992. Physical mapping of repetitive extragenic palindromic sequences in Escherichia coli and phylogenetic distribution among Escherichia coli strains and other entericbacteria. J Bacteriology, 174: 4583-4593

Dixon P K, Pallardy S C, Garrett H E. 1983. Comparation water relations of container grown and bare root ectomycorrhizal and nonmycorrhizal Quercus velutina seedlings. Can J Bot, 61: 1559-1565

Dogbe W, Fening J O, Danso S K A. 2000. Nodulation of legumes in inland valley soils of Ghana. Symbiosis, 28(1): 77-92

Eardly B D, Hannaway D B, Bottomley P J. 1985. Characterization of Rhizobia from ineffective alfalfa nodules: ability to undulate bean plants [Phaseolus vulgaris (L.)Savi.]. Appl Environ Microbiology, 50(6): 1422-1427

Eardly B D, Young J P, Selander R K. 1992. Phylogenetic position of Rhizobium sp. strain or 191, a symbiont of both medicago sativa and phaseolus vulgaris, based on partial sequences of the 16S rRNA and nifH genes. Appl Environ Microbio, 58(6): 1809-1815

Entry J A, Rygiewicz P T, Watrud L S, et al. 2002. Influence of adverse soil conditions on the formation and function of arbuscular mycorrhizas. Advances in Environmental Research, 7: 123-138

Ephrath J E. 1991. The effects of drought stress on leaf elongation, photosynthesis and transpiration rate in maize leaves. Photosynthetica, 25: 607-619

Facelli E, Facelli J M. 2002. Soil phosphorus heterogeneity and mycorrhizal symbiosis regulate plant intraspecific competition and size distribution. Oecologia, 133: 54-61

Farquhar G D, Ehleringer J R, Hubick K T. 1989. Carbon isotope discrimination and photosynthesis. Annual Review of Plant Physiology and Plant Molecular Biology, 40: 503-537

Farquhar G D, Sharkey T D. 1982. Stomatal conductance and photosynthesis. Ann Rev Plant Physiol, 33: 317-345

Felix D D, Donald A P. 2002. Root exudates as mediators of mineral acquisition in low-nutrient environments. Plants Soil, 245: 35-47

Fisher J B, Vovides A P. 2004. Mycorrhizae are present in cycad roots. The Botanical Review, 70(1): 16-23

Frank S, Christoph C T. 1998. A new approach to utilize PCR-Single-Strand-Conformation polymorphism for 16S rDNA gene-based microbial community analysis. Applied Environmental Microbiology, 12: 4570-4576

Frans J, de Brujin F J. 1992. Use of repetitive sequences and the polymerase chain reaction to fingerprint the genomes of *Rhizobium meliloti*. Appl Environ Microbiol, 58(7): 2180-2187

Fritschen L J, Cox L, Kinerson R, et al. 1973. A 28-meter Douglas-fir in a weighing lysimeter. Forest Science, 19(4): 256-261

Furamanm J, Davey C B, Wollum A G. 1986. Dessication tolerance of Clover Rhizobia in sterile soils. Soil Sci Soc Am J, 50: 639-644

Furumai T, Yamakawa T, Yoshida R, et al. 2003. Clethramycin, a new inhibitor of pollen tube growth with antifungal activity from *Streptomyces hygroscopicus* TP-A0623. I. Screening, taxonomy, fermentation, isolation and biological properties. J Antibiot, 56: 700-704

Garland J L, Mills A L. 1991. Classification and characterization of heterotrophic microbial communities on the basis of patterns of community-level sole-carbon-source utilization. Applied Environmental Microbiology, 57(8): 2351-2359

Garmendia I, Goicoechea N, Aguirreolea J. 2004. Effectiveness of three Glomus species in protecting pepper (*Capsicum annuum* L.) against verticillium wilt. Biological Control, 31(3): 296-305

Ge S, Hong D Y, Wang H Q, et al. 1998. Population genetic structure and conservation of an endangered conifer, *Cathaya argyrophylla* (Pinaceae). Int J Plant Sci, 159: 351-357

Genty B, Briantais J M, Baker N R. 1989. The relationship between the quantum yield of photosynthetic electron transport and quenching of chlorophyll fluorescence. Biochimica et Biophysica Acta (BBA)- General Subjects, 990(27): 87-92

Gerdemann J W, Trappe J M. 1974. The Endogonaceae in the Pacific Northwest. Mycologia Memoirs, 5: 1-76

Geritz S A H. 1995. Evolutionarily stable seed polymorphism and small scale spatial variation in seedling density. The American Naturalist, 146(5): 685-707

Gianinazzi-Pearson V, Gollotte A, Tisserant B, et al. 1995. Cellular and molecular approaches in the characterization of symbiotic events in functional. Mycological Research, 97(9): 1140-1142

Gibbs P, Bianchi M B, Ranga N T. 2004. Effects of self, chase and mixed self /cross-pollinations on pistil longevity and fruit set in *Ceiba* species (Bombacaceae)with late-acting self-incompatibility. Annals of Botany, 94: 305-310

Godt M J W, Sherman-Broyles S L. 1992. Factors influencing levels of genetic diversity in woody plant species. New Forests, 6: 95-124

Graham P H. 1992. Stress tolerance in *Rhizobium* and *Bradyrhizobium*, and nodulation under adverse soil conditions. Can J Microbiol, 38: 475-484

Grassi G, Meir P, Cromer R, et al. 2002. Photosynthetic parameters in seedlings of *Eucalyptus grandis* as affected by rate of nitrogen supply. Plant, Cell & Environment, 25(12): 1677-1688

Gregg B M, Zhang J W. 2001. Physiology and morphology of *Pinus sylvestris* seedlings from diverse sources under cyclic drought stress. Forest Ecology and Management, 154(1-2): 131-139

Greipsson S, Davy A J. 1995. Seed mass and germination behavior in populations of the dune building grass *Leymus arenarius*. Annals of Botany, 76: 493-501

Grundman L G, Gourbiere F. 1999. A mico-sampling approach to improve the inventory of bacterical diversity in soil. Applied Soil Ecology, 13: 123-126

Guo S X, Zhang Y G, Li M, *et al.* 2007. AM fungi diversity in the main tree-peony cultivation areas in China. Biodiversity Science, 15(4): 425-431(in Chinese)

Gupta S, Heine J, Holadya A S. 1993. Increased resistance to oxidative stress in transgenic plants that over-express chloroplast Cu/Fe superoxide dismutase. Proc Natil Acad SciUSA, 90: 1629-1633

Guschin D Y, Mobarry B K, Proudnikov D, *et al.* 1997. Oligonucleotide microchips as genosensors for determinative and environmental studies in microbiology. Applied and Environmental Microbiology, 63: 2397-2402

Halliday J, Pate J S. 1976. Symbiotic nitrogen fixation by blue green algae in the cycad *Macrozamia riedlei*: physiological characteristics and ecological significance. Australian Journal of Plant Physiology, 3(3): 349-358

Hao L R, Fan Y, Hao Z O, *et al.* 2003. SPSS Practical Statistics Analysis. Beijing: China Water Power Press

Hardy R W F, Silver W S. 1977. A Treatise on Dinitrogen Fixation Section. New York: John Wiley: 277-366

Harley J L, Smith S E. 1983. Mycorrhizal Symbiosis. London: Academic Press

Harrison M J. 2012. Cellular programs for arbuscular mycorrhizae symbiosis. Current Opinion in Plant Biology, 15: 691-698

Hasegawa S, Meguro A, Nishimura T, *et al.* 2004. Drought tolerance of tissue-cultured seedlings of mountain laurel (*Kalmia latifolia* L.) induced by an endophytic actinomycete. I. Enhancement of osmotic pressure in leaf cells. Actinomycetologica, 18: 43-47

Haugen L M, Smith S E. 1992. The effects of high temperature and fallow period on infection of mungbean and cashew roots by the Vesicular arbuscular mycorrhizal fungus *Glomus intraradices*. Plant and Soil, 145: 71-80

He X L, Bai C M, Zhao L L. 2008. Spatial distribution of arbuscular mycorrhizal fungi in *Astragalus adsurgens* rootzone soil in Mu Us sand land. Chinese Journal of Applied Ecology, 19(12): 2711- 2716

Head I M, Saunders J R, Pickup R W. 1998. Microbial evolution diversity, and ecology. A decade of ribosomal RNA analysis of uncultivated microorganism. Microbial Ecology, 35: 1-21

Healy M, Huong J, Bittner T, *et al.* 2005. Microbial DNA typing by automated repetitive-sequence-based PCR. Journal of Clinical Microbiology, 43(1): 199-207

Heijden V A, Klironomos J N, Ursic M, *et al.* 1998. Mycorrhizal fungal diversity determines plant diversity, ecosystem variability and productivity. Nature, 396: 69-75

Hendrix S D, Nielsen E, Nielsen T, *et al.* 1991. Are seedlings from small seeds always inferior to seedlings from large seeds? Effects of seed biomass on seedling growth in *Pastinaca sativa* L. New Phytologist, 119(2): 299-305

Hosein S G, Millette D, Butler B J, *et al.* 1997. Catabolic gene probe analysis of na aquifer microbial community degrading creosote-related polycyclic aromatic and heterocyclic compounds. Micorbial

Ecology, 34(2): 81-89

Huang N X, Enkegaard A, Osborne L S, et al. 2011. The banker plant method in biological control. Critical Reviews in Plant Sciences, 30(3): 259-278

Huang R F(黄瑞复). 1993. Study on population genetics and evolution of *Pinus yunnanensis*. J Yunnan Univ (云南大学学报), 15(1): 50-63(in Chinese)

Huber W, Schmidt F. 1978. Effect of various salts and polyethylene glycol on proline and amino acid metabolism of *Pennisetum typhodies*. Z Pflazem Physiol, 81: 251-258

Hulton C S J, Higgins C F, Sharp P M. 1991. ERIC sequence, a novel family of repetitive elements in the genome of *Escherichia* coli, *Salmonella typhimurium* and other enterobacteria. Molecular Microbiology, 5(4): 825-834

Ibekwe A M, Angle J S, Chaney R L, et al. 1997. Enumeration and N_2 fixation potential of *Rhizobium leguminosarum* biovar trifolii grown in soil with varying pH values and heavy metal concentrations. Agric Ecosys Environ, 61(2-3): 103-111

Igarashi Y, Iida T, Yoshida R, et al. 2002. Pteridic acids A and B, novel plant growth promoters with auxin-like activity from *Streptomyces hygroscopicus* TP-A0451. J Antibiot, 55: 764-767

Igarashi Y, Iwashita T, Fujita T, et al. 2003. Clethramycin, a new inhibitor of pollen tube growth with antifungal activity from *Streptomyces hygroscopicus* TP-A0623. II. Physico-chemical properties and structure determination. J Antibiot, 56: 705-706

Igarashi Y, Miura S, Fujita T, et al. 2006. Pterocidin, a Cytotoxic Compound from the Endophytic *Streptomyces hygroscopicus*. J Antibiot, 59(3): 193-195

Ipsilantisa I, Sylvia D M. 2007. Interaction of assemblages of mycorrhizal fungi with two Florida wet land plants. Applied Soil Ecology, 25: 261-271

J·M·芬森特. 1973. 根瘤菌实用研究手册. 上海植物生理研究所固氮研究所译. 上海: 上海人民出版社

Jastow J D, Miller R M. 1998. Soil aggregate stabilization and carbon sequestration: Feedback through organomineral associations. *In*: Lal R, eds. Soil Processes and the Carbon Cycle. Bocaration Florida: CRC Press

Jeffries P. 1987. Use of mycorrhizae in agriculture. CRC Crit Rev Biotech, 15: 319-357

Jia R Z, Gu J, Tian C F, et al. 2008. Screening of high effective alfalfa rhizobial strains with a comprehensive protocol. Annals of Microbiology, 58: 731-739

Jiang Y W, Huang B R. 2001. Drought and heat stress injury to two cool-season turf grasses in relation to antioxidant metabolism and peroxidation. Crop Sci, 41: 436-442

Jones R C, Lund O R. 1970. The function of calcium in Plants. Bot Rev, 36: 407-423

Jordan D C. 1984. Family II Rhizobiaceae Conn 1938 in Kriey N R. *In:* Holt J G(ed). Bergey's Manual of Systematic Bacteriology 1th. Baltimore: The Williams and Wilkins Company: 235-244

Jose-Lues C, Per P, Lindblad P. 1998. Cyanobiont diversity within coralloid roots of selected cycad species. Elsevier Science, 28(1): 85-91

Joubert L, Grobbelaar N, Coetzee J. 1989. *In situ* studies of the ultrastructure of the cyanobacteria in the coralloid roots of *Encephalartos arenarius*, *E. transvenosus* and *E. woodii*. Phycologia, 28(2): 197-205

Judd A K, Schneider M, Sadowsky M J, et al. 1993. Use of repetitive sequences and the polymerase chain reaction technique to classify genetically related *Bradyrhizobium japonicum* serocluster 123 strains. Appl Environ Microbiol, 59(6): 1702-1708

Khalil A A M, Grace J. 1992. Acclimation to drought in *Acer pseudoplatanus* L. (Sycamore)seedlings. Journal of Experimental Botany, 43: 1591-1602

Kirk J L, Beaudette L A, Han M, et al. 2004. Methods of studying soil microbial diversity. Journal of Microbiological Methods, 58(2): 169-188

Koerselman W, Meuleman A F M. 1996. The vegetation N∶P ratio: a new tool to detect the nature of nutrient limitation. The Journal of Applied Ecology, 33(6): 1441-1450

Koske R E. 1987. Distribution of VA mycorrhizal fungi along a latitudinal temperature gradient. Mycologia, 79: 55-68

Koske R E, Walker C. 1984. *Gigaspora erythropa*, a new species forming arbuscular mycorrhizae. The Journal of Mycology, 76(2): 250-255

Kowalchuk G A, Bumad S, Wietse D B, et al. 2002. Effects of above-ground plant species composition and diversity on the diversity of soil-borne microorganisms. Antonie van Leeuwenhoek, 81(1/4): 509-520

Kramer P J, Kozlowski T T. 1979. Physiology of Woody Plants. New York: Academic Press

Kumar B, Pandey D M, Goswami C L, et al. 2001. Effect of growth regulators on photosynthesis, transpiration and related parameters in water stressed cotton. Biologia Plantarum, 44 (3): 475-478

Kooten O V, Smelt F H. 1990. The use of chlorophyll fluorescence nomenclature in plant stress physiology. Photosynthesis Research, 25(3): 147-150

Laguerre G, Louvrier P, Allard M R. 2003. Compatibility of rhizobial genotypes within natural populations of *Rhizobium leguminosarum* biovar viciae for nodulation of host legumes. Appl Environ Microb, 69: 2276-2283

Laguerre G, Patrick M, Marie-Reine A, et al. 1996. Typing of rhizobia by PCR DNA fingerprinting and PCR-restriction fragment length polymorphism analysis of chromosomal and symbiotic gene regions: application to *Rhizobium leguminosarum* and its different biovars. Appl Environ Microbiol, 62(6): 2029-2036

Larcher W. 1983. Physiological Plant Ecology. Berlin: Springer-Velar: 17-19

Lee S D. 2008. *Jiangella alkaliphila* sp. nov. , an actinobacterium isolated from a cave. Int J Syst Evol Microbiol, 58: 1176-1179

Levitt J. 1980. Response of Plants to Environmental Stress. New York and London: Academic Press

Li C J, Nan Z B. 2000. Effect of soil moisture contents on root rot and growth of faba bean(*Vicia faba* L.). Acta Phytopathol Sin, 30 (3): 245-249(in Chinese)

Li L H, Li S Q, Zhai J H, et al. 2001. Review of the relationship between wheat roots and water stress. Acta Botanica Boreali-Occidentalia sinica(西北植物学报), 21(1): 1-7

Li Q F(李琼芳), Zhang X P(张小平). 2007. Progress of polyphasie taxonomy of rhizobial diversity and phylogeny. Microbiology(微生物学通报), 34(4): 782-786(in Chinese)

Lindblad P, Birgitta B, Amar N R, et al. 1986. The Cyanobacterium-Zamia symbiosis: an ultrastructural study.

The New Phytologist, 101: 707-716

Lindblad P, Costa J L. 2002. The Cyanobacterial-Cycad symbiosis, biology and environment. Proceedings of the Royal Irish Academy, 102B(1): 31-33

Liu B R. 2005. Changes in soil microbial biomass carbon and nitrogen under typical plant communities along an altitudinal gradient in east side of Helan Mountain. Ecology and Environmental Sciences, 19(4): 883-888

Liu J Y, Maldonado-Mendoza I, Lopez-Meyer M, et al. 2007. Arbuscular symbiosis is accompanied by local and systemic alterations in gene expression and an increase in disease resistance in the shoots. The Plant Journal, 50(3): 529-544

Liu R J, Wang F Y. 2003. Selection of appropriate host plants used in trap culture of arbuscular mycorrhizal fungi. Mycorrhiza, 13: 123-127

Lloret J, Bolaños L, Lucas M M, et al. 1995. Ionic stress and osmotic pressure induce different alterations in the lipopolysaccharide of a Rhizobium meliloti strain. Appl Environ Microbiol, 61: 3701-3704

Lloyd-Macgilp S A, Chambers S M, Dodd J C, et al. 1996. Diversity of the ribosomal internal transcribed spacers within and among isolates of Glomus mosseae and related mycorrhizal fungi. New Phytol, 133: 103-111

Lobakova E S, Dibravina G A, Zagokina N V. 2004. Formation of phenolic compounds in apogeotropic roots of cycad plants. Russian Journal of Plant Physiology, 51(4): 486-493

Lobakova E S, Orazova M K, Dobrovol T G, et al. 2003. Microbial complexes occurring on the apogeotropic roots and in the rhizosphere of cycad plants. Translated from Microbiologia, 72(5): 707-713

Lupski J R, Weinstock G M. 1992. Short interspersed repetitive DNA sequences in Prokaryotic genomes. J Bacteriology, 174: 4525-4529

Ma S L, Han LX, Lan D Y, et al. 1995. Faunal resources of the Gaoligong Mountains region of Yunnan, China: diverse and threatened. Environmental Conservation, 22(3): 250-258

Markov A A. 2002. Survival and competitive ability of Rhizobium leguminosarum biovar viceae in two soils. Pochvo Agrok Ekol, 37 (1-3): 46-47

Marsehner H. 1995. Mineral Nutrition of Higher Plants. London: Academic Press

Martin A. 1964. Introduction to Soil Microbiology. New York: John Wiley and Sons Pubishing: 19-44

Matsumoto L S, Martines A M, Avanzi M A, et al. 2005. Interactions among functional groups in the cycling of, carbon, nitrogen and phosphorus in the rhizosphere of three successional species of tropical woody trees. Applied Soil Ecology, 28(1): 57-65

Mayra E G, Murray H M. 1998. Early phosphorus nutrition, mycorrhizae development, dry matter partitioning and yield of maize. Plant and Soil, 199: 177-186

McGonigle T, Miller M H, Evans D G, et al. 1990. A new method which gives an objective measure of colonization of roots by vesicular-arbuscular mycorrhizal fungi. New Phytologist, 115(3): 495-501

McGuire K L, Henkel T W, de la Cerda I G, et al. 2008. Dual mycorrhizal colonization of forest-dominating tropical trees and the mycorrhizal liana species. Mycorrhiza, 18: 217-222

Meguro A, Hasegawa S, Nishimura T, et al. 2006. Salt tolerance in tissue-cultured seedlings of mountain laurel enhanced by endophytic colonization of *Streptomyces padanus* AOK-30. Japan: Annu Meeting of Soc Actinomycetes: 97

Mehdy M C. 1994. Active oxygen species in plant defense against pathogens. Plant Physiol, 105(2): 467-472

Merilly L, Vogt G, Blanc M, et al. 1998. Bacterial diversity in the bulk soil and rhizosphere fractions of Lolium perenne and *Trifolium repent* as revealed by PCR restriction analysis. Plant Soil, 198: 129-224

Michiels J, Verreth C, Vanderleyden J. 1994. Effects of temperature stress on bean nodulating *Rhizobium* strains. Appl Environ Microbiol, 60: 1206-1212

Mikola P. 1980. Tropical Mycorrhizal Research. England: Cambridge University Press

Miller K J, Kenned E P, Reinhold V N. 1986. Osmotic adaptation by Gram-negatine bacteria: possible role for periplasmic oligosaccharides. Science, 231: 48-57

Miller K J, Wood J M. 1996. Osmoadaptation by rhizosphere bacteria. Annu Rev Microbiol, 50: 101-136

Mohammad R M, Akhavan-kharazian M, Campbell W F, et al. 1991. Identification of salt-and drought-tolerant *Rhizobium meliloti* L. strains. Plant and Soil, 134(2): 271-276

Moles A T, Westoby M. 2004. Seedling survival and seed size: a synthesis of the literature. Journal of Ecology, 92(3): 372-383

Morillon R, Chrispeels M J. 2001. The role of ABA and transpiration stream in the regulation of the osmotic water permeability of leaf cells. Proc Natl Acad Sci USA, 98(24): 14138-14143

Morton J B, Benny G L. 1990. Revised classification of arbuscular mycomlizal fungi (Zygomycetes): a new order, Glomales, two new suborders. Glominae and Gigasporinae, and two families, Acaulosporaceae and Gigasporaceae, with an emendation of Glomaceae. Mycologia, 80: 520-524

Mukerji K G, Chamalo B P, Singh J. 2000. Mycorrhizal Biology. NewYork: Kluwer Academic/Plenum Publishers

Muleta D, Assefa F, Nemomissa S, et al. 2008. Distribution of arbuscular mycorrhizal fungi spores in soils of small holder agro forestry and mono cultural coffee systems in southwestern Ethiopia. Biology and Fertility of Soils, 44: 653-659

Mullis K, Faloona F, Scharf S, et al. 1986. Specific enzymatic amplification of DNA *in vitro*: the polymerase chain reaction. Cold Spring Harbor Symp Quant Biol, 51: 267-273

Muyzer G. 1999. DGGE/TGGE a method for identifying genes from natural ecosystems. Current Opinion Microbiology, 2: 317-322

Mwaikambol Y, Martuscelli E, Avella M. 2000. Kapok cotton fabric polypropylene composites polymer testing. Polymer Testing, 19(8): 905-918

Myers B J. 1989. Water stress and seedlings growth of two eucalypts species from contrasting habitats. Tree Physiol, 5: 207-218

Nathanielsz C P, Staff I A. 1975. On the occurrence of intracellular blue-green algae in cortical cell of apogeotropic roots of *Macrozamia communist* L. Ann Bot(Lond), 39: 363

Nei M. 1978. Estimation of average heterozygosity and genetic distance from a small number of individuals. Genetics, 89: 583-590

Newsham K K, Fitter A H, Watkinson A R. 1995. Arbuscular mycorrbiza protect an annual grass from root pathogenic fungi in the field. Ecol, 83: 991-1000

Nick G, Lindstrom K. 1994a. Use of repetitive sequences and polymerase chain reaction to fingerprint the genomic DNA of *Rhizobium galegae* strains and to identify the DNA obtained by sonicating the liquid cultures and the root nodules. System Appl Microbiol, 17: 265-273

Nick G, Lindstrom K. 1994b. Use of repetitive sequences and the polymerase chain reaction to fingerprint the genomic DNA of *Rhizobium galegae* strains and to identify the DNA obtained by sonicating the liquid cultures and root nodules. Systematic and Applied Microbiology, 17(2): 265-273

Nicolai S P, Maria V S. 1995. A kinetic method for estimating the biomass of microbial functional groups in soil. Journal of Microbiological Methods, 24(3): 219-230

Nielsen D C, Vigil M F, Benjamin J G. 2009. The variable response of dry land corn yield to soil water content at planting. Agric Water Manage, 96: 330-336

Okazaki T. 2003. Studies on actinomycetes isolated from plant leaves. *In*: Kurtboke D I. In selective isolation of rare actinomycetes. National Library of Australia: 102-121

Osteras M, Boncompagni E, Vincent N, *et al.* 1998. Presence of a gene encoding choline sulfatase in *Sinorhizobium meliloti* bet operon: choline-O-sulfate is metabolized into glycine betaine. Proc Natl Acad Sci USA, 95: 11394-11399

Oto G, Winkler H. 1998. In fluence of root pathogenic actinomycetes on the trimming of the rootlets of some species of rosaceae with root hairs. Acta Hort (ISHS), 477: 49-54

Ou X K. 1994. Resource plants and there development ways in Jinsha River dry-hot valley. J Yunnan Univ, 16(3): 262-270

Pallardy S C, Kozlowski T T. 1981. Water Deficits and Plant Growth. Central and Measurement. New York and London: Academic Press

Palleroni N J, Bradbury J F, Kersters K, *et al.* 1984. Bergey's Manual Systematic Bacteriology. Volume 1, Tilliams of Wilfins Baltimore, 1: 235-244

Paolo D, Sergio S. 1980. Regeneration of coralloid on cycad megagametophytes. Plant Letters, (8): 27-31

Pascual I, Azcona I, Morales F, *et al.* 2010. Photosynthetic response of pepper plants to wilt induced by *Verticillium dahliae* and soil water deficit. Journal of Plant Physiology, 167(9): 701-708

Passioura J B. 1983. Root and drought resistance. Agricultural Water Management, 7: 265-280

Pawlowska T E, Taylor J W. 2004. Organization of genetic variation in individuals of arbuscular mycorrhizal fungi. Nature, 427: 733-737

Pearson H H W. 1898. Anatomy of the seeding of *Bowenia spectabilis* Hok. An Bot, (12): 475-490

Price N P J, Relic B, Talmont E, *et al.* 1992. Broad-host-range Rhizobium species strain NGR234 secretes a family of carbamoylated, and fucosylated, nodulation signals that are O-acetylated or sulphated. Mol Microbiol, 6: 3575-3584

Qin Y Y, Li J H, Wang G, *et al.* 2009. Effects of sowing legume species on functional diversity of soil microbial communities in abandoned fields. Journal of Lanzhou University. Natural Science, 45(3): 55-60

Quartacci M F, Navari F. 1992. water stress and radical mediate changes in sunflower seedling. Plant Physiol,

139: 621-625

Quilambo O A. 2003. The vesicular-arbuscular mycorrhizal symbiosis. Afr J Biotech, 2: 539-546

Radin J W, Eidenbock M P. 1982. Water relations of cotton plant under N deficiency III. Plant Physiol, 67: 115-119

Rao, Subba N S. 1999. Soil Microbiology. 4th. Soil Microorganisms and Plant Growth. Inc. USA. Science Publishers

Read D J, Perez-Moreno J. 2003. Mycorrhizas and nutrient cycling in ecosystems-a journey towards relevance. New Phytologist, 157: 475-492

Reddy A R, Chaitanya K V, Vivekanandan M. 2004. Drought-induced responses of photosynthesis and antioxidant metabolism in higher plants. Journal of Plant Physiology, 161(11): 1189-1202

Redecker D. 2000. Specific PCR primers to identify arbuscular *Myeorrhizal fungi* within colonized roots. Mycorrhiza, 10: 73-80

Reid C P P. 1978. Mycorrhizae and water stress. *In*: Riedacker A. Root Physiology and Symbiosis. New York: 392-408

Richards J W, Krumholz G D, Chval M S, *et al*. 2002a. Heavy metal resistance patterns of Frankia strains. Appl Environ Microbiol, 68: 923-927

Richards R A, Roethke G J, Condon A G, *et al*. 2002b. Breeding opportunities for increasing the efficiency of water use and crop yield in temperate cereals. Crop Science, 42: 111-121

Rodeghiero M, Cescatti A. 2005. Main determinants of forest soil respiration along an elevation/temperature gradient in the Italian Alps. Global Change Biology, 11(7): 1024-1041

Rome R C, Bonfante P. 1994. Location of a cell-wall hydroxyproline-rich glycoprotein, cellulose and β-1, 3-glucans in apical and differentiated regions of maize mycorrhizal roots. Planta, 195(2): 201-209

Rondon M R, August P R, Bettermann A D, *et al*. 2000. Cloning the soil metagenome: a strategy for accessing the genetic and functional diversity of uncultured microorganisms. Applied and Environmental Microbiology, 66(6): 2541-2547

Sabine P, Stefanie K, Frank S, *et al*. 2000. Succession of microbial communities during hot composing as detected by PCR R-Single-Stand-Conformation polymorphism-based genetic profiles of small-subunit rRNA genes. Applied Environmental Microbiology, 66(3): 930-936

Sandoval J R, Budde K, Fernández M, *et al*. 2008. Phenology and pollination biology of *Ceiba pentandra*(Bombacaceae)in the wet forest of southeastern Costa Rica. Sandoval, 80: 539-545

Sardi P, Saracchi M, Quaroni S, *et al*. 1992. Isolation of endophytic *Streptomyces* strains from surface-sterilized roots. Applied Environmental Microbiology, 58(8): 2691-2693

Sauvage D, Hamelin J, Larher F. 1983. Glycine betaine and other structurally related component improve the salt tolerance of *Rhizobium meliloti*. Plant Sci Lett, 31: 291-302

Scheublin R, van Logtestijn R S P, van der Heijden M G A. 2007. Presence and identity of arbuscular mycorrhizal fungi influence competitive interactions between plant species. Ecol, 95: 631-638

Schneider A. 1894. Mutualistic symbiosis of algae and bacteria with *Cycas revoluta*. Bot Gaz, (19): 25-32

Schreiber U, Bilger W, Neubauer C. 1994. Chlorophyll fluorescence as a nondestructive indicator for rapid assessment of *in vivo* photosynthesis. Ecological Studies, 100: 49-70

Schreiber U, Bilger W. 1987. Rapid assessment of stress effects on plant leaves by chlorophyll fluorescence measurements. *In*: Tenhunen J D, Catarino F M, Lange O, eds. Plant Response to Stress. Verlag: Springer: 27-53

Schulte P J, Marshall P E. 1983. Growth and water relations of black locust and pine seedlings exposed to controlled water stress. Canadian Journal of Forest Research, 13(2): 334-338

Seiley J R. 1988. Physiological and morphological responses of three Half-sib families of loblolly pine to water stress conditioning. Forest Sci, 34 (2): 487-496

Sessitsch A, Reiter B, Pfeifer U, *et al.* 2002. Cultivation-independent population analysis of bacterial endophytes in three potato varieties based on eubacterial and Actinomycetes-specific PCR of 16S rDNA genes. FEMS Microbiol Ecology, 39: 23-32

Shalon D, Smith S J, Brown P O. 1996. A DNA microarray system for analyzing complex DNA samples using two-color fluorescent probe hybridization. Genome Research, 6: 639-645

Sharp R E, Poroyko V, Hejlek L G, *et al.* 2004. Root growth maintenance during water deficits: physiology to functional genomies. J Exp Bot, 55: 2343-2351

Shi Z Y, Chen Y L, Feng G, *et al.* 2006. Arbuscular mycorrhizal fungi associated with the Meliaceae on Hainan island, China. Mycorrhiza, 16: 81-87

Shi Z Y, Meng X X, Chen Y L, *et al.* 2005. Effects of Dipterocarpaceae on arbuscular mycorrhizal fungi. Chinese Journal of Applied Ecology, 16(2): 341-344

Shimizu M, Igarashi Y, Furumai T, *et al.* 2004. Identification of endophytic *Streptomyces* sp. R-5 and analysis of its *Antimicrobial metabolites*. J Gen Plant Pathol, 70: 66-68

Shimizu M, Nakasuji S, Kubota M, *et al.* 2007. Isolation of endophytic actionmycetes with high a potential for biocontrol of *Alternaria brassicicola* on cabbage plug-seedlings. International Symposium on the Biology of Actinomycetes, 14: 501-505

Shimizui M, Nakagawa Y, Sato Y, *et al.* 2000. Studies on endophytic Actinomycetes (I)*Streptomyces* sp. isolated from Rhododendron and its antifungal activity. J Gen Plant Pathol, 66: 360-366

Singh S, Pandey A, Chaurasia B, *et al.* 2008. Diversity of arbuscular mycorrhizal fungi associated with the rhizosphere of tea growing in natural and cultivated ecosites. Biology and Fertility of Soils, 44: 491-500

Smedley M P, Dawson T E, Comstock G P, *et al.* 1991. Seasonal carbon isotope discrimination in a grassland community. Oecologia, 85: 314-320

Smith S E, Read D J. 1997. Mycorrhizal Symbiosis. The second edition. London: Academic Press

Spratt E R. 1915. The root-nodules of the Cycadaceas. Ann Bot, (29): 619-626

Srivastava S C, Singh J S. 1991. Microbial C, N and in dry tropical forest soils: effects of alternate land-use and nutrient flux. Soil Biology Biochemistry, 23(2): 117-124

SUN J G(孙建光), Zhang F(章凡), Wang C P(王昌平), *et al.* 1993. Resource investigation and taxonomy of rhizobia isolated from root nodules of leguminous plants in Hainan. Acta Microbiol Sinica (微生物学报), 33 (2): 135-143 (in Chinese)

Sykorová Z, Wiemken A, Redecker D. 2007. Cooccurring *Gentiana verna* and *Gentiana acaulis* and their neighboring plants in two Swiss upper montane meadows harbor distinct arbuscular mycorrhizal fungal communities. Applied Environmental Microbiology, 73(17): 5426-5434

Sylvia D M. 1998. Mycorrhizal symbioses. *In*: Sylvia D M, eds. Principles and Applications of Soil Microbiology. Upper Saddle River, New Jersey: Prentice-Hall: 408-426

Tamura K, Dudley J, Nei M, *et al.* 2007. MEGA4: molecular evolutionary genetics analysis (MEGA)software version 4. 0. Molecular Biology and Evolution, 24(8): 1596-1599

Tan H, Cao L, He Z, *et al.* 2006. Isolation of endophytic actinomycetes from different cultivars of tomato and their activities against *Ralstonia solanacearum in vitro*. World J Microbiol Biotechnol, 22(12): 1275-1280

Tan R X, Zou W X. 2001. Endophytes: a rich source of functional metabolites. Nat Prod Rep, 18: 448-459

Tan Z Y(谭志远), Chen W X(陈文新). 1998. SDS-PAGE of whole cell protein of new rhizobial groups and 16S rDNA sequencing of their representatives . China J Appl Environ Biol(应用与环境生物学报), 4 (1): 66-70(in Chinese)

Tan Z Y, Wang E T, Peng G X, *et al.* 1999. Characterization of bacteria isolated from wild legumes in the North. Western regions of China. Int J Syst Bacteriol, 49: 1457-1469

Tan Z, Xu X, Wang E, *et al.* 1997. Phylogenetic and genetic relationships of *Mesorhizobium tianshanense* and related rhizobia. International Journal of Systematic and Evolutionary Microbiology, 47(3): 874-879

Tang Y, Cheng A J. 1986. Effect of mycorrhizal inoculation on insoluble phosphate absorption by citrus seedlings in red earth. Acta Horticulture Sinica, 13: 75-79

Tian X L, Cao L X, Tan H M, *et al.* 2007. Diversity of cultivated and uncultivated actinobacterial endophytes in the stems and roots of rice. Microb Ecol, 53(4): 700-707

Trotman A P, Weaver R W. 1995. Tolerance of clover rhizobia to heat and desiccation stresses in soil. Soil Sci Soc Am J, 59: 466-470

Tuberosa R, Sanguinentimc M C, Landi P, *et al.* 2002. Identification of QTLs for root characteristics in maize grown in hydroponics and analysis of their overlap with QTLs for grain yield in the field at two regimes. Plant Molecular Biology, 48: 697-12

Turnbull L A, Rees M, Crawley M J. 1999. Seed mass and the competition/colonization trade off: a sowing experiment. Journal of Ecology, 87(5): 899-912

Turner N C. 1983. Adaptation to water deficits: a changing perspective. Australian Journal of Plant Physiology, 13(1): 175-190

Urtz E B, Elkan G H. 1996. Genetic diversity among *Bradyrhizobium* isolates that effectively nodulate peanut (*Arachis hypogaea*). Can J Microbiol, 42: 1121-1130

Vaishampayan P, Miyashita M, Ohnishi A, *et al.* 2009. Description of *Rummeliibacillus stabekisii* gen. nov. , sp. nov. and reclassification of *Bacillus pycnus* Nakamura et al. 2002 as *Rummeliibacillus pycnus* comb. nov. International Journal of Systematic and Evolutionary Microbiology, 59(5): 1094-1099

van Dillewijn P, Soto M J, Villdas P J, *et al.* 2001. Construction and environmental release of a *Sinorhizobium meliloti* strain genetically modified to be more competitive for alfalfa nodulation. Apple Environ Microbiol, 9(3): 286-288 van Rensburg H J, Strijdom B W. 1980. Survival of fast-and slow-growing *Rhizobium* spp. under conditions of relatively mild dessication. Soil Biol Boichem, 12: 353-356

van Tuinen D, Jacquot E, Zhao B, *et al.* 1998. Characterization of root colonization profiles by a microcosm community of arbuscular mycorrhizal fungi using 25S rDNA-targeted nested PCR. Molecular Ecology, 7: 879-887

Verma V C, Gond S K, Kumar A, *et al.* 2009. Endophytic actinomycetes from *Azadirachta indica* A. Juss.: isolation, diversity, and antimicrobial activity. Microb Ecol, 57: 749-756

Versalovic J, Keouth T, Lupski J R. 1991. Distribution of repetitive DNA sequence in eubacteria and application to fingerprinting of bacterial genomes. Nucleic Acids Res, 19: 6823-6833

Versalovic J, Schneider M, de Bruijn F, *et al.* 1994. Genomic fingerprinting of bacteria using repetitive sequence-based polymerase chain reaction. Methods in Molecular and Cellular Biology, 5(1): 25-40

Vigo C, Norman J R, Hooker J E. 2000. Biocontrol of the pathogen *Phytophthora parasitica* by arbuscular mycorrhizal fungi is a consequence of effects on infection loci. Plant Pathology, 49(4): 509-514

Vilchez S, Molina L, Ramos C, *et al.* 2000. Proline catabolism by *Pseudomonas putida*: coloning, characterization, and expression of the put genes in the presence of root exudates. J Bacteriol, 182: 91-99

Vincent J M, Thompson J A, Donovan K O. 1962. Death of root-nodule bacteria on drying. Aust J Agric Res, 13: 258-272

Vincent J M. 1970. A Manual for the Practical Study of the Root-nodule Bacteria, IBP Handbook. Oxford: Blackwell Scientific Publications

Vos P, Hogers R, Bleeker M, *et al.* 1995. AFLP: a new technique for DNA fingerprinting. Nucleic Acid Res, 23(21): 4407-4414

Vyas M, Bansal Y K. 2004. Somatic embryogenesis and plantlet regeneration in semul (*Bombax ceiba*). Plant Cell, Tissue and Organ Culture, 79: 115-118

Walker C, Sanders F E. 1986. Taxonomic concepts in the Endogonaceae. I. The separation of *Scutellospora* gen. nov. from *Gigaspora* Gerd &Trappe. Mycotaxon, 27: 169-182

Wang E T(汪恩涛), Li X H (李小红), Chen W X(陈文新). 1993. Diversity of fast growing rhizobia isolated from root nodules of leguminous plants in Hainan. Microbiology (微生物学通报), 20 (2): 67-72 (in Chinese)

Wang E T, van Berkum R , Sui X H, *et al.* 1999. Diversity of rhizobia associated with *Amorpha fruticosa* isolated from Chinese soils and description of *Mesorhizobium zmorpphae* sp. , nov. Int J Syts Bacteriol, 49 : 51-65

Wang F Q, Wang E T, Liu J, *et al.* 2007. *Mesorhizobium albiziae* sp. nov. , a novel bacterium that nodulates *Albizia kalkora* in a subtropical region of China. International Journal of Systematic and Evolutionary Microbiology, 57(6): 1192-1199

Wang F Y, Liu R J, Lin X G, *et al.* 2003. Comparison of diversity of arbuscular mycorrhizal fungi in different ecological environments. Acta Ecologica Sinica, 23 (12): 2666-2671 (in Chinese)

Wang X R, Szmidt A E. 1990. Evolutionary analysis of *Pinus densata* Masters, a putative Tertiary hybrid. 2. A study using species-specific chloroplast DNA markers. Theor Appl Genet, 80: 641-647

Wang Y Y, Vestberg M, Walker C, *et al*. 2008. Diversity and infectivity of arbuscular mycorrhizal fungi in agricultural soils of the Sichuan Province of mainland China. Mycorriza, 18: 59-68

Wasaki J, Rothe A, Kania A, *et al*. 2005. Root exudation, phosphorus acquisition, and microbial diversity in the rhizosphere of white lupine as affected by phosphorus supply and atmospheric carbon dioxide concentration. Journal of Environmental Quality, 34(6): 2157-2166

Welsh J, Mcclelland M. 1990. Fingerprinting genomes using PCR with arbitrary primers. Nucl Acid Res, 18: 7213-7218

Westoby M, Leishman M, Lord J, *et al*. 1996. Comparative ecology of seed size and dispersal [and discussion]. Philosophical Transactions of the Royal Society B: Biological Sciences, 351(1345): 1309-1318

Woods C R, Versalovic J, Koeuth T, *et al*. 1993. Whole-cell repetitive element sequence-based polymerase chain reaction allows rapid assessment of clonal relationships of bacterial isolate. J Clin Microbiol, 31: 1927-1931

Woomer P L, Singleton P W, Bohlool B B. 1988. Ecological indicators of native rhizobia in tropical soil. Appl Environ Microbiol, 54(5): 1112-1116

Wright S F, Upadhyaya A. 1996. Extraction of an abundant and unusual protein from soil and comparison with hyphal protein of arbuscular mycorrhizal fungi. Soil Sci, 161: 575-586

Wright S F, Upadhyaya A. 1998. A survey of soils for aggregate stability and glomalin, a glycoprotein produced by hyphae of arbuscular mycorrhizal fungi. Plant Soil, 198: 97-107

Wu L, Thompson D K, Li G, *et al*. 2001. Development and evaluation of functional gene arrays for detection of selected genes in the environmental studies in microbiology. Applied and Environmental Microbiology, 67: 5780-5790

Yan A M, Wang E T, Kan E L, *et al*. 2000. *Sinorhizobium melilotii* associated with *Medicago sativa* and *Melilotus* spp. Int J Syst Bacteriol, 50 : 1887-1891

Yanomeloa A M, Saggin Jr O J, Maia L C. 2003. Tolerance of mycorrhized banana (*Musa* sp. cv. Pacovan) plantlets to saline stress. Agriculture, Ecosystems and Environment, 95: 343-348

Yin C Y, Wang X, Duan B L, *et al*. 2005. Early growth, dry matter allocation and water use efficiency of two sympatric, Populus species as affected by water stress. Environmental and Experimental Botany, 53(3): 315-322

Yu H(虞泓), Qian W(钱韦), Huang R F(黄瑞复). 1999. Allozyme method in study on population genetics of *Pinus yunnanensis* Franch. Acta Bot Yunnan(云南植物研究), 21: 68-80(in Chinese)

Yu H(虞泓), Zheng S S(郑树松), Huang R F(黄瑞复). 1998. Polymorphism of male cones in populations of *Pinus yunnanensis* Franch. Biodiversity(生物多样性), 6: 267-271(in Chinese)

Zabinski C A, Gannon J E. 1997. Effects of recreational impacts on soil microbial communities. Environmental Management, 21(2): 233-238

Zahran H H, Räsänen L A, Karsisto M, *et al*. 1993. Alteration of lipopolysaccharide and protein profiles in SDS-PAGE of Rhizobia by osmotic and heat stress. World J Microbiol Biotech, 9: 354-360

Zahran H H. 1999. Rhizobium-Legume symbiosis and nitrogen fixation under sever conditions and in an arid climate. Microbiology and Molecular Biology Reviews, 64(4): 968-989

Zapata J M, Gasulla F, Esteban-Carrasco A, *et al*. 2007. Inactivation of a plastid evolutionary conserved gene affects PS II electron transport, life span and fitness of tobacco plants. New Phytologist, 174(2): 357-366

Zeng J, Zheng H S, Weng Q J. 1999. *Betula alnoides*-a valuable tree species for tropical and warm-subtropical areas. Forest Farm and Community Tree Research Reports, 4: 60-63

Zhang J X, Kirkham M B. 1994. Drought-stress induced change in activities of superoxide dismutase, catalase and peroxides in wheat specie. Plant Cell Physiol, 35(5): 785-791

Zhang J X, Klrkham M B. 1996. Antioxidant response to drought in sunflower and sorphum seedling. New Phytol, 132: 361-373

Zhang X H, Zhu H L, Zhang S W. 2007. Sesquiterpenoids from *Bombax malabaricum*. Journal of Natural Products, 70: 1526-1528

Zhang X Z, Schmidt R E. 2001. Hormone-containing produces impact on antioxidant status of tall fescue and creeping bent grass subject to drought. Crop Sci, 40: 1344-1349

Zhang Z J, Shi L, Zhang J Z, *et al*. 2004. Photosynthesis and growth responses of *Parthenocissus quinquefolia* (L.) planch to soil water availability. Photosynthetica, 42(1): 87-92

Zhao S G, Jing Y. 1997. A study on the forecasting method for poplar canker. Journal of Northwest Forestry College, 12(3): 41-44

Zheng J G. 2005. Characteristics of vegetation diversity in Helan Mountain. Arid Land Geography, 28(4): 526-530

Zhou J, Palumbo A V, Tiedje J M. 1997. Sensitive detection of a novel class of toluene-degrading denitrifiers, *Azoarcus tolulyticus*, with small-subunit rRNA primers and probes. Applied and Environmental Microbiology, 63: 2384-2390

Zhou J, Thompson D K. 2002a. Challenges in applying microarrays to environmental studies. Current Opinion Biotechnology, 13: 204-207

Zhou J, Thompson D K. 2002b. Microarrays: applications in environmental microbiology. *In*: Bitton G. Encyclopedia of Environmental Microbiology. New York: John Wiley and Sons: 1968-1979